Elektrotechnik/Elektronik für Maschinenbauer

Herbert Bernstein

Elektrotechnik/Elektronik für Maschinenbauer

Einfach und praxisgerecht

3., überarbeitete Auflage

Herbert Bernstein
München, Deutschland

ISBN 978-3-658-20837-0 ISBN 978-3-658-20838-7 (eBook)
https://doi.org/10.1007/978-3-658-20838-7

Die Deutsche Nationalbibliothek verzeichnet diese Publikation in der Deutschen Nationalbibliografie; detaillierte bibliografische Daten sind im Internet über http://dnb.d-nb.de abrufbar.

Springer Vieweg

Verantwortlich im Verlag: Thomas Zipsner

Gedruckt auf säurefreiem und chlorfrei gebleichtem Papier

Springer Vieweg ist ein Imprint der eingetragenen Gesellschaft Springer Fachmedien Wiesbaden GmbH und ist ein Teil von Springer Nature.
Die Anschrift der Gesellschaft ist: Abraham-Lincoln-Str. 46, 65189 Wiesbaden, Germany

Vorwort

Mechatronik ist eine faszinierende Techniklandschaft, ein schillernder Kunstbegriff. Ein Sammelbecken für eine interdisziplinäre Technologie, die abhängig vom Standpunkt des Betrachters unterschiedlich definiert wird. Aus Sicht der Unternehmen des Maschinen- und Anlagenbaus gibt es wichtige Gründe, sich auf dem Gebiet der Mechatronik zu engagieren: zum einen aufgrund der stark zunehmenden wirtschaftlichen Bedeutung, zum anderen wegen des hohen Wertschöpfungsanteiles in Bauteilen, Maschinen und Anlagen, und drittens, um das Berufsbild des Mechatronikers aus Industriesicht mitgestalten zu können.

Mechatronische Systeme bestimmen schon heute unser tägliches Leben: im Automobilbereich, in der Luftfahrtindustrie, bis hin zu Diagnose- und Kommunikationssystemen. Die Produkte des Maschinen- und Anlagenbaus orientieren sich am Kundennutzen. Anspruchsvolle, komplexe und zuverlässige neue Produkte sind die Konsequenz. Gerade die Realisierung dieser Produkte setzt das reibungsfreie Zusammenspiel der verschiedenen Technologien voraus, die den Kern des mechatronischen Systems bilden: Mechatronik steht für Mechanik, Elektrotechnik/Elektronik, Sensorik, Diagnostik und Informationstechnik.

Heutzutage wird noch zu oft nach „klassischer Manier“ in Teilbereichen gedacht – es gilt aber, das Gesamtsystem zu betrachten. Der Fokus muss künftig auf vernetztem Denken und Handeln liegen, da eine interdisziplinäre Zusammenarbeit der einzelnen Disziplinen Mechanik/Maschinenbau, Elektrotechnik/Elektronik und Informationstechnik unerlässlich ist. Es gilt sowohl auf kommunikativer als auch auf technischer Ebene, entsprechende Schnittstellen zu formulieren bzw. zu definieren.

Integrierte mechanisch-elektronische Systeme werden zunehmend als „mechatronische Systeme“ bezeichnet. Hierbei wird die Verbindung von MECHAnik und ElekTRONIK zum Ausdruck gebracht. Diese Bezeichnung wurde etwa 1975 in Japan geprägt. In den letzten Jahren sind allgemein akzeptierte Definitionen des Gebietes entstanden. Aus diesen Festlegungen ist zu entnehmen, dass Mechatronik ein interdisziplinäres Gebiet ist, bei dem folgende Disziplinen zusammenwirken:

- Mechanische Systeme (Maschinenbau, Feinwerktechnik)
- Elektronische Systeme (Mikroelektronik, Leistungselektronik, Sensorik, Aktorik)

- Informationstechnik (Systemtheorie, Modellbildung, Regelungs- und Automatisierungstechnik, Softwaretechnik, künstliche Intelligenz)

Für alle mechanischen Berufe gilt die Einarbeitung in die Elektrotechnik/Elektronik. Aus diesem Grund ist dieses Fachbuch in sieben Kapitel aufgeteilt:

- Elektrotechnische Grundlagen
- Widerstand, Kondensator und Spule
- Drehstrommotoren
- Drehstromantriebe mit Frequenzumrichter
- Dynamischer Antrieb mit Servomotor
- Gleichstrom-, Schritt- und Linearmotoren
- Schaltungen der Halbleitertechnik

Der Lernstoff wurde systematisch aufbereitet, dass die in den ersten Kapiteln behandelten Einzelheiten auch später immer wieder benötigt werden und darauf zurückverwiesen wird. Dies war von jeher die Grundlage eines Unterrichtswerkes, noch ehe man den Begriff des programmierten Lernens prägte. Auch wird dem Sinne nach wiederholt im Text darauf hingewiesen, dass dieses Buch allein noch keinen Elektroniker macht, sondern dass man sich ständig bemühen muss, seine Kenntnisse zu erweitern und Neues aufzunehmen.

Im Übrigen bin ich meinen früheren Kollegen, Mitarbeitern und Studierenden an der Technikerschule München dankbar, die mich mit Anregungen, Beispielen und Material zu bestimmten Themen unterstützt haben.

Herrn Zipsner vom Springer-Verlag danke ich für die gute Zusammenarbeit.

Der Autor dankt seiner Frau für die Erstellung der Zeichnungen.

Für Fragen stehe ich unter der Email-Adresse Bernstein-Herbert@t-online.de zur Verfügung.

München
Sommer 2018

Herbert Bernstein

Inhaltsverzeichnis

1 Elektrotechnische Grundlagen

Die Nutzung elektrischer Energie erfordert das Zusammenwirken von elektrischer Spannung und elektrischem Strom. Ein elektrischer Strom kann erst fließen, wenn ein geschlossener Stromkreis vorliegt. Dieser besteht in seiner einfachsten Form aus einer Spannungsquelle, den Zuleitungen für den Ladungsträgertransport zum Verbraucher und vom Verbraucher zur Spannungsquelle zurück, der allgemein als Widerstand bezeichnet wird. Die Bezeichnung „Widerstand" wird hier sowohl für die elektrische Größe als auch für das Bauelement verwendet.

In der Elektrotechnik wird der Widerstand in Form von Lampen, Relais, Schütze (Leistungsschalter), elektrische Haushaltsgeräte (Elektroherd, Waschmaschine, Kühlschrank usw.), Signal- und Fernsprecheinrichtungen (Telefon, Klingelanlagen, Raumschutzanlagen usw.), Gleichstrom-, Wechselstrom- und Drehstrommotoren eingesetzt.

In der Elektronik findet man Schaltungen mit Dioden, Transistoren, Thyristoren, Operationsverstärker, digitale Schaltkreise (TTL- und CMOS-Technologie) für logische Funktionen, Mikroprozessoren in PC-Systemen mit Drucker und Bildschirm, Mikrocontroller als Steuer-, Mess- und Regelungstechnik, speicherprogrammierbare Steuerungen, Autoelektronik und Robotersteuerungen.

Verbindet man Elektrotechnik und Elektronik mit der Mechanik, kommt man zur Mechatronik. In dem Wort „Mechatronik" steckt noch die Abkürzung von der Informatik. Die Mechatronik ist eine Kombination von Mechanik, Elektronik und Informatik. Zum Maschinenbau gehören die Energietechnik, Ölhydraulik und Pneumatik, Antriebs-, Getriebe- und Fahrzeugbau, Feinwerktechnik und der Apparatebau. Zur Elektrotechnik zählen die Mess-, Steuerungs- und Regelungstechnik, Mikroelektronik, Sensorik und Aktorik. Die Informationstechnik beinhaltet die Automatisierungstechnik, Systemtheorie, Modellbildung, Software und künstliche Intelligenz. Die Mechatronik stellte alle Voraussetzungen für die digitale Industrie 4.0 dar.

H. Bernstein, *Elektrotechnik/Elektronik für Maschinenbauer*,
https://doi.org/10.1007/978-3-658-20838-7_1

1.1 Spannung, Strom und Widerstand

Der Zusammenhang von Spannung, Strom und Widerstand in einem Stromkreis wird durch das Ohm'sche Gesetz beschrieben. Neben der formelmäßigen Beschreibung werden die Zusammenhänge auch grafisch dargestellt. Abb. 1.1 zeigt einen einfachen Stromkreis mit einer Spannungsquelle (Batterie), Verbraucher (Widerstand), Zuleitung (Hin- und Rückverbindung mit einem Kupferdraht), Volt- und Amperemeter.

Der elektrische Vorgang hat mit einem Wasser- und Gasstrom etwas gemeinsam, wie Tab. 1.1 zeigt.

Zur Nutzung von elektrischer Energie wird ein Verbraucher über Zuleitungen an eine Spannungsquelle angeschlossen. Die in der Spannungsquelle vorhandenen getrennten elektrischen Ladungen können sich über die Zuleitungen und den Verbraucher ausgleichen. Dabei fließt dann ein elektrischer Strom. Beim elektrischen Strom unterscheidet man zwischen der technischen Stromrichtung und der Elektronenrichtung:

- Technische Stromrichtung: von +Pol nach −Pol
- Elektronenrichtung: von −Pol (Elektronenüberschuss) nach +Pol (Elektronenmangel)

1.1.1 Spannungsquellen

Fließt durch einen Leiter ein elektrischer Strom, so bewegen sich die freien Ladungsträger (freie Elektronen) zwischen den Atomen hindurch. Dabei werden diese in ihrer Bewegung behindert. Jeder Leiter setzt dem elektrischen Strom einen entsprechenden Widerstand entgegen, der durch Spannung überwunden werden muss, damit Strom fließt.

Bleibt bei einem Spannungserzeuger die positive Ladung der einen Klemme und die negative Ladung der anderen Klemme konstant auf gleichem Potential, erzeugt eine Quelle

Abb. 1.1 Einfacher Stromkreis

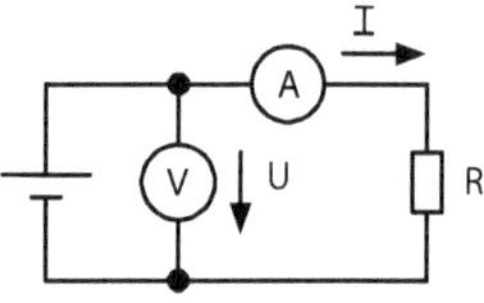

Tab. 1.1 Vergleich zwischen einem elektrischen Stromkreis und Wasser- bzw. Gasstrom

Elektrischer Stromkreis	Wasserstrom	Gasstrom
Stromquelle (Batterie)	Wasserquelle, Wasserbehälter	Gasbehälter
+Pol	Wasserzufluss	Gaszufluss
−Pol	Wasserabfluss	Gasabfluss
Metalldrähte	Wasserrohre	Gasröhre
Schalter	Wasserhahn	Gashahn
Glühlampe	Wasseruhr	Gasuhr

eine Gleichspannung. Wechselt die Polarität an den Klemmen ständig, ergibt sich dagegen eine Wechselspannung. Abb. 1.2 zeigt einen Überblick über elektrische Spannungsquellen und deren Schaltsymbole.

Ein Generator bzw. Dynamo kann je nach Beschaltung eine Gleich- oder Wechselspannung erzeugen. In der Elektronik benötigt man für den Betrieb einer Schaltung eine konstante Gleichspannung. Für die Signalansteuerung einer Schaltung liefert der Frequenzgenerator eine Signalspannung für den Eingang der Schaltung. Eine Wechselspannung hat in der Praxis einen niederfrequenten Wert mit $f = 50\,\text{Hz}$. Wenn man in der Elektronik eine bestimmte Signalfrequenz zwischen 100 Hz und 100 MHz benötigt, setzt man einen Frequenzgenerator ein.

Eine Mischspannung stellt eine Kombination aus einer Wechsel- oder Signalspannung dar, die einer Gleichspannung überlagert ist. In der Praxis erzeugt z. B. ein Mikrofon eine Mischspannung, denn das Mikrofon bildet mit einem Vorwiderstand einen veränderbaren Spannungsteiler, der mit einer Gleichspannung betrieben wird.

Als Primärelement oder galvanisches Element bezeichnet man eine Batterie und diese ist nach ihrer Entladung nicht mehr verwendbar. In der Praxis arbeitet man mit den umweltfreundlichen Zink-Kohle- oder den leistungsfähigeren Alkali-Mangan-Elementen.

Spannungsquelle	Energieumwandlung	Symbol	Spannungsart
Generator Dynamo	mechanische → elektrische Energie	G ~	Wechsel-spannung
Generator Dynamo	mechanische → elektrische Energie	G —	Gleichspannung
Frequenzgenerator	elektronisch	G ≈	Hochfrequente Wechsel-spannung
Mikrofon	mechanische → elektrische Energie	G ≃	Mischspannung
Primärelement (Trockenelement)	elektromechanische → elektrische Energie	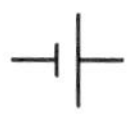 ⊣⊢	Gleichspannung
Sekundärelement (Akkumulator)	chemische → elektrische Energie	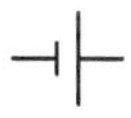 ⊣⊢	Gleichspannung
Fotoelement (Solarzelle)	elektrochemische → elektrische Energie	 ⊣⊢	Gleichspannung
Thermoelement	Wärmeenergie → elektrische Energie	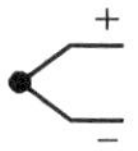 + −	Gleichspannung

Abb. 1.2 Spannungsquellen mit ihren Schaltsymbolen

Letztere sind aufgrund der hohen Quecksilberanteile umweltgefährdend und man sollte diese immer als Sondermüll behandeln. Die Alkali-Mangan-Elemente weisen jedoch eine bis zu viermal längere Lebensdauer als Zink-Kohle-Elemente auf.

Sekundärelemente, wie Blei-, Nickel-Eisen- oder Nickel-Cadmium-Akkumulatoren, sind wiederaufladbar. Beim Bleiakkumulator sind zwei Bleiplatten in Schwefelsäure eingetaucht und dieses Element erzeugt eine Ausgangsspannung von 2 V. Beim Laden eines Bleiakkumulators darf eine Spannung von 2,7 V pro Zelle nicht überschritten und bei der Entladung von 1,8 V nicht unterschritten werden. Stahlakkumulatoren (Nickel-Eisen oder Nickel-Cadmium) sind wesentlich robuster als Bleiakkumulatoren und weisen pro Zelle eine Spannung von 1,2 V auf. Die Lebensdauer von Stahlakkumulatoren ist erheblich höher, da sie unempfindlich gegen hohe Ladung bzw. Tiefentladung sind. Durch eine Reihenschaltung erhält man die entsprechenden Ausgangsspannungen.

Der Aufbau eines Fotoelements entspricht prinzipiell einer Halbleiterdiode, deren Sperrschicht dicht unter der Oberfläche im Bereich der Eindringtiefe der Lichtstrahlung liegt. Die in der Nähe des PN-Übergangs durch Lichteinwirkung entstehenden freien Elektronen werden in der N-leitenden Schicht und die Defektelektronen in der P-leitenden Schicht angesammelt. Es entsteht eine von außen durch Lichteinwirkung hervorgerufene Potentialdifferenz bzw. eine Spannung.

Mittels einer Kristallverformung lässt sich nach dem Piezo-Effekt ebenfalls eine Spannung erzeugen. Die Kristalle von Quarz, Turmalin oder Seignettesalz weisen ein Kristallgitter mit regelmäßig verteilten, positiven und negativen Ladungen auf. Schneidet man aus einem solchen Kristall quer zur sogenannten elektrischen Achse ein Stück heraus, gelangen an diesem Stück durch Druck oder Zug unterschiedliche Ladungen an zwei gegenüberliegende Oberflächen. Von dort können diese Ladungen mittels leitenden Belägen abgegriffen werden. Die Spannungserzeugung durch den piezoelektrischen Effekt kann man bei Kristall-Tonabnehmern, Kristall-Mikrofonen und speziellen Piezo-Sensoren zur Messung von Druck oder Feuerzeugen praktisch ausnutzen.

Erwärmt man die Kontaktstelle zweier unterschiedlicher Leiter oder Halbleiter, entsteht eine temperaturabhängige Thermospannung. Diese Spannung ist noch abhängig von den verwendeten metallischen Leitern. Verbindet man zwei Metalle miteinander, entsteht durch die unterschiedliche Bindungsenergie der Elektronen an die Metallatome eine Thermospannung. Sie ist zum einen von den Metallen selbst, zum anderen von der Temperatur abhängig. Damit diese Thermospannung einen Stromfluss bewirken kann, müssen die beiden Metalle jedoch notwendigerweise am anderen Ende ebenfalls verbunden sein, so dass ein geschlossener Stromkreis entsteht. Daher bildet sich auch an der zweiten Verbindungsstelle eine Thermospannung.

Herrscht an beiden Verbindungsstellen die gleiche Temperatur, fließt kein Strom, da sich die an beiden Punkten entstehenden Teilspannungen aufheben. Bei unterschiedlichen Temperaturen an den Verbindungsstellen jedoch bilden sich verschiedene Spannungen, die sich nicht vollständig aufheben, und es fließt ein Strom. Ein Thermoelement kann daher immer nur eine Temperaturdifferenz messen. Ein bekanntes Beispiel hierzu ist eine Messkette, bei der eine Verbindungsstelle in Eiswasser eingetaucht ist, während man mit der zweiten Lötstelle eine unbekannte Temperatur misst. Erhöht sich bei gleicher Messtemperatur die Referenztemperatur, indem die eine Verbindungsstelle nicht in Eiswasser taucht, sondern eine Raumtemperatur von 20 °C angenommen hat, verringert sich die Gesamtspannung um den Betrag, der 20 °C entspricht.

1.1.2 Einfacher Stromkreis

Wenn man die Schaltung von Abb. 1.1 ergänzt, kommt man zu den drei Schaltungen von Abb. 1.3.

Wenn man eine Wechselschaltung hat, lässt sich diese von zwei Schaltern ein- bzw. ausschalten. Sind die beiden Umschalter in der Stellung oben oder unten, fließt Strom und die Lampe leuchtet. Wird einer der beiden Umschalter betätigt, wird der Stromfluss unterbrochen und die Lampe erlischt.

Bei der Parallelschaltung sind zwei Varianten möglich. Verwendet man die Schaltung b, lassen sich beide Glühlampen ein- oder ausschalten, wenn man den Schalter betätigt. In der Schaltung c sind zwei Schalter vorhanden und die beiden Lampen kann man separat zum Leuchten bringen.

Wenn Strom durch die Leitungen fließt, erwärmen sich diese. Die Anwendungen dieser Wärmewirkung des elektrischen Stroms sind zahlreich und man muss Schutzeinrichtungen einbauen, z. B. eine Sicherung.

- Schmelzsicherung (Abb. 1.4): Der dünne Draht in der Sicherung ist absichtlich die schwächste Stelle des Stromkreises. Überschreitet der Strom eine bestimmte Stärke, so schmilzt der Sicherungsdraht durch.
- Elektrische Heizgeräte: Die Wärmewirkung des elektrischen Stroms wird bei vielen elektrischen Geräten ausgenützt, z. B. bei elektrischen Herden und Öfen, bei Kochplatten und Tauchsiedern, bei Bügeleisen und Waschmaschinen. Dabei wird der Strom so stark gewählt, dass eine kräftige Erwärmung der stromdurchflossenen Drähte erreicht wird, ohne dass sie jedoch durchbrennen und unweigerlich zerstört werden. Die verwendeten Drähte bestehen aus hitzebeständigen Legierungen, z. B. aus Chromnickel.

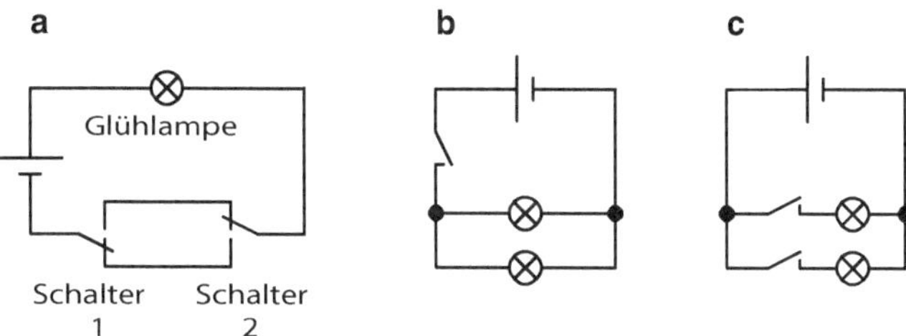

Abb. 1.3 Wechselschaltung (**a**) und Parallelschaltung von zwei Lampen (**b** und **c**)

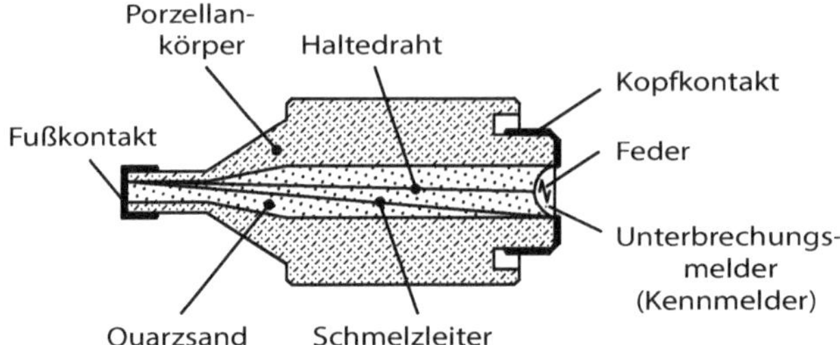

Abb. 1.4 Querschnitt einer Sicherung

Sie sind in der Regel in Isolierkörper eingebettet, die aus keramischen Stoffen oder Glimmer bestehen.

- Glühlampen: Je höher die Glühtemperatur eines Drahtes, desto heller leuchtet er. Daher nimmt man Wolframdrähte als Glühdrähte, denn Wolfram hat von allen Metallen die höchste Schmelztemperatur ($\approx 3380\,°C$). Den elektrischen Strom wählt man dann so stark, dass etwa die Temperatur $2600\,°C$ erreicht wird. Der Draht glüht in einem mit Stickstoff oder mit einem Edelgas gefüllten Glaskolben. In Luft würde er wegen des Sauerstoffs sofort verbrennen (oxidieren).

1.1.3 Spannung

In der Elektronik wird mit den unterschiedlichsten Stromarten gearbeitet; die wichtigsten sollen daher zunächst erläutert werden. Dazu sei erwähnt, dass unter Stromart allgemein der zeitliche Verlauf sowohl des Stroms als auch der Spannung zu verstehen ist. Abb. 1.5 zeigt einen Gleichstrom und eine Gleichspannung.

Gleichstrom und -spannung sind Strom- und Spannungsart, bei der die Augenblickswerte für Strom und Spannung zeitlich konstant sind (gleichbleibende Stromrichtung). Man spricht auch dann von Gleichstrom oder Gleichspannung, wenn kleine, aber unwesentliche Schwankungen überlagert sind oder wenn infolge von Belastungsschwankungen Änderungen der an sich konstanten Größe auftreten.

Die Anwendung von Gleichspannung findet in der Praxis bei allen elektronischen Geräten statt. Mit der Angabe $+5\,V$ und $1\,A$ bei einem Netzgerät ist eine Spannung von $+5\,V$ vorhanden und es kann ein maximaler Strom von $1\,A$ fließen.

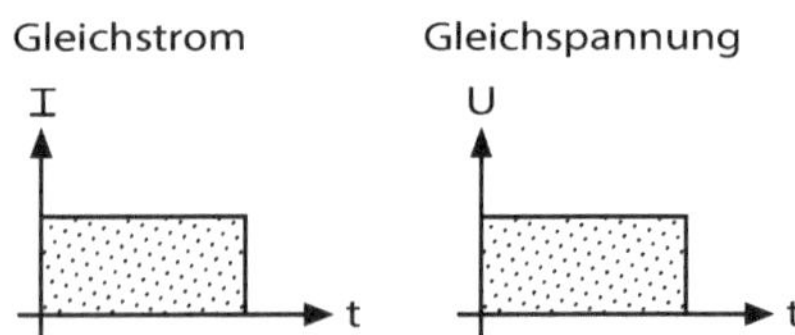

Abb. 1.5 Gleichstrom und -spannung

Der Verlauf der Spannung in Abb. 1.6 ist periodisch, d. h. in regelmäßigen Zeitabständen. im gleichen Verlauf wiederkehrender Strom (bzw. Spannung) wechselnder Richtung, aber beliebiger Kurvenform. Der lineare Mittelwert ist Null, d. h., die Summe aller positiven und negativen Augenblickswerte einer Periode ergibt den Wert Null.

Die Sägezahnspannung findet man z. B. bei der Ansteuerung des Regelkreises in der Leistungselektronik, wenn ein Wechsel- oder Drehstrommotor geregelt werden muss. Auch beim Oszilloskop dient die Sägezahnspannung für die Ablenkung.

Die Rechteckspannung hat man in der gesamten Telekommunikation, bei PCs, in der digitalen Elektronik usw.

Die Wechselspannung findet man im Haushalt, Industrie und in der Verwaltung. Im Haushalt arbeitet man mit 230 V und in der Industrie mit 400 V.

Mischspannung entsteht durch die Überlagerung von Gleich- und Wechselspannung, wie Abb. 1.7 zeigt und deshalb ist der lineare Mittelwert nicht Null. Der Einsatz der Mischspannung erfolgt z. B. in einem Mikrofon und die Sprache wird einer Gleichspannung überlagert.

Die Pulsspannung tritt periodisch auf, d. h. in regelmäßigen Zeitabständen, wiederkehrender Strom- oder Spannungsstoß. wobei entweder immer die gleiche Richtung oder abwechselnd positive und negative Richtung auftritt. Bei der durch Gleichrichtung aus Wechselspannung gewonnenen Pulsspannung spricht man in der Stromversorgungstechnik auch von der „pulsierenden Gleichspannung" bzw. von „Pulsstrom". Der Einsatz findet z. B. in Ladegeräten und Stromversorgungen statt.

Abb. 1.6 Wechselspannung

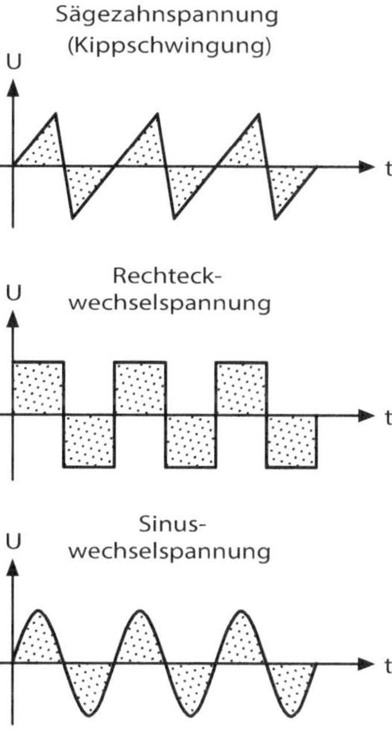

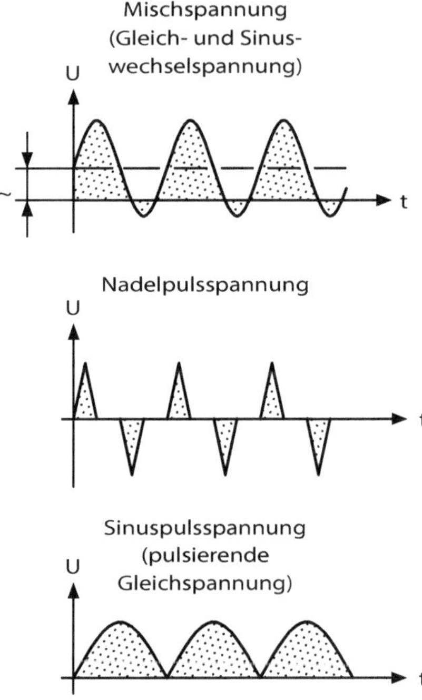

Abb. 1.7 Misch- und Pulsspannung

Zeitabhängige Größen wie Spannung und Strom werden durch die nachstehend vermerkten Formelzeichen gekennzeichnet:

U_-; I_-: Zeitlich konstante Gleichspannung oder Gleichstrom, wenn keine Verwechslung möglich ist und wird auch einfach als U bzw. I definiert.

U_{eff}; I_{eff}: Effektivwert der Wechselspannung bzw. des Wechselstroms, wenn keine Verwechslung mit Gleichspannung oder Gleichstrom möglich ist, kann man auch einfach U bzw. I schreiben.

U_{max} oder $\hat{u}$: Höchstwert der Wechselspannung.

I_{max} oder $\hat{i}$: Höchstwert des Wechselstroms.

u; i: Augenblickswert der Wechselspannung des Wechselstroms.

U_{ss}; I_{ss}: Spannungs- bzw. Stromunterschied zwischen dem höchsten und niedrigsten Spannungs- bzw.

(auch ΔU; ΔI): Stromunterschied zwischen dem höchsten und niedrigsten Augenblickswert (wird auch z. B. „$U_{Spitze\text{-}Spitze}$" bezeichnet).

1.2 Messen mit Messinstrumenten

Messungen in elektrischen Einrichtungen und elektronischen Schaltungen sind entweder mit einem Zeigerinstrument, einem digitalen Messgerät oder einem Oszilloskop möglich. Abb. 1.8 zeigt drei Messgeräte aus der Praxis.

- Zeigerinstrumente: In einem Zeigerinstrument befindet sich ein eingebautes Drehspulmesswerk. Dreheiseninstrumente scheiden wegen ihres zu hohen Eigenverbrauchs aus. Aber selbst äußerst empfindliche Instrumente mit Drehspulmesswerk sind zur Lösung vieler messtechnischer Aufgaben der Elektronik ungeeignet, weil der Innenwiderstand R_i als Spannungsmesser zu klein und als Strommesser zu groß ist. Hier die wichtigsten Anforderungen, die an Zeigerinstrumente zu stellen sind:
  - Hohe Empfindlichkeit: Die Messgrößen wie Spannung und Strom haben vielfach so kleine Werte (mV; µA), dass nur Messinstrumente mit sehr hoher Empfindlichkeit genaue Messungen zulassen. Widerstände – z. B. Sperrwiderstände von PN-Übergängen bei Dioden oder Transistoren – erreichen Werte bis zu einigen MΩ, so dass auch für Widerstandsmessungen eine sehr hohe Empfindlichkeit gefordert werden muss.
  - Geringer Eigenverbrauch: Unter Eigenverbrauch versteht man bei Zeigerinstrumenten mit Drehspulmesswerk den zum Zeigervollausschlag erforderlichen Strom. Im Allgemeinen wird für Spannungsmesser heute der Kehrwert dieses Stroms (1/I) in der Einheit Ohm (Ω) pro Volt (Ω/V) angegeben. Aus dieser Angabe lässt sich für Spannungsmesser einfach der Innenwiderstand für einen bestimmten Messbereich errechnen. Als Richtwert eines für Messungen in der Elektronik geeigneten Zeigerinstruments muss mindestens 10.000 Ω pro Volt (10 kΩ/V) oder größer gefor-

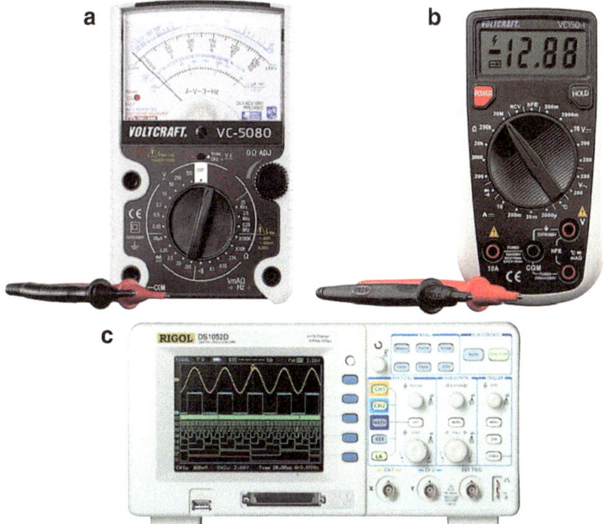

Abb. 1.8 Messgeräte aus der Praxis, **a** zeigt ein analoges Zeigerinstrument, **b** ein digitales Messinstrument und **c** ein Oszilloskop

dert werden; das entspricht für Strommesser einem Eigenverbrauch von höchstens 100 µA oder weniger.

- Hohe Anzeigegenauigkeit (Güteklasse): Zur Aufnahme von Messwertreihen zur Kennliniendarstellung müssen vielfach geringste Änderungen der Messgröße eindeutig ablesbar sein. Dazu muss eine sehr genaue Anzeige der Messgröße gefordert werden. Ein Zeigerinstrument sollte daher mindestens der Güteklasse 2 angehören (Anzeigefehler maximal $\pm 2\,\%$ vom Skalenendwert).
- Mehrere Messbereiche (Vielfachinstrument): Die Kennlinien von Halbleiter-Bauelementen verlaufen mehr oder weniger stark gekrümmt, das bedeutet, dass im Spannungs-Strom-Verhalten eines solchen Bauelements große Änderungen auftreten. Diese können messtechnisch nur dann genau erfasst werden, wenn jeweils mehrere Messbereiche für Spannungs-, Strom- und Widerstandsmessungen zur Verfügung stehen. Insbesondere bei der Aufnahme von Messwertreihen wäre das Austauschen von Zeigerinstrumenten mit jeweils nur einem Messbereich sehr aufwendig, zeitraubend und wegen des Bedarfs mehrerer Instrumente teuer. Aus diesen Gründen kommen zur Lösung messtechnischer Aufgaben in der Elektronik nur Vielfachinstrumente mit den Bereichen U, I, R usw. in Betracht.

Abgesehen von den hohen Anforderungen, die an Zeigerinstrumente für Messungen in der Elektronik gestellt werden müssen, kann mit ihnen eine ganze Reihe messtechnischer Aufgaben ohnehin nicht gelöst werden. Dazu gehören z. B. die Messung nicht sinusförmiger Wechselspannungen, die Aufnahme von Eingangskennlinien für Kleinleistungstransistoren oder die Messung des Isolationswiderstands am Eingang eines Feldeffekttransistors. Hierfür sind Oszilloskope bzw. Transistorvoltmeter oder andere Messgeräte, wie Messbrücken, einzusetzen.

Im Rahmen dieses Buches soll versucht werden, Mittel und Wege aufzuzeigen, wie man mit verhältnismäßig geringem Aufwand zumindest für die Beurteilung eines Bauelements oder einer Schaltung zu ausreichenden Ergebnissen kommen kann.

Ein Messinstrument wird zur Spannungsmessung parallel zum Messobjekt geschaltet. Das Instrument besitzt aber einen Innenwiderstand und verfälscht mit ihm das Messergebnis. Soll z. B. die Teilspannung an einer Reihenschaltung von Widerständen nach Abb. 1.9 gemessen werden, so ändert sich das Verhältnis der Teilwiderstände durch das Anschalten des Spannungsmessers. Je kleiner der Innenwiderstand R_{iVm} des Spannungsmessers ist, desto geringer wird der Spannungsfall an der Parallelschaltung $R_2 \parallel R_{iVm}$. Das Zeichen $\parallel$ steht für eine Parallelschaltung.

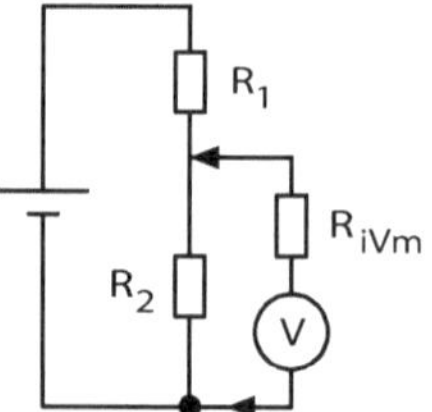

Abb. 1.9 Messen an einem Spannungsteiler

Ideal wäre natürlich ein Spannungsmesser mit unendlich großem Innenwiderstand. Da es aber weniger auf den tatsächlichen Widerstand des Messinstruments als vielmehr auf das Widerstandsverhältnis von R_{iVm} zu $R_{Messobjekt}$ ankommt, kann eine einfache Regel angewandt werden: Der durch das Anschalten eines Spannungsmessers an das Messobjekt verursachte Fehler liegt bei 1 %, wenn der Innenwiderstand des Spannungsmessers mindestens 100mal so groß ist wie der Widerstand des Messobjekts.

Als Widerstand des Messobjekts gilt dabei der Gesamtwiderstand, der zwischen den Anschlussklemmen des Spannungsmessers liegt. Je größer das Verhältnis von R_{iVm} zu $R_{Messobjekt}$ gemacht werden kann, desto geringer wird der Schaltungsfehler. Bei nahezu allen modernen Vielfachinstrumenten lässt sich der Innenwiderstand für einen bestimmten Spannungsmessbereich aus der Eigenverbrauchskonstante k in Ohm pro Volt ermitteln:

$$R_{iVm} = k \cdot U_{Vm}.$$

Darin bedeuten:

R_{iVm} = Innenwiderstand des Spannungsmessers in Ohm,
k = Eigenverbrauch in Ohm pro Volt,
U_{Vm} = Spannungsmessbereich (Skalenendwert) in Volt.

Beispiel

Ein Spannungsmesser mit einem Messbereich von 5 V und einem Eigenverbrauch von $k = 10\,\text{k}\Omega/\text{V}$ soll berechnet werden.

$$R_{iVm} = 10\,\text{k}\Omega/\text{V} \cdot 5\,\text{V} = 50\,\text{k}\Omega\,.$$

Zur genauen Ablesung des Messwerts ist wichtig, dass dieser möglichst am Ende des Skalenbereichs liegt. Der nach dem Klassenzeichen mögliche Fehler bezieht sich grundsätzlich auf den Skalenendwert und ist daher am Skalenanfang prozentual wesentlich größer.

Beispiel

Spannungsmesser 100 V, Klasse 2 (d. h. Anzeigefehler ±2 % vom Skalenendwert).

Der Fehler kann demnach ±2 % von 100 V, also ±2 V betragen. Bei einer Anzeige von nur 10 V im gleichen Messbereich und dem Anzeigefehler von ±2 V beträgt die Abweichung prozentual bereits ±20 %!

Für die Wahl des richtigen Messbereichs gilt also: Messbereich so wählen, dass die Anzeige des Messwerts im letzten Drittel des Skalenbereichs liegt!

1.2.1 Spannungs- und Strommessbereich

Eines sollte dabei jedoch nicht außer Acht gelassen werden: Beim Umschalten des Spannungsmessbereichs ändert sich der Innenwiderstand des Spannungsmessers! Das kann bei der Aufnahme von Messwertreihen an einem bestimmten Messobjekt zu unliebsamen Überraschungen führen. Da sich mit einem anderen Innenwiderstand auch ein anderes Verhältnis von R_{iVm} zu $R_{Messobjekt}$ ergibt, tritt eine Änderung der Anzeigegenauigkeit auf. Für die Aufnahme von Messwertreihen zur Kennliniendarstellung kann es daher manchmal von Vorteil sein, den Messbereich nicht umzuschalten – selbst wenn die Anzeige dann nicht mehr im letzten Skalendrittel liegt. In solchen Fällen wählt man den Messbereich nach dem höchsten zu erwartenden Messwert und liest im gleichen Bereich auch kleine Messwerte ab.

Beim Messen von Gleichspannungen ist auf die richtige Polarität zu achten. Die Anschlussklemmen oder -schnüre eines Spannungsmessers sind mit +O und −O gekennzeichnet. Sie sind so mit dem Messobjekt zu verbinden, dass +O am Pluspotential und −O am Minuspotential liegt. Ist die Polarität der zu messenden Spannung unbekannt, so lässt sie sich mit Hilfe der Klemmenbezeichnungen ermitteln. Schlägt der Zeiger des angeschalteten Spannungsmessers zur richtigen Seite aus, so liegt die +O-Klemme des Spannungsmessers am höheren Pluspotential der Messschaltung. Dieses einfache Mittel kann man in vielen Schaltungen dazu benutzen, die Potentiale zu bestimmen. Bestehen z. B. Zweifel, wie ein gepolter Elektrolytkondensator in eine Schaltung einzufügen ist, so kann die entsprechende Polarität mit einem Spannungsmesser ermittelt werden.

Ein Strommesser ist in den Stromkreis – also in Reihe zum Messobjekt zu schalten. Der Innenwiderstand des Strommessers erhöht somit den Stromkreiswiderstand. Durch das Einschalten eines Strommessers ergeben sich also auch Fehler. Nach dem Ohm'schen Gesetz verringert sich in einem geschlossenen Stromkreis die Stromstärke, wenn der Stromkreiswiderstand vergrößert wird. Der Strommesser zeigt einen zu kleinen Wert an. Daraus folgt: Eine Strommessung wird umso genauer, je kleiner der Innenwiderstand des Strommessers ist. Abb. 1.10 zeigt einen Strommesser in einer Schaltung.

Für Strommesser wäre ein Innenwiderstand von 0 Ω (Ohm) ideal. Da das nicht zu verwirklichen ist, muss man die Anforderungen hinsichtlich des Innenwiderstands der zu lösenden Messaufgabe anpassen und kann dazu folgende Regel anwenden: Der durch das Einschalten eines Strommessers in den Messstromkreis bedingte Fehler beträgt etwa 1 %, wenn der Innenwiderstand des Strommessers 1/100 des gesamten Stromkreiswiderstands beträgt.

Die Bestimmung des Strommesser-Innenwiderstands ist schwieriger; in den meisten Fällen muss man diesen mit einem Widerstandsmessinstrument messen.

Bei Vielfachinstrumenten ist manchmal folgendes Verfahren anwendbar. Besitzt das Vielfachinstrument einen Messbereich, für den auf der Schalterskala eine Spannungs- und

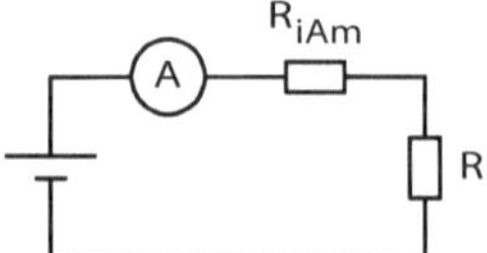

Abb. 1.10 Strommesser in einer Schaltung

eine Stromangabe zu finden ist, so lässt sich aus diesen Angaben der Innenwiderstand für den empfindlichsten Messbereich berechnen.

Beispiel

Der empfindlichste Messbereich eines Vielfachinstruments ist 60 mV/0,6 mA. Für diesen Bereich ergibt sich ein Innenwiderstand von

$$R_{iAm} = \frac{U_m}{I_m} = \frac{60\,\mathrm{mV}}{0{,}6\,\mathrm{mA}} = 100\,\Omega.$$

Zur Wahl des richtigen Messbereichs gilt ebenso wie für Spannungsmesser: Strommessbereich so wählen, dass die Anzeige des Messwerts im letzten Drittel des Skalenbereichs liegt!

Bei der Aufnahme von Messwertreihen kann es u. U. auch für Strommesser günstiger sein, den Messbereich nicht umzuschalten, denn auch bei Strommessern ändert sich mit der Bereichsumschaltung der Innenwiderstand. Für Gleichstrommessungen ist die Beachtung der Polarität wichtig. Ein Strommesser wird als Verbraucher betrachtet und so in den Stromkreis geschaltet, dass sein mit +O gekennzeichneter Anschluss am höheren Pluspotential der Schaltung liegt. Umgekehrt: Der Zeiger des Strommessers schlägt zur richtigen Seite hin aus, wenn über ihn der Gleichstrom von der +O-Klemme zur –O-Klemme fließt.

Ein Ohmmeter bietet die Möglichkeit, einfach und schnell die grundsätzlichen Eigenschaften und die Funktionsfähigkeit von vielen Halbleiterbauelementen zu prüfen oder zu beurteilen. Es sollen in den einzelnen Abschnitten wiederholt solche Prüf- und Messbeispiele behandelt werden.

Das Ohmmeter von Abb. 1.11 besteht im Prinzip aus der Reihenschaltung einer Batterie (meistens Einzelzelle 1,5 V) mit einem in Ohm geeichten Strommesser. Gegebenenfalls können außerdem noch ein veränderbarer Widerstand zur Eichung und Vorwiderstände zur Einstellung verschiedener Ω-Messbereiche in dieser Reihenschaltung liegen. Häufig benutzt man jedoch zur Eichung einen veränderbaren magnetischen Nebenschluss. Da eine Stromquelle eingebaut ist, stellt das Ohmmeter eine „aktive" Prüfeinrichtung dar. Zur Bestimmung von Polaritäten ist wichtig:

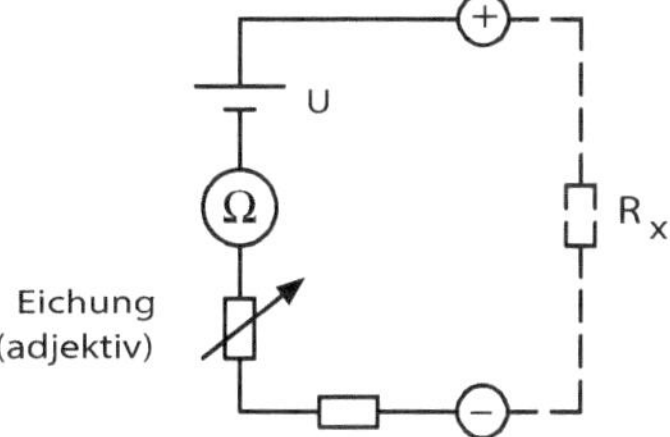

Abb. 1.11 Prinzipschaltung eines Ohmmeters

- Für die Widerstandsmessbereiche eines Vielfachinstruments liegt das Pluspotential der eingebauten Stromquelle an der mit −O gekennzeichneten Anschlussklemme und sinngemäß das Minuspotential an der +O-Klemme.
- Bei einem einfachen Ohmmeter entsprechen die Klemmenbezeichnungen +O und −O der Batteriepolarität.

Für die Elektronik sind solche Ohmmeter am besten geeignet, die die Messung sowohl kleiner Widerstände, z. B. Durchlasswiderstände von PN-Übergängen, als auch sehr großer Widerstände, z. B. Sperrwiderstände von PN-Übergängen bei Dioden und Transistoren, zulassen; die entsprechenden Ohmmeter-Messbereiche sind × 1 bzw. × 10 k. Bei Messungen mit dem Ohmmeter sollte man nie vergessen, dass die Spannung der eingebauten Stromquelle u. U. nur kurzzeitig konstant bleibt. Für Widerstandsmessungen mit dem Ohmmeter ist daher die Beachtung folgender Regeln von großer Bedeutung:

- Vor jeder Messung ist ein Ohmmeter an den Klemmen kurzzuschließen und der Zeigerausschlag auf 0 Ω zu eichen.
- Widerstandsmessungen sind so kurzzeitig wie möglich vorzunehmen, da sich sonst während der Messung die Spannung der eingebauten Stromquelle erheblich ändern kann.
- Die Anzeige eines Ohmmeters ist in der Skalenmitte am genauesten, der Messbereich ist entsprechend zu wählen.

Datenblätter über Ohmmeter enthalten sehr häufig Messbereichsangaben, die sich auf den Skalenendwert beziehen. Diese Angaben sind an sich nichtssagend, da die Skalenteilung im jeweiligen Endbereich keine genaue Ablesung eines Widerstandswerts zulässt. Üblich sind dagegen Angaben über den in der Skalenmitte angezeigten Widerstandswert. Zur Messung sehr großer Widerstände sind in Ohmmeter vielfach besondere Batterien mit höherer Spannung (ca. 15 bis 20 V) eingebaut. Es kann sein, dass diese Spannung höher ist als die für ein Halbleiter-Bauelement zulässige Höchstspannung. Vor Messungen im Hochohmbereich eines Ohmmeters sollte man sich daher davon überzeugen, ob die Spannung der eingebauten Batterie noch unterhalb der zulässigen Höchstgrenze für das zu messende Bauelement liegt. Ein Transistor würde z. B. durch eine zu hohe Ohmmeter-Spannung sofort zerstört.

Der Innenwiderstand eines Ohmmeters ist für den eingeschalteten Messbereich gleich dem Widerstandswert in Skalenmitte.

Ein an sich selbstverständlicher Grundsatz soll in diesem Zusammenhang nicht unerwähnt bleiben: Die Widerstandsmessung mit einem Ohmmeter ist nur möglich, wenn das Messobjekt selbst strom- bzw. spannungslos ist. Eine im Messstromkreis zusätzlich vorhandene Stromquelle verfälscht das Messergebnis vollkommen oder führt gar zur Zerstörung des Messinstruments.

Die Lösung messtechnischer Aufgaben zwingt in der Elektronik meistens zur gleichzeitigen Messung von Spannungen und Strömen, wie Abb. 1.12 zeigt. Solche Messungen

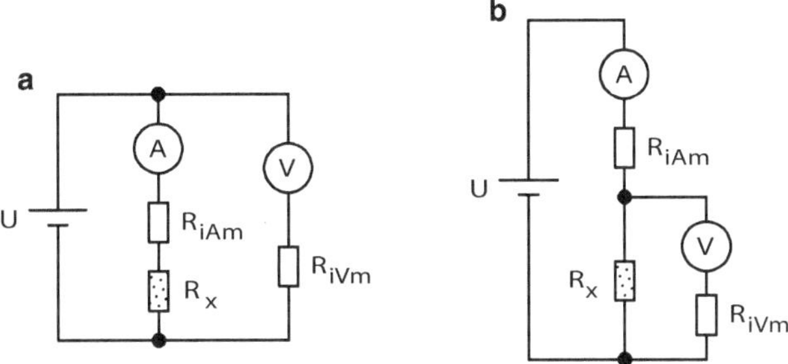

Abb. 1.12 Stromrichtige (**a**) und spannungsrichtige (**b**) Messschaltung

können nur dann zu brauchbaren Ergebnissen führen, wenn bei ihrer Ausführung einige wichtige Zusammenhänge beachtet werden. Jetzt kommt es nämlich darauf an, das Verhältnis dreier Widerstände zueinander zu berücksichtigen: R_i des Spannungsmessers, R_i des Strommessers und R_x des Messobjekts. Da der Widerstand von Halbleiterbauelementen vielfach stark von der angelegten Spannung abhängt, müssen u. U. während einer Messreihe entsprechende Messschaltungen geändert werden. Für die gleichzeitige Messung von Spannung und Strom an einem Messobjekt gelten folgende bestimmte Regeln:

a) Ist der Widerstand des Messobjekts groß, so wirkt sich der Widerstand eines Strommessers (Reihenschaltung) nur geringfügig auf den Gesamtwiderstand der Reihenschaltung aus und man wählt daher die Schaltung von Abb. 1.12a. In diesem Fall zeigt der Spannungsmesser zusätzlich den Spannungsfall am Innenwiderstand des Strommessers des Amperemeters an. Der Strommesser dagegen zeigt nahezu den richtigen Strom an, wenn R_x etwa 100mal so groß ist wie der Innenwiderstand R_{iAm}. Die Schaltung wird deshalb als stromrichtige Messschaltung bezeichnet.
b) Bei kleinem Widerstand des Messobjekts ist die Schaltung zu ändern. Der Strommesser zeigt hier zusätzlich den über den Spannungsmesser fließenden Strom an, dieser ist jedoch unter der Bedingung $R_{iVm} \geq 100 \cdot R_x$ so gering, dass das Messergebnis sehr genau wird. Da hier die Spannung direkt am Messobjekt gemessen wird, spricht man von der spannungsrichtigen Messschaltung, wie Abb. 1.12b zeigt.

Vor dem Aufbau einer Messschaltung ist unter allen Umständen zu prüfen, welche der beiden Messschaltungen zweckmäßiger ist. Schon hier sei darauf hingewiesen, dass beide Bedingungen z. B. bei der Aufnahme einer Diodenkennlinie auftreten.

Im Durchlassbereich wird eine Diode beim Überschreiten der Diffusionsspannung niederohmig. Dagegen ergeben sich im Sperrbereich im Allgemeinen sehr hochohmige Widerstände. Eine durch eine Messreihe (Spannung/Strom) aufgenommene Diodenkennlinie ist u. U. nur dann brauchbar, wenn man unter Berücksichtigung der Widerstandsverhältnisse beide Messschaltungen nacheinander anwendet.

Zur Strommessung in Schaltungen der Elektronik ist das Verfahren der indirekten Messung oft von großem Vorteil und sehr häufig sogar unumgänglich. Hierbei nutzt man die

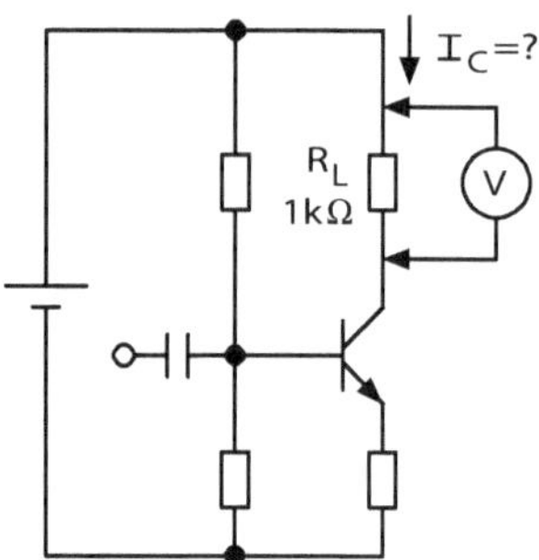

Abb. 1.13 Indirekte Messung des Kollektorstroms einer Transistorschaltung

Tatsache aus, dass der Spannungsfall an einem bestimmten ohmschen Widerstand unmittelbar von der Stärke des fließenden Stroms abhängt (Ohm'sches Gesetz). Indirekte Strommessung bedeutet die Messung des Spannungsfalls an einem ohmschen Widerstand bekannter Größe.

Beispiel

Anhand des Schaltungsausschnitts von Abb. 1.13 ist der über einen Transistor fließende Strom I_C zu messen. Dazu müsste der Stromkreis aufgetrennt und ein Strommesser in Reihe geschaltet werden. Die Auftrennung des Stromkreises ist aber häufig sehr umständlich und vielfach sogar unmöglich, man braucht dabei nur an gedruckte oder integrierte Schaltungen zu denken. Ist jedoch der Widerstand R_L im Transistorstromkreis bekannt, so genügt die Messung des Spannungsfalls an diesem Widerstand.

Aus dem gemessenen Spannungsfall und dem bekannten Widerstandswert lässt sich der Strom durch die Transistorschaltung mit dem Ohm'schen Gesetz berechnen. Beträgt der Spannungsfall an R_L im dargestellten Schaltungsausschnitt 2,5 V, so muss der Kollektorstrom I_C eine Stärke von

$$I_C = \frac{U_L}{R_L} = \frac{2{,}5\,\mathrm{V}}{1\,\mathrm{k\Omega}} = 2{,}5\,\mathrm{mA}.$$

Das Beispiel lässt erkennen, dass die indirekte Strommessung – genauer gesagt, die Berechnung des Stroms – umso einfacher wird, je runder der Widerstandswert ist. Wenn also der Widerstand frei wählbar ist, so sind Werte von 1 Ω, 10 Ω usw. am günstigsten.

Zur Kennliniendarstellung von Bauelementen an Oszilloskopen muss man zwangsläufig immer die indirekte Bestimmung der Stromstärke wählen, da Oszilloskope keine direkte Strommessung zulassen, wie noch später erklärt wird.

1.2.2 Messung von Wechselspannungen und -strömen mit Zeigerinstrumenten

Die Möglichkeit, Zeigerinstrumente zur Messung von Wechselspannungen oder -strömen in elektronischen Schaltungen einzusetzen, ist an sich auf wenige grundsätzliche Messungen beschränkt. Drehspulmesswerke sind nur für Gleichstrommessungen DC (direct current) geeignet und zur Wechselstrommessung AC (alternating current) werden Gleichrichter in Instrumente mit Drehspulmesswerk eingebaut. Diese Gleichrichter setzen die Empfindlichkeit herab, was aus dem für Wechselstrom angegebenen Eigenverbrauch erkenntlich wird. So ergibt sich für ein und dasselbe Messinstrument, z. B. für

Gleichspannungsmessungen 20 kΩ/V, dagegen für Wechselspannungsmessungen 5 kΩ/V

Nachteilig wirkt sich auch der Kennlinienknick des eingebauten Gleichrichters aus. Eine Gleichrichterwirkung tritt erst auf, wenn die anliegende Spannung größer als die Diffusionsspannung des eingebauten Gleichrichters ist. Daher sind Wechselspannungsmessungen nur für Werte oberhalb der Diffusionsspannung möglich. Die Skalenteilung ist jeweils am Anfang eines Wechselstrom- oder -spannungsbereichs kleiner.

Mit Zeigerinstrumenten lassen sich nur sinusförmige Wechselspannungen und Wechselströme messen, da ihre Skalen nach Effektivwerten geeicht sind. Ebenso ist der Frequenzbereich, innerhalb dessen genaue Messergebnisse zu erwarten sind, verhältnismäßig eng begrenzt. Für Zeigerinstrumente mit eingebautem Drehspulmesswerk und Gleichrichter kann ein zulässiger Frequenzbereich von ca. 10 Hz bis 10 kHz angegeben werden. Das bedeutet, dass nicht einmal Wechselströme mit allen Frequenzen des Hörbereichs (16 Hz bis 20 kHz) mit Zeigerinstrumenten messbar sind. Hinzu kommt noch, dass Zeigerinstrumente keine messtechnische Beurteilung hinsichtlich Verzerrungen von Wechselspannungen oder -strömen zulassen. Zusammenfassend kann also gesagt werden: Der Einsatz von Zeigerinstrumenten zur Messung von Wechselspannungen oder -strömen in elektronischen Schaltungen ist eng begrenzt. Zur Untersuchung und Messung von Wechselstromvorgängen in elektronischen Schaltungen bedient man sich daher überwiegend des Oszilloskops.

1.3 Messen mit Oszilloskop

Im Gegensatz zu Zeigerinstrumenten, die wegen ihrer mechanischen Trägheit bei Wechselstromvorgängen nur einen Mittelwert (Effektivwert) anzeigen können, arbeitet ein Oszilloskop praktisch trägheitslos. Zur „Anzeige" dient bei einem Oszilloskop ein Elektronenstrahl, der beim Auftreffen auf einen Leuchtschirm einen Leuchtpunkt hervorruft. Da Elektronen eine vernachlässigbar geringe Masse besitzen, kann man mit ihrer Hilfe äußerst schnelle elektrische Wechselvorgänge bildlich darstellen.

Bis 2000 dominierten die Oszilloskope mit einer Elektronenstrahlröhre. Seit dieser Zeit verwendet man LCD-Bildschirme, die wesentlich mehr Komfort zulassen. So sind Textausgaben, ein farbiger Bildschirm und mathematische Funktionen möglich, aber die Grundfunktionen sind identisch. Abb. 1.14 zeigt die Ansteuerung auf dem Y_A-Eingang und die X-Achse wird vom Oszilloskop erzeugt.

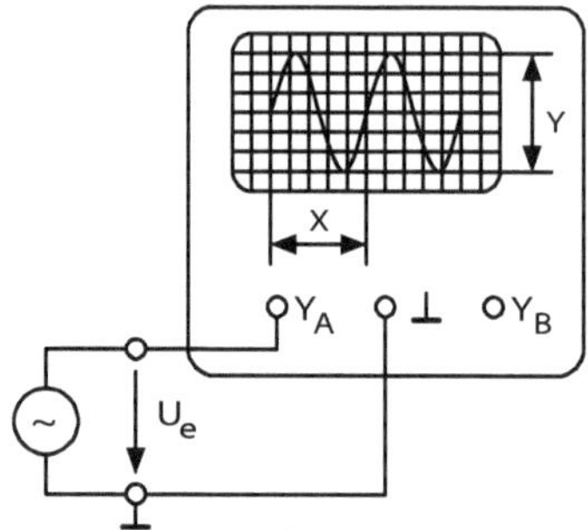

Abb. 1.14 Ansteuerung auf dem Y_A-Eingang

Der Elektronenstrahl beim Oszilloskop mit Elektronenstrahlröhre kann durch zwei Plattenpaare mit entsprechendem elektrischem Potential aus seiner Bahn gelenkt werden:

Waagerechte Ablenkung = Horizontalablenkung = X-Ablenkung,
senkrechte Ablenkung = Vertikalablenkung = Y-Ablenkung.

Zur Darstellung des zeitlichen Verlaufs einer Spannung muss der Elektronenstrahl in der Röhre in waagerechter Richtung jeweils von links nach rechts abgelenkt werden. Das geschieht durch Anlegen von Sägezahnimpulsen an die Horizontalablenkplatten. Die Sägezahnimpulse müssen einen absolut geradlinigen Flankenanstieg aufweisen, damit die Ablenkung in gleichen Zeitabschnitten zu gleichen Ablenkstrecken führt und Abb. 1.15 zeigt den zeitlichen Verlauf der zur Zeitablenkung dienenden Sägezahnspannung.

Der Impuls beginnt mit dem negativen Höchstwert und verläuft im Laufe der Zeit linear über die Nulllinie hinweg zum positiven Höchstwert. Da es sich um einen gleichmäßigen Spannungsanstieg handelt, wandert der Elektronenstrahl infolge des elektrischen Feldes in gleichmäßiger Geschwindigkeit vom linken zum rechten Bildschirmrand. Bei der Spannung von $Y = 0\,V$ durchläuft der Elektronenstrahl die Bildschirmmitte (keine seitliche Ablenkung). Die Höhe der Sägezahnspannung lässt sich mit dem Einsteller an der Vorderseite HORIZONTAL AMPLITUDE einstellen.

Ebenso ist eine seitliche Verschiebung des Oszillogramms mit Hilfe des Einstellers X-POSITION möglich. Ist der Elektronenstrahl mit Erreichen des Höchstwerts des Sägezahnimpulses am rechten Bildrand angelangt, so muss er in sehr kurzer Zeit an den

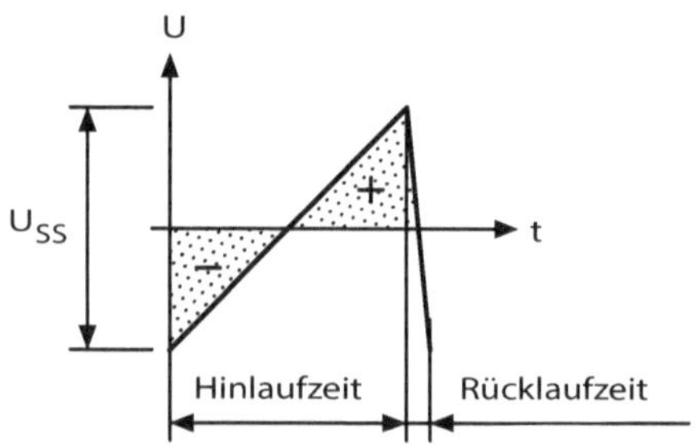

Abb. 1.15 Zeitlicher Verlauf der zur Zeitablenkung dienenden Sägezahnspannung

Ausgangspunkt, also den linken Bildschirmrand, zurückgeführt werden. Die Ablenkspannung kippt daher sehr schnell vom positiven zum negativen Höchstwert und der dafür benötigte Zeitraum heißt Rücklaufzeit. Während der Rücklaufzeit springt der Leuchtpunkt an den Ausgangspunkt. Nun kann z. B. durch eine Kondensatorumladung ein nur für die Dauer der Rücklaufzeit wirkender negativer Spannungsstoß erzeugt werden. Führt man diesen negativen Spannungsstoß dem Wehneltzylinder der Elektronenstrahlröhre zu, so wird der Elektronenstrahl kurzzeitig unterbrochen. Diese Maßnahme findet Anwendung, um den Rücklauf des Elektronenstrahls auf dem Bildschirm unsichtbar zu machen.

Sollen auf dem Bildschirm periodische Vorgänge dargestellt werden, z. B. der Verlauf einer sinusförmigen Wechselspannung, müssen die Folgefrequenz der Sägezahnimpulse und die Frequenz der zu untersuchenden Wechselspannung in einem genau ganzzahligen Verhältnis zueinander stehen. Um also z. B. eine Periode einer 50-Hz-Wechselspannung auf dem Bildschirm darzustellen, muss der Elektronenstrahl in 1/50 s vom linken zum rechten Bildrand abgelenkt werden, d. h., dass auch die Folgefrequenz der Ablenkimpulse 50 Hz betragen muss. Weicht die Folgefrequenz in dem Beispiel auch nur geringfügig von 50 Hz ab, so wandert das Oszillogramm nach links oder rechts. Lässt man dagegen den Sägezahnimpuls in 1/25 s vom negativen zum positiven Höchstwert steigen, so erscheinen auf dem Bildschirm zwei Perioden der 50-Hz-Wechselspannung; denn in 1/25 s sind gerade zwei Perioden der Wechselspannung abgelaufen.

Die einfachen Beispiele lassen bereits erkennen, dass die Folgefrequenz der Ablenkspannung und die Frequenz der Messspannung in einem ganzzahligen Verhältnis stehen müssen. Um das zu erreichen, werden je nach Art des Oszilloskops eines der folgenden oder auch beide Verfahren angewandt:

- die Synchronisation des Kippgenerators,
- das Triggern eines Impulsgenerators mit Hilfe einer besonderen Triggerschaltung.

Bei der Synchronisation wird in einem besonderen, selbstständig schwingenden Kippgenerator eine in ihrer Frequenz änderbare Sägezahnspannung erzeugt. Um den Gleichlauf zwischen Kippfrequenz und Frequenz der Messspannung – also ein stehendes Schirmbild – zu erreichen, erhält der Kippgenerator einen kleinen Spannungsanteil von der Messspannung und wird von deren Frequenz nachgesteuert. Treten jetzt im Verhältnis zwischen der Kippfrequenz und der Messspannungsfrequenz Änderungen auf, wird der Kippgenerator wieder auf die richtige Frequenz – nämlich ein ganzzahliges Vielfaches der Messfrequenz – gezogen.

Bei Oszilloskopen wird fast ausschließlich mit dem internen und externen Trigger gearbeitet. Die Triggerschaltung schwingt im Gegensatz zu einem Kippgenerator nicht selbstständig, sondern erzeugt nur dann einen einmaligen Sägezahnimpuls, wenn eine Steuerspannung bestimmter Höhe angelegt wird. Als Steuerspannung dient meistens ein Anteil aus der Messspannung. Zum Auslösen des Impulses genügt eine sehr geringe Steuerspannung, d. h. ein niedriger Schwellenwert. Damit jedoch eine unerwünschte Auslösung durch Störanteile der Messspannung vermieden werden kann, ist die Empfindlichkeit der Triggerschaltung durch einen Einsteller NIVEAU auf der Frontplatte einstellbar. Erreicht die dem Y-Eingang zugeführte Messspannung einen bestimmten, durch den Einsteller NIVEAU eingestellten Schwellenwert, so wird ein Sägezahnimpuls bestimmter Dauer ausgelöst. Dabei braucht die Messspannung nicht einmal frequenzkonstant zu sein.

Mit einem Stufenschalter TIME BASE (Zeitbasis) kann die Dauer des Sägezahnimpulses eingestellt werden. Die Schalterstellungen sind in μs/cm oder ms/cm geeicht, woraus sich ergibt, in welcher Zeit der Leuchtpunkt in waagerechter Richtung um 1 cm abgelenkt wird. Dabei müssen für Messzwecke die anderen, ebenfalls die Bildbreite beeinflussenden Einsteller Horizontal-Amplitude auf bestimmten Eichmarken stehen. Aufgrund der Eichung der Zeitbasis-Einstellung ist es möglich, periodische Vorgänge sowohl niedriger als auch hoher Frequenz zu untersuchen oder wahlweise eine oder mehrere Perioden der Messwechselspannung abzubilden und die Frequenz zu bestimmen.

Die Triggerschaltung kann aber auch selbstschwingend arbeiten – z. B. zur Darstellung von Gleichspannungen, die ja nur einen einzigen Triggerimpuls auslösen würden. Dazu ist eine besondere Schalterstellung AT (automatische Triggerung) vorhanden. Zur Untersuchung elektrischer Vorgänge ist manchmal auch die Steuerung der Triggerschaltung durch eine besondere Steuerspannung wünschenswert. Zu diesem Zweck kann der Steuereingang der Trigger- oder Synchronisierschaltung auf eine an der Frontplatte (extern) vorhandene Buchse geschaltet werden (Schalter: SYNCHRONISATION INTERN-EXTERN).

Die Höhe der Amplitude hängt von der Höhe der an die Vertikalablenkplatten angelegten Spannung ab. Damit ein Oszilloskop universell verwendbar ist, müssen mit ihm sowohl hohe als auch niedrige Spannungen nachgewiesen werden können. Darum liegt hinter der mit VERTICAL INPUT bezeichneten Buchse für den Y-Eingang ein als Stufenpotentiometer geschalteter Abschwächer VERTICAL AMPLITUDE und ein im Verstärkungsgrad umschaltbarer Verstärker. Dadurch ist die Einstellung der gewünschten Bildhöhe möglich. Als Verstärker dienen heute meistens galvanisch gekoppelte Transistorverstärker. Vor den Y-Eingang kann mit Hilfe eines Schalters DC/AC ein Kondensator geschaltet werden, der dem Oszilloskop ausschließlich den Wechselspannungsanteil der Messspannung zuführt. in Stellung AC ist dieser Kondensator vor den Eingang geschaltet.

Um anhand der Ablenkweite auf dem Bildschirm die Höhe der Spannung bestimmen zu können, wird für Oszilloskope der Ablenkkoeffizient angegeben. Soweit nur eine Angabe über den Ablenkkoeffizient gemacht wird, handelt es sich um den Wert bei größtmöglicher Verstärkung des Vertikalverstärkers. Der Ablenkkoeffizient gibt an, wie hoch die Spannung am Eingang sein muss, damit der Leuchtpunkt auf dem Bildschirm um 1 cm abgelenkt wird. Seine Einheit ist entsprechend V/cm bzw. mV/cm. Er wird jedoch – wie schon angedeutet –durch den Eingangsabschwächer und die Verstärkungsregelung beeinflusst. Deshalb sind sowohl Eingangsabschwächer als auch der Stufenschalter für die Verstärkung geeicht.

Zur Einstellung der Bildlage in senkrechter Richtung – z. B. auf die Bezugslinie eines vor dem Bildschirm liegenden Rasters – dient ein Einsteller Y-POSITION.

Da die Ablenkplatten für die Vertikalablenkung vom Bildschirm der Elektronenstrahlröhre weiter entfernt liegen, ist der Y-Eingang wesentlich empfindlicher als der X-Eingang eines Oszilloskops.

1.3.1 Messungen von Spannungen mittels Oszilloskop

Soll ein Oszilloskop nicht nur zur Beobachtung der Amplitude und der Form, sondern auch zur Messung elektrischer Vorgänge dienen, so ist vor dem Bildschirm eine Rasterscheibe standardmäßig montiert. Die Rasterscheibe ermöglicht die Festlegung einer Bezugslinie oder eines Bezugspunkts. Zur Gleichspannungsmessung wird der Leuchtpunkt zunächst ohne Messspannung mit Hilfe der X- und Y-Positionseinsteller auf den Mittelpunkt (Koordinatenschnittpunkt) der Rasterscheibe justiert und anschließend die Horizontalablenkung auf automatische Triggerung (AT) geschaltet. Der Leuchtstrich muss dabei genau auf der waagerechten Bezugsachse des Rasters liegen. Abb. 1.16 zeigt eine Messung einer Gleichspannung mit dem Oszilloskop.

Nun wird die Messspannung an den Y-Eingang (VERTICAL INPUT) gelegt und mit Hilfe der beiden Schalter VERTICAL AMPLITUDE eine Ablenkweite von etwa 3 cm eingestellt.

Die Ablesegenauigkeit lässt sich bei Gleichspannungsmessungen noch dadurch erhöhen, dass man als Bezugslinie die untere waagerechte Linie des Rasters wählt und damit eine größere Ablenkung ermöglicht.

Die Höhe der Spannung ergibt sich dann aus dem Produkt von gemessener senkrechter Ablenkweite l, eingestelltem Ablenkkoeffizient AK des Schalters VERTICAL AMPLITUDE und dem eingestellten Faktor v des Verstärkungsschalters.

$$U = l \cdot AK \cdot v$$

Beispiel

Beim Anlegen einer Gleichspannung an den Y-Eingang wird auf dem Bildschirm eine Ablenkweite von 2,6 cm gemessen. Der Stufenschalter VERTICAL AMPLITUDE steht auf 3 V/cm, der Stufenschalter des Y-Verstärkers auf v = 0,1. Wie hoch ist die Gleichspannung?

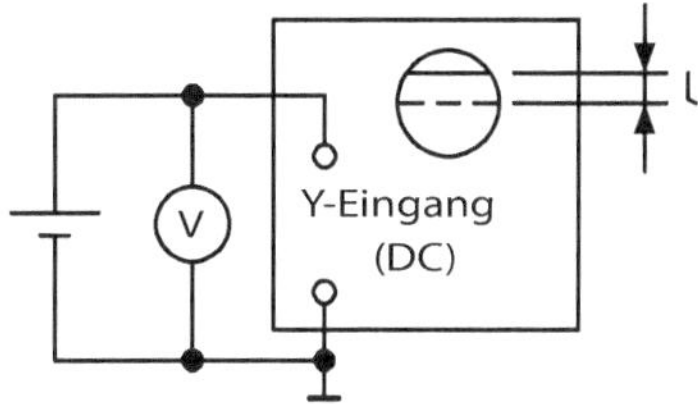

Abb. 1.16 Gleichspannungsmessung mit dem Oszilloskop

Gegeben: $l = 2{,}6\,\text{cm}$; $AK = 3\,\text{V/cm}$; $v = 0{,}1$
Gesucht: U

Lösung:

$$U = l \cdot AK \cdot v$$

$$U = 2{,}6\,\text{cm} \cdot 3\,\frac{\text{V}}{\text{cm}} \cdot 0{,}1 = 0{,}78\,\text{V}$$

Die Eingangsspannung beträgt 0,78 V.

Das rechnerische Ergebnis muss mit dem Anzeigewert eines Zeigerinstruments übereinstimmen.

Wegen des hohen Eingangswiderstands lassen sich mit einem Oszilloskop keine direkten Strommessungen durchführen. Man muss daher die indirekte Messmethode für Ströme anwenden. Dazu wird in den Messstromkreis ein möglichst kleiner Widerstand geschaltet. Der Spannungsfall an diesem Widerstand ist dann ein Maß für die über ihn fließende Stromstärke ($I = U/R$). Wie klein der Widerstand gewählt werden kann, richtet sich nach dem kleinsten Ablenkkoeffizient und der zu erwartenden Messstromstärke, denn mit Rücksicht auf eine gute Ablesegenauigkeit sollte das Oszillogramm eine bestimmte Mindesthöhe von etwa 1/3 bis 1/4 der Bildschirmhöhe nicht unterschreiten.

Beispiel

Der kleinste einstellbare Ablenkkoeffizient eines Oszilloskops beträgt 0,05 V/cm. Dabei wird der Schalter für die Verstärkung auf $v \cdot 0{,}1$ gestellt. Im Messstromkreis wird mit einer Stromstärke von mindestens etwa 1 mA gerechnet. Wie groß muss der Messwiderstand sein, damit eine Mindestablenkweite von 2 cm auftritt?

Gegeben: $AK = 0{,}05\,\text{V/cm}$; $v = 0{,}1$; $l = 2\,\text{cm}$; $I = 1\,\text{mA}$
Gesucht: R

Lösung:

$$R = \frac{U}{I}$$

$$U = l \cdot AK \cdot v$$

$$U = 2\,\text{cm} \cdot 0{,}05\,\frac{\text{V}}{\text{cm}} \cdot 0{,}1 = 0{,}010\,\text{V} = 10\,\text{mV}$$

$$R = \frac{U}{I} = \frac{10\,\text{mV}}{1\,\text{mA}} = 10\,\Omega$$

Der Messwiderstand muss einen Wert von 10 Ω aufweisen.

Bei der Wahl des Widerstandswerts sollte wegen der einfacheren Stromberechnung immer nach Möglichkeit ein runder Dezimalwert, wie z. B. 0,1, 10, 100 bevorzugt werden.

Da die indirekte Strommessung eigentlich eine Spannungsmessung ist, unterscheidet sich das Messverfahren nicht von der Gleichspannungsmessung. Aus Spannung und Widerstand lässt sich die Stromstärke bestimmen.

Beispiel

Bei einem eingestellten Ablenkkoeffizient 0,05 V/cm bei $v = 0{,}1$ wird am Bildschirm von Abb. 1.17 eine Ablenkweite von 2,8 cm gemessen. Der Messwiderstand hat einen Wert von 10 Ω. Wie groß ist die Stromstärke im Messstromkreis?

Gegeben: $AK = 0{,}05\,\text{V/cm}$; $v = 0{,}1$; $l = 2{,}8\,\text{cm}$; $R = 10\,\Omega$
Gesucht: I

Lösung:

$$I = \frac{U}{R}$$

$$U = l \cdot AK \cdot v$$

$$U = 2{,}8\,\text{cm} \cdot 0{,}05\,\frac{\text{V}}{\text{cm}} \cdot 0{,}1 = 0{,}014\,\text{V} = 14\,\text{mV}$$

$$I = \frac{0{,}014\,\text{V}}{10\,\frac{\text{V}}{\text{A}}} = 0{,}014\,\text{A} = 1{,}4\,\text{mA}$$

Die Stromstärke beträgt 1,4 mA.
Der errechnete Stromwert muss mit dem vom angezeigten Wert übereinstimmen.

Bei der Wechselspannungsmessung wird die Wahl der Höhendifferenz am Wechselspannungs-Oszillogramm dadurch erschwert, dass die positiven und negativen Höchstwerte seitlich (eigentlich zeitlich) gegeneinander versetzt sind, wie Abb. 1.18 zeigt. Genaue Messungen der Ablenkweiten zwischen positiven und negativen Maximalwerten sind

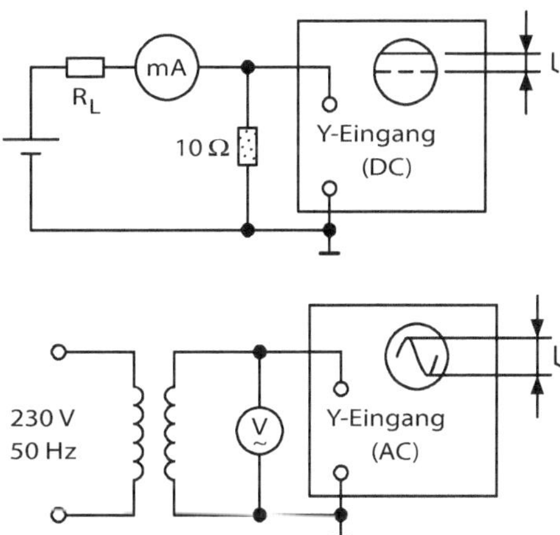

Abb. 1.17 Gleichstrommessung mit Oszilloskop

Abb. 1.18 Wechselspannungsmessung mit Oszilloskop

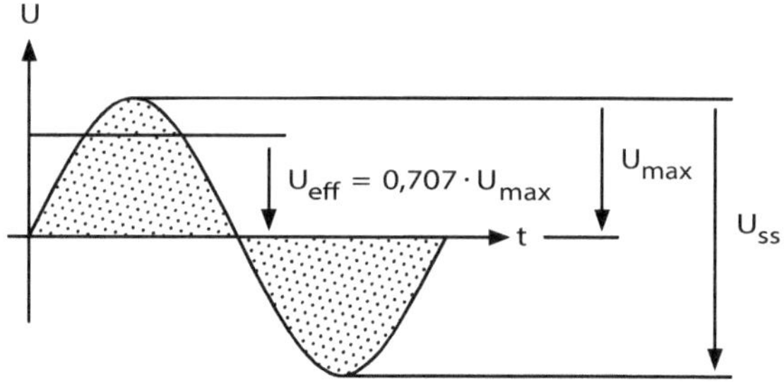

Abb. 1.19 Charakteristische Größen einer sinusförmigen Wechselspannung

daher nur mit Hilfe fein unterteilter Rasterscheiben möglich. Man kann sich dabei allerdings eines einfachen Kniffs bedienen. Schaltet man nämlich die Horizontalablenkung aus (Zeitbasisschalter auf EXT), so erscheint die Wechselspannung auf dem Bildschirm als ein senkrechter Strich, dessen Länge einfach ausgemessen werden kann. Dieses Verfahren sollte jedoch nur angewandt werden, nachdem die Kurvenform der Wechselspannung durch Beobachten des zeitabgelenkten Oszillogramms festgestellt worden ist, wie Abb. 1.19 zeigt.

Vergleicht man das Ergebnis anhand des Oszillogramms mit der Anzeige eines Zeigerinstruments, so zeigt sich, dass die Werte nicht übereinstimmen. Da der Elektronenstrahl keine Trägheit besitzt, folgt er der Wirkung der Ablenkspannung bis zum jeweiligen Spitzenwert. Anhand des Oszillogramms ergibt sich also immer der Spitze-Spitze-Wert. Bei sinusförmiger Wechselspannung lässt sich aus diesem Wert der Effektivwert berechnen:

$$U_{eff} = U = 0{,}707 \cdot U_{max}$$

$$U_{max} = \frac{U_{SS}}{2}$$

$$U_{eff} = \frac{0{,}707}{2} \cdot U_{SS}$$

$$U_{eff} = 0{,}3535 \cdot U_{SS}$$

Beispiel

Auf dem Bildschirm eines Oszilloskops wird zwischen positivem und negativem Höchstwert einer sinusförmigen Wechselspannung eine Höhendifferenz von 5,5 cm gemessen. Die beiden Schalter für VERTICAL AMPLITUDE (AK) stehen auf 2 V/cm und v = 1. Wie hoch ist der Effektivwert der Wechselspannung?

Gegeben: $l = 5{,}5$ cm; AK = 2 V/cm; v = 1
Gesucht: U_{eff}

Lösung:

$$U_{SS} = 0{,}3535 \cdot AK \cdot v$$

$$U_{SS} = 5{,}5\,\text{cm} \cdot 2 \cdot \frac{V}{\text{cm}} \cdot 1 = 11\,V$$

$$U_{eff} = 0{,}3535 \cdot 11\,V = 3{,}89\,V$$

Der Effektivwert der Wechselspannung beträgt 3,89 V.

Zur Beurteilung von Wechselstromvorgängen ist es oft vorteilhaft, nur einen bestimmten Teil einer Periode oder auch mehrere Perioden nebeneinander auf dem Bildschirm zu betrachten. Mit Hilfe des Zeitbasisschalters sind diese Möglichkeiten gegeben. Der Einfluss unterschiedlicher Zeitbasiseinstellungen auf das Oszillogramm eines periodischen Vorgangs soll am Beispiel einer 50-Hz-Wechselspannung erläutert werden.

Bei der 50-Hz-Wechselspannung dauert eine Periode 1/50 s = 20 ms. Soll eine Periode auf einer Rasterbreite von 10 cm wiedergegeben werden, so müsste der Elektronenstrahl in 20 ms um 10 cm in waagerechter Richtung abgelenkt werden. Der zugehörige Zeitbasiswert beträgt demnach 20 ms/10 cm = 2 ms/cm. Da bei dem Oszilloskop dieser Wert nicht einstellbar ist, wird der nächstgrößere Wert 3 ms/cm gewählt. Das bedeutet, dass es insgesamt 30 ms dauert, bis der Leuchtpunkt um 10 cm nach rechts abgelenkt worden ist. Dabei ergeben sich die Oszillogramme von Abb. 1.20 und 1.21.

Soll nur eine Halbperiode abgebildet werden, so muss die Ablenkung in kürzerer Zeit erfolgen, die Zeitbasis also verringert werden. Gewählt wird der Zeitbasiswert 1 ms/cm;

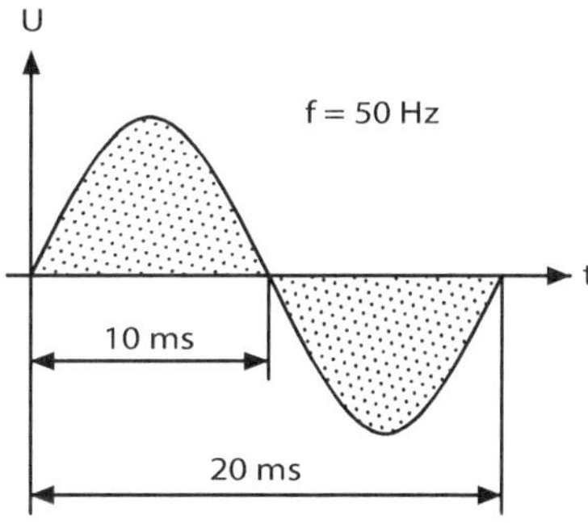

Abb. 1.20 Oszillogramm einer 50-Hz-Wechselspannung

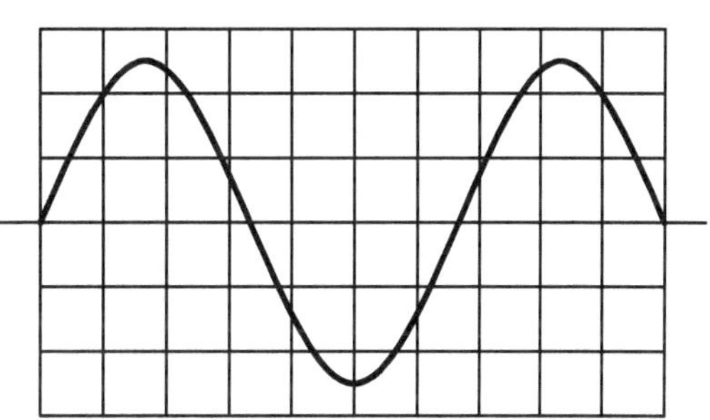

Abb. 1.21 Oszillogramm einer 50-Hz-Wechselspannung bei einer Zeitbasis von 3 ms/cm

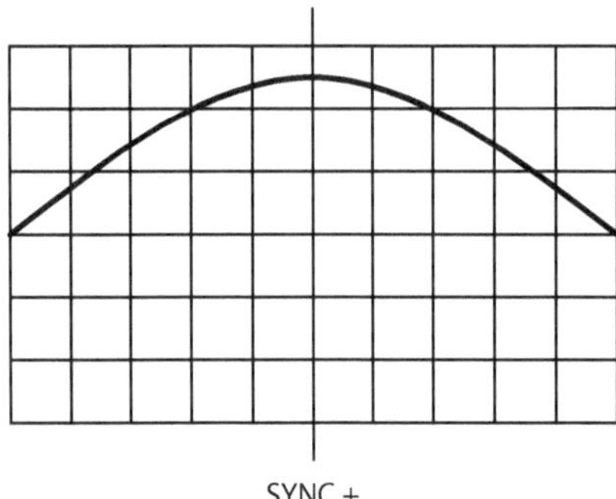

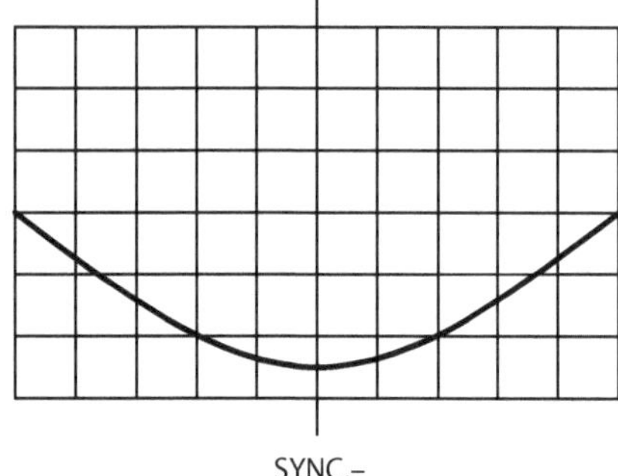

Abb. 1.22 Oszillogramme einer 50-Hz-Wechselspannung bei einer Zeitbasis von 1 ms/cm

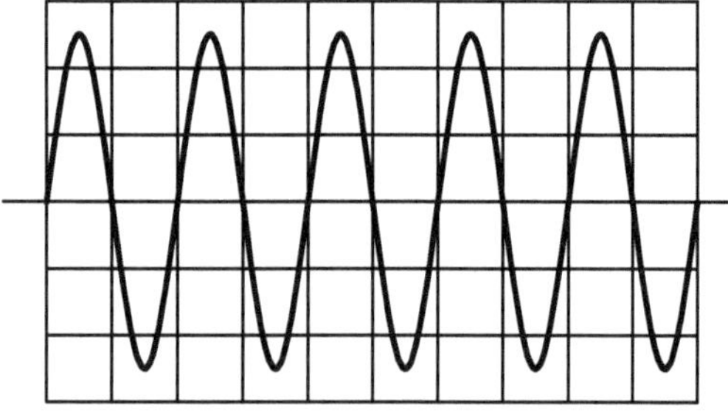

Abb. 1.23 Oszillogramm einer 50-Hz-Wechselspannung bei einer Zeitbasis von 10 ms/cm

d. h., für 10 cm werden 10 ms benötigt. Diese Einstellung hat eine Lupenwirkung, wie Abb. 1.22 zeigt.

Durch Umschalten des Schalters SYNC. von + auf – lässt sich auch wahlweise die negative Halbwelle oszillografieren.

Wird die Zeltbasis erhöht, so braucht der Leuchtpunkt längere Zeit, um von links nach rechts über den Bildschirm zu wandern. Bei einer Zeitbasis von 10 ms/cm würden für 10 cm Ablenkweite insgesamt 100 ms Zeit benötigt. in dieser Zeit sind aber fünf Perioden der 50-Hz-Wechselspannung abgelaufen, wie Abb. 1.23 zeigt.

Auch zur Wechselstrommessung ist die indirekte Strommessmethode anzuwenden. Bei der rechnerischen Auswertung der Messung ist unbedingt zu berücksichtigen, dass die gemessene Ablenkweite immer den Spitze-Spitze-Wert des Spannungsfalls am Messwiderstand ergibt. Soll für sinusförmigen Wechselstrom der Effektivwert bestimmt werden, so ist – wie bereits abgeleitet – mit dem Faktor 0,3535 zu multiplizieren.

1.3.2 Darstellung von Kennlinien

Da in der Elektronik überwiegend Bauteile verwendet werden, deren Kennlinien nicht formelmäßig zu erfassen sind, ist man auf die messtechnische Kennlinienaufnahme angewiesen. Mit Zeigerinstrumenten müssen Kennlinien punktweise aufgenommen werden, was meistens sehr zeitraubend ist. Ein Oszilloskop ermöglicht dagegen eine vollständige Kennliniendarstellung.

In der Kennlinie für ein elektronisches Bauteil wird normalerweise die Abhängigkeit der Stromstärke von der Höhe der anliegenden Spannung dargestellt. Bei der Kennlinienaufnahme wird die Spannung stufenweise erhöht und zu jedem eingestellten Spannungswert die Stromstärke gemessen. Die Spannungswerte werden dann nach einem festgelegten Maßstab auf der waagerechten Achse, die zugehörigen Stromwerte ebenfalls maßstabsgerecht senkrecht dazu aufgetragen. Die Verbindung aller so erhaltenen Punkte ergibt dann die Kennlinie.

Da man den Elektronenstrahl in einer Elektronenstrahlröhre sowohl waagerecht als auch senkrecht ablenken kann, bietet sich ein Oszilloskop zur Darstellung von Diagrammen – also auch Kennlinien – geradezu an. Bei Spannungs-Strom-Kennlinien muss nur berücksichtigt werden, dass die Stromstärke beim Oszilloskop nur indirekt angezeigt werden kann. In Abb. 1.24 ist die Grundschaltung zur Kennlinienaufnahme eines ohmschen Widerstands gezeigt.

Die Messspannung wird dabei dem Horizontaleingang (Zeitbasis-Schalter auf EXT.) zugeführt. Der Spannungsfall am niederohmigen Widerstand R_1 ist ein Maß für die Stromstärke und liegt am Vertikaleingang.

Wird nun die Spannung an der Messschaltung sehr schnell – z. B. 50-Hz-Wechselspannung – geändert, so zeigt sich auf dem Bildschirm die Kennlinie des Widerstands R_x. Der Abbildungsmaßstab lässt sich waagerecht durch den Einsteller HORIZONTAL AMPLITUDE und senkrecht durch den Schalter VERTICAL AMPLITUDE wunschgemäß einstellen.

Hinweis Die Messschaltung enthält einen Fehler. Die Spannung U wird nicht nur an R_x, sondern an der Reihenschaltung R_x–R_1 abgegriffen. Das ist notwendig, weil die „unteren" Buchsen des Horizontal- und Vertikaleingangs galvanisch miteinander verbunden sind (Masse). Würde der Verbindungspunkt R_x–R_1 der Messschaltung an den Masseanschluss des Oszilloskops gelegt, ergäbe sich ein um 180° gedrehtes Oszillogramm, das der üblichen Kennliniendarstellung nicht entspräche. Der Fehler in der „seitenrichtigen" Messschaltung lässt sich umso geringer halten, je kleiner R_1 im Verhältnis zu R_x gemacht werden kann.

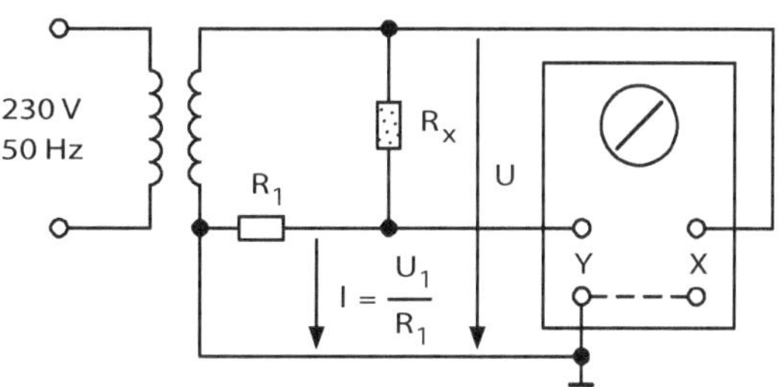

Abb. 1.24 Schaltung zur Kennlinienaufnahme

Nach dem hier angegebenen Verfahren können die Kennlinien von Halbleiter-Bauelementen, z. B. von Dioden, Z-Dioden, VDR-Widerständen usw., dargestellt werden. Die Bauelemente werden dazu anstelle des Widerstands R_x in die Schaltung eingefügt.

1.3.3 Frequenzmessung mit dem Oszilloskop

Mit Hilfe eines Oszilloskops lassen sich Frequenzmessungen durchführen, wenn der Zeitbasis-Schalter geeicht und die Einsteller für Horizontalablenkung und Zeitbasis auf Eichmarken stehen. Die eingestellte Zeitbasis gibt an, in welcher Zeit der Leuchtpunkt auf dem Bildschirm um 1 cm nach rechts abgelenkt wird. Zur Frequenzmessung sollte grundsätzlich ein Raster vor dem Bildschirm liegen.

Zur Frequenzbestimmung legt man die Wechselspannung unbekannter Frequenz an den Vertikaleingang und stellt Bildhöhe und Zeitbasis so ein, dass die Bildschirmfläche durch eine Periode der Wechselspannung gut ausgenutzt wird. Mit Hilfe der waagerecht gemessenen Strecke zwischen Anfang und Ende einer Periode und dem Zeitbasiswert t_B lassen sich dann die Periodendauer T und die Frequenz f berechnen:

$$T = l \cdot t_B$$

$$f = \frac{1}{T}$$

Beispiel

Auf dem Bildschirm eines Oszilloskops wird gemäß Abb. 1.25 zwischen Anfang und Ende einer Periode eine Strecke von 7,8 cm gemessen. Der Zeitbasis-Schalter steht auf 3 µs/cm. Wie hoch ist die Frequenz?

Gegeben: $l = 7{,}8\,\text{cm}$; $t_B = 3\,\mu\text{s/cm}$
Gesucht: f

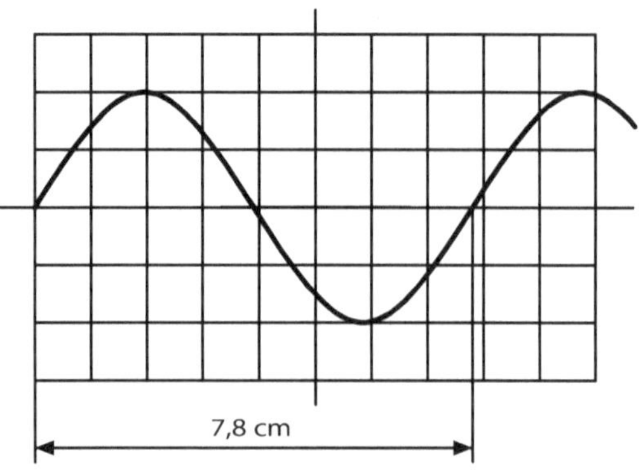

Abb. 1.25 Oszillogramm zur Frequenzbestimmung

Lösung:

$$f = \frac{1}{T}$$

$$T = l \cdot t_B = 7{,}8\,\text{cm} \cdot 3\,\frac{\mu\text{s}}{\text{cm}} = 23{,}4\,\mu\text{s} = 23{,}4 \cdot 10^{-6}\,\text{s}$$

$$f = \frac{1}{T} = \frac{1}{23{,}4 \cdot 10^{-6}\,\text{s}} = \frac{10^6}{23{,}4} \cdot \frac{1}{\text{s}} = 42.700\,\text{Hz} = 42{,}7\,\text{kHz}$$

Die Frequenz der Wechselspannung beträgt 42,7 kHz.

2 Widerstand, Kondensator und Spule

Elektrische Widerstände werden zur Strombegrenzung oder Spannungsaufteilung benötigt. Die Einheit des elektrischen Widerstands ist das Ω (Ohm). Die Größe eines Widerstands ist abhängig vom Material, den Abmessungen und der Temperatur. Widerstände lassen sich nach Bauart, Bauform oder Veränderbarkeit klassifizieren. Zu den Widerständen gehören auch die Potentiometer und dies sind veränderbare Widerstände.

Beim elektrischen Strom fließen Ladungsträger und in einem elektrischen Leiter können sich die Ladungsträger frei bewegen. Die Eigenschaft eines Kondensators, nach dem Anlegen einer bestimmten Spannung eine bestimmte Menge elektrischer Ladungen (Elektrizitätsmenge) zu speichern, bezeichnet man als Kapazität. Kondensatoren sind Bauelemente, die im Prinzip aus Platten bestehen. Die Platten sind durch eine Isolierschicht getrennt, die man als Dielektrikum bezeichnet. Bei der Verwendung von Kondensatoren in der Elektrotechnik wird die Wirkung des elektrischen Feldes zwischen diesen Platten ausgenutzt. Zu den Kondensatoren gehören auch die Drehkondensatoren mit ihren veränderbaren Werten.

Fließt elektrischer Strom durch einen Leiter, erzeugt es ein Magnetfeld. Jeder stromdurchflossene Leiter ist daher von einem Magnetfeld umgeben. Die Feldlinien dieses Magnetfeldes verlaufen dabei, in Stromrichtung gesehen, im Uhrzeigersinn um den Leiter. Das Magnetfeld bildet die Grundlage für den Motor, Transformator und für Relais. Beim Einsatz von Spulen wird die Wirkung des magnetischen Feldes in Gleich- und Wechselstromkreisen ausgenutzt. Spulen sind Bauelemente, die aus einer Kupferdrahtwicklung bestehen, die auf einen Spulenkörper aufgebracht ist. Um die Wirkung der Spulen zu verbessern, werden zur Verstärkung des magnetischen Flusses und damit zur Vergrößerung der Induktivität Kerne aus ferromagnetischem Material verwendet. Ferromagnetische Stoffe wie Eisen, Nickel und Kobalt stärken das magnetische Feld erheblich.

H. Bernstein, *Elektrotechnik/Elektronik für Maschinenbauer*,
https://doi.org/10.1007/978-3-658-20838-7_2

2.1 Widerstand

Die Leitfähigkeit eines Materials wird von der Anzahl der freien Elektronen und deren Beweglichkeit bestimmt. Man hat daher den spezifischen Widerstand ρ (Rho) und die elektrische Leitfähigkeit γ (gamma) eingeführt. Er gibt an, wie groß der Widerstand eines

Tab. 2.1 Spezifischer Widerstand ρ, elektrische Leitfähigkeit γ und Temperaturkoeffizient α bei 20 °C. Die Angabe „WM“ definiert ein Widerstandsmaterial. Neusilber hat die Bezeichnung „WM 30“, d. h. der spezifische Widerstand beträgt 0,30 $\Omega \cdot mm^2 / m$

Stoff	ρ in $\frac{\Omega \cdot mm^2}{m}$	γ in $\frac{m}{\Omega \cdot mm^2}$	α in $\frac{1}{K}$
a) Metalle			
Aluminium	0,0278	36	0,00403
Blei	0,2066	4,84	0,0039
Eisendraht	0,15...0,1	6,7...10	0,0065
Gold	0,023	43,5	0,0037
Kupfer	0,0178	58	0,00393
Nickel	0,069	14,5	0,006
Platin	0,107	9,35	0,0031
Quecksilber	0,962	1,04	0,0009
Silber	0,0164	61	0,0038
Tantal	0,135	7,4	0,0033
Wolfram	0,055	18,2	0,0044
Zink	0,061	16,5	0,0039
Zinn	0,12	8,3	0,0045
b) Legierungen			
Konstantan (WM 50)	0,5	2	±0,00001
Manganin	0,43	2,32	0,00001
Messing	0,063	15,9	0,0016
Neusilber (WM 30)	0,3	3,33	0,00035
Nickelin (WM 43)	0,43	2,32	0,00023
Stahldraht (WM 13)	0,13	7,7	0,0048
Wood-Metall	0,54	1,85	0,0024
c) Sonstige Leiter			
Graphit	22	0,046	−0,0013
Homogene Kohle	65	0,015	−0,0003
Retortengraphit	70	0,014	−0,0004
d) Schichtwiderstände			
Kohleschicht bis 10 kΩ			−0,0003
Kohleschicht bis 10 MΩ			−0,002
Metallschicht			±0,00005
Metalloxidschicht			±0,0003

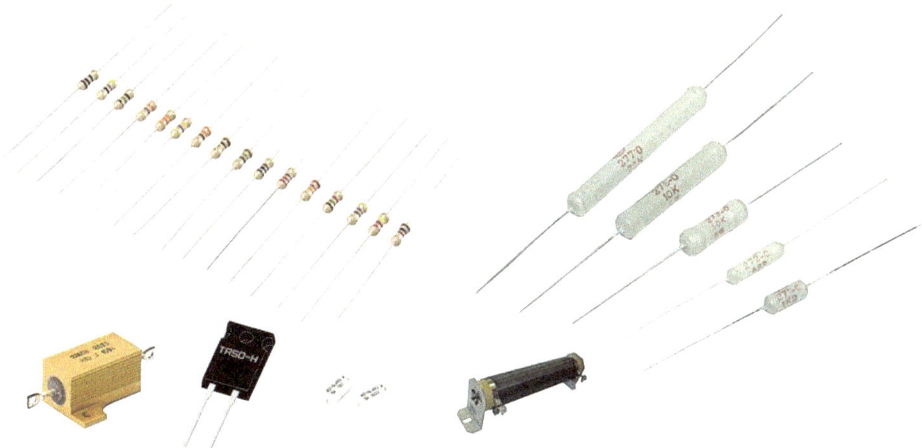

Abb. 2.1 Verschiedene Kohleschicht-, Leitungs- und Drahtwiderstände

Leiters von 1 m Länge und 1 mm^2 Querschnitt bei einer Umgebungstemperatur von 20 °C ist. Tab. 2.1 zeigt den spezifischen Widerstand ρ, die elektrische Leitfähigkeit γ und den Temperaturkoeffizienten α (alpha).

Abb. 2.1 zeigt verschiedene Formen von Kohleschicht-, Leitungs- und Drahtwiderständen.

Der Widerstand R_l eines Leiters berechnet sich aus

$$R_l = \frac{\rho \cdot l}{A}, \qquad R_l = \frac{l}{\gamma \cdot A}.$$

Beispiel

Welchen Widerstandswert (Abb. 2.2) hat eine Kupferleitung mit $l = 100\,m$ und einem Durchmesser von 0,6 mm?

$$A = \frac{d^2 \cdot \pi}{4} = \frac{(0{,}6\,mm)^2 \cdot 3{,}14}{4} = 0{,}282\,mm^2$$

$$R_l = \frac{\rho \cdot l}{A} = \frac{0{,}0178\,\frac{\Omega \cdot mm^2}{m} \cdot 100\,m}{0{,}282\,mm^2} = 6{,}3\,\Omega$$

Die Kupferleitung hat einen Widerstand von 6,3 Ω.

Abb. 2.2 Leitungswiderstand R_l

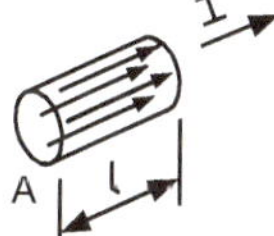

Ohm'sche Widerstände sind temperaturabhängig. Die Abhängigkeit wird durch den Temperaturkoeffizienten α (alpha) gekennzeichnet. Der Temperaturkoeffizient gibt an, um wieviel Ohm ein Widerstand von 1 Ω bei 1 Grad Temperaturänderung kleiner oder größer wird. Positive Temperaturkoeffizienten bewirken eine Erhöhung des Widerstandswertes und negative eine Verminderung. Die Maßeinheit ist 1/K (Kelvin). Die Temperaturkoeffizienten für die wichtigsten Stoffe sind in der Tab. 2.1 dargestellt. Kelvin ist nach dem heute gültigen Maßeinheitensystem die Maßeinheit für die Temperatur. 0 K entspricht dem absoluten Nullpunkt.

Es gilt die in der Tab. 2.1 dargestellte Temperaturumrechnung.

0 K	−273 °C	Absoluter Nullpunkt
273 K	0 °C	
293 K	20 °C	Zimmertemperatur (Bezugstemperatur)

Nach der obigen Gesetzmäßigkeit sind Temperaturdifferenzen auf der Celsiusskala und Kelvinskala gleich.

Abb. 2.3 zeigt das Verhalten von Werkstoffen mit positiven und negativen Temperaturkoeffizienten. Bei einem positiven Temperaturkoeffizienten hat man einen Kaltleiter bzw. ein PTC-Verhalten oder bei einem negativen Temperaturkoeffizienten einen Heißleiter mit NTC-Verhalten.

Der Temperaturkoeffizient ist außer vom Material des Widerstands auch von der Umgebungstemperatur und bei Kohleschichtwiderständen zusätzlich vom Widerstandswert abhängig. In Tabellen der Hersteller werden die Temperaturkoeffizienten meistens für die Zimmertemperatur 20 °C ($\hat{=}$ 293 K) angegeben.

Der Widerstandswert R_ϑ eines Leiters bei einer anderen Temperatur als der Bezugstemperatur 20 °C ergibt sich aus der nachfolgenden Formel:

$$\begin{aligned} R_\vartheta &= R_{20} + \Delta R \\ &= R_{20} + R_{20} \cdot \alpha \cdot \Delta\vartheta \\ &= R_{20}(1 + \alpha \cdot \Delta\vartheta) \end{aligned}$$

Δ Delta
ϑ Theta
R_ϑ Widerstandswert bei ϑ in Ω
R_{20} Widerstandswert bei 20 °C in Ω

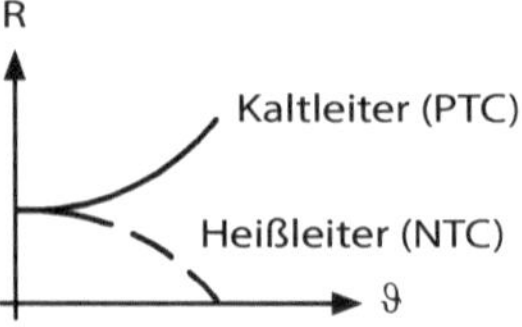

Abb. 2.3 Verhalten von Werkstoffen mit positiven und negativen Temperaturkoeffizienten

ΔR Widerstandsdifferenz
α Temperaturkoeffizient in 1/K
$\Delta\vartheta$ Widerstandsdifferenz in K oder °C

Beispiel
Ein Kohleschichtwiderstand hat bei Raumtemperatur einen Widerstandswert von 1 kΩ. Wie groß ist der Widerstandswert bei 100 °C?

$$\begin{aligned}
\Delta\vartheta &= 100\,°\mathrm{C} - 20\,°\mathrm{C} = 80\,°\mathrm{C} \text{ oder } 80\,\mathrm{K} \\
R_\vartheta &= R_{20}(1 + \alpha \cdot \Delta\vartheta) \\
&= 1\,\mathrm{k\Omega}(1 + (-0{,}0003\ 1/\mathrm{K}) \cdot 80\,\mathrm{K}) \\
&= 1\,\mathrm{k\Omega}(1 - 0{,}024) \\
&= 1\,\mathrm{k\Omega} \cdot 0{,}976 \\
&= 976\,\Omega
\end{aligned}$$

Der Kohleschichtwiderstand hat ein NTC-Verhalten, da sich sein Widerstandswert verringert.

2.1.1 Stromdichte

Durch einen Widerstand, ob Leitung oder ohmscher Widerstand, kann nur ein bestimmter Strom fließen, damit sich die Leitung nicht zu stark erwärmt.

$$J = \frac{I}{A}$$

J Stromdichte in A/mm²

Infolge der Energieumwandlung wird jeder Leiter erwärmt, wenn er von einem Strom durchflossen wird. Diese Erwärmung ist jedoch nicht nur von der Stromstärke I, sondern auch vom Querschnitt A des Leiters abhängig. Das Verhältnis zwischen Strom I und Querschnitt A eines Leiters wird als Stromdichte J bezeichnet, wie Abb. 2.4 zeigt.

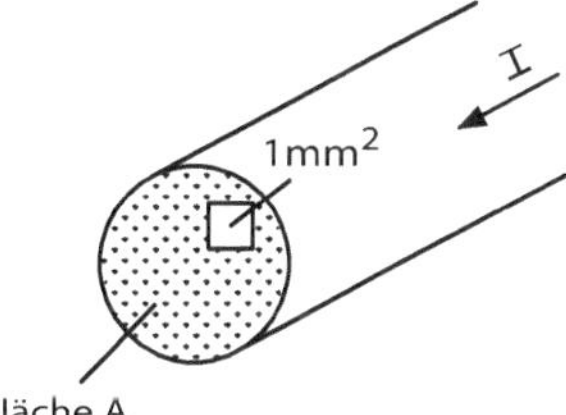

Abb. 2.4 Stromdichte in einem Leiter

Die Stromdichte in einem Leitungsdraht oder einem Bauelement darf einen bestimmten Wert nicht überschreiten, da sich der Körper stark erwärmt. Dadurch kann eine Zerstörung des Bauteiles oder der Isolierung eintreten. Aus diesem Grund werden z. B. für isolierte elektrische Leitungen je nach Leitungsquerschnitt maximal zulässige Stromstärken angegeben. Sie sind durch die VDE-Bestimmungen (VDE 0100) verbindlich festgelegt.

Beispiel

Für eine isolierte Kupferleitung mit dem Querschnitt $A = 2{,}5\,\text{mm}^2$ wird ein Strom $I = 27\,\text{A}$ zugelassen.

Welche maximale Stromdichte J ist für diese Leitung zulässig?

$$J = \frac{I}{A} = \frac{27\,\text{A}}{2{,}5\,\text{mm}^2} = 10{,}8\,\frac{\text{A}}{\text{mm}^2}$$

Die Einhaltung maximal zulässiger Stromdichten ist besonders für die Elektroinstallation von erheblicher Bedeutung wegen Brandgefahr.

Auch die Strömungsgeschwindigkeit der Elektronen in einem Leiter hängt von der Stromdichte ab, und zwar besteht ein proportionaler Zusammenhang. Je größer also die Stromdichte, desto größer ist auch die Strömungsgeschwindigkeit der Elektronen. So beträgt z. B. die Strömungsgeschwindigkeit der Elektronen in einem Kupferleiter $v_{\text{Elektron}} \approx 1\,\text{mm/s}$ bei einer Stromdichte von $20\,\text{A/mm}^2$. Diese Strömungs- und Wanderungsgeschwindigkeit von Elektronen in einem elektrischen Leiter ist sehr klein und darf auf keinen Fall verwechselt werden mit der Signalgeschwindigkeit des Stroms. Diese liegt mit $v \approx 300.000\,\text{km/s}$ in der Größenordnung der Lichtgeschwindigkeit. Für die Praxis ist die Signalgeschwindigkeit der Elektronenbewegung von wesentlich größerer Bedeutung als die Strömungsgeschwindigkeit der Elektronen in einem Leiter.

2.1.2 Elektrische Leistung und Arbeit

Die elektrische Leistung P (power) lässt sich durch einen Spannungs- und Strommesser bestimmen, wie Abb. 2.5 zeigt.

Die Berechnung der elektrischen Leistung P kann durch eine der drei Formeln bestimmt werden:

$$P = U \cdot I, \qquad P = I^2 \cdot R, \qquad P = \frac{U^2}{R}.$$

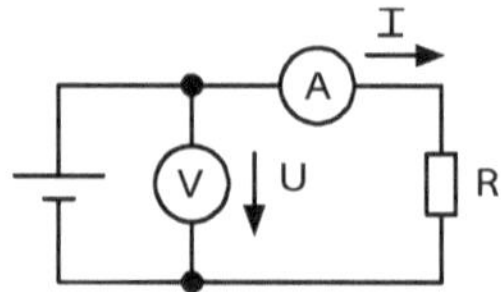

Abb. 2.5 Elektrische Leistung P ergibt sich durch eine Spannungs- und Strommessung

Beispiel

Über einen Widerstand fließt ein Strom von $I = 2\,A$ bei einer Spannung von $U = 12\,V$. Wie groß ist die Leistung?

$$P = U \cdot I = 12\,V \cdot 2\,A = 24\,W$$

Beispiel

Über einen Widerstand mit $R = 10\,\Omega$ fließt ein Strom von $I = 0{,}5\,A$. Wie groß ist die Leistung?

$$P = I^2 \cdot R = (0{,}5\,A)^2 \cdot 10\,\Omega = 2{,}5\,W$$

Beispiel

Über einen Widerstand mit $R = 20\,\Omega$ ergibt sich ein Spannungsfall von $U = 12\,V$. Wie groß ist die Leistung?

$$P = \frac{U^2}{R} = \frac{(12\,V)^2}{20\,\Omega} = 7{,}2\,W$$

Statt der zwei Messgeräte von Abb. 2.5 kann man ein Wattmeter von Abb. 2.6 verwenden.

Das Wattmeter zeigt beispielsweise eine Leistung von $P = 10\,W$ direkt an. Erhöht man die Spannung von 10 auf 20 V, fließt ein Strom von 2 A durch den Widerstand mit $10\,\Omega$. Es ergibt sich eine Leistung von

$$P = U \cdot I = 20\,V \cdot 2\,A = 40\,W.$$

Durch die Spannungsverdopplung fließt ein doppelt so großer Strom und die Leistung am Widerstand mit $10\,\Omega$ vervierfacht sich!

Bei vielen sogenannten elektrischen Verbrauchern (z. B. Glühlampen, Motoren, Widerstände) ist die Nennleistung angegeben. Die Angaben entsprechen derjenigen Arbeit je

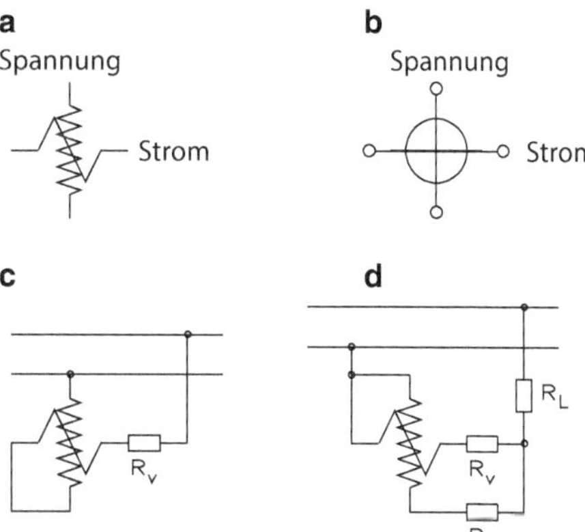

Abb. 2.6 Elektrische Leistung P mit Wattmeter. **a** Spannungs- und Strompfad, **b** Spannungsmesser, **c** Strommesser, **d** Leistungsmesser

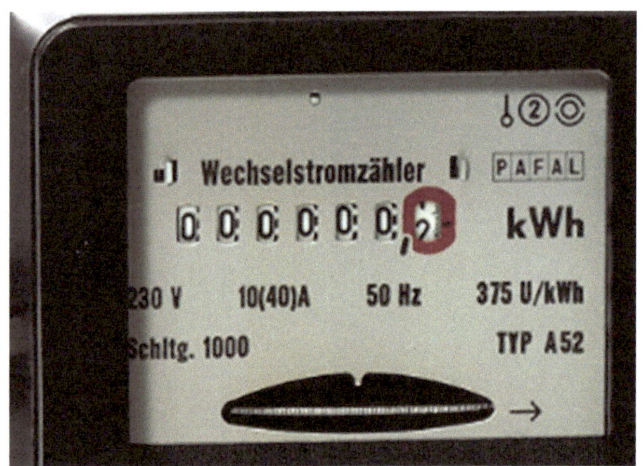

Abb. 2.7 Wechselstromzähler

Sekunde, die der „Verbraucher" unter normalen Bedingungen dauernd umwandeln kann. Wird eine größere Leistung benötigt, so spricht man von Überlastung. Ein Widerstand von $R = 100\,\Omega$ mit einer Nennleistung (Belastbarkeit) von $P = 1\,W$ erreicht seine höchstzulässige Dauerleistung bei einer Spannung von 10 V ($P = U^2/R$). Wenn man die Spannung auf 14 V erhöht, steigt die Leistung auf 2 W an und der Widerstand wird überlastet. Bei dauernder Überlastung werden Bauelemente und Geräte zerstört, oft infolge zu großer Wärmeentwicklung. Kurzzeitige Überlastungen sind möglich und manchmal in der Praxis zulässig.

Die elektrische Arbeit errechnet sich aus

$$W = P \cdot t$$

W elektrische Arbeit in Ws bzw. Wh
t Zeit in s, min, h

Man erhält die elektrische Arbeit in Ws (Wattsekunde), Wh (Wattstunde) oder kWh (Kilo-Wattstunde). Um die elektrische Arbeit zu erfassen, verwendet man einen Wechselstromzähler und Abb. 2.7 zeigt die Ansicht.

Die Erfassung der elektrischen Leistung berechnet sich aus

$$P = \frac{n}{C_Z \cdot t_h} = \frac{n \cdot 60}{C_Z \cdot t_{min}} = \frac{n \cdot 3600}{C_Z \cdot t_s}.$$

Wichtig ist die Messung der Umdrehungen pro Minute, die Zählerkonstante in Umdr/kWh (steht auf dem Wechselstromzähler) und die Messdauer.

Beispiel

Es soll festgestellt werden, wie groß der Anschlusswert eines elektrischen Gerätes ist. Man schaltet ein Gerät ein (sonst darf natürlich nichts eingeschaltet sein!) und zählt, wie viele Umdrehungen die Scheibe des Zählers in einer Minute ausführt. Angenommen bei einem bestimmten Zähler entsprechen 3200 Umdrehungen 1 kWh. Bei Anschluss des Gerätes führt die Scheibe in der Minute 80 Umdrehungen aus. Daraus folgt:

In einer Minute = 80 Umdrehungen

In einer Stunde $80 \cdot 60 = 4800$ Umdrehungen

3200 Umdrehungen $\hat{=}$ 1 kWh

$$\text{Umdrehung} = \frac{4800}{3200} = 1{,}5\,\text{kWh}$$

Wenn also der Zähler in einer Stunde 1,5 kWh anzeigen würde, dann entspräche dies einem Anschlusswert des Gerätes von 1,5 kW.

Dank des Internationalen Einheitensystems ergeben sich folgende Basisgrößen für die direkten Umrechnungen:

$$1\,\text{Ws} = 1\,\text{V} \cdot 1\,\text{A} \cdot 1\,\text{s} = 1\,\text{J} = 1\,\text{Nm} = 1\,\frac{\text{kg} \cdot \text{m}^2}{\text{s}^2}.$$

2.1.3 Wirkungsgrad

In Abb. 2.8 ist die Leistung der beiden Glühlampen ein Maß für die Helligkeit.

Zwei Lampen liegen an einer Spannung von 230 V und sie leuchten unterschiedlich hell. Die beiden Lampen nehmen dabei unterschiedlich hohe elektrische Leistung auf.

Wird eine Energie in eine andere Energieform umgewandelt, entstehen neben der gewünschten Energieart, die meistens nicht genutzt wird, die Verluste. In Abb. 2.9 wird eine elektrische Energie zugeführt, die als Wärmeenergie (Verlust) und Lichtenergie anzusehen ist. Die Lichtenergie liegt bei den älteren Glühlampen bei 5 % und die Wärmeenergie bei 95 %.

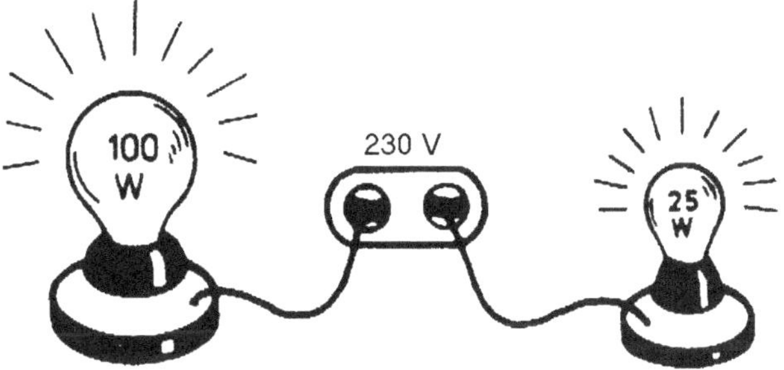

Abb. 2.8 Lampen verschiedener Leistung

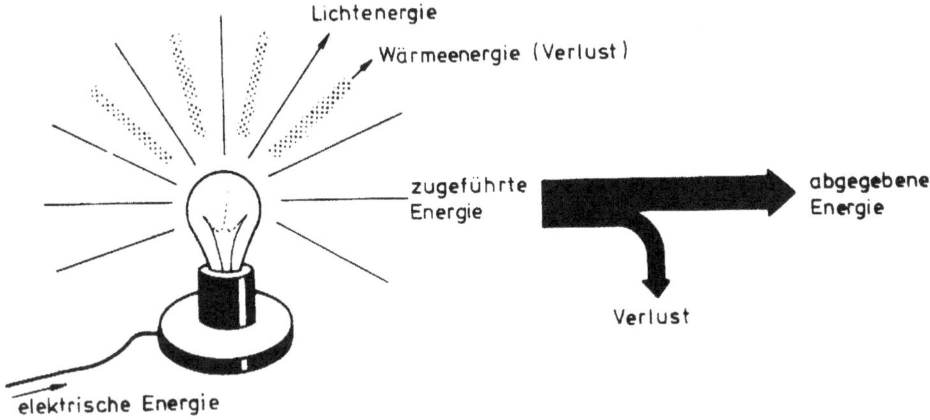

Abb. 2.9 Wirkungsgrad

Man bezeichnet das Verhältnis von abgegebener Energie zu zugeführter Energie als Wirkungsgrad η (eta).

$$\eta = \frac{\text{abgegebene Energie}}{\text{zugeführte Energie}} \qquad \eta = \frac{\text{abgegebene Leistung}}{\text{zugeführte Leistung}}$$

Da die Zeit der Energieumwandlung in den meisten Fällen gleich ist, bezieht man den Wirkungsgrad meistens auf die Leistung.

$$\eta = \frac{P_{ab}}{P_{zu}}$$

Beispiel

Der Gleichstrommotor gibt an der Riemenscheibe eine Leistung von $P = 1100\,W$ ab und nimmt eine Leistung von $P = 1500\,W$ auf. Wie groß ist η?

$$\eta = \frac{P_{ab}}{P_{zu}} = \frac{1100\,W}{1500\,W} = 0{,}73$$

Der Wirkungsgrad kann niemals größer 1 sein!!

2.1.4 Reihenschaltung und Parallelschaltung von Widerständen

In der Praxis kennt man zwei Kirchhoff'sche Regeln und zwar für die Reihenschaltung bzw. Parallelschaltung.

In einer Reihenschaltung von Widerständen liegt die Gesamtspannung U zwischen den Punkten A und D. Entsprechend fallen an den drei Widerständen jeweils Einzelspannungen (Spannungsfälle und Teilspannungen) ab, wie Abb. 2.10 zeigt.

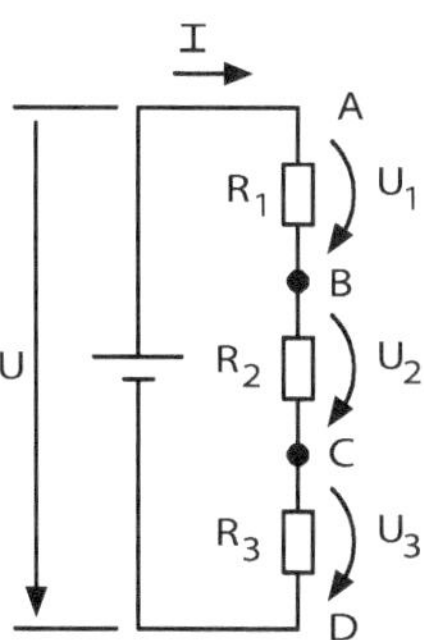

Abb. 2.10 Reihenschaltung mit drei Widerständen

Der Strom fließt von Plus nach Minus durch alle drei Widerstände. Es stellt sich ein Gesamtstrom ein, der überall gleich groß ist.

$$I = I_1 = I_2 = I_3$$

In einer Reihenschaltung werden alle Widerstände vom gleichen Strom durchflossen.

An den drei Widerständen stellen sich Spannungsfälle ein, die sich nach dem Ohm'schen Gesetz berechnen lassen:

$$U = I \cdot R, \quad U_1 = I \cdot R_1, \quad U_2 = I \cdot R_2, \quad U_3 = I \cdot R_3.$$

Da der Strom für alle Widerstände gleich ist und sich die einzelnen Widerstände zum Gesamtwiderstand addieren, müssen sich auch die Teilspannungen addieren lassen:

$$U = U_1 + U_2 + U_3.$$

2. Kirchhoff'sche Regel: In einer Reihenschaltung ist die Gesamtspannung gleich der Summe der Teilspannungen.

Da in jedem Teilwiderstand der gleiche Strom wie in den übrigen Widerständen fließt, liegt an hochohmigen Widerständen eine hohe Spannung und an niedrigerohmigen Widerständen eine geringe Spannung.

$U_1 = I \cdot R_1, U = I \cdot R$	$U_1 = I \cdot R_1, U_2 = I \cdot R_2$
$\frac{U_1}{U} = \frac{I \cdot R_1}{I \cdot R}$	$\frac{U_1}{U_2} = \frac{R_1}{R_2}$
$\frac{U_1}{U} = \frac{R_1}{R}$	$\frac{U_1}{U_2} = \frac{R_1}{R_2}$

In einer Reihenschaltung verhalten sich die Spannungen zueinander wie die entsprechenden Widerstände.

Beispiel

Drei Widerstände von $R_1 = 20\,\Omega$, $R_2 = 6\,\Omega$ und $R_3 = 14\,\Omega$ werden in Reihenschaltung an eine Spannung von 60 V gelegt. Welcher Gesamtstrom fließt in der Schaltung (Abb. 2.11) und welche Teilspannung in der Schaltung liegt an jedem der drei Widerstände?

$$R = R_1 + R_2 + R_3 = 20\,\Omega + 6\,\Omega + 14\,\Omega = 40\,\Omega$$

$$I = \frac{U}{R} = \frac{60\,\text{V}}{40\,\Omega} = 1{,}5\,\text{A}$$

$$U_1 = I \cdot R_1 = 1{,}5\,\text{A} \cdot 20\,\Omega = 30\,\text{V}$$

$$U_2 = I \cdot R_2 = 1{,}5\,\text{A} \cdot 6\,\Omega = 9\,\text{V}$$

$$U_3 = I \cdot R_3 = 1{,}5\,\text{A} \cdot 14\,\Omega = 21\,\text{V}$$

Bei einer Parallelschaltung teilt sich der Gesamtstrom in Zweige auf, wie Abb. 2.12 zeigt.

Der gesamte Stromfluss teilt sich an den Punkten A, B und C in die Teilströme I_1, I_2 und I_3 auf und vereinigt sich anschließend wieder zum Gesamtstromfluss.

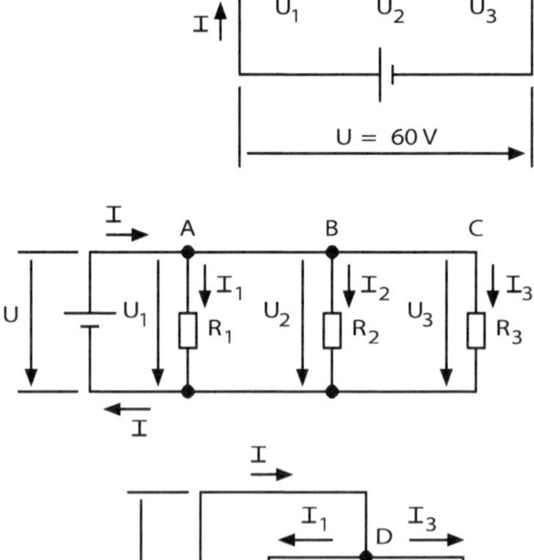

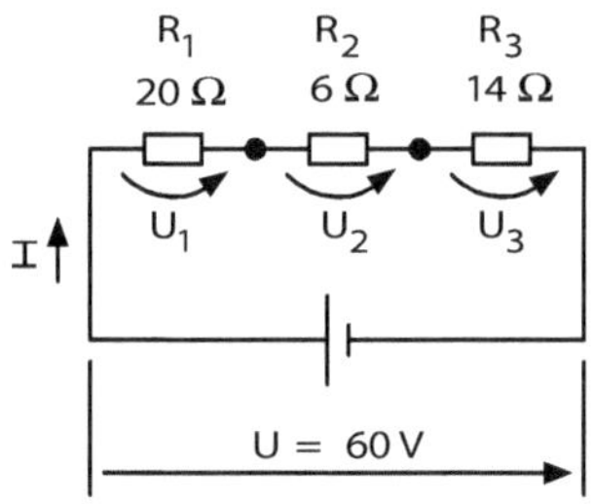

Abb. 2.11 Reihenschaltung von drei Widerständen

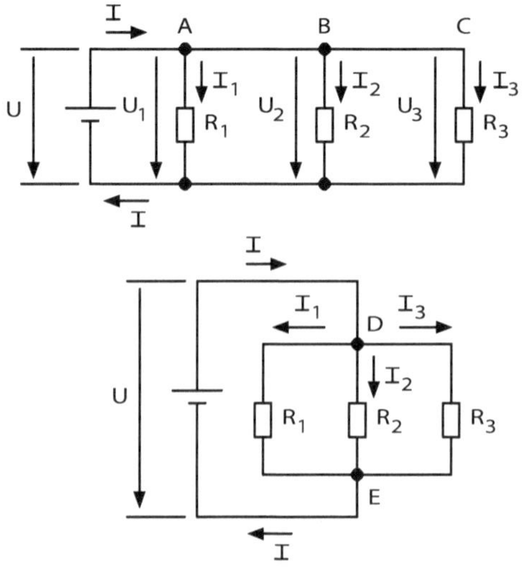

Abb. 2.12 Stromfluss in einer Parallelschaltung

Die Punkte A, B und C sind – elektrisch gesehen – Verzweigungspunkte, die zusammengefasst werden können. Hier teilt sich der Strom I in dem Punkt D in die Teilströme auf. In Punkt E vereinigen sie sich wieder zum Gesamtstrom I.

Man spricht hier auch von einer Stromverzweigung.

In der Parallelschaltung liegen die Widerstände mit ihren Anschlüssen am gemeinsamen Verzweigungspunkt. Deshalb liegen sie auch an der gemeinsamen Spannung U.

$$U = U_1 = U_2 = U_3$$

In einer Parallelschaltung liegen alle Widerstände an der gleichen Spannung.

Der Gesamtstrom teilt sich an den Verzweigungspunkten – auch Knotenpunkte genannt – in die Teilströme auf.

$$I = I_1 + I_2 + I_3$$

In einer Parallelschaltung ist der Gesamtstrom gleich der Summe der Teilströme.

In Bezug auf die Verzweigungspunkte lässt sich auch Folgendes feststellen:

In jedem Verzweigungspunkt ist die Summe der zufließenden Ströme gleich der Summe der abfließenden Ströme. Dies ist die **1. Kirchhoff'sche Regel**.

Da – an gleicher Spannung – durch Leiter mit hochohmigem Widerstand geringe Ströme, durch Leiter mit niederohmigen Widerstand hohe Ströme fließen, kann folgender Zusammenhang festgestellt werden:

$$I_1 = \frac{U}{R_1}, I = \frac{U}{R}$$
$$\frac{I_1}{I} = \frac{U}{R_1} \cdot \frac{R}{U}$$
$$\frac{I_1}{I} = \frac{R}{R_1}$$

$$I_1 = \frac{U}{R_1}, I_2 = \frac{U}{R_2}$$
$$\frac{I_1}{I_2} = \frac{U}{R_1} \cdot \frac{R_2}{U}$$
$$\frac{I_1}{I_2} = \frac{R_2}{R_1}$$

In einer Parallelschaltung verhalten sich die Ströme umgekehrt wie die zugehörigen Widerstände.

Beispiel

Drei Widerstände zu $R_1 = 10\,\Omega$, $R_2 = 20\,\Omega$, $R_3 = 50\,\Omega$ liegen parallel an einer Spannung von $U = 60\,V$. Wie groß sind der Gesamtstrom und die Teilströme?

$$\frac{1}{R} = \frac{1}{R_1} + \frac{1}{R_2} + \frac{1}{R_3} = \frac{1}{10\,\Omega} + \frac{1}{20\,\Omega} + \frac{1}{50\,\Omega} = \frac{10 + 5 + 2}{100\,\Omega} = \frac{17}{100\,\Omega} = 5{,}88\,\Omega$$

$$I = \frac{U}{R} = \frac{60\,V}{5{,}88\,\Omega} = 10{,}2\,A \qquad I_1 = \frac{U}{R_1} = \frac{60\,V}{10\,\Omega} = 6\,A$$

$$I_2 = \frac{U}{R_2} = \frac{60\,V}{20\,\Omega} = 3\,A \qquad I_3 = \frac{U}{R_3} = \frac{60\,V}{50\,\Omega} = 1{,}2\,A$$

2.1.5 Gemischte Widerstandsschaltung

Die Berechnung von Abb. 2.13 erfolgt schrittweise, indem mehrere Einzelwiderstände zu Gesamtwiderständen zusammengefasst werden. Im Übrigen gelten die Regeln der Reihen- und Parallelschaltung.

Folgende Stufen der Berechnung können in Abb. 2.14 durchgeführt werden.

Beispiel

Zu zwei parallel geschalteten Widerständen von $R_2 = 60\,\Omega$ und $R_3 = 90\,\Omega$ ist ein Vorwiderstand von $R_1 = 4\,\Omega$ in Reihe geschaltet. Die Schaltung von Abb. 2.15 liegt an einer Spannung von U = 12 V. Wie hoch sind Gesamtstrom, Teilspannungen und Teilströme?

$$R_{2,3} = \frac{R_2 \cdot R_3}{R_2 + R_3} = \frac{60\,\Omega \cdot 90\,\Omega}{60\,\Omega + 90\,\Omega} = 36\,\Omega$$

$$R = R_1 + R_{2,3} = 4\,\Omega + 36\,\Omega = 40\,\Omega$$

$$I = \frac{U}{R} = \frac{12\,V}{40\,\Omega} = 0{,}3\,A$$

$$U_1 = I \cdot R_1 = 0{,}3\,A \cdot 4\,\Omega = 1{,}2\,V$$

$$U_{2,3} = I \cdot R_{2,3} = 0{,}3\,A \cdot 36\,\Omega = 10{,}8\,V$$

$$I_2 = \frac{U_{2,3}}{R_2} = \frac{10{,}8\,V}{60\,\Omega} = 0{,}18\,A \qquad I_3 = \frac{U_{2,3}}{R_3} = \frac{10{,}8\,V}{90\,\Omega} = 0{,}12\,A$$

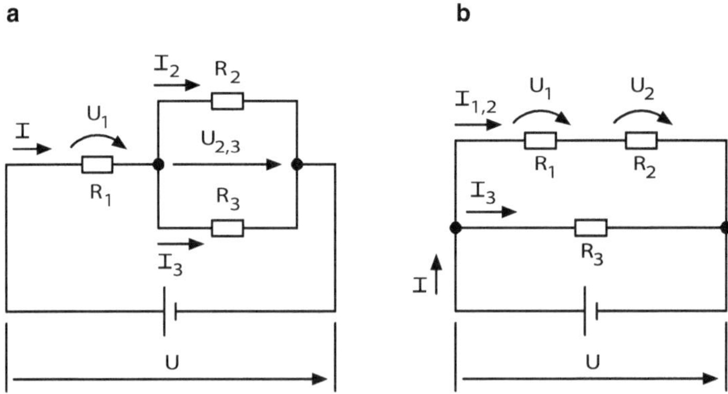

Abb. 2.13 Gemischte Schaltung

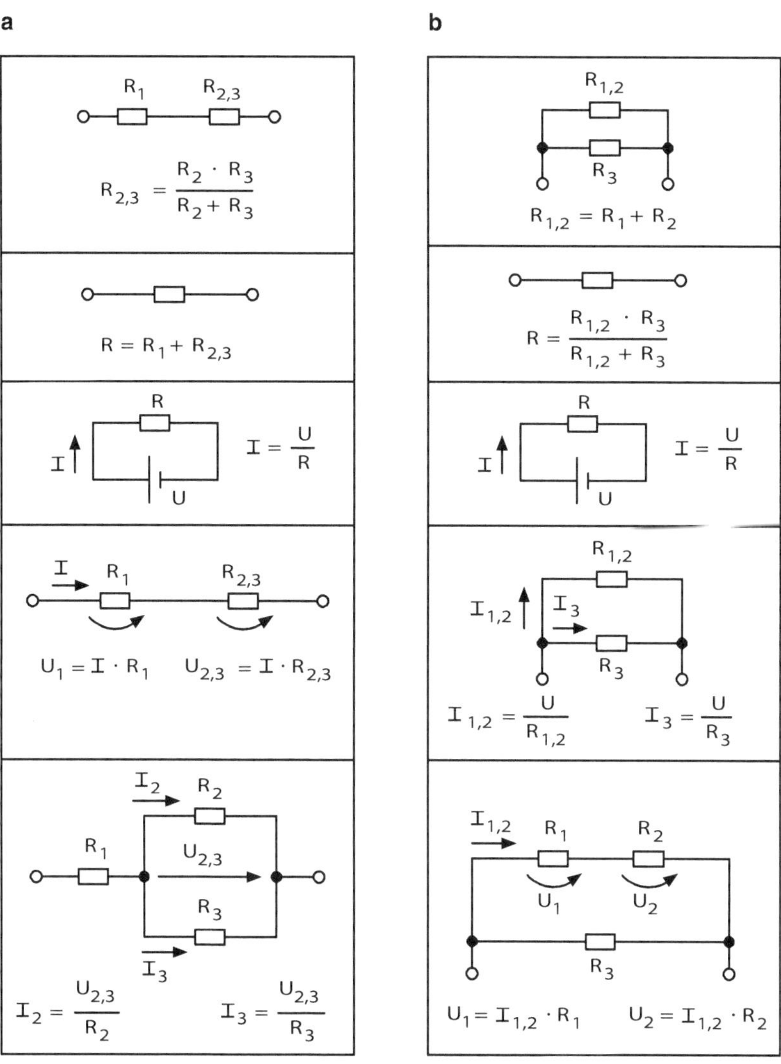

Abb. 2.14 Berechnungsstufen bei gemischter Schaltung

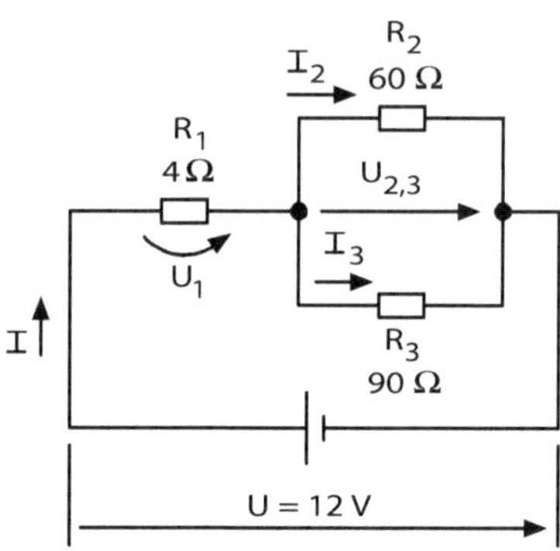

Abb. 2.15 Gemischte Schaltung

2.1.6 Spannungsteiler

Liegt eine Spannung an einer Reihenschaltung aus zwei Widerständen, teilt sie sich entsprechend den Widerstandswerten auf. Die Teilspannung U_2 kann an einem Widerstand R_2 abgegriffen werden.

Die Ausgangsspannung U_2 von Abb. 2.16 errechnet sich aus

$$U_2 = U_1 \cdot \frac{R_2}{R_1 + R_2}.$$

Beispiel

Ein unbelasteter Spannungsteiler mit den Widerständen $R_1 = 1\,\text{k}\Omega$ und $R_2 = 500\,\Omega$ liegt an einer Eingangsspannung von $U_1 = 12\,\text{V}$. Wie groß ist die Ausgangsspannung U_2?

$$U_2 = U_1 \cdot \frac{R_2}{R_1 + R_2} = 12\,\text{V} \cdot \frac{500\,\Omega}{1\,\text{k}\Omega + 500\,\Omega} = 12\,\text{V} \cdot \frac{500\,\Omega}{1{,}5\,\text{k}\Omega} = 4\,\text{V}$$

Der Abgriff kann auch als veränderlicher Abgriff (z. B. als Schieber) auf einem einzigen Widerstand vorhanden sein. Abb. 2.17 zeigt einen unbelasteten Spannungsteiler mit einstellbaren Widerstandsverhältnissen.

Durch Verändern des Schiebers kann man jede Spannung zwischen 0 V und U_1 als Teilspannung U_2 abgreifen. Einen stetig veränderbaren Widerstand in einer Spannungsteilerschaltung bezeichnet man als Potentiometer oder Einsteller.

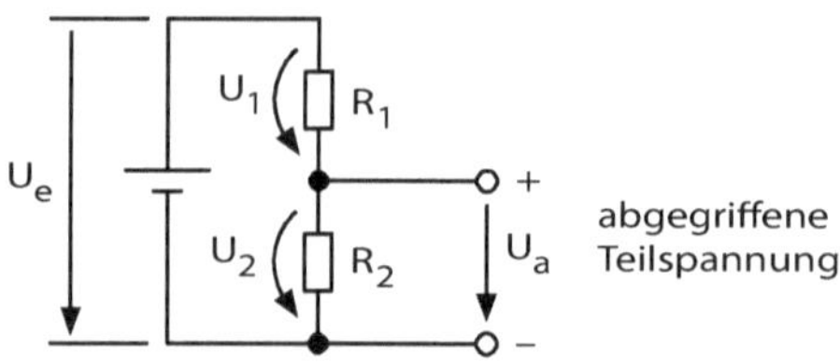

Abb. 2.16 Unbelasteter Spannungsteiler mit festen Widerstandsverhältnissen

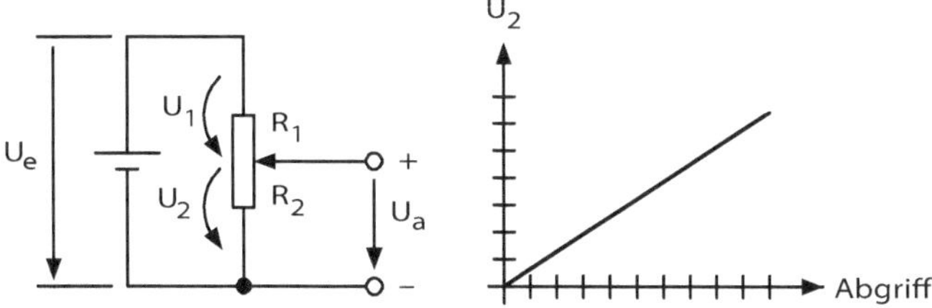

Abb. 2.17 Unbelasteter Spannungsteiler mit einstellbaren Widerstandsverhältnissen

Abb. 2.18 Belasteter Spannungsteiler

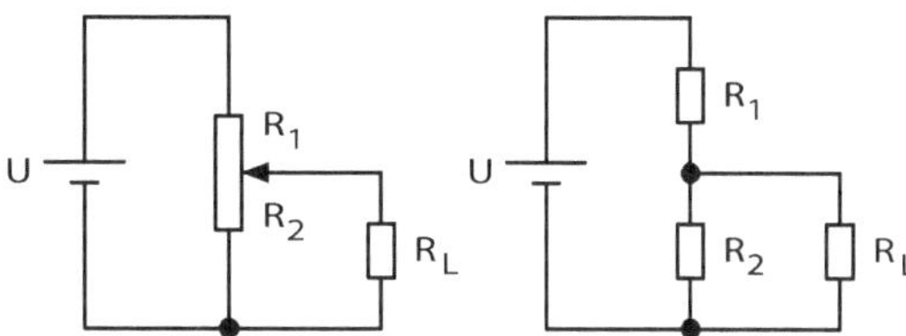

Wird an die Teilspannung ein Lastwiderstand angeschlossen, so ist dieser Spannungsteiler belastet. Aus der Reihenschaltung ist nun eine Gruppenschaltung geworden, wie Abb. 2.18 zeigt.

Durch das Parallelschalten des Lastwiderstands sinkt der Gesamtwiderstand der Schaltung, steigt der Gesamtstrom, steigt die Teilspannung an R_1, fällt die Teilspannung an R_2 (gegenüber dem unbelasteten Zustand).

Beim Anschließen eines Lastwiderstands wird die abgegriffene Spannung am Spannungsteiler kleiner als im unbelasteten Zustand.

Durch Rechnung lässt sich nachweisen, dass sich der Spannungsfall nur wenig ändert, wenn der Widerstand des Verbrauchers wesentlich hochohmiger als der des Spannungsteilers ist. Als durchaus brauchbar kann eine Potentiometerschaltung angesehen werden, bei der der Lastwiderstand R_b gleich dem Gesamtwiderstand $(R_1 + R_2)$ des Spannungsteilers ist.

Beispiel

Ein belasteter Spannungsteiler mit den Widerständen $R_1 = 1\,\text{k}\Omega$ und $R_2 = 500\,\Omega$ liegt an einer Eingangsspannung von $U_e = 12\,\text{V}$. Es wird ein Lastwiderstand von $R_b = 5\,\text{k}\Omega$ parallel geschaltet. Wie ändert sich die Ausgangsspannung U_a?

$$U_a = U_e \cdot \frac{R_2}{R_1 + R_2} = 12\,\text{V} \cdot \frac{500\,\Omega}{1\,\text{k}\Omega + 500\,\Omega} = 12\,\text{V} \cdot \frac{500\,\Omega}{1{,}5\,\text{k}\Omega} = 4\,\text{V} \qquad \text{(unbelastet)}$$

$$R_{2,b} = \frac{R_2 \cdot R_b}{R_2 + R_b} = \frac{500\,\Omega \cdot 5\,\text{k}\Omega}{500\,\Omega + 5\,\text{k}\Omega} = 454\,\Omega$$

$$U_a = U_e \cdot \frac{R_{2,b}}{R_1 + R_{2,b}} = 12\,\text{V} \cdot \frac{454\,\Omega}{1\,\text{k}\Omega + 454\,\Omega} = 12\,\text{V} \cdot \frac{454\,\Omega}{1{,}454\,\text{k}\Omega} = 3{,}75\,\text{V} \qquad \text{(belastet)}$$

Die Ausgangsspannung sinkt von 4 auf 3,75 V.

2.1.7 Brückenschaltung

Eine Gruppenschaltung besonderer Art ist die Brückenschaltung (Wheatstone'sche Brücke). Sie besteht praktisch aus zwei zusammen geschalteten Spannungsteilern, wie Abb. 2.19 zeigt.

Teilt der Spannungsteiler R_1 und R_2 die angelegte Spannung U im gleichen Verhältnis wie der Spannungsteiler R_3 und R_4, dann ist zwischen den Punkten A und B keine Spannung vorhanden.

Man sagt, die Brücke ist in diesem Fall abgeglichen. Der Abgleich kann mit einem Messinstrument abgelesen werden (Anzeige: 0 V).

Im abgeglichenen Zustand sind folgende Teilspannungen gleich:

$$U_1 = U_3 \text{ und } U_2 = U_4,$$
$$I_{1,2} \cdot R_1 = I_{3,4} \cdot R_3; \quad I_{1,2} \cdot R_2 = I_{3,4} \cdot R_4.$$

Die Spannungsteilerverhältnisse sind gleich:

$$\frac{U_1}{U_2} = \frac{U_3}{U_4}, \quad \frac{I_{1,2} \cdot R_1}{I_{1,2} \cdot R_2} = \frac{I_{3,4} \cdot R_3}{I_{3,4} \cdot R_4},$$
$$\frac{R_1}{R_2} = \frac{R_3}{R_4} \text{ oder } R_1 \cdot R_4 = R_2 \cdot R_3.$$

Bei einer abgeglichenen Brückenschaltung sind die Widerstandsverhältnisse der in Reihe geschalteten Widerstände gleich.

Beispiel

In Abb. 2.20 ist eine Brückenschaltung gezeigt. Welchen Wert hat R_1?

$$\frac{R_1}{R_2} = \frac{R_3}{R_4} \quad \Rightarrow \quad R_1 = R_2 \cdot \frac{R_3}{R_4} = 30\,\Omega \cdot \frac{80\,\Omega}{20\,\Omega} = 120\,\Omega$$

Abb. 2.21 zeigt zahlreiche Bauformen von Potentiometern, die je nach Anwendung eingesetzt werden.

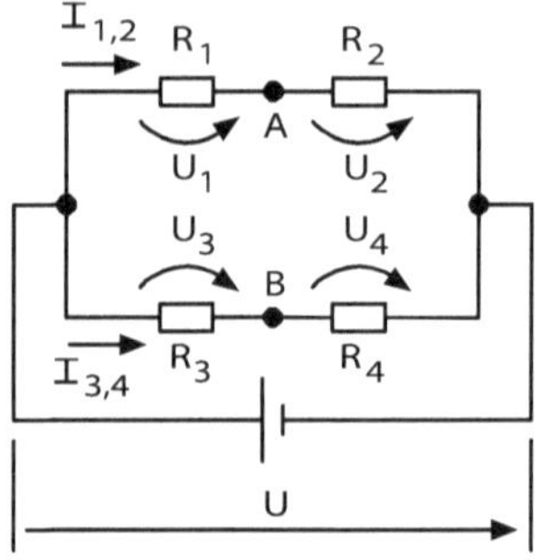

Abb. 2.19 Brückenschaltung

Abb. 2.20 Brückenschaltung

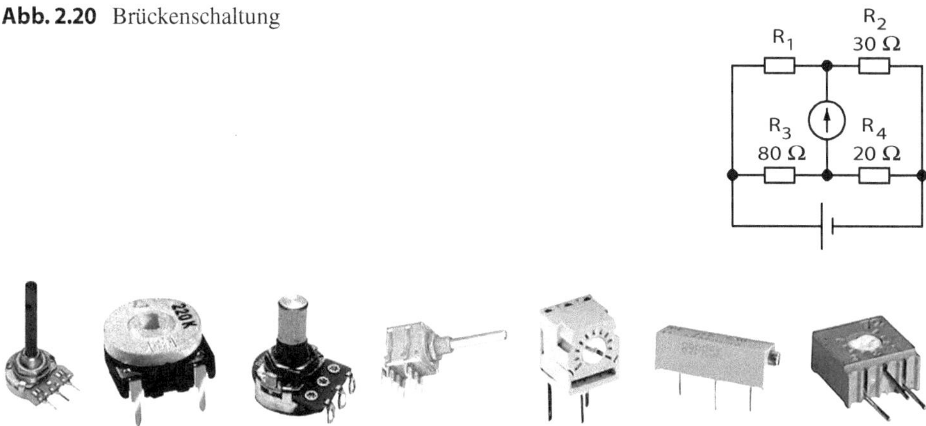

Abb. 2.21 Bauformen von Potentiometern

2.1.8 Bauformen von Widerständen

Dem Widerstandshersteller muss eine gewisse Toleranz für das Einhalten des Nennwerts vom Anwender zugestanden werden. Je nach den Ansprüchen sind genormte Widerstände mit Toleranzen von ±20 %, ±10 %, ±5 %, ±2 %, ±1 % und ±0,5 % lieferbar. Für Präzisionswiderstände in hochwertigen Anlagen gibt es keine Normen und es ist eine Genauigkeit bis zu ±0,001 % erzielbar. Tab. 2.2 zeigt Anzahl der Werte pro Dekade, Stufungsfaktor und Auslieferungstoleranz für die Bezeichnungen der Widerstände nach der IEC-Reihe (International Electrotechnical Commission).

Die meisten Festwiderstände in der Praxis sind Schichtwiderstände. Diese bestehen aus einem Keramikröhrchen, auf das eine dünne Kohleschicht (Kohleschichtwiderstände), Metallschicht (Metallschichtwiderstände) oder Metalloxidschicht (Metalloxidschichtwiderstände) aufgebracht ist. Der erforderliche Widerstandswert wird durch entsprechende Wahl der Schichtdicke und durch Einschleifen von Wendeln bzw. Mäandern erreicht. Die Anschlussdrähte sind entweder eingepresst oder mit Kappen aufgesetzt. Damit die Eigenschaften des Widerstands möglichst unabhängig von äußeren Einflüssen sind, lackiert

Tab. 2.2 Anzahl der Werte pro Dekade, Stufungsfaktor und Auslieferungstoleranz

Bezeichnung der IEC-Reihe	Anzahl der Werte/ Dekade n	Stufungsfaktor q	Auslieferungstoleranz in %
E 6	6	1,47	±20
E 12	12	1,21	±10
E 24	24	1,10	±5
E 48	48	1,05	±5
E 96	96	1,02	±1
E 192	192	1,01	±0,5

man die Schichtwiderstände. Auf der Lackschicht befindet sich die Bezeichnung des Widerstandswerts. Dieser besteht aus dem Widerstandswert mit vier oder fünf Ringen und der letzte Ring stellt die Toleranz dar. Abb. 2.22 zeigt Möglichkeiten für die Farbkennzeichnung bei Standard- und Präzisionswiderständen.

Die Bedeutung für die Widerstandsfarbkennzeichnung ist in Tab. 2.3 gezeigt.

Am verbreitetsten sind stabförmige Kohleschichtwiderstände. Bei ihrer Herstellung befindet sich die Widerstandsschicht auf einem Keramikkörper. Bei richtiger Steuerung des Prozesses erhält man eine Schichtdicke, die einen Widerstandswert in der Größenordnung des gewünschten Nennwerts ergibt. Durch Aussuchen mit Hilfe automatischer Messeinrichtungen findet man Widerstände, die ohne besonderen Abgleich – allerdings bei größerer Toleranz – mit einem Normwert der IEC-Reihe zusammenfallen. Für engere Toleranzen wird der Widerstand nachträglich abgeglichen.

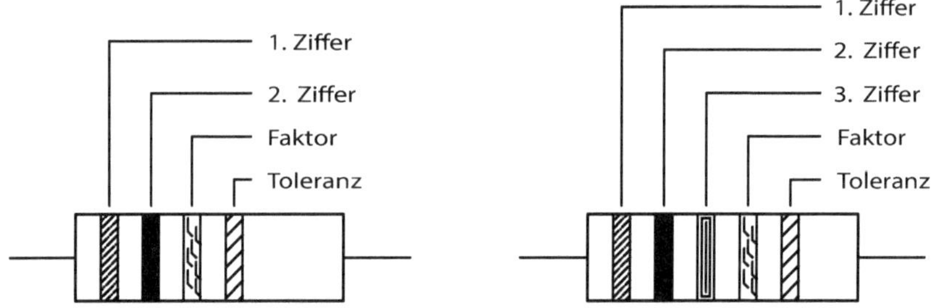

Abb. 2.22 Farbkennzeichnung bei Standard- und Präzisionswiderständen

Tab. 2.3 Internationaler Standardfarbencode für Widerstände. Der erste Ring liegt näher an dem einen Ende des Widerstandswerts als der letzte Ring am anderen Ende

Farbe	1. Ring 1. Ziffer	2. Ring 2. Ziffer	3. Ring Multiplikator	4. Ring 4. Ziffer
Schwarz	–	0	$10^0 = 1$	–
Braun	1	1	10^1	±1 %
Rot	2	2	10^2	±2 %
Orange	3	3	10^3	–
Gelb	4	4	10^4	–
Grün	5	5	10^5	±0,5 %
Blau	6	6	10^6	±0,25 %
Violett	7	7	10^7	±0,1 %
Grau	8	8	10^8	–
Weiß	9	9	10^9	–
Gold	–	–	10^{-1}	±5 %
Silber	–	–	10^{-2}	±10 %
Keine	–	–	–	±20 %

Kohleschichtwiderstände ändern ihren Wert um $-300 \cdot 10^{-6}$/K, wenn diese Temperaturänderungen ausgesetzt sind. Der Streubereich des TK-Werts erstreckt sich von $-100 \cdot 10^{-6}$/K bis -1200^{-6}/K. Die größte Temperaturabhängigkeit ist bei Widerstandswerten über 100 kΩ gegeben, da dann die Schicht sehr dünn ist und wenig Stabilität aufweist. Dieser Nachteil lässt sich durch die Verwendung von Widerständen mit größeren Abmessungen, als sie von der Belastung notwendig wären, bis zu einem gewissen Grade ausgleichen.

Metallschichtwiderstände sind weniger temperaturabhängig. Der TK-Wert bleibt unter $+100 \cdot 10^{-6}$/K und wird je nach Anforderung in den Grenzen um $+100 \cdot 10^{-6}$/K, $+50 \cdot 10^{-6}$/K, $+25 \cdot 10^{-6}$/K und $\pm 5 \cdot 10^{-6}$/K garantiert. Bei niederohmigen Werten geht auch die Ausdehnung des Widerstandskörpers in den TK-Wert ein, weshalb das Vorzeichen hier nicht definiert sein kann.

In der Praxis unterscheidet man für die Belastbarkeit zwischen folgenden Nennbelastungen: 0,1 W, 0,25 W, 0,5 W, 1 W, 2 W, 3 W, 6 W, 10 W und 20 W. Die zulässige Belastung ist im Wesentlichen von der Abmessung des Widerstands abhängig.

2.1.9 Drahtwiderstände

Drahtwiderstände finden wegen ihrer Robustheit hauptsächlich bei größeren Belastungen bis zu $P = 500$ W ihre Verwendung. Wegen ihrer unvermeidlichen induktiven oder kapazitiven Blindkomponente dürfen sie nur bei Gleichstrom oder niedrigen Frequenzen eingesetzt werden.

Der Widerstandsdraht wird auf einen wärmefesten Isolierkörper gewickelt, der beispielsweise aus Keramik besteht (Abb. 2.23). Anfang und Ende der Wicklung schweißt oder lötet man an Schellen oder Kappen an. Für den Draht kommen nur solche Werkstoffe in Frage, deren spezifischer Widerstand ρ wesentlich größer als der von Kupfer ist, damit man keine übermäßigen Längen benötigt.

Auch darf sich sein Widerstandswert eines Drahtwiderstands mit der Temperatur nur wenig verändern. Die Widerstandsmaterialien müssen deshalb einen kleinen Temperaturkoeffizienten aufweisen, was bei Kupfer auch nicht der Fall ist. Man hat aus diesem Grunde spezielle Legierungen entwickelt, deren Hauptbestandteile Chrom und Nickel sind. Drei Widerstandsmaterialien (WM) sind genormt:

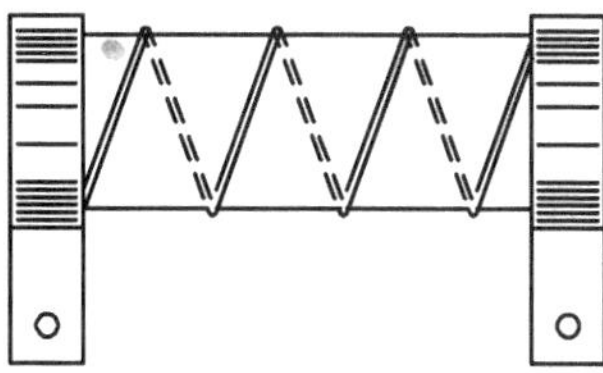

Abb. 2.23 Prinzipieller Aufbau eines Drahtwiderstands mit unifilarer Wicklung und Schellenanschlüsse

Nickelin:	WM 40	$\rho = 0{,}40\ \Omega\ \text{mm}^2/\text{m}$	$\alpha = 0{,}0002\ 1/\text{K}$
Manganin:	WM 43	$\rho = 0{,}43\ \Omega\ \text{mm}^2/\text{m}$	$\alpha = 0{,}000004\ 1/\text{K}$
Konstantan:	WM 50	$\rho = 0{,}50\ \Omega\ \text{mm}^2/\text{m}$	$\alpha = 0{,}000005\ 1/\text{K}$

Die zur Anfertigung eines Widerstands R erforderliche Drahtlänge errechnet sich bei gegebenem Drahtquerschnitt A oder -durchmesser d zu:

$$l = R \cdot \frac{A}{\rho} = R \cdot \frac{\pi \cdot d^2}{4 \cdot \rho}.$$

Einzusetzen sind A in mm^2, d in mm, l in m und ρ in $\Omega\ \text{mm}^2/\text{m}$.

Beispiel

Zur Herstellung eines Widerstands mit $1\ \Omega$ soll ein 0,1 mm dicker Draht aus WM 50 verwendet werden. Welche Länge l wird benötigt?

$$l = R \cdot \frac{\pi \cdot d^2}{4 \cdot \rho} = 1\,\Omega \frac{3{,}14 \cdot 0{,}1\,\text{mm}^2}{4 \cdot 0{,}5\,\Omega\,\text{mm}^2/\text{m}} = 0{,}157\,\text{m}$$

2.1.10 Schichtwiderstände

Anstelle eines Drahtes lassen sich auch dünne Schichten eines geeigneten Widerstandsmaterials auf stab- oder plattenförmige Träger aufbringen. Diese Schichten werden aufgedampft (Schichtwiderstände und Dünnfilmwiderstände) oder aufgedruckt (Dickfilmwiderstände). Am verbreitetsten sind die stabförmigen Kohle- und Metallschichtwiderstände (Abb. 2.24a, b).

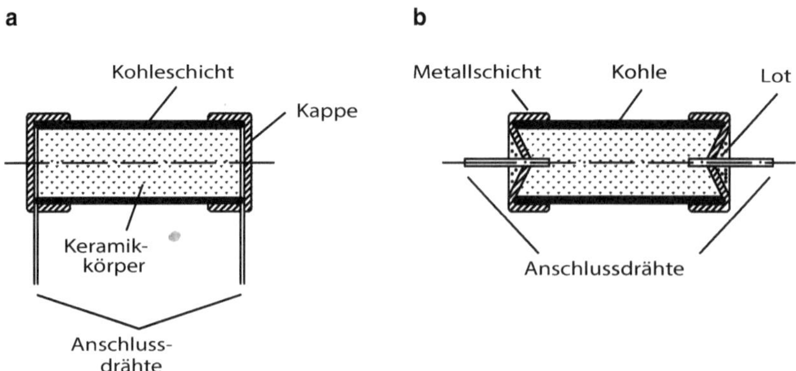

Abb. 2.24 Aufbau von Kohleschichtwiderständen **a** mit Kappen (tangentiale Anschlüsse) und **b** kappenlos (axiale Anschlüsse)

Bei ihrer Herstellung bringt man die Widerstandsschicht auf einem Keramikkörper auf. Bei richtiger Steuerung des Prozesses erhält man eine Schichtdicke, die einen Widerstandswert in der Größenordnung des gewünschten Nennwerts ergibt. Durch Aussuchen mit Hilfe automatischer Messeinrichtungen findet man Widerstände, die ohne besonderen Abgleich – allerdings bei größerer Toleranz – mit einem Normwert der IEC-Reihe identisch sind.

2.2 Kondensatoren

Kondensatoren sind Bauelemente, die im Prinzip aus zwei gegenüberliegenden, leitfähigen Platten bestehen. Die beiden Platten sind durch eine Isolierschicht (Dielektrikum) getrennt. Bei der Verwendung von Kondensatoren wird die Wirkung des elektrischen Feldes zwischen den beiden Kondensatorplatten ausgenutzt. Dadurch lassen sich Ladungsmengen speichern, wobei die Kapazität eines Kondensators von mehreren Faktoren abhängig ist, wie die Größe und Beschaffenheit der Plattenoberfläche, der Abstand der Platten zueinander und die Leitfähigkeit des Dielektrikums für die elektrischen Feldlinien.

Die Möglichkeit, elektrische Energie in einem elektrischen Feld zu speichern, wird in elektrischen und elektronischen Schaltungen vielfältig ausgenutzt. Die aus zwei elektrisch leitenden Platten aufgebauten Energiespeicher werden als Kondensatoren bezeichnet. Die Aufnahmefähigkeit für elektrische Ladungen hängt von den Abmessungen und dem Abstand der beiden Platten sowie vom Isolierstoff (Dielektrikum) zwischen den Platten ab. Ein Maß für die Speicherfähigkeit von Kondensatoren ist die Kapazität C und diese hat die Einheit „Farad“ (1 F). Kondensatoren werden in elektrischen und elektronischen Schaltungen als Bauelemente in großem Umfang eingesetzt. Für die zahlreichen Anwendungsgebiete wurden unterschiedliche Bauarten entwickelt.

Um den Lade- und Entladestrom zu begrenzen, erfolgt Ladung und Entladung von Kondensatoren in der Regel über Widerstände. Das Produkt aus Lade- bzw. Entladewiderstand und Kapazität wird als Zeitkonstante τ (tau) bezeichnet. Diese Zeitkonstante ist ein charakteristischer Wert für die Auflade- und Entladevorgänge bei Kondensatoren.

Bei Anschluss eines Kondensators an Wechselspannung ändert sich die Polarität der Spannungsquelle fortlaufend. Dadurch ändert sich auch die Bewegungsrichtung der Elektronen im Stromkreis und die beiden Platten des Kondensators werden abwechselnd positiv und negativ geladen. Obwohl kein Stromfluss durch den Isolator möglich ist, fließt in dem Stromkreis ein Wechselstrom. Der Kondensator wirkt hier wie ein Widerstand und diese Eigenschaft wird als kapazitiver Widerstand oder Wechselstromwiderstand X_C bezeichnet. Zur Unterscheidung von einem ohmschen Widerstand wird für den kapazitiven Widerstand das Kurzzeichen X_C verwendet. Die Größe des kapazitiven Widerstands hängt von der Kapazität des Kondensators und der Frequenz der Wechselspannung ab. Je größer die Kapazität C und je größer die Frequenz f ist, desto kleiner wird der kapazitive Widerstand.

Während beim Betrieb eines ohmschen Widerstands an Wechselspannung die Spannung am Widerstand und der Strom durch den Widerstand stets zu den gleichen Zeitpunkten ihre Nulldurchgänge oder Maxima aufweisen, tritt beim Betrieb eines kapazitiven Widerstands an Wechselspannung eine Verschiebung zwischen Spannung und Strom auf. Der Abstand zwischen zwei gleichsinnigen Nulldurchgängen wird dabei als Phasenwinkel φ (phi) bezeichnet. Beim Kondensator beträgt der Phasenwinkel zwischen Strom und Spannung ($\varphi = 90°$), wobei die Spannung stets dem Strom nacheilt.

Kondensatoren lassen sich wie die Widerstände in Reihe oder parallel schalten. Bei einer Parallelschaltung ergibt sich die Gesamtkapazität aus der Summe der Einzelkapazitäten. Bei der Reihenschaltung ist dagegen die Gesamtkapazität stets kleiner als die kleinste Einzelkapazität. Diese Zusammenhänge gelten in gleicher Weise für den Betrieb von Kondensatoren an Gleichspannung und an Wechselspannung.

2.2.1 Elektrisches Feld

Die Ladungsmenge, die ein Kondensator speichern kann, hängt von seiner Kapazität und der von außen anliegenden Spannung ab mit

$$Q = C \cdot U$$

Q Gesamtladung in As
C Gesamtkapazität in F oder As/V
U Spannung in V

Ein Kondensator mit einer Gesamtkapazität von $C = 10\,\mu F$ liegt an einer Spannung von 100 V. Wie groß ist die Gesamtladung?

$$Q = C \cdot U = 10\,\mu F \cdot 100\,V = 1 \cdot 10^{-3}\,As$$

Die Ladungsmenge, die ein Kondensator speichern kann, kann auch über den Strom I und der Zeit t berechnet werden:

$$Q = I \cdot t.$$

Bei einem Kondensator fließt für 5 s ein Strom von 2 A. Wie groß ist die Gesamtladung?

$$Q = I \cdot t = 2\,A \cdot 5\,s = 10\,As$$

Die Einheit der Kapazität ist nach dieser Formel festgelegt. Eine Ladungsaufnahme von 1 As (Amperesekunden) bei 1 V entspricht der Kapazität von 1 F (F = As/V). In der Praxis findet man folgende Einheiten:

$1\,\text{mF} = 10^{-3}\,\text{F}$	(m für milli)
$1\,\mu\text{F} = 10^{-6}\,\text{F}$	(µ für mikro)
$1\,\text{nF} = 10^{-9}\,\text{F}$	(n für nano)
$1\,\text{pF} = 10^{-12}\,\text{F}$	(p für pico)
$1\,\text{fF} = 10^{-15}\,\text{F}$	(f für femto)

2.2.2 Kapazität und Kondensator

Die Eigenschaft eines Kondensators, nach dem Anlegen einer bestimmten Spannung eine bestimmte Menge elektrischer Ladungen (Elektrizitätsmenge) zu speichern, bezeichnet man als Kapazität.

Die vom Kondensator aufgenommene Ladungsmenge Q ist umso größer, je größer seine Kapazität C und je höher die anliegende Spannung U als verursachende Ladungsdifferenz sind. Abb. 2.25 zeigt die Ladung des Kondensators.

Die Ladungsmenge berechnet sich aus

$$Q = C \cdot U.$$

Die Kapazität kann damit als Verhältnis der aufgenommenen Ladung Q zur dabei anliegenden Spannung U angegeben werden.

$$C = \frac{Q}{U}$$

Als Einheit der Kapazität ergibt sich damit As/V, abgekürzt Farad (1 F = 1 As/V).

Größe	Formelzeichen	Einheit Name	 Zeichen
Kapazität	C	Amperesekunden pro Volt = Farad	$\frac{\text{As}}{\text{V}} = \text{F}$

Abb. 2.26 zeigt verschiedene Bauformen von Kondensatoren.

Die Kapazität C hängt vom Aufbau eines Kondensators

- der Plattenfläche A,
- dem Plattenabstand d

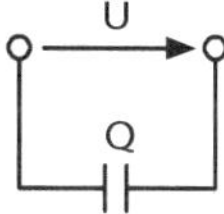

Abb. 2.25 Ladung des Kondensators

Abb. 2.26 Verschiedene Bauformen von Kondensatoren

und von den elektrischen Eigenschaften des Dielektrikums

- der sogenannten Dielektrizitätskonstanten ε (Epsilon) ab.
- Wirksame Plattenfläche A: Je größer die Plattenfläche, desto größer die Kapazität $\rightarrow C \sim A$
- Plattenabstand d: Je kleiner der Plattenabstand, desto größer die Kapazität $\rightarrow C \sim \frac{1}{d}$
- Dielektrizitätskonstante ε: Je größer die Dielektrizitätskonstante (Dielektrikum), desto größer die Kapazität $\rightarrow C \sim \varepsilon$.

Zusammengefasst ergibt sich: $C = \frac{A}{d}$

Abb. 2.27 zeigt den Aufbau und die Kapazität eines Plattenkondensators. Die Dielektrizitätskonstante ε (auch: Permittivität) besteht ihrerseits aus zwei Anteilen:

- Der elektrischen Feldkonstanten ε_0, die die Dielektrizität des luftleeren Raums angibt (Vakuum zwischen den Kondensatorplatten). Sie hat den konstanten Wert

$$\varepsilon_0 = 8{,}85 \cdot 10^{-12} \, \frac{\text{As}}{\text{Vm}}.$$

Der Dielektrizitätszahl ε_r (auch: Permittivitätszahl), die angibt, um welchen Faktor sich die Kapazität bei einem bestimmten Dielektrikum gegenüber Vakuum erhöht. Sie ist also stoffspezifisch und hat die Einheit 1.

Man erhält die Dielektrizitätskonstante als Produkt dieser beiden Größen

$$\varepsilon = \varepsilon_r \cdot \varepsilon_0 \text{ mit der Einheit } \frac{\text{As}}{\text{Vm}} \text{ oder } \frac{\text{F}}{\text{m}}.$$

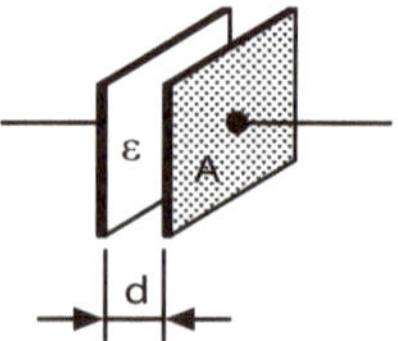

Abb. 2.27 Aufbau und Kapazität eines Plattenkondensators

Tab. 2.4 Werte der relativen Dielektrizitätskonstanten für einige ausgewählte Materialien

	ε_r
Luft	$1{,}0005 \approx 1$
Glas	5 bis 10
Transformatoröl	2,3
Porzellan	4,5 bis 6
Wasser	≈ 81
Glimmer	5 bis 8
Quarz	3,8 bis 5
Hartpapier	≈ 5
Polyvinylchlorid	3 bis 5,5
Bariumtitanat	>1000

Die Berechnungsformel für die Kapazität eines Kondensators kann also auch wie folgt angegeben werden:

$$C = \varepsilon_0 \cdot \varepsilon_r \cdot \frac{A}{d}.$$

Beispiel

Wie groß ist die Kapazität eines Styroflex-Kondensators, dessen Dielektrikum aus einer 1,5 m langen und 30 mm breiten Styroflexfolie mit beidseitig aufgebrachten Aluminiumfolien als Belägen besteht? Die Folie ist 30 µm dick (ε_r für Styroflex = 2,5).

$$A = b \cdot l = 0{,}03\,\text{m} \cdot 1{,}5\,\text{m} = 0{,}045\,\text{m}^2$$

$$C = \varepsilon_0 \cdot \varepsilon_r \cdot \frac{A}{d} = 8{,}854 \cdot 10^{-12}\,\frac{\text{F}}{\text{m}} \cdot 2{,}5 \cdot \frac{0{,}045\,\text{m}^2}{30\,\mu\text{m}} = 33{,}2\,\text{nF}$$

Tab. 2.4 zeigt einige Stoffe mit den Werten für die relative Dielektrizitätskonstante ε_r.

Der Kondensator an Gleichspannung kennt zwei Betriebszustände: Laden und Entladen.

2.2.3 Laden eines Kondensators

Legt man einen (ungeladenen) Kondensator an eine Gleichspannungsquelle an, so nimmt er Ladung auf – er wird geladen. Die Kondensatorspannung steigt im Laufe der Zeit von anfangs Null bis angenähert auf die angelegte Gleichspannung. Es fließt ein Ladestrom, der umgekehrt anfangs einen Maximalwert annimmt und dann bis Null absinkt.

Mit Hilfe der Abb. 2.28 soll der zeitliche Ablauf eines Ladevorganges betrachtet werden. Ein Kondensator C = 100 µF wird über einen Schalter an eine Gleichspannung U = 100 V geschaltet. Im Stromkreis liegt ein Widerstand von 100 kΩ.

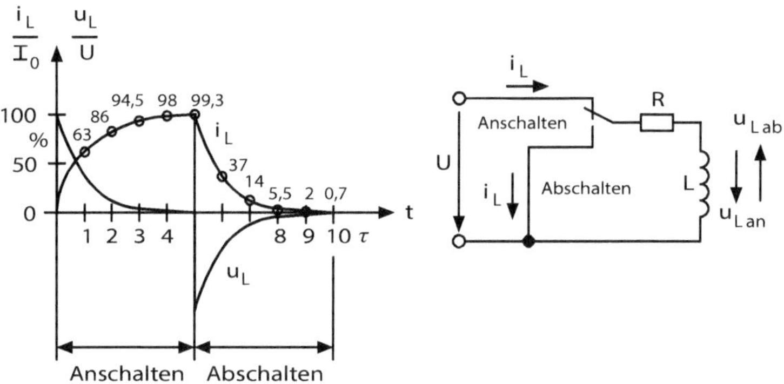

Abb. 2.28 Zeitlicher Verlauf der Ladespannung

Die Spannung am Kondensator wird mit einem elektrostatischen Spannungsmesser gemessen. (Ein Drehspulmessinstrument würde mit seinem Widerstand die Messung zu stark verfälschen.)

Nun soll der Verlauf der Kondensatorspannung U_C während der Ladezeit des Kondensators anhand von Abb. 2.28 verfolgt werden. Man kann zunächst ein steiles (schnelles), später immer flacheres (langsameres) Ansteigen der Kondensatorspannung beobachten. Ihr Verlauf folgt einer e-Funktion (exponentiell). Der Ladevorgang kann als beendet gelten, wenn die Kondensatorspannung etwa 99 % der Ladespannung erreicht hat – in diesem Beispiel also nach einer Ladezeit von 50 s.

Je hochohmiger der Widerstand R, durch den der Ladestrom fließt, und je größer die Kapazität C (aufnehmbare Ladungsmenge), desto länger dauert ein Ladevorgang. Das Produkt dieser beiden Größen ist als Maß für die Dauer des Ladevorganges – die Zeitkonstante τ.

$$\tau = R \cdot C$$

Als Einheit ergibt sich $\Omega \cdot F = \frac{V}{A} \cdot \frac{As}{V} = s$, also die Einheit der Zeit.

Für vorstehendes Beispiel erhält man eine Zeitkonstante von

$$\tau = R \cdot C = 100 \cdot 10^3\,\Omega \cdot 100 \cdot 10^{-6}\,F = 10\,s.$$

Trägt man nun in die Tab. 2.5 die Zeit in Form von Vielfachen der Zeitkonstanten ($\tau \mathrel{\hat{=}} 10\,s$, $2\tau \mathrel{\hat{=}} 20\,s$ ...) und die Kondensatorspannung im Verhältnis zur Ladespannung U_C ein, so ergibt sich ein Zusammenhang. Tab. 2.5 zeigt die Zeitabhängigkeit der Ladespannung und des Ladestroms.

Nach Dauer einer Zeitkonstanten ($t = 1\ \tau$) beträgt die Kondensatorspannung 63 % der vollen Ladespannung.

Nach $t = 5 \cdot \tau$ ist die Spannung des Kondensators auf 99 % der anliegenden Spannung gestiegen, also fast auf den vollen Wert von U. Diese Zeit bezeichnet man als Ladezeit t für den Kondensator.

Tab. 2.5 Zeitabhängigkeit der Ladespannung U_L und des Ladestroms I_L bei einem RC-Glied

Ladezeit	U_L in %	I_L in %
0	0	100
1 τ	63	37
2 τ	86,5	13,5
3 τ	95	5
4 τ	98,2	1,8
5 τ	99,3 ≈ 1	0,7

Die Ladezeit beträgt das 5-fache der Zeitkonstanten.
Der größte Ladestrom fließt beim Einschalten.

$$I = \frac{U}{R} = \frac{100\,V}{100\,k\Omega} = 1\,mA$$

Nach 1τ ist der Spannungsunterschied

$$\Delta U = U - U_C = 100\,V - 63\,V = 37\,V.$$

Dann ist $I = \frac{\Delta U}{R} = \frac{37\,V}{100\,k\Omega} = 0{,}37\,mA$.
Der Ladestrom wird immer kleiner, bis er nach $t = 5 \cdot \tau$ nahezu Null wird.

Schaltet man einen geladenen Kondensator an einen Widerstand (z. B. Glühlampe), so stellt er in diesem Stromkreis eine Spannungsquelle dar – die Ladungen gleichen sich aus – es fließt ein abnehmender Entladestrom – der Kondensator wird entladen.

2.2.4 Entladung eines Kondensators

Schließt man den Schalter, entlädt sich der Kondensator über die Lampe.

Abb. 2.29 zeigt die Entladung eines Kondensators.

Der zeitliche Verlauf von Kondensatorspannung und Entladestrom entspricht demjenigen beim Ladevorgang vom Höchstwert bis nahe Null nach Ablauf der Entladezeit von $5 \cdot \tau$.

Bei einem idealen Kondensator ist der Phasenverschiebungswinkel φ zwischen Spannung und Strom −90°. Aufgrund des endlichen Isolationswiderstands des Dielektrikums, auftretender Oberflächenströme und dielektrischer Verluste durch Umpolarisation bei Wechselspannung ist dieser Winkel aber beim realen Kondensator nicht ganz −90° Diese Abweichung wird durch den Verlustfaktor oder einen Kehrwert, die Güte des Kondensators, beschrieben.

Ein von seiner Spannungsquelle abgetrennter Kondensator wird sich langsam über sein Dielektrikum entladen. Die Zeit, nach der der Kondensator noch 36,8 % seiner Anfangsspannung besitzt, nennt man Selbstentladezeitkonstante, sie beträgt üblicherweise zwischen 1000 und 10.000 s.

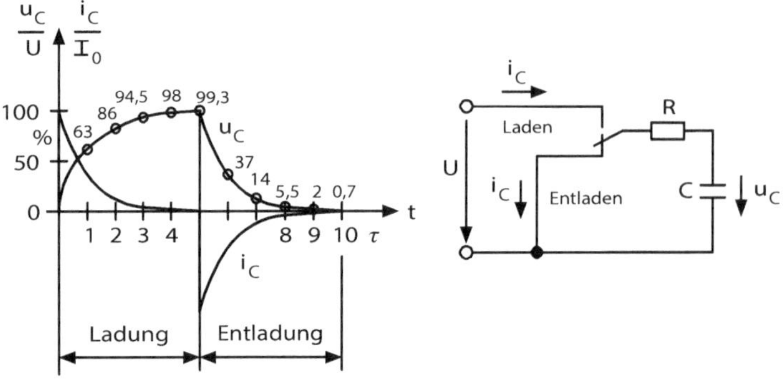

Abb. 2.29 Entladen eines Kondensators

2.2.5 Bauarten von Kondensatoren

Es werden hier nur die wichtigsten Bauarten kurz angesprochen:

- Wickelkondensatoren
- Massekondensatoren
- Schichtkondensatoren
- Verstellbare Kondensatoren

Bei den Metallfolienkondensatoren werden zwei Metallfolien (meist Aluminiumfolien) durch eine getränkte doppelte Papierlage oder Kunststofffolien voneinander isoliert und gemeinsam zu einem Winkel aufgerollt. Solche Kondensatoren eignen sich besonders für Wechselstrom (Schwingkreiskondensatoren). Wegen der großen Dicke der Metallfolien (aus mechanischen Gründen notwendig) sind die Kondensatoren ziemlich groß. Der gesamte Wickel wird entweder mit Kunststoff umgossen oder in Kunststoff-, Metall- oder Keramikbechern untergebracht.

Eine bedeutende Volumenverringerung erhält man bei den metallbedampften Kondensatoren. Für die Kapazität spielt nur die Dicke der Isolierschicht, nicht die der Metallschicht, eine Rolle. Bei den Metall-Papier-Kondensatoren (MP-Kondensatoren) werden dünne Metallschichten (0,1 bis 0,01 µm) auf Papier aufgedampft. Um den Nachteil des sich dadurch ergebenden großen ohmschen Widerstands der Metallschichten auszugleichen (dadurch ergeben sich lange Lade- und Entladezeiten) wickelt man die beiden metallbeschichteten Papierbahnen so auf, dass von der einen Lage rechts und der anderen links ein kleines Stück übersteht. Die beiden Stirnflächen des Winkels werden dann mit Metallschichten bespritzt und so alle Lagen einer Fläche miteinander leitfähig verbunden und mit einem Anschluss versehen. Diese Maßnahme verringert auch die durch das Aufwickeln entstandene Induktivität des Kondensators.

Dieser Kondensatortyp hat noch eine vorteilhafte Eigenschaft in kritischen Elektroanlagen wegen seiner Selbstheilung. Schlägt an einer Stelle die Papierschicht wegen einer zu hohen Feldstärke durch, so verdampft infolge der Erwärmung in der Umgebung der Durchschlagstelle in sehr kurzer Zeit der dünne Metallbelag und durch den an der Kurzschlussstelle entstehenden Gasdruck wird der Metalldampf von der Durchschlagstelle weggetrieben. Durch die Entfernung des leitenden Metallbelages an der Fehlstelle heilt der MP-Kondensator von selbst aus und kann selbst bei vielen solchen Ausheilvorgängen weiter betrieben werden. Der Ausheilprozess setzt jedoch Spannungen über 20 V voraus. Durch die Ausheilvorgänge nimmt die Kapazität um einen sehr kleinen Betrag ab.

Elektrolytkondensatoren bestehen aus einer aufgewickelten Metallfolie, die auf der Oberfläche eine dünne isolierende Oxidschicht trägt, d. h. die Oxidschicht ist das Dielektrikum. Die Gegenelektrode bildet entweder eine elektrisch leitende Flüssigkeit, das sogenannte Elektrolyt, oder ein spezielles Halbleitermaterial.

Da die Oxidschicht bei einer falschen Polung des Kondensators elektrolytisch abgebaut wird dürfen diese Kondensatoren in der Regel nur gepolt betrieben werden, allerdings ist eine Falschpolung bis zu 2 V erlaubt, d. h. diese Kondensatoren können nur an Gleichspannung bzw. Mischspannung betrieben werden, bei der keine Spannung in entgegengesetzter Polarität über 2 V auftritt oder an Wechselspannungen bis 2 V betrieben werden. Bei der Falschpolung kommt es auch im Elektrolyt zu einer Gasbildung, die zur Explosion des Kondensators führen kann. Man unterscheidet hinsichtlich des Leitermaterials nach Aluminium- und Tantal-Elektrolytkondensatoren. Abb. 2.30 zeigt den schematischen Aufbau und das Schaltsymbol eines Aluminium-Elektrolytkondensators.

Der Elektrolyt befindet sich jedoch in der Regel nicht als freie Flüssigkeit zwischen dem Aluminiumwickel (nasser Elko), sondern ist von einem Gewebe oder Spezialpapier, das zwischen dem Aluminium liegt, aufgesaugt oder in einer Paste eingedickt (trockener Elko). Meist wird die Oberfläche des Aluminiums aufgerauht, wodurch sich eine Oberfläche bis zum 8-fachen gegenüber glatter Folie ergibt und somit auch eine bis zur 8-fachen größeren Kapazität ($C \sim A$).

Es gibt eine Möglichkeit auch ungepolte Elektrolytkondensatoren herzustellen, dabei wird die Kapazität aber auf die Hälfte verringert. Man verwendet hier zwei Folien, wobei jede oxidiert ist, somit darf diese Anordnung ungepolt betrieben werden. Da es sich hier

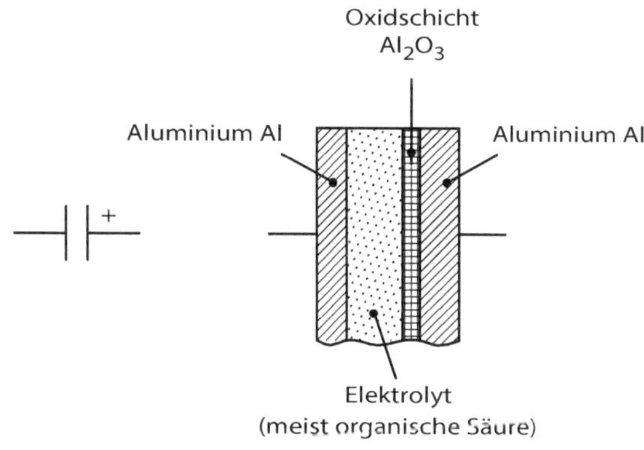

Abb. 2.30 Schaltsymbol eines gepolten Elektrolytkondensators und schematischer Aufbau eines Aluminium-Elektrolytkondensators

aber praktisch um die Reihenschaltung zweier Kondensatoren handelt, wird die Kapazität kleiner.

Mit Aluminium-Elektrolytkondensatoren lassen sich sehr hohe Kapazitätswerte (bis über 500 mF) erzielen, allerdings ist ihr Verlustfaktor schlechter als bei anderen Kondensatortypen.

Noch größere Kapazitätswerte können mit Tantal-Elektrolytkondensatoren erzielt werde (bis ca. 1000 mF), da die Oxidschicht aus Tantalpentoxid einen sehr großen Wert mit $\varepsilon_r \approx 27$ aufweist. Außerdem ist Tantal sehr korrosionsbeständig, weshalb Elektrolyte mit großer Leitfähigkeit eingesetzt werden können. Man unterscheidet hier zwei Bauformen. Die Tantalfolien-Elektrolytkondensatoren sind praktisch genauso aufgebaut wie Aluminium-Elektrolytkondensatoren. Daneben gibt es gesinterte Tantal-Elektrolytkondensatoren, die immer gepolte Kondensatoren sind, sie lassen sich allerdings nur für Spannungen bis ca. 50 V herstellen. Die weitere Beschreibung dieser gesinterten Kondensatoren erfolgt bei den Massekondensatoren.

Bei Elektrolytkondensatoren fließt zur Aufrechterhaltung der isolierenden Oxidschicht immer ein kleiner Reststrom, der bei Aluminium-Elektrolytkondensatoren 40 µA, bei Tantalfolien-Elektrolytkondensatoren 1 µA und bei gesinterten Tantalkondensatoren mit festem Elektrolyt 20 µA nicht übersteigen darf. Bei längerer spannungsloser Lagerung kann sich die Oxidschicht teilweise abbauen, wodurch bei Wiederinbetriebnahme für einige Stunden zur sogenannten „Neuformierung" der Oxidschicht ein bis um das 1000-fach größerer Reststrom fließt.

2.2.6 Energie des elektrischen Feldes

Zum Laden eines Kondensators muss elektrische Arbeit angewendet werden. Unterstellt man eine ideale Spannungs- oder Stromquelle und verlustlose (d. h. widerstandslose) Zuleitungen am Kondensator, so wird die gesamte von der Quelle gelieferte Energie in elektrische Feldenergie W_{el} umgewandelt und im elektrischen Feld gespeichert. In Abb. 2.31 ist ein Kondensator gezeigt, der vor dem Schließen des Schalters ungeladen ist und über eine Stromquelle nach Schließen des Schalters zum Zeitpunkt $t = 0$ aufgeladen wird. Die Stromquelle liefert einen konstanten Strom, d. h. pro Zeiteinheit werden immer gleichviele Ladungsträger mit der Ladung Q auf den Kondensator transportiert.

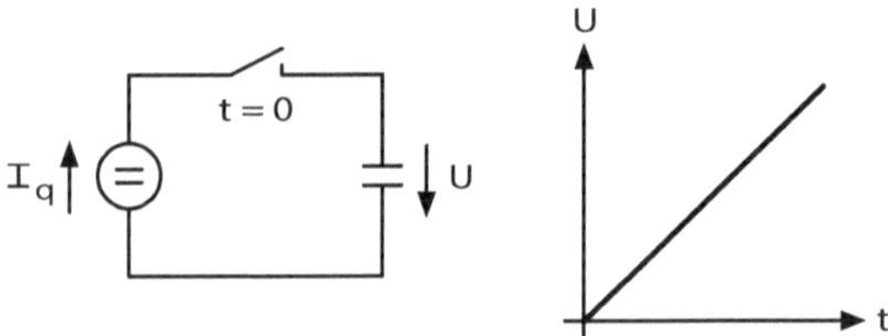

Abb. 2.31 Speicherung elektrischer Feldenergie in einem Kondensator

Den gerichteten Fluss der im metallischen Leiter frei beweglichen Elektronen bezeichnet man als Elektronenstrom oder elektrischen Strom. Die elektrische Stromstärke I ist die pro Zeiteinheit t durch den Leiterquerschnitt A fließende Elektrizitätsmenge Q (oder Ladungsmenge).

$$I = \frac{Q}{t} \quad \text{bzw.} \quad Q = I \cdot t$$

Entsprechend der Formel nimmt die Spannung $U = Q/C$ mit steigender Ladung, die auf den Kondensator transportiert wurde, zu. Die Zunahme der Spannung am Kondensator über der Zeit ist ebenfalls in Abb. 2.31 dargestellt.

Öffnet man zu einem beliebigen Zeitpunkt den Schalter wieder (natürlich vor Erreichen eines Spannungswerts bei dem der Kondensator durchschlägt), so kann man die im Kondensator gespeicherte Energie berechnen. Zum Zeitpunkt t liegt am Kondensator eine bestimmte Spannung U. Wäre dieser Spannungswert schon zum Zeitpunkt $t = 0$ vorhanden gewesen, so wäre $W_{el} = U \cdot I \cdot t = U \cdot Q$. Da aber im vorliegenden Fall die Spannung im Mittel über dem Zeitraum des Aufladens nur U/2 ist, ist damit die Energie des elektrischen Feldes

$$W_{el} = \frac{1}{2} \cdot U \cdot Q.$$

Setzt man noch für $Q = C \cdot U$ ein, so wird

$$W_{el} = \frac{1}{2} \cdot U^2 \cdot C.$$

Beispiel

Ein Kondensator mit $C = 1\,\mu F$ liegt an einer Spannung mit $U = 1\,kV$. Wie groß ist $W_{el} = ?$

$$W_{el} = \frac{1}{2} \cdot 1\,kV^2 \cdot 1 \cdot 10^{-6}\,\frac{As}{V} = 0{,}5\,Ws$$

Die Praxis zeigt, dass die im elektrischen Feld gespeicherte Energie gegenüber anderen Energiespeichern sehr gering ist, selbst eine Taschenlampenbatterie hat eine um ca. 10.000-mal größere Energiemenge gespeichert. Trotzdem stellt der Kondensator in der Technik einen unentbehrlichen Energiespeicher dar, weil die benötigte Zeit, um diese gespeicherte Energie zu liefern und in eine andere Energieform umzuformen sehr klein gegenüber anderen Energiespeichern ist, man spricht hier von einer sehr kurzen „Zugriffszeit".

Mit der Formel kann auch die Kraft, die auf die beiden Elektroden eines Kondensators ausgeübt wird, ermittelt werden. Würde man die Anziehungskraft auf die beiden ungleichnamig geladenen Elektroden frei wirken lassen, so dass diese sich so lange annähern bis sie sich berühren, so wird die mechanische Arbeit $F \cdot d$ geleistet, dadurch wird die gesamte im Feld gespeicherte Energie in mechanische Energie umgewandelt.

2.3 Elektromagnetismus und Induktivität

Der elektrische Strom erzeugt in dem ihn umgebenden Raum ein elektromagnetisches Feld. Seine Erscheinungen stimmen mit den Erscheinungen natürlicher Magnetfelder, wie z. B. dem Feld eines Dauermagneten oder dem Magnetfeld der Erde, überein. Um Magnetfelder darstellen zu können, wurden – in gleicher Weise wie bei den elektrischen Feldern – Feldlinien eingeführt. Sie sind stets vom Nord- zum Südpol des Magnetfeldes gerichtet und berühren sich nie. Während jedoch in einem elektrischen Feld die elektrischen Feldlinien strahlenförmig von der positiv geladenen Elektrode ausgehen und auf der negativ geladenen Elektrode enden, sind die magnetischen Feldlinien stets in sich geschlossen, d. h. sie weisen also weder Anfang noch Ende auf.

Ein weiterer wesentlicher Unterschied zwischen dem elektrischen Feld und dem magnetischen Feld besteht darin, dass ein Magnetfeld stets einen Polcharakter hat. Es ist daher nicht möglich, einen getrennten Nord- oder Südpol zu verwirklichen.

Bezüglich der Kraftwirkungen zwischen verschiedenen Magneten ist ein ähnliches Verhalten wie bei elektrischen Ladungen zu beobachten. So stoßen sich gleichnamige Pole ab, während sich ungleichnamige Pole anziehen. Hierbei ist es gleichgültig, ob es sich um elektromagnetische oder durch Dauermagnete erzeugte Magnetpole handelt.

Zur Berechnung von magnetischen Kreisen ist eine Reihe von magnetischen Feldgrößen erforderlich. So wurde für die Summe der Feldlinien der magnetische Fluss Φ (Phi) eingeführt. Eine weitere wichtige Feldgröße ist die Flussdichte oder magnetische Induktion B.

Für die Praxis von Bedeutung sind die Magnetfelder von Leiterschleifen und insbesondere von Spulen, die sich als Reihenschaltung vieler Leiterschleifen betrachten lassen. Diese Spulen weisen in der Elektrotechnik und Elektronik als Bauelemente eine ähnlich große Bedeutung wie Widerstände und Kondensatoren auf. Der Zusammenhang zwischen dem Strom und der Anzahl von Spulenwindungen als Ursache des erzeugten magnetischen Feldes wird durch die elektrische Durchflutung Θ (Theta) erfasst. Sie wird oft mit der Spannung U – als Ursache des elektrischen Feldes – verglichen und als magnetische Spannung bezeichnet.

Ähnlich wie die Spannung U einen Strom I bewirkt, erzeugt die Durchflutung Θ einen magnetischen Fluss Φ. Dementsprechend kann auch ein magnetischer Widerstand R_m als Quotient von Durchflutung und Fluss definiert werden. Dieser Zusammenhang wird als das Ohm'sche Gesetz des magnetischen Kreises bezeichnet.

Die Kraftwirkungen von Magnetfeldern lassen sich in der Technik vielfältig ausnutzen. So handelt es sich bei allen Elektromagneten um Spulen mit einem Kern aus magnetisch weichem Eisen. Sie werden z. B. als Lasthebemagnete eingesetzt. Ein weiterer bedeutsamer Einsatzbereich von Elektromagneten sind die elektromechanischen Schalter. Hierbei unterscheidet man zwischen Schaltschützen (große Schaltleistung) und Relais (geringe Schaltleistung).

Auch bei allen Elektromotoren handelt es sich um eine Ausnutzung der Kraftwirkungen von elektromagnetischen Feldern. So entsteht durch das Zusammenwirken eines

Erregerfeldes und eines Ankerfeldes eine Kraftwirkung, die den Rotor des Motors in eine Drehbewegung versetzt. Die Bewegungsrichtung lässt sich mit der „Linke-Hand-Regel" für das Motor-Prinzip ermitteln.

Während beim Motor elektrische Energie in mechanische Energie umgewandelt wird, lässt sich mit einem Generator mechanische Energie in elektrische Energie umwandeln. Wird nämlich ein Leiter in einem Magnetfeld so bewegt, dass er Feldlinien schneidet, so wird in ihm während der Bewegung eine Spannung induziert. Die Höhe der induzierten Spannung hängt dabei von der Größe des magnetischen Flusses, der Bewegungsgeschwindigkeit der Leiterschleifen sowie von deren Windungszahl ab. Diese physikalischen Zusammenhänge werden durch das Faraday'sche Induktionsgesetz beschrieben.

Wird eine Spule an eine Gleichspannung gelegt, so vergeht eine gewisse Zeit, bis das Magnetfeld auf seine volle Stärke aufgebaut ist. Bei einem derartigen Feldaufbau werden die Windungen der Spule von dem selbst erzeugten Magnetfeld durchdrungen. Durch diese Selbstinduktion wird eine Spannung induziert, die aufgrund der „Lenz'schen Regel" der angelegten Spannung entgegenwirkt. Wegen dieser selbstinduzierten Gegenspannung kann der Strom nach dem Anlegen der Spannung U nicht sprunghaft auf seinen konstanten Endwert ansteigen. Ein Maß für den Stromanstieg bei einer Spule ist das Verhältnis L/R. Die Induktivität L einer Spule ist ein Proportionalitätsfaktor, in dem alle Einflussgrößen aus dem konstruktiven Aufbau der Spule zusammengefasst sind. Der Widerstand R setzt sich aus dem ohmschen Widerstand der Spulenwicklung R_{Sp} und meistens auch aus einem Vorwiderstand R_v zusammen. Das Verhältnis L/R einer Spule bezeichnet man als Zeitkonstante τ (tau).

Beim Abschalten von Spulen mit Eisenkern und hoher Windungszahl ist größte Vorsicht geboten, da beim schnellen Abbau des magnetischen Flusses eine so hohe Induktionsspannung auftreten kann, dass die Spule selbst oder andere Bauteile des Stromkreises beschädigt werden können.

Spulen können – genau wie Widerstände und Kondensatoren – in beliebiger Weise in Reihe oder parallel geschaltet werden. Bei einer Reihenschaltung ergibt sich die Gesamtinduktivität als Summe der Einzelinduktivitäten. Bei einer Parallelschaltung von Spulen ist dagegen die Gesamtinduktivität stets kleiner als die kleinste Einzelinduktivität, d. h. eine Induktivität verhält sich genau umgekehrt wie ein Kondensator.

Wird eine Spule an eine sinusförmige Wechselspannung angeschlossen, tritt außer dem ohmschen Spulenwiderstand noch ein Wechselstromwiderstand auf, den man als induktiven Blindwiderstand X_L bezeichnet. Die Größe von X_L hängt von der Induktivität L der Spule und der Frequenz f der angelegten Spannung ab. Je größer die Induktivität L und je höher die Frequenz f sind, desto größer wird der induktive Blindwiderstand X_L.

Beim Betrieb eines ohmschen Widerstands an sinusförmiger Wechselspannung weisen die Spannung am Widerstand und der Strom durch den Widerstand stets zu gleichen Zeitpunkten ihre Nulldurchgänge oder Maxima auf. Beim Betrieb eines induktiven Widerstands an der Wechselspannung tritt dagegen – wie beim Kondensator – eine Verschiebung zwischen Spannung und Strom auf. Während jedoch beim Kondensator die Spannung stets dem Strom nacheilt, eilt bei einer Spule der Strom der Spannung stets nach. Bei einer verlustfreien Spule beträgt der Phasenwinkel $\varphi = 90°$.

Die Bauformen praktisch ausgeführter elektromagnetischer Bauelemente sind von ihrer Konstruktion, ihren elektrischen und magnetischen Daten und ihren Einsatzbereichen so vielseitig, dass zur genauen Information über bestimmte Bauelemente stets Datenblätter und Beschreibungen der Hersteller erforderlich sind.

2.3.1 Magnetismus und magnetisches Feld

Magnete bezeichnet man Körper mit der Eigenschaft, auf bestimmte Stoffe, z. B. Eisen, in ihrer Umgebung Kraftwirkung auszuüben, ein Magnet zieht Eisen an. Diese Magnetwirkung tritt verstärkt an den beiden Enden der Pole des Magneten auf.

Man kann die Form des Magnetfeldes in einem Experiment sichtbar machen. Dazu legt man über den Magneten eine Glasplatte und streut Eisenfeilspäne gleichmäßig darüber. Nach leichtem Klopfen gegen die Platte ordnen sich die Eisenspäne zu Linienzügen, die dem Verlauf der Feldlinien entsprechen. Abb. 2.32 zeigt Magnetlinienfelder verschiedener Magnetformen.

Ihre gute Magnetisierbarkeit und die hohe feldverstärkende Wirkung ferromagnetischer Stoffe beruht auf ihrer Molekularstruktur. Sie bestehen aus sogenannten Molekularmagneten. Diese sind im unmagnetischen Zustand des Stoffs ungeordnet und sie heben sich dadurch nach außen hin in ihrer Wirkung auf.

Fließt elektrischer Strom durch einen Leiter, so erzeugt er ein Magnetfeld, d. h. jeder stromdurchflossene Leiter ist von einem Magnetfeld umgeben.

Bei einer stromdurchflossenen Leiterschleife bilden die Einzelfelder aus Hin- und Rückleitung ein Gesamtfeld, das den Schleifenquerschnitt durchsetzt, wie Abb. 2.33 zeigt.

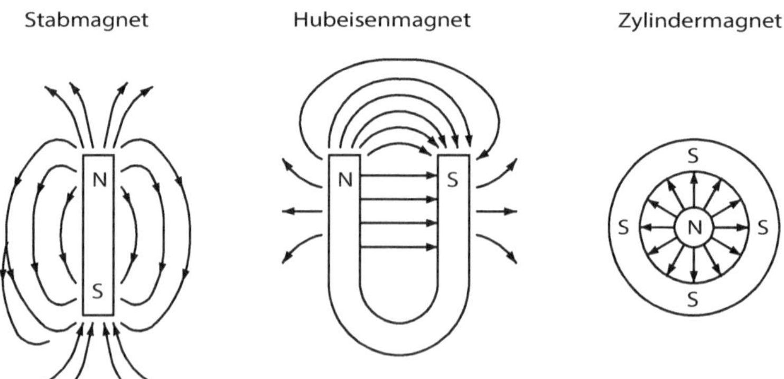

Abb. 2.32 Magnetlinienfelder verschiedener Magnetformen

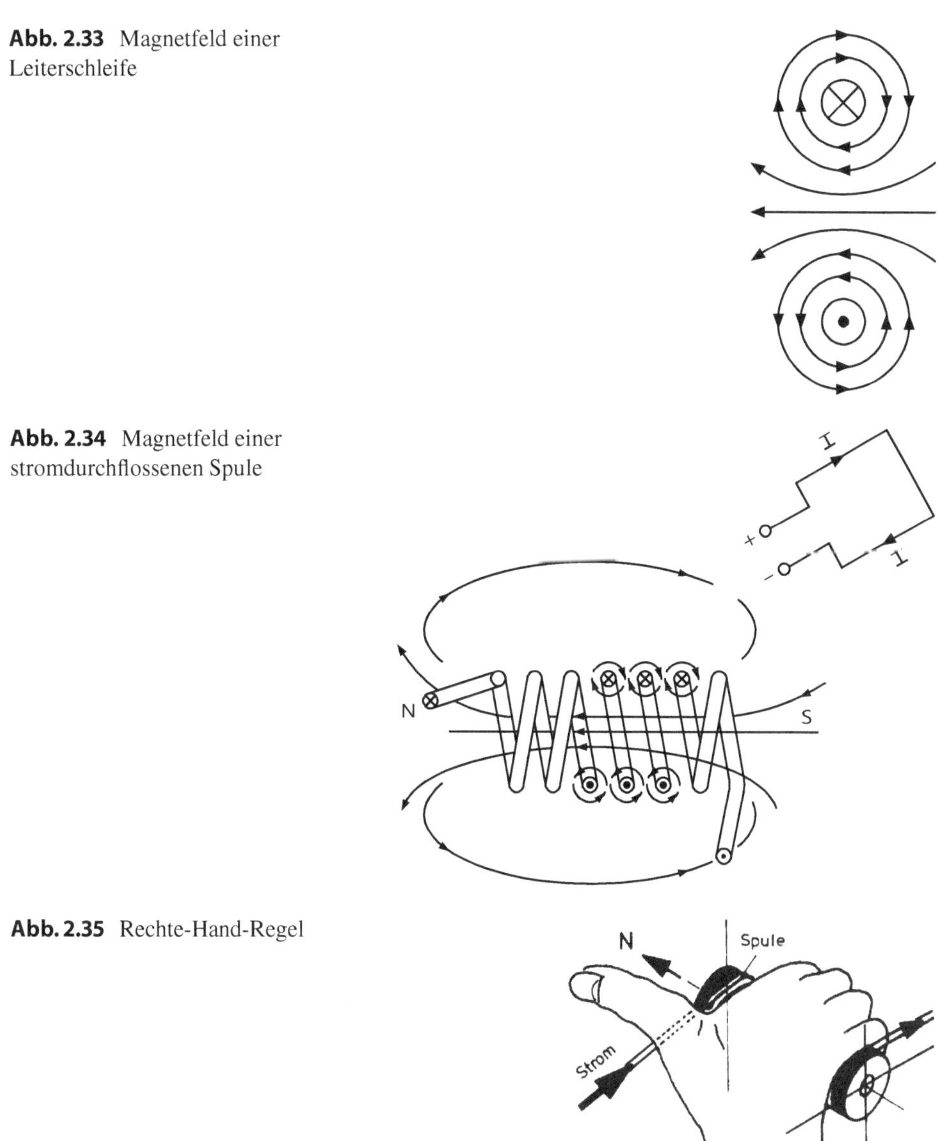

Abb. 2.33 Magnetfeld einer Leiterschleife

Abb. 2.34 Magnetfeld einer stromdurchflossenen Spule

Abb. 2.35 Rechte-Hand-Regel

Eine Spule stellt eine Aneinanderreihung mehrerer Leiterschleifen, den Windungen, dar. In der stromdurchflossenen Spule bilden die einzelnen Magnetfelder der Windungen zusammen das Gesamtfeld der Spule. Abb. 2.34 zeigt ein Magnetfeld einer stromdurchflossenen Spule.

Eine einfache Methode zur Polbestimmung der Spule ist die „Rechte-Hand-Regel", wie Abb. 2.35 zeigt.

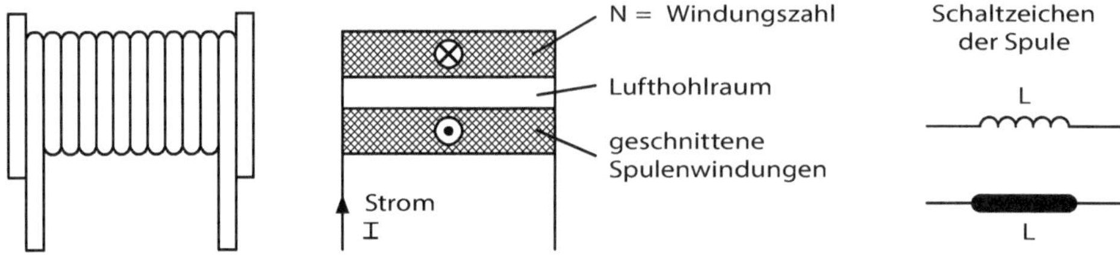

Abb. 2.36 Darstellung einer Spule

Man hält die rechte Hand so, dass die Finger in Richtung des Stroms der einzelnen Windungen zeigen. Dann zeigt unser Daumen in die Richtung der magnetischen Feldlinien der Spule, also zum Nordpol der Spule.

Für die weiteren Betrachtungen soll die Abbildung einer Spule vereinfacht dargestellt werden. Die Spule wird im Querschnitt dargestellt. Die Zahl der Windungen wird als Zahl angegeben, z. B. N = 100 (Windungen). Abb. 2.36 zeigt die Darstellung einer Spule.

2.3.2 Durchflutung und magnetische Spannung

Die Durchflutung (elektrische oder magnetische Durchflutung), auch als „magnetische Spannung" bezeichnet, stellt ein Maß für die magnetische Wirkung einer stromdurchflossenen Spule dar. Dabei ist die Durchflutung umso größer, je höher der Strom I und die Windungszahl N der Spule sind.

$$\Theta = I \cdot N$$

Da der Strom in Ampere, die Wirkungszahl aber ohne Benennung (oder in „Windungen") eingesetzt wird, ergibt sich als Einheit der Durchflutung wiederum Ampere (oder „Ampere-Windungen").

Größe	Formelzeichen	Einheit	
		Name	Zeichen
Durchflutung	Θ (Theta)	Ampere (Ampere-Windungen)	A

Durch eine Spule mit N = 2000 Windungen fließt ein Strom I = 0,108 A. Wie groß ist der magnetische Fluss Θ?

$$\Theta = I \cdot N = 0{,}108\,\text{A} \cdot 2000 = 216\,\text{A}$$

Das Magnetfeld einer stromdurchflossenen Spule wird umso stärker, je kürzer die Spule bei gleicher Stromstärke und gleicher Windungszahl ist. Dieser Einfluss wird bei der magnetischen Feldstärke H berücksichtigt. Sie bezieht die Durchflutung auf die wirksame

Länge der Spule, die sog. „mittlere“ Feldlinienlänge l.

$$H = \frac{\Theta}{l} = \frac{I \cdot N}{l}$$

Mit Θ bzw. I in Ampere und die mittlere Feldlinienlänge l in Meter ergibt sich für die magnetische Feldstärke H die Einheit A/m.

Größe	Formelzeichen	Einheit	
		Name	Zeichen
Magnetische Feldstärke	H	Ampere pro Meter	$\frac{A}{m}$

Bei geschlossenen magnetischen Kreisen ohne nennenswerte Streufelder (Ringspulen, Spulen mit geschlossenem Eisenkreis, ggf. auch mit Luftspalt) ergibt sich die mittlere Feldlinienlänge aus der mittleren Weglänge. Zu beachten ist, dass bei unterschiedlichen Materialien oder unterschiedlichen Querschnitten folgende Beziehung gilt:

$$\Theta = I_1 \cdot N_1 + I_2 \cdot N_2 + \ldots$$

2.3.3 Magnetische Flussdichte

Das Magnetfeld einer stromdurchflossenen Spule kann noch um ein Vielfaches verstärkt werden, wenn man in den Spulenhohlraum einen ferromagnetischen Stoff – z. B. in Form eines Eisenkerns – bringt.

Dieser Einfluss wird in der magnetischen Flussdichte B berücksichtigt, indem die verursachende Feldstärke H mit einem Faktor, der sogenannten Permeabilität μ, multipliziert wird.

$$B = \mu \cdot H$$

Dabei setzt sich die Permeabilität μ (vergleichbar der Dielektrizitätszahl ε beim Kondensator) aus zwei Anteilen zusammen:

- der magnetischen Feldkonstanten $\mu_0 = 1{,}256 \cdot 10^{-6}\,\frac{Vs}{Am}$ (der Wert für Vakuum – angenähert für Spule mit Lufthohlraum)
- der relativen Permeabilität (Permeabilitätszahl) μ_r, der als reiner Zahlenfaktor angibt, um wieviel die magnetische Flussdichte durch einen bestimmten Stoff im Spulenhohlraum gegenüber Vakuum vergrößert wird.

Mit $\mu = \mu_0 \cdot \mu_r$ ergibt sich also die magnetische Flussdichte

$$B = \mu_0 \cdot \mu_r \cdot H = 1{,}256 \cdot 10^{-6} \frac{Vs}{Am} \cdot \mu_r \cdot H.$$

Mit der magnetischen Feldstärke H in A/m und μ_0 in Vs/Am erhält man für die magnetische Flussdichte B die Einheit Vs/m^2 und wird mit „Tesla" (T) bezeichnet.

Größe	Formelzeichen	Einheit	
		Name	Zeichen
Magnetische Flussdichte	B	Tesla	$T = \frac{Vs}{m^2}$

2.3.4 Magnetischer Fluss

Will man die Gesamtwirkung eines Elektro- oder Dauermagneten ausdrücken, muss man nur die magnetische Flussdichte B mit der (Pol-)Fläche A multiplizieren und erhält so den magnetischen Fluss Φ.

$$\Phi = B \cdot A$$

Mit B in Vs/m und A in m^2 ergibt sich als Einheit für Φ in Vs und wird abgekürzt mit Weber (Wb) bezeichnet.

Größe	Formelzeichen	Einheit	
		Name	Zeichen
Magnetischer Fluss	Φ	Weber = Voltsekunde	Wb = Vs

Analog zu einem geschlossenen Stromkreis bildet der magnetische Fluss Φ entlang der geschlossenen Feldlinien eines Magnetfeldes einen magnetischen Kreis. Dabei entspricht die Durchflutung („magnetische Spannung") Θ der elektrischen Spannung U und der magnetische Fluss Φ dem elektrischen Strom I.

Aus den Größen lässt sich der magnetische Widerstand R_m eines magnetischen Kreises angeben:

$$R_m = \frac{\Theta}{\Phi} = \frac{H \cdot l}{\mu \cdot H \cdot A} = \frac{l}{\mu \cdot A} \quad \text{in} \quad \frac{A}{Vs}.$$

2.3.5 Elektrodynamisches Prinzip

Magnetfelder üben Kraftwirkungen aufeinander aus. Ungleichnamige Pole ziehen sich an, gleichnamige Pole stoßen sich ab. Diese Wirkungen kann man mit Dauermagneten (z. B. Stabmagnet und Magnetnadel) nachweisen. Auch der stromdurchflossene Leiter mit seinem Magnetfeld ist Kraftwirkungen durch andere Magnetfelder ausgesetzt. Der stromdurchflossene Leiter (Abb. 2.37) verstärkt den rechten Teil des Dauermagnetfeldes (gleiche Feldlinienrichtung). Links vom Leiter wird das Dauermagnetfeld geschwächt (entgegengesetzte Feldlinienrichtung).

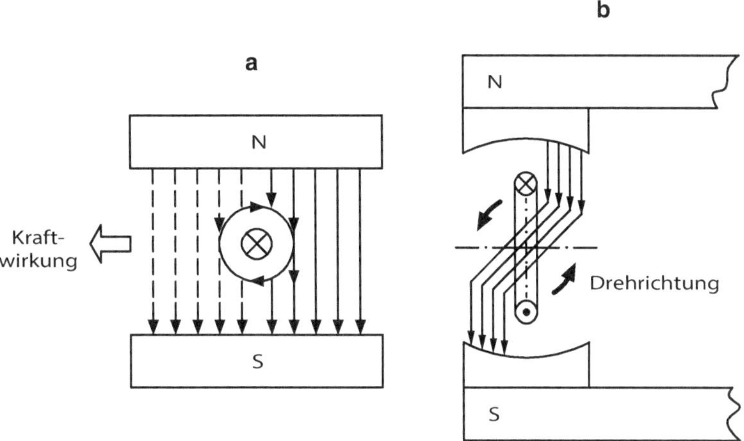

Abb. 2.37 Elektrodynamisches Prinzip

Ein stromdurchflossener Leiter erfährt in einem Magnetfeld eine Kraftwirkung. Die Kraft F wird in N (Newton), die magnetische Flussdichte B in T (Tesla), die wirksame Leiterlänge in m und die Leiterzahl in Windungen z angegeben.

$$F = B \cdot I \cdot l \cdot z$$

Folgende Werte sind gegeben: $B = 1{,}5\,T$; $I = 1\,A$; $l = 10\,cm$; $z = 40$ Windungen. Wie groß ist die Kraft F?

$$F = B \cdot I \cdot l \cdot z = 1{,}5\,T \cdot 1\,A \cdot 0{,}1\,m \cdot 40 = 6\,N$$

Als Modellvorstellung kann man annehmen, dass die Feldlinien wie gespannte Gummifäden auf den Leiter wirken. Wie sich durch Versuche beweisen lässt, ist die eigentliche Ursache jedoch darin begründet, dass auf bewegte Elektronen (= Stromfluss im Leiter) eine Kraft ausgeübt wird.

Die drehbar gelagerte Leiterschleife zeigt diese Wirkung zweimal. In dem Beispiel wird sie mit einer bestimmten Kraft linksherum gedreht. Auf diesem Prinzip beruht die Wirkungsweise des Elektromotors und über einen mechanischen Polwender (Kommutator) wird der Motorwicklung Strom in der Weise zugeführt, dass eine fortlaufende Drehbewegung entsteht. Elektrische Energie wird in mechanische Energie umgewandelt und lässt sich an der umlaufenden Welle abnehmen.

Weitere Beispiele für die Anwendung des elektrodynamischen Prinzips sind Drehspulmesswerk, dynamischer Lautsprecher und elektrische Klingel.

2.3.6 Induktion

Eine Spule ist mit einem Drehspul-Galvanometer verbunden (Zeiger mit Ruhestellung in der Skalenmitte). Man stößt den Nordpol des Stabmagneten in den Spulenhohlraum hinein und sieht, dass der Zeiger des Galvanometers nach rechts ausschlägt (schwarze Pfeile). Zieht man den Stabmagneten aus dem Spulenhohlraum heraus, schlägt der Zeiger nach links aus (weiße Pfeile). Abb. 2.38 zeigt die Wirkungsweise einer Induktion.

Als Beispiele (Abb. 2.39) sollen drei Möglichkeiten zur Spannungserzeugung dargestellt werden.

Wird ein Magnetfeld um einen Leiter geändert oder bewegt, wird in ihm eine Induktionsspannung erzeugt.

Beim Transformator sind beide Wicklungen in Ruhe. Aber das Magnetfeld der Primärwicklung (1) wird durch Änderung der Stromstärke (z. B. Wechselstrom) dauernd geändert. Dadurch ändert sich ständig der magnetische Feldzustand in der Sekundärwicklung (2). In der Sekundärwicklung wird eine Spannung erzeugt.

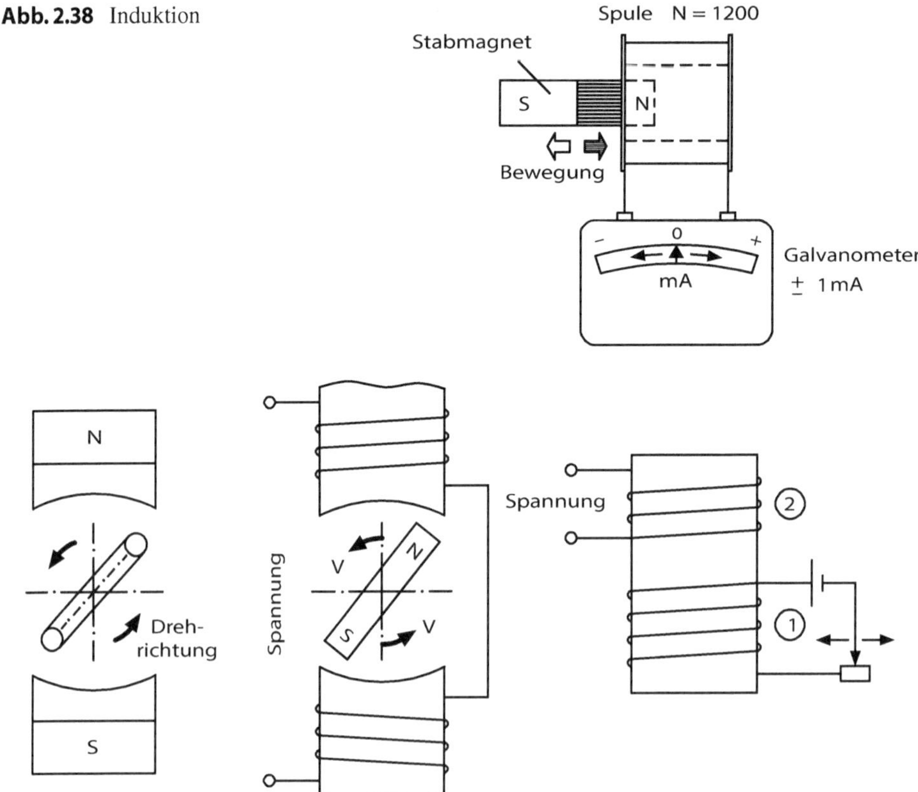

Abb. 2.38 Induktion

Abb. 2.39 Erzeugung von Induktionsspannungen

In allen Fällen hängt die Höhe der erzeugten Induktionsspannung ab von

a) dem Umfang, in dem sich die Stärke des Magnetfeldes (B bzw. Φ) und
b) der Schnelligkeit, mit der sich die Stärke des Magnetfeldes ändert.

2.3.7 Selbstinduktion

Ändert sich in einem Leiter oder in einer Spule die Stromstärke – und damit das Magnetfeld –, so wird auch in dem Leiter selbst oder in der Spule selbst eine Induktionsspannung erzeugt. Die Größe dieser Selbstinduktionsspannung hängt genauso wie die Größe der Induktionsspannung (der Ruhe oder der Bewegung) vom Umfang und der Schnelligkeit der Magnetfeldänderung ab.

Die Eigenschaft einer Spule, bei bestimmter Stromänderung pro Zeiteinheit eine bestimmte Selbstinduktionsspannung zu erzeugen, wird als Induktivität bezeichnet.

Ihre Einheit ergibt sich aus der erzeugten Spannung in Volt pro Stromänderung in As/s zu V und A/s = Vs/A, abgekürzt Henry (H).

Größe	Formelzeichen	Einheit	
		Name	Zeichen
Induktivität	L	Voltsekunden pro Ampere = Henry	$\frac{Vs}{A} = H$

2.3.8 Induktivitäten im Gleichstromkreis

Beim Betrieb einer Induktivität im Gleichstromkreis sind beim Ein- und Ausschalten in der Praxis unbedingt einige schaltungstechnische Besonderheiten zu berücksichtigen.

Zwei Lampen sind an eine Spannungsquelle U über die Taste T anschaltbar. Die Lampe L_1 ist mit einem Widerstand R in Reihe geschaltet. In Reihe mit der Lampe L_2 ist eine Spule mit der Induktivität L und dem (Wicklungs-) Widerstand R geschaltet. Abb. 2.40 zeigt das Einschalten einer Spule.

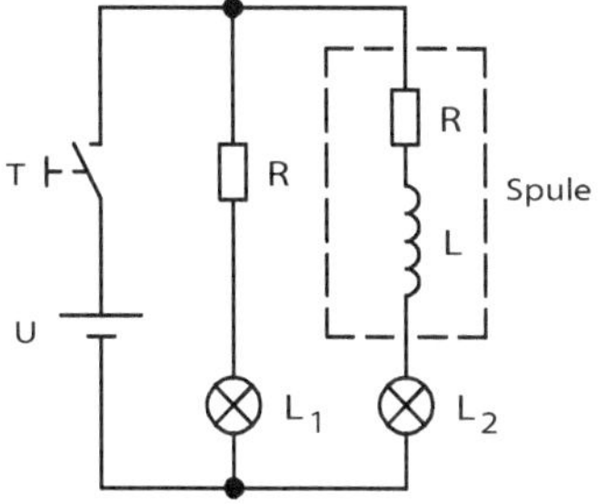

Abb. 2.40 Einschalten einer Spule

Schaltet man den Stromkreis ein, stellt man fest: Lampe L_1 leuchtet sofort auf, aber Lampe L_2 leuchtet später als L_1 auf. Das bedeutet, dass durch die Lampe L_1 sogleich der volle Strom fließt, während der Strom in der Reihenschaltung der Lampe L_2 mit Spule langsam zunimmt.

Misst man den zeitlichen Verlauf des Einschaltstroms, so ergibt sich dafür das gleiche Bild wie für den zeitlichen Verlauf der Einschaltspannung an einer Kapazität. Der Strom steigt nach der Zeit 1τ auf 0,63 des vollen Werts an, nach 2τ auf 0,86 usw. Abb. 2.41 zeigt den zeitlichen Verlauf des Einschaltstroms.

Nach der Einschaltdauer

$$t = 5 \cdot \tau$$

hat der Strom nahezu den vollen Wert $I = U/R$ erreicht. Die Zeitkonstante berechnet sich nach der Formel

$$\tau = \frac{L}{R}.$$

Die Induktivität L wird in $H \mathrel{\hat{=}} \frac{Vs}{A}$ und R in $\Omega \mathrel{\hat{=}} \frac{V}{A}$ eingesetzt. Die Zeitkonstante τ ergibt sich in s.

Ursache für den verzögerten Stromanstieg ist die Induktivität L der Spule. Beim Einschalten beginnt der Aufbau des Magnetfeldes der Spule. Diesem Feldaufbau wirkt die Selbstinduktionsspannung der Spule entgegen. Das Lenz'sche Gesetz lautet: Die Selbstinduktionsspannung ist stets so gerichtet, dass sie den Vorgang, durch den sie entsteht, zu hemmen sucht.

Beim Abschalten einer Induktivität ist entsprechend dem Lenz'schen Gesetz die Induktionsspannung so gerichtet, dass sie dem Feldabbau entgegenwirkt. Sie sinkt also von ihrem Höchstwert bei Beginn des Abschaltvorganges im zeitlichen Verlauf einer e-Funktion mit der Zeitkonstanten $\tau = L/R$ auf Null. Demselben Verlauf folgt auch der Strom beim Abschaltvorgang.

Beim Abschalten einer Spule im Gleichstromkreis wirkt die Selbstinduktionsspannung dem Feldabbau entgegen. Sie ist dabei umso höher, je schneller der Feldabbau (die Abschaltgeschwindigkeit) ist. Beim Öffnen von Stromkreisen mit Induktivitäten entstehen

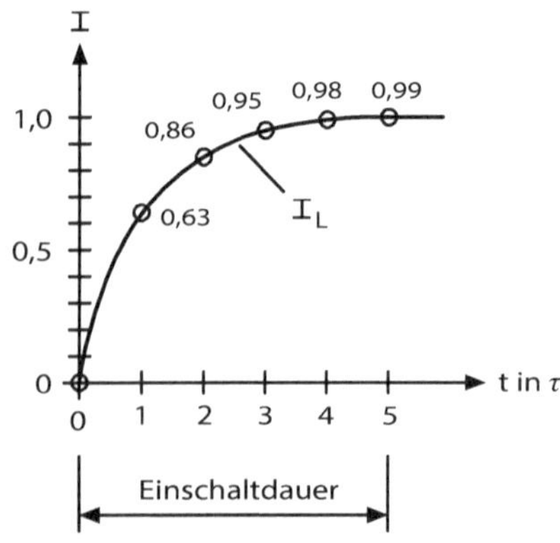

Abb. 2.41 Zeitlicher Verlauf des Einschaltstroms

Abb. 2.42 Ausschalten einer Spule

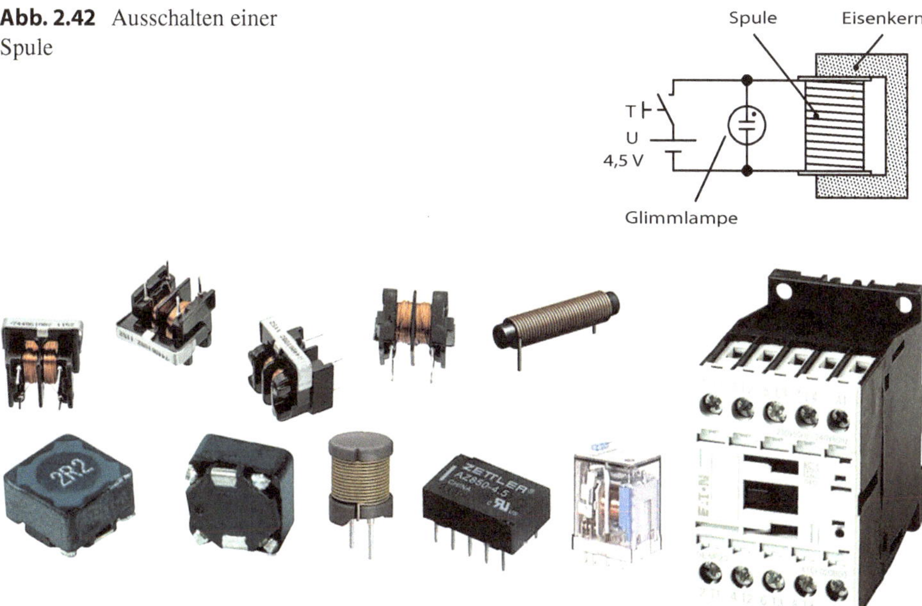

Abb. 2.43 Verschiedene Ausführungen von Induktivitäten

hohe Induktionsspannungen, weil die Schnelligkeit der Stromänderung beim Ausschalten besonders hoch ist. Diese Selbstinduktionsspannungen liegen weit über der Betriebsspannung des Stromkreises und sind meistens unerwünscht.

Zum Nachweis der Selbstinduktionsspannung dient die Schaltung nach Abb. 2.42.

Parallel zur Spule liegt eine Glimmlampe, die erst bei etwa 70 V Spannung zündet. Wenn man einschaltet, liegt sie an der Spannung U = 4,5 V der Taschenlampenbatterie und bleibt dunkel. Öffnet man den Stromkreis wieder, so blitzt die Glimmlampe kurz auf. Es muss also eine Selbstinduktionsspannung entstanden sein, die größer als 70 V ist!

Diese hohen Selbstinduktionsspannungen bei der Abschaltung induktiv belasteter Stromkreise können zur Zerstörung von Bauteilen wie Transformatoren, Kondensatoren, Halbleiterbauelementen (Transistoren) führen.

Gegenmaßnahmen: Funkenlöschkreis mit Widerstand und Kondensator, Varistor oder DIAC.

Abb. 2.43 zeigt verschiedene Ausführungen von Induktivitäten.

2.3.9 Aufbau eines Relais

Ein Relais besteht aus zwei Hauptteilen: dem Elektromagneten mit Anker und Kontakten, die durch die Ankerbewegung betätigt werden.

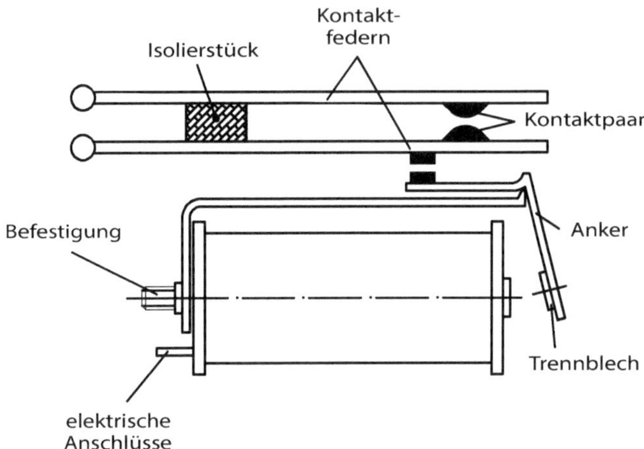

Abb. 2.44 Mechanischer Aufbau eines Rundrelais mit einem Kontaktpaar als Schließer

Abb. 2.44 zeigt den mechanischen Aufbau eines Relais in seiner Standardform, denn in der Praxis findet man zahlreiche Relaistypen wie Flachrelais, Rundrelais, Zungenrelais, Kammrelais, Hubankerrelais, Tauchankerrelais, Stromstoßrelais, Kipprelais, polarisierte Relais usw. In der Praxis liegt die Wicklung des Relais in einem eigenen Stromkreis (Steuerstromkreis), während der Kontaktsatz den zweiten Stromkreis zum Ein- oder Ausschalten eines Verbrauchers mit höheren Spannungen und Leistungen durchführt.

Für den Einsatz der Relais benötigt man die Kennwerte, die auf der Außenisolation aufgedruckt sind. Hierzu gehören der Innenwiderstand, die Windungszahl, Drahtdurchmesser (blank), Drahtmaterial und Isolationsart. Auch die Angaben über den Betrieb an Wechsel- oder Gleichstrom sind vorhanden, denn beim Anlegen von Gleichstrom an ein Wechselstromrelais führt dies unweigerlich zur Zerstörung des Bauelements. Beim Einsatz von Relais ist unbedingt auf die Nennspannung der Relaisspule, auf die Stromart und die Belastung der Kontakte zu achten.

Fließt durch die Relaisspule ein Strom, baut sich ein Magnetfeld auf und der Relaisanker wird betätigt. Der Relaisanker besteht aus einem etwa 0,5 mm dicken Trennblech aus nicht-magnetischem Werkstoff. Dadurch bleibt auch in Arbeitsstellung ein geringer Spalt zwischen Kern und Anker erhalten, so dass der Anker nach dem Abschalten wieder abfällt und nicht infolge des remanenten Magnetismus kleben bleibt.

Bei einer Ansteuerung eines Relais durch Wechselstrom ergeben sich im Eisenkern diverse Verluste. Der Kern muss daher bei Wechselstrom aus Dynamoblechen zusammengesetzt sein. Wegen des „Flatterns" an Wechselstrom, das auch eine Anzugs- und Halteunsicherheit mit sich bringt, wurden spezielle Wechselstromrelais (Phasenrelais) entwickelt und diese bestehen aus zwei Kernen mit zwei Wicklungen. Durch einen Kondensator in der zweiten Wicklung wird eine Phasenverschiebung erzielt. Dadurch überschneiden sich die Anzugsmomente, der Anker verhält sich ruhig und arbeitet sehr zuverlässig.

Soll ein Relais nur bei einem Strom, der in eine bestimmte Richtung fließt, ansprechen oder sich je nach Stromrichtung in der Wicklung nach der einen oder anderen Richtung bewegen, setzt man gepolte Relais ein. Bei diesen Relais beinhaltet der Kernteil oder der Anker einen Dauermagneten. Die Wirkung ist so, dass der Strom in der einen Richtung z. B. den einen Polschuh magnetisch stärkt und den anderen schwächt, während bei Änderung der Stromrichtung das Umgekehrte der Fall ist.

Beim Abschalten eines Relais tritt durch den Abbau des Magnetfeldes eine Selbstinduktionsspannung auf, die am mechanischen Schalter oder Schalttransistor einen Lichtbogen verursacht. Durch diesen Lichtbogen wird der mechanische Schalter langsam unbrauchbar, der Schalttransistor dagegen unweigerlich zerstört. Durch die Parallelschaltung eines Kondensators von 0,1 μF bis 4,7 μF zum mechanischen Schalter oder an der Spule verringert sich die Funkenbildung erheblich. Der Selbstinduktionsstrom lädt den Kondensator auf und wird dadurch dem Kontakt entzogen. Steuert man das Relais mit einem Schalttransistor an, muss immer parallel zur Relaisspule eine „Freilaufdiode" vorhanden sein, die die Selbstinduktion wirksam unterdrückt.

Bei den Kontaktarten unterscheidet man zwischen Arbeitskontakten (Schließer), Ruhekontakten (Offner) und Folge-Umschaltkontakten (Folge-Wechsel), sowie einigen Kombinationsarten. Diese Kontakte werden hinsichtlich der Art und ihrer Betätigungsfolge durch Kurzzeichen bezeichnet. Dabei geht man immer von unbetätigten Kontakten (Ruhestellung) aus. Die Kontakte eines Kontaktfedersatzes bezeichnet man fortlaufend in Betätigungsrichtung und ist keine Betätigungsrichtung angegeben, erfolgt die Bezeichnung von links nach rechts. Bei zwei Betätigungsrichtungen bezeichnet man den Ausgangspunkt und die Bezeichnungsfolge verläuft ebenfalls von links nach rechts. Ist es aus schaltungstechnischen Gründen erforderlich, werden die Folgebetätigungen an den einzelnen Kontakten direkt bezeichnet. Bei zusammengesetzten Kontakten kennzeichnet man die, bei denen die Kontakte getrennt sind.

2.3.10 Schütz

Ein Schütz ist ein elektrisches Bauteil, das in vielerlei Hinsicht einem Relais ähnelt, allgemein jedoch einen wesentlich breiteren Anwendungsbereich aufweist und demzufolge über viele Funktionen und Eigenschaften verfügt, die ein herkömmliches Relais nicht vorweisen kann. In den meisten Fällen werden Schütze speziell für große elektrische Leistungen entwickelt.

Ein weiterer Unterschied zwischen Schützen und Relais liegt darin, dass Relais für gewöhnlich in einer von zwei möglichen Konfigurationen eingesetzt werden können: als Öffner oder Schließer. Die meisten Schütze hingegen sind darauf ausgelegt, nur in der offenen Position, als Schließer, zu agieren. Schutzschalter sind, anders als Schütze und Relais, normalerweise geschlossen, öffnen jedoch, wenn gefährliche Bedingungen an dem jeweiligen Schaltkreis auftreten.

Schütze sind im Grunde elektrische Schalter, die sich ferngesteuert schalten lassen. Sie können sowohl auf Spannungen, ähnlich denen der Steuergeräte, die ihren Status regulieren, ausgelegt sein, als auch auf Spannungen im Bereich der Lasten, die sie steuern. Aufgrund ihres breiten Anwendungsbereichs kann man Schütze für Industriezwecke verwenden, die in Schaltungen eingesetzt werden, deren Spannung und Stromstärke die der meisten Haushaltsanwendungen für gewöhnlich um ein Vielfaches übersteigt.

Und aufgrund der Bedingungen, in denen Schütze eingesetzt werden, sind bei deren Herstellung wesentlich andere Faktoren zu berücksichtigen als Relais. Viele Schütze sind beispielsweise mit einer Art Lichtbogenunterdrückungssystem ausgestattet, die ihre Lebensdauer erheblich verlängert. Die Wahl des jeweiligen Lichtbogenunterdrückungssystems hängt unter anderem davon ab, ob der Schütz mit Gleich- oder mit Wechselstrom betrieben wird.

Schütze werden auch über deren jeweilige Schaltung definiert, auch Kontakt-Konfiguration genannt. Das ermöglicht die Verwendung eines Schützes in der Form eines beliebigen Schalters, wobei sowohl mehrere Schaltkreise gleichzeitig als auch nur ein bestimmter Schaltkreis gesteuert werden können. Abb. 2.45 zeigt einen Querschnitt durch einen Schütz mit der oberen und unteren Ebene bzw. einem Anschluss A1 für die interne Spule.

Die Zahl der Kontakte (Schaltglieder) ist unterschiedlich, wie noch bei den Drehstrommotoren gezeigt wird. In der Praxis hat man vier oder achten Schaltglieder. Bei acht Schaltgliedern sind zwei Vierergruppen in zwei Etagen übereinander angeordnet. Die Schütze werden für Gleich- und Wechselstrom mit verschiedenen Spannungen ausgeführt. Die Anschlüsse A1 und A2 sind für die Magnetspule.

Abb. 2.45 Querschnitt durch einen Schütz

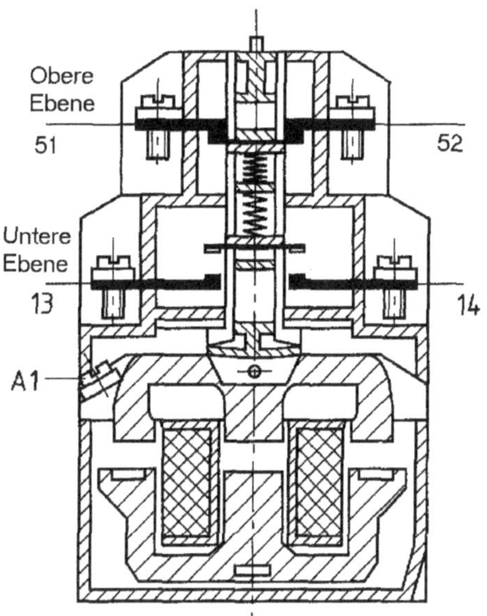

Die Ziffer an der Einerstelle ist die sogenannte Funktionsziffer. Die gibt Auskunft über die Schließer- oder Öffnerfunktion des Schaltgliedes.

Schaltglieder	_1 / _2	für Öffner
	_3 / _4	für Schließer

Die Ziffer an der Zehnerstelle ist die Ordnungsziffer (Platzziffer). Diese kennzeichnet den Platz und damit auch die zusammengehörigen Anschlüsse.

Bei dem Schütz in Abb. 2.45 öffnet beim Einschalten zuerst der Öffner 51/52, bevor der Schließer 13/14 schließt.

Grundsätzlich gelten diese Schütze als wartungsfrei. Je nach Grad der Beanspruchung in der Anwendung kann eine Wartung der Kontakte erforderlich sein. Bei einer typischen Anwendung mit starker Beanspruchung kommt es zu häufigem Schalten bei hohen Strömen, Reversieren und Tippen (AC-4). Die verfrühte Wartung von Schützen trägt zur Steigerung der Gesamtkosten bei, während eine zu späte Wartung zu kostenintensiven Unterbrechungen und Ausfällen führen kann. Durch die Wartung zum richtigen Zeitpunkt werden solche Probleme vermieden. Die folgenden Gebrauchskategorien zählen zu den häufigsten.

- AC-1 (nicht oder geringe induktive Lasten, Widerstandsöfen): Das Schließen der Hauptkontakte ist relativ einfach, da der Einschaltstrom dem Bemessungsbetriebsstrom der Last entspricht. Das Öffnen erfolgt bei voller Bemessungsbetriebsspannung, wobei der Lichtbogen ein relativ niedriges Energieniveau aufweist.
- AC-2 (Starten und Ausschalten von Schleifringläufermotoren): Schließen und Öffnen erfolgt typischerweise mit dem 2,5-fachen Bemessungsbetriebsstrom des Motors ($I_e \cdot 2{,}5$), wobei die Bemessungsbetriebsspannung der Nennspannung entspricht.
- AC-3 (Starten und Ausschalten laufender Kurzschlussläufermotoren): Das Schließen der Hauptkontakte erfolgt mit dem ca. 6- bis 8-fachen (oder höher bei den heutigen Hochleistungsmotoren) Bemessungsbetriebsstrom des Motors je nach Motoreigenschaften und Art der Last. Das Öffnen ist einfacher, da der Strom dem Bemessungsbetriebsstrom des Motors entspricht. Die Spannung verringert sich auf 17 % der Bemessungsbetriebsspannung. Die typische elektrische Abnutzung ist auf das Schließen der Kontakte zurückzuführen. Bei der Sichtprüfung einer AC-3-Anwendung zeigt sich normalerweise, dass kein oder nur sehr wenig Material von den Kontakten in die Löschkammern verspritzt wurde.
- AC-4 (Starten, Gegenstrombremsen oder Tippen von Kurzschlussläufermotoren): Das Öffnen und Schließen der Schützkontakte erfolgt mit dem ca. 6- bis 8-fachen (oder höher bei den heutigen Hochleistungsmotoren) Bemessungsbetriebsstrom des Motors. Die Spannung wird nicht reduziert und entspricht der Bemessungsbetriebsspannung des Motors. Sowohl der Schließ- als auch der Öffnungsvorgang tragen zur Kontaktabnutzung bei. Die Löschkammern spielen eine wichtige Rolle beim Löschen des

Lichtbogens. Daher wird in den meisten Fällen Material von den Kontakten in die Löschkammern verspritzt. Abb. 2.45 zeigt feste und bewegliche Kontakte in einer AC-4-Anwendung.

Schütze werden normalerweise für Hochleistungsanwendungen im Industriebereich eingesetzt, was auch an ihren Einstufungssystemen zu erkennen ist. Es gibt sie in verschiedenen Klassifizierungen nach IEC 60947-4-1. Diese Klassifizierungen werden in AC-Nummern angegeben, von AC-1 bis AC-4. Parallel dazu werden auch andere Einstufungssysteme verwendet.

Zu den Anwendungsbereichen von Schützen zählen das Anlassen von Motoren, das Überwachen industrieller Öfen sowie das Steuern der Geschwindigkeiten sehr großer Motoren und anderer Großanlagen.

Magnetische Blaseinrichtungen kommen oftmals in Geräten an Schützen zum Einsatz, die den Lichtbogen zum Schutz der jeweiligen Bauteile vor Schäden physisch von den Kontakten weg bewegt.

Die Stärke des Ströme, dem ein Schütz ausgesetzt ist, das Material, aus dem es gefertigt ist, sowie die Frage, welche Technologie zur Unterdrückung von Lichtbögen eingesetzt wird, und einige weitere Faktoren bedingen die maximale Lebensdauer eines Schützes. Aus mechanischer Sicht jedoch, sind diese Geräte ausgesprochen robust und, sofern sie mit entsprechendem Schutz ausgestattet sind und in angemessenen Bedingungen eingesetzt werden, können sie eine sehr lange Zeit bestehen.

Hilfskontakte können Teil eines Schützes sein, oder aber in Form einer separaten Komponente als Modul zu dem Schütz hinzugefügt und entfernt werden. Hilfskontakte dienen oftmals der Übertragung von Steuerinformationen an eine logische Steuereinheit, die bei den meisten Anwendungen und je nach Eingängen den jeweiligen Geräten das Signal zum unmittelbaren bzw. zeitlich festgelegten Ein- und Ausschalten erteilt.

3 Drehstrommotoren

Normalerweise erzeugt man in der Praxis einen Drehstrom und von diesem leitet man den einphasigen Wechselstrom ab.

Ein Drehstromsystem bezeichnet man als unverkettetes Drehstromsystem, d. h. die drei Phasen sind in keinerlei leitenden Verbindung (Abb. 3.1) zueinander. Ordnet man auf der Achse mehrere, um bestimmte Winkel (120°) gegeneinander versetzte Spulen an, so werden in ihnen Spannungen induziert, die um diese Winkel gegeneinander phasenverschoben sind. Die Spannungen bilden ein Mehrphasensystem. Weisen diese Spannungen den gleichen Scheitelwert auf und sind sie um gleiche Winkel gegeneinander phasenverschoben, so bezeichnet man das System symmetrisch.

Von besonderer Bedeutung ist das symmetrische Dreiphasen- oder Drehstromsystem. Zu seiner Erzeugung ist eine Anordnung mit drei räumlich versetzten Spulen erforderlich. Man bezeichnet die Spulen auch als Stränge. In ihnen werden drei gleich große Wechselspannungen induziert, die um jeweils $360°/3 = 120°$ gegeneinander phasenverschoben sind. Sie lassen sich daher wiedergeben durch

$$u_1 = \hat{u} \cdot \sin \omega t,$$
$$u_2 = \hat{u} \cdot \sin(\omega t - 120°),$$
$$u_3 = \hat{u} \cdot \sin(\omega t - 240°).$$

Die Bezeichnung $\hat{u}$ ist der Scheitelwert der induzierten Spannung. Die Anordnung zur Erzeugung dieser Spannungen stellt einen einfachen Drehstromgenerator dar.

Soll der Drehstromgenerator mit einem Verbraucher verbunden werden, so könnte man für jeden Strang zwei Leitungen vorsehen. Man bekäme auf diese Weise sechs zum Verbraucher führende Leitungen. Es zeigt sich jedoch, dass die drei Stränge untereinander in geeigneter Weise miteinander verbunden werden können, so dass die Anzahl der zum Verbraucher führenden Leitungen kleiner als sechs gehalten werden kann. Man spricht dann von einem verketteten System. Es gibt zwei Arten der Verkettung, die Sternschaltung (Vier- oder Fünfleitersystem) und die Dreieckschaltung (Dreileitersystem).

H. Bernstein, *Elektrotechnik/Elektronik für Maschinenbauer*,
https://doi.org/10.1007/978-3-658-20838-7_3

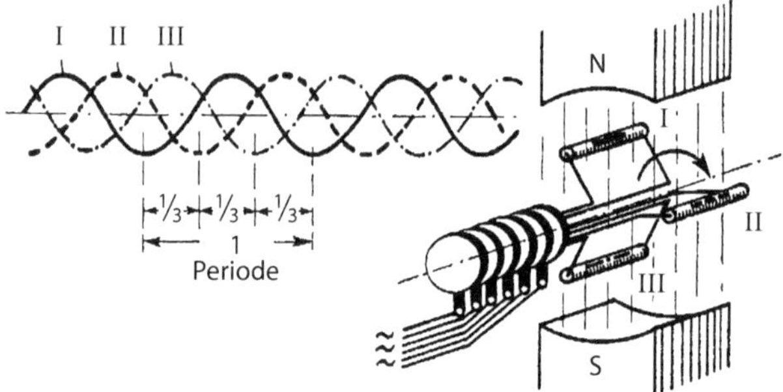

Abb. 3.1 Entstehung von Drehstrom

Begriffe für den Drehstrom, die in diesem Kapitel noch ausführlich behandelt werden:

Außenleiter:	Leiter, der an einem Außenpunkt angeschlossen ist, z. B. L_1, L_2 und L_3.
Außenleiterspannung:	Spannung zwischen zwei Außenleitern mit zeitlich aufeinander folgenden Phasen, z. B. U_{12}, U_{23} und U_{31}. In der Praxis ergibt sich eine Außenleiterspannung von 400 V, bezogen auf den Mittelleiter.
Außenleitermittelspannung:	Spannung zwischen Außenleiter und dem Mittelleiter (Mittelpunkt), z. B. U_{1N}, U_{2N} und U_{3N}. In der Elektrotechnik hat man drei Spannungen von 230 V.
Dreieckspannung:	Effektiver Nennwert der Außenleiterspannung.
Dreieckstrom:	Andere Bezeichnung für Strangstrom in Dreieckschaltung.
Mittelleiter:	Neutralleiter, der an dem Mittelpunkt angeschlossen ist.
Mittelpunkt:	Sternpunkt oder Anschlusspunkt, von dem in Anordnung und Wirkung gleichwertige Stränge eines Systems ausgehen.
Mittelpunktspannung:	Spannung zwischen Mittelpunkt (Mittelleiter) und einem Punkt mit festgelegtem Potential, z. B. der Bezugserde.
Neutralleiter:	Leiter, der an einem Mittel- oder Sternpunkt angeschlossen ist.
Nullleiter:	Unmittelbar geerdeter Leiter, meist der Neutralleiter.
Phase:	Augenblicklicher Spannungszustand eines periodischen Schwingungsvorgangs.
Phasenfolge:	In einem Mehrphasensystem die zeitliche Reihenfolge, in der die gleichartigen Augenblickswerte der Spannungen in den einzelnen Strombahnen nacheinander auftreten.
Strang:	Die Strombahn in einem Mehrphasensystem, in der Strom einer Phase (in der Bedeutung vom Schwingungszustand) fließt.
Strangspannung:	Spannung zwischen den Enden eines Strangs, egal in welcher Schaltung die Stränge zusammengeschlossen sind.

Sternspannung:	Spannung zwischen einem Außenleiter und dem Sternpunkt.
Sternstrom:	Andere Bezeichnung für den Strangstrom bei Mehrphasensystemen in Sternschaltung.
Sternpunktspannung:	Spannung zwischen einem Sternpunkt und einem Punkt mit festgelegtem Potential, z. B. der Bezugserde.

Das Arbeiten an elektrischen Anlagen und der Umgang mit elektrischen Betriebsmitteln beinhaltet immer viele Situationen, in denen Menschen, Tiere und Sachwerte gefährdet sein können.

Zuerst soll das Zusammenwirken der Einzelelemente erklärt werden: Erder, Hauptpotentialausgleich, Schutzleiter, Schutzeinrichtungen, z. B. Leitungsschutzschalter, Sicherung oder Fehlerstrom-Schutzeinrichtungen. Dies gilt auch für die unterschiedlichen Netzformen (TN-C-, TN-S-, TN-C-S-, TT- und IT-Netz).

Begriffe für die Netzformen:

TN-C-Netz:	Direkte Erdung eines Punktes (Betriebserde z. B. des Transformators).
N:	Gehäuse (Körper direkt mit dem Betriebserder der speisenden Stromquelle verbunden). In Wechselspannungsnetzpunktsystemen ist der geerdete Punkt meist der Sternpunkt des Transformators.
C:	Neutral- und Schutzleiterfunktion kombiniert in einem Leiter, dem PEN-Leiter (Schutzleiter PE und Neutralleiter N).
TN-S-Netz:	Direkte Erdung eines Punktes (Betriebserde z. B. des Transformators).
N:	Gehäuse (Körper direkt mit dem Betriebserder der speisenden Stromquelle verbunden). In Wechselspannungsnetzpunktsystemen ist der geerdete Punkt meist der Sternpunkt des Transformators.
S:	Neutral- und Schutzleiterfunktion durch getrennte Leiter.
TN-C-S-Netz:	Kombination von C- und S-Netz.
TT-Netz:	Direkte Erdung eines Punktes (Betriebserde z. B. des Transformators).
T:	Gehäuse (Körper) direkt geerdet (Anlagenerder).
IT-Netz:	Isolierung aller aktiven Teile gegen Erde oder Verbindung eines Punktes mit der Erde über eine hochohmige Impedanz.
T:	Gehäuse (Körper) direkt geerdet (Anlagenerder).

3.1 Wirkungsweise eines Drehstrommotors

Der erste Elektromotor, ein Gleichstrommotor, wurde 1833 gebaut. Die Geschwindigkeitsregelung dieses Motors war relativ einfach und erfüllte die damaligen Forderungen für viele verschiedene Anlagentypen.

1889 wurde der erste Drehstrommotor konstruiert. Verglichen mit dem Gleichstrommotor ist dieser wesentlich einfacher und robuster. Drehstrommotoren weisen jedoch eine feste Drehzahl und eine stabile Momentcharakteristik auf. Daher waren sie lange Zeit für verschiedene spezielle Anlagen, besonders in der Regelungstechnik nicht einsetzbar. Drehstrommotoren sind elektromagnetische Energieumformer. Sie wandeln elektrische Energie in mechanische Energie (motorisch) und umgekehrt (generatorisch) mittels der elektromagnetischen Induktion um.

Das Prinzip der elektromagnetischen Induktion: In einem quer durch ein Magnetfeld B bewegten Leiter wird eine Spannung induziert. Ist der Leiter in einem geschlossenen Stromkreis, fließt ein Strom I. Auf den bewegten Leiter wirkt eine Kraft F senkrecht zum Magnetfeld und zum Leiter.

a) Generatorprinzip (Induktion durch Bewegung): Beim Generatorprinzip erzeugen Magnetfeld und Bewegung eines Leiters eine Spannung (Abb. 3.2a).
b) Motorprinzip: In Motoren wird das Induktionsprinzip in „umgekehrter Reihenfolge" verwendet: Ein stromführender Leiter wird in einem Magnetfeld angeordnet. Der Leiter wird dann von einer Kraft F beeinflusst, die versucht, den Leiter aus dem Magnetfeld zu bewegen (Abb. 3.2b). Beim Motorprinzip erzeugen Magnetfeld und stromdurchflossener Leiter eine Bewegung.

Das Magnetfeld wird im Motor im feststehenden Teil (Stator) erzeugt. Die einzelnen Leiter, die von den elektromagnetischen Kräften beeinflusst werden, befinden sich im rotierenden Teil (Rotor). Die Drehstrommotoren unterteilen sich in die beiden Typen, den asynchronen und synchronen Motoren.

Bei beiden Motoren ist die Wirkungsweise der Statoren im Prinzip gleich und der Unterschied liegt im Rotor. Hier entscheidet die Bauweise und wie sich der Rotor im Verhältnis zum Magnetfeld bewegt. Synchron bedeutet „gleichzeitig" oder „gleich", und asynchron „nicht gleichzeitig" oder „nicht gleich", d. h. die Drehzahlen vom Rotor und Magnetfeld sind gleich oder unterschiedlich.

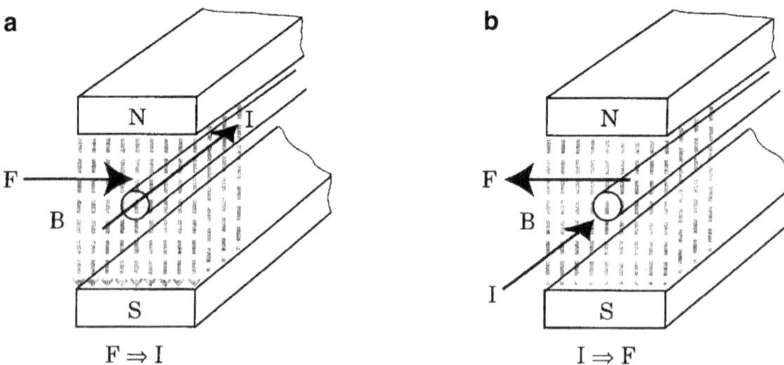

Abb. 3.2 Prinzip der elektromagnetischen Induktion; **a** Generatorprinzip; **b** Motorprinzip

Drehstrommotoren

Synchron	Asynchron
Rotor mit ausgeprägten Polen	Schleifringrotor
Vollpolrotor	Kurzschlussrotor

3.1.1 Asynchronmotor

Der Asynchronmotor ist der meistverbreitete Motor und dieser erfordert fast keine Instandhaltung. Der mechanische Aufbau ist genormt, damit ein geeigneter Lieferant immer schnell verfügbar ist. Es gibt mehrere Typen von Asynchronmotoren, die jedoch alle nach dem gleichen Grundprinzip arbeiten. Die beiden Hauptbauteile sind der Stator (Ständer) und der Rotor (Läufer), wie Abb. 3.3 zeigt.

Der Stator ist ein Teil des feststehenden Motors. Der Stator besteht aus Statorgehäuse (1), Kugellagern (2), die den Rotor (9) tragen, Lagerböcken (3) für die Anordnung der Lager und als Abschluss für das Statorgehäuse, Ventilator (4) für die Motorkühlung und Ventilatorkappe (5) als Schutz gegen den rotierenden Ventilator. Auf der Seite des Statorgehäuses sitzt ein Kasten für den elektrischen Anschluss (6).

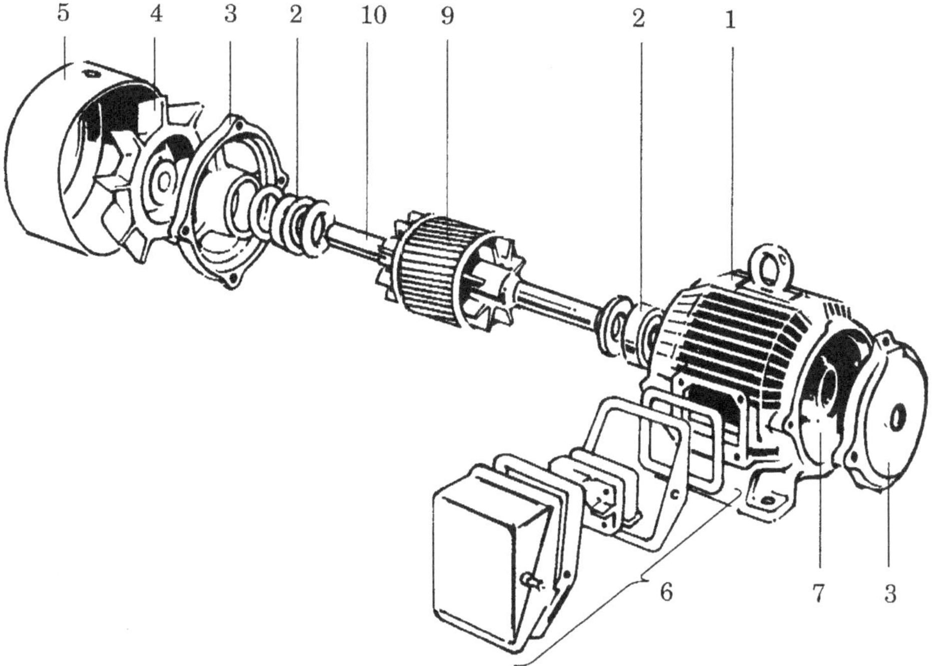

Abb. 3.3 Aufbau eines Asynchronmotors

Im Statorgehäuse befindet sich ein Eisenkern (7) aus dünnen, 0,3 bis 0,5 mm starken Eisenblechen. Die Eisenbleche weisen Ausstanzungen für die drei Phasenwicklungen auf.

Die Phasenwicklungen und der Statorkern erzeugen das Magnetfeld. Die Anzahl der Polpaare (oder Pole) bestimmt die Geschwindigkeit, mit der das Magnetfeld rotiert, wie Abb. 3.4 zeigt. Tab. 3.1 zeigt die Abhängigkeit von Polpaar p bzw. Polzahl und synchrone Drehzahl des Motors. Wenn ein Motor an seine Nennfrequenz angeschlossen ist, wird die Drehzahl des Magnetfeldes als synchrone Drehzahl n_0 des Motors bezeichnet.

Das Magnetfeld rotiert im Luftspalt zwischen Stator und Rotor. Nach Anschluss einer der Phasenwicklungen an eine Phase der Versorgungsspannung wird ein Magnetfeld induziert.

Die Anordnung dieses Magnetfeldes im Statorkern ist fest, aber die Richtung ändert sich. Die Geschwindigkeit, mit der die Richtung sich ändert, wird von der Frequenz der Versorgungsspannung bestimmt. Bei einer Frequenz von 50 Hz ändert das Wechselfeld die Richtung 50-mal in jeder Sekunde.

Beim Anschluss von zwei Phasenwicklungen gleichzeitig an die jeweilige Phase werden zwei Magnetfelder im Statorkern induziert, wie Abb. 3.5 zeigt. In einem zweipoligen Motor ist das eine Feld 120° im Verhältnis zum anderen verschoben und die Maximalwerte der Felder sind auch zeitmäßig verschoben. Hiermit entsteht ein Magnetfeld, das im Stator rotiert. Das Feld ist jedoch sehr asymmetrisch, bis die dritte Phase angeschlossen wird.

Nach Anschluss der dritten Phase gibt es drei Magnetfelder im Statorkern, wie Abb. 3.6 zeigt. Zeitmäßig sind die drei Phasen 120° im Verhältnis zueinander verschoben.

Der Stator ist nun an die dreiphasige Versorgungsspannung angeschlossen. Die Magnetfelder der einzelnen Phasenwicklungen bilden ein symmetrisches und rotierendes Magnetfeld. Dieses Magnetfeld wird als Drehfeld des Motors bezeichnet.

Tab. 3.1 Polpaar bzw. Polzahl und die synchrone Drehzahl des Elektromotors

Polpaar p	1	2	3	4	6
Polzahl	2	4	6	8	12
n_0 1/mm	3000	1500	1000	750	500

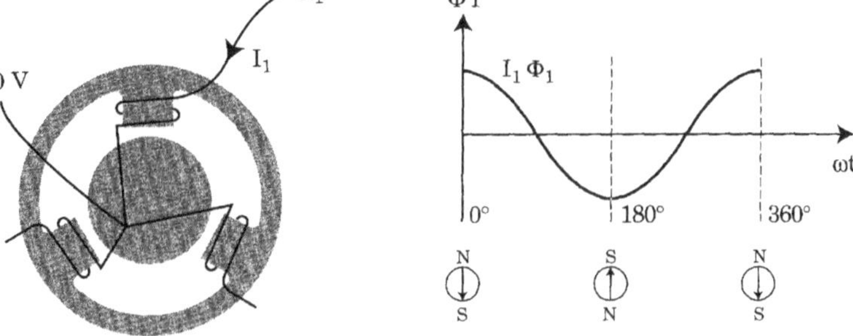

Abb. 3.4 Eine Phase ergibt ein Wechselfeld im Asynchronmotor

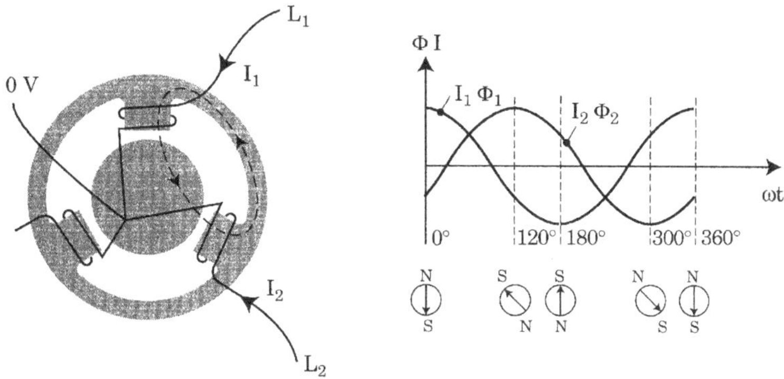

Abb. 3.5 Zwei Phasen ergeben ein asymmetrisches Drehfeld

Die Amplitude des Drehfeldes ist konstant und beträgt das 1,5-fache vom Maximalwert der Wechselfelder. Dieses rotiert mit der Geschwindigkeit n_0 Synchrondrehzahl

$$n_0 = \frac{f \cdot 60}{p}$$

f = Frequenz
n_0 = Synchrondrehzahl
p = Polpaarzahl

Die Geschwindigkeit ist somit von der Polpaarzahl p des Elektromotors und der Frequenz f der Versorgungsspannung abhängig.

Der Rotor (9) ist auf der Motorwelle (10) montiert. Der Rotor wird wie der Stator aus dünnen Eisenblechen mit ausgestanzten Schlitzen gefertigt. Der Rotor kann ein

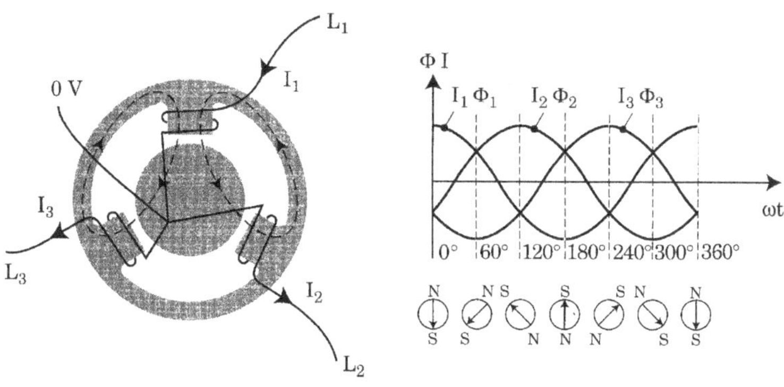

Abb. 3.6 Drei Phasen ergeben ein symmetrisches Drehfeld

Schleifringrotor oder ein Kurzschlussrotor sein. Sie unterscheiden sich dadurch, dass die Wicklungen in den Schlitzen unterschiedlich sind.

Der Schleifringrotor besteht wie der Stator aus gewickelten Spulen, die in den Schlitzen liegen. Es gibt Spulen für jede Phase, die an die Schleifringe geführt werden. Nach Kurzschluss der Schleifringe arbeitet der Rotor wie ein Kurzschlussrotor.

Der Kurzschlussrotor hat in den Schlitzen eingegossene Aluminiumstäbe. An jedem Ende des Rotors erfolgt ein Kurzschluss der Stäbe über einen Aluminiumring.

Der Kurzschlussrotor wird in der Praxis am häufigsten eingesetzt. Da beide Rotoren nach dem Prinzip die gleiche Wirkungsweise verwenden, wird im Folgenden nur der Kurzschlussrotor beschrieben.

Bei Anordnung eines Rotorstabes im Drehfeld wird dieser von einem magnetischen Pol durchwandert. Das Magnetfeld des Pols induziert einen Strom I_W im Rotorstab, der nun durch eine Kraft F beeinflusst wird (Abb. 3.7 und 3.8a). Diese Kraft wird durch die Flussdichte B, den induzierten Strom I_W, die Länge l des Rotors sowie die Phasenlage θ zwischen der Kraft und Flussdichte bestimmt

$$F = B \cdot I_W \cdot l \cdot \sin\theta.$$

Nimmt man an, dass $\theta = 90°$ ist, dann ist die Kraft

$$F = B \cdot I_W \cdot l.$$

Der nächste Pol, der den Rotorstab durchwandert, hat die entgegengesetzte Polarität. Dieser induziert einen Strom in die entgegengesetzte Richtung. Da sich aber die Richtung

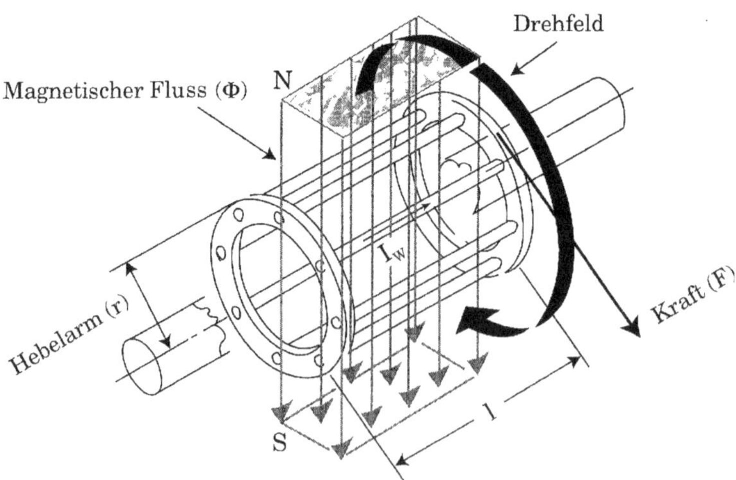

Abb. 3.7 Verlauf des Drehfeldes im Kurzschlussrotor

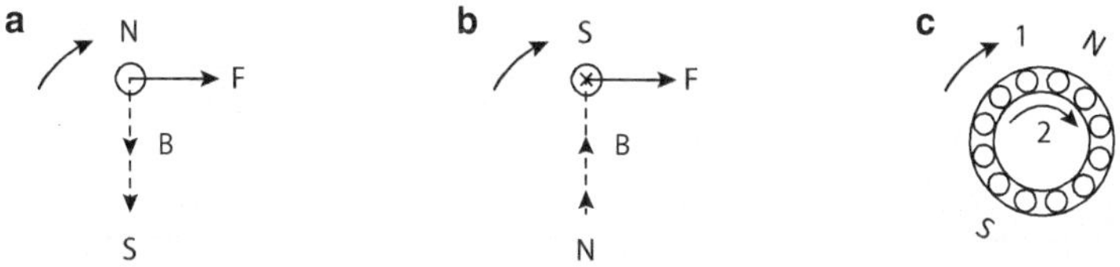

Abb. 3.8 Induktion in den Rotorstäben

des Magnetfeldes auch geändert hat, wirkt die Kraft in die gleiche Richtung wie zuvor (Abb. 3.8b).

Bei Anordnung des ganzen Rotors im Drehfeld (Abb. 3.8c) werden die Rotorstäbe von Kräften beeinflusst, die den Rotor drehen. Die Drehzahl (2) des Rotors erreicht nicht die des Drehfeldes (1), da bei gleicher Drehzahl keine Ströme in den Rotorstäben induziert werden.

3.1.2 Schlupf, Moment und Drehzahl

Die Drehzahl n_n des Rotors ist unter normalen Umständen etwas niedriger als die Drehzahl n_0 des Drehfeldes:

$$n_0 = \frac{f \cdot 60}{p}.$$

Der Schlupf s ist der Unterschied zwischen den Geschwindigkeiten des Drehfeldes und des Rotors:

$$s = n_0 - n_n.$$

Der Schlupf wird häufig in Prozent der synchronen Drehzahl angegeben:

$$s = \frac{n_0 - n_n}{n_0} \cdot 100.$$

Normalerweise liegt der Schlupf zwischen 4 und 11 %. Die Flussdichte B ist definiert als der Fluss Φ pro Querschnitt (A). Damit ergibt sich die Kraft

$$F = \frac{\Phi \cdot I_W \cdot l}{A},$$

$$F \approx \Phi \cdot I_W.$$

Die Kraft, mit der sich der stromführende Leiter bewegt, ist proportional zum magnetischen Fluss Φ und der Stromstärke I_W im Leiter. Abb. 3.9 zeigt das Motormoment „Kraft mal Hebelarm“.

In den Rotorstäben wird durch das Magnetfeld eine Spannung induziert. Diese Spannung lässt in den kurzgeschlossenen Rotorstäben einen Strom I_W fließen. Die einzelnen Kräfte der Rotorstäbe werden zusammen zu dem Drehmoment M auf der Motorwelle.

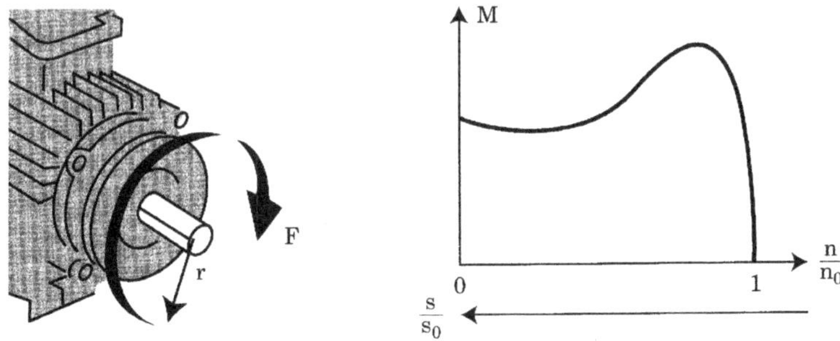

Abb. 3.9 Motormoment ist „Kraft mal Hebelarm“

Die Zusammenhänge zwischen Motormoment und Drehzahl weisen einen charakteristischen Verlauf auf. Der Verlauf variiert jedoch nach der Schlitzform im Rotor.

Das Moment des Motors, Drehmoment, gibt die Kraft oder das „Drehen“ an, das an der Motorwelle entsteht.

Die Kraft entsteht beispielsweise am Umfang eines Schwungrades, das auf der Welle montiert ist. Mit den Bezeichnungen für die Kraft F und für den Radius r des Schwungrades ist das Moment des Motors $M = F \cdot r$.

Die vom Motor ausgeführte Arbeit ist:

$$W = F \cdot d.$$

d ist die Strecke, die den Drehstrommotor um eine gegebene Belastung bewirkt, und n ist die Anzahl der Umdrehungen:

$$d = n \cdot 2 \cdot \pi \cdot r.$$

Arbeit kann auch als Leistung multipliziert mit der Zeit, in der die Leistung wirkt, beschrieben werden:

$$W = P \cdot t.$$

Das Moment ist somit:

$$M = F \cdot r = \frac{W}{d} \cdot r = \frac{P \cdot t \cdot r}{n \cdot 2 \cdot \pi \cdot r}, \qquad M = \frac{P \cdot 9550}{n} (t = 60\,s).$$

Die Formel zeigt den Zusammenhang zwischen Drehzahl n in Umdr/min, Moment M in Nm und der vom Motor abgegebenen Leistung P in kW.

Da $F \cdot r$ das Drehmoment M des Motors ist, erhält man

$$P = M \cdot n \cdot 2 \cdot \pi = M \cdot \omega.$$

Da $1\,\text{Nm/s} = 1\,\text{W}$ und $1\,\text{min}^{-1} = 60\,\text{s}^{-1}$ sind, erhält man zur Berechnung der Motorleistung in kW aus Drehmoment M und Drehzahl n mit

$$\frac{2 \cdot \pi}{60 \cdot 1000} = \frac{1}{9550}$$

die Motorleistung mit

$$P = \frac{M \cdot n}{9550},$$

d. h. P in kW, M in Nm und n in min^{-1}.

Beispiel

Ein Drehstrommotor gibt bei der Drehzahl von $n = 950\,\text{min}^{-1}$ die Leistung von $P = 1{,}1\,\text{kW}$ ab. Wie groß ist das Drehmoment?

$$M = \frac{P \cdot 9550}{n} = \frac{1{,}1\,\text{kW} \cdot 9550}{950\,\text{min}^{-1}} = 11\,\text{Nm}$$

Bei Betrachtung von n, M und P im Verhältnis zu den entsprechenden Werten in einem bestimmten Arbeitspunkt (n_r, M_r und P_r) ermöglicht die Formel einen schnellen Überblick. Der Arbeitspunkt ist in der Regel der Nennbetriebspunkt des Motors und die Formel kann wie folgt umgeschrieben werden:

$$M_r = \frac{P_r}{n_r} \text{ und zu } P_r = M_r \cdot n_r, \text{ wobei } M_r = \frac{M}{M_N},\ P_r = \frac{P}{P_N} \text{ und } n_r = \frac{n}{n_N} \text{ ist.}$$

Die Konstante 9550 entfällt in dieser Verhältnisrechnung.

Neben dem normalen Betriebsbereich des Drehstrommotors gibt es zwei Bremsbereiche, wie Abb. 3.10 zeigt.

Im Bereich $\frac{n}{n_0} > 1$ wird der Motor von der Belastung über die synchrone Drehzahl gezogen. Hier arbeitet der Motor als Generator. Der Motor erzeugt in diesem Bereich ein Gegenmoment und gibt gleichzeitig Leistung zurück ins Versorgungsnetz.

Im Bereich $\frac{n}{n_0} < 0$ wird das Bremsen als Gegenstrombremsung bezeichnet.

Wenn zwei Phasen eines Motors vertauscht werden, ändert das Drehfeld die Laufrichtung und der Motor ändert seine Drehrichtung. Unmittelbar danach wird das Drehzahlverhältnis $\frac{n}{n_0} = 1$ sein.

Der Motor, der vorher mit dem Moment M belastet war, bremst nun mit einem Bremsmoment. Wenn der Motor nicht bei $n = 0$ ausgeschaltet wird, läuft der Motor weiter in der neuen Drehrichtung des Drehfeldes.

Im Bereich $0 < \frac{n}{n_0} < 1$ wird der Motor in seinem normalen Arbeitsbereich betrieben.

Der Motorbetriebsbereich lässt sich in zwei Bereiche unterteilen:

$$\text{Anlaufbereich } 0 < \frac{n}{n_0} < \frac{n_k}{n_0} \quad \text{und Betriebsbereich} \quad \frac{n}{n_0} < \frac{n_k}{n_0} < 1$$

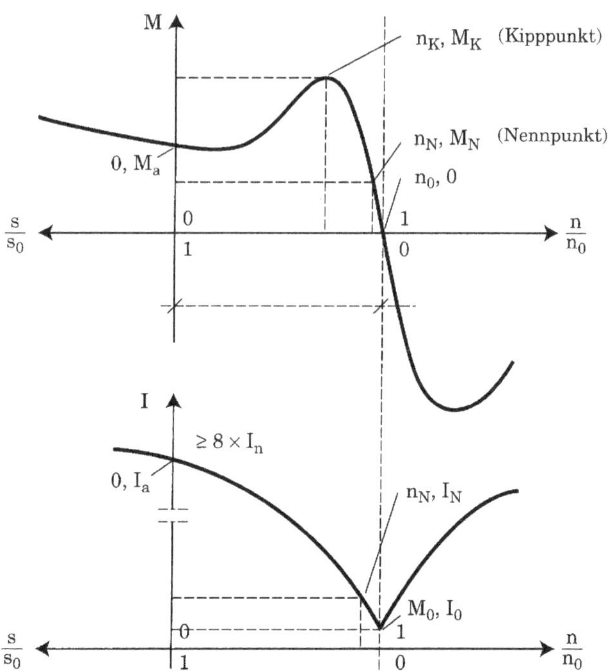

Abb. 3.10 Strom- und Momentencharakteristik des Drehstrommotors

Es gibt einige wichtige Punkte im Arbeitsbereich des Motors:

M_a ist das Startmoment des Motors. Es ist das Moment, das der Motor aufbaut, wenn im Stillstand Nennspannung und Nennfrequenz angelegt werden.

M_K ist das Kippmoment des Motors. Es handelt sich um das größte Moment, das der Motor leisten kann, wenn Nennspannung und Nennfrequenz anliegen.

M_N ist das Hauptmerkmal des Motors. Die Nennwerte des Motors sind die mechanischen und elektrischen Größen, für die der Motor nach der Norm IEC 34 konstruiert wurde. Diese sind auf dem Typenschild des Motors angegeben und werden auch als Typenwerte und Typendaten des Motors bezeichnet. Die Nennwerte des Motors geben an, wo der optimale Betriebspunkt des Motors bei direktem Anschluss an das Versorgungsnetz liegt.

3.1.3 Wirkungsgrad und Verlust

Der Motor nimmt eine elektrische Leistung aus dem Versorgungsnetz auf. Diese Leistung ist bei einer konstanten Belastung größer als die mechanische Leistung, die der Motor an der Welle abgeben kann. Ursache hierfür sind verschiedene Verluste im Motor. Das

Verhältnis zwischen der abgegebenen und der aufgenommenen Leistung ist der Motorwirkungsgrad η:

$$\eta = \frac{P_2}{P_1} = \frac{\text{abgegebene Leistung}}{\text{aufgenommene Leistung}}.$$

Der typische Wirkungsgrad eines Motors liegt zwischen 0,7 und 0,95 je nach Motorgröße und Polzahl.

Die Verluste, wie Abb. 3.11 zeigt, sind im Motor vorhanden.

Kupferverluste in den ohmschen Widerständen entstehen in den Stator- und Rotorwicklungen.

Eisenverluste, die aus Hystereseverlusten und Wirbelstromverlusten bestehen. Die Hystereseverluste entstehen, wenn das Eisen von einem Wechselstrom magnetisiert wird. Das Eisen muss ständig ummagnetisiert werden, bei einer 50-Hz-Versorgungsspannung 100-mal in der Sekunde. Das erfordert Energie für die Magnetisierung und Entmagnetisierung.

Der Motor nimmt eine bestimmte Leistung auf, um die Hystereseverluste abzudecken. Diese steigen mit der Frequenz und der magnetischen Induktion.

Die Wirbelstromverluste entstehen, weil die Magnetfelder elektrische Spannungen im Eisenkern wie in jedem anderen Leiter induzieren. Diese Spannungen verursachen Ströme, die Wärmeverluste verursachen. Die Ströme verlaufen in Kreisen um die Magnetfelder.

Durch die Aufteilung des Eisenkerns in dünne Bleche lassen sich die Wirbelstromverluste deutlich verringern, wie Abb. 3.12 zeigt.

Lüfterverluste entstehen durch den Luftwiderstand des Ventilators des Motors und Reibungsverluste entstehen in den Kugellagern des Rotors.

Bei Bestimmung von Wirkungsgrad und der abgegebenen Motorleistung werden in der Praxis die Verluste im Motor von der zugeführten Leistung abgezogen.

Die zugeführte Leistung wird gemessen und die Verluste werden berechnet oder experimentell bestimmt.

Die Norm IEC 60034-30 definiert seit Ende 2008 den Standard für die Wirkungsgrade (Effizienzklassen) von handelsüblichen IE1-, IE2- und IE3-Motoren.

Die Wirkungsgrade der Elektromotoren bei Nennleistung sind gemäß der neuen Norm EG 60034-30 in drei Effizienzklassen eingeteilt:

Abb. 3.11 Verluste im Motor

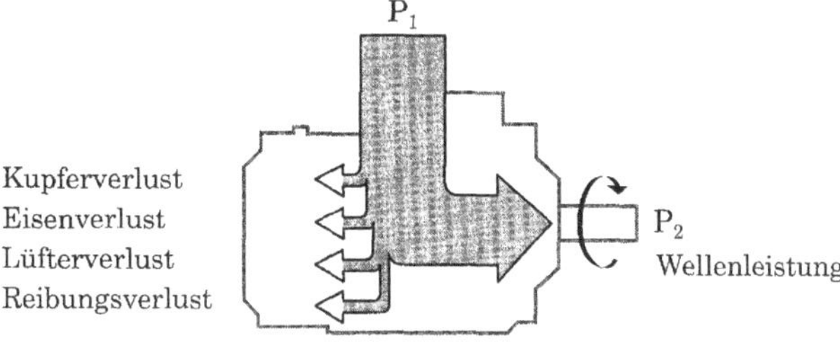

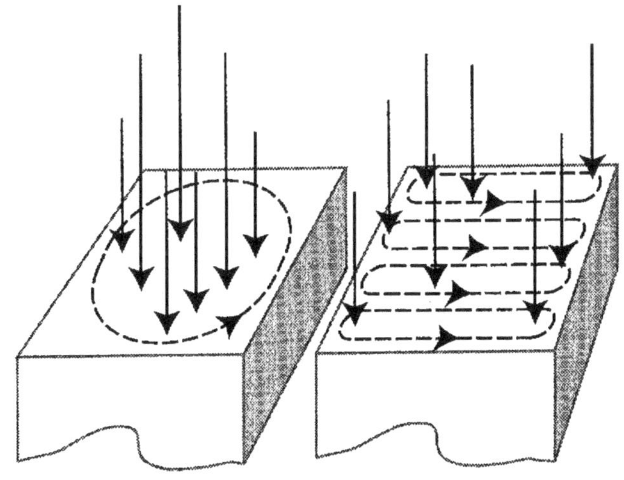

Abb. 3.12 Wirbelströme werden durch die Lamellenform des Motoreisens verringert

Tab. 3.2 Koeffizienten der Norm EG 60034-2-1 (2007) für vierpolige Motoren

Koeffizienten				
4 Pole	Eff3	IE1	IE2	IE3
A	Verluste	0,5234	0,0278	0,0773
B	+20 %	−5,0499	−1,0247	−1,8951
C	Gegenüber	17,4180	10,4395	9,2984
D	IE1	74,3171	80,9761	83,7025

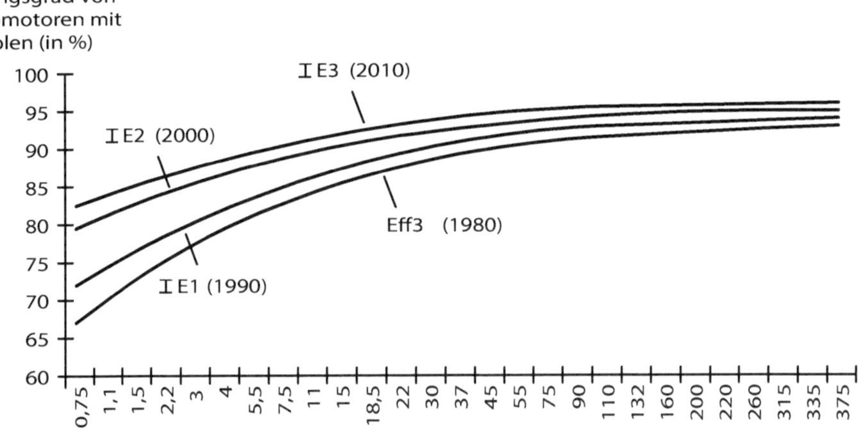

Abb. 3.13 Wirkungsgrad von Elektromotoren mit vier Polen

IE3: Premium Effizienz
IE2: Hohe Effizienz (früher Eff1)
IE1: Standard Effizienz (früher Eff2)

Alle Werte basieren auf dem Test des Wirkungsgrades nach der Norm EG 60034-2-1 (2007) mit „niedriger Unsicherheit", d. h. inkl. Streuverluste. Tab. 3.2 zeigt die Koeffizienten.

Abb. 3.13 zeigt den Wirkungsgrad von Elektromotoren mit vier Polen und der Norm EG 60034-2-1.

Tab. 3.3 zeigt die Wirkungsgrade für die einzelnen Motoren (vierpolig).

Für die praktische Arbeit in bestehenden Industrieanlagen ordnet man für Drehstrommotoren die Effizienzklassen des Motorenalters zu, d. h. ohne weitere Kenntnisse eines

Tab. 3.3 Wirkungsgrade für vierpolige Motoren

Nennleistung (in kW)	Eff3 (η in %)	IE1 (η in %)	IE2 (η in %)	IE3 (η in %)
0,75	66,5	72,1	79,6	82,5
1,1	70,0	75,0	81,4	84,1
1,5	72,7	77,2	82,8	85,3
2,2	75,7	79,7	84,3	86,7
3	77,8	81,5	85,5	87,7
4	79,7	83,1	86,6	88,6
5,5	81,6	84,7	87,7	89,6
7,5	83,3	86,0	88,7	90,4
11	85,1	87,6	89,8	91,4
15	86,4	88,7	90,6	92,1
18,5	87,2	89,3	91,2	92,6
22	87,8	89,9	91,6	93,0
30	88,9	90,7	92,3	93,6
37	89,5	91,2	92,7	93,9
45	90,0	91,7	93,1	94,2
55	90,5	92,1	93,5	94,6
75	91,2	92,7	94,0	95,0
90	91,6	93,0	94,2	95,2
110	91,9	93,3	94,5	95,4
132	92,2	93,5	94,7	95,6
160	92,5	93,8	94,9	95,8
200	92,8	94,0	95,1	96,0
220	92,8	94,0	95,1	96,0
260	92,8	94,0	95,1	96,0
315	92,8	94,0	95,1	96,0
330	92,8	94,0	95,1	96,0
375	92,8	94,0	95,1	96,0

Motorenbestands sind Motoren vor 1980 als Eff3, vor 1990 als IE1,vor 2000 als 1E2 und vor 2010 als IE3 klassifiziert.

3.1.4 Arbeitsweise eines Synchronmotors

Die Wirkung der Drehstrommotoren beruht auf der Ausnutzung des durch Drehstrom erzeugbaren Drehfeldes. Zu diesem Zweck unterteilt man die Wicklungen zeitlich so, dass man in den Augenblicken 1 bis 8 die Spannung jeder „Phase" (Phasenwicklung) feststellen kann.

Zeit 1:	Phase I	(L1), Spannung +1/2
	Phase II	(L2), Spannung −1
	Phase III	(L3), Spannung +1/2
Zeit 2:	Phase I	(L1), etwa +0,9
	Phase II	(L2), etwa −0,9
	Phase III	(L3), etwa Null
Zeit 3:	Phase I	(L1), Spannung +1
	Phase II	(L2), Spannung −1/2
	Phase III	(L3), Spannung −1/2 usw.

Diese Spannung legt man nun je Phase an einen Leiter und schließt die Leiter in Sternschaltung zusammen. Dabei soll weniger Wert auf die Größe der Spannungen und der dadurch erzielten Ströme, als vielmehr auf die Richtung der Ströme geachtet werden. Ein magnetisches Feld entsteht, als wäre eine Magnetspule mit einer Windung vorhanden. In gleicher Weise entstehen die Zeitpunkte 2 bis 6. Die in Abb. 3.14 eingezeichneten Magnete mit Nord- und Südpol zeigen nun deutlich, wie sich das Magnetfeld dreht.

In Abb. 3.14 sind die Wicklungsanfänge und -enden der einzelnen Wicklungen durch Buchstaben gekennzeichnet. Jeder einzelne Wicklungsteil im Generator bzw. jeder einzelne Teilscheinwiderstand Z im Verbraucher eines Drehstromsystems wird als „Strang" oder „Phase" bezeichnet. Der Anfang des ersten Strangs wird bei elektrischen Maschinen mit U_1, der zweite mit V_1 und der dritte mit W_1 gekennzeichnet und das jeweils zugehörige Ende mit U_2, V_2 und W_2. An die Anfangspunkte eines Strangs schließt man die Außenleiter an, die man mit L_1, L_2 und L_3 bezeichnet. Die Bezeichnung N steht für Neutralleiter.

Dem Drehstromnetz kann man entnehmen, dreiphasige Sternspannungen U_Y (Leiter gegen N um je 120° versetzt) und dreiphasige Dreieckspannungen U_Δ (Leiter gegen Leiter um je 30° vor U_Y)

Würde man innerhalb einer solchen Dreiphasenwicklung einen Dauermagneten oder einen Elektromagneten drehbar anordnen, so würde sich dieser zwangsläufig mit dem erzeugten „Drehfeld" mitdrehen. Damit hat man einen „Drehstrommotor", dessen Anker (hier also ein Magnet) sich genau im Takt des Drehfeldes mitdrehen würde. Man bezeich-

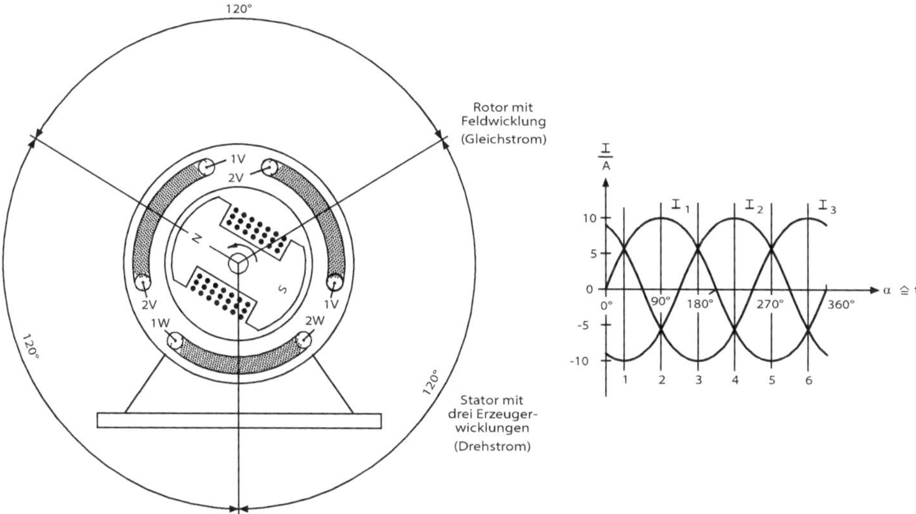

Abb. 3.14 Drehstrommotor mit Liniendiagramm

net einen solchen Motor als Synchronmotor. Synchron heißt „gleichzeitig" oder „zeitlich gleichlaufend".

Selbstverständlich werden in einem solchen Motor nicht nur drei Leiter, sondern je Phasenwicklung eine größere Zahl von Leitern verwendet und zu festen Wicklungen zusammengeschaltet. Jede Phasenwicklung bildet sozusagen für sich eine Spule und diese Maschine arbeitet „zweipolig".

Durchfließt ein Drehstrom mit 50 Perioden pro Sekunde einen zweipolig gewickelten Motor, so dreht sich der Läufer bei jeder Periode einmal, bei 50 Perioden also 50-mal. Dies ergibt in der Minute $50 \cdot 60 = 3000$ Umdrehungen.

Diese Motoren zeigen die Eigenschaft, dass ihre Drehzahl vollkommen starr der Frequenz des Drehstroms folgt. Der Synchronmotor muss erst durch eine Hilfskraft auf „Synchrondrehzahl" gebracht werden, dann erst wird der Läufer vom Drehfeld beschleunigt und der Motor kann seine Kraft abgeben. Abb. 3.15 zeigt einen Synchronmotor mit Starter.

Wird der Motor stoßweise stark belastet, dann kann er „außer Tritt fallen", d. h. der Läufer kommt momentan nicht mehr mit der Drehung des Drehfeldes mit und kann sich selbst auch nicht mehr auf die höhere Drehzahl beschleunigen. Der Motor bleibt stehen!

Die vorgenannten Nachteile sowie auch die Tatsache, dass jeder Synchronmotor ständig einer Hilfsstromquelle (Gleichstrom-Batterie, Gleichstrom-Erregermaschine, Gleichrichter) zur Erregung des Magnetfeldes bedarf, sind die Gründe, warum der Synchronmotor nur in seltenen Fällen verwendet wird.

Die Mehrzahl der Arbeits- oder Werkzeugmaschinen benötigen einen Motor, welcher bei den momentanen Belastungsstößen in der Drehzahl nachgibt und dann von selbst wie-

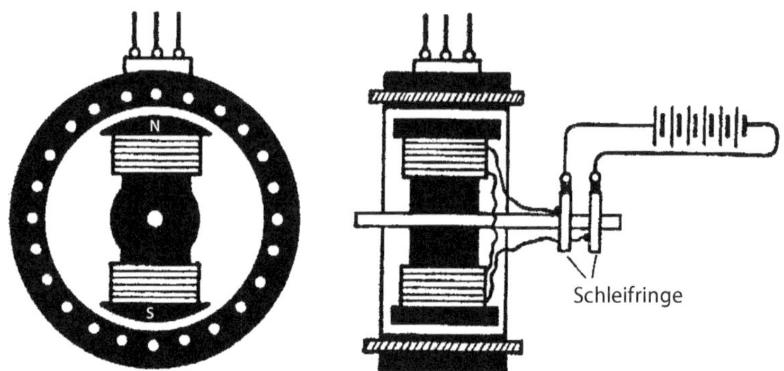

Abb. 3.15 Synchronmotor mit Starter

der auf die normale Drehzahl kommt. Andererseits hat man heute die Möglichkeit, mit anderen Motoren eine konstante Drehzahl „einzuregeln“.

3.1.5 Asynchronmotor

Diese Motoren beruhen darauf, dass nicht nur das Drehfeld im Ständer, sondern auch das notwendige Magnetfeld des Läufers durch den im Ständer fließenden Drehstrom erzeugt wird. Eine eigene Erregerstromquelle fällt hierbei weg.

Der Rotor ist kein normaler Nord-Südpol-Elektromagnet, sondern ein aus dünnen Eisenblechen zusammengestellter Eisenzylinder, auf dessen Umfang Nuten angebracht sind. In diesen Nuten sind Kupfer- oder Aluminiumleiter eingelegt, die entweder durch Ringe kurzgeschlossen oder in Wicklungen zusammengeschaltet sind, wie noch erklärt wird. Diese Wicklungen bilden sozusagen die Sekundärwicklung (Ausgangswicklung) eines Transformators, den man sich auch als Asynchronmotor vorstellen kann. Die in der Ständerwicklung fließenden Dreiphasenströme bilden ein konstantes, aber sich im Maße der Frequenz umlaufendes Magnetfeld (mit Nord- und Südpol) aus. Dieses Drehfeld schneidet die zunächst ruhenden Leiter des Läufers und induziert in diesen Leitern Spannungen. Da die Leiter kurzgeschlossen oder in Wicklungen zusammengeschaltet sind, fließen also im Läufer Ströme, die ihrerseits wieder ein Magnetfeld ausbilden. Die beiden Felder vereinigen sich zu einem Feld und bringen deshalb den Rotor auf eine bestimmte Umdrehung. Würde sich der Läufer aber so schnell drehen, wie Frequenz und Polzahl das beim Ständerfeld bestimmen, würden die Läuferstäbe nicht mehr vom Drehfeld geschnitten werden. Es würde also keine Spannung in den Läuferstäben induziert werden und Läuferstrom und Läuferfeld wären gleich Null. Der Läufer wäre veranlasst, in den Stillstand überzugehen. Das aber geht nur bis zu einem gewissen Grad, denn schon bei einem geringen Zurückbleiben der Läuferdrehungen gegenüber dem Drehfeldumlauf wird ja im Läufer wieder Spannung induziert. Er muss sich also drehen, aber nicht ganz so schnell wie das Drehfeld.

Das Zurückbleiben der Läuferdrehzahl gegenüber der Drehzahl des Drehfeldes bezeichnet man als „Schlupf". Der „Schlupf" beträgt bei normalen Drehstrommotoren etwa 3 bis 5 %. Wenn also ein Motor z. B. vierpolig gewickelt ist, dann würde man eine Drehzahl von 1500 pro Minute beim Synchronmotor erhalten. Beim Asynchronmotor jedoch muss der Schlupf von etwa 4 % in Abzug reduziert werden und man erhält also eine Drehzahl von etwa 96 % von 1500 = 1440 pro Minute.

Hier ist noch angebracht, darauf hinzuweisen, dass die Frequenz der Ströme im Läufer nicht ebenfalls 50 Hz beträgt. Im ersten Augenblick des Einschaltens, also bei stillstehendem Läufer, werden die Läuferleiter von dem umlaufenden Drehfeld geschnitten. Da die Umlaufschnelligkeit den 50 Hz des Ständers entspricht, beträgt nun auch die Frequenz im Läufer 50 Hz. Gleichzeitig wird in den Läuferstäben eine hohe Spannung induziert, die zu einem hohen Strom führt. (Anlaufstromstoß!)

Nun beginnt sich der Läufer zu drehen. Die Relativgeschwindigkeit zwischen Ständerdrehfeld und Läufer wird immer kleiner. Damit sinken die Frequenz und gleichzeitig auch die Spannung in den Läuferstäben (geringere Schnittgeschwindigkeit).

Hat der Läufer seine „Nenndrehzahl" erreicht, bei der er um wenige Prozente (Schlupf) hinter der Drehzahl des Drehfeldes zurückbleibt, so beträgt die Frequenz im Läufer nur mehr so viel Prozent der Netzfrequenz, als der Schlupf in Prozenten der Nenndrehzahl ausmacht.

Beispiel

Wie groß ist die Frequenz in einem Läufer eines sechspoligen Drehstrommotors, der bei Anschluss an 50-Hz-Drehstrom einen Schlupf von 4,5 % aufweist?

Lösung: 4,5 % von 50 Hz ist $4{,}5 \cdot 0{,}5 = 2{,}25$ Hz

Es könnte folgende Frage auftreten: Bei dieser geringen Frequenz im Läufer ist doch auch die im Läufer erzeugte Spannung sehr gering (wahrscheinlich auch nur 4,5 % der bei Stillstand erzeugten Spannung). Dann muss doch auch der Strom im Läufer sehr gering sein. Der Erfolg müsste doch sein, dass eine genügende Leistung entsteht!

Dazu eine Bemerkung. Diese Folgerung wäre richtig, wenn nicht wegen der Frequenzänderung im Läufer auch eine Widerstandsänderung im Läufer eintreten würde. Im Stillstand (also im Moment des Anlaufes) wird eine 50-Hz-Spannung im Läufer induziert. Bei dieser hohen Frequenz stellt sich neben dem ohmschen Widerstand auch ein erheblicher „induktiver Widerstand" ein. Beide zusammen ergeben einen hohen Wechselstromwiderstand, aber im vollen Lauf ist die Frequenz im Läufer gering. Der induktive Widerstand der Läuferwicklungen wird vernachlässigbar klein. Der ebenfalls geringe ohmsche Widerstand der Wicklung (Stäbe) führt trotz der geringen induzierten Spannung zu einem hohen Strom und damit zur Leistung des Motors.

Man baut den Läufer nicht als einen festen Eisenzylinder, sondern setzt ihn (der Wirbelströme halber) aus Blechen zusammen. In die Bleche werden, wie Abb. 3.16 zeigt,

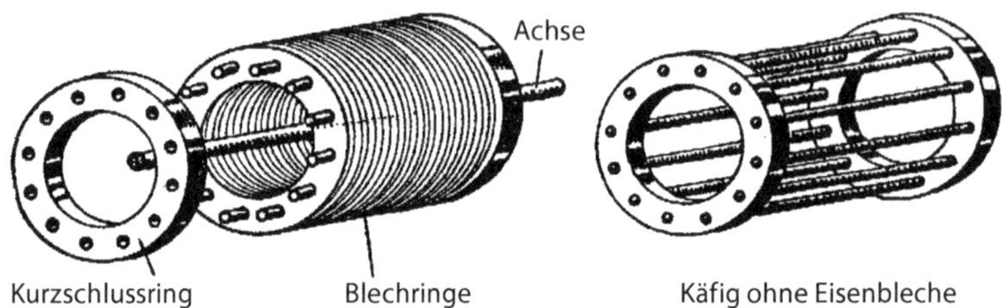

Abb. 3.16 Schematischer Aufbau eines Rotors

Kupferstäbe eingefügt, die an beiden Seiten durch Kupferringe kurzgeschlossen werden und daher der Name „Kurzschlussläufer". Da die Kupferstäbe mit den Ringen zusammen eine Art Käfig bilden, spricht man auch oft von „Käfiganker". Im Bau von Drehstrommotoren erfolgt zumindest für kleine Serienmotoren die Herstellung des Rotors durch Aluminium-Spritzgussfüllung der Rotornuten, wobei die beiderseitigen Kurzschlussringe mitgegossen werden. Diese wirtschaftliche Methode verbilligt den Motor und hat viel zur umfassenden Anwendung solcher Kurzschlussmotoren beigetragen. Abb. 3.17 zeigt den Aufbau eines Rotors mit den Kugellagern.

Die Inbetriebsetzung eines Drehstrom-Asynchronmotors mit Kurzschlussläufer ist im Gegensatz zum Synchronmotor sehr einfach und es sind mehrere Möglichkeiten vorhanden:

Man schaltet mittels mechanischen Hebelschalters den Ständer ein: Im Moment des Anlaufes wird selbstverständlich ein Stromstoß auftreten, der hohe Werte (meist mehr als das Fünffache des Nennstroms) annehmen kann. Abb. 3.18 zeigt zwei typische Ansteuerungen mittels eines dreipoligen Schützes, mit und ohne Sicherungen, aber mit Überlastungsschutz oder Motorschutzrelais.

Der Drehstrommotor kann in Stern- oder Dreieckschaltung betrieben werden.

Abb. 3.19 zeigt ein Klemmbrett dieser Schaltung.

Normalerweise verwendet man in der Praxis für die Dreieckschaltung das Dreileiternetz mit den Phasen L_1, L_2 und L_3. Der Neutralleiter N ist für den Motorbetrieb nicht unbedingt erforderlich.

Abb. 3.17 Aufbau eines Rotors

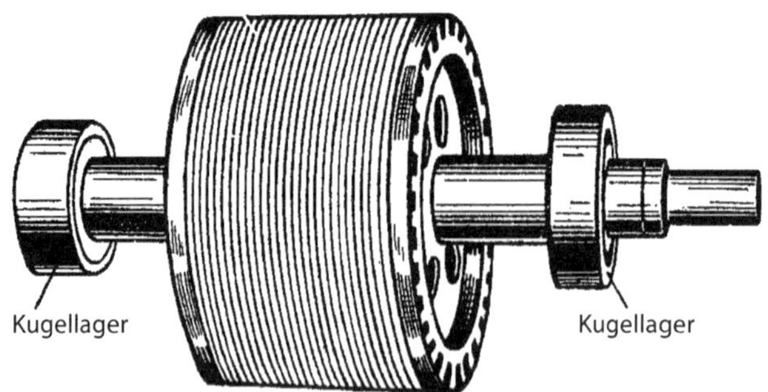

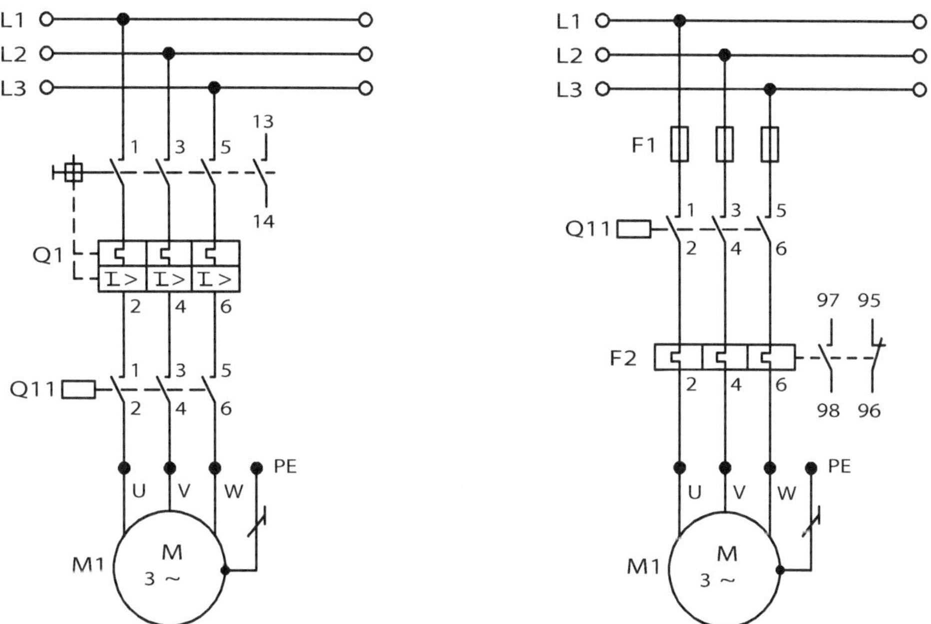

Abb. 3.18 Ansteuerung mittels eines dreipoligen Schützes. Die *linke Schaltung* ist sicherungslos, jedoch mit einem Kurzschlussschutz und Überlastungsschutz, *rechts* mit drei Sicherungen, Schütz und Motorschutzrelais

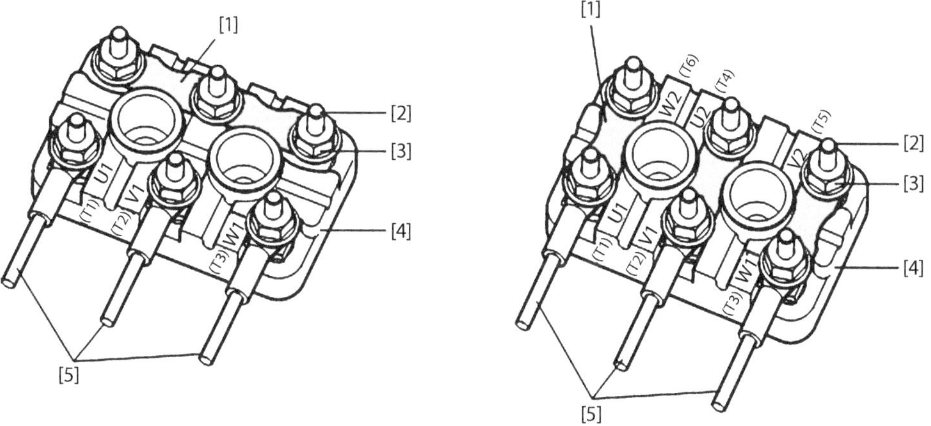

Abb. 3.19 Klemmbrett für eine Stern- (*links*; *[1]* Klemmbrücke, *[2]* Anschlussbolzen, *[3]* Flanschmutter) oder Dreieckschaltung (*rechts*; *[4]* Klemmenplatte, *[5]* Kabel- oder Drahtzuführung)

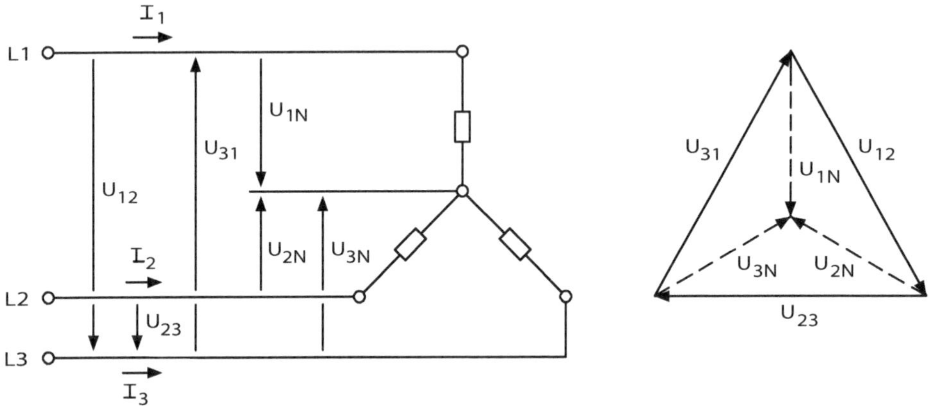

Abb. 3.20 Aufbau und Verschaltung einer Sternschaltung

Werden die drei Spulen des Drehstromgenerators in Form eines Sterns geschaltet und die einzelnen Phasen miteinander verkettet, so bezeichnet man diese Schaltung als Sternschaltung, wie Abb. 3.20 zeigt.

Da die Summe der drei Ströme nur dann Null ist, wenn die Verbraucher in jedem Stromkreis den gleichen Widerstandswert oder mit den Induktivitäten des Motors aufweisen, müssen die Sternpunkte von Verbraucher und Erzeuger durch einen Neutralleiter (N) (früher: Mittelleiter oder Mittelpunktleiter) miteinander verbunden sein. Der Neutralleiter führt bei ungleicher Belastung einen Ausgleichsstrom.

Für den Strom I bzw. Strangstrom I_{St} bei ohmschen Widerständen gilt:

$$I = I_{St} = \frac{U_{St}}{R_{St}}.$$

Die Strangleistung P_{St} berechnet sich aus

$$P_{St} = U_{St} \cdot I_{St}.$$

Die Gesamtleistung P ermittelt sich aus

$$P = \sqrt{3} \cdot U \cdot I.$$

Die Außenleiterspannung U ist

$$U = \sqrt{3} \cdot U_{St}.$$

Für die Gesamtleistung gilt

$$P = 3 \cdot P_{St}.$$

Man benötigt also nur vier Leitungen (Vierleitersystem) für drei Stromkreise. Ferner ist es möglich, zwei verschiedene Spannungen abzugreifen. In unserem Niederspannungs-Versorgungsnetz sind dies bekanntlich U = 400 V zwischen zwei Strangspannungen oder U = 230 V zwischen einer Strangspannung und dem Neutralleiter. Auf der Verbraucherseite werden die Anschlüsse mit L_1, L_2 und L_3 und der Sternpunkt mit N bezeichnet. Auf der Erzeugerseite hat man dagegen die Anschlussbezeichnungen von U, V und W.

In unserem öffentlichen Niederspannungsnetz erhält man z. B. eine Spannung zwischen den Außenleitern L_1 und L_2 von $U_{12} = 400\,V$ (früher 380 V). Die Spannung zwischen einem Außenleiter L_1 und dem Sternpunkt beträgt dagegen $U_{1N} = 230\,V$ (früher 220 V). Die beiden Spannungen stehen im Verhältnis von

$$\frac{U_{12}}{U_{1N}} = \frac{400\,V}{230\,V} = 1{,}73 = \sqrt{3}.$$

Werden die drei Wicklungsenden des Verbrauchers in einem gemeinsamem Knotenpunkt miteinander verbunden, so erhält man für den Verbraucher eine Sternschaltung. Eine Sternschaltung mit den drei Außenleitern L_1, L_2, L_3 und dem Sternpunktleiter N bezeichnet man als Vierleitersystem. Wird auf den Sternpunktleiter verzichtet, z. B. bei der symmetrischen Belastung, spricht man von einem Dreileitersystem. Ein Vierleitersystem erhält man nur, wenn der Generator in Sternschaltung ausgeführt ist. Das Zeigerdiagramm von Abb. 3.21 gilt für drei Spannungen der drei Leiterschleifen.

Abb. 3.21 zeigt ein Zeigerdiagramm für eine symmetrische Belastung einer Sternschaltung. Die Spannung U_2 ist demnach um 120° nacheilend gegenüber der Spannung U_1, d. h. sie erreicht um 120° (bzw. $2\pi/3$) später ihr Maximum. Die Spannung U_3 eilt um 120° gegenüber U_2 nach bzw. um 240° gegenüber U_2 nach oder eilt U_1 um 120° voraus. Die Summe $U_1 + U_2 + U_3$ ist demnach Null. Dabei dürfen die Spannungen nicht algebraisch, sondern müssen geometrisch addiert werden, da diese unterschiedliche Phasenlagen aufweisen. Zur Kontrolle kann man auch die Summe der Strangspannungen zu Augenblickswerten addieren, die Summe muss Null ergeben. In einer Sternschaltung ist bei symmetrischer Belastung der Strom am Sternpunktleiter Null.

Bei der Dreieckschaltung sind die Spulen des Drehstromgenerators bzw. des Verbrauchers so geschaltet, dass diese die Form eines Dreiecks bilden. Bei dieser Schaltung kann

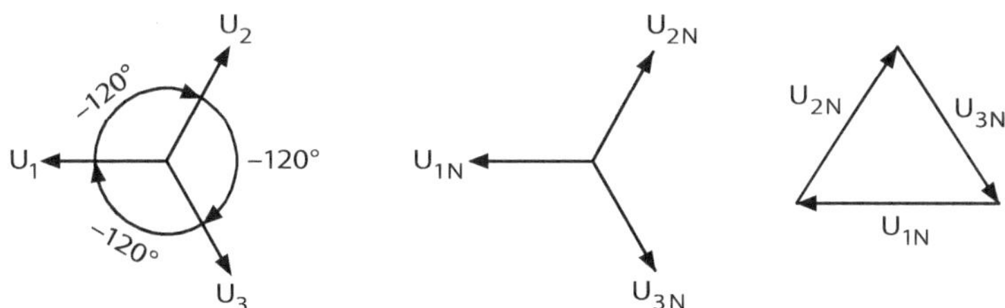

Abb. 3.21 Zeigerdiagramm für eine symmetrische Belastung einer Sternschaltung

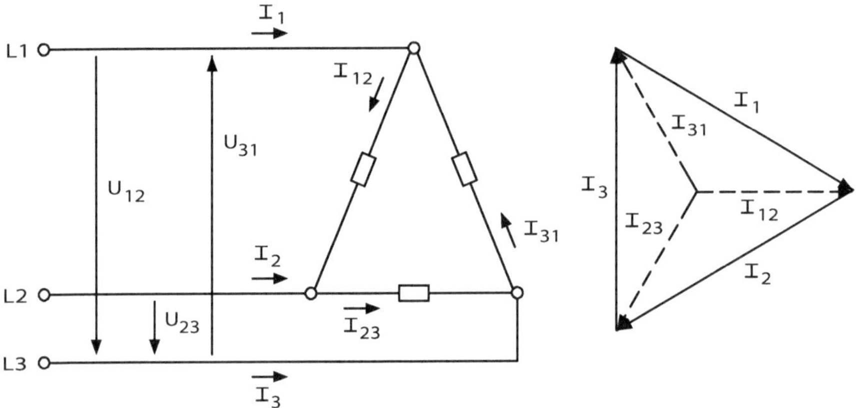

Abb. 3.22 Aufbau einer Dreieckschaltung

kein Systemnullpunkt realisiert werden. Abb. 3.22 zeigt Aufbau und Verschaltung einer Dreieckschaltung.

Da in dieser Schaltung jeder Verbraucher direkt mit einer Generatorspule verbunden ist, sind Strangspannungen und Außenleiterspannungen gleich. Der Strom in der Zuleitung ist um 1,73-mal größer als der in den Strangleitungen. Für die Außenleiterspannung gilt:

$$U = U_{St}.$$

Den Außenleiterstrom erhält man mit

$$I = \sqrt{3} \cdot I_{St}.$$

Die Strangleistung P_{St} errechnet sich aus

$$P_{St} = U_{St} \cdot I_{St}.$$

Die Gesamtwirkleistung P ist

$$P = 3 \cdot P_{St} \quad \text{bzw.} \quad P = \sqrt{3} \cdot U \cdot I.$$

Wichtig für die Berechnung ist, dass der Außenleiterstrom immer gleich dem Wert $1{,}73 \cdot I_{St}$ (Strangstrom) ist.

3.1.6 Sterndreieckschaltung

Um diese Anlaufstöße zu vermeiden, greift man zu dem Mittel, die Spannung am Motor beim Anlauf zu vermindern. Dadurch wird ein langsamer Anlauf mit kleinem Stromstoß ermöglicht. Diese Spannungsverminderung kann auf zwei Arten erreicht werden.

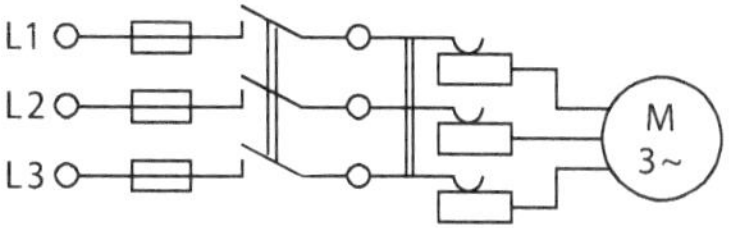

Abb. 3.23 Funktion eines Ständeranlassers

Bis 1990 schaltete man einen dreiphasigen und einstellbaren Widerstand in den Ständerkreis ein, wie Abb. 3.23 zeigt.

Der Spannungsfall an dem Widerstand vermindert die Spannung am Motor. Diese Art des Anlassens vermeidet man nach Möglichkeit, da hierbei das Drehmoment, also die Anzugskraft beim Anfahren, gering ist. Anwendbar für anlaufende Motoren ohne Last.

Das Leistungsschild gibt an, dass bei Sternschaltung die Spannung des Netzes 3×400 V sein kann. Außerdem besteht die Möglichkeit, den Motor in Dreieckschaltung laufen zu lassen. Eine Phase darf aber nur an 400 V/1,73 = 230 V angeschlossen werden, denn bei 400 V/Y hat ja jede Phase nur die Spannung von 230 V. Würde man bei der Dreieckschaltung an 3×400 V anschließen, hat man eine Spannung pro Phase von 400 V. Damit tritt aber eine entsprechende Überlastung der Phasen auf.

Sterndreieckschalter wurden bis 1980 und bei einfachen Geräten als mechanische Walzen- oder Nockenschalter gebaut, wie Abb. 3.24 zeigt. Hierbei sind auf einer mittels Hebel drehbaren Walze geometrische Kontaktstreifen aufgebracht, die bei der Drehung auf feststehenden Anschlusskontakten „schleifen" und auf diese Weise die Kontakte so verbinden, dass in einer Stellung die Sternschaltung und in der zweiten Stellung die Dreieckschaltung der Motorwicklungen erreicht wird. Die Kontaktreihe I steht fest, während die Reihen Y und Δ, die sich auf der Walze befinden, verschiebbar sind. Im Ruhezustand befinden sich die Reihen Y und Δ in der Stellung 0. Bewegt man die Kontaktreihe, wird zuerst die Stellung Y erreicht und die drei Enden der Wicklungen sind miteinander verbunden. In der Stellung III sind die Wicklungen so verbunden, dass sich eine Dreieckschaltung Δ ergibt.

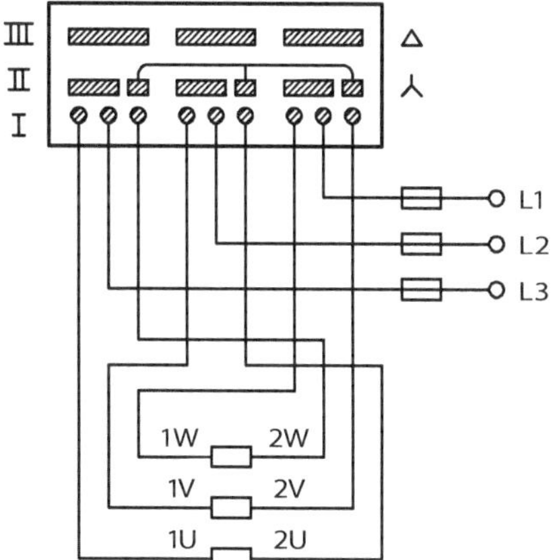

Abb. 3.24 Aufbau eines mechanischen Sterndreieckschalters

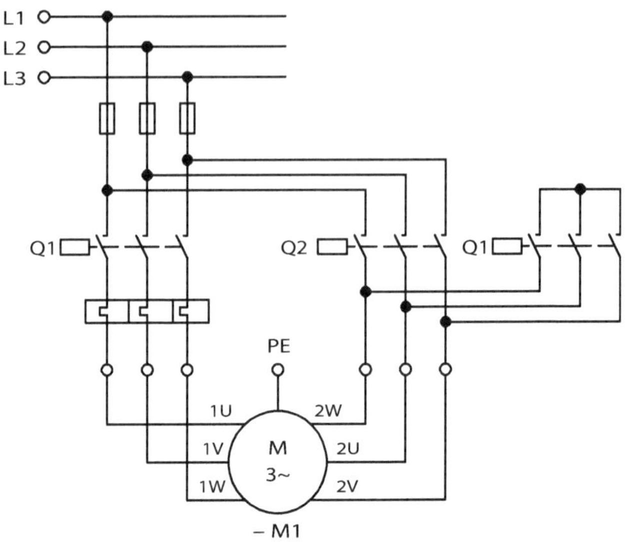

Abb. 3.25 Sterndreieckschalter mit Relais

Der Sterndreieckschalter hat zur Folge, dass die aufgenommene Leistung bei Sternschaltung nur etwa einem Drittel der Nennleistung des Motors entspricht. Dementsprechend ist auch der Strom in der Sternschaltung geringer als bei Direkteinschaltung in Dreieck. Wenn man aber den Läufer nicht nur mit kurzgeschlossenen Kupfer- oder Aluminiumstäben, sondern mit Wicklungen ähnlich den Wicklungen des Ständers versieht, ergibt sich eine weitere Möglichkeit eines besseren Anlaufbetriebs. Abb. 3.25 zeigt einen Sterndreieckschalter mit Relais.

Im Normalzustand ist der Y-Δ-Schalter so eingestellt, dass sich eine Y-Schaltung ergibt. Die drei Anschlüsse U2, V2 und W2 werden verbunden. Nach dem Anlauf des Motors mit dem Schalter Q_1 schaltet man mit dem Schalter Q_2 um und dann ergibt sich eine Δ-Schaltung. Das Umschalten erfolgt entweder von Hand oder über eine Automatik.

3.1.7 Asynchronmotor mit Schleifringläufer

Der Ständer ist selbstverständlich wieder der gleiche wie beim Synchronmotor und beim Kurzschlussläufermotor. Die im Läufer eingelegten Stäbe bilden durch entsprechende Zusammenschaltung Wicklungen. Die Enden der Wicklungen werden verbunden (Sternschaltung), während die Anfänge der Wicklungen zu drei Schleifringen geführt werden.

Abb. 3.26 zeigt einen solchen Läufer, wobei der Übersichtlichkeit halber nur drei Leiter (Kupferstäbe) eingelegt und entsprechend verbunden sind. Jedem Stab entspricht in Wirklichkeit ein Bündel von hintereinander geschalteten isolierten Leitern.

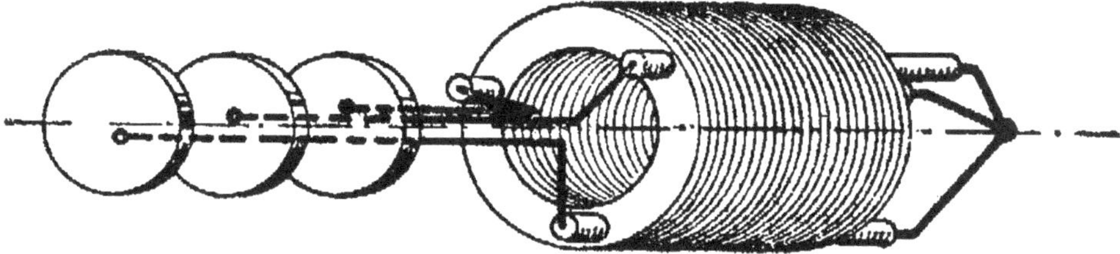

Abb. 3.26 Aufbau eines Schleifringläufers

Einen ausgeführten Schleifringläufer zeigt Abb. 3.26. Man erkennt die Wicklungen in den Nuten des Läufereisens. Die drei Schleifringe entsprechen den drei Phasen der Läuferwicklung. Auf den Schleifringen laufen die Bürsten, die mit einem Anlasswiderstand verbunden werden.

Werden der Ständerwicklung feste Widerstände vorgeschaltet, wie es in Abb. 3.27 gezeigt, teilt sich nach den Gesetzen der Reihenschaltung von Widerständen die Spannung im Verhältnis von Festwiderstand und Wicklungswiderstand. Durch Wahl der Größe der Festwiderstände lassen sich die Anlaufspannung und damit der Anlaufstrom beliebig vermindern. Nach dem Hochlaufen werden die Widerstände kurzgeschlossen und der Motor läuft dann mit voller Leistung an der Netzspannung.

Der Motor steht still und trotzdem soll der Ständer eingeschaltet sein. Um diesen Zustand zu vermeiden – es kann auch einmal aus Versehen nur der Ständer eingeschaltet sein und am Motor zeigt sich außer einem leisen Brummen nichts. Läuferanlasser für Drehstrommotoren müssen so gebaut sein, dass sie die Läuferkreise nicht unterbrechen können d. h. die Anlasser dürfen keine sogenannten Leerkontakte besitzen.

Bei kleinen Motorleistungen und leichten Anlaufbedingungen ist dieses Verfahren gegenüber dem Anlauf mit Ständeranlasser wegen der geringeren Kosten vorteilhaft. Bei der „KUSA-Schaltung“ liegt nur in einer Motorzuleitung ein Festwiderstand. Je nach Größe dieses Widerstands wird die Gleichförmigkeit des Ständerdrehfeldes mehr oder weniger gestört und damit das Anlaufdrehmoment verringert. Die KUSA-Schaltung dient daher

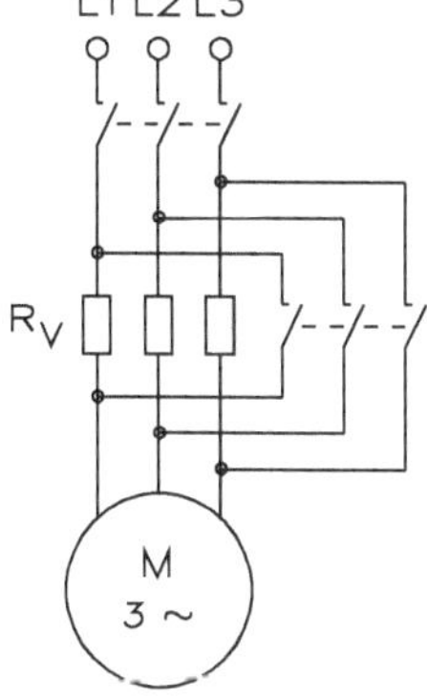

Abb. 3.27 Anlauf mit festen Vorschaltwiderständen in Y-Schaltung

nicht der Verminderung des Anlaufstroms, sondern soll auf einfache und preiswerte Weise durch Verminderung des Anlaufdrehmomentes einen weichen Anlauf (Sanftanlauf!) erzielen. Diese lässt sich mit der Sterndreieckschaltung kombinieren. Man verwendet sie hauptsächlich zur Schonung von Getrieben, die das hohe Anlaufdrehmoment des Kurzschlussläufers hart beanspruchen.

Der Ständeranlasser (Abb. 3.28) besteht aus drei einstellbaren Vorschaltwiderständen, durch welche die Anlaufspannung so verringert wird, dass die Maschine im Anlauf nur den Nennstrom aufnimmt. Dabei reicht das Anlaufdrehmoment mit Ausnahme eines Leichtanlaufes für den Volllastanlauf nicht mehr aus. Der Motor wird daher im Leerlauf hochgefahren und dann mit Hilfe von Fliehkraft- oder Magnetkupplungen (mit Fliehkraftschalter betätigt) belastet. Dies ergibt einen sehr weichen, die Getriebe schonenden Anlauf.

Bei Dreieckschaltung wird der Anlasser der Ständerwicklung vorgeschaltet (Abb. 3.29a) und dieser besitzt dann eine Ausschaltstellung. Bei Sternschaltung kann der Sternpunkt in den Anlasser verlegt werden und dieser besitzt dann keine Ausschaltstellung (Abb. 3.29b). Ständeranlasser sind normal nur für den kurzzeitigen Betrieb des Hochfahrens ausgelegt. Sind sie für Dauerlast berechnet, können sie als Regelanlasser zu einer begrenzten Drehzahlregelung durch Erzeugung künstlichen Schlupfes (bis ca. 20 %) verwendet werden. Dieses Regelverfahren ist jedoch unwirtschaftlich und wird nur für kleine Motorleistungen und für einen Leichtanlauf verwendet; zudem wird das Drehzahlverhalten umso lastabhängiger (labil!), je weiter die Drehzahl heruntergeregelt wird.

Unter gleichen Bedingungen, jedoch wirtschaftlicher als beim Ständeranlasser lassen sich Anlaufstrom und Drehzahl mit einem Anlaufregeltransformator vermindern. Infolge hoher Anschaffungskosten verwendet man ihn nur bei größeren Motorleistungen und großer Schalthäufigkeit. Meist benützt man Schubtransformatoren in Sparschaltung, bei welchen Schleifkontakte auf den Umspannungstransformatorwicklungen das Übersetzungsverhältnis verändern oder Drehumspannungstransformatoren, bei welchen durch räumliche Verdrehung der Sekundär- gegen die Primärwicklung eine stufenlose Regelung der Spannung möglich ist. Nach dem Hochlaufen wird der Umspannungstransformator meist abgeschaltet.

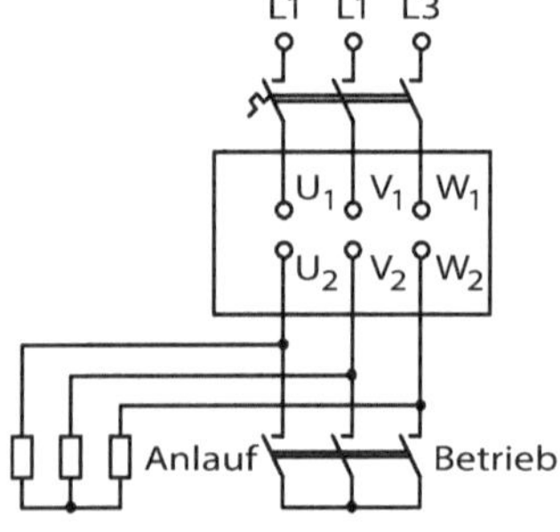

Abb. 3.28 Anlauf mit festen Widerständen

Abb. 3.29 Reihen-Parallel-Schaltung einer Ständerwicklung. **a** Δ-Schaltung, **b** Y-Schaltung

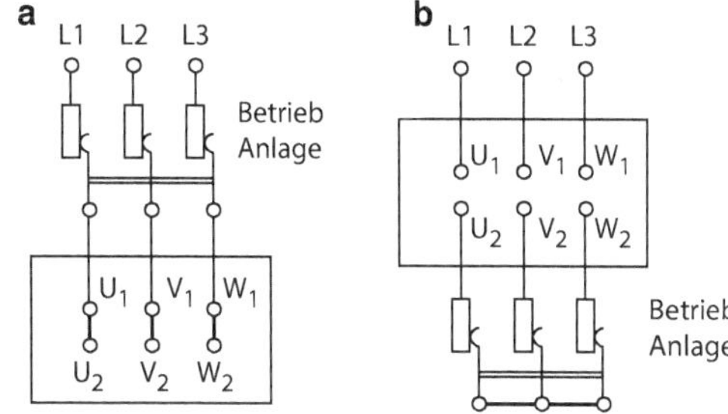

Für die Sonderschaltungen sind im Gegensatz zu den vorherigen Anlaufverfahren keine serienmäßigen Motoren verwendbar, da Wicklungsanzapfungen an das Klemmbrett ausgeführt werden müssen (neun bzw. zwölf Klemmen).

Bei der Reihen-Parallel-Schaltung besteht jeder Strang der Ständerwicklung aus zwei Gruppen, die im Anlauf in Reihe, im Betrieb parallel geschaltet werden (Abb. 3.29). Der Anlaufstrom ist dabei das 1- bis 2-fache, das Anlaufdrehmoment das 0,3- bis 0,4-fache der Werte bei Volllast. Diese Schaltung wird nur bei großen Motorleistungen und Leichtanlauf verwendet.

Die geteilte Ständerwicklung wird angewendet, wenn ein Käfigläufer mit nur etwa 2,5-fachem Nennstrom bei Volllast noch die Hälfte seines normalen Anlaufdrehmomentes aufbringen soll. Meist wird dazu die Ständerwicklung im Verhältnis 1:1 geteilt. Im Anlauf werden drei Halbstränge in Dreieck geschaltet und je ein Halbstrang in jeder Zuleitung dem Dreieck vorgeschaltet. Der Betrieb erfolgt dann in normaler Dreieckschaltung der ganzen Stränge (Abb. 3.30). Man erhält bei der Unterteilung im Verhältnis 1:1 etwa die Hälfte der Werte von Anlaufstrom und Anlaufdrehmoment wie bei Direktanlauf in Dreieckschaltung.

Hohe Schlupfspannung und zugehöriger Kurzschlussstrom ergeben beim Anlauf im Kurzschlussläufer eine große Kurzschlussleistung, die über den Ständer durch hohe Stromaufnahme aus dem Netz garantiert werden muss. Statt den Ständerstrom durch Herabsetzen der Ständerspannung zu begrenzen und damit Ständerdrehfeld und Anlaufdrehmoment zu schwächen, ist es sinnvoller den Läuferkurzschlussstrom am Ort des

Abb. 3.30 Aufbau einer geteilten Ständerwicklung

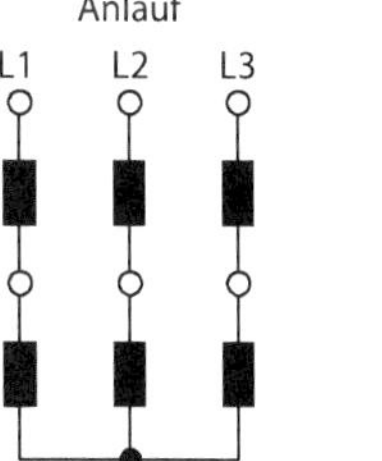

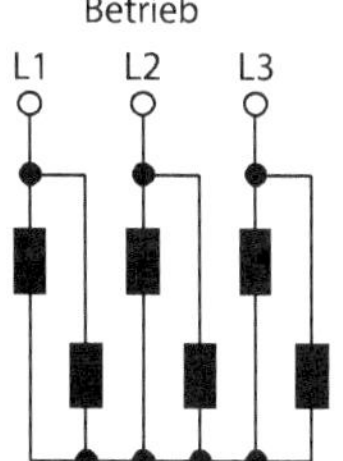

Entstehens durch Erhöhung des Läuferwiderstands zu verringern. Dies ist durch besondere Gestaltung der Läuferwicklung bzw. Läufernuten (Sondernut-Motoren) oder durch Einschalten von Widerständen in den geöffneten Läuferstromkreis (Schleifringläufer) möglich. Bei vermindertem Anlaufstrom lässt sich hier ein hohes Anlaufdrehmoment erreichen bzw. der Verlauf der Drehmomentenkurve, also Anlauf-, Hochlauf-, und Kippmoment im Verhältnis zum Volllastdrehmoment erheblich beeinflussen.

Beim Stromverdrängungsläufer beruht die Arbeitsweise auf der Frequenzabhängigkeit des induktiven Widerstands des Läuferkäfigs. Werden zwei Läuferstäbe übereinander, also verschieden tief in das Läufereisen eingebettet, so entsteht bei gleichem Strom um den tiefer liegenden Stab infolge besseren Eisenschlusses ein dichteres Feld und damit höherer induktiver Widerstand als im oben liegenden Stab (Abb. 3.31). Der höhere Widerstand verdrängt den Strom aus dem Unterstab umso mehr in den Oberstab, je mehr mit steigender Schlupffrequenz der Unterschied des induktiven Widerstands in Ober- und Unterstab wächst. Damit wird ein hoher Läuferwiderstand im Anlauf erreicht (größter Schlupf!), der sich beim Hochlaufen mit dem Schlupf verringert und bei Nenndrehzahl auf seinen kleinsten Wert absinkt.

Bei Doppelstabläufer werden Ober- und Unterstab je nach Erfordernis mit gleichen oder verschiedenen Querschnitten und Formen (Abb. 3.32) auch aus verschiedenem Material (z. B. Oberstab aus Messing oder Bronze, Unterstab aus Kupfer) ausgeführt und in gemeinsamen oder getrennten Kurzschlussringen verbunden. Meist jedoch wird der Doppelkäfig im Druckgussverfahren aus Reinaluminium hergestellt. Doppelstabläufer eignen sich zum Antrieb aller mit geringer Last anlaufenden Maschinen und ergeben bei direkter Einschaltung das 2- bis 3-fache Nenndrehmoment bei 5- bis 6-fachem Nennstrom (Abb. 3.33). Sie werden daher hauptsächlich für Sterndreieckanlauf verwendet, wobei sich Anlaufstrom und Anlaufdrehmoment auf je ein Drittel obiger Werte vermindern.

Bei Hochstabläufern ist nur ein Stab vorhanden, der jedoch tief in das Läufereisen hinabreicht und 5- bis 10-mal so lang wie breit ist (Abb. 3.34). Dadurch entsteht ebenfalls eine Stromverdrängung, die jedoch infolge Fehlens der Eisenbrücke zwischen den Dop-

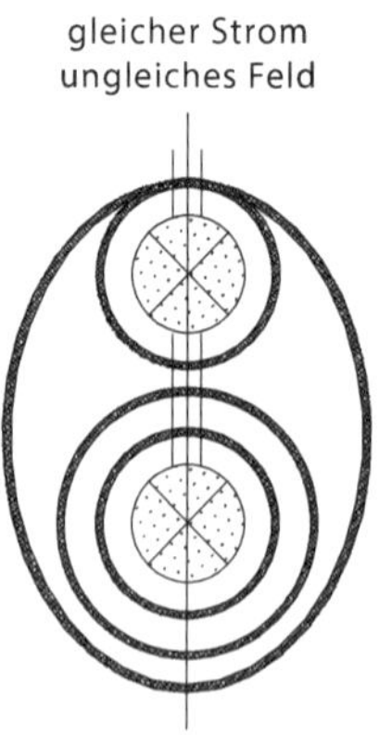

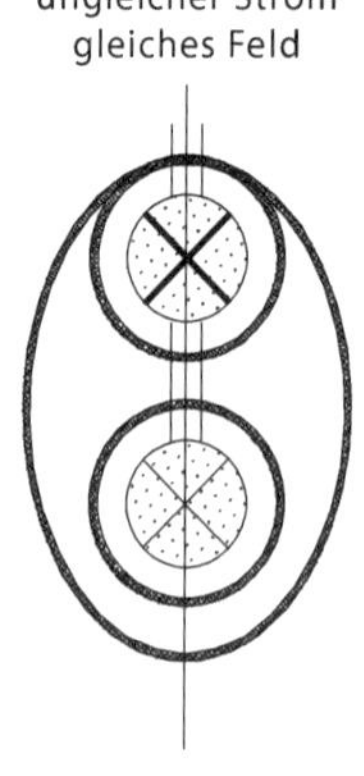

Abb. 3.31 Stromverdrängung

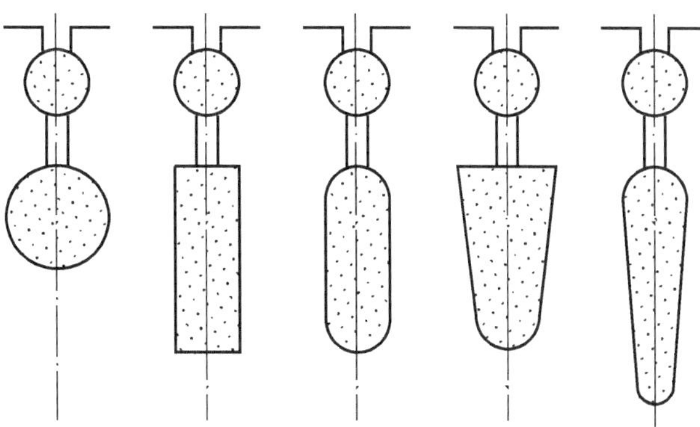

Abb. 3.32 Nutformen bei Doppelstabläufern

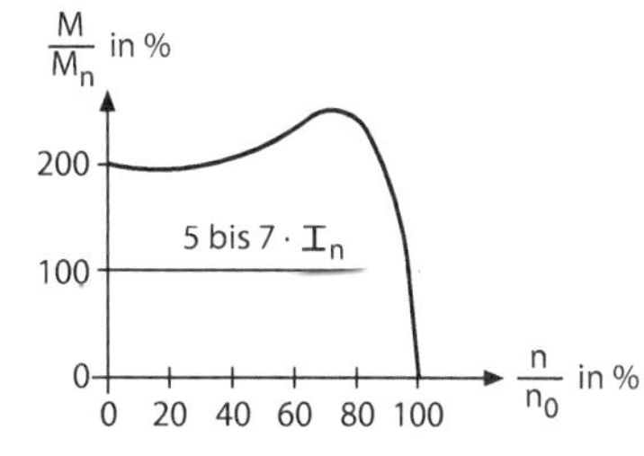

Abb. 3.33 Drehmoment bei Doppelstabläufer

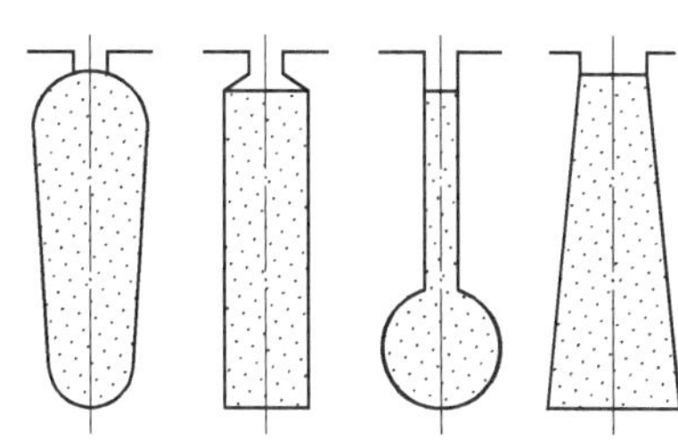

Abb. 3.34 Nutformen bei Hochstabläufern

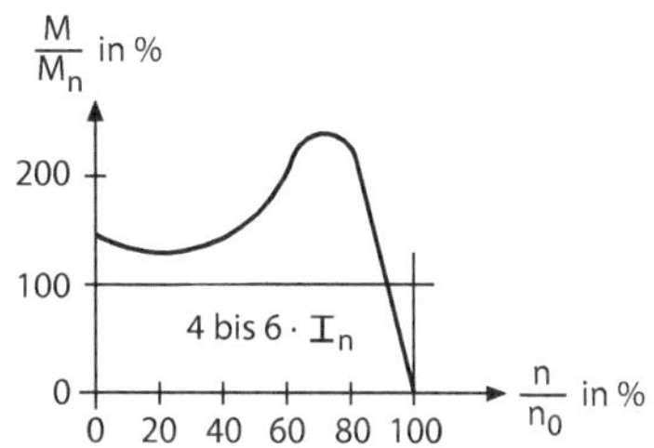

Abb. 3.35 Drehmomentverlauf bei Hochstabläufern

pelstäben geringer als beim Doppelstabläufer ist. Bei direkter Einschaltung lässt sich im Anlauf das 1,3- bis 1,5-fache Nenndrehmoment bei 4- bis 6-fachem Nennstrom erreichen (Abb. 3.35).

Verwendet man bei Doppelstab- und Hochstabläufern an Stelle von Aluminium für die Läuferstäbe Messing, erhöht sich der Läuferwiderstand. Dadurch vermindert sich der Anlaufstrom. Das Anlaufdrehmoment jedoch steigert sich je nach Ausführung bis zum

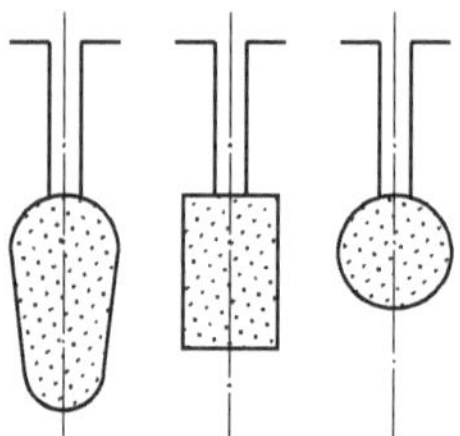

Abb. 3.36 Nutformen bei Tiefnutläufern

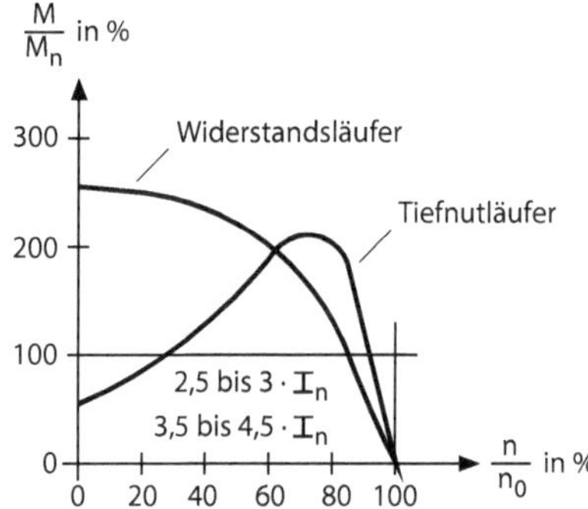

Abb. 3.37 Drehmomentverlauf bei Tiefnut- und Widerstandsläufer

3,5-fachen, da bei entsprechend hohem Läuferwiderstand wie bei Schleifringläufern das Kippmoment in den Anlauf verlegt werden kann.

Bei Tiefnut- (Streu-)Läufern werden die Läuferstäbe unterhalb schmaler Luftschlitze tief in das Läufereisen gebettet (Abb. 3.36), so sinken infolge großer Nutstreuung sowohl Anlaufstrom wie auch Anlauf- und Kippmoment erheblich. Bei direkter Einschaltung erhält man bei 3,5- bis 4,5-fachem Nennstrom nur das 0,3- bis 0,6-fache Nenndrehmoment. Es ist daher nur ein unbelasteter, allerdings sehr weicher Anlauf möglich (Abb. 3.37).

Tiefnutläufer werden für besonders lange Anlaufzeiten (bis ca. 15 min) verwendet, d. h. alle drehenden Teile weisen einen sanften und schonenden Anlauf auf. Dabei wird der durch hohe Nutstreuung bedingte verschlechterte Leistungsfaktor in Kauf genommen (Abb. 3.37).

Diese Motoren ergeben wegen der höheren Läuferverluste einen etwas schlechteren Wirkungsgrad, gleichzeitig aber wegen ihres größeren Schlupfes ein sehr weiches Drehzahlverhalten, das sich besonders für den Antrieb großer Schwungmassen, z. B. Pressen, Scheren, Stanzen und Zentrifugen eignet. Sondernutmotoren sind am Niederspannungsnetz zugelassen: Für direkte Einschaltung bis ca. 2 kW bei 230 V und ca. 3 kW bei 400 V bei Sterndreieckanlauf bis ca. 4 kW bei 230 V und ca. 5,5 kW bei 400 V.

3.1.8 Motoren mit polumschaltbaren Wicklungen

Die Drehzahl der Asynchronmotoren ist im stabilen Bereich (bei Nebenschluss-Verhalten) nur in geringem Ausmaß über den Schlupf regelbar. Eine Drehzahlregelung durch

Frequenzänderung scheitert neben dem benötigten Aufwand auch an der Schwierigkeit, Motoren bei erheblich verschiedenen Frequenzen wirtschaftlich zu betreiben. Es besteht jedoch die Möglichkeit, die Polpaarzahl der Wicklung zu ändern und den Motor in verschiedenen Drehzahlstufen zu fahren.

Polumschaltbare Motoren sind Sonderausführungen des Kurzschlussläufers und können im Gegensatz zur Normalausführung nur mit einer Netzspannung betrieben werden. Die Polumschaltung erfolgt nur in der Ständerwicklung und im Läufer bildet sich selbsttätig, jeweils die Polzahl des Ständer-Drehfeldes aus. Auch Schleifringläufer lassen sich umschalten, jedoch müssen hier Ständer- und Läuferwicklung gleichzeitig umgeschaltet werden. Dazu sind dann ein Läufer mit sechs Schleifringen und ein entsprechender Polumschalter erforderlich.

Die Polumschaltung kann in einer oder in zwei getrennten Wicklungen erfolgen; es sind folgende Ausführungen üblich:

1. Motoren mit zwei Drehzahlen in beliebigem Verhältnis (bevorzugt 1:1,5) mit zwei getrennten Wicklungen.
   Normalausführungen: 1000/1500; 500/1500; 500/1000; 500/750 U/min.
   Aufzugmotoren: 1500/375; 1500/250; 1000/250; 1000/200; 1000/167 U/min.
2. Motoren mit zwei Drehzahlen im Verhältnis 1:2 mit einer Wicklung (Dahlander-Schaltung).
   Normalausführungen: 500/3000; 750/1500; 500/1000; 375/750 U/min.
3. Motoren mit drei Drehzahlen, von welchen zwei im Verhältnis 1:2 stehen, also mit einer Dahlander- und einer Normalwicklung.
   Normalausführungen: 1000/1500/3000; 750/1000/1500; 500/750/1500; 500/750/1000 U/min.
4. Motoren mit vier Drehzahlen, von welchen je zwei im Verhältnis 1:2 stehen, also zwei Dahlander-Wicklungen.
   Normalausführungen: 500/1000/1500/3000; 375/750/500/1000; 500/1000/750/1500 U/min.

Bei Motoren mit zwei Drehzahlen besitzt das Klemmbrett sechs Klemmen; die drei oberen Klemmen U1, V1, W1 dienen dem Netzanschluss bei höherer Drehzahl, die drei unteren U2, V2, W2 dem bei niedriger Drehzahl (Abb. 3.38). Die Umschaltung erfolgt mit Hilfe eines Polumschalters, bei dessen Anschluss besonders auf die erforderliche Drehrichtung des Motors zu achten ist. Bei mehr als zwei Drehzahlen besitzt das Klemmbrett neun bzw. zwölf Klemmen und der Spezialpolumschalter gehört hier fest zur Motorausrüstung.

Bei polumschaltbaren Motoren werden höhere Anschaffungskosten, schlechtere Ausnutzung der Maschine und damit schlechterer Wirkungsgrad vor allem in der niedrigeren Drehzahlstufe in Kauf genommen, da sie kostspielige Getriebe sparen. Sie finden heute hauptsächlich für Aufzüge, Hebezeuge, Fahrantriebe und Werkzeugmaschinen (z. B.

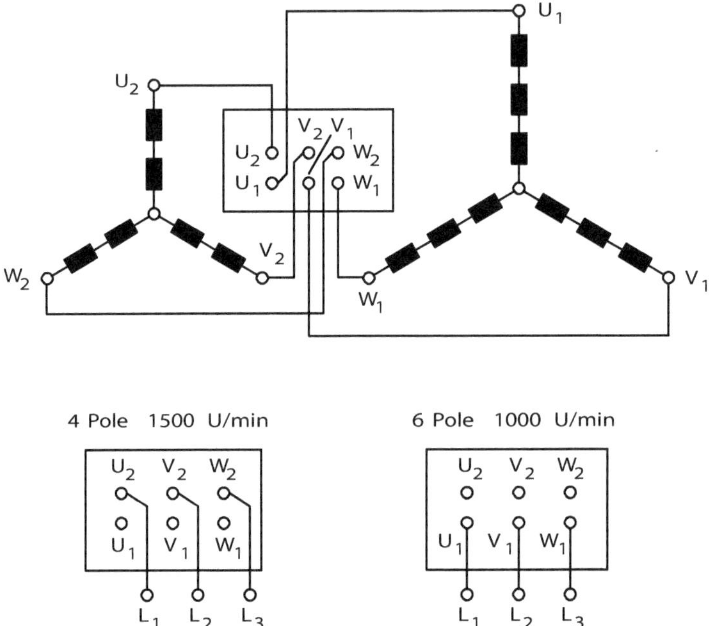

Abb. 3.38 Motor mit getrennten Wicklungen 4/6-polig

Hobelmaschinen) Verwendung, wobei in vielen Fällen der Motor über die niedere Drehzahlstufe hochgefahren wird (z. B. Aufzüge).

Der Betrieb von Asynchronmotoren mit zwei Drehzahlen kann durch Einlegen von zwei getrennten, verschieden poligen Wicklungen in den Ständer erfolgen. Durch Polumschalter wird jeweils die eine Wicklung ein-, die andere gleichzeitig ausgeschaltet. Damit in der ausgeschalteten Wicklung keine Spannungen induziert werden, muss sie geöffnet werden. Man verwendet daher für beide Wicklungen meist die Sternschaltung (Abb. 3.38). Jedoch ist auch die Ausführung in anderer Schaltweise möglich, z. B. Stern/Dreieck oder Dreieck/Stern.

Motoren mit getrennten Wicklungen können auch für Sterndreieckanlauf vorgesehen werden, d. h. dabei ist Dreieck/Dreieckschaltung beider Wicklungen und ein Klemmbrett mit zwölf Klemmen nötig. Beim Umschalten muss hier die Dreieckschaltung der ausgeschalteten Wicklung geöffnet werden.

- Motoren mit drei Drehzahlen erhalten eine normale und eine Dahlander-Wicklung, also ebenfalls nur zwei Wicklungen. Hier muss das Klemmbrett neun Anschlüsse erhalten.
- Motoren mit vier Drehzahlen erhalten zwei Dahlander-Wicklungen, also auch nur zwei Wicklungen, jedoch besitzt das Klemmbrett zwölf Anschlüsse.

Bei den meisten Motoren mit getrennten Wicklungen reicht bei Betrieb in der niederen Drehzahlstufe die Eigenlüftung nicht mehr aus. Besonders bei hoher Schalthäufigkeit (z. B. Aufzüge) muss daher Fremdbelüftung vorgesehen werden.

Da Drehstrommotoren nur für je eine Drehzahl günstigste Betriebseigenschaften besitzen und hier jeweils nur der halbe Nutquerschnitt genutzt werden kann, muss eine unvollkommene Ausnutzung von Eisen und Kupfer in Kauf genommen werden.

Zur Vereinfachung polumschaltbarer Maschinen und zur besseren Nutzung des Nutquerschnittes wurde eine Reihe von Schaltungen entwickelt, welche in einer Wicklung 2, 3 und 4 verschiedene Polpaarzahlen ermöglichen. Die meisten dieser Schaltungen erfordern das Ausführen zahlreicher Wicklungsanzapfungen an das Klemmbrett und recht umfangreiche Sondergeräte zur Umschaltung. Der Anschaffungspreis dieser Motoren ist daher hoch und ihre Verwendung auf Sonderzwecke beschränkt.

Die einfachste und daher meist verwendete Möglichkeit der Polumschaltung einer Wicklung stellt die Dahlander-Schaltung dar. Sie erlaubt den Betrieb eines Motors mit zwei Drehzahlen im Verhältnis 2:1. Die Wicklungsstränge bestehen zu diesem Zweck aus zwei gleichen Gruppen, welche gleichzeitig in 3-facher Weise umgeschaltet werden:

- Umschaltung der beiden Gruppen eines Stranges von normaler Reihenschaltung in eine Gegenschaltung.
- Umschaltung der beiden Gruppen eines Stranges von der Reihenschaltung in eine Parallel-(Gegen-)Schaltung.
- Umschaltung der drei Stränge von Dreieck- auf (Doppel-) Sternschaltung.

Durch die Gegenschaltung vermindert sich die Polzahl auf die Hälfte und die Drehzahl verdoppelt sich und durch die Parallelschaltung wird für den Betrieb bei hoher Drehzahl das notwendige Drehmoment erreicht. Damit die Spannung für die parallel geschalteten Gruppen nicht zu hoch wird, müssen die Stränge von Dreieck- auf Sternschaltung umgelegt werden (Abb. 3.39).

Die Gleichzeitigkeit der drei Umschaltungen wird durch Umlegen der drei Netzanschlüsse von den Ecken der Dreieckschaltung U1, V1, W1 auf die Mittelanzapfungen der Wicklungsstränge U2, V2, W2 und Einlegen der Sternbrücke zwischen U1, V1, W1 erreicht. Die Umschaltung kann am Klemmbrett vorgenommen werden, erfolgt jedoch meist mit Hilfe eines Polumschalters (Abb. 3.40).

Bei der Polumschaltung kehrt sich die Drehrichtung des Drehfeldes und damit auch die des Läufers um. Meist ist dies unerwünscht; daher werden zwei Netzanschlüsse vertauscht. Dies geschieht bereits innerhalb der Maschine beim Anschluss der Wicklungen am Klemmbrett. In Abb. 3.40 wurden deshalb V2 an W2 und W2 an V2 geführt.

Eigenschaften der Dahlander-Motoren:

Der Kurzschlussläufer wird mit nur einer Ständerwicklung hergestellt und ist dadurch preiswerter.

Gute Nutzung des Wickelraumes in beiden Drehzahlstufen, daher guter Wirkungsgrad, jedoch schlechter als bei normalem Kurzschlussläufer.

Normales Drehzahlverhalten bei Belastung in beiden Drehzahlstufen (Nebenschlussverhalten!).

Bei höherer Drehzahl 1,5-fache Leistung gegenüber niedrigerer Drehzahl, bei niedrigerer Drehzahl nur ca. 0,8-fache Leistung gegenüber dem normalen Kurzschlussläufer.

Nur im Drehzahlverhältnis 2:1 umschaltbar.

Nur für eine Netzspannung verwendbar.

Die Dahlander-Wicklung ist jeweils für die höhere der beiden Polzahlen (= niedrigere Drehzahl) so zu entwerfen, dass zwei gleich große Wicklungsteile entstehen. Neben den drei Anfängen U1, V1 und W1 werden auch die drei Strangmitten U2, V2 und W2 an das Klemmbrett ausgeführt. Die drei Enden der Stränge werden mit den drei Anfängen fest in Dreieckschaltung verbunden (Z an U1, X an V1 und Y an W1) und nicht ausgeführt. Soll bei Sonderausführungen des Dahlander-Motors in der niederen Drehzahlstufe ein Sterndreieckanlauf erfolgen, so müssen auch die Strangenden an das Klemmbrett ausgeführt werden, welches dann neun Klemmen besitzt.

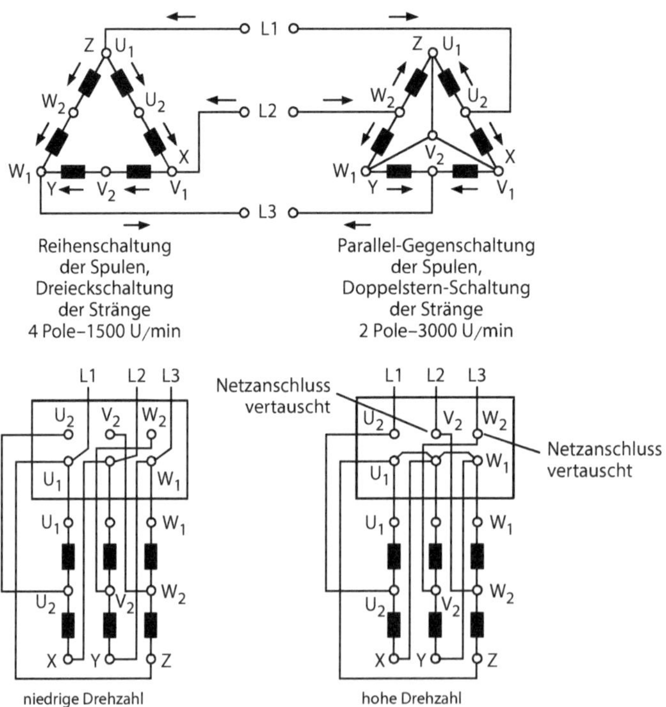

Abb. 3.39 4/2-polige Dahlander-Schaltung

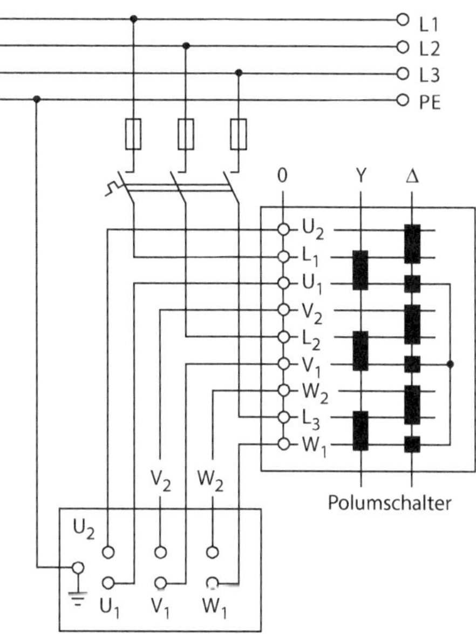

Abb. 3.40 Anschluss eines Dahlander-Motors mit Polumschalter

Zur Dahlander-Schaltung verwendet man zweckmäßig Wicklungen mit geschlossenen Spulengruppen. Von den Einschichtwicklungen wird meist die ungeteilte Korbwicklung, bei den Zweischichtwicklungen die 2/3-Zonen-Wicklung bevorzugt, da dort die Spulenschaltung geschlossene Spulengruppen ergibt.

Die Zweischichtwicklung wird der Einschichtwicklung vorgezogen, da sich besonders bei der 2/3-Zonen-Wicklung der Anlauf in beiden Drehzahlstufen günstiger gestaltet.

Wie Abb. 3.41 zeigt, entstehen unter den Polen bei Umschaltung auf niedrige Drehzahl in benachbarten Nuten entgegengesetzte Stromrichtungen. Man bezeichnet diese Stellen als Verwirrungszonen. In Abb. 3.42 bilden sich bereits bei niedriger Drehzahl in den beiden Spulenseiten zweier benachbarter Nuten entgegengesetzte Stromrichtungen; diese Verwirrungszonen erweitern sich bei Umschaltung auf hohe Drehzahl sogar auf sechs Nuten. Dies bedeutet eine Schwächung des Ständerdrehfeldes und damit der Motorleistungen, die nur zum Teil durch erhöhte Windungszahlen der Spulen ausgeglichen werden kann. Da bei polumschaltbaren Motoren das Ständereisen (Blechrückenhöhe!) und die mechanische Festigkeit der drehenden Teile für die höhere Drehzahl bemessen sein müssen, die Auslegung von Lüftung und Wicklung aber für die niedrigere Drehzahl erfolgen muss, ist eine Umwicklung bzw. Umschaltung normaler Kurzschlussläufermotoren auf Polumschaltbarkeit nicht ratsam.

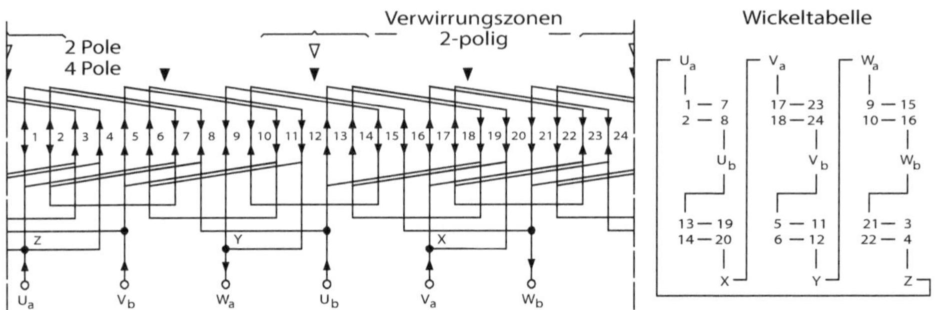

Abb. 3.41 Ungeteilte Korbwicklung als 4/2-polige Dahlander-Wicklung geschaltet

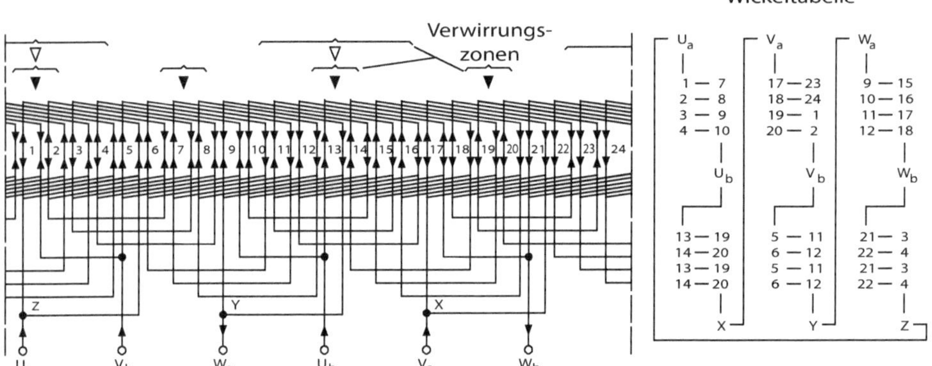

Abb. 3.42 2/3-Zonen-Zweischichtwicklung als 4/2-polige Dahlander-Wicklung geschaltet

3.2 Formeln der Antriebstechnik

3.2.1 Grundbewegungen

Alle Anwendungen lassen sich in zwei Grundbewegungen einteilen, wie Tab. 3.4 zeigt.

Kinematische Zusammenhänge

Für geradlinige oder lineare Bewegung gilt Tab. 3.5.

Für Kreisbewegungen gelten die Formeln von Tab. 3.6.

Umrechnung Linear-/Kreisbewegung

Da ein Getriebemotor unabhängig von der Anwendung immer eine Kreisbewegung als Basis hat, muss lineare Bewegung in eine Kreisbewegung umgerechnet werden und umgekehrt, wie Tab. 3.7 zeigt.

Tab. 3.4 Grundbewegungen der Antriebstechnik

Lineare Bewegung (Fahrantrieb, Hubantrieb)		Kreisbewegung (Drehtisch)	
Weg	s [m]	Winkelweg	φ [rad] oder [°] rad ist das Bogenmaß im Einheitskreis und ist ohne Einheit [rad] = 1 $360° \hat{=} 6{,}28\,\text{rad}$
Geschwindigkeit	v [m/s]	Winkelgeschwindigkeit Drehzahl	ω [rad/s] oder [1/s] n [min^{-1}] $\omega = 2 \cdot \pi \cdot n$
Beschleunigung	a [m/s^2]	Winkelbeschleunigung	α [rad/s^2] oder [$1/\text{s}^2$]
Kraft	F [N]	Drehmoment	M [Nm]
Masse	m [kg]	Massenträgheitsmoment	J [kg m^2]
		Radius	r [m] Durchmesser D [m]

Tab. 3.5 Kinematische Zusammenhänge für geradlinige oder lineare Bewegung

	v = konst.	a = konst.
Weg	$s = v \cdot t$	$s = \frac{v \cdot t}{2} = \frac{a \cdot t^2}{2} = \frac{v^2}{2 \cdot a}$
Geschwindigkeit	$v = \frac{s}{t}$	$v = \sqrt{2 \cdot a \cdot s} = \frac{2 \cdot s}{t} = a \cdot t$
Beschleunigung	$a = 0$	$a = \frac{v}{t} = \frac{2 \cdot s}{t^2} = \frac{v^2}{2 \cdot s}$
Zeit	$t = \frac{s}{v}$	$t = \sqrt{\frac{2 \cdot s}{a}} = \frac{v}{a} = \frac{2 \cdot s}{v}$

Tab. 3.6 Formeln Für Kreisbewegungen

	ω = konst.	a = konst.
Weg	$\omega = \varphi \cdot t$	
Geschwindigkeit	$\omega = \frac{\varphi}{t}$	$\omega = \sqrt{2 \cdot \alpha \cdot \varphi} = \frac{2 \cdot \varphi}{t} = \alpha \cdot t$
Beschleunigung	$\alpha = 0$	$\alpha = \frac{\omega}{t} = \frac{2 \cdot \varphi}{t^2} = \frac{\omega^2}{2 \cdot \varphi}$
Zeit	$t = \frac{\varphi}{\omega}$	$t = \sqrt{\frac{2 \cdot \varphi}{\alpha}} = \frac{\omega}{\alpha} = \frac{2 \cdot \varphi}{\omega}$

Massenträgheitsmomente

Reduktion externer Massenträgheitsmomente: Um das Anlauf- und Bremsverhalten eines Antriebs berechnen zu können, müssen alle zu beschleunigenden Massenträgheitsmomente auf die Motorwelle bezogen und addiert werden. Alle Übersetzungsverhältnisse gehen dabei gemäß Energieerhaltungssatz im Quadrat ein.

Tab. 3.7 Formeln für die Umrechnung von Linear- und Kreisbewegung

Winkel	$\varphi = \frac{s}{r} = \frac{2 \cdot s}{D}$	$\varphi[°] = \frac{2 \cdot 180}{\pi} \cdot \frac{s\,[mm]}{D\,[mm]} = 115\frac{s\,[mm]}{D\,[mm]}$
Geschwindigkeit	$\omega = \frac{v}{r} = \frac{2 \cdot v}{D}$	$n[min^{-1}] = \frac{60 \cdot 1000}{2 \cdot \pi} \cdot \frac{2 \cdot v\,[m/s]}{D\,[mm]} = 19.100\frac{v\,[m/s]}{D\,[mm]}$
Beschleunigung	$\alpha = \frac{a}{r} = \frac{2 \cdot a}{D}$	$\alpha[1/s^2] = 2000\frac{a\,[m/s^2]}{D\,[mm]}$

Externes Massenträgheitsmoment

$$J_X = \frac{J_L}{i_T^2}$$

J_L = Massenträgheitsmoment der Last
J_X = externes Massenträgheitsmoment der Motorwelle reduziert
i_T = Gesamtübersetzung

Kreisbewegung
Daraus ergibt sich für eine Kreisbewegung als Anwendung:

$$J_X\,[kg\,m^2] = J_L\,[kg\,m^2] \cdot \left(\frac{n}{n_M}\right)^2$$

n = Drehzahl nach Gesamtübersetzung (Vorgelege und Getriebe)
n_M = Motordrehzahl

Linearbewegung
Ebenso kann auch eine linear bewegte Masse m auf die Motorwelle reduziert werden:

$$J_X\,[kg\,m^2] = 91{,}2 \cdot m\,[kg] \cdot \left(\frac{v\,[m/s]}{n_M\,[min^{-1}]}\right)^2$$

Rotierende Körper
Massenträgheitsmomente charakteristisch rotierender Körper, wie Tab. 3.8 zeigt.

Tab. 3.8 Massenträgheitsmomente charakteristisch rotierender Körper

Körper	Lage der Drehachse	Symbol	Massenträgheitsmoment J
Kreisring, dünn Hohlzylinder, dünnwandig	Senkrecht zur Ringebene	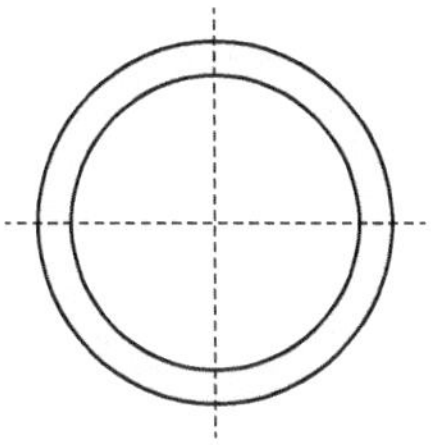	$J = m \cdot r^2$
Vollzylinder	Längsachse	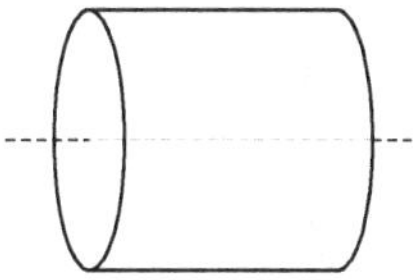	$J = \frac{1}{2} m \cdot r^2$
Hohlzylinder, dickwandig	Längsachse	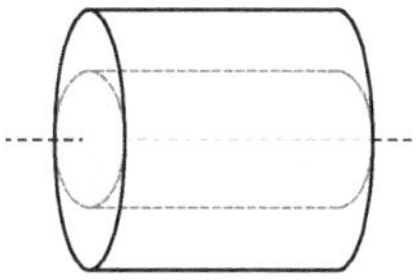	$J = \frac{1}{2} m \cdot (r_1^2 + r_2^2)$
Kreisscheibe	Senkrecht zur Scheibenebene	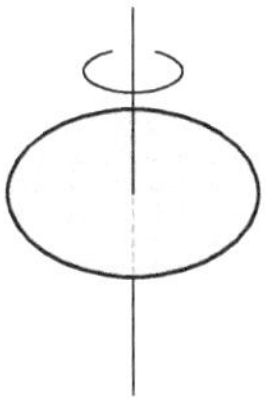	$J = \frac{1}{2} m \cdot r^2$
Kreisscheibe	Symmetrieachse in der Scheibenebene	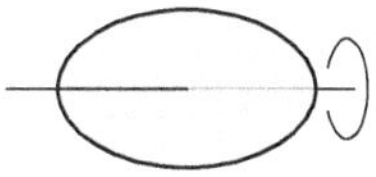	$J = \frac{1}{4} m \cdot r^2$
Kugel	Durch den Mittelpunkt	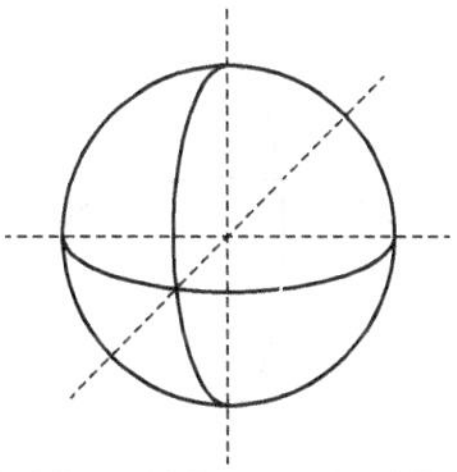	$J = \frac{2}{5} m \cdot r^2$

Tab. 3.8 (Fortsetzung)

Körper	Lage der Drehachse	Symbol	Massenträgheitsmoment J
Kugel, dünnwandig	Durch den Mittelpunkt		$J = \frac{2}{3} \cdot m \cdot r^2$
Stab, dünn, mit Länge l	Senkrecht zur Stabmitte		$J = \frac{1}{12} \cdot m \cdot r^2$

Steinerscher Satz

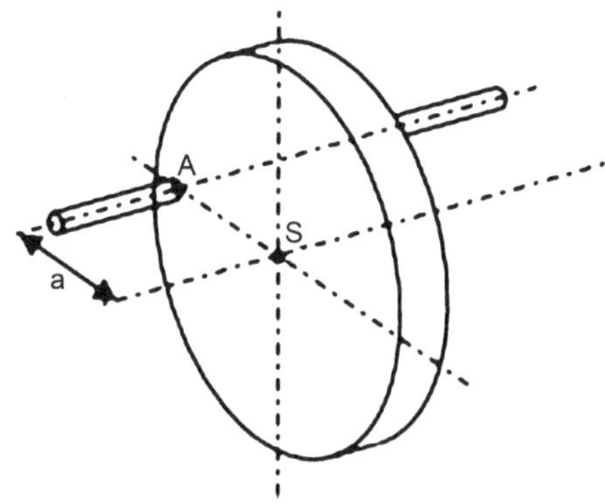

$$J_A = J_S + m \cdot a^2$$

J_S = Massenträgheitsmoment eines Körpers, bezogen auf eine durch den Schwerpunkt S gehende Drehachse

J_A = Massenträgheitsmoment des gleichen Körpers, bezogen auf eine Drehachse durch A

a = Abstand beider parallel zueinander verlaufenden Achsen

m = Masse des Körpers

3.2.2 Statische oder dynamische Leistung

Die Gesamtleistung jeder Anwendung unterteilt sich in statische und dynamische Leistung. Die statische Leistung ist die Leistung bei konstanter Geschwindigkeit. Dies sind in erster Linie Reibungskräfte und Gravitationskräfte. Im Gegenzug dazu ist die dynamische Leistung die Leistung, die zum Beschleunigen und Verzögern benötigt wird. Beide Leistungsanteile weisen bei unterschiedlichen Anwendungen unterschiedliche Auswirkungen auf.

Horizontal/Vertikal

Dieser Zusammenhang soll anhand der vertikalen und horizontalen Bewegung erläutert werden:

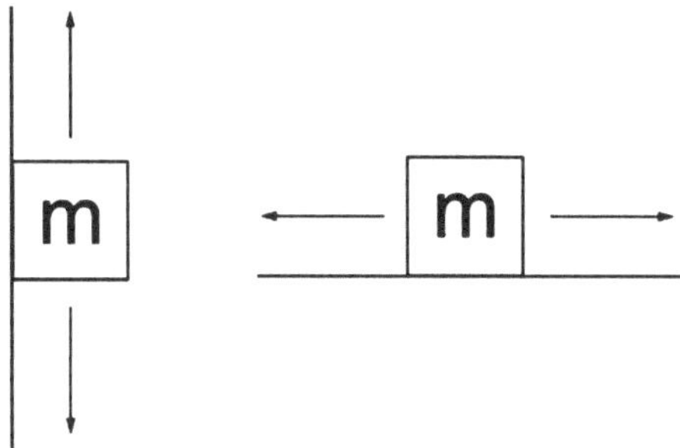

Um die Anwendungen besser vergleichen zu können, geht man von gleicher Masse, gleicher Geschwindigkeit und gleicher Beschleunigung aus, wie Tab. 3.9 zeigt.

Aus diesem Beispiel geht hervor, dass ein Hubwerk insgesamt eine größere Leistung benötigt als ein Fahrwerk. Außerdem wird beim Hubwerk die Motorgröße zu 90 % durch die Gravitationskraft und somit aus der statischen Leistung bestimmt.

Im Gegensatz dazu wird beim Fahrwerk die Motorgröße zu 90 % durch die Beschleunigungskraft und somit aus der dynamischen Leistung bestimmt.

Ein weiterer Anwendungsfall ist ein Hubwerk mit Gegengewicht. Bei 100 % Gewichtsausgleich wird die Gravitationskraft zu Null, aber die Beschleunigungsleistung verdoppelt sich, weil sich die zu beschleunigende Masse verdoppelt hat. Die Gesamtleistung ist aber geringer als bei einem Hubwerk ohne Gegengewicht.

Tab. 3.9 Zusammenhängende Kraft in vertikaler und horizontaler Bewegung

Kraft	Vertikale Bewegung	Horizontale Bewegung
Gravitationskraft	Groß	Null
Beschleunigungskraft	Gleich groß	
Reibungskraft	Wird in diesem Beispiel vernachlässigt	

3.2.3 Widerstandskräfte

Widerstandskräfte sind Kräfte, die der Bewegung entgegenwirken.

Statische Widerstandskräfte: Haft- und Gleitreibung

Reibkraft

$$F_R = \mu \cdot F_N$$

F_R = Reibkraft [N]
μ = Reibwert
F_N = Gewichtskraft senkrecht zur Oberfläche [N]

Gewichtskraft

$$F_N = m \cdot g \cdot \cos\alpha$$

m = Masse [kg]
g = Erdbeschleunigung [m/s²]
α = Steigungswinkel [°]

Fahrwiderstand

$$F_F = m \cdot g \cdot \left(\frac{2}{D} \cdot \left(\mu_L \cdot \frac{d}{2} + f\right) + c\right)$$

F_F = Fahrwiderstand [N]
D = Laufraddurchmesser [mm]
μ_L = Lagerreibwert
d = Lagerdurchmesser [mm]
f = Hebelarm der Rollreibung [mm]
c = Spurkranz- und Seitenreibbeiwert

Der Fahrwiderstand setzt sich zusammen aus:

Rollreibung

$$F = m \cdot g \cdot \frac{2 \cdot f}{D}$$

Lagerreibung

$$F = m \cdot g \cdot \mu_L \cdot \frac{d}{D}$$

Spurreibung

$$F_N = m \cdot g \cdot c$$

Die Gravitationskräfte setzen sich zusammen aus:

Senkrechtes Hubwerk

$$F_N = m \cdot g$$

Hangabtriebskraft

$$F_N = m \cdot g \cdot \sin \alpha$$

Die dynamischen Widerstandskräfte setzen sich bei der Beschleunigungskraft zusammen aus:

Linearbewegung

$$F = m \cdot a$$

Kreisbewegung

$$M = J \cdot \alpha$$

3.2.4 Drehmomente

Linearbewegung

$$M = F \cdot r = \frac{F \cdot D}{2} \qquad M\,[Nm] = \frac{F\,[N] \cdot D\,[mm]}{2000}$$

Kreisbewegung

$$M = J \cdot \alpha \qquad M\,[Nm] = J\,[kg\,m^2] \cdot \frac{n\,[min^{-1}]}{9{,}55 \cdot t_A\,[s]}$$

3.2.5 Leistung

Linearbewegung

$$P = F \cdot v \qquad P\,[kW] = \frac{F\,[N] \cdot v\,[m/s]}{1000}$$

Kreisbewegung

$$P = M \cdot \omega \qquad P\,[kW] = \frac{M\,[Nm] \cdot n\,[min^{-1}]}{9550}$$

3.2.6 Wirkungsgrad

Der Gesamtwirkungsgrad der Anlage setzt sich durch Multiplikation aller Einzelwirkungsgrade im Antriebsstrang zusammen. Dies sind in der Praxis:

- Getriebewirkungsgrad η_G
- Lastwirkungsgrad η_L

Dies ergibt einen Gesamtwirkungsgrad von $\eta_T = \eta_G \cdot \eta_L$

Dieser Gesamtwirkungsgrad muss bei statischer und bei dynamischer Leistung getrennt voneinander berücksichtigt werden.

3.2.7 Spindelberechnung

Spindeldrehzahl

$$n = \frac{v}{P} \qquad n\,[\text{min}^{-1}] = \frac{v\,[\text{m/s}] \cdot 60 \cdot 10^3}{P\,[\text{mm}]}$$

n = Spindeldrehzahl
v = Geschwindigkeit der Last
P = Spindelsteigung

Winkelweg

$$\varphi = \frac{2 \cdot \pi \cdot s}{P} \qquad \varphi\,[°] = \frac{360 \cdot s\,[\text{mm}]}{P\,[\text{mm}]}$$

φ = Winkelweg der Spindel
s = Weg der Last
P = Spindelsteigung

Winkelbeschleunigung

$$\alpha = \frac{2 \cdot \pi \cdot a}{P} \qquad \alpha \left[\frac{\text{rad}}{\text{s}^2}\right] = \frac{2 \cdot \pi \cdot a\,[\text{m/s}^2] \cdot 1000}{P\,[\text{mm}]}$$

α = Winkelbeschleunigung der Spindel
a = Beschleunigung der Last
P = Spindelsteigung

Statisches Drehmoment

$$M = \frac{F \cdot P}{2 \cdot \pi \cdot \eta} \qquad M\,[\text{Nm}] = \frac{F\,[\text{N}] \cdot P\,[\text{mm}]}{2 \cdot \pi \cdot 1000 \cdot \eta}$$

F = Widerstandskraft der Last z. B. durch Reibung
P = Spindelsteigung
M = Statisches Drehmoment
η = Spindelwirkungsgrad (Werte aus den Herstellerunterlagen)

Dynamische Drehmomente werden nach den Formeln der Linearbewegung berechnet.

3.2.8 Spezielle Formeln

Tab. 3.10 zeigt den Zusammenhang zwischen horizontaler Bewegung und Drehbewegung.

Tab. 3.10 Horizontale Bewegung und Drehbewegung zwischen Vertikalbewegung aufwärts und abwärts

Größe	Horizontale Bewegung und Drehbewegung, Vertikalbewegung aufwärts	Vertikalbewegung abwärts (vereinfachte Rechnung mit Synchrondrehzahl)
Hochlaufzeit [s]	$t_A = \dfrac{\left(J_M + \frac{J_X}{\eta}\right) \cdot n_M}{9{,}55 \cdot \left(M_H - \frac{M_L}{\eta}\right)}$	$t_A = \dfrac{\left(J_M + \frac{J_X}{\eta}\right) \cdot n_S}{9{,}55 \cdot (M_H - M_L \cdot \eta)}$
Umschaltzeit [s]	$t_U = \dfrac{(J_M + J_X \cdot \eta) \cdot (n_2 - n_1)}{9{,}55 \cdot (M_U + M_L \cdot \eta)}$	$t_U = \dfrac{(J_M + J_X \cdot \eta) \cdot (n_{S2} - n_{S1})}{9{,}55 \cdot (M_U + M_L \cdot \eta)}$
Bremszeit [s]	$t_B = \dfrac{(J_M + J_X \cdot \eta) \cdot n}{9{,}55 \cdot (M_B + M_L \cdot \eta)}$	$t_B = \dfrac{(J_M + J_X \cdot \eta) \cdot n_S}{9{,}55 \cdot (M_B + M_L \cdot \eta)}$
Anlaufweg [mm]	$s_A = \dfrac{1}{2} t_A \cdot v \cdot 1000$	$s_A = \dfrac{1}{2} \cdot t_A \cdot \dfrac{n_S}{n_M} \cdot v \cdot 1000$
Umschaltweg [mm]	$s_U = \dfrac{1}{2} t_U \cdot v_2 \cdot 1000 \cdot \left(1 + \dfrac{n_1}{n_2}\right)$	$s_U = \dfrac{1}{2} \cdot t_U \cdot \dfrac{n_{S2}}{n_2} \cdot v_2 \cdot 1000 \cdot \left(1 + \dfrac{n_{S1}}{n_{S2}}\right)$
Anhalteweg [mm]	$s_B = v \cdot 1000 \cdot \left(t_2 + \dfrac{1}{2} \cdot t_B\right)$	$s_B = v \cdot 1000 \cdot \left(t_2 + \dfrac{1}{2} \cdot t_B\right)$
Anhaltegenauigkeit	$X_B = \pm 0{,}12 \cdot s_B$	$X_B = \pm 0{,}12 \cdot s_B$
Anlaufbeschleunigung [m/s²]	$a_A = \dfrac{v}{t_A}$	$a_A = \dfrac{v}{t_A} \cdot \dfrac{n_S}{n_M}$
Umschaltverzögerung [m/s²]	$a_U = \dfrac{v_2}{t_U} \cdot \left(1 - \dfrac{n_{M1}}{n_{M2}}\right)$	$a_U = \dfrac{v_2}{t_U} \cdot \left(1 - \dfrac{n_{M1}}{n_{M2}}\right) \cdot \dfrac{n_{S2}}{n_{M2}}$
Bremsverzögerung [m/s²]	$a_B = \dfrac{v}{t_B}$	$a_B = \dfrac{v}{t_B}$
Schalthäufigkeit [c/h]	$Z_P = Z_0 \cdot \dfrac{1 - \frac{M_L}{M_H \cdot \eta}}{\frac{J_M + J_Z + \frac{J_X}{\eta}}{J_M}} \cdot K_P$	$Z_P = Z_0 \cdot \dfrac{1 - \frac{M_L \cdot \eta}{M_H}}{\frac{J_M + J_Z + J_X \cdot \eta}{J_M}} \cdot K_P$
Bremsenergie [J]	$W_B = \dfrac{M_B}{M_B + M_L \cdot \eta} \cdot \dfrac{(J_M + J_Z + J_X \cdot \eta) \cdot n_M^2}{182{,}5}$	$W_B = \dfrac{M_B}{M_B + M_L \cdot \eta} \cdot \dfrac{(J_M + J_Z + J_X \cdot \eta) \cdot n_M^2}{182{,}5}$
Bremsenstandzeit [h]	$L_B = \dfrac{W_N}{W_B \cdot Z_N}$	$L_B = \dfrac{W_N}{W_B \cdot Z_N}$

3.2.9 Legende der Formelsammlung

a	Beschleunigung	m/s^2
a_A	Anlaufbeschleunigung	m/s^2
a_B	Bremsverzögerung	m/s^2
a_U	Umschaltverzögerung von schnelle auf langsame Drehzahl	m/s^2
α	Winkelbeschleunigung	$1/s^2$
α	Steigungswinkel	°
c	Zuschlag für Nebenreibung und Seitenreibungsbeiwert	–
d	Lagerzapfendurchmesser des Rades	mm
d_0	Ritzel- oder Kettenraddurchmesser für Getriebeabtriebswelle	mm
D	Laufraddurchmesser, Trommel- oder Kettenraddurchmesser	mm
η	Wirkungsgrad	–
η'	Rückwärtiger Wirkungsgrad	–
η_G	Wirkungsgrad des Getriebes	–
η_T	Gesamtwirkungsgrad	–
η_L	Wirkungsgrad der Last oder Arbeitsmaschine	–
f	Hebelarm der Rollreibung	mm
f	Frequenz	Hz
f_B	Betriebsfaktor	–
f_Z	Zuschlagsfaktor für Querkraftberechnung	–
F	Kraft	N
F_F	Fahrwiderstand	N
F_G	Gewichtskraft	N
F_N	Normalkraft senkrecht zur Unterlage	N
F_Q	Querkraft	N
F_R	Reibkraft	N
F_S	Widerstandskraft (hat Einfluss auf statische Leistung)	N
g	Erdbeschleunigung: 9,81 (Konstante)	m/s^2
i	Getriebeübersetzungsverhältnis	–
i_V	Vorgelegeübersetzungsverhältnis	–
J	Massenträgheitsmoment	$kg\,m^2$
J_L	Massenträgheitsmoment der Last	$kg\,m^2$
J_M	Motormassenträgheitsmoment	$kg\,m^2$
J_X	Massenträgheitsmoment der Last, auf die Motorachse reduziert	$kg\,m^2$
J_Z	Zusatzmassenträgheitsmoment (schwerer Lüfter)	$kg\,m^2$
$K_J/K_M/K_P$	Rechenfaktoren zur Bestimmung der Schalthäufigkeit	–
L_B	Bremsenstandzeit (bis zum Nachstellen)	h
m	Masse	kg
m_0	Eigenmasse = Masse ohne zusätzliche Nutzlast	kg
m_L	Masse der Last	kg
M	Drehmoment	Nm

M_a	Abtriebsdrehmoment	Nm
M_B	Bremsmoment	Nm
M_H	Hochlaufmoment	Nm
M_K	Kippmoment	Nm
M_L	Statisches Motormoment der Last (ohne η)	Nm
M_N	Bemessungsdrehmoment	Nm
M_S	Statisches Moment (mit η)	Nm
M_U	Umschaltmoment von schnelle auf langsame Drehzahl bei polumschaltbaren Motoren	Nm
μ	Reibwert Gleitreibung	–
μ_0	Reibwert Haftreibung	–
μ_L	Lagerreibwert	–
n	Drehzahl	min^{-1}
n_a	Getriebeabtriebsdrehzahl	min^{-1}
n_M	Motordrehzahl	min^{-1}
n_N	Bemessungsdrehzahl	min^{-1}
n_S	Synchrone Drehzahl	min^{-1}
ω	Winkelgeschwindigkeit	rad/s
P	Leistung	W
P_B	Bremsleistung	kW
P_{DM}	Dynamische Motorleistung der Eigenmasse	kW
P_{DL}	Dynamische Motorleistung zur Beschleunigung der Last	kW
P_T	Gesamtmotorleistung	kW
P_N	Bemessungsleistung	kW
P_S	Benötigte statische Motorleistung	kW
φ	Winkelweg	° oder rad
r	Radius	mm
R	Regelbereich (Drehzahlstellbereich)	–
ρ	Dichte	kg/dm^3
s	Weg	mm
s_A	Anlaufweg	mm
s_B	Anhalteweg	mm
s_F	Fahrweg	m
s_T	Gesamtweg	m
s_P	Positionierweg	m
s_U	Umschaltweg von schnelle auf langsame Drehzahl	mm
t	Fahrzeit oder Hubzeit	s
t_1	Ansprechzeit der Bremse	s
t_2	Einfallzeit der Bremse	s
t_A	Anlaufzeit	s
t_B	Bremszeit	s
t_F	Fahrzeit	s

t_T	Gesamtzeit (Fahrdiagramm)	s
t_U	Umschaltzeit von schnelle auf langsame Drehzahl	s
t_Z	Taktzeit	s
v	Geschwindigkeit	m/s
V	Volumen	dm^3
v_P	Positioniergeschwindigkeit	m/s
W_B	Bremsarbeit	J
W_N	Bremsarbeit bis zum Nachstellen	J
X_B	Anhaltegenauigkeit (Bremswegtoleranz)	mm
Z_0	Zulässige Leerschalthäufigkeit	c/h
Z_P	Errechnete zulässige Schalthäufigkeit	c/h

3.3 Berechnungen von Anwendungsbeispielen

3.3.1 Projektierung eines Fahrantriebs

Es ist mit folgenden Angaben ein Drehstrombremsmotor mit Stirnradgetriebe auszulegen:

Masse des Fahrwagens:	$m_0 = 1500\,kg$
Zuladung:	$m_L = 1500\,kg$
Geschwindigkeit:	$v = 0{,}5\,m/s$
Raddurchmesser:	$D = 250\,mm$
Zapfendurchmesser:	$d = 60\,mm$
Reibpaarung:	Stahl/Stahl
Hebelarm der Rollreibung:	Stahl auf Stahl $f = 0{,}5\,mm$
Spurkranz- und Seitenreibungsbeiwert:	für Wälzlager $c = 0{,}003$
Lagerreibwert:	für Wälzlager $\mu_L = 0{,}005$
Vorgelege:	Kettenvorgelege, $i_V = 27/17 = 1{,}588$
Kettenraddurchmesser (getrieben):	$d_0 = 215\,mm$
Lastwirkungsgrad:	$\eta_L = 0{,}90$
Einschaltdauer:	40 % ED
Schalthäufigkeit:	75 Fahrten/Stunde beladen und 75 Fahrten/Stunde leer, 8 h/Tag

Es werden zwei Räder angetrieben und die Räder dürfen beim Anfahren nicht durchrutschen. Abb. 3.43 zeigt den Aufbau eines Fahrantriebes.

Fahrwiderstand

$$F_F = m \cdot g \cdot \left(\frac{2}{D} \cdot \left(\mu_L \cdot \frac{d}{2} + f\right) + c\right) [N]$$

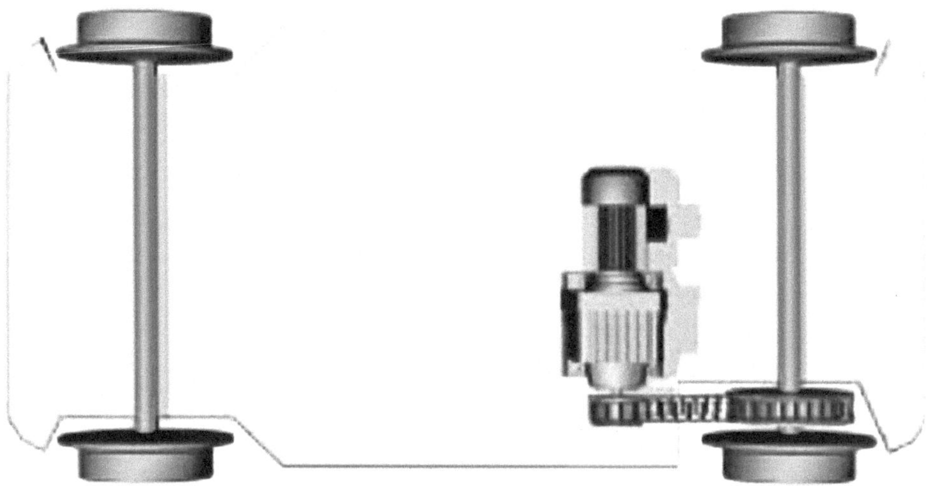

Abb. 3.43 Aufbau eines Fahrantriebes

Beladen

$$F_F = 3000\,\text{kg} \cdot 9{,}81\,\frac{\text{m}}{\text{s}^2} \cdot \left(\frac{2}{250\,\text{mm}} \cdot \left(0{,}005 \cdot \frac{60\,\text{mm}}{2} + 0{,}5\,\text{mm}\right) + 0{,}003\right) = 241\,\text{N}$$

Leer

$$F_F = 1500\,\text{kg} \cdot 9{,}81\,\frac{\text{m}}{\text{s}^2} \cdot \left(\frac{2}{250\,\text{mm}} \cdot \left(0{,}005 \cdot \frac{60\,\text{mm}}{2} + 0{,}5\,\text{mm}\right) + 0{,}003\right) = 120{,}5\,\text{N}$$

Für die Berechnung des Fahrwiderstands ist es unerheblich, wie viele Laufräder im Einsatz sind.

Statische Leistung Die statische Leistung P_S berücksichtigt alle Kräfte, die im unbeschleunigten Zustand auftreten. Dies sind unter anderem:

- Rollreibung
- Reibkräfte
- Hubkraft bei Steigung
- Windkraft

$$P_S = \frac{F_F \cdot v}{\eta}$$

Wirkungsgrad: η_T ist der Gesamtwirkungsgrad der Anlage, bestehend aus dem Getriebewirkungsgrad η_G und dem Wirkungsgrad externer Übertragungselemente η_L. (Werte sind aus den Herstellerunterlagen zu entnehmen).

Stirn- und Kegelradverzahnung: Der Getriebewirkungsgrad bei Stirn- und Kegelradverzahnung kann mit $\eta_G = 0{,}98$ je Zahnradstufe angenommen werden (z. B. 3-stufiges Getriebe: $\eta_G = 0{,}94$). (Werte sind aus den Herstellerunterlagen zu entnehmen). Da das Getriebe zu diesem Zeitpunkt noch nicht festgelegt ist, wird mit dem Mittelwert von 2- und 3-stufigen Getrieben mit $\eta_G = 0{,}95$ gerechnet.

Lastwirkungsgrad: Der Lastwirkungsgrad ist abhängig von den Übertragungselementen nach dem Getriebe (z. B. Ketten, Riemen, Seile, Verzahnteile usw.).

Gesamtwiderstand

$$\eta_T = \eta_G \cdot \eta_L = 0{,}95 \cdot 0{,}9 = 0{,}85$$

Je nach Hersteller gilt ein Wirkungsgrad von Ketten zwischen $\eta_L = 0{,}90$ bis 0,96. Wenn keine genaueren Werte zur Verfügung stehen, wird mit dem kleinsten Wert $\eta_L = 0{,}90$ gerechnet.

Rücktreibende Wirkungsgrade können entsprechend folgender Formel errechnet werden:

$$\eta' = 2 - \frac{1}{\eta}$$

Daraus erkennt man, dass bei einem Wirkungsgrad von 50 % (0,5) und kleiner der rücktreibende Wirkungsgrad zu Null wird (statische Selbsthemmung!).

Statische Leistung:

Beladen

$$P_S = \frac{241\,\text{N} \cdot 0{,}5\,\frac{\text{m}}{\text{s}}}{0{,}85} = 142\,\text{W} = 0{,}142\,\text{kW}$$

Leer

$$P_S = \frac{120{,}5\,\text{N} \cdot 0{,}5\,\frac{\text{m}}{\text{s}}}{0{,}85} = 71\,\text{W} = 0{,}071\,\text{kW}$$

Die errechnete statische Leistung bezieht sich auf die Motorwelle. Diese Leistung ist nur ein Teil der erforderlichen Motorleistung, da bei Horizontalantrieben die Beschleunigungsleistung (= dynamische Leistung) maßgebend ist.

Dynamische Leistung: Die dynamische Leistung ist die Leistung, die das gesamte System (Last, Übertragungsglieder, Getriebe und Motor) beschleunigt. Bei ungeregelten Antrieben stellt der Motor ein Hochlaufmoment zur Verfügung, mit dem dieses System beschleunigt wird. Je höher das Hochlaufmoment ist, desto größer ist die Beschleunigung.

Im Allgemeinen können die Massenträgheitsmomente von Übertragungsgliedern und Getrieben vernachlässigt werden. Das Massenträgheitsmoment des Motors ist noch nicht bekannt, da der Motor erst noch zu ermitteln ist. Daher muss nun ein Motor ausschließlich über die dynamische Leistung zur Beschleunigung der Last näherungsweise gerechnet werden. Da jedoch das Verhältnis von Last- zu Motormassenträgheitsmoment bei Fahrantrieben im Normalfall sehr hoch ist, kann der Motor hier bereits sehr genau ermittelt werden. Dennoch ist eine nachträgliche Überprüfung notwendig.

Gesamtleistung

$$P_T = P_{DL} + P_{DM} + P_s$$

$$P_T = \frac{m \cdot a \cdot v}{\eta} + P_{DM} + \frac{F_F \cdot v}{\eta}$$

P_T = Gesamtleistung
P_{DL} = dynamische Leistung Last
P_{DM} = dynamische Leistung Motor
P_s = statische Leistung
η = Gesamtwirkungsgrad

Der fehlende Wert der zulässigen Anlaufbeschleunigung a_P muss noch errechnet werden. Das Kriterium hierbei ist, dass die Laufräder nicht durchrutschen dürfen.

Zulässige Beschleunigung: Die Räder rutschen, wenn die Umfangskraft F_U am Rad größer wird als die Reibkraft F_R.

Umfangskraft

$$\text{Grenzfall} \quad F_U = m \cdot a = F_R = m' \cdot g \cdot \mu_0$$

m' = auf den Treibrädern liegende Masse, mit zwei getriebenen Rädern ist $m' = m/2$
μ_0 = 0,15 (Haftreibungskoeffizient Stahl/Stahl)

Zulässige Beschleunigung

$$a_P = \frac{1}{2} \cdot g \cdot \mu_0 = \frac{1}{2} \cdot 9{,}81\,\frac{m}{s^2} \cdot 0{,}15 = 0{,}74\,\frac{m}{s^2}$$

Wenn die Beschleunigung a kleiner als die zulässige Beschleunigung a_P ist, rutschen die Räder nicht durch.

Gesamtleistung (ohne dynamische Leistung Motor):

Beladen

$$P_T = \frac{3000\,\text{kg} \cdot 0{,}74\,\frac{m}{s^2} \cdot 0{,}5\,\frac{m}{s}}{0{,}85} + \frac{241\,\text{N} \cdot 0{,}5\,\frac{m}{s}}{0{,}85} = 1448\,\text{W}$$

Leer

$$P_T = \frac{1500\,\text{kg} \cdot 0{,}74\,\frac{m}{s^2} \cdot 0{,}5\,\frac{m}{s}}{0{,}85} + \frac{120{,}5\,\text{N} \cdot 0{,}5\,\frac{m}{s}}{0{,}85} = 724\,\text{W}$$

Sanfte Beschleunigung: Das Durchrutschen der Laufräder aufgrund zu hoher Beschleunigung soll verhindert werden und deshalb wird ein 2-poliger Motor gewählt. Durch das geringere Verhältnis von externem und Motormassenträgheitsmoment wird mehr Energie benötigt, um den Motor auf eine hohe Drehzahl zu beschleunigen. Der Beschleunigungsvorgang verläuft sanfter.

Hochlaufmoment: Bei 2-poligen Motoren dieser Leistungsklasse ist das Hochlaufmoment M_H um den Faktor 2 höher als das Bemessungsmoment. Da die eingegebene Beschleunigung die maximal zulässige Beschleunigung darstellt, wählt man zunächst einen Motor, dessen Bemessungsleistung kleiner ist als die für den leeren Zustand errechnete Gesamtleistung P_{ges}.

Folgender Motor soll aus den Herstellerkatalogen gewählt werden:

$P_N = 0{,}55\,kW$

$n_M = 2700\,min^{-1}$

$M_H / M_N = 1{,}9$

$J_M = 5{,}51 \cdot 10^{-4}\,kg\,m^2$

Nachrechnung: Die bisherige Berechnung erfolgte ohne Motordaten. Daher ist eine detaillierte Nachrechnung mit Motordaten notwendig.

Anlaufverhalten: Auf die Motorwelle reduziertes externes Massenträgheitsmoment im leeren Zustand.

Externes Massenträgheitsmoment

$$J_X = 91{,}2 \cdot m \cdot \left(\frac{v}{n_M}\right)^2 = 91{,}2 \cdot 1500\,kg \cdot \left(\frac{0{,}5\,\frac{m}{s}}{2700\,min^{-1}}\right)^2 = 0{,}0047\,kg\,m^2$$

Drehmomente

Bemessungsmoment

$$M_N = \frac{P_N \cdot 9550}{n_M} = \frac{0{,}55\,kW \cdot 9550}{2700\,min^{-1}} = 1{,}95\,Nm$$

Hochlaufmoment

$M_H = 1{,}9 \cdot M_N = 3{,}7\,Nm$

M_H ist kein Katalogwert und muss umgerechnet werden

Lastmoment unbeladen

$$M_L = \frac{F_F \cdot v \cdot 9{,}55}{n_M} = \frac{120{,}5\,\mathrm{N} \cdot 0{,}5\,\frac{\mathrm{m}}{\mathrm{s}} \cdot 9{,}55}{2700\,\mathrm{min}^{-1}} = 0{,}22\,\mathrm{Nm}$$

M_L ist eine reine Rechengröße ohne Wirkungsgrad

Lastmoment beladen

$$M_L = \frac{F_F \cdot v \cdot 9{,}55}{n_M} = \frac{241\,\mathrm{N} \cdot 0{,}5\,\frac{\mathrm{m}}{\mathrm{s}} \cdot 9{,}55}{2700\,\mathrm{min}^{-1}} = 0{,}43\,\mathrm{Nm}$$

Anlaufzeit im leeren Zustand

$$t_A = \frac{\left(J_M + \frac{J_X}{\eta}\right) \cdot n_M}{9{,}55 \cdot (M_H - M_L)} = \frac{\left(0{,}000551\,\mathrm{kg\,m^2} + \frac{0{,}0047\,\mathrm{kg\,m^2}}{0{,}85}\right) \cdot 2700\,\mathrm{min}^{-1}}{9{,}55 \cdot (3{,}7\,\mathrm{Nm} - 0{,}25\,\mathrm{Nm})} = 0{,}49\,\mathrm{s}$$

Anlaufbeschleunigung im leeren Zustand

$$a_A = \frac{v}{t_A} = \frac{0{,}5\,\frac{\mathrm{m}}{\mathrm{s}}}{0{,}49\,\mathrm{s}} = 1{,}02\,\frac{\mathrm{m}}{\mathrm{s}^2}$$

Die Anlaufbeschleunigung im leeren Zustand ist unzulässig hoch. Mit erhöhtem Motormassenträgheitsmoment, z. B. durch Anbau eines schweren Lüfters, kann die Beschleunigung reduziert werden. Dies geht jedoch auf Kosten der zulässigen Schalthäufigkeit. Die Wahl eines kleineren Motors kann die Beschleunigung ebenfalls reduzieren.

Schwerer Lüfter: Erneute Nachrechnung im leeren Zustand mit schwerem Lüfter ($J_Z = 0{,}002\,\mathrm{kg\,m^2}$):

Anlaufzeit im leeren Zustand

$$t_A = \frac{\left(J_M + J_Z + \frac{J_X}{\eta}\right) \cdot n_M}{9{,}55 \cdot \left(M_H - \frac{M_L}{\eta}\right)} = \frac{\left((0{,}000551 + 0{,}002)\,\mathrm{kg\,m^2} + \frac{0{,}0047\,\mathrm{kg\,m^2}}{0{,}85}\right) \cdot 2700\,\mathrm{min}^{-1}}{9{,}55 \cdot \left(3{,}7\,\mathrm{Nm} - \frac{0{,}22\,\mathrm{Nm}}{0{,}85}\right)}$$
$$= 0{,}71\,\mathrm{s}$$

Anlaufbeschleunigung im leeren Zustand

$$a_A = \frac{v}{t_A} = \frac{0{,}5\,\frac{\mathrm{m}}{\mathrm{s}}}{0{,}71\,\mathrm{s}} = 0{,}70\,\frac{\mathrm{m}}{\mathrm{s}^2}$$

Die Anlaufbeschleunigung im leeren Zustand ist im zulässigen Bereich und damit ist ein geeigneter Motor gefunden.

Anlaufzeit und Anlaufbeschleunigung im beladenen Zustand

$$t_A = \frac{\left(J_M + J_Z + \frac{J_X}{\eta}\right) \cdot n_M}{9{,}55 \cdot \left(M_H - \frac{M_L}{\eta}\right)} = \frac{\left((0{,}000551 + 0{,}002)\,\mathrm{kg\,m^2} + \frac{0{,}0094\,\mathrm{kg\,m^2}}{0{,}85}\right) \cdot 2700\,\mathrm{min^{-1}}}{9{,}55 \cdot \left(3{,}7\,\mathrm{Nm} - \frac{0{,}43\,\mathrm{Nm}}{0{,}85}\right)}$$
$$= 1{,}2\,\mathrm{s}$$

Anlaufbeschleunigung

$$a_A = \frac{v}{t_A} = \frac{0{,}5\,\frac{\mathrm{m}}{\mathrm{s}}}{1{,}2\,\mathrm{s}} = 0{,}41\,\frac{\mathrm{m}}{\mathrm{s}^2}$$

Anlaufweg

$$s_A = \frac{1}{2} \cdot t_A \cdot v \cdot 1000 = \frac{1}{2} \cdot 1{,}2\,\mathrm{s} \cdot 0{,}5\,\frac{\mathrm{m}}{\mathrm{s}} \cdot 1000 = 300\,\mathrm{mm}$$

Zulässige Schalthäufigkeit

Beladen

$$Z_{PL} = Z_0 \cdot \frac{1 - \frac{M_L}{M_H \cdot \eta}}{\frac{J_M + J_Z + \frac{J_X}{\eta}}{J_M}} \cdot K_P$$

$Z_0 = 4600\,\frac{\mathrm{c}}{\mathrm{h}}$ Leerschalthäufigkeit des Motors laut Katalog mit Bremsgleichrichter

$$\frac{P_S}{P_N} = \frac{0{,}142\,\mathrm{kW}}{0{,}55\,\mathrm{kW}} \approx 0{,}25 \qquad ED = 40\,\% \qquad \rightarrow \qquad K_P \approx 0{,}7$$

$$Z_{PL} = 4600\,\frac{\mathrm{c}}{\mathrm{h}} \cdot \frac{1 - \frac{0{,}43\,\mathrm{Nm}}{3{,}7\,\mathrm{Nm} \cdot 0{,}85}}{\frac{(0{,}000511 + 0{,}002)\,\mathrm{kg\,m^2} + \frac{0{,}0094\,\mathrm{kg\,m^2}}{0{,}85}}{0{,}000551\,\mathrm{kg\,m^2}}} \cdot 0{,}7 = 112\,\frac{\mathrm{c}}{\mathrm{h}}$$

Leer

$$\frac{P_S}{P_N} = \frac{0{,}071\,\mathrm{kW}}{0{,}55\,\mathrm{kW}} \approx 0{,}13 \qquad ED = 40\,\% \qquad \rightarrow \qquad K_P \approx 0{,}85$$

$$Z_{PE} = 4600\,\frac{\mathrm{c}}{\mathrm{h}} \cdot \frac{1 - \frac{0{,}22\,\mathrm{Nm}}{3{,}7\,\mathrm{Nm} \cdot 0{,}85}}{\frac{(0{,}000551 + 0{,}002)\,\mathrm{kg\,m^2} + \frac{0{,}0047\,\mathrm{kg\,m^2}}{0{,}85}}{0{,}000551\,\mathrm{kg\,m^2}}} \cdot 0{,}85 = 247\,\frac{\mathrm{c}}{\mathrm{h}}$$

Mit folgender Formel kann die zulässige Schalthäufigkeit für die Kombination einer gleichen Anzahl von Fahrten im beladenen und leeren Zustand pro Zyklus ermittelt werden:

Beladen und leer

$$Z_C = \frac{Z_{PL} \cdot Z_{PE}}{Z_{PL} + Z_{PE}} = \frac{112 \cdot 247}{112 + 247} = 77\,\frac{c}{h}$$

Z_C = Schalthäufigkeit je Zyklus
Z_{PL} = zulässige Schalthäufigkeit beladen
Z_{PE} = zulässige Schalthäufigkeit leer

Die Forderung von 75 Fahrten pro Stunde kann erfüllt werden.

Bremsverhalten
Bremsmoment: Beschleunigung und Verzögerung sollen vom Betrag her ähnlich sein. Zudem ist zu beachten, dass der Fahrwiderstand und somit das daraus resultierende Lastmoment das Bremsmoment unterstützen.

Bremsmoment

$$M_B \approx M_H - 2 \cdot M_L \cdot \eta = 3{,}7\,\text{Nm} - 2 \cdot 0{,}43\,\text{Nm} \cdot 0{,}85 \approx 2{,}8\,\text{Nm}$$

Bremszeit

$$t_B = \frac{(J_M + J_Z + J_X \cdot \eta) \cdot n_M}{9{,}55 \cdot (M_H + M_S \cdot \eta)} = \frac{(0{,}000551 + 0{,}002 + 0{,}0094 \cdot 0{,}85)\,\text{kg}\,\text{m}^2 \cdot 2700\,\text{min}^{-1}}{9{,}55 \cdot (2{,}5 + 0{,}43 \cdot 0{,}85)\,\text{Nm}}$$
$$= 1{,}0\,\text{s}$$

Bremsverzögerung

$$a_B = \frac{v}{t_B} = \frac{0{,}5\,\frac{m}{s}}{1{,}0\,s} = 0{,}5\,\frac{m}{s^2}$$

Anhalteweg

$$s_B = v \cdot 1000 \cdot \left(t_2 + \frac{1}{2} \cdot t_B\right) = 0{,}5\,\frac{m}{s} \cdot 1000 \cdot \left(0{,}005\,s + \frac{1}{2} \cdot 1{,}0\,s\right) = 252{,}5\,\text{mm}$$

$t_2 = t_{2II} = 0{,}005\,s$ für gleich- und wechselstromseitige Schaltung der Bremse

Bremsgenauigkeit

$$X_B = \pm 0{,}12 \cdot s_B = \pm 0{,}12 \cdot 252{,}5\,\text{mm} = \pm 30{,}3\,\text{mm}$$

Bremsenergie: Die Bremsenergie wird in den Bremsbelägen in Wärme umgewandelt und ist ein Maß für den Verschleiß der Bremsbeläge.

Beladen

$$\begin{aligned} W_{BL} &= \frac{M_B}{M_B + M_L \cdot \eta} \cdot \frac{(J_M + J_Z + J_X \cdot \eta) \cdot n_M^2}{182{,}5} \\ &= \frac{2{,}5\,\text{Nm}}{(2{,}5 + 0{,}43 \cdot 0{,}85)\,\text{Nm}} \\ &\quad \cdot \frac{(0{,}000551 + 0{,}002 + 0{,}0094 \cdot 0{,}85)\,\text{kg}\,\text{m}^2 \cdot 2700^2\,\text{min}^{-2}}{182{,}5} \\ &= 368\,\text{J} \end{aligned}$$

Leer

$$\begin{aligned} W_{BE} &= \frac{2{,}5\,\text{Nm}}{(2{,}5 + 0{,}43 \cdot 0{,}85)\,\text{Nm}} \\ &\quad \cdot \frac{(0{,}000551 + 0{,}002 + 0{,}0047 \cdot 0{,}85)\,\text{kg}\,\text{m}^2 \cdot 2700^2\,\text{min}^{-2}}{182{,}5} \\ &= 244\,\text{J} \end{aligned}$$

Der Fahrwagen fährt abwechselnd im beladenen und leeren Zustand, so dass zur Berechnung der Bremsenstandzeit der Mittelwert der Bremsenergie W_B anzusetzen ist.

Bremsenergie

$$W_B = \frac{W_{BL} + W_{BE}}{2} = \frac{368\,\text{J} + 244\,\text{J}}{2} = 306\,\text{J}$$

Bremsenstandzeit

$$L_B = \frac{W_N}{W_B \cdot Z} = \frac{120 \cdot 10^6\,\text{J}}{306\,\text{J} \cdot 150\,\frac{\text{c}}{\text{h}}} = 2600\,\text{h}$$

W_N = Bemessungsbremsarbeit aus den Herstellerunterlagen

Nach 2600 Betriebsstunden (entspricht bei 8 h/Tag ca. 1 Jahr) sollte spätestens die Bremse nachgestellt und der Belagträger kontrolliert werden.

Getriebeauslegung

Abtriebsdrehzahl

$$n_a = 19{,}1 \cdot 10^3 \cdot \frac{v}{D} \cdot i_V = 19{,}1 \cdot 10^3 \cdot \frac{0{,}5\,\frac{\text{m}}{\text{s}}}{250\,\text{mm}} \cdot \frac{27}{17} = 60{,}7\,\text{min}^{-1}$$

Getriebeübersetzung

$$i = \frac{n_M}{n_a} = \frac{2700\,\text{min}^{-1}}{60{,}7\,\text{min}^{-1}} = 44{,}5$$

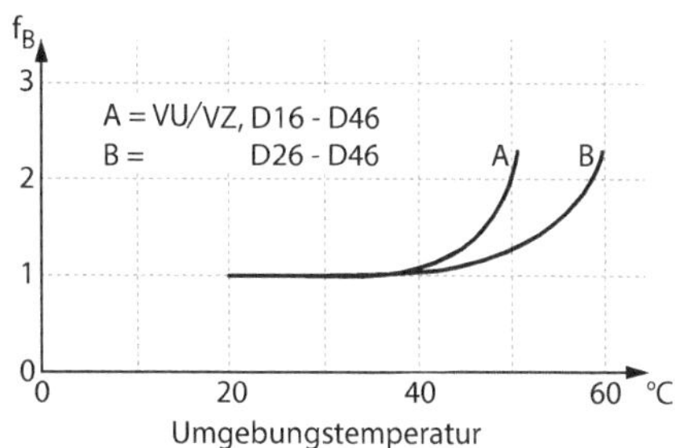

Abb. 3.44 Betriebsfaktor f_B

Betriebsfaktor: Bei Betrieb mit 8 h/Tag und 150 Fahrten/Stunde, also 300 Anlauf- und Bremsvorgänge pro Stunde, wird mit Hilfe des Diagramms von Abb. 3.44 der notwendige Wert für den Betriebsfaktor f_B ermittelt.

Für den notwendigen Betriebsfaktor f_B gilt Tab. 3.11.

Betriebsfaktor f_B

$$\frac{J_X}{J_M + J_Z} = \frac{0{,}0094\,\text{kg m}^2}{(0{,}000551 + 0{,}002)\,\text{kg m}^2} = 3{,}68 \qquad \Rightarrow \qquad \text{Stoßgrad 3}$$

$$f_B = 1{,}45$$

Bei einem Massenbeschleunigungsfaktor >20, was bei Fahrantrieben nicht selten ist, ist darauf zu achten, dass die Anlage möglichst spielarm ist. Bei Betrieb am Netz können sonst Getriebeschäden verursacht werden.

Bezugsleistung: Die Bezugsleistung zur Getriebeberechnung ist grundsätzlich die Motorbemessungsleistung.

Abtriebsdrehmoment

$$M_a = \frac{P_N \cdot 9550}{n_a} = \frac{0{,}55\,\text{kW} \cdot 9550}{60{,}7\,\text{min}^{-1}} = 86{,}5\,\text{Nm}$$

Das passende Getriebe muss für $n_a = 60\,\text{min}^{-1}$ und $M_{amax} = 130\,\text{Nm}$ ausgelegt sein.

Tab. 3.11 Erklärungen für die Belastungsarten

Belastungsfälle	f_B	Erläuterungen	Beispiele
I	1,0	Gleichförmiger, stoßfreier Betrieb	Lüfter, leichte Transportbänder, Abfüllmaschinen
II	1,25	Ungleichförmiger Betrieb mit mittleren Stößen	Lastaufzüge, Auswuchtungsmaschinen, Kranfahrwerke
III	1,5	Stark, ungleichförmiger Betrieb mit heftigen Stößen	Schwere Mischer, Rolltreppen für Lasten, Stanzen, Steinbrecher

Damit betragen Abtriebsdrehmoment M_a (bezogen auf die Motorbemessungsleistung), Betriebsfaktor f_B und Querkraft F_Q:

Abtriebsdrehmoment

$$M_a = \frac{0{,}55\,\text{kW} \cdot 9550}{60\,\text{min}^{-1}} = 87{,}5\,\text{Nm}$$

Betriebsfaktor

$$f_B = \frac{130\,\text{Nm}}{87{,}5\,\text{Nm}} = 1{,}48$$

Querkraft

$$F_Q = \frac{M_a \cdot 2000}{\frac{d_0}{i_V}} \cdot f_Z = \frac{87{,}5\,\text{Nm} \cdot 2000}{\frac{215\,\text{mm}}{1{,}59}} \cdot 1{,}25 = 1617\,\text{N}$$

Es ergibt sich eine Zähnezahl <20 und somit ist $f_Z = 1{,}25$. Bei Riemenantrieben ist zusätzlich die Vorspannkraft zu beachten: $F_{Ra\_zul} = 3530\,\text{Nm}$.

Damit lässt sich der Antrieb aus den Herstellerunterlagen auswählen.

3.3.2 Fahrantrieb mit zwei Geschwindigkeiten

Der Fahrantrieb aus vorherigem Beispiel soll im Einrichtbetrieb um Faktor 4 geringere Geschwindigkeit fahren (8/2-poliger Motor). Zusätzlich soll die Haltegenauigkeit auf ± 5 mm reduziert werden. Die statischen Verhältnisse bleiben gleich.

Vorgaben:

Masse des Fahrwagens: $m_0 = 1500\,\text{kg}$
Zuladung: $m_L = 1500\,\text{kg}$
Geschwindigkeit: $v = 0{,}5\,\text{m/s}$
Raddurchmesser: $D = 250\,\text{mm}$

Vom vorhergehenden Beispiel übernommen:

Fahrwiderstand: $F_F = 241\,\text{N}$
statische Leistung: $P_S = 0{,}14\,\text{kW}$
Gesamtwirkungsgrad: $\eta_T = 0{,}85$

Umschaltverzögerung: Die Vorgehensweise ist gleich wie im vorhergehenden Beispiel, jedoch ist bei polumschaltbaren Motoren nicht die Anlaufbeschleunigung, sondern die Umschaltverzögerung von der schnellen auf die langsame Drehzahl der kritische Punkt. Polumschaltbare Motoren bringen ca. das 2,5-fache des Hochlaufmoments der „langsamen Wicklung" als Umschaltmoment auf. Das Hochlaufmoment der „langsamen Wicklung" ist bei Motoren des zu erwartenden Leistungsbereichs ca. $1{,}7 \cdot$ Bemessungsmoment. Damit wird das zu erwartende Umschaltmoment ca.:

Umschaltmoment

$$M_U = 2{,}5 \cdot 1{,}7 \cdot M_{N8P} = 4{,}25 \cdot M_{N8P}$$

M_{N8P} = Bemessungsmoment der 8-poligen Wicklung

Motorauswahl: Deshalb wird zunächst ein Motor gewählt, dessen 8-polige Bemessungsleistung um mindestens Faktor 4,25 kleiner ist als die aus der Last errechnete dynamische Leistung bei zulässiger Beschleunigung.

Dynamische Leistung

$$P_{DL} = \frac{3000\,\text{kg} \cdot 0{,}74\,\frac{\text{m}}{\text{s}^2} \cdot 0{,}5\,\frac{\text{m}}{\text{s}}}{0{,}85} = 1300\,\text{W}$$

Gesamtleistung

$$P_T = P_{DL} + P_S = 1300\,\text{W} + 140\,\text{W} = 1440\,\text{W}$$

$$P_{TU} = \frac{1440\,\text{W}}{4{,}25} = 340\,\text{W}$$

gewählter Motor:

P_N = 0,06/0,25 kW
n_M = 675/2670 min^{-1}
M_H/M_N = 1,4/1,8
J_M = $5{,}3 \cdot 10^{-4}\,\text{kg}\,\text{m}^2$

Motorbemessungsmoment für die 2-polige Drehzahl

Bemessungsmoment

$$M_N = \frac{P_N \cdot 9550}{n_M} = \frac{0{,}25\,\text{kW} \cdot 9550}{2670\,\text{min}^{-1}} = 0{,}9\,\text{Nm}$$

Hochlaufmoment

$$M_H = 1{,}8 \cdot M_N = 1{,}6\,\text{Nm}$$

Lastmoment

$$M_L = \frac{F_F \cdot v \cdot 9550}{n_M} = \frac{241\,\text{N} \cdot 0{,}5\,\frac{\text{m}}{\text{s}} \cdot 9{,}55}{2670\,\text{min}^{-1}} = 0{,}43\,\text{Nm}$$

M_L ist eine reine Rechengröße ohne Wirkungsgrad

Externes Massenträgheitsmoment

$$J_X = 91{,}2 \cdot m \cdot \left(\frac{v}{n_M}\right)^2 = 91{,}2 \cdot 3000\,\text{kg} \cdot \left(\frac{0{,}5\,\frac{\text{m}}{\text{s}}}{2670\,\text{min}^{-1}}\right)^2 = 0{,}0096\,\text{kg}\,\text{m}^2$$

Anlaufzeit

$$t_A = \frac{\left(J_M + \frac{J_X}{\eta}\right) \cdot n_M}{9{,}55 \cdot \left(M_H - \frac{M_L}{\eta}\right)} = \frac{\left(0{,}00053\,\text{kg}\,\text{m}^2 + \frac{0{,}0096\,\text{kg}\,\text{m}^2}{0{,}85}\right) \cdot 2670\,\text{min}^{-1}}{9{,}55 \cdot \left(1{,}6\,\text{Nm} - \frac{0{,}43\,\text{Nm}}{0{,}85}\right)} = 3{,}0\,\text{s}$$

Anlaufbeschleunigung

$$a_A = \frac{v}{t_A} = \frac{0{,}5\,\frac{\text{m}}{\text{s}}}{3{,}0\,\text{s}} = 0{,}17\,\frac{\text{m}}{\text{s}^2}$$

Umschaltverzögerung: Entscheidend ist bei polumschaltbaren Motoren jedoch die Umschaltverzögerung.

Umschaltzeit

$$t_U = \frac{(J_M + J_X \cdot \eta) \cdot (n_2 - n_1)}{9{,}55 \cdot (M_U + M_L \cdot \eta)}$$

Umschaltdrehmoment

$$M_U = 2{,}5 \cdot M_{H8P} = 3\,\text{Nm}$$

Umschaltzeit

$$t_U = \frac{(0{,}00053 + 0{,}0096 \cdot 0{,}85)\,\text{kg}\,\text{m}^2 \cdot (2670 - 675)\,\text{min}^{-1}}{9{,}55 \cdot (3 + 0{,}43 \cdot 0{,}85)\,\text{Nm}} = 0{,}54\,\text{s}$$

Umschaltbeschleunigung

$$a_U = \frac{v \cdot \left(1 + \frac{n_{M1}}{n_{M2}}\right)}{t_U} = \frac{0{,}5\,\frac{\text{m}}{\text{s}} \cdot \left(1 - \frac{675\,\text{min}^{-1}}{2670\,\text{min}^{-1}}\right)}{0{,}54\,\text{s}} = 0{,}69\,\frac{\text{m}}{\text{s}^2}$$

Beim Umschalten ohne Last liegt der Wert bei $1{,}22\,\text{m/s}^2$. Wie bereits im vorhergehenden Beispiel berechnet, liegt die maximal zulässige Beschleunigung jedoch bei $a_P = 0{,}74\,\text{m/s}^2$. Das Umschaltverhalten kann nun durch die zwei nachfolgend beschriebenen Möglichkeiten verbessert werden.

Schwerer Lüfter: Der schwere Lüfter verlängert durch seine hohe Schwungmasse die Umschaltzeit. Jedoch wird die zulässige Schalthäufigkeit erheblich verringert.

Sanftumschalter (WPU): Das elektronische WPU-Gerät macht sich die Umschaltmomenten-Verminderung (um ca. 50 %) bei 2-phasigem Umschalten zunutze. Die dritte Phase wird automatisch zugeschaltet. Man kann sich für die Lösung mit WPU entscheiden, da man keine Einbußen in der Schalthäufigkeit hinnehmen will. Es ist in Extremfällen auch möglich, beide Mittel zusammen einzusetzen.

Damit wird für den Fall der Leerfahrt die Umschaltbeschleunigung

$$t_U = \frac{(0{,}00053 + 0{,}0047 \cdot 0{,}85)\,\mathrm{kg\,m^2} \cdot (2670 - 675)\,\mathrm{min^{-1}}}{9{,}55 \cdot (1{,}5 + 0{,}22 \cdot 0{,}85)\,\mathrm{Nm}} = 0{,}56\,\mathrm{s}$$

Umschaltzeit

$$a_U = \frac{0{,}5\,\frac{\mathrm{m}}{\mathrm{s}} \cdot \left(1 - \frac{675\,\mathrm{min^{-1}}}{2670\,\mathrm{min^{-1}}}\right)}{0{,}56\,\mathrm{s}} = 0{,}67\,\frac{\mathrm{m}}{\mathrm{s^2}}$$

Zulässige Schalthäufigkeit, beladen

$$Z_P = Z_0 \cdot \frac{1 - \frac{M_L}{M_H \cdot \eta}}{\frac{J_M + J_Z + \frac{J_X}{\eta}}{J_M}} \cdot K_p = 9000\,\frac{\mathrm{c}}{\mathrm{h}} \cdot \frac{1 - \frac{0{,}43\,\mathrm{Nm}}{1{,}6\,\mathrm{Nm} \cdot 0{,}85}}{\frac{0{,}00053\,\mathrm{kg\,m^2} + \frac{0{,}0096\,\mathrm{kg\,m^2}}{0{,}85}}{0{,}00053\,\mathrm{kg\,m^2}}} \cdot 0{,}65 = 180\,\frac{\mathrm{c}}{\mathrm{h}}$$

Zusätzliche Erwärmung beim Umschalten: Zudem muss wegen der zusätzlichen Erwärmung beim Umschalten ein Faktor von 0,7 eingerechnet werden. Somit ist der Antrieb in der Lage, den voll beladenen Fahrwagen mit einer Schalthäufigkeit $Z_{PL} = 180 \cdot 0{,}7 = 126$-mal zu verfahren.

Die zulässige Schalthäufigkeit erhöht sich, wenn der Motor mit Isolationsklasse H oder mit Fremdlüfter ausgestattet ist.

Eine weitere Möglichkeit, die zulässige Schalthäufigkeit zu erhöhen, ist das Anfahren in der langsamen Geschwindigkeit (in der höherpoligen Wicklung).

Beim Anfahren in der langsamen Drehzahl und darauf folgendem Umschalten in die hohe Drehzahl erhöht sich die errechnete Schalthäufigkeit um ca. 25 %. Dabei entsteht jedoch ein zusätzlicher Laststoß, der bei einigen Anwendungen unerwünscht ist. Zudem erhöht sich die Taktzeit.

Schalthäufigkeit mehrerer Zyklen: Der Wagen fährt beladen in eine Richtung und leer zurück. Die zulässige Schalthäufigkeit im beladenen Zustand wurde mit 126 c/h berechnet. Mit den vorherigen Formeln und dem Leergewicht lässt sich nun die Schalthäufigkeit im unbeladenen Zustand errechnen.

Fahrwiderstand

$$\begin{aligned} F_F &= m \cdot g \cdot \left(\frac{2}{D} \cdot \left(\mu_L \cdot \frac{d}{2} + f\right) + c\right) \\ &= 1500\,\mathrm{kg} \cdot 9{,}81\,\frac{\mathrm{m}}{\mathrm{s^2}} \cdot \left(\frac{2}{250\,\mathrm{mm}} \cdot \left(0{,}005 \cdot \frac{60\,\mathrm{mm}}{2} + 0{,}5\,\mathrm{mm}\right) + 0{,}003\,\mathrm{N}\right) \\ &= 120\,\mathrm{N} \end{aligned}$$

Statisches Moment

$$M_L = \frac{F_F \cdot v \cdot 9550}{n_M} = \frac{120\,\mathrm{Nm} \cdot 0{,}5\,\frac{\mathrm{m}}{\mathrm{s}} \cdot 9550}{2670\,\mathrm{min^{-1}}} = 0{,}22\,\mathrm{Nm}$$

M_L ist eine reine Rechengröße ohne Wirkungsgrad

Zulässige Schalthäufigkeit

$$Z_{PE} = 9000\,\frac{c}{h} \cdot \frac{1 - \frac{0{,}22\,\text{Nm}}{1{,}6\,\text{Nm} \cdot 0{,}85}}{\frac{0{,}00053\,\text{kg}\,\text{m}^2 + \frac{0{,}0048\,\text{kg}\,\text{m}^2}{0{,}85}}{0{,}00053\,\text{kg}\,\text{m}^2}} \cdot 0{,}7 \cdot 0{,}7 = 320\,\frac{c}{h}$$

Der Motor kommt nach 126 c/h beladen oder nach 320 c/h unbeladen zur thermischen Auslastung.

Um dies in Zyklen auszudrücken, muss ein Mittelwert nach folgender Formel berechnet werden.

Zulässige Schalthäufigkeit

$$Z_P = \frac{Z_{PE} \cdot Z_{PL}}{Z_{PE} + Z_{PL}} = \frac{320\,\frac{c}{h} \cdot 126\,\frac{c}{h}}{320\,\frac{c}{h} + 126\,\frac{c}{h}} = 90\,\frac{c}{h}$$

Mehr als zwei Belastungsarten: Bei mehr als zwei unterschiedlichen Belastungsarten müssen die Einzelschaltungen in entsprechende Leerschaltungen umgerechnet werden.

Das Fahrwerk fährt entlang einer schiefen Ebene und der Zyklus lautet:

1 Fahrt: mit Last auf
2. Fahrt: mit Last ab
3. Fahrt: mit Last auf
4. Fahrt: ohne Last ab

Danach beginnt der Zyklus wieder von vorne.

Werte für die Schalthäufigkeiten wurden willkürlich gewählt.

Schalthäufigkeit	Mit Last auf	Mit Last ab	Ohne Last auf	Ohne Last ab
Schalthäufigkeit [c/h]	49	402	289	181

Leerschalthäufigkeit Die zulässige Leerschalthäufigkeit des Motors ist laut Herstellerkatalog 1200 c/h.

Zunächst wird berechnet, wie viele Leerschaltungen einer Lastschaltung in der jeweiligen Fahrt entsprechen.

1200/49 = 24,5 mit Last auf (24,5 Leerschaltungen entsprechen einer Lastschaltung)
+1200/402 = 3,0 mit Last ab
+1200/49 = 24,5 mit Last auf
+1200/181 = 6,6 ohne Last ab
= 58,6

Von den 1200 c/h, die der Motor leer hochlaufen darf, werden 58,6 Leerschaltungen während eines Zyklus benötigt. Damit dürfen 1200/ 58,6 = 20,5 Spielzyklen pro Stunde gefahren werden.

Berechnung der Haltegenauigkeit:

- Die Berechnungen beziehen sich auf die Lastfahrt, da der Bremsweg länger und damit die Haltegenauigkeit hier kleiner ist als bei Leerfahrt. Das Bremsmoment wird wie im vorhergehenden Beispiel mit 2,5 Nm gewählt.

Bremszeit

$$t_B = \frac{(J_M + J_X \cdot \eta) \cdot n_M}{9{,}55 \cdot (M_B + M_L \cdot \eta)} = \frac{(0{,}00053 + 0{,}0096 \cdot 0{,}85)\,\text{kg}\,\text{m}^2 \cdot 675\,\text{min}^{-1}}{9{,}55 \cdot (2{,}5 + 0{,}43 \cdot 0{,}85)\,\text{Nm}} = 0{,}21\,\text{s}$$

Bremsverzögerung

$$a_B = \frac{v}{t_B} = \frac{0{,}13\,\frac{\text{m}}{\text{s}}}{0{,}21\,\text{s}} = 0{,}62\,\frac{\text{m}}{\text{s}^2}$$

Bremsweg

$$s_B = v \cdot 1000 \cdot \left(t_2 + \frac{1}{2} \cdot t_B\right) = 0{,}13\,\frac{\text{m}}{\text{s}} \cdot 1000 \cdot \left(0{,}005\,\text{s} + \frac{1}{2} \cdot 0{,}21\,\text{s}\right) = 14\,\text{mm}$$

$t_2 = t_{2II} = 0{,}005\,\text{s}$ für gleich- und wechselstromseitige Schaltung der Bremse

Haltegenauigkeit

$$X_B = \pm 0{,}12 \cdot s_B = \pm 0{,}12 \cdot 14\,\text{mm} = \pm 1{,}7\,\text{mm}$$

3.3.3 Hubantrieb

Hubantriebe benötigen den Hauptanteil des Drehmoments schon für den unbeschleunigten (quasistationären) Zustand. Zum Beschleunigen der Massen wird daher nur ein geringer Drehmomentanteil benötigt (Ausnahme: Hubwerk mit Gegengewicht).

Die Vorgaben lauten:

- Masse des Hubrahmens: $m_0 = 200\,\text{kg}$
- Masse der Last: $m_L = 300\,\text{kg}$
- Hubgeschwindigkeit: $v = 0{,}3\,\text{m/s}$
- Kettenraddurchmesser: $D = 250\,\text{mm}$
- Lastwirkungsgrad: $\eta_L = 0{,}90$
- Getriebewirkungsgrad: $\eta_G = 0{,}95$
- Gesamtwirkungsgrad: $\eta = \eta_L \cdot \eta_G \approx 0{,}85$
- Einschaltdauer: 50 % ED
- Ein Antrieb mit Direktantrieb

Es soll ein polumschaltbarer Motor mit einem Drehzahlverhältnis von 1:4 eingesetzt werden.

Polumschaltbarer Motor: Die gewählte Motorleistung für das Hubwerk von Abb. 3.45 sollte größer als die errechnete statische (quasistationäre) Leistung sein.

Statische Leistung

$$P_S = \frac{m \cdot g \cdot v}{1000 \cdot \eta} = \frac{500\,\text{kg} \cdot 9{,}81\,\frac{\text{m}}{\text{s}^2} \cdot 0{,}3\,\frac{\text{m}}{\text{s}}}{1000 \cdot 0{,}85} = 1{,}73\,\text{kW}$$

Der Motor wird aufgrund der benötigten Leistung bei größter Geschwindigkeit ausgewählt. Das Drehzahlverhältnis von 1:4 ist optimal für einen 8/2-poligen Motor.gewählter Motor:

$P_N = 0{,}45\,/\,1{,}8\,\text{kW}$
$n_M = 630\,/\,2680\,\text{min}^{-1}$
$M_H = 10{,}9\,/\,14{,}1\,\text{Nm}$
$J_M = 48{,}1 \cdot 10^{-4}\,\text{kg}\,\text{m}^2$
$Z_0 = 2600\,/\,9000$
$M_B = 20\,\text{Nm}$
$M_U = 2{,}5 \cdot M_H$ (8-polig) $= 27{,}3\,\text{N}$

Externes Massenträgheitsmoment

$$J_X = 91{,}2 \cdot m \cdot \left(\frac{v}{n_M}\right)^2 = 91{,}2 \cdot 500\,\text{kg} \cdot \left(\frac{0{,}3\,\frac{\text{m}}{\text{s}}}{2680\,\text{min}^{-1}}\right)^2 = 0{,}00057\,\text{kg}\,\text{m}^2$$

Statisches Motormoment

$$M_L = \frac{m \cdot g \cdot v \cdot 9{,}55}{n_M} = \frac{500\,\text{kg} \cdot 9{,}81 \cdot \frac{\text{m}}{\text{s}^2} \cdot 0{,}3\,\frac{\text{m}}{\text{s}} \cdot 9{,}55}{2680\,\text{min}^{-1}} = 5{,}2\,\text{Nm}$$

Abb. 3.45 Hubwerk

ACHTUNG: Die Last unterstützt den Motor abwärts und wirkt ihm aufwärts entgegen. Somit müssen bei den folgenden Berechnungen für Aufwärts- und Abwärtsbewegungen teilweise unterschiedliche Formeln angewendet werden.

Aufwärts: Anlaufzeit

$$t_A = \frac{\left(J_M + \frac{J_X}{\eta}\right) \cdot n_m}{9{,}55 \cdot \left(M_H - \frac{M_L}{\eta}\right)} = \frac{\left(0{,}00481\,\text{kg}\,\text{m}^2 + \frac{0{,}00057\,\text{kg}\,\text{m}^2}{0{,}85}\right) \cdot 2680\,\text{min}^{-1}}{9{,}55 \cdot \left(14{,}1 - \frac{5{,}2}{0{,}85}\right)\text{Nm}} = 0{,}19\,\text{s}$$

Anlaufbeschleunigung

$$a_A = \frac{v}{t_A} = \frac{0{,}3\,\frac{\text{m}}{\text{s}}}{0{,}19\,\text{s}} = 1{,}58\,\frac{\text{m}}{\text{s}^2}$$

Anlaufweg

$$s_A = \frac{1}{2} \cdot t_A \cdot v \cdot 1000 = \frac{1}{2} \cdot 0{,}19\,\text{s} \cdot 0{,}3\,\frac{\text{m}}{\text{s}} \cdot 1000 = 28{,}5\,\text{mm}$$

Umschaltzeit von 2- auf 8-polig

$$t_U = \frac{(J_M + J_X \cdot \eta) \cdot (n_2 - n_1)}{9{,}55 \cdot (M_U + M_L \cdot \eta)} = \frac{(0{,}00481 + 0{,}00057 \cdot 0{,}85)\,\text{kg}\,\text{m}^2 \cdot (2680 - 630)\,\text{min}^{-1}}{9{,}55 \cdot (27{,}3 + 5{,}2 \cdot 0{,}85)\,\text{Nm}}$$
$$= 0{,}036\,\text{s}$$

Umschaltverzögerung

$$a_U = \frac{v \cdot \left(1 - \frac{n_{M1}}{n_{M2}}\right)}{t_U} = \frac{0{,}3\,\frac{\text{m}}{\text{s}}\left(1 - \frac{630\,\text{min}^{-1}}{2680\,\text{min}^{-1}}\right)}{0{,}036\,\text{s}} = 6{,}4\,\frac{\text{m}}{\text{s}^2}$$

Umschaltweg

$$s_U = \frac{1}{2} \cdot t_U \cdot v_2 \cdot 1000 \cdot \left(1 + \frac{n_1}{n_2}\right) = \frac{1}{2} \cdot 0{,}036\,\text{s} \cdot 0{,}3\,\frac{\text{m}}{\text{s}} \cdot 1000 \cdot \left(1 + \frac{630\,\text{min}^{-1}}{2680\,\text{min}^{-1}}\right)$$
$$= 6{,}7\,\text{mm}$$

Bremswerte: Zur Berechnung der Bremswerte muss eine durch „Totzeit" entstehende Drehzahländerung einbezogen werden. Diese Totzeit entsteht zwischen Motorabschaltung und Bremseneinfall.

Drehzahländerung und Totzeit

$$\Delta n = \frac{9{,}55 \cdot M_L \cdot \eta \cdot t_2}{J_M + J_X \cdot \eta}$$

$$t_2 = 0{,}015\,\text{s}$$

$$\Delta n = \frac{9{,}55 \cdot M_L \cdot \eta \cdot t_2}{J_M + J_X \cdot \eta} = \frac{9{,}55 \cdot 5{,}2\,\text{Nm} \cdot 0{,}85 \cdot 0{,}015\,\text{s}}{0{,}00481\,\text{kg}\,\text{m}^2 + 0{,}00057\,\text{kg}\,\text{m}^2 \cdot 0{,}85} = 121\,\text{min}^{-1}$$

Bremszeit

$$t_B = \frac{(J_M + J_X \cdot \eta) \cdot (n - \Delta n)}{9{,}55 \cdot (M_B + M_L \cdot \eta)} = \frac{(0{,}00481 + 0{,}00057 \cdot 0{,}85)\,\text{kg}\,\text{m}^2 \cdot (630 - 121)\,\text{min}^{-1}}{9{,}55 \cdot (20 + 5{,}2 \cdot 0{,}85)\,\text{Nm}}$$

$$= 0{,}011\,\text{s}$$

Bremsverzögerung

$$a_B = \frac{v \cdot \frac{n_{M1} - \Delta n}{n_{M2}}}{t_B} = \frac{0{,}3\,\frac{\text{m}}{\text{s}} \cdot \frac{(630-121)\,\text{min}^{-1}}{2680\,\text{min}^{-1}}}{0{,}011\,\text{s}} = 5{,}2\,\frac{\text{m}}{\text{s}^2}$$

Bremsweg

$$s_B = 10^3 \cdot v \cdot \frac{n_{M1}}{n_{M2}} \cdot \left(t_2 \cdot \frac{n_{M1} - \frac{\Delta n}{2}}{n_{M1}} + \frac{1}{2} \cdot t_B \cdot \frac{n_{M1} - \Delta n}{n_{M1}} \right)$$

$$= 10^3 \cdot 0{,}3\,\frac{\text{m}}{\text{s}} \cdot \frac{630}{2680} \cdot \left(0{,}015\,\text{s} \cdot \frac{630 - \frac{121}{2}}{630} + \frac{1}{2} \cdot 0{,}011\,\text{s} \cdot \frac{630 - 121}{630} \right) = 1{,}3\,\text{mm}$$

Haltegenauigkeit

$$X_B \approx \pm 0{,}12 \cdot s_B = \pm 0{,}12 \cdot 1{,}3\,\text{mm} = \pm 0{,}16\,\text{mm}$$

Rechenfaktor statische Leistung und Einschaltdauer ED

$$\frac{P_S}{P_D} = \frac{1{,}73\,\text{kW}}{1{,}8\,\text{kW}} = 0{,}96 \qquad \text{ED} = 50\,\% \qquad \rightarrow \qquad K_P \approx 0{,}32$$

Schalthäufigkeit:

$$Z_P = Z_0 \cdot \frac{1 - \frac{M_L}{M_H \cdot \eta}}{\frac{J_M + J_Z + \frac{J_X}{\eta}}{J_M}} \cdot K_P = 2600\,\frac{\text{c}}{\text{h}} \cdot \frac{1 - \frac{5{,}2\,\text{Nm}}{14{,}1\,\text{Nm} \cdot 0{,}85}}{\frac{0{,}00481\,\text{kg}\,\text{m}^2 + \frac{0{,}00057\,\text{kg}\,\text{m}^2}{0{,}85}}{0{,}00481\,\text{kg}\,\text{m}^2}} \cdot 0{,}32 = 413\,\frac{\text{c}}{\text{h}}$$

Abwärts:

- Da der Motor generatorisch betrieben wird, ergibt sich für die Berechnungen der Abwärtsfahrt die Motordrehzahl mit der Synchrondrehzahl $3000\,\text{min}^{-1}$ und $750\,\text{min}^{-1}$ wird eingesetzt.

Anlaufzeit

$$t_A = \frac{\left(J_M + \frac{J_X}{\eta}\right) \cdot n_m}{9{,}55 \cdot (M_H - M_L \cdot \eta)} = \frac{\left(0{,}00481\,\text{kg}\,\text{m}^2 + \frac{0{,}00057\,\text{kg}\,\text{m}^2}{0{,}85}\right) \cdot 3000\,\text{min}^{-1}}{9{,}55 \cdot (14{,}1 - 5{,}2 \cdot 0{,}85)\,\text{Nm}} = 0{,}09\,\text{s}$$

Anlaufzeit

$$a_A = \frac{v \cdot \frac{n_{S2}}{n_{M2}}}{t_A} = \frac{0{,}3\,\frac{\text{m}}{\text{s}} \cdot \frac{3000\,\text{min}^{-1}}{2680\,\text{min}^{-1}}}{0{,}09\,\text{s}} = 3{,}7\,\frac{\text{m}}{\text{s}^2}$$

Anlaufzeit

$$s_A = \frac{1}{2} \cdot t_A \cdot \frac{n_{S2}}{n_{M2}} \cdot v \cdot 1000 = \frac{1}{2} \cdot 0{,}09\,\text{s} \cdot \frac{3000}{2680} \cdot 0{,}3\,\frac{\text{m}}{\text{s}} \cdot 1000 = 15\,\text{mm}$$

Umschaltzeit

$$\begin{aligned} t_U &= \frac{(J_M + J_X \cdot \eta) \cdot (n_{S2} - n_{S1})}{9{,}55 \cdot (M_U + M_L \cdot \eta)} \\ &= \frac{(0{,}00481 + 0{,}00057 \cdot 0{,}85)\,\text{kg}\,\text{m}^2 \cdot (3000 - 750)\,\text{min}^{-1}}{9{,}55 \cdot (27{,}3 + 5{,}2 \cdot 0{,}85)\,\text{Nm}} \\ &= 0{,}055\,\text{s} \end{aligned}$$

Umschaltverzögerung

$$a_U = \frac{\frac{n_{S2}}{n_{M2}} \cdot v \cdot \left(1 - \frac{n_{S1}}{n_{S2}}\right)}{t_U} = \frac{\frac{3000}{2680} \cdot 0{,}3\,\frac{\text{m}}{\text{s}} \cdot \left(1 - \frac{750\,\text{min}^{-1}}{3000\,\text{min}^{-1}}\right)}{0{,}055\,\text{s}} = 4{,}6\,\frac{\text{m}}{\text{s}^2}$$

Umschaltweg

$$\begin{aligned} S_U &= \frac{1}{2} \cdot t_U \cdot \frac{n_{S2}}{n_{M2}} \cdot v \cdot 1000 \cdot \left(1 + \frac{n_{S1}}{n_{S2}}\right) \\ &= \frac{1}{2} \cdot 0{,}055\,\text{s} \cdot \frac{3000}{2680} \cdot 0{,}3\,\frac{\text{m}}{\text{s}} \cdot 1000 \cdot \left(1 + \frac{750\,\text{min}^{-1}}{3000\,\text{min}^{-1}}\right) \\ &= 11{,}5\,\text{mm} \end{aligned}$$

Bremszeit

$$t_B = \frac{(J_M + J_X \cdot \eta) \cdot (n_{S1} - \Delta n)}{9{,}55 \cdot (M_B - M_L \cdot \eta)}$$
$$= \frac{(0{,}00481 + 0{,}00057 \cdot 0{,}85)\,\mathrm{kg\,m^2} \cdot (750 - 121)\,\mathrm{min^{-1}}}{9{,}55 \cdot (20 - 5{,}2 \cdot 0{,}85)\,\mathrm{Nm}}$$
$$= 0{,}03\,\mathrm{s}$$

Bremsverzögerung

$$a_B = \frac{\frac{n_{S2}}{n_{M2}} \cdot v \cdot \frac{n_{S1}+\Delta n}{n_{S2}}}{t_B} = \frac{\frac{3000}{2680} \cdot 0{,}3\,\frac{m}{s} \cdot \frac{750\,\mathrm{min^{-1}}+121\,\mathrm{min^{-1}}}{3000\,\mathrm{min^{-1}}}}{0{,}03\,\mathrm{s}} = 3{,}2\,\frac{m}{s^2}$$

Bremsweg:

$$s_B = 10^3 \cdot v \cdot \frac{n_{S2}}{n_{M2}} \cdot \frac{n_{S1}}{n_{S2}} \cdot \left(t_2 \cdot \frac{n_{S1} - \frac{\Delta n}{2}}{n_{S1}} + \frac{1}{2} \cdot t_B \cdot \frac{n_{S1} - \Delta n}{n_{S1}}\right)$$
$$= 10^3 \cdot 0{,}3\,\frac{m}{s} \cdot \frac{3000}{2680} \cdot \frac{750}{3000} \cdot \left(0{,}015\,\mathrm{s} \cdot \frac{750 - \frac{121}{2}}{750} + \frac{1}{2} \cdot 0{,}03\,\mathrm{s} \cdot \frac{750 + 121}{750}\right)$$
$$= 2{,}8\,\mathrm{mm}$$

Haltegenauigkeit

$$X_B \approx \pm 0{,}12 \cdot s_B = \pm 0{,}12 \cdot 2{,}8\,\mathrm{mm} = \pm 0{,}3\,\mathrm{mm}$$

Rechenfaktor statische Leistung und Einschaltdauer ED

$$\frac{P_S \cdot \eta^2}{P_N} = \frac{1{,}73\,\mathrm{kW} \cdot 0{,}85^2}{1{,}8\,\mathrm{kW}} = 0{,}69 \qquad ED = 50\,\% \qquad \rightarrow \qquad K_P \approx 0{,}55$$

Schalthäufigkeit

$$Z_P = Z_0 \cdot \frac{1 - \frac{M_L \cdot \eta}{M_H}}{\frac{J_M + J_Z + J_X \cdot \eta}{J_M}} \cdot K_P = 2600\,\frac{c}{h} \cdot \frac{1 - \frac{5{,}2\,\mathrm{Nm} \cdot 0{,}85}{14{,}1\,\mathrm{Nm}}}{\frac{0{,}00481\,\mathrm{kg\,m^2} + 0{,}00057\,\mathrm{kg\,m^2} \cdot 0{,}85}{0{,}00481\,\mathrm{kg\,m^2}}} \cdot 0{,}55 = 885\,\frac{c}{h}$$

Zulässige Zykluszahl Z_C wird wie folgt ermittelt:

Zykluszahl

$$Z_C = \frac{Z_{1P} \cdot Z_{2P}}{Z_{1P} + Z_{2P}} = \frac{413\,\frac{c}{h} \cdot 885\,\frac{c}{h}}{413\,\frac{c}{h} + 885\,\frac{c}{h}} = 281\,\frac{c}{h}$$

Die zusätzliche Erwärmung beim Schalten von der hohen auf die niedrige Drehzahl verringert die zulässige Schalthäufigkeit je nach Motortyp. In unserem Fall ist der Verringerungsfaktor 0,7. Somit sind maximal 196 Zyklen (Auf- und Abwärtsfahrten) möglich.

3.4 Absicherung mechanischer und elektrischer Gefahren

Die Sicherheit eines Antriebs mit Elektromotor kann durch eine Schutztür erreicht werden. Die Praxis zeigt jedoch, dass eine Schutzabdeckung, deren Stellung nicht überwacht wird, nicht immer geschlossen ist. Wie kann man die Stellung einer Schutzabdeckung überwachen? Dafür wird ein Grenz- oder Positionstaster so an der Schutzabdeckung angebracht, dass die Maschine nur eingeschaltet werden kann, wenn die Schutzeinrichtung geschlossen ist. In nicht sicherheitstechnisch-relevanten Anwendungen wäre dies mit einem Schließerkontakt zu realisieren, der mit dem Schließen der Schutzabdeckung betätigt wird und dann einschaltet. Ein Schließerkontakt ist bei sicherheitstechnisch-relevanten Anwendungen jedoch kein bewährtes Sicherheitsprinzip, d. h. der Positionstaster muss stattdessen einen Öffnerkontakt aufweisen. Dieser wird nicht mit der Schließbewegung der Schutzabdeckung geschlossen, sondern der Öffnerkontakt wird mit Öffnen der Schutzabdeckung unterbrochen. Durch Öffnen der Schutzabdeckung kann die Maschine in einen gefährlichen Zustand kommen. Abb. 3.46 zeigt einen Positionsschalter für eine Türabdeckung.

Ist die Tür geschlossen, wird der Sicherheitskontakt (21–22) geschlossen, während der Meldekontakt (13–14) offen ist. Wird die Tür geöffnet, unterbricht der Sicherheitskontakt den Stromkreis und der Meldekontakt wird geschlossen.

Positionstaster dieser Art werden häufig für sicherheitsrelevante Anwendungen eingesetzt. Dieser beinhaltet sowohl die für höhere Kategorien benötigten Sicherheitskontakte als auch die Kontakte zur Stellungsüberwachung der Schutztüre und auch die mechanische Verriegelung. In der Regel ist die Verriegelungseinheit nach dem Prinzip „Federkraft" verriegelt bzw. elektrisch entriegelt gestaltet. Dies hat den Vorteil, dass auch nach einem Stromausfall die Schutztüre geschlossen bleibt und Arbeitsunfälle wegen eines undefinierten Zustands der Maschine ausgeschlossen werden. Es muss jedoch eine zusätzliche Möglichkeit zum Öffnen von innen her geschaffen werden, wenn die Schutztüre hintertretbar ist.

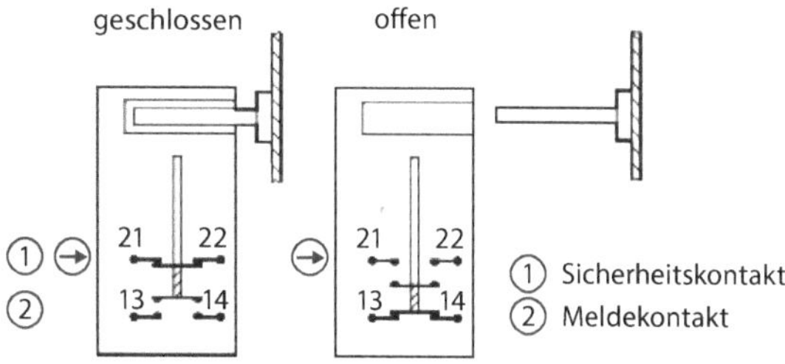

Abb. 3.46 Positionsschalter für eine Türabdeckung

3.4.1 NOT-AUS-Einrichtungen

Unabhängig von der Art der Ansteuerung muss der NOT-AUS-Taster selbst nach den Forderungen der Norm konzipiert sein.

- Befehlsgerät: Das Befehlsgerät und sein Stellteil müssen nach dem Prinzip der Zwangsbetätigung arbeiten. Beispielsweise ist ein Schalter mit Zwangsöffnung ein geeignetes Befehlsgerät. Gemäß der Norm ist die Zwangsöffnung (eines Schaltglieds) die Ausführung einer Kontakttrennung als direktes Ergebnis einer festgelegten Bewegung des Bedienteiles des Schalters über nicht federnde Teile (z. B. nicht abhängig von einer Feder).
- NOT-AUS-Einrichtung: Die NOT-AUS-Einrichtung darf nicht als Ersatz für ausreichende Schutzmaßnahmen dienen.
- Zusätzliche Gefährdung: Die Reaktion der Maschine auf den NOT-AUS-Befehl darf keinerlei zusätzliche Gefährdung hervorrufen.
- Handlung am Stellteil: Jede Handlung am Stellteil, die zur Erzeugung des NOT-AUS-Befehls führt, muss auch zu einem Verrasten des Befehlsgerätes führen, sodass nach Beendigung der Betätigung des Stellteiles der NOT-AUS-Befehl bestehen bleibt, bis das Befehlsgerät rückgestellt wird. Das Befehlsgerät darf nicht einrasten, ohne einen NOT-AUS-Befehl zu erzeugen.

► **Anmerkung:** Das Nichteinrasten würde ein automatisches Wiedereinschalten durch den roten NOT-AUS-Taster ergeben und dies ist nicht zulässig.

- Rückstellen des Befehlsgerätes: Das Rückstellen des Befehlsgerätes darf nur als Ergebnis einer von Hand ausgeführten Handlung am Befehlsgerät möglich sein. Das Rückstellen des Befehlsgerätes alleine darf keinen Wiederanlauf-Befehl auslösen. Der Wiederanlauf der Maschine darf nicht möglich sein, bis alle betätigten Stellteile von Hand einzeln und bewusst rückgestellt worden sind.
- Farbe des Befehlsgerätes: Die NOT-AUS-Stellteile müssen Rot sein. Soweit ein Hintergrund hinter dem Stellteil vorhanden und soweit es durchführbar ist, muss dieser Gelb sein.

Zur Beschaffenheit des Starttasters und dessen Sicherheitseinstufung liegen keine Angaben vor. Die Norm fordert jedoch: Schutz bei Netzausfall oder Spannungseinbruch und Spannungswiederkehr. Wenn ein selbsttätiger Wiederanlauf einen gefährlichen Zustand, Schaden an der Maschine oder für den Arbeitsprozess verursachen kann, muss der Wiederanlauf verhindert werden. Unter der Norm ist vermerkt, dass NOT-AUS-Einrichtungen nach dem Rücksetzen keinen Wiederanlauf einleiten darf.

3.4.2 Mechanische Schalter in der Elektrotechnik

In der Elektrotechnik unterscheidet man zwischen Schaltern (einpolig) und Leistungsschaltern (dreipolig). Diese werden verwendet als

- Hauptschalter, Hauptschalter mit NOT-AUS-Einrichtung
- Ein-Aus-Schalter
- Sicherheitsschalter
- Umschalter
- Wendeschalter, Stern-Dreieck-Schalter, Polumschalter
- Stufenschalter, Steuerschalter, Codierschalter, Messumschalter

Schalter lassen sich nach zahlreichen Merkmalen unterscheiden, beispielsweise nach der Art der Betätigung, nach Bauart und konstruktiven Merkmalen oder Nutzungsmerkmalen. Für Anwender am wichtigsten sind die elektrischen Kenngrößen (Bemessungsangaben), die die Eignung eines Schalters für bestimmte Spannungs- und Strombereiche, sowie Umgebungsbedingungen erlauben. Die Eignung muss dabei in allen Betriebszuständen des Schalters gegeben sein: Kontaktgabe, Stromführen, Kontakttrennen und sicheres Isolieren im geöffneten Zustand. Abb. 3.47 zeigt die verschiedenen Möglichkeiten für die Anordnung der Anschlussbezeichnung und die dazugehörige Funktionsziffer (Kennzahl/Schaltzeichen).

Untergliedert man nach dem Verhalten eines Schalters im Anschluss an eine erfolgte Betätigung, so gibt es Schalter, die nach einer Betätigung stabil in ihrem Schaltzustand bleiben. Dies sind z. B. bistabile Kippschalter, Wippschalter, Stufenschalter, Rastschal-

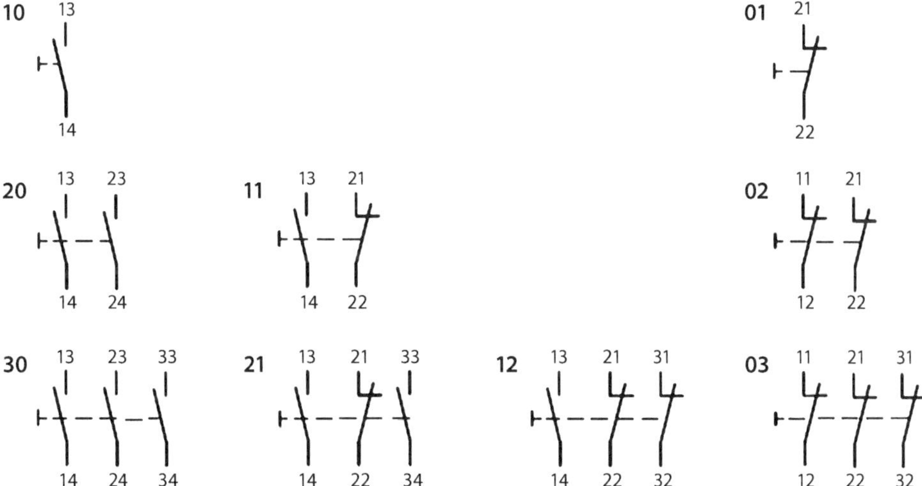

Abb. 3.47 Anschlussbezeichnung und Funktionsziffer (Kennzahl/Schaltzeichen)

ter, Mehrfach- oder Wahlschalter. Taster und Tasten dagegen kehren nach Wegnahme der Betätigung wieder in ihre Ruhestellung zurück.

Nach der Art der Anwendung werden beispielsweise unterschieden:

- Signalschalter werden meist in Gerätesteuerungen in Sicherheits-Kleinspannungskreisen verwendet.
- Geräteschalter werden als Netzschalter in Hausgeräten verwendet, die normalerweise an Steckdosen betrieben werden.
- Elektrowerkzeugschalter, die in überwiegend motorbetriebenen elektrischen Werkzeugen und Maschinen eingesetzt sind
- Installationsschaltgeräte, die fest in Bauwerken montiert sind und nicht über beispielsweise Ziehen des Netzsteckers spannungsfrei werden
- Schutzschalter (Leitungsschutzschalter)

Bei einem Schalter steht das Ein- und Ausschalten eines Stroms im Vordergrund, und zwar unmittelbar oder mittelbar als Folge einer Betätigung.

Wird der Schaltzustand nicht durch Betätigung geändert, sondern durch ein Steuersignal, z. B. ein Stromstoß an eine Spule, spricht man von einem Relais oder Schütz. Ein Transistor ist ebenfalls ein durch ein Steuersignal aktivierter Halbleiterschalter und daher kein Schalter im eigentlichen Sinne.

Mechanisch betätigte Schalter können entweder manuell oder über Vorrichtungen betätigt werden. Der wesentliche Grund, dies zu unterscheiden, liegt darin, dass der Mensch als Regelkreis agieren kann: Schaltet ein Mensch ein Schaltgerät, und tritt im Folgenden die gewünschte Wirkung nicht ein, wird er je nach Situation geeignete Maßnahmen ergreifen. Bei mechanisiertem Schalten sollten konstruktive Elemente im Fehlerfall dafür sorgen, dass kein Gefahrenzustand entsteht.

Die Schalterbetätigung kann sowohl direkt als auch indirekt erfolgen. Die Norm für Geräteschalter formuliert, dass der Schaltvorgang über ein Betätigungsteil oder durch Bedienung eines Sensors erfolgen kann, wobei Betätigungsteil oder Sensor getrennt vom Schalter angeordnet sein können. Zur Übertragung zwischen Betätigungsteil und Schaltelement werden optische, akustische oder thermische Signalstrecken angeführt.

Bei den mechanisch direkt betätigten Schaltern unterscheidet man nach Betätigungselement zwischen:

- Kippschalter
- Wippschalter
- Druckschalter
- Rastschalter
- Schiebeschalter
- Drehschalter
- Stufenschalter
- Tastschalter

- Fußschalter
- Schlüsselschalter
- Schnurschalter
- Reißleinenschalter
- Dip- oder Codierschalter
- Zugschalter

3.4.3 Nockenschalter

Ein Nockenschalter lässt sich als Lastschalter für Licht, Heizung, Drehstrommotoren verwenden. Der 3-polige Lastschalter wird durch den Ein-Ausschalter von Abb. 3.48 ersetzt.

Wird der Nockenschalter betätigt, liegen bei der Ein-Funktion alle drei Phasen an dem Motor und es ergibt sich ein handbetätigter Motorschutzschalter.

Abb. 3.49 zeigt einen Nockenschalter für Stern-Dreieck-Schaltung. Durch den Nockenschalter wird der Motor nach der Einschaltung erst in Stern betrieben und nach etwa 10 s in Dreieck von Hand umgeschaltet.

Bei der Sternschaltung werden je zwei Strangspannungen U_{st} miteinander zur Leiterspannung U verkettet. Es sind also zwei Spannungen, die Leiterspannung U und die Strangspannung U_{st} verfügbar. Es gilt:

$$U = 1{,}73 \cdot U_{st}.$$

Der Strangstrom I_{st} und der Leiterstrom I sind dagegen gleichgroß.

$$I = I_{st}$$

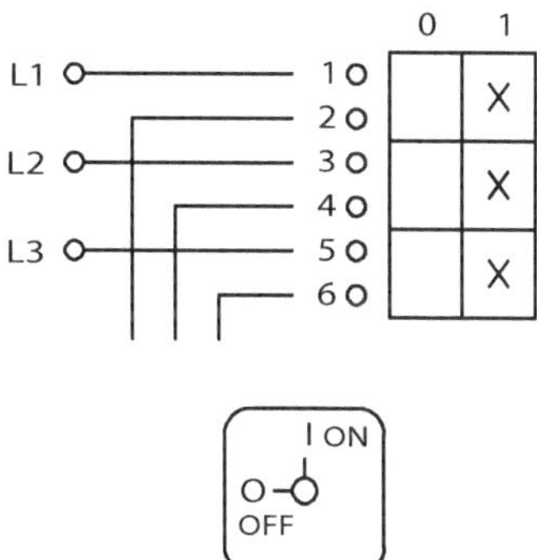

Abb. 3.48 Nockenschalter für Ein-Aus-Funktion

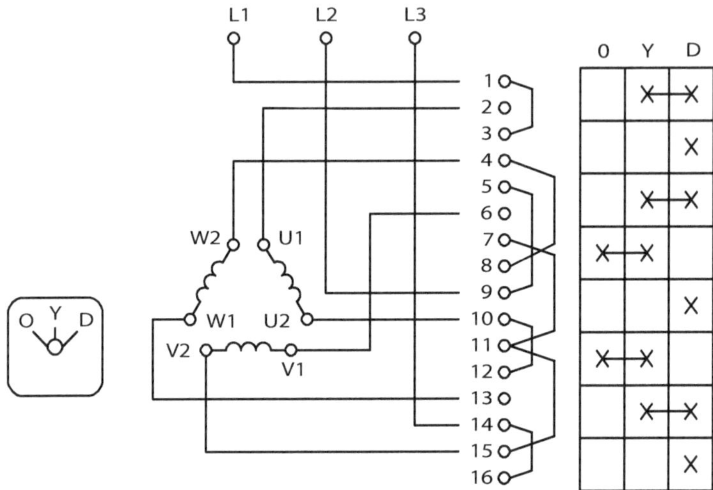

Abb. 3.49 Nockenschalter für Stern-Dreieck-Schaltung

Die Leistungen bei der Sternschaltung berechnet man für den Fall einer symmetrischen Belastung:

$S = 1{,}73 \cdot U \cdot I$	Scheinleistung VA in VA,
$P = 1{,}73 \cdot U \cdot I \cdot \cos\varphi$	Wirkleistung P in W,
$Q = 1{,}73 \cdot U \cdot I \cdot \sin\varphi$	Blindleistung Q in var (Volt Amperere aktiv),
$Q = \sqrt{S^2 - P^2}.$	

Bei einer unsymmetrischen Belastung muss man die Drehstromleistung aus der Summe der drei Strangleistungen berechnen.

Bei der Dreieckschaltung ist nur eine Spannung verfügbar und es gilt:

$$U = U_{st}.$$

Bei der Dreieckschaltung werden je zwei Strangströme I_{st} miteinander zum Leiterstrom I verkettet.

$$I = 1{,}73 \cdot I_{st}$$

Tab. 3.12 zeigt den Zusammenhang bei symmetrischer Belastung.

Tab. 3.13 zeigt die Wirkleistung für die Stern- und Dreieckschaltung bei symmetrischer Belastung.

Die Leistungen bei der Dreieckschaltung berechnet man für den Fall einer symmetrischen Belastung wie bei der Sternschaltung. Bei einer unsymmetrischen Belastung muss man die Drehstromleistung aus der Summe der drei Strangleistungen berechnen.

Tab. 3.12 Zusammenhang für die Stern- und Dreieckschaltung bei symmetrischer Belastung

Drehstromleistung bei symmetrischer Belastung	
Sternschaltung	Dreieckschaltung
$I = I_{st} \qquad U_{st} = \frac{U}{\sqrt{3}}$	$U = U_{st} \qquad I_{st} = \frac{I}{\sqrt{3}}$
$S = 3 \cdot U_{st} \cdot I_{st} = 3 \cdot I \cdot \frac{U}{\sqrt{3}}$	$S = 3 \cdot U_{st} \cdot I_{st} = 3 \cdot U \cdot \frac{U}{\sqrt{3}}$
$S = \sqrt{3} \cdot U \cdot I$	$S = \sqrt{3} \cdot U \cdot I$

Tab. 3.13 Wirkleistung für die Stern- und Dreieckschaltung bei symmetrischer Belastung

Sternschaltung Y	Dreieckschaltung Δ
$I = 3{,}83\,A$	$I = 11{,}5\,A$
$P = \sqrt{3} \cdot U \cdot I \cdot \cos\varphi$	$P = \sqrt{3} \cdot U \cdot I \cdot \cos\varphi$
$P = \sqrt{3} \cdot 400\,V \cdot 3{,}83\,A \cdot 0{,}86 = 2{,}28\,kW$	$P = \sqrt{3} \cdot 400\,V \cdot 11{,}5\,A \cdot 0{,}86 = 6{,}85\,kW$
$\frac{P_\Delta}{P_Y} = \frac{6{,}85\,kW}{2{,}28\,kW} = 3$	

Bei dem Drehstrommotor liegt eine Netzspannung von 400 V an und der Motor nimmt 11,5 A auf. Der Leistungsfaktor beträgt $\cos\varphi = 0{,}86$. Welche Schein-, Wirk-, und Blindleistung nimmt der Motor auf?

$$S = 1{,}73 \cdot U \cdot I = 1{,}73 \cdot 400\,V \cdot 11{,}5\,A = 7{,}96\,kVA$$
$$P = 1{,}73 \cdot U \cdot I \cdot \cos\varphi = 1{,}73 \cdot 400\,V \cdot 11{,}5\,A \cdot 0{,}86 = 6{,}84\,kW$$
$$Q = \sqrt{S^2 - P^2} = \sqrt{(7{,}96\,kVA)^2 - (6{,}84\,kW)^2} = 4\,kvar$$

Der Drehstrommotor von Abb. 3.50 soll von $\cos\varphi = 0{,}86$ auf $\cos\varphi = 0{,}93$ kompensiert werden. Wie viel Kapazität ist für die drei Kondensatoren erforderlich?

$$S = \frac{P}{\cos\varphi} = \frac{6{,}84\,kW}{0{,}93} = 7{,}36\,kVA$$
$$Q = \sqrt{S^2 - P^2} = \sqrt{(7{,}36\,kVA)^2 - (6{,}84\,kW)^2} = 2{,}7\,kvar$$

Die Blindleistung des Kompensationskondensators ist

$$Q_C = 4\,kvar - 2{,}7\,kvar = 1{,}3\,kvar.$$

Die Kapazität des Kompensationskondensators errechnet sich aus

$$C = \frac{Q_C}{2 \cdot \pi \cdot f \cdot 1{,}73 \cdot U^2} = \frac{1{,}3\,kvar}{2 \cdot 3{,}14 \cdot 50\,Hz \cdot 1{,}73 \cdot (400\,V)^2} = 15\,\mu F.$$

Es sind drei Kondensatoren mit je 15 µF erforderlich.

Abb. 3.50 Typenschild eines Drehstrommotors

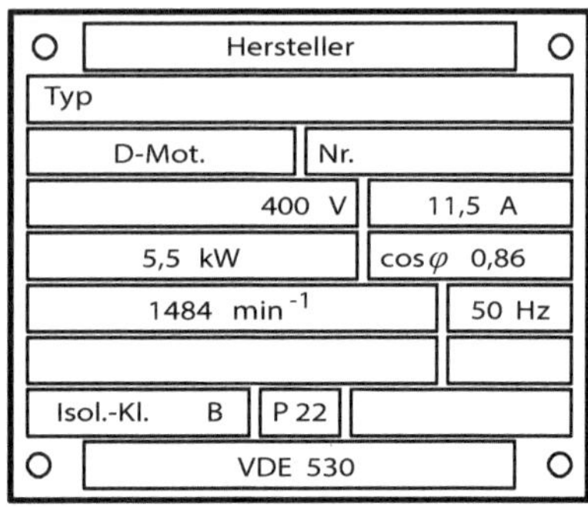

Wie groß ist das Drehmoment M_K für den Drehstrommotor?

$$M_K = \frac{9550 \cdot P_N}{n_M} = \frac{9550 \cdot 5{,}5\,\text{kW}}{1484\,\text{min}^{-1}} = 35{,}4\,\text{Nm}$$

Wie groß ist das Anzugsmoment M_A für den Drehstrommotor bei einer Stern-Dreieck-Schaltung, wenn in diesem Fall nach Herstellerangaben $M_A / M_N = 1{,}05$ ist?

$$M_A = M_K \cdot M_A/M_N = 35{,}4\,\text{Nm} \cdot 1{,}05 = 37{,}2\,\text{Nm}$$

Die Frequenz liegt im öffentlichen Netz mit $f = 50\,\text{Hz}$ fest. Die Drehzahländerung von Kurzschlussläufermotoren erfolgt durch die Polumschaltung, wenn z. B. eine Drehzahländerung von 1500 Umdr./min^{-1} nach 750 Umdr./min^{-1} erforderlich ist. Wird die Polzahl der Statorwicklung geändert, so ändert sich die Drehfelddrehzahl und mit ihr die Läuferdrehzahl.

Die Schaltung von Abb. 3.51 zeigt einen Nockenschalter für zwei Drehzahlen bei einer Drehrichtung. Zwei getrennte Ständerwicklungen mit verschiedenen Polzahlen ermöglichen zwei Drehzahlen, die in einem beliebigen ganzzahligen Verhältnis zueinander stehen können. Das Drehmoment ist bei beiden Drehzahlen etwa gleich, die Leistungen des Motors verhalten sich etwa wie die Drehzahlen. Motoren mit getrennten Wicklungen erfordern einen erhöhten Aufwand an Wicklungen und Elektroblech. Sie werden daher nur dort angewandt, wo das Drehzahlverhältnis 1:2 nicht genutzt werden kann. An das Klemmbrett werden in der Regel nur die Anfänge der Wicklungen geführt.

Bei der Dahlander-Schaltung ist jeder Strang der Ständerwicklung in zwei Wicklungsteile unterteilt. Durch Umschaltung dieser Spulengruppen aus der Reihenschaltung in die Parallelschaltung wird die entstehende Polzahl halbiert und dadurch verdoppelt sich die Drehfelddrehzahl. Die gebräuchlichste Dahlander-Schaltung ist die Dreieck-Doppelstern-Schaltung, wie Abb. 3.51 zeigt. Eine Reihenschaltung der Wicklungsteile bedeutet Dreieckverkettung der Stränge, bei Parallelschaltung erfolgt Sternverkettung, um durch Spannungsherabsetzung eine zu hohe Induktion im Nutbereich des Stators zu vermeiden. Dadurch erhöht sich trotz doppelter Drehzahl die Motorleistung nur um etwa den 1,5-fachen Wert. Das Drehmoment bleibt in beiden Drehzahlbereichen gleich, deshalb eignet

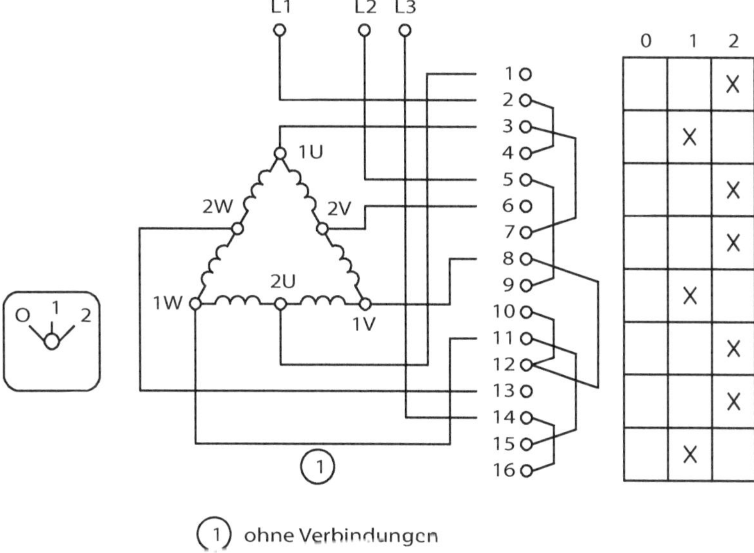

Abb. 3.51 Nockenschalter für zwei Drehzahlen bei einer Drehrichtung nach Dahlander

sich die Dahlanderschaltung besonders für Antriebe mit konstantem Drehmoment, z. B. für Werkzeugmaschinen.

Das Klemmbrett von Motoren mit Dahlander-Schaltung hat für jede Polzahl drei Klemmen, weil die Wicklungsteile meist bereits in der Ständerwicklung zusammengeschaltet sind. Der Motor lässt sich daher nur an einer Netzspannung betreiben.

Die Klemmen für die niedere Drehzahl sind mit 1 U, 1 V, 1 W bezeichnet, die für die hohe Drehzahl mit 2 U, 2 V, 2 W. Hierbei sind bereits vom Hersteller die Klemmenbezeichnungen 1 U und 1 W getauscht. Der Tausch ist erforderlich, damit bei gleichartigem Anschluss in beiden Drehzahlbereichen der Drehsinn erhalten bleibt.

Werden Motoren mit zwei getrennten und zugleich unterteilten Wicklungen ausgeführt, so sind bis zu vier Drehzahlen möglich.

3.4.4 Leistungsschalter

Leistungsschalter schützen elektrische Betriebsmittel vor thermischer Überlastung und bei Kurzschluss. Sie decken den Nennstrombereich von 20 bis 1600 A ab. Je nach Ausführung besitzen sie zusätzliche Schutzfunktionen wie Fehlerstromschutz, Erdschlussschutz oder die Möglichkeit zum Energiemanagement durch Erkennen von Lastspitzen und gezieltem Lastabwurf.

Die einzelnen Leistungsschalter zeichnen sich durch ihre kompakte Bauform und ihre strombegrenzenden Eigenschaften aus. In den gleichen Baugrößen wie die Leistungsschalter gibt es Lasttrennschalter ohne Überlast- und Kurzschluss-Auslöseeinheiten, die je nach Ausführung zusätzlich mit Arbeitsstrom- oder Unterspannungsauslöser bestückt werden können.

Abhängig von der Art des zu schützenden Betriebsmittels ergeben sich Hauptanwendungsgebiete, die durch unterschiedliche Einstellungen der Auslöseelektroniken realisiert werden:

- Anlagenschutz
- Motorschutz
- Transformatorschutz
- Generatorschutz

Verschiedene Leistungsschalter bietet unterschiedliche Elektroniken vom einfachen Anlagenschutz mit Überlast- und Kurzschlussauslöser bis hin zum Digitalauslöser mit grafischem Display und der Möglichkeit zum Aufbau von zeitselektiven Netzen. Leistungsschalter sind anpassbar an universelle Anforderungen durch umfangreiches Einbauzubehör, wie Hilfsschalter, Ausgelöstmelder, Motorantriebe oder Spannungsauslöser, Schalter in Festeinbau oder Ausfahrtechnik, lassen einen vielfältigen Einsatz zu. Spezielle Leistungsschalter eröffnen durch ihre Kommunikationsfähigkeit neue Möglichkeiten in der Energieverteilung.

Grundlegende Auswahlkriterien eines Leistungsschalters sind unter anderem:

- max. Kurzschlussstrom I_{kmax}
- Nennstrom I_n
- Umgebungstemperatur
- Bauart 3- oder 4-polig
- Schutzfunktion
- minimaler Kurzschlussstrom

Der Nennbetriebs-, sowie der Kurzschluss- oder Überlaststrom fließt zwischen den oberen und unteren Anschlussklemmen des Leistungsschalters seriell durch die elektromagnetischen und die thermischen Auslöser sowie die Hauptkontakte.

Jedes elektrische Bauteil wird vom selben Strom durchflossen. Unterschiedliche Ströme in Höhe und Dauer, bewirken in den einzelnen Auslösern unterschiedliche Reaktionen.

Betriebsmäßige Überlastungen führen nicht unverzögert zu gefährlichen Überbeanspruchungen. Der eingebaute Motorschutz mit thermisch verzögerten Bimetallauslösern eignet sich gut, um einfache Überlastschutzaufgaben zu erfüllen.

Abb. 3.52 zeigt die Funktion der Phasenausfallempfindlichkeit mit Hilfe einer Auslöse- und Differentialbrücke.

Auch im Leistungsschalter fließt der Strom durch thermisch verzögerte Bimetallauslöser. Die Bimetallstreifen biegen sich in Funktion zu ihrer Temperatur und drücken auf eine Klinke im Schaltschloss. Die Höhe der Temperatur ist abhängig von der Heizleistung, hervorgerufen durch den Strom, welcher durch den Leistungsschalter fließt. Die

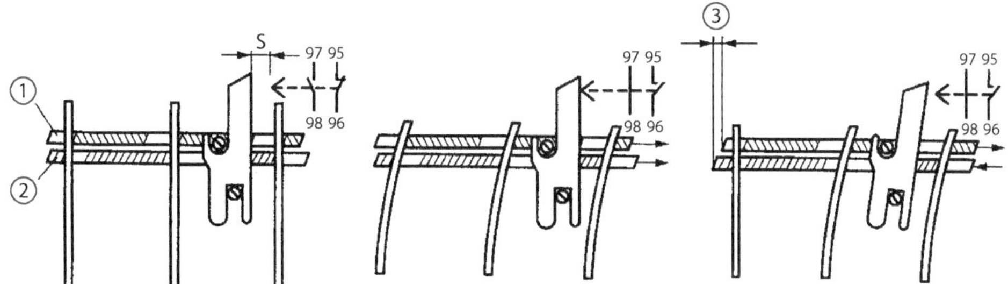

Abb. 3.52 Funktion der Phasenausfallempfindlichkeit mit Hilfe einer Auslöse- und Differentialbrücke; *1* Auslösebrücke; *2* Differentialbrücke; *3* Differenzweg

Auslösegrenze, also der zurückzulegende Weg der Bimetallspitzen bis zum Ansprechen der Auslöseklinke, wird durch die Stromeinstellung am Skalenknopf eingestellt.

Ist die Auslöseklinke gedrückt, löst das Schaltschloss aus, die Hauptkontakte werden geöffnet, der Überstrom abgeschaltet bevor ein Schaden an Motorwicklung, Leitungen, etc. entstehen kann.

Bei Leistungsschaltern mit Motorschutzcharakteristik regen Überströme ab einem Bereich des 10... 16-fachen des maximalen Skaleneinstellbereichs zeitlich praktisch unverzögert den elektromagnetischen Überstromauslöser an. Der genaue Ansprechwert ist entweder einstellbar (Anpassung für Selektivität oder unterschiedliche Einschaltstromspitzen bei Transformator- und Generatorschutz) oder ist konstruktiv fest gegeben. Bei Leistungsschaltern für Anlagen- und Leitungsschutz liegt der Auslösebereich tiefer.

Betriebsmäßige Überlastungen führen nicht unverzögert zu gefährlichen Überbeanspruchungen. Der eingebaute Motorschutz mit thermisch verzögerten Bimetallauslösern eignet sich gut, einfache Überlastschutzaufgaben zu erfüllen.

Auch im Leistungsschalter fließt der Strom durch thermisch verzögerte Bimetallauslöser, wie Abb. 3.53 zeigt. Die Bimetallstreifen biegen sich in Funktion zu ihrer Temperatur und drücken auf eine Klinke im Schaltschloss. Die Höhe der Temperatur ist abhängig von der Heizleistung, hervorgerufen durch den Strom, welcher durch den Leistungsschalter fließt. Die Auslösegrenze, also der zurückzulegende Weg der Bimetallspitzen bis zum Ansprechen der Auslöseklinke, wird durch die Stromeinstellung am Skalenknopf eingestellt.

Ist die Auslöseklinke gedrückt, löst das Schaltschloss aus, die Hauptkontakte werden geöffnet, der Überstrom abgeschaltet bevor ein Schaden an Motorwicklung, Leitungen usw. entstehen kann.

Bei kleineren Leistungsschaltern (meist <100 A) ist die Hauptstrombahn hier zu einer kleinen Spule geformt. Fließt ein hoher Überstrom durch diese Windungen, wirkt eine Kraft auf den von der Spule umschlossenen Anker. Dieser Anker entriegelt das gespannte Schaltschloss, die Hauptkontakte springen in Stellung AUS, der Überstrom ist abgeschaltet.

Der elektromagnetische Überstromauslöser seinerseits reagiert fast unverzögert (<1 ms) auf den schnell ansteigenden Strom. Nur die dahinter geschaltete Auslösemechanik arbei-

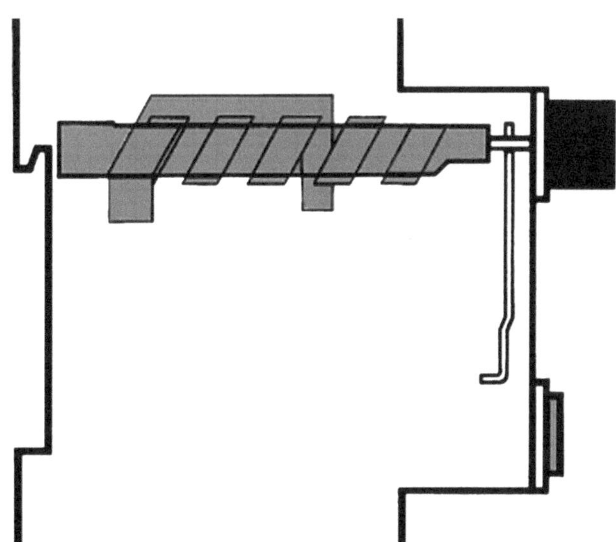

Abb. 3.53 Das durch den Motorstrom erwärmte Bimetall des thermischen Überstromauslösers krümmt sich und drückt seiner Skaleneinteilung entsprechend auf die Auslöseklinke des Schaltschlosses

tet zu träge. So wird diese einfach überbrückt, indem zusätzlich der nun als Schlaghammer ausgebildete Anker des Magnetauslösers bei strombegrenzendem Leistungsschalter direkt auf die Hauptkontakte wirkt. Die Kontakte werden bereits magnetisch geöffnet, bevor das Schaltschloss anspricht. Dieses muss nun lediglich die Kontakte am Zurückfallen hindern und in AUS-Stellung fixieren.

Erst das Öffnen der Kontakte, das Zünden eines Lichtbogens schließlich, bewirkt eine Reduktion des Stroms und ein Abschalten des Kurzschlusses. Realisiert werden Leistungsschalter mit Schlaganker in den unteren Strombereichen bis ca. 100 A. Abb. 3.54 zeigt das Prinzip des Schlagankers. Durch das starke Magnetfeld, erzeugt von einem hohen Stromfluss, werden die Hauptkontakte fast unverzögert geöffnet.

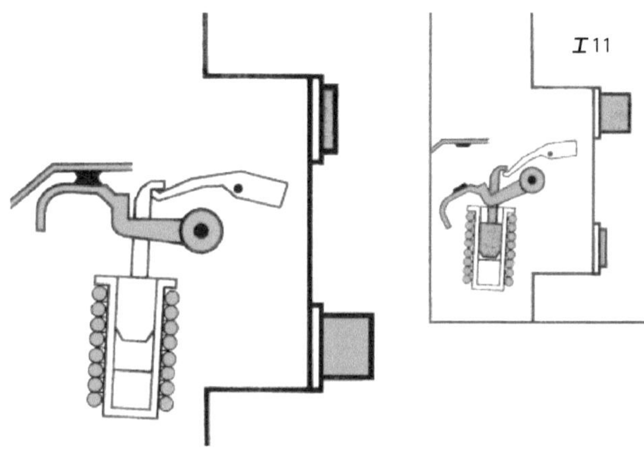

Abb. 3.54 Prinzip des Schlagankers

Folgende Funktionen lassen sich mit entsprechendem Schalterzubehör in einem einzigen Gerät vereinen:

- Kurzschlussschutz
- Motorschutz
- Leitungsschutz
- Anlagenschutz
- Betriebszustandssignalisierung
- Auslösemeldung
- Fernschalten
- Trennen
- Abschließen mittels Schloss
- Leistungsschalter

3.4.5 Schütze

Ein Schütz ist ein elektrisches Bauteil, das in vielerlei Hinsicht einem Relais ähnelt, allgemein jedoch einen wesentlich breiteren Anwendungsbereich aufweist und demzufolge über viele Funktionen und Eigenschaften verfügt, die ein herkömmliches Relais nicht vorweisen kann. In den meisten Fällen werden Schütze speziell für große elektrische Leistungen entwickelt.

Ein weiterer Unterschied zwischen Schützen und Relais liegt darin, dass Relais für gewöhnlich in einer von zwei möglichen Konfigurationen eingesetzt werden können: als Öffner oder Schließer. Die meisten Schütze hingegen sind darauf ausgelegt, nur in der offenen Position zu agieren. Natürlich gibt es Ausnahmen, aber das ist die Regel. Schutzschalter sind, anders als Schütze und Relais, normalerweise geschlossen, öffnen jedoch, wenn gefährliche Bedingungen an dem jeweiligen Schaltkreis auftreten.

Schütze sind größer als Relais, gemessen an ihren mechanischen Ausmaßen. Kleine Schütze sind normalerweise in etwa handflächengroß. Sie können jedoch auch wesentlich größer sein und erfordern manchmal sogar schweres Gerät, um sie an Ort und Stelle zu bringen und in Betrieb nehmen zu können.

Schütze sind im Grunde genommen Schalter, die ferngesteuert geschaltet werden können. Sie können sowohl auf Spannungen, ähnlich denen der Steuergeräte, die ihren Status regulieren, ausgelegt sein, als auch auf Spannungen im Bereich der Lasten, die sie steuern. Aufgrund ihres breiten Anwendungsbereichs in dieser Kapazität kann man Schütze in der Praxis zu den Geräten für Industriezwecke zählen, die in Schaltungen eingesetzt werden, deren Spannung und Stromstärke die der meisten Haushaltsanwendungen für gewöhnlich um ein Vielfaches übersteigt.

Schütze bieten eine effektive Methode, besonders groß dimensionierte Maschinen ferngesteuert ein- und auszuschalten. Schütze werden normalerweise für Hochleistungsanwendungen im Industriebereich eingesetzt, was auch an ihren Einstufungssystemen zu erkennen ist. Es gibt sie in verschiedenen Klassifizierungen nach IEC 60947-4-1. Diese Klassifizierungen werden in AC-Nummern angegeben, von AC-1 bis AC-4. Parallel dazu werden auch andere Einstufungssysteme verwendet.

Die Konfiguration der Kontakte gibt an, an wie viele Schaltkreise und in wie vielen verschiedenen Positionen das Schütz angeschlossen werden kann. Der einfachste Schalter verfügt über je einen sogenannten Öffner und Schließer mit denen der Ein-Aus-Status eines Schaltkreises gesteuert werden kann.

Die sogenannte Normal-Konfiguration eines Schützes beschreibt die Anordnung der Kontakte (Abb. 3.55), wenn keinerlei Strom angelegt ist. Die meisten Schütze sind in dieser Konfiguration offen und schließen, sobald Strom angelegt wird. Es gibt natürlich Ausnahmen, aber diese Konfiguration ist eines der Hauptmerkmale von Schützen und eines der Dinge, die Schütze von herkömmlichen Relais unterscheidet.

Die Anwendung hiervon ist mit einem allgemeinen Beispiel einfach erklärt. Werden z. B. Starttasten von Maschinen gedrückt, kann ein Strom an Schützen angelegt werden, sodass diese geschlossen bleiben, solange der Strom angelegt ist.

Die Spulenspannung zählt zu den Einstufungskriterien von Schützen. An einem Schütz kann entweder Wechsel- oder Gleichspannung anliegen. Die Spulenspannung kann hilfreich sein, um Geräte mit niedriger bzw. höherer Spannung in den Schaltkreis einzugliedern, während an manchen Schützen die Spannung anliegt, die sie steuern.

Die Spulenspannung eines Schützes ist eines der Kriterien, anhand derer zu erkennen ist, ob es sich für eine bestimmte Anwendung eignet oder nicht. Bei der Wahl dieser Spannung muss der kontrollierte Schaltkreis und die Klassifizierung des Gerätes berücksichtigt werden, da bei deren Überschreitung Funktionsstörungen oder übermäßiger Verschleiß an dem Schütz auftreten können.

Die Nennstromstärke eines Schützes beschreibt die maximale Stärke des Stroms, der an den Kontakten anliegen kann, ohne dass Schäden auftreten. Diese Schäden können sowohl unmittelbar als auch zeitverzögert auftreten. Der Betrieb von Schützen mit einer Stromstärke, die über deren Nennwert liegt, kann die Lebensdauer des Gerätes erheblich verringern.

Strom verhält sich in verschiedenen Schaltungen unterschiedlich. Bei einem Schaltkreis mit Wechselstrom ist der Strom abwechselnd hoch und niedrig. Bei Schaltkreisen mit Gleichstrom kann dagegen der Strom dauerhaft sehr hoch sein. Dies hat einen erheblichen Einfluss auf die Bildung und die Kontrolle von Lichtbögen.

Abb. 3.56 zeigt eine Schaltung mit schlüsselgesichertem Rastschalter. Die Steuerung kann nur bei bestimmten Personen ein- und ausgeschaltet werden. F1…F3 sind die Haupt-

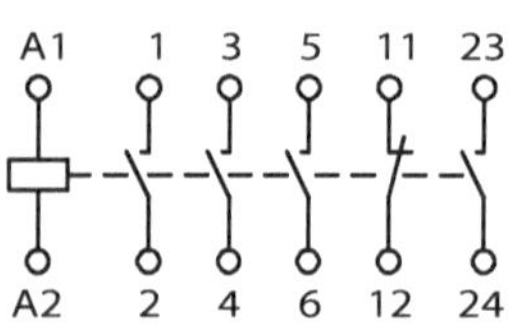

Abb. 3.55 Schütz mit seinen Kontakten (Öffner und Schließer)

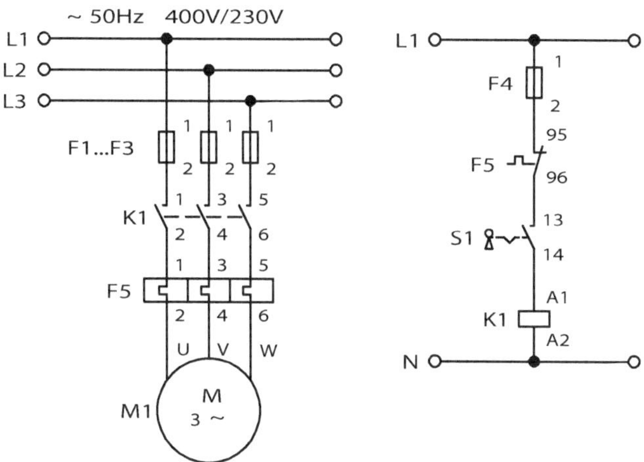

Abb. 3.56 Schaltung mit schlüsselgesichertem Rastschalter

sicherungen, F4 die Steuersicherung, F5 das Motorschutzrelais, S1 der Rastschalter mit Schlüssel, K1 das Schütz und M1 der Drehstrommotor.

Eine Freischaltung ist eine bestimmte Art einer Schutzschaltung. Liegt bei einer solchen Schutzschaltung eine Störung vor, während der Drucktaster den Schalter in der Ein-Position hält, wird der Schalter trotzdem auslösen. Dies gilt auch für den Fall, dass der Ein-Taster gedrückt gehalten wird.

Abb. 3.57 zeigt einen Schalter mit handbetätigtem Taster für den Tippbetrieb. Die Steuerung ist nur so lange eingeschaltet, wie der Taster S1 betätigt wird.

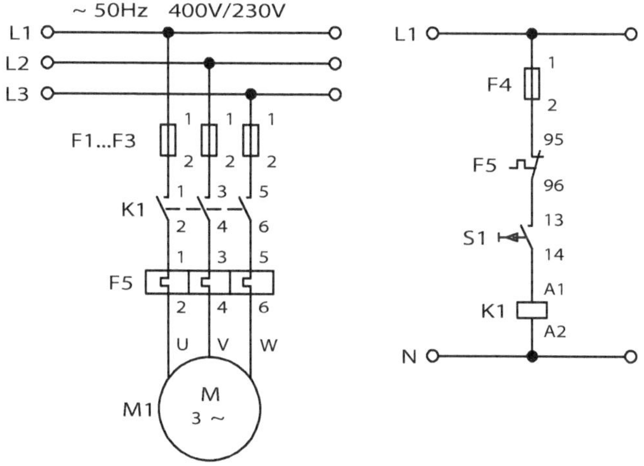

Abb. 3.57 Schalter mit handbetätigtem Taster (Tippbetrieb)

3.4.6 Elektromechanischer Schütz

Fließt ein Steuerstrom durch die Magnetspule eines elektromechanischen Schützes, zieht das Magnetfeld die mechanischen Kontakte in den aktiven Zustand. Ohne Strom stellt eine Feder den Ruhezustand wieder her, alle Kontakte kehren in ihre Ausgangslage zurück. Die Anschlüsse für Steuerstrom für die Magnetspule sowie die Kontakte für Hilfskreise (falls vorhanden) und die zu schaltenden Ströme sind im Schütz gegeneinander isoliert ausgeführt, d. h. es gibt keine leitende Verbindung zwischen Steuer- und Schaltkontakten. Im Grunde ist ein Schütz ein Relais mit wesentlich höherer Schaltleistung. Typische Lasten beginnen bei etwa 500 W bis hin zu mehreren hundert Kilowatt.

Schütze wurden entwickelt, damit ein Verbraucher mit großer Leistungsaufnahme (z. B. Motor) aus der Ferne über einen handbetätigten Schalter mit kleiner Schaltleistung geschaltet werden kann. Schütze ermöglichen schnellere und sicherere Schaltvorgänge, als dies mit rein mechanischen oder handbetätigten Schaltkonstruktionen möglich war. Die Leitungslänge der Lastkreise mit großem Leitungsquerschnitt lässt sich dadurch verringern.

Mit einem Schütz sind Schaltvorgänge aus der Ferne über Steuerleitungen mit relativ geringem Leiterquerschnitt möglich. Zu den typischen Anwendungsbereichen des Schützes zählt man die Aufgaben in der Steuerungs- und Automatisierungstechnik. Konkrete Anwendungsbeispiele sind unter anderem die Motorsteuerung, die Steuerung elektrischer Heizelemente und das Schalten lichttechnischer Anlagen sowie die Sicherheitsabschaltung von Maschinen. Mittels Hilfskontakten sind logische Funktionen realisierbar.

Abb. 3.58 zeigt eine Zweihandschaltung mit handbetätigten Tastern. Die Steuerung ist nur eingeschaltet, wenn Taster S1 und Taster S2 betätigt werden. Die in Reihe geschalteten Schließer bilden eine UND-Verknüpfung, d. h. S1 und S2 müssen geschlossen sein. Die UND-Schaltung findet man bei Pressen als Sicherheitsschaltung.

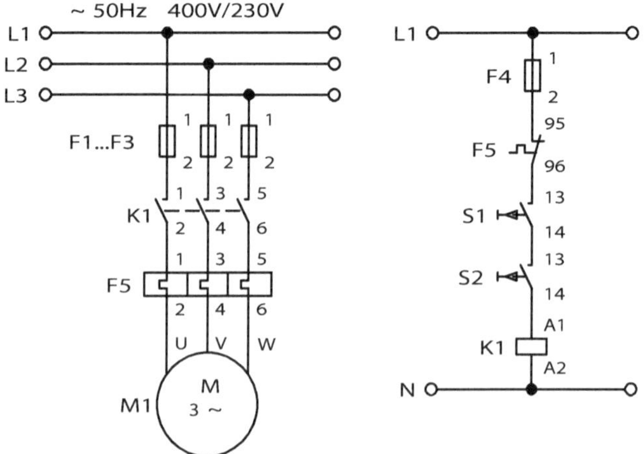

Abb. 3.58 Zweihandschaltung mit handbetätigten Tastern

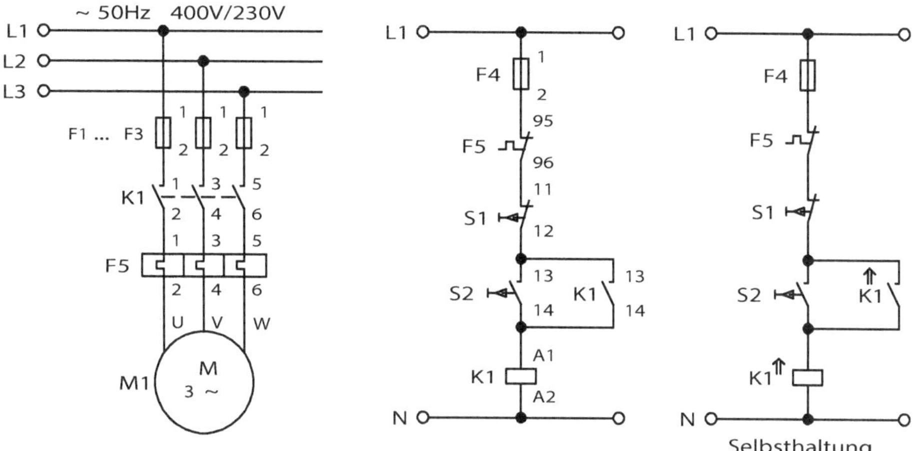

Abb. 3.59 Schaltung eines Schützes mit Selbsthaltung

Abb. 3.59 zeigt die Schaltung eines Schützes mit Selbsthaltung. Nach dem Betätigen des Tasters S2 bleibt die Steuerung so lange eingeschaltet, bis entweder S1 (Austaster) oder F4 (Steuersicherung) den Steuerkreis unterbricht.

Die Betätigungsspulen von Schützen können für den Betrieb mit Wechsel- oder Gleichspannung ausgelegt sein. Für Wechselspannungsbetrieb weisen die Elektromagneten einen Kern auf, dessen einer Teil von einer Kurzschlusswindung umschlossen ist und als Spaltpol bezeichnet wird. Dieser verursacht eine Phasenverschiebung und damit einen zeitverzögerten Magnetfluss in einem Teil des Eisenkerns, der die Haltekraft während der Zeit aufbringen muss, in der die Kraft des Hauptfeldes zum Halten des Ankers nicht ausreicht.

Bei Gleichspannungsschützen ist dies nicht erforderlich, hier kann die Rückstellkraft der Feder durch einen Permanentmagneten unterstützt sein. Oft besitzen Gleichspannungsschütze mehrere Zwischenlagen oder eine nicht magnetische Niete, um ein Kleben aufgrund der Restmagnetisierung zu verhindern. Teilweise werden Hilfskontakte und Vorwiderstände verwendet, um den Stromfluss nach dem Anziehen zu reduzieren.

Abb. 3.60 zeigt eine Schaltung mit zwei Schaltstellen. Eingeschaltet wird durch Betätigung von S3 oder S4. Ausgeschaltet wird durch Betätigung von S1 oder S2. Die parallel geschalteten Schließer bilden eine ODER-Verknüpfung. Die in Reihe geschalteten Öffner bilden ebenfalls eine ODER-Verknüpfung.

Die Betätigungsspule verursacht als induktiver Verbraucher beim Abschalten durch Selbstinduktion eine störende Spannungsspitze. Zur Schonung der Ansteuerelektronik und zur Vermeidung von Störemissionen kann daher im Steuerkreis eine Schutzbeschaltung gegen diese Abschaltüberspannung notwendig sein. Bei Wechselstromschützen besteht diese meist aus einer Reihenschaltung eines Widerstands mit einem Kondensator, die parallel zur Ankerspule angebracht werden. Bei Gleichstromschützen kann eine Freilaufdiode eingesetzt werden, um steuernde Kontakte oder die Ansteuerelektronik zu schützen.

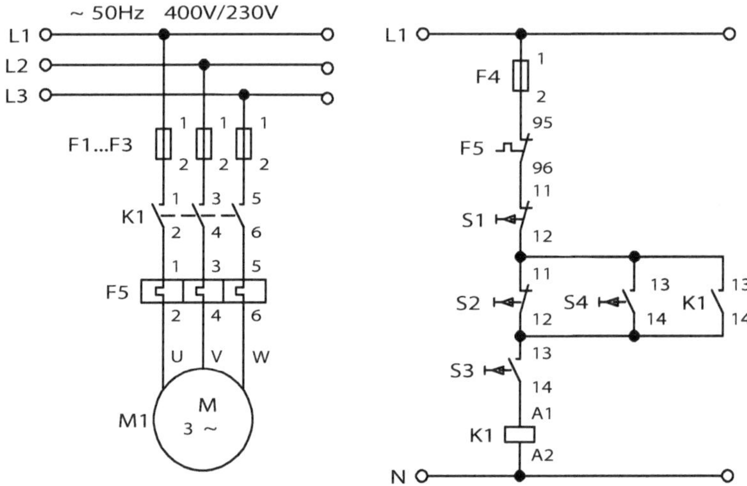

Abb. 3.60 Schalten von zwei Schaltstellen

Der Drehstrommotor von Abb. 3.61 lässt sich nur einschalten, wenn der Endschalter S3 geschlossen ist. Diese Schaltung findet man z. B. bei Waschmaschinen als Deckelverriegelung.

Einige Schütze verfügen zum leichten Montieren über eine Steckvorrichtung, zu der passende Entstörglieder geliefert werden.

Sicherheitsrelevante Schütze werden mit zwangsgeführten Kontakten ausgeführt: Öffner und Schließer können nie gleichzeitig geschlossen sein. Das bedeutet z. B., dass ein

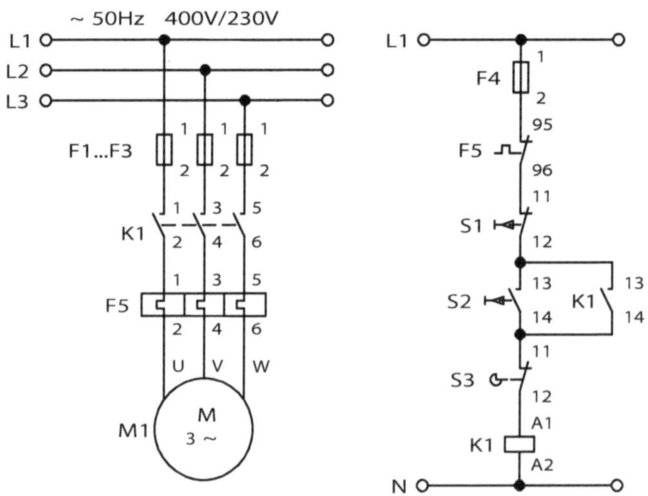

Abb. 3.61 Verriegelte Steuerung durch zwei Endschalter

durch Überlastung verschweißter, d. h. bei stromloser Spule nicht öffnender Schließer dazu führt, dass kein Öffner schließt. Ein solches Schütz kann daher anhand dessen Öffner überwacht werden, ob es abgefallen ist. Mit einem weiteren redundanten Schütz und einem Sicherheitsschaltgerät kann damit gewährleistet werden, dass eine Anlage dennoch sicher abschaltet. Sie kann bei einem klebenden (defekten) Schütz dann nicht wieder eingeschaltet werden, indem der Startkreis über die Öffner beider Schütze führt.

Grundsätzlich gelten diese Schütze als wartungsfrei. Je nach Grad der Beanspruchung in der Anwendung kann eine Wartung der Kontakte erforderlich sein. Bei einer typischen Anwendung mit starker Beanspruchung kommt es zu häufigem Schalten bei hohen Strömen, Reversieren und Tippen (AC-4). Die verfrühte Wartung von Schützen trägt zur Steigerung der Gesamtkosten bei, während eine zu späte Wartung zu kostenintensiven Unterbrechungen und Ausfällen führen kann, Durch die Wartung zum richtigen Zeitpunkt werden solche Probleme vermieden. Die folgenden Gebrauchskategorien zählen zu den häufigsten.

- AC-1 (nicht oder geringe induktive Lasten, Widerstandsöfen): Das Schließen der Hauptkontakte ist relativ einfach, da der Einschaltstrom dem Bemessungsbetriebsstrom der Last entspricht. Das Öffnen erfolgt bei voller Bemessungsbetriebsspannung, wobei der Lichtbogen ein relativ niedriges Energieniveau aufweist.
- AC-2 (Starten und Ausschalten von Schleifringläufermotoren): Schließen und Öffnen erfolgt typischerweise mit dem 2,5-fachen Bemessungsbetriebsstrom des Motors ($I_e \cdot 2{,}5$), wobei die Bemessungsbetriebsspannung der Nennspannung entspricht.
- AC-3 (Starten und Ausschalten laufender Kurzschlussläufermotoren): Das Schließen der Hauptkontakte erfolgt mit dem ca. 6- bis 8-fachen (oder höher bei den heutigen Hochleistungsmotoren) Bemessungbetriebsstrom des Motors je nach Motoreigenschaften und Art der Last. Das Öffnen ist einfacher, da der Strom dem Bemessungsbetriebsstrom des Motors entspricht. Die Spannung verringert sich auf 17 % der Bemessungsbetriebsspannung. Die typische elektrische Abnutzung ist auf das Schließen der Kontakte zurückzuführen. Bei der Sichtprüfung einer AC-3-Anwendung zeigt sich normalerweise, dass kein oder nur sehr wenig Material von den Kontakten in die Löschkammern verspritzt wurde.

3.4.7 Haupt- und Steuerstromkreise

Steuerstromkreise, die der Sicherheit dienen, sind zusätzliche Stromkreise, d. h. sie wirken in einer zweiten „Sicherheitsebene" zusätzlich zu der vorhandenen Haupt- und Steuerstromkreisebene. Dadurch wird der Aufwand einer Maschinensteuerung oftmals verdoppelt, womit auch das Risiko eines Bauteilausfalls steigt. Damit diese Nebenwirkung den gewünschten Effekt nicht umkehrt, müssen Sicherheitsstromkreise so gestaltet sein, dass sich das Ausfallrisiko auf das der schon vorhandenen Hauptstromkreise begrenzt.

Wie können solche Stromkreise gestaltet werden?

Dazu ist folgende Fehlerbetrachtung notwendig:

- Schluss im Tasterkreis wird nicht erkannt
- Fehler im Schaltkreis (1K1) wird nicht erkannt
- Erdschluss wird erkannt

Sicherheitsbezogene Teile der Steuerung sind mit bewährten Bauteilen nach bewährten Prinzipien aufgebaut.

Ein einfaches Risiko besteht darin: NOT-AUS wirkt auf Hauptschütz, Hauptschütz schaltet alles frei. Diese Schaltung ist zulässig. Das Risiko des Versagens von Hauptstromkreisen ist technisch und wirtschaftlich vertretbar. Es ist nicht im Sinn von Sicherheitsnormen, da sich dadurch der Schaltungsaufwand wesentlich vergrößert.

Abb. 3.62 zeigt einen einfachen Steuerstromkreis mit integriertem NOT-AUS. Rechts ist der Steuerstromkreis und links der Hauptstromkreis mit dem Motor gezeigt. Damit kommt man zu den Schaltungsunterlagen.

Schaltungsunterlagen erläutern die Funktion von Schaltungen oder von Leitungsverbindungen. Sie dokumentieren, wie elektrische Einrichtungen gefertigt, errichtet und gewartet werden. Lieferant und Betreiber müssen vereinbaren, in welcher Form die Schaltungsunterlagen erstellt werden: Papier, Film, (Diskette) veraltet, USB-Stick usw. Sie

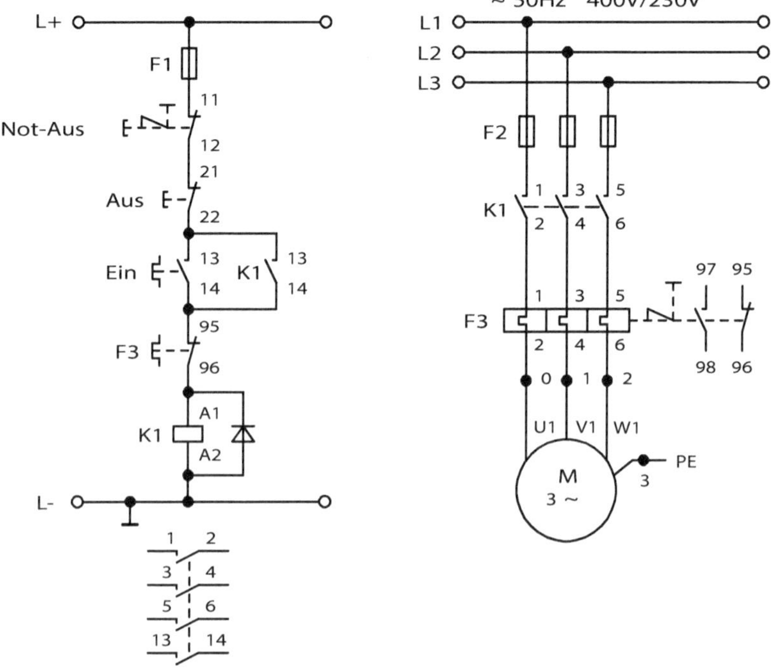

Abb. 3.62 Einfacher Steuerstromkreis mit integriertem NOT-AUS

müssen sich auch auf die Sprache einigen, in der die Dokumentation erstellt wird. Bei Maschinen müssen die Benutzerinformationen in der Amtssprache des Einsatzlandes verfasst werden. Schaltungsunterlagen werden in zwei Gruppen unterteilt. Die Einteilung erfolgt nach Art der Darstellung vereinfacht oder ausführlich, wie

- ein- oder mehrpolige Darstellung
- zusammenhängende, halbzusammenhängende oder aufgelöste Darstellung
- lagerichtige Darstellung

3.4.8 Haupt- mit Hilfsstromkreis

Werden zusätzliche Schaltkreise zur Sicherheitsabschaltung der Hauptstromkreise in eine Steuerung eingebracht, dürfen diese das Risiko des Versagens nicht erhöhen.

Abb. 3.63 zeigt einen vereinfachten Aufbau, denn Steuer- und Sicherheitsstromkreis sind getrennt. Eine Fehlerbetrachtung soll auch hier den Stromkreis so einfach wie möglich gestalten:

- Schluss im Tasterkreis wird nicht erkannt
- Fehler im Schaltkreis werden nicht erkannt

Die Verdoppelung der Schaltkreise ergibt auch hier eine Erhöhung der Fehlermöglichkeiten.

Eine mögliche Ausführung zeigt Abb. 3.63. Sie ist als Sicherheitsschaltkreis nicht zulässig, da ein Erstfehler einen gefährlichen Zustand bewirkt!

Die Schaltung enthält ein doppeltes Risiko: „NOT-AUS" wirkt auf Hilfsschütz, der Hilfsschütz wirkt auf den Hauptschütz, der dann alles freischaltet.

Um das Risiko in Sicherheitsschaltkreisen herunterzusetzen, müssen diese redundant aufgebaut werden. Redundanz bedeutet: Anwendung von mehr als einem Gerät oder System, um sicherzustellen, dass bei einem eventuellen Fehlverhalten des einen Teiles ein anderes verfügbar ist, um diese Funktion zu übernehmen. Eine Maßnahme im Sinn ist die Verdoppelung der Bauteile im Sicherheitsstromkreis. Eine Fehlerbetrachtung offenbart die Schwachpunkte:

- Schluss im Tasterkreis wird nicht erkannt,
- Fehler im Schaltkreis werden nicht erkannt, da gegenseitige Überwachung fehlt. Diese Art der Schaltung ist als Sicherheitsschaltkreis nicht zulässig, da auftretende Erstfehler nicht erkannt werden!

Die Schaltung enthält ein doppeltes Risiko: Ein NOT-AUS wirkt auf zwei Hilfsschütze, die erst auf den Hauptschütz wirken. Nach Ausfall eines Hilfsschützes ist eine Redundanz und damit die notwendige Sicherheit nicht mehr gegeben.

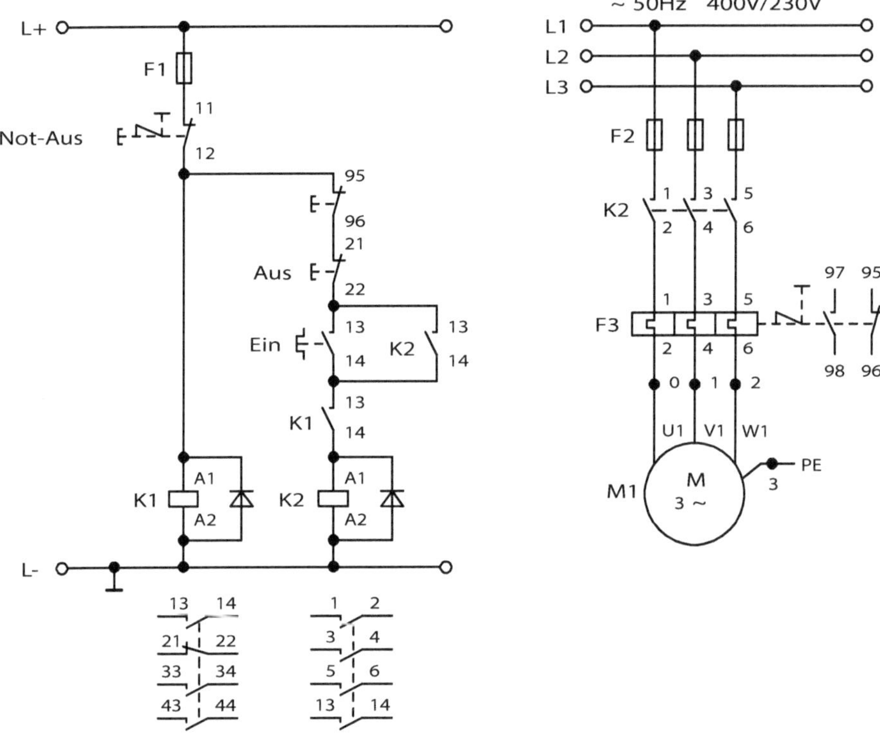

Abb. 3.63 Steuerstromkreis und Sicherheitsstromkreis getrennt

Die Schaltung ist nicht zulässig: Keine sichere Fehlererkennung im Sinne der Selbstüberwachung und es erfolgt kein zyklischer Test. Ein Erstfehler wird nicht erkannt, sodass ein Betrieb im einkanaligen Zustand möglich ist. Abb. 3.64 zeigt einen Steuer-/Sicherheitsstromkreis mit einfacher nicht überwachter Redundanz.

Diese Schaltung wurde früher häufig verwendet und ist deshalb stark verbreitet. Sie ist zwar redundant aufgebaut und es besteht eine gewisse Fehlerüberwachung. Da die Kontakte erstens in ihrer Funktion vor- bzw. nacheilend, und zweitens nicht zwangsgeführt sind, muss die so genannte „Zweischütz-Schaltung“ als nicht sicher angesehen werden.

Die geforderte Redundanz im Sicherheitsstromkreis wird mit speziellen Schützen realisiert. Abb. 3.65 zeigt einen Steuer-/Sicherheitsstromkreis in Zweischützschaltung mit vor- und nacheilenden Kontakten.

Die Fehlerbetrachtung zeigt die Schwächen der Schaltung:

- Schluss im Tasterkreis wird nicht erkannt
- Fehler im Schaltkreis werden nicht immer erkannt, da die Schützkombination nicht zwangsgeführt ist

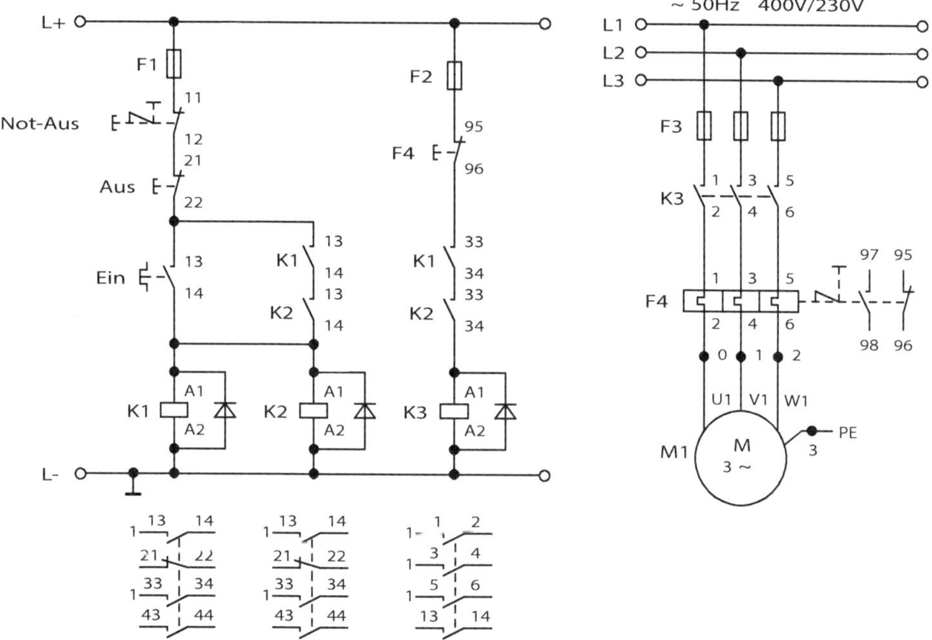

Abb. 3.64 Steuer-/Sicherheitsstromkreis mit einfacher nicht überwachter Redundanz

Die Schaltung enthält ein doppeltes Risiko: Ein NOT-AUS wirkt auf Hilfsschütze, die erst auf den Hauptschütz wirken. Nach Ausfall eines Hilfsschützes besteht keine Redundanz mehr. Die Schaltung ist deshalb nicht zulässig: Keine sichere Fehlererkennung im Sinne der Selbstüberwachung, da die Schützkombination nicht zwangsgeführt ist.

Die Maßnahmen zur Verringerung von Risiken nach der Normung sind:

- Verwendung von erprobten Schaltungstechniken:
  - Schaltungseinrichtungen mit zwangsläufig öffnenden Kontakten
  - Dreischütztechnik
- Vorsehen von Redundanz oder Diversität:
  - Redundanz: Anwendung von mehr als einem Gerät oder System, um sicherzustellen, dass bei einem eventuellen Fehlverhalten des einen ein anderes diese Funktion übernehmen kann
  - Diversität: Aufbau von Stromkreisen nach verschiedenen Funktionsprinzipien
- Vorsehen von Funktionsprüfungen:
  - Prüfen beim Anlaufen der Maschine oder nach festgelegten Zeitabständen, ob die Kontakte richtig arbeiten,
  - Einfehlersicherheit: Sicherstellung, dass Einzelfehler zu keinem gefährlichen Zustand führen.

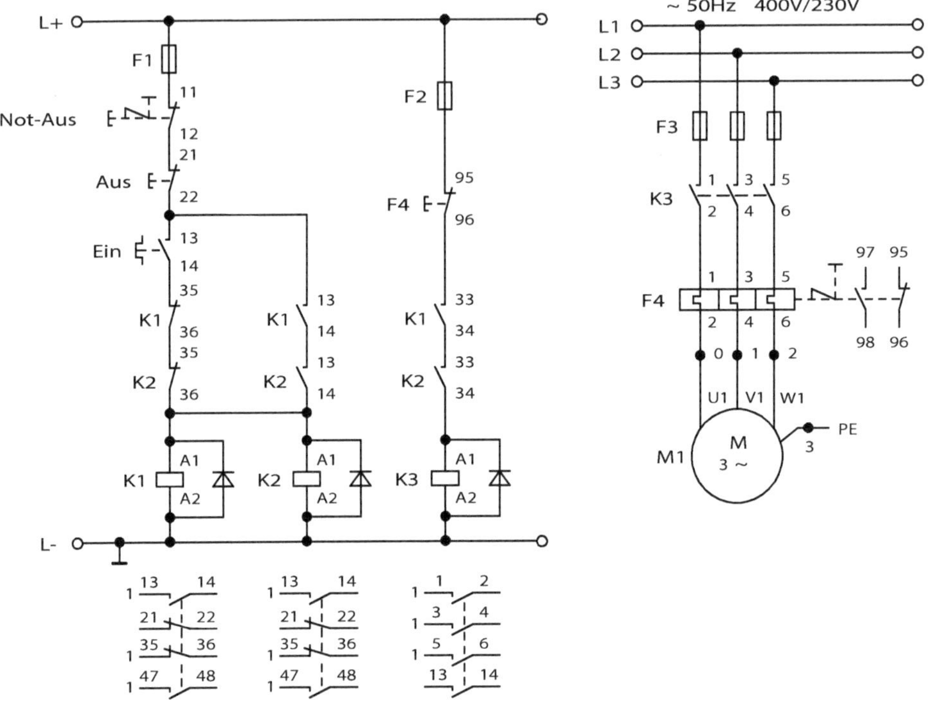

Abb. 3.65 Steuer-/Sicherheitsstromkreis als „Zweischützschaltung" mit vor- und nacheilenden Kontakten

Die geforderte Redundanz im Sicherheitsstromkreis erfolgt mit zyklischem Test. Eine Fehlerbetrachtung zeigt die Vor- und Nachteile der Schaltung:

- Schluss im Tasterkreis wird nicht erkannt
- Erdschluss wird erkannt
- zyklischer Test wird durchgeführt
- Einfehlersicherheit ist erreicht durch zwangsgeführte Relais
- Fehler im Schaltkreis werden erkannt, wenn durch geeigneten Aufbau Querschlüsse auszuschließen sind.

Die Schaltung enthält ein einfaches Risiko: Ein NOT-AUS wirkt auf Hilfsschütze, die auf den Hauptschütz wirken. Die Hilfsschütze sind redundant und zyklisch überwacht.

Sichere Fehlererkennung erfolgt im Sinne der Selbstüberwachung, da die Schützkombination zwangsgeführt ist. Erstfehler werden erkannt, da ein Schütz (K3 in Abb. 3.64) einen Selbsttest durchführt. Das in Abb. 3.66 gezeigte Beispiel eines Sicherheitsschaltkreises soll im Folgenden betrachtet werden.

Wird nach den Regeln der Normung ein Sicherheitsschaltkreis gestaltet, so ist zuerst die Abgrenzung festzulegen. Es kann ja nicht Sinn der Vorschrift sein, durch einfaches

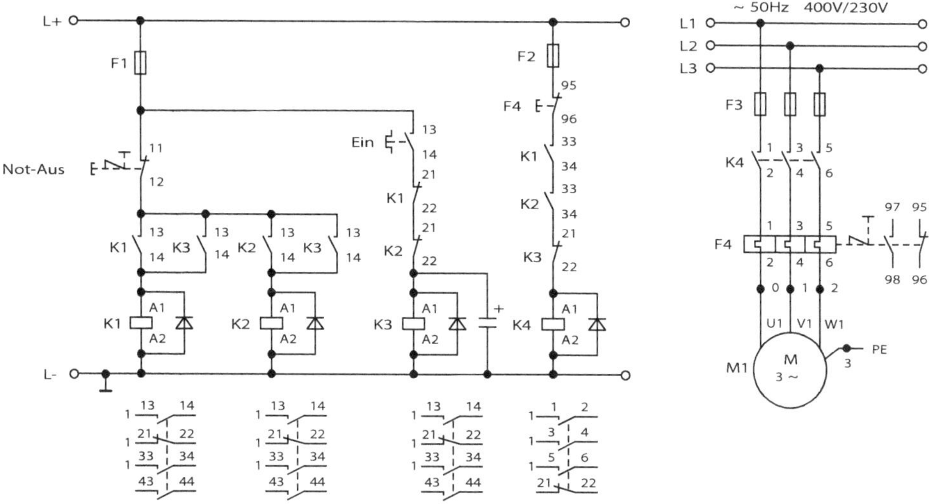

Abb. 3.66 Steuer-/Sicherheitsstromkreis als typische Dreischützschaltung mit Fehlererkennung

Verdoppeln aller Schaltkreise Redundanz zu erzielen, da das unnötig Kosten verursacht. Nach der Theorie beginnt der Sicherheitsschaltkreis nach dem NOT-AUS-Taster und endet am Leistungsschütz. Für diesen Pfad werden keine zusätzlichen Bauteile benötigt, die ein zusätzliches Risiko darstellen. Je nach Risikobetrachtung ist es dennoch zweckmäßig, eine Redundanz im NOT-AUS-Tasterkreis vorzusehen. Das jedoch nur im Kontaktteil, denn eine Verdoppelung der roten Stopp-Taster würde eher Unsicherheit als Sicherheit ergeben. Diese Überlegung ist auch für den Ausgang anzuwenden. Wenn der Sicherheitsschaltkreis am Leistungsschütz endet, müsste eigentlich im Gegensatz zum Kontaktteil der Spulenteil des Leistungsschaltschützes redundant sein. Da Redundanz in der Spule ohne eine Redundanz von Kontakten nicht optimal ist, wird diese Maßnahme nicht vorgesehen. Es kann jedoch von Vorteil sein, durch Verdoppeln des kompletten Leistungsschützes echte Redundanz zu erzielen.

Unter Berücksichtigung dieser Überlegungen sollten Sicherheitsschaltkreise deshalb nach folgendem Muster aufgebaut werden.

3.4.9 Redundanz im Ein- und Ausgangskreis

Nach der Normung ist Redundanz ein Mittel zur Erreichung der Einfehlersicherheit in Sicherheitsschaltkreisen und nach der Normung können diese dann in Kategorien eingestuft werden. Hier beginnt das eigentliche Dilemma, denn die Idee dieser Normen war, Sicherheit in eine vorhandene Steuerungstechnik einzubringen, ohne dass das derzeitige Versagensrisiko erhöht wird. Man wollte keine Verdoppelung der Haupt- und Steuerstromkreise, sondern nur, dass zusätzliche Bauteile, die der Sicherheit dienen, zu keiner Erhöhung des Ausfallrisikos führen.

Obwohl keine einheitliche Meinung besteht, ob die Ein- und Ausgangskreise mit einzuschließen sind, ist es sinnvoll, Sensoren im Bereich beweglicher Verdeckungen (Schutztüren) ab Kategorie 3 redundant einzusetzen, sowie NOT-AUS-Taster mit zwei getrennten Abschaltwegen zu verwenden.

Bei diesem Beispiel wird der Motor einkanalig abgeschaltet, obwohl diese Anwendung nach Kategorie 3 eingestuft werden kann. Wird der Motorschütz der Belastung durch den Motor entsprechend ausreichend ausgelegt und abgesichert, sodass auch ein etwaiges Blockieren der Motorwelle nicht zu einem Verschleiß der Schutzkontakte führt, kann diese Beschaltung im Sinne der Normung als korrekt angesehen werden.

Ist man sich bei der Realisierung dieser Maßnahmen nicht sicher, ob diese erfüllt oder ausreichend sind, so empfiehlt es sich, auch den Motorschütz redundant auszulegen. Ist dieser redundant, so kann der zweite Motorschütz die gefährliche Bewegung abschalten, wenn es beim ersten zum Verschweißen der Schaltkontakte kommt. Um sicherzustellen, dass beide Motorschütze immer funktionsfähig sind, wird von jedem Schütz ein Öffnerkontakt in den Startkreis des Sicherheitsschaltkreises eingebunden.

Bleibt einer dieser Motorschütze angezogen, bleibt auch der Öffnerkontakt im Startkreis des Sicherheitsschaltkreises offen und verhindert so das Wiedereinschalten. Diese Sicherheitsmaßnahme bezeichnet man als Rückführkreis und ist nur in redundanten Anwendungen sinnvoll. Abb. 3.67 zeigt einen redundanten Steuer-/Sicherheitsschaltkreis in Kategorie 3 und der Motorabschaltung mit Kategorie 1 und Abb. 3.68 zeigt einen redundanten Steuer-/Sicherheits-/Hauptstromschaltkreis mit Fehlererkennung.

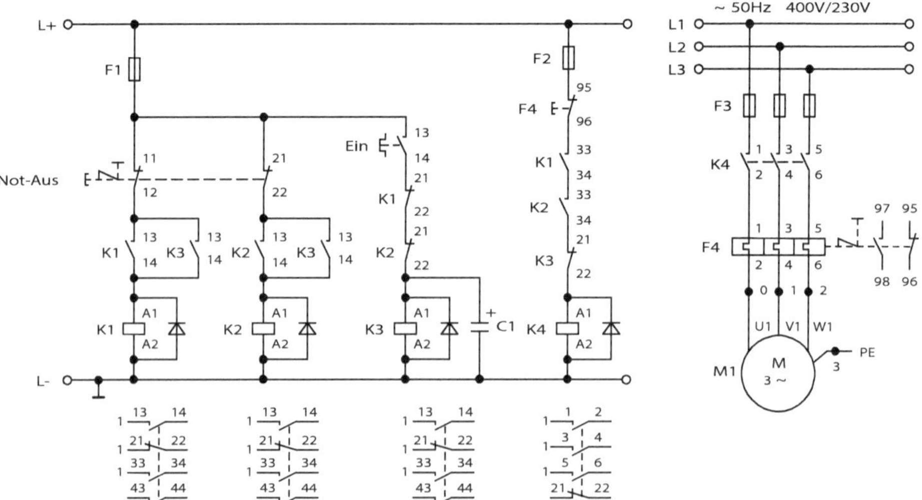

Abb. 3.67 Redundanter Steuer-/Sicherheitsschaltkreis in Kategorie 3, Motorabschaltung Kategorie 1

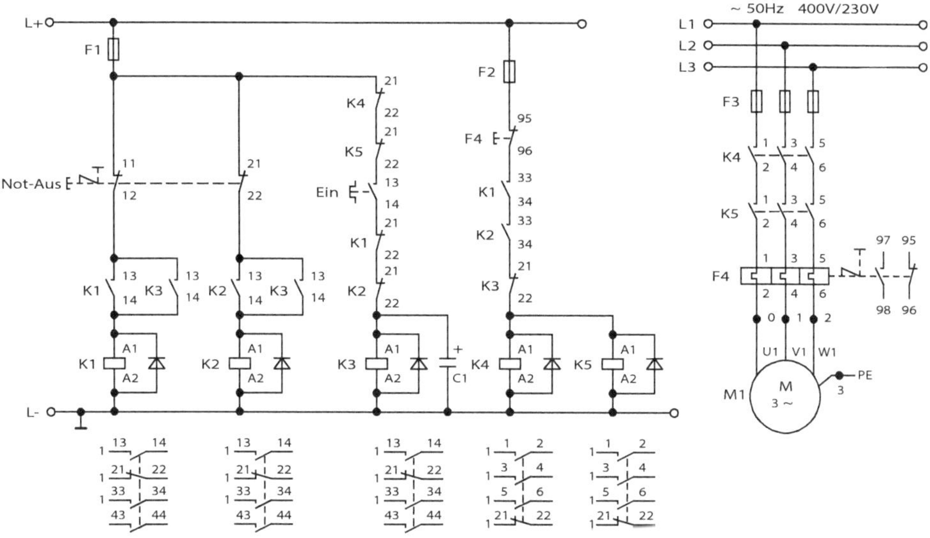

Abb. 3.68 Redundanter Steuer-/Sicherheits-/Hauptstromschaltkreis mit Fehlererkennung

3.5 Überstromschutzeinrichtungen

Der optimale Schutz gegen Kurzschluss-Verschweißung von Relaiskontakten ist nach wie vor die Schmelzsicherung. Dagegen spricht jedoch die Tatsache, dass diese bereits nach einmaligem Auslösen defekt ist und ersetzt werden muss. Dies ist das eigentliche Problem der Schmelzsicherung.

3.5.1 Sicherungsautomaten

Nach Murphy's Gesetz der maximalen Boshaftigkeit ist natürlich in solch einem Fall keine Ersatzsicherung vorhanden und schon gar keine mit der Auslösekennlinie, die es zu ersetzen gilt. Aus diesem Grund wünscht man sich Sicherungsautomaten, im Nachfolgenden Leitungsschutzschalter genannt, die auch nach vielfachem Auslösen nicht ersetzt werden müssen und immer einen korrekten Kurzschlussschutz bieten. Leider ist ein pauschales Ersetzen einer Schmelzsicherung mit 10 A durch einen Sicherungsautomaten mit 10 A nicht zu empfehlen. Da diese beiden nach einem unterschiedlichen Prinzip funktionieren, weisen sie auch eine unterschiedliche Auslösekennlinie auf. Während die Kennlinie der Schmelzsicherung harmonisch in einer 1/X-Kurve verläuft, hat die Kennlinie eines Sicherungsautomaten auf halber Strecke einen Höcker. Die Ursache der Änderung im Verlauf dieser Kennlinie ist, dass hier unterschiedliche Systeme wirken. Die Charakteristik der unteren Hälfte wird von einem magnetischen, bei Kurzschluss wirkenden Teil, und die obere Hälfte von einem thermischen, bei Überstrom wirkenden Teil bestimmt wird. Da es

Tab. 3.14 Kurzschlussstrom und Durchlasswerte bei Leitungsschutzschaltern

Leitungsschutzschalter	Typ. $I^2 \cdot t$-Wert	Relaiskontakte	Max. $I^2 \cdot t$-Wert
10 A	150 A^2s	10 A	400 A^2s
6 A	85 A^2s	8 A	320 A^2s

hierbei Variationsmöglichkeiten gibt, werden Leitungsschutzschalter entsprechend ihrer Auslösecharakteristik eingestuft.

- Auslösecharakteristik A
  - Für begrenzten Halbleiterschutz
  - Schutz von Messkreisen mit Wandlern
  - Schutz von Stromkreisen mit großen Leitungslängen, bei Forderung der Abschaltung in 0,4 s
- Auslösecharakteristik B: Leitungsschutz hauptsächlich in Wohnbauinstallationen.
- Auslösecharakteristik C: Leitungsschutz, bevorzugt bei höheren Einschaltströmen wie Lampen, Motoren usw.

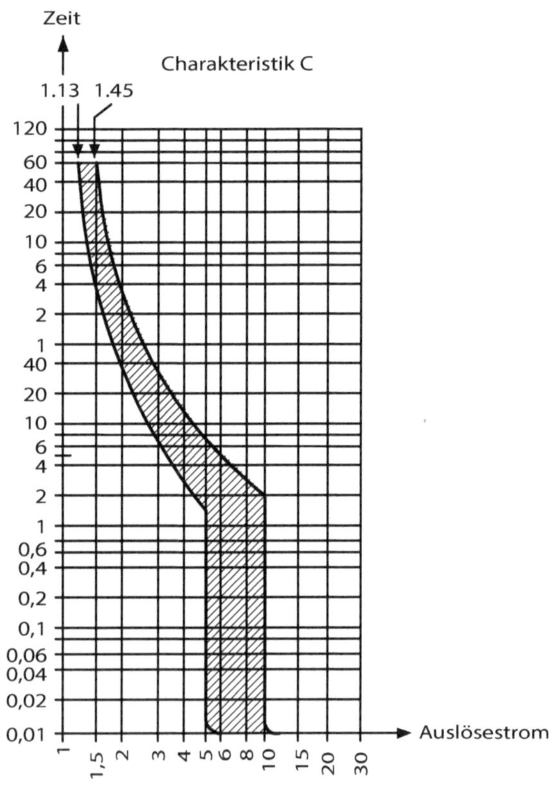

Abb. 3.69 Zeit-/Strom-Kennlinie eines Leitungsschutzschalters

- Auslösecharakteristik D: Bevorzugt bei hohen Einschaltströmen wie Transformatoren, Magnetventilen, Kapazitäten usw.
- Auslösecharakteristik Z: Für Halbleiterschutz und diese lösen sehr schnell aus.

Betrachtet man den Kurzschlussfall, nicht den Bereich der thermischen Überlast. Dieser ist davon abhängig, dass im Kurzschlussfall ein genügend hoher Strom fließt, um eine sichere elektromagnetische Auslösung des Leitungsschutzschalters zu gewährleisten.

Für Spannungen $\leq 60\,V_{DC}$ ergeben sich für Leitungsschutzschalter bei einem prospektiven Kurzschlussstrom von 1 kA folgende Durchlasswerte von Tab. 3.14.

Aus Tab. 3.14 ist deutlich zu erkennen, dass sowohl beim 10-A- als auch beim 8-A-Relaiskontakt bei Einhaltung der max. Spannung von $60\,V_{DC}$ kein Kontaktverschweißen zu befürchten ist. Anders ist dies bei höheren Spannungen wie z. B. $230\,V_{AC}$. Hier wirken wesentlich mehr Faktoren und eine genaue Analyse ist sehr schwierig. Man kann von Folgendem ausgehen, dass der Amperewert des Leitungsschutzschalters deutlich unterhalb des Amperewerts des Relais liegt. Abb. 3.69 zeigt die Zeit-/Strom-Kennlinie eines Leitungsschutzschalters.

3.5.2 Schmelzsicherungen

Schmelzsicherungen zeichnen sich durch ein hohes Bemessungsschaltvermögen bei kleinstem Raumvolumen aus. Ein typischer Wert für das Bemessungsschaltvermögen bei Wechselspannung ist $I = 50$ kA, die Auslösestromstärken sind je nach Leitungsquerschnitt abgestuft und in den Normen DIN VDE 0636/IEC 60269 festgelegt.

Ein Vorteil dieser Sicherungsart ist die Strombegrenzung, die durch gleichzeitiges Schmelzen mehrerer Engstellen eines Schmelzleiters entsteht. Sollen Halbleiter geschützt werden, hat die Schmelzsicherung hier Vorteile, die von einem Leitungsschutzschalter nur schwer erreicht werden. Abb. 3.70 zeigt verschiedene Schmelzsicherungen.

Bei der Zuordnung von Sicherungen zum Leitungsschutz bei Überlast ist gemäß VDE 0100 Teil 430 vorzugehen:

$$\text{Nennstromregel} \quad I_B \leq I_n \leq I_Z$$

$$\text{Auslöseregel} \quad I_2 \leq 1{,}45 \cdot I_n$$

I_B: Betriebsstrom des Stromkreises
I_n: Betriebsstrom der ausgewählten Schutzeinrichtung
I_Z: zulässige Strombelastbarkeit der Leitung
I_2: Auslösestrom der Schutzeinrichtung
1,45: ist ein international akzeptierter Kompromiss zwischen Nutzungs- und Schutzgrad einer Leitung.

Tab. 3.15 zeigt die Dauerstrombelastung ausgewählter Leitungstypen.

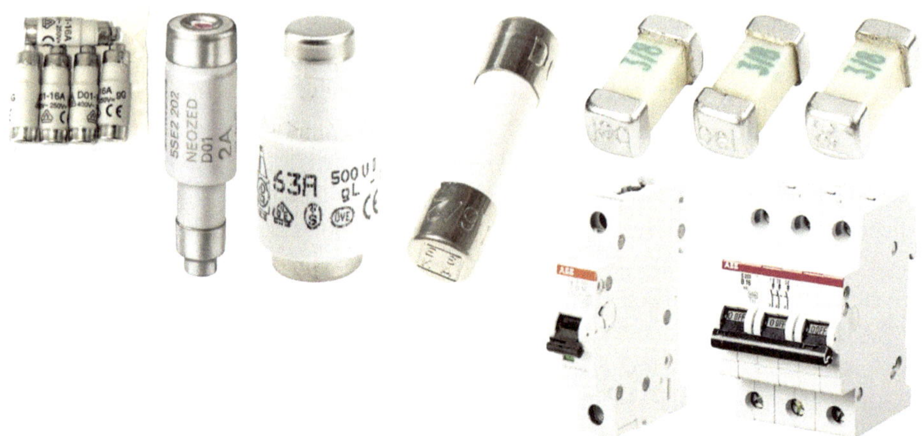

Abb. 3.70 Verschiedene Schmelzsicherungen

Tab. 3.15 Dauerstrombelastung ausgewählter Leitungstypen

Nennquerschnitt mm^2	Leitungsschutzschalter Zweileitersystem	Leitungsschutzschalter Dreileitersystem	Zul. Dauerstrom Zweileitersystem	Zul. Dauerstrom Dreileitersystem
1,5	B/C 16	B/C 16	19,5 A	17,5 A
2,5	B/C 25	B/C 25	26 A	24 A
4	B/C 32	B/C 32	35 A	32 A
6	B/C 40	B/C 40	46 A	41 A

Der Schutz bei Überlast besteht darin, Schutzorgane vorzusehen, die Überlastströme in den Leitern eines Stromkreises unterbrechen, ehe sie eine für die Leiterisolierung, die Anschluss- und Verbindungsstellen sowie die Umgebung der Leitungen und Kabel schädliche Erwägung hervorrufen können.

Zum Schutz bei Überlast von Leitungen müssen folgende Bedingungen erfüllt sein.

Beispiel

Eine dreiadrige NYM-Leitung soll bei einer Umgebungstemperatur von 21 °C als Einzelleitung an der Wand verlegt werden. Der Betriebsstrom beträgt 38 A.

Man bestimmt den Querschnitt mit $A = 6\,mm^2$ und die Verlegeart ist in C durchzuführen: $A = 6\,mm^2$, $I_Z = 49\,A$ und $I_n = 40\,A$.

Die Bedingung lautet: $I_B \leq I_n \leq I_Z$ ist $38\,A \leq 40\,A \leq 49\,A$

Gewählt wird die Sicherung mit $I_n = 40\,A$.

► **Anmerkung:** Bei einstellbaren Schutzorganen entspricht der Einstellwert I_Z, dem Strom, der eine Auslösung des Schutzorgans unter den in den Gerätebestimmungen festgelegten Bedingungen bewirkt (großer Prüfstrom).

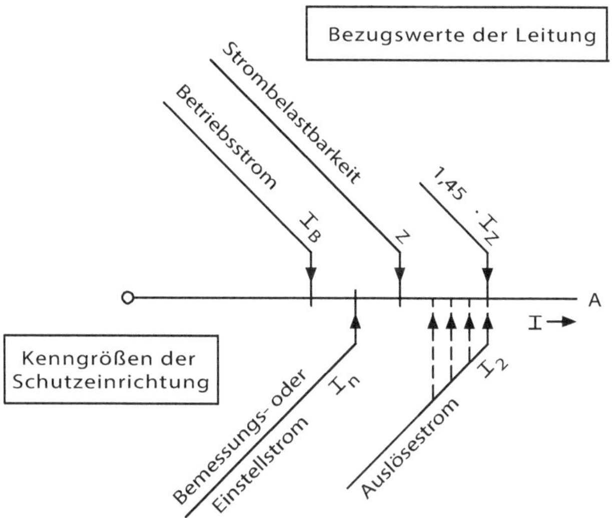

Abb. 3.71 Bezugswerte der Leitung

Abb. 3.71 zeigt die Bezugswerte der Leitung und die Anordnung der Schutzorgane zum Schutz bei Überlast.

Schutzorgane zum Schutz bei Überlast müssen am Anfang jedes Stromkreises, sowie an allen Stellen eingebaut werden, an denen die Strombelastbarkeit gemindert wird, sofern ein vorgeschaltetes Schutzorgan den Schutz nicht sicherstellen kann. Tab. 3.16 zeigt die Mindestquerschnitte für Schutzleiter.

Sicherungen bestehen aus einem isolierenden Körper, der zwei durch einen Schmelzleiter verbundene elektrische Kontakte oder Drahtanschlüsse aufnimmt. Der Schmelzleiter wird durch den ihn durchfließenden Strom erwärmt und schmilzt, wenn der Bemessungsstrom (Nennstrom) der Sicherung deutlich für eine bestimmte Zeit überschritten wird. Diese Schutzfunktion wird „Auslösen der Sicherung“ genannt. Ausgelöste Sicherungen sind unbrauchbar und müssen ersetzt werden.

Ein Schraubsicherungshalter für eine D-Sicherung besteht aus einem festen Sicherungsunterteil mit dem Passelement (Passschraube) sowie einer abnehmbaren Schraubkappe mit Fenster. Der Sicherungseinsatz (Schmelzeinsatz, Sicherungspatrone, Sicherung) hat einen farbigen Betriebszustandsanzeiger (Kennmelder, auch Schaltzustandsanzeiger oder Unterbrechungsmelder), der bei eingeschraubter Sicherung hinter dem Fenster der Schraubkappe sitzt, und einen Fußkontakt, der zur Passschraube passen muss. Oft sind auch die Passschrauben zusätzlich farblich gekennzeichnet – sie müssen dann zur Farbe des Kennelements der Sicherung passen. Der Innendurchmesser des isolierten Kopfes der Passschraube limitiert den Durchmesser und damit den Nennstrom der einsetzbaren Sicherungsgrößen nach oben. Die Schraube ist mit einem speziellen Dreher, der in zwei Nute am Zylindermantel des Isolierkörpers eingreift, fest sitzend anzuschrauben und muss pas-

Tab. 3.16 Mindestquerschnitte für Schutzleiter

Außenleiter	Schutzleiter oder PEN-Leiter[a]		Schutzleiter[b] getrennt verlegt		
	Isolierte Starkstromleitungen	0,6/1-kV-Kabel mit vier Leitern	Geschützt		Ungeschützt[c]
mm^2	mm^2	mm^2	mm^2		mm^2
			Cu	Al	Cu
Bis 0,5	0,5	–	2,5	4	4
0,75	0,75	–	2,5	4	4
1	1	–	2,5	4	4
1,5	1,5	1,5	2,5	4	4
2,5	2,5	2,5	2,5	4	4
4	4	4	4	4	4
6	6	6	6	6	6
10	10	10	10	10	10
16	16	16	16	16	16
25	16	16	16	16	16
35	16	16	16	16	16
50	25	25	25	25	25
70	35	35	35	35	35
95	50	50	50	50	50
120	70	70	70	70	70
150	70	70	70	70	70
185	95	95	95	95	95
240	–	120	120	120	120
300	–	150	150	150	150
400	–	185	185	185	185

[a] PEN-Leiter $\geq 10\,mm^2$ Cu oder $18\,mm^2$ Al
[b] Ab einem Querschnitt des Außenleiters von $\geq 95\,mm^2$ vorzugsweise blanke Leiter anwenden
[c] Ungeschütztes Verlegen von Leitern aus Aluminium ist nicht zulässig

send zur Belastbarkeit der installierten Leitung gewählt sein. Der Sicherungseinsatz ist der reaktive, wechselbare Teil einer Sicherung.

Schraubsicherungen haben Fußkontakte mit nennstromabhängig abgestuftem Durchmesser. Im Unterteil des Sicherungsschalters befindet sich ein entsprechendes farbiges Passelement (Passschraube, Passeinsatz), das verhindert, dass man Sicherungen mit höherem Bemessungsstrom als vorgesehen einsetzt.

In der Mitte des Kopfkontaktes des Sicherungseinsatzes befindet sich ein farbiges Metallplättchen, der Kennmelder, als Schaltzustandsanzeiger. Er ist mit einer Feder unterlegt und wird von einem Draht mit hohem Widerstand gehalten, der am Fußkontakt des Sicherungseinsatzes befestigt ist. Nach Abschmelzen des Schmelzleiters schmilzt auch der Haltedraht des Kennmelders, worauf der Kennmelder ausgeworfen wird. Eine Glasschei-

Tab. 3.17 Kennfarben und Fußkontaktdurchmesser von Schraubsicherungen

Nennstrom	Farbe	Fußdurchmesser		
		D	DL	D0
2 A	Rosa	6 mm	8 mm	7,3 mm
4 A	Braun	6 mm	8 mm	7,3 mm
6 A	Grün	6 mm	8 mm	7,3 mm
10 A	Rot	8 mm	8 mm	8,5 mm
16 A	Grau	10 mm	10 mm	9,7 mm
20 A	Blau	12 mm	12 mm	10,9 mm
25 A	Gelb	14 mm		12,1 mm
35 A	Schwarz	16 mm		13,3 mm
50 A	Weiß	18 mm		14,5 mm
63 A	Kupfer	20 mm		15,9 mm
80 A	Silber	20 mm		21,4 mm
100 A	Rot			24,2 mm
125 A	Gelb			
160 A	Kupfer			
200 A	Blau			

be in der Schraubkappe verhindert das Herausfallen des Kennmelders und ermöglicht eine Sichtkontrolle der ausgelösten Sicherung.

Kennmelder und Passeinsätze sind abhängig vom Bemessungsstrom farblich gekennzeichnet.

Der wesentliche Unterschied zwischen D- und D0-Sicherungen ist neben den verschiedenen Abmessungen die zulässige Betriebsspannung: Während D-Sicherungen für eine Spannung von bis 500 V, Sondertypen bis zu 750 V (jeweils Gleich- und Wechselspannung) geeignet sind, ist das D0-System nur bis zu einer Spannung von Wechselspannung bis 400 V und Gleichspannung bis 250 V bestimmt. Tab. 3.17 zeigt die Kennfarben und Fußkontaktdurchmesser von Schraubsicherungen.

Als Leitungsschutzsicherungen werden heute Schraubsicherungen der Betriebsklasse gG eingesetzt, z. B. um Leitungen zu Verteilern zu schützen. Vereinzelt werden noch Schraubsicherungen in Verbindung mit Motorschutzschaltern zum Schutz von Motoren eingesetzt, wenn Maschinen mit besonders hohem Einschaltstrom betrieben werden.

3.6 Betriebsarten von Motoren nach IEC 34 (EN 60034)

Die Bemessungsleistung steht immer im Zusammenhang mit einer Betriebsart und Einschaltdauer.

S1: Normal wird für Dauerbetrieb S1 aufgeführt, d. h. es liegt Betrieb mit konstantem Belastungszustand vor, dessen Dauer ausreicht, dass der Motor den thermischen Beharrungszustand erreicht.

S2: Es handelt sich hier um einen Kurzzeitbetrieb, d. h. Betrieb mit konstantem Belastungszustand für begrenzte, festgelegte Zeit mit anschließender Pause, bis der Motor die Umgebungstemperatur wieder erreicht hat.

S3: Dies ist ein Aussetzbetrieb ohne Einfluss des Anlaufvorganges auf die Erwärmung. Charakteristikum ist die „Relative Einschaltdauer ED". S3 ist gekennzeichnet durch eine Folge gleichartiger Lastspiele, von denen jedes eine Zeit mit konstanter Belastung und eine Pause umfasst, in der der Motor stillsteht.

S4: Dies ist ein Aussetzbetrieb mit Einfluss des Anlaufvorganges auf die Erwärmung, gekennzeichnet durch relative Einschaltdauer ED und Zahl der Schaltungen pro Stunde.

S5 bis S10: Des Weiteren gibt es noch die Betriebsarten S5 bis S10 mit teilweise analogen Bedingungen zu S1 bis S4. Abb. 3.72 zeigt die Impulsdiagramme für Betriebsarten S1, S2 und S3.

Ist ein Motor für S1 mit 100 % Einschaltdauer ausgelegt und wird eine geringere Einschaltdauer benötigt, kann die Bemessungsleistung nach Tab. 3.18 erhöht werden.

Die relative Einschaltdauer ED ist das Verhältnis der Belastungsdauer zur Spieldauer (Spieldauer = Summe der Einschaltzeiten und spannungslosen Pausen). Die maximale

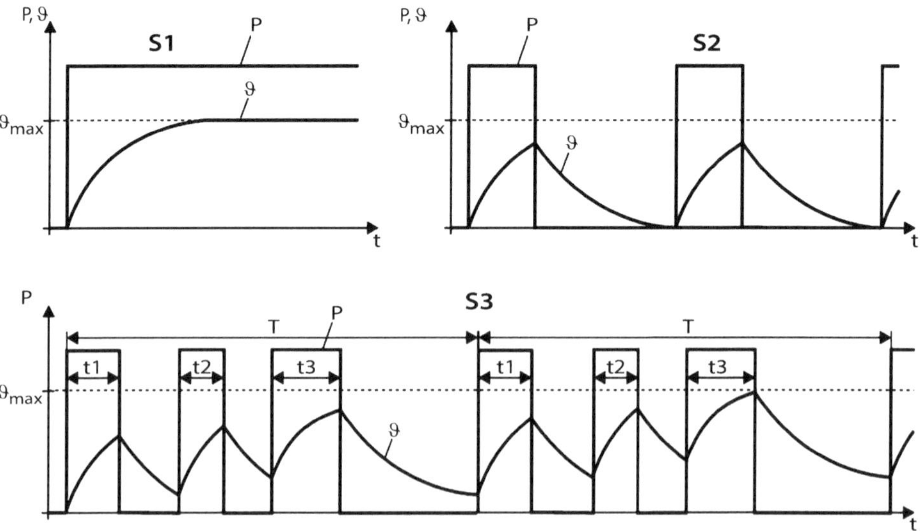

Abb. 3.72 Betriebsarten S1, S2 und S3

Tab. 3.18 Leistungssteigerungsfaktor K

Betriebsdauer			Leistungssteigerungsfaktor K
S2	Betriebsdauer	60 min 30 min 10 min	1,1
S3	Relative Einschaltdauer ED	60 % 40 % 25 % 15 %	1,2
S4–S10	Zur Bestimmung der Bemessungsleistung und der Betriebsart sind Zahl und Art der Schaltungen pro Stunde, Anlaufzeit, Belastungszeit, Bremsart, Bremszeit, Leerlaufzeit, Spieldauer, Stillstandzeit und Leistungsbedarf anzugeben		1,4

Spieldauer ist 10 min.

$$ED = \frac{\sum t_e}{t_S} \cdot 100 \quad [\%]$$

ED = Relative Einschaltdauer [%]
Σt_e = Summe der Einschaltzeiten [s]
t_S = Spieldauer [s]

Auf dem Typenschild der Motoren wird nach EN 60034 als Bemessungsleistung P_N die Abtriebsleistung, d. h. die zur Verfügung stehende mechanische Wellenleistung, angegeben. Bei großen Motoren sind Wirkungsgrad η und Leistungsfaktor cos φ günstiger als bei kleinen Motoren. Wirkungsgrad und Leistungsfaktor ändern sich auch mit der Auslastung des Motors, d. h. sie werden bei Teillast ungünstiger.

Scheinleistung:

$$P_S = \sqrt{3} \cdot U_1 \cdot I_P$$

Wirkleistung:

$$P_1 = P_S \cdot \cos \varphi$$

Bemessungsleistung:

$$P_N = U_1 \cdot \eta$$

Am häufigsten eingesetzt werden heute Motoren mit der Wärmeklasse B. Bei diesen Motoren darf die Wicklungstemperatur, ausgehend von einer Umgebungstemperatur von 40 °C maximal 80 K zunehmen. In der EN 60034-1 sind die Wärmeklassen festgelegt. Alle polumschaltbaren Motoren mit getrennter Wicklung sind in Wärmeklasse F ausgeführt. In Tab. 3.19 sind die Übertemperaturen nach EN 60034-1 aufgeführt.

Tab. 3.19 Wärmeklassen (EN 60034-1) für Drehstrommotoren

Wärmeklasse	Grenzübertemperatur bezogen auf Kühlluft-temperatur 40 °C	Abschalttemperatur der Kalt-leiter
B	80 K	130 °C
F	105 K	150 °C
H	125 K	170 °C

Mit einem geeigneten Widerstandsmessgerät kann die Temperaturzunahme eines Motors mit Kupferwicklung über die Widerstandszunahme ermittelt werden.

$$\vartheta_2 - \vartheta_{2S} = \frac{R_2 - R_1}{R_1} \cdot (235 + \vartheta_1) + \vartheta_1 - \vartheta_{a1}$$

ϑ_1 = Temperatur der kalten Wicklung in °C
ϑ_2 = Wicklungstemperatur in °C am Prüfungsende
ϑ_{a1} = Kühlmitteltemperatur in °C am Prüfungsanfang
ϑ_{a2} = Kühlmitteltemperatur in °C am Prüfungsende
R_1 = Widerstand der kalten Wicklung (ϑ_1) in Ω
R_2 = Widerstand am Ende der Prüfung (ϑ_2) in Ω

Der Einfluss der Umgebungstemperatur ϑ_{a1} und ϑ_{a2} kann vernachlässigt werden, wenn sich die Umgebungstemperatur während der Messung nicht ändert. Damit ergibt sich die vereinfachte Formel:

$$\vartheta_2 = \frac{R_2 - R_1}{R_1} \cdot (235 + \vartheta_1) + \vartheta_1$$

Geht man weiterhin davon aus, dass die Temperatur der kalten Wicklung gleich der Umgebungstemperatur ist, so ergibt sich die Temperaturzunahme folgendermaßen:

$$\Delta\vartheta = \vartheta_2 - \vartheta_1$$

3.7 Schutzart

Abhängig von den Umgebungsbedingungen – hohe Luftfeuchtigkeit, aggressive Medien, Spritz- oder Strahlwasser, Staubanfall usw. – werden Drehstrommotoren und Drehstromgetriebemotoren mit und ohne Bremse in den Schutzarten IP54, IP55, IP56 und IP65 nach EN 60034 Teil 5 EN 60529 geliefert. Tab. 3.20 zeigt die Schutzarten nach IP (International Protection).

Erhöhter Korrosionsschutz für Metallteile und zusätzliche Wicklungsimprägnierung (Feucht- und Säureschutz) sind ebenso möglich wie die Lieferung von explosionsgeschützten Motoren und Bremsmotoren nach ATEX 100a.

Tab. 3.20 Schutzart nach EN 60034 für die gesamte Elektrik und Elektronik

IP	1. Kennziffer Fremdkörperschutz	2. Kennziffer Wasserschutz
0	Nicht geschützt	Nicht geschützt
1	Geschützt gegen feste Fremdkörper Ø 50 mm und größer	Geschützt gegen Tropfwasser
2	Geschützt gegen feste Fremdkörper Ø 12 mm und größer	Geschützt gegen Tropfwasser, wenn das Gehäuse bis zu 15° geneigt ist
3	Geschützt gegen feste Fremdkörper Ø 2,5 mm und größer	Geschützt gegen Sprühwasser
4	Geschützt gegen feste Fremdkörper Ø 1 mm und größer	Geschützt gegen Spritzwasser
5	Staubgeschützt	Geschützt gegen Strahlwasser
6	Staubdicht	Geschützt gegen starkes Strahlwasser
7	–	Geschützt gegen zeitweiliges Untertauchen in Wasser
8	–	Geschützt gegen dauerndes Untertauchen in Wasser

3.8 Wicklungsschutz

Die Auswahl der richtigen Schutzeinrichtung bestimmt im Wesentlichen die Betriebssicherheit des Motors. Unterschieden wird zwischen stromabhängiger und motortemperaturabhängiger Schutzeinrichtung. Stromabhängige Schutzeinrichtungen sind z. B. Schmelzsicherungen oder Motorschutzschalter. Temperaturabhängige Schutzeinrichtungen sind Kaltleiter oder Bimetallschalter (Thermostate) in der Wicklung.

Drei Kaltleiter-Temperaturfühler TF werden im Motor in Reihe geschaltet und vom Klemmenkasten aus an ein Auslösegerät im Schaltschrank angeschlossen. Drei Bimetallschalter TH – ebenfalls im Motor in Reihe geschaltet – werden vom Klemmenkasten direkt in den Überwachungskreis des Motors eingeschleift. Kaltleiter oder Bimetalle sprechen bei der maximal zulässigen Wicklungstemperatur an. Sie haben den Vorteil, dass die Temperaturen dort gemessen werden, wo sie auftreten.

Schmelzsicherungen schützen den Motor nicht vor Überlastungen. Sie dienen ausschließlich dem Kurzschlussschutz der Zuleitungen.

Motorschutzschalter sind eine ausreichende Schutzeinrichtung gegen Überlast für Normalbetrieb mit geringer Schalthäufigkeit, kurzen Anläufen und nicht zu hohen Anlaufströmen. Für Schaltbetrieb mit höherer Schalthäufigkeit (>60 c/h^2) und für Schweranlaufbetrieb sind Motorschutzschalter ungeeignet. Wenn die thermischen Zeitkonstanten des Motors und des Schutzschalters nicht übereinstimmen, kann es bei Einstellung auf den Motorbemessungsstrom zur unnötigen Frühauslösung oder zum Nichterkennen der Überlast kommen.

Tab. 3.21 Qualifikation von strom- und temperaturabhängigen Schutzeinrichtungen

A = umfassender Schutz B = bedingter Schutz C = kein Schutz	Stromabhängige Schutzeinrichtung		Temperaturabhängige Schutzeinrichtung	
	Schmelz-sicherung	Motorschutz-schalter	Kaltleiter (TF)	Bimetallschalter (TH)
Überströme bis 200 % · I_N	C	A	A	A
Schweranlauf, Reversierung	C	B	A	B
Schaltbetrieb bis 60 c/h	C	B	A	A
Blockierung	C	B	B	B
1-Phasenlauf	C	B	A	A
Spannungsabweichung	C	B	A	A
Frequenzabweichung	C	A	A	A
Unzureichende Motorkühlung	C	C	A	A
Lagerschaden	C	C	A	A

In Tab. 3.21 wird die Qualifikation der verschiedenen Schutzeinrichtungen für unterschiedliche Auslöseursachen dargestellt.

3.8.1 Dimensionierung des Motors

Das Lastmoment ist der bestimmende Faktor bei S1-Betrieb. Jeder Motor wird nach seiner thermischen Auslastung bemessen. Häufig kommt der Antriebsfall des einmal einzuschaltenden Motors vor (S1 = Dauerbetrieb = 100 % ED). Der aus dem Lastmoment der Arbeitsmaschine errechnete Leistungsbedarf ist gleich der Bemessungsleistung des Motors.

Das Massenträgheitsmoment und eine hohe Schalthäufigkeit sind die bestimmenden Faktoren bei S3- und S4-Betrieb. Sehr verbreitet ist der Antriebsfall mit hoher Schalthäufigkeit bei geringem Gegenmoment, wie z. B. Fahrantrieb. Hier ist keineswegs der Leistungsbedarf für die Motordimensionierung ausschlaggebend, sondern die Zahl der Anläufe des Motors. Durch das häufige Einschalten fließt jedes Mal der hohe Anlaufstrom und erwärmt den Motor überproportional. Ist die aufgenommene Wärme größer als die durch Motorlüftung abgeführte Wärme, werden die Wicklungen unzulässig erwärmt. Durch entsprechende Wahl der Wärmeklasse oder durch Fremdbelüftung kann die thermische Belastbarkeit des Motors erhöht werden.

Als Leerschalthäufigkeit Z_0 gibt der Hersteller die zulässige Schalthäufigkeit des Motors bei 50 % ED ohne Gegenmoment und externe Masse an. Diese drückt aus, wie oft pro Stunde der Motor das Massenträgheitsmoment seines Läufers ohne Gegenmoment bei 50 % ED auf maximale Drehzahl beschleunigen kann.

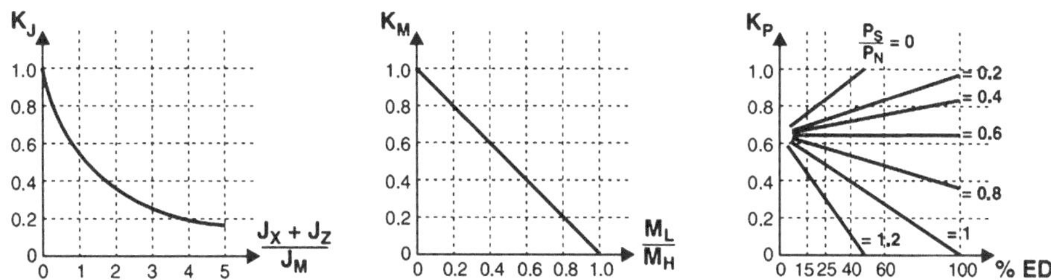

Abb. 3.73 Diagramme in Abhängigkeit des Zusatz-Massenträgheitsmomentes (*links*), in Abhängigkeit des Gegenmomentes beim Hochlauf (*Mitte*) und in Abhängigkeit der statischen Leistung und Einschaltdauer ED (*rechts*); J_X = Summe aller externen Massenträgheitsmomente bezogen auf die Motorachse, J_Z = Massenträgheitsmoment schwerer Lüfter, J_M = Massenträgheitsmoment Motor, M_L = Gegenmoment während Hochlauf, M_H = Hochlaufmoment Motor, P_S = Leistungsbedarf nach Hochlauf (statische Leistung), P_N = Bemessungsleistung Motor

Muss ein zusätzliches Massenträgheitsmoment beschleunigt werden oder tritt zusätzlich ein Lastmoment auf, vergrößert sich die Hochlaufzeit des Motors. Da während dieser Hochlaufzeit ein erhöhter Strom fließt, wird der Motor thermisch höher belastet und die zulässige Schalthäufigkeit nimmt ab. Die zulässigen Schalthäufigkeiten der Motoren können näherungsweise ermittelt werden:

$$Z = Z_0 \cdot K_J \cdot K_M \cdot K_P \quad \left[\frac{c}{h}\right]$$

Z	= zulässige Schalthäufigkeit
Z_0	= Leerschalthäufigkeit des Motors bei 50 % ED
$K_{0J} = f(J_X, J_Z, J_M)$	Rechenfaktor Zusatz-Massenträgheitsmoment
$K_M = f(M_L, M_H)$	Rechenfaktor Gegenmoment Hochlauf
$K_P = f(P_X, P_N, ED)$	Rechenfaktor statische Leistung und Einschaltdauer ED

Die Faktoren K_J, K_M und K_P können für den jeweiligen Anwendungsfall anhand der Diagramme in Abb. 3.73 ermittelt werden.

3.8.2 Sanftanlauf und Sanftumschaltung

Das Drehmoment eines Drehstrom-Kurzschlussläufermotors kann durch äußere Beschaltung mit Drosseln oder Widerständen oder durch Spannungsabsenkung beeinflusst werden. Die einfachste Form ist die sogenannte Y/Δ-Schaltung. Wird die Wicklung des Motors in Dreieckschaltung Δ z. B. für 400-V-Netzspannung ausgelegt, der Motor in der Anlaufphase in Sternschaltung Y an das 400-V-Netz angeschlossen, so ergibt sich ein Drehmoment von nur noch 1/3 des Drehmoments in Dreieckschaltung. Die Ströme, auch der Anlaufstrom, erreichen ebenfalls nur 1/3 des Wertes gegenüber der Dreieckschaltung.

Reduzierung von Anlaufbeschleunigung und Bremsverzögerung und damit sanfter Hochlauf und sanftes Abbremsen können bei bestimmten Anwendungen durch das zusätzliche Massenträgheitsmoment eines Grauguss-Lüfters erreicht werden. Hierbei ist die Schalthäufigkeit zu überprüfen.

Durch Anlasstransformator, entsprechende Drosseln oder Widerstände wird ein vergleichbarer Effekt wie mit der Y/Δ-Umschaltung erreicht, wobei durch die Größe der Drosseln und der Widerstände das Drehmoment variiert werden kann.

Bei polumschaltbaren Motoren ist es eventuell erforderlich, beim Umschalten von hoher auf niedrige Drehzahl entsprechende Drehmomentreduzierungen vorzunehmen, da die Umschaltmomente größer als die Anlaufmomente sind. Hier bietet sich neben Drossel und Widerstand als preiswerte Lösung eine 2-phasige Umschaltung an. Dies bedeutet, dass der Motor während des Umschaltens für eine bestimmte Zeit (einstellbar mit einem Zeitrelais) in der Wicklung für die kleine Drehzahl nur mit zwei Phasen betrieben wird. Hierdurch wird das sonst symmetrische Drehfeld verzerrt und der Motor erhält ein kleineres Umschaltmoment.

$$M_{U2ph} \approx \frac{1}{2} \cdot M_U$$

oder

$$M_{U2ph} \approx (1 \ldots 1{,}25) \cdot M_{A1}$$

M_{U2ph} = mittleres Umschaltmoment 2-phasig
M_U = mittleres Umschaltmoment 3-phasig
M_{A1} = Anzugsmoment der Wicklung für die niedrige Drehzahl

Bei Hubwerken darf aus Sicherheitsgründen die 2-phasige Umschaltung nicht verwendet werden!

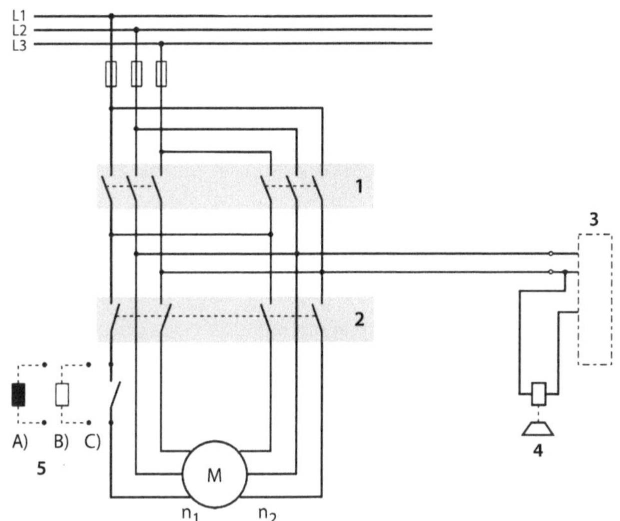

Abb. 3.74 Polumschaltung; *1* Richtungsschütze; *2* Geschwindigkeitsschütze; *3* Bremsgleichrichter; *4* Bremse (n_1 langsame Drehzahl, n_2 schnelle Drehzahl); *5* Umschaltstoßminderung durch A) Umschaltdrossel, B) Kurzschluss-Sanftanlauf-Widerstand (Kusa) C) 2-phasiges Umschalten

Abb. 3.74 zeigt eine Schaltung mit Polumschaltung.

Noch vorteilhafter ist der Einsatz des elektronischen Sanftumschalters WPU, der elektronisch die 3. Phase beim Umschalten unterbricht und exakt zur richtigen Zeit wieder zuschaltet. Die Sanftumschalter WPU werden in zwei Phasen eingeschleift und abhängig von Wicklungsart und Schaltungsart angeschlossen.

Drehstromantriebe mit Frequenzumrichter

4

Bei Drehstrommotoren und Getriebemotoren in Verbindung mit Frequenzumrichtern kann man die Drehzahl stufenlos verändern. Der Frequenzumrichter liefert eine variabel einstellbare Ausgangsfrequenz mit proportional sich ändernder Ausgangsspannung.

4.1 Frequenzumrichter mit Gleichspannungs-Zwischenkreis

Frequenzumrichter für Drehstromasynchronmotoren lassen sich in drei Gruppen einteilen:

- Umrichter ohne Zwischenkreis (Direktumrichter)
- Umrichter mit Gleichspannungs-Zwischenkreis (U-Umrichter oder Pulsumrichter)
- Umrichter mit Gleichstrom-Zwischenkreis (I-Umrichter)

Der U-Umrichter wird durch seine universelle Einsetzbarkeit am häufigsten verwendet, und er kann auch für Einzel- und Mehrmotorenantriebe eingesetzt werden. Durch das Merkmal der eingeprägten Spannung im Gleichspannungs-Zwischenkreis ist er leerlauffest und er kann also ohne Schaden von der Last getrennt werden.

Die generellen Merkmale sind Ein-, Zwei- oder Vierquadrantenantrieb durch elektronische Drehfeldumkehr sowie Bremschopper mit Bremswiderstand oder Netzrückspeisung möglich.

Zur Charakterisierung der Bewegungs- und Belastungsvorgänge ist neben der zeitlichen Abhängigkeit eine Kennzeichnung nach dem Energiefluss notwendig. Es werden alle positiven Leistungen $P_W = M_W \cdot \Omega_W$ als Antriebsleistungen definiert. Dabei nimmt die elektrische Antriebsmaschine Energie aus dem Netz auf und führt im Beharrungszustand die Leistung $P = P_W = \eta \cdot P_{el}$ und im dynamischen Betrieb $\rho = \rho_W + \rho_b = \eta \cdot \rho_{el}$ an die Arbeitsmaschine ab. Der Wirkungsgrad η bezieht sich hier auf die elektromechanische Energieumformung, d. h. auf die elektrische Maschine. Für Bremsvorgänge muss sich demzufolge entweder das Widerstandsmoment M_W oder die Winkelgeschwindigkeit Ω_W

H. Bernstein, *Elektrotechnik/Elektronik für Maschinenbauer*,
https://doi.org/10.1007/978-3-658-20838-7_4

in der Richtung ändern, so dass P_W und wegen der Geschwindigkeitsverringerung ρ_b negativ werden. Beim Bremsen wird die elektrische Maschine angetrieben und kann nach Abdeckung der Verlustleistung elektrische Energie in das Netz zurückspeisen. Die elektrische Leistung entspricht hierbei $\rho_{el} = \eta \cdot (\rho_W + \rho_b)$.

Die Verhältnisse vom Standpunkt der Arbeitsmaschine bzw. von der elektrischen Maschine aus zeigt Abb. 4.1. Man unterscheidet danach zwischen Ein-, Zwei- oder Vierquadrantenantrieb. Die Arbeitspunkte für das Abbremsen liegen im II. und IV. Quadranten des $\Omega_W = f\,(M_W)$-Kennlinienfeldes. Bei der Festlegung der Bremsschaltungen sind die vom Bewegungsablauf geforderten Drehrichtungen und Drehmomentenrichtungen gegenüber dem Motorbetrieb zu beachten. So muss ein elektrischer Triebwagen das Bremsmoment unter Beibehaltung der Drehrichtung, d. h. im II. Quadranten, das Hubwerk eines Kranes jedoch beim Senken in Gegendrehrichtung, d. h. im IV. Quadranten, entwickeln. Zum Stillsetzen sind in der Regel zusätzlich mechanische Bremsen erforderlich.

Die typischen Anwendungsgebiete sind in allen Bereichen des Maschinen- und Anlagenbaus zu finden; vornehmlich, wenn es auf lastunabhängige Drehzahlkonstanz, Wartungsfreiheit und/oder hohe Schutzart und/oder hohe Drehzahl ankommt.

Diese Frequenzumrichter arbeiten mit ungesteuertem Eingangsgleichrichter und der Zwischenkreiskondensator ist mit der gleichgerichteten Netzspannung aufgeladen. Der nachgeschaltete Wechselrichter übernimmt sowohl die Funktion der Frequenz- als auch der Spannungsverstellung. Abb. 4.2 zeigt das Blockschaltbild des U-Umrichters.

Unabhängig von den Eigenschaften des angeschlossenen Motors belastet der U-Umrichter das speisende Netz immer mit $\cos\varphi > 0{,}95$, d. h. er gibt kaum Blindleistung ab. Die vom Motor benötigte Blindleistung wird über die Freilaufdioden des Wechselrichters mit dem Zwischenkreis ausgetauscht.

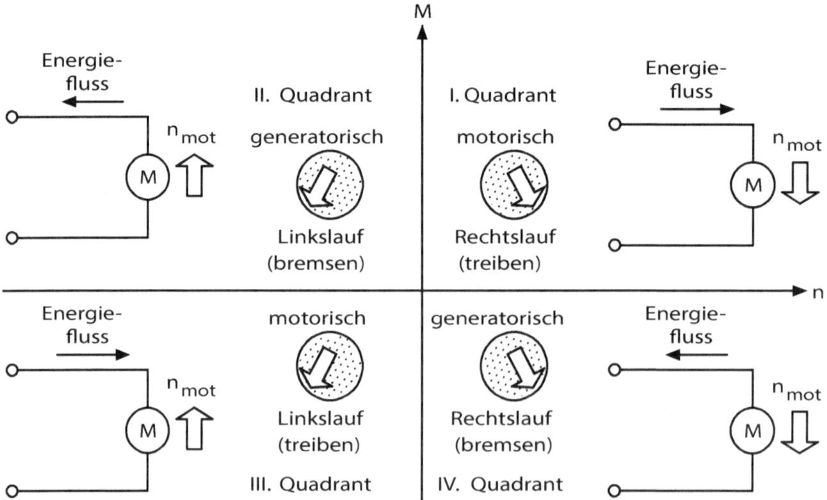

Abb. 4.1 Einteilung der Quadranten nach der Energie- und Bewegungsrichtung

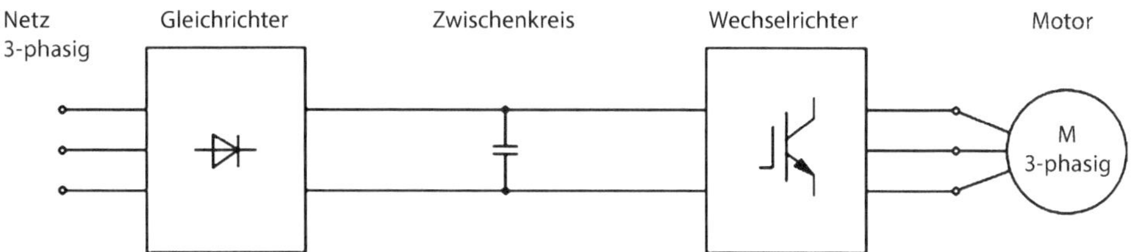

Abb. 4.2 Blockschaltbild des U-Umrichters

Bei Bremsbetrieb wirkt der Motor als Generator und speist Energie in den Zwischenkreis zurück. Um zu vermeiden, dass die Zwischenkreisspannung gefährlich hoch ansteigt, muss die Energie wieder abgeführt werden. Ein Bremschopper schaltet sich in Abhängigkeit von der Höhe der Zwischenkreisspannung zu und belastet den Zwischenkreis mit einem Bremswiderstand. Sobald eine untere Schwelle erreicht ist, schaltet der Chopper den Bremswiderstand wieder ab. Die Zwischenkreisspannung bleibt auf zulässigem Niveau und die überschüssige Energie wird in Wärme umgesetzt.

Eine weitere Möglichkeit, die überschüssige Energie aus dem Zwischenkreis abzuführen, ist die Rückspeisung ins Netz. Ein zum Eingangsgleichrichter gegen parallel arbeitender Wechselrichter sorgt beim Anstieg der Zwischenkreisspannung automatisch für einen Rückstrom ins speisende Netz.

4.1.1 Betriebskennlinien und Frequenzbereiche

Durch Änderung von Frequenz und Spannung ist die Drehzahl-Drehmomentkennlinie des Drehstromkurzschlussläufermotors über der Drehzahlachse verschiebbar, wie Abb. 4.3 zeigt. Im Bereich der Proportionalität zwischen U und f (Bereich A) wird der Motor mit

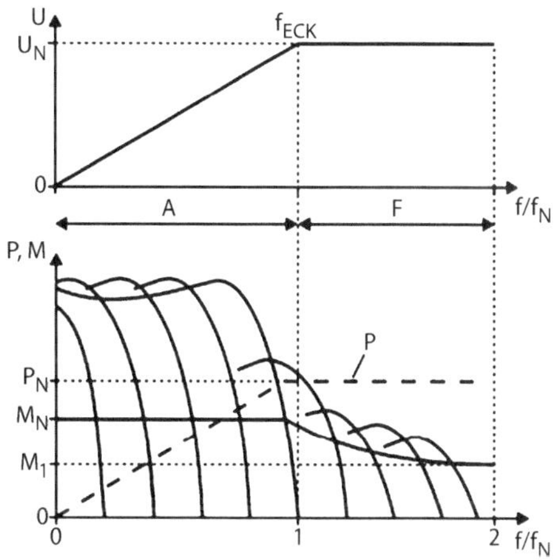

Abb. 4.3 Betriebskennlinien mit konstantem Drehmoment und konstanter Leistung (Feldschwächbereich)

konstantem Fluss betrieben und kann mit konstantem (Bemessungs-) Drehmoment belastet werden. Erreicht die Spannung den Maximalwert und wird die Frequenz weiter erhöht, nimmt der Fluss zu und damit auch das Nutzmoment reziprok ab (Feldschwächung, Bereich F). In diesem Bereich nimmt das Kippmoment M_K quadratisch ab, so dass ab einer bestimmten Frequenz $M_K <$ Nutzmoment betrieben wird, z. B. bei $f_{Eck} = 50\,Hz$, bei $M_K = 2 \cdot M_N$ ab 100 Hz und bei $M_K = 2{,}5 \cdot M_N$ ab 125 Hz. Gegebenenfalls muss der Antrieb größer ausgelegt werden.

Alternativ besteht die Möglichkeit, den Motor schon im Bereich kleiner Frequenzen mit niedrigerem U/f zu betreiben, so dass erst bei Maximalfrequenz die Maximalspannung erreicht wird. Der Maschinenfluss ist durch das kleinere Verhältnis von U/f reduziert, der Motor wird mit konstant geschwächtem Feld betrieben, also auch mit konstant reduziertem Drehmoment, wie Abb. 4.4 zeigt.

Bei dieser Betriebsart besitzt der Motor über den ganzen Bereich ein quadratisch reduziertes Kippmoment gegenüber dem Kippmoment bei 50 Hz-Netzbetrieb z. B. bei $f_{max} = 70\,Hz$ sind $M_{K70} = 50^2 / 70^2 \cdot M_{K50} \cdot 0{,}51 \cdot M_{K50}$

Vorteil dieser Umrichtereinstellung ist, dass der Motor im Bereich unterhalb 50 Hz durch Spannungsanhebung ohne Gefahr der Motorübererregung bis zur Erzeugung des (50-Hz-)Bemessungsdrehmomentes höher erregbar ist und somit für Anfahr- und Überlastspitzen größere Drehmomente als das Dauerdrehmoment M_{red} abgeben kann.

Eine weitere Alternative ist der Betrieb mit Spannung und Frequenz oberhalb der Nennwerte, z. B:

Motor: 230 V / 50 Hz (Δ-Schaltung)
Umrichter: $U_A = 400\,V$ bei $f_{max} = 400 / 230 \cdot 50\,Hz = 87\,Hz$

Abb. 4.5 zeigt die Betriebskennlinien mit konstantem Nenndrehmoment.

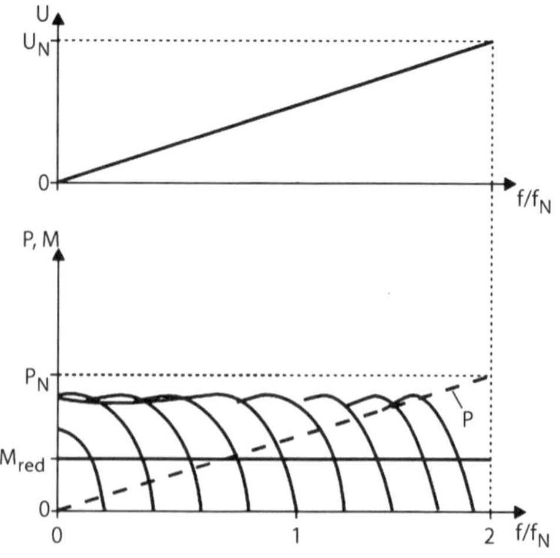

Abb. 4.4 Betriebskennlinien mit konstant reduziertem Drehmoment

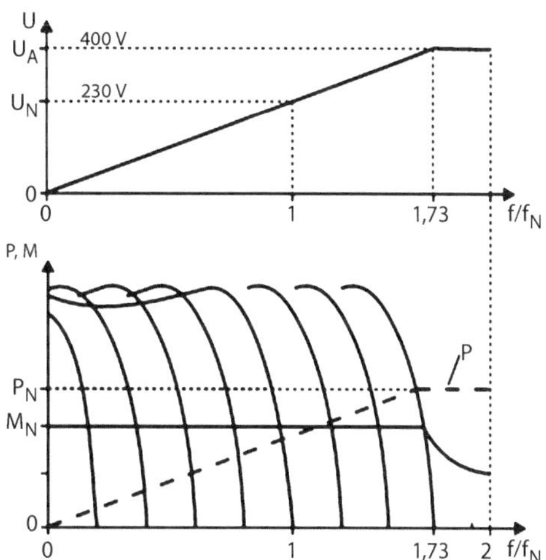

Abb. 4.5 Betriebskennlinien mit konstantem Nenndrehmoment

Durch die Frequenzerhöhung würde der Motor die $\sqrt{3}$-fache Leistung abgeben.

Wegen der zu hohen thermischen Belastung empfehlen die Hersteller jedoch nur die Ausnutzung mit der Nennleistung des nächstgrößeren listenmäßigen Motors (mit Wärmeklasse F), z. B.: Motor-Listenleistung $P_N = 4\,\text{kW}$ nutzbare Leistung bei Δ-Schaltung und $f_{max} = 87\,\text{Hz}$ und $P_N{}' = 5{,}5\,\text{kW}$.

Damit hat dieser Motor immer noch die 1,37-fache Leistung gegenüber der Leistung in den Herstellerlisten. Wegen des Betriebs mit ungeschwächtem Feld bleibt bei dieser Betriebsart das Kippmoment in gleicher Höhe wie bei Netzbetrieb erhalten.

Beachtet werden muss die größere Geräuschentwicklung des Motors, verursacht durch das schneller drehende Lüfterrad, sowie der größere Leistungsdurchsatz durch das Getriebe (f_B-Faktor groß genug wählen). Der Umrichter muss für die höhere Leistung (im Beispiel 5,5 kW) bemessen werden, weil der Betriebsstrom des Motors wegen der Δ-Schaltung höher ist als in Y-Schaltung.

4.1.2 Motordimensionierung und Kühlung

Voraussetzung für konstantes Drehmoment ist gleichbleibende Kühlung der Motoren auch im unteren Drehzahlbereich. Dies ist bei Motoren mit Eigenbelüftung nicht möglich, da mit abnehmender Drehzahl die Belüftung ebenfalls abnimmt. Wird kein Fremdlüfter eingesetzt, so muss auch das Drehmoment reduziert werden. Auf eine Fremdbelüftung kann bei konstantem Drehmoment nur verzichtet werden, wenn der Motor überdimensioniert wird. Die im Vergleich zur abgegebenen Leistung größere Motoroberfläche kann die Verlustwärme auch bei niedrigen Drehzahlen besser abführen.

Ebenfalls von Einfluss auf die Motordimensionierung ist die Kurvenform der Ausgangsspannung. Je mehr diese der idealen Sinusform angenähert ist, desto besser ist die Motorausnutzung.

Bei der Wahl der maximalen Frequenz müssen die Belange des Getriebemotors mit berücksichtigt werden. Die hohe Umfangsgeschwindigkeit der eintreibenden Stufe mit den daraus resultierenden Folgen (Planschverluste, Lager- und Dichtringbeeinflussung, Geräuschbildung) begrenzt die höchstzulässige Motordrehzahl. Die untere Grenze des Frequenzbereichs wird vom Gesamtsystem selbst bestimmt.

Die Rundlaufgüte bei kleinen Drehzahlen wird durch die Qualität der erzeugten sinusförmigen Ausgangsspannung beeinflusst. Die Stabilität der Drehzahl bei Belastung wird durch die Güte der Schlupf- und $I \cdot R$-Kompensation oder alternativ durch eine Drehzahlregelung unter Verwendung eines am Motor angebauten Drehzahlgebers bestimmt.

Für die generelle Auslegung der Kühlung muss mindestens die Wärmeklasse F erfüllt sein sowie der Einbau von Temperaturfühlern TF oder Thermostaten TH.

Den Betrieb der Motoren mit um einen Typensprung reduzierter Leistung P_r, d. h. anstelle mit der listenmäßigen Leistung wird der Motor mit der Leistung des nächstkleineren, listenmäßigen Motors betrieben oder mit einer Fremdkühlung.

Wegen Drehzahlbereich, Wirkungsgrad und cos φ sollten nur 4-polige Motoren verwendet werden. Folgende Möglichkeiten stehen zur Wahl, wie Tab. 4.1 zeigt.

Mit dem Drehzahlbereich ist der Bereich definiert, in welchem der Motor dauernd betrieben wird. Wenn kleine Drehzahlen nur kurzzeitig (z. B. beim Anlauf oder Positionieren) gefahren werden, muss dies bei der Bereichsfestlegung nicht berücksichtigt werden.

Bei der Wahl der Maximaldrehzahl im Feldschwächbereich über die Festlegung der Maximalfrequenz muss beachtet werden, dass sich das Bemessungsdrehmoment M_N (bezogen auf Bemessungsfrequenz, z. B. 50 Hz) reziprok reduziert, das Kippmoment M_K jedoch umgekehrt quadratisch ist. Um einen kippsicheren Betrieb zu gewährleisten, muss das Verhältnis $M_K / M_N > 1$ bleiben. In der Praxis wird mindestens 1,25 empfohlen, wie Abb. 4.6 zeigt.

Der Parallelbetrieb von mehreren Motoren an einem Umrichter garantiert nicht Gleich- oder Synchronlauf. Entsprechend der Belastung der einzelnen Motoren kann sich die Drehzahl durch Schlupf bis ca. 100 min^{-1} zwischen Leerlauf und Nennlast verrin-

Tab. 4.1 Drehzahlbereich und die empfohlene Motorausführung

Drehzahlbereich (bei $f_{max} = 50$ Hz)	Empfohlene Motorausführung			
	Leistung	Kühlungsart[a]	Wärmeklasse	Temperaturfühler TF
1:5	P_r	Eigenkühlung	F	X
1:20 und mehr	P_N	Fremdkühlung	F	X

P_N = listenmäßige Motorleistung (ohne Reduktion)
P_r = reduzierte Leistung = Ausnutzung mit der Leistung des nächstkleineren listenmäßigen Motors
[a] Auf ausreichende Kühlung der Bremsspule bei Bremsmotoren ist zu achten

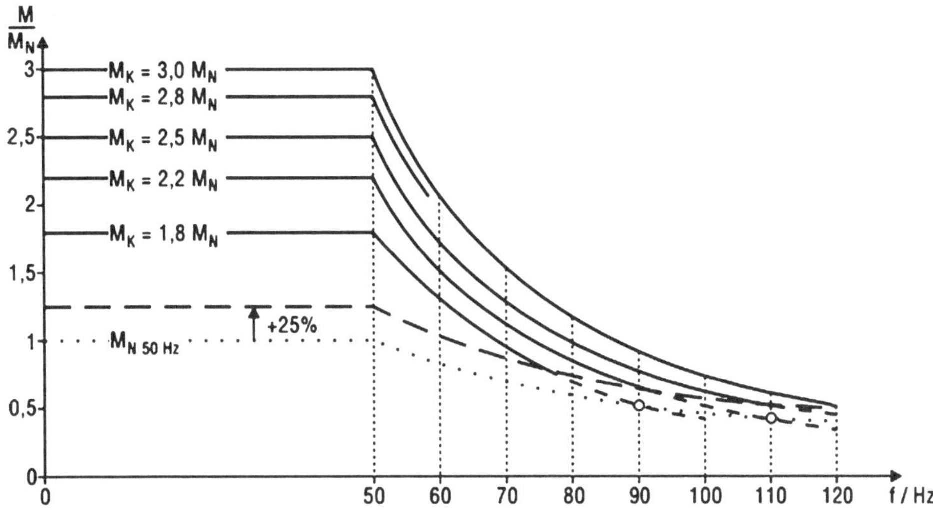

Abb. 4.6 Quadratisch abnehmendes Kippmoment

gern. Die Drehzahlabweichung ist über den ganzen Drehzahlbereich annähernd konstant und kann auch nicht durch Schlupf- und I · R-Kompensation am Umrichter ausgeglichen werden. Die Einstellmaßnahmen am Umrichter betreffen zwangsläufig alle Motoren, also auch die momentan unbelasteten.

Das Zu- und Abschalten von einzelnen Motoren ist an einer gespeisten Sammelschiene ohne Einschränkung möglich. Zu beachten ist jedoch, dass die Summe der Motornennströme maximal den Umrichternennstrom ergibt bzw. 125 % des Umrichternennstroms bei quadratischer Belastung sowie Betrieb mit konstantem Drehmoment ohne Überlast.

Werden polumschaltbare Motoren eingesetzt und diese während des Betriebs umgeschaltet, so ist zu beachten, dass beim Umschalten von der nieder- in den höherpoligen Zustand der Motor generatorisch betrieben wird. Für diesen Fall muss der Umrichter mit einem ausreichenden Bremswiderstand versehen sein, ansonsten kann eine Abschaltung wegen Zwischenkreis-Spannungsüberhöhung erfolgen. Beim Umschalten vom höher- in den niederpoligen Zustand des Motors wird der Umrichter mit einem zusätzlichen Umschaltstrom belastet. Er muss hierfür genügend Stromreserve aufweisen, sonst erfolgt eine Abschaltung wegen Überlast.

Bei Parallelbetrieb mehrerer Motoren an einem Umrichter ist jede einzelne Motorzuleitung mit einem thermischen Überstromrelais (oder Motorschutzschalter als kombinierter Leistungsschutz) auszustatten, denn die strombegrenzende Wirkung des Umrichters bezieht sich gemeinsam auf alle parallel betriebenen Motoren.

Drehstrommotoren und Drehstromgetriebemotoren werden bevorzugt mit Frequenzumrichtern stufenlos in der Drehzahl verändert. Der Frequenzumrichter liefert eine variabel einstellbare Ausgangsfrequenz mit proportional sich ändernder Ausgangsspannung.

Die Frequenzumrichter mit einem Leistungsbereich bis 90 kW genügen höchsten Ansprüchen an Dynamik und Regelgenauigkeit. Die vektorgeregelten Umrichter sind zum Einbau in den Schaltschrank vorgesehen, anreihbar, kompakt und für minimale Einbaufläche optimiert.

Die Ausführung von Frequenzumrichter des Typs VFC (Voltage mode flux control) mit oder ohne Drehzahlrückführung erlaubt eine hohe Regelgenauigkeit von Asynchronantrieben.

Die Ausführung von Frequenzumrichter des Typs CFC (Current mode flux control) wird höchsten Anforderungen an Genauigkeit und Dynamik gerecht und die Asynchronantriebe erreichen Servoeigenschaften.

Die Frequenzumrichter ermöglichen die stufenlose elektronische Drehzahlverstellung von Drehstrom-Getriebemotoren und Bremsmotoren. Frequenzumrichtergeräte sind zum Einbau in den Schaltschrank vorgesehen.

Das anwenderfreundliche Bedien- und Informationskonzept auf PC oder Laptop erlaubt schnelle Inbetriebnahme, Umprogrammierung und schnellen Service.

Die modularen Servoumrichter für Synchronmotoren sind für Schaltschrankeinbau bestimmt und bieten hohe Dynamik und großen Stellbereich.

4.1.3 Getriebemotoren mit integriertem Frequenzumrichter

Getriebemotoren sind kompakte, anschlussfertig montierte, elektronisch drehzahlveränderliche Antriebe mit oder ohne mechanische Bremse. Getriebemotoren sind in allen Standardausführungen und Bauformen als Stirnrad-, Flach-, Kegelrad-, Planeten- oder Schneckengetriebemotor lieferbar.

Durch Änderung von Frequenz und Spannung ist die Drehzahl-Drehmomentkennlinie des Drehstromkurzschlussläufermotors über der Drehzahlachse verschiebbar, wie Abb. 4.7 zeigt. Im Bereich der Proportionalität zwischen U und f (Bereich A) wird der Motor mit konstantem Fluss betrieben und kann mit konstantem Drehmoment belastet werden. Erreicht die Spannung den Maximalwert und wird die Frequenz weiter erhöht, nehmen der Fluss und damit auch das verfügbare Drehmoment ab (Feldschwächung, Bereich F). Bis zur Kippgrenze kann der Motor im proportionalen Bereich (A) mit konstantem Drehmoment betrieben werden und im Feldschwächbereich (F) mit konstanter Leistung. Das Kippmoment M_K fällt quadratisch und ab einer bestimmten Frequenz wird $M_K <$ verfügbares Drehmoment, z. B. bei Eckfrequenz von $f_1 = 50\,\text{Hz}$ gilt

- $M_K = 2 \cdot M_N$ ab 100 Hz
- $M_K = 2{,}5 \cdot M_K$ ab 125 Hz

Abb. 4.7 zeigt die Betriebskennlinien mit konstantem Drehmoment und konstanter Leistung (Feldschwächbereich).

Eine weitere Alternative ist der Betrieb mit Spannung und Bemessungswerte, z. B:

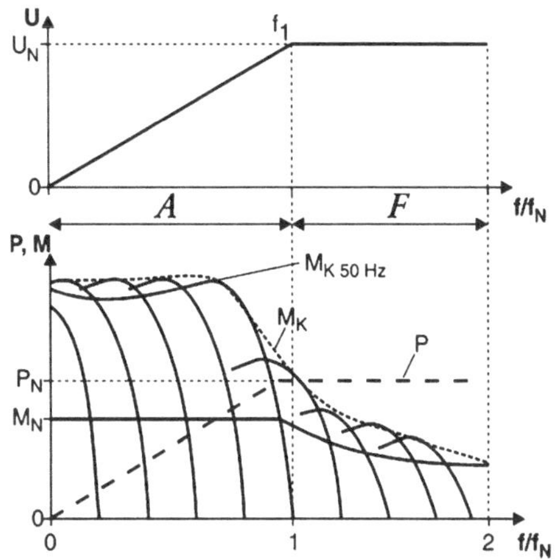

Abb. 4.7 Betriebskennlinien mit konstantem Drehmoment und konstanter Leistung (Feldschwächbereich); f_1 = Eckfrequenz, A = proportionaler Bereich, F = Feldschwächbereich

Motor: 230 V / 50 Hz (Δ-Schaltung)
Umrichter: $U_A = 400\,V$ bei $f_{max} = 400/230 \cdot 50\,Hz = 87\,Hz$

Abb. 4.8 zeigt die Betriebskennlinien mit konstantem Bemessungsdrehmoment.

Durch die Frequenzerhöhung kann der Motor die 1,73-fache Leistung abgeben.

Wegen der hohen thermischen Belastung des Motors im Dauerbetrieb empfiehlt sich jedoch nur die Ausnutzung mit der Bemessungsleistung des nächstgrößeren listenmäßigen Motors (mit Wärmeklasse F) z. B. mit einer Motor-Listenleistung von $P_N = 4\,kW$, einer nutzbaren Leistung bei Δ-Schaltung und $f_{max} = 87\,Hz$: $P_N' = 5{,}5\,kW$.

Damit hat dieser Motor immer noch die 1,73-fache Leistung gegenüber der Listenleistung. Wegen des Betriebs mit ungeschwächtem Feld bleibt bei dieser Betriebsart das Kippmoment in gleicher Höhe wie bei Netzbetrieb erhalten.

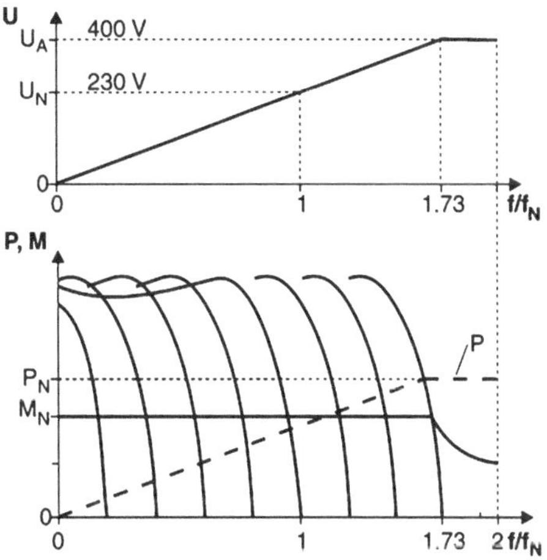

Abb. 4.8 Betriebskennlinien mit konstantem Bemessungsdrehmoment

Beachtet werden muss die größere Geräuschentwicklung des Motors, verursacht durch das schneller drehende Lüfterrad, sowie der größere Leistungsdurchsatz durch das Getriebe (f_B-Faktor groß genug wählen). Der Umrichter muss für die höhere Leistung (im Beispiel 5,5 kW) bemessen werden, weil der Betriebsstrom des Motors wegen der Δ-Schaltung höher ist als in Y-Schaltung.

Voraussetzung für konstantes Drehmoment ist gleichbleibende Kühlung der Motoren auch im unteren Drehzahlbereich. Dies ist bei Motoren mit Eigenbelüftung nicht möglich, da mit abnehmender Drehzahl die Belüftung ebenfalls abnimmt. Wird kein Fremdlüfter eingesetzt, so muss auch das Drehmoment reduziert werden. Auf eine Fremdbelüftung kann bei konstantem Drehmoment nur verzichtet werden, wenn der Motor überdimensioniert wird. Die im Vergleich zur abgegebenen Leistung größere Motoroberfläche kann die Verlustwärme auch bei niedrigen Drehzahlen besser abführen. Das höhere Massenträgheitsmoment kann unter Umständen problematisch werden.

Bei der Wahl der maximalen Frequenz müssen die Besonderheiten des Getriebemotors mit berücksichtigt werden. Die hohe Umfangsgeschwindigkeit der eintreibenden Stufe mit den daraus resultierenden Folgen (Planschverluste, Lager- und Dichtringbeeinflussung, Geräuschbildung) begrenzt die höchstzulässige Motordrehzahl. Die untere Grenze des Frequenzbereichs wird vom Gesamtsystem selbst bestimmt.

Die Rundlaufgüte bei kleinen Drehzahlen wird durch die Qualität der erzeugten sinusförmigen Ausgangsspannung beeinflusst. Die Stabilität der Drehzahl bei Belastung wird durch die Güte der Schlupf- und I · R-Kompensation oder alternativ durch eine Drehzahlregelung unter Verwendung eines am Motor angebauten Drehzahlgebers bestimmt.

4.1.4 Projektierung mit Frequenzumrichtern

Die Frequenzumrichter können je nach Bedarf mit zusätzlichen Funktionen ergänzt werden. Aufgrund der vielen Optionsmöglichkeiten können eine große Anzahl von Anwendungen mit den Frequenzumrichtern gelöst werden.

Beispielsweise stehen zur Verfügung:

Anwendungsoptionen

- Drehzahlregelung
- Ein-/Ausgabefunktionen
- Synchronlaufregelung
- Positioniersteuerung
- Kurvenscheibe
- fliegende Säge
- Zugspannungswickler

Kommunikationsoptionen

- Handbediengeräte
- serielle Schnittstellen
- Feldbus-Schnittstellen

4.2 Antriebe mit mechanischen Getrieben

Viele Bewegungsabläufe erfordern Antriebe mit verstellbarer Drehzahl in kleinem Verstellbereich ohne besondere Anforderungen an die Drehzahlkonstanz, z. B. Transportbänder, Rührer, Mischer usw. Hier wird mit Hilfe von Verstellgetrieben lediglich die Drehzahl der einzelnen Maschinen auf einen günstigen Wert eingestellt. In der Praxis gibt es folgende Getriebearten:

Getriebearten			
	Formschlüssig		Kraftschlüssig
Rädergetriebe	Riemengetriebe	Kettengetriebe	Für Automationsachsen
Stirnrad	Zahnriemen	Rollenkette	nicht geeignet, da wegen
Planeten		Zahnkette	Schlupf keine genaue
Kegelrad			Positionsübertragung

Die mechanischen Verstellgetriebe werden oft mit einem nachgeschalteten Untersetzungsgetriebe kombiniert. Angetrieben werden die Verstellgetriebe durch Drehstromkurzschlussläufermotoren.

Sehr verbreitet sind:

- Reibradverstellgetriebe mit eingeschränktem Drehzahlstellbereich bis ca. 1:5.
- Breitkeilriemenverstellgetriebe mit eingeschränktem Drehzahlstellbereich bis ca. 1:8.

Die Stellbereiche können durch Einsatz polumschaltbarer Motoren (z. B. 4/8-polig) vergrößert werden und Abb. 4.9 zeigt den Aufbau eines Verstellgetriebes.

Durch relativ lange Verstellzeiten, je nach Stellbereich 20 bis 40 s, ist eine Regelung mit diesen mechanischen Verstellgetrieben sehr träge. Deshalb werden diese Antriebe nur als Stellantriebe eingesetzt. Die Verstellung der Antriebsdrehzahl erfolgt entweder manuell über Handrad bzw. Kettenrad oder fernbedient durch Verstellmotor. Die Stellung der Verstelleinrichtung oder die Drehzahl wird entweder direkt am Verstellgetriebe oder durch ein Messinstrument im Schaltschrank angezeigt.

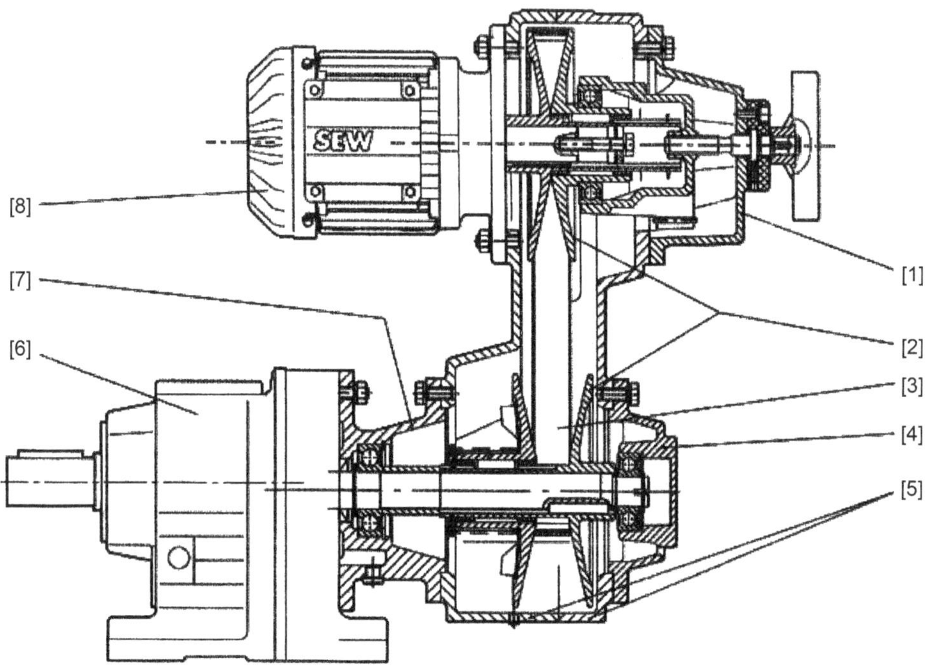

Abb. 4.9 Aufbau eines Verstellgetriebes; *1* Verstellvorrichtung Frontverstellung, *2* Verstellscheiben, *3* Breitkeilriemen, *4* Lagerdeckel, *5* Zweiteiliges Verstellgetriebegehäuse, *6* nachgeschaltetes Untersetzungsgetriebe, *7* Abtriebsflansch, *8* Antriebsmotor

Da mechanische Verstellgetriebe nicht nur Drehzahl-, sondern auch Drehmomentwandler sind, müssen sie nach verschiedenen Kriterien dimensioniert werden:

- nach konstantem Drehmoment
- nach konstanter Leistung
- nach konstantem Drehmoment und konstanter Leistung (jeweils in Teildrehzahlbereichen)

Um die Verstellantriebe dimensionieren zu können, müssen neben der benötigten Leistung und dem Drehzahlstellbereich die Umgebungstemperatur, die Aufstellhöhe und die Betriebsart bekannt sein.

4.2.1 Quer- und Axialkräfte

Bei der Ermittlung der entstehenden Querkraft muss berücksichtigt werden, welches ermittelnde Übertragungselement an das Wellenende angebaut wird. Für verschiedene Übertragungselemente müssen folgende Zuschlagsfaktoren f_Z von Tab. 4.2 berücksichtigt werden.

Tab. 4.2 Zuschlagsfaktor für Übertragungselement

Übertragungselement	Zuschlagsfaktor f_Z	Bemerkungen
Zahnräder	1,15	<17 Zähne
Kettenräder	1,40	<13 Zähne
Kettenräder	1,25	<20 Zähne
Schmalkeilriemenscheiben	1,75	Einfluss der Vorspannkraft
Flachriemenscheiben	2,50	Einfluss der Vorspannkraft
Zahnriemenscheiben	2,50	Einfluss der Vorspannkraft

Die Querkraftbelastung an der Motor- oder Getriebewelle wird dann folgendermaßen berechnet:

$$F_R = \frac{M_d \cdot 2000}{d_0} \cdot f_Z$$

F_R = Querkraftbelastung in N
M_d = Drehmoment in Nm
d_0 = mittlerer Durchmesser des angebauten Übertragungselementes in mm
f_Z = Zuschlagsfaktor

Die zulässigen Querkräfte werden anhand der Wälzlagerberechnung der nominellen Querkraft Lebensdauer L_{H10} (gemäß ISO 281) ermittelt.

Für besondere Betriebsbedingungen ist auf Anfrage die Ermittlung der zulässigen Querkräfte anhand der modifizierten Lebensdauer L_{na} möglich.

In den Auswahltabellen werden die zulässigen Querkräfte F_{Ra} für die Abtriebswellen der Fußgetriebe mit Vollwelle angegeben.

Die Angaben beziehen sich auf Kraftangriff in der Mitte des Wellenendes (bei Winkelgetrieben auf A-seitigen Abtrieb gesehen). Bezüglich Kraftangriffswinkel α und Drehrichtung werden die ungünstigsten Bedingungen vorausgesetzt.

- Bei K- und S-Getrieben in Bauform M1 mit stirnseitiger Wandbefestigung sind nur 50 % von F_{Ra} gemäß den Auswahltabellen zulässig.
- Kegelradgetriebe K167 und K187 in den Raumlagen M1 bis M4: Bei Getriebebefestigungen abweichend von der Darstellung in den Bauformen-Blättern sind maximal 50 % der in den Auswahltabellen angegebenen Querkraft F_{Ra} zulässig.
- Stirnradgetriebe in Fuß- und Flanschausführung (R. . . F): Bei Drehmomentübertragung über die Flanschbefestigung sind maximal 50 % der in den Auswahltabellen angegebenen Querkraft F_{Ra} zulässig.

Durch den Einbau von verstärkten Lagern, vor allem bei R-, F- und K-Getrieben, sind höhere Belastungen der Abtriebswelle zulässig. Die genaue Berücksichtigung des Kraftangriffswinkels α und der Drehrichtung kann ebenfalls eine höhere Querkraftbelastung zulassen.

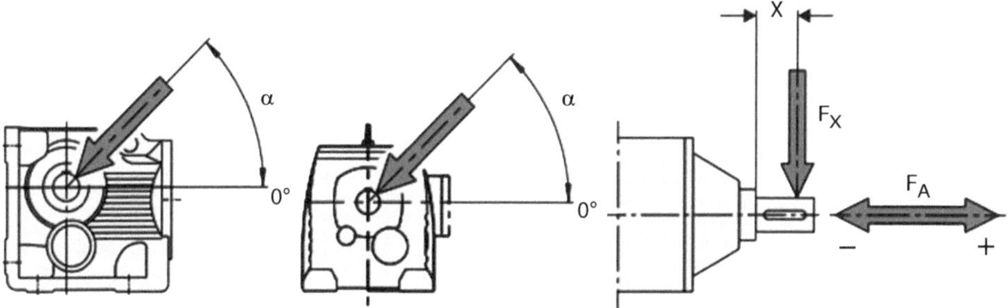

Abb. 4.10 Definition des Kraftangriffs; F_X = zulässige Querkraft an der Stelle x [N]; F_A = zulässige Axialkraft [N]

Der Kraftangriff wird gemäß Abb. 4.10 definiert.

Liegt keine Querkraftbelastung vor, ist als Axialkraft F_A (Zug oder Druck) folgender prozentualer Anteil der Querkraft gemäß Auswahltabellen zulässig.

Bei Kraftangriff außerhalb der Mitte des Wellenendes müssen die zulässigen Querkräfte gemäß den Auswahltabellen mit den folgenden Formeln berechnet werden. Der kleinere der beiden Werte F_{xL} (nach Lagerlebensdauer) und F_{xW} (nach Wellenfestigkeit) ist der zulässige Wert für die Querkraft an der Stelle x. Man beachte, dass die Berechnungen für M_{amax} gelten.

F_{xL} nach Lagerlebensdauer:

$$F_{xL} = F_{Ra} \cdot \frac{a}{b + x} \, [N]$$

F_{xW} aus der Lagerlebensdauer:

$$F_{xW} = \frac{c}{f + x} \, [N]$$

F_{Ra} = zulässige Querkraft (x = l/2) für Fußgetriebe gemäß den Auswahltabellen in [N]
x = Abstand vom Wellenbund bis zum Kraftangriff in [mm]
a, b, f = Getriebekonstanten zur Querkraftumrechnung [mm]
c = Getriebekonstante zur Querkraftumrechnung [Nmm]

Abb. 4.11 zeigt Querkraft F_x bei außermittigem Kraftangriff.

Abb. 4.11 Querkraft F_x bei außermittigem Kraftangriff

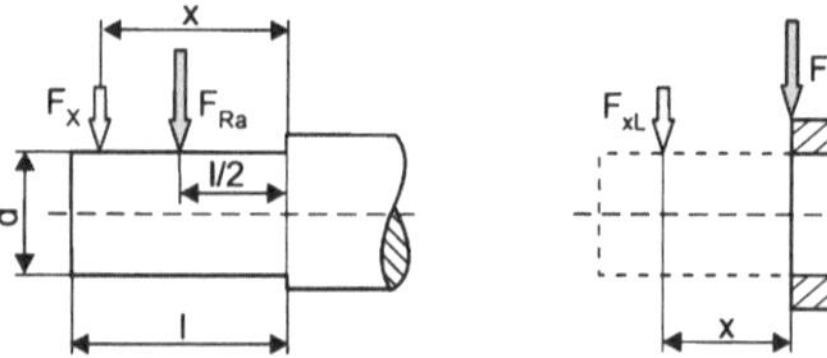

4.2.2 Wirkungsgrad der Getriebe

Der Wirkungsgrad der Getriebe wird hauptsächlich durch die Verzahnungs- und Lagerreibung bestimmt. Man beachte, dass der Anlaufwirkungsgrad eines Getriebes immer kleiner ist als der Wirkungsgrad bei Betriebsdrehzahl. Besonders ausgeprägt ist dies bei Schneckengetriebe.

Bei Stirnrad- (R-Typ), Flach- (F-Typ) und Kegelradgetrieben (K-Typ) liegt der Wirkungsgrad je nach Anzahl der Verzahnungsstufen zwischen 94 % (3-stufig) und 98 % (1-stufig).

Die Verzahnungen der Schneckengetriebe (R-Typ) verursachen einen hohen Gleitreibungsanteil. Aus diesem Grund können diese Getriebe höhere Verzahnungsverluste und somit niedrigere Wirkungsgrade als die R-, F- oder K-Getriebe aufweisen.

Dies ist abhängig von folgenden Faktoren:

- Übersetzung der Schneckenstufe
- Antriebsdrehzahl
- Getriebetemperatur

Die Schneckengetriebe sind als Stirnrad-Schnecken-Kombinationen konzipiert und weisen deshalb einen deutlich besseren Wirkungsgrad auf als reine Schneckengetriebe. Bei sehr großen Übersetzungen der Schneckenstufe kann der Wirkungsgrad $\eta < 0{,}5$ werden.

Bei rücktreibenden Drehmomenten an Schneckengetrieben ist der Rückwärts-Wirkungsgrad $\eta' = 2 - 1/\eta$, also deutlich ungünstiger als der Vorwärtswirkungsgrad η. Ist der Vorwärtswirkungsgrad $\eta \leq 0{,}5$, ist das Schneckengetriebe selbsthemmend. Einige der Schneckengetriebe mit dem größten Übersetzungsverhältnis sind statisch selbsthemmend, jedoch nicht dynamisch selbstbremsend.

Bei neuen Schneckengetrieben sind die Zahnflanken noch nicht vollständig geglättet. Deshalb ist während der Einlaufphase der Reibungswinkel größer und somit der Wirkungsgrad niedriger als im späteren Betrieb. Dieser Effekt verstärkt sich mit größer werdender Übersetzung. Folgende Werte von Tab. 4.3 müssen während der Einlaufphase vom listenmäßig angegebenen Wirkungsgrad abgezogen werden.

Tab. 4.3 Gängige Schnecke in der Einlaufphase

Schnecke	i-Bereich	η-Reduzierung
1-gängig	ca. 50...280	ca. 12 %
2-gängig	ca. 20...75	ca. 6 %
3-gängig	ca. 20...90	ca. 3 %
4-gängig		
5-gängig	ca. 6...25	ca. 3 %
6-gängig	ca. 7...25	ca. 2 %

Die Einlaufphase dauert üblicherweise 24 h. Die Schneckengetriebe erreichen die listenmäßig angegebenen Nennwirkungsgrade, wenn:

- das Getriebe vollständig eingelaufen ist,
- das Getriebe die Nenntemperatur erreicht hat,
- der vorgeschriebene Getriebeschmierstoff eingefüllt ist und
- das Getriebe im Nennlastbereich arbeitet.

Bei bestimmten Getriebebauformen taucht die erste Stufe voll in den Schmierstoff ein. Bei größeren Getrieben und hoher Umfangsgeschwindigkeit der eintreibenden Stufe entstehen Planschverluste, die nicht vernachlässigt werden dürfen. Man verwendet nach Möglichkeit die R-, K- und S-Getriebe in Raumlage M1, um die Planschverluste gering zu halten.

4.2.3 Auslegung für konstantes Drehmoment

Abb. 4.12 zeigt den Verlauf von P_a, S und η entsprechend der Messungen an belasteten Verstellgetrieben. Das Diagramm zeigt einen engen Zusammenhang zwischen Wirkungsgrad und Schlupf zur eingestellten Übersetzung. Aus mechanischen Gründen, wie maximale Reibung zwischen Riemen (Reibscheibe) und maximaler Umfangsgeschwindigkeit sowie geschwindigkeitsabhängigen Reibwerten, gibt es hier keine linearen Zusammenhänge. Um ein Verstellgetriebe optimal einsetzen zu können ist daher eine differenzierte Betrachtung der Einsatzfälle notwendig.

Die meisten Antriebsfälle benötigen im Verstellbereich ein weitgehend konstantes Abtriebsdrehmoment. Hierfür ausgelegte Verstellantriebe können mit einem Drehmoment belastet werden, das sich aus folgender Formel berechnen lässt:

$$M_a = \frac{P_{a\,max} \cdot 9550}{n_{a\,max}} = \text{konstant [Nm]}$$

Bei dieser Auslegung bzw. Betriebsart wird das nachgeschaltete Untersetzungsgetriebe im gesamten Stellbereich gleichmäßig belastet. Die volle Auslastung des Verstellgetriebes

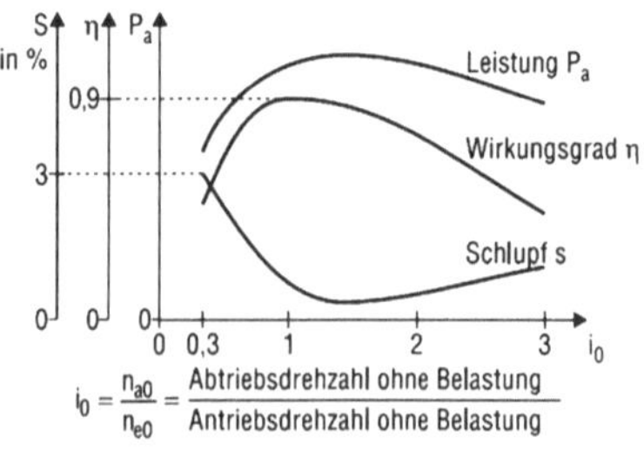

Abb. 4.12 Kennwerte der Verstellgetriebe

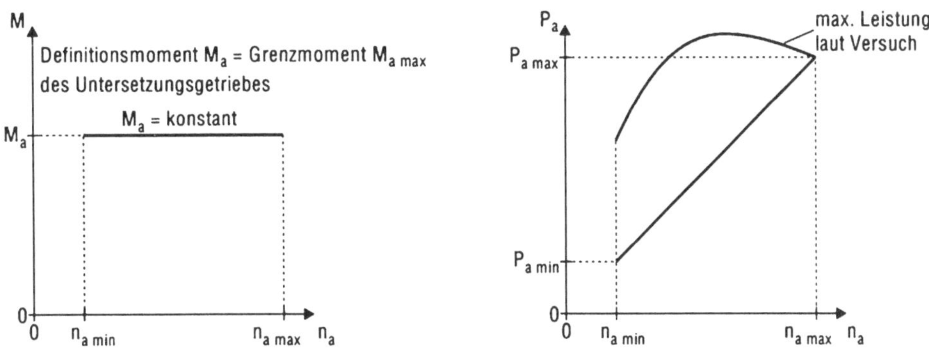

Abb. 4.13 Kennwerte der Verstellgetriebe bei konstantem Drehmoment

wird nur bei maximaler Drehzahl erreicht. Bei niedrigen Drehzahlen ist die erforderliche Leistung kleiner als die zulässige Leistung. Mit der folgenden Gleichung wird die kleinste Leistung bei niedrigster Drehzahl des Verstellbereiches berechnet:

$$P_{a\,min} = \frac{1}{R} \cdot P_{a\,max}\ [kW]$$

R = Drehzahlstellbereich

Abb. 4.13 zeigt Drehmoment und Leistung in Abhängigkeit von der Drehzahl.

Die Abtriebsleistung P_a kann innerhalb des gesamten Verstellbereiches abgenommen und mit der Formel berechnet werden:

$$P_a = \frac{M_{a\,max} \cdot n_{a\,min}}{9550} = \text{konstant}\ [kW]$$

Das Verstellgetriebe wird nur bei der niedrigsten Abtriebsdrehzahl ausgelastet. Das nachgeschaltete Untersetzungsgetriebe muss zur Übertragung der dabei entstehenden Drehmomente geeignet sein. Diese Drehmomente können um 200 bis 600 % höher liegen als bei der Auslegung für konstantes Drehmoment und Abb. 4.14 zeigt die Kennlinien.

Bei dieser Belastung wird das Verstellgetriebe optimal ausgelastet. Das Untersetzungsgetriebe ist so auszulegen, dass die maximal auftretenden Abtriebsmomente übertragen werden können. Im Bereich n_a–n_{amax}' bleibt die Leistung konstant und im Bereich n_{amax}–n_a' bleibt das Drehmoment konstant.

Will man den verfügbaren Verstellbereich des Verstellgetriebes nicht voll nutzen, ist es zweckmäßig, wegen des Wirkungsgrades den zu nutzenden Drehzahlbereich bei den höheren Drehzahlen anzusiedeln. Im oberen Drehzahlbereich ist der Schlupf des Verstellgetriebes am geringsten und die übertragbare Leistung am größten. Abb. 4.15 zeigt die Kennwerte der Verstellgetriebe bei konstantem Drehmoment und konstanter Leistung.

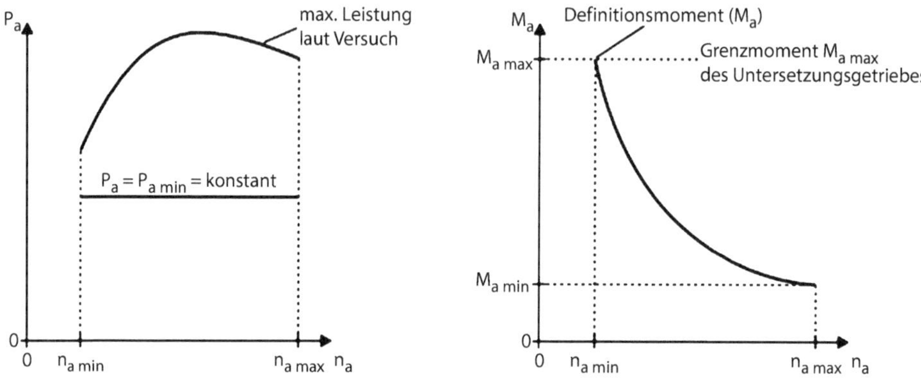

Abb. 4.14 Kennwerte der Verstellgetriebe bei konstanter Leistung

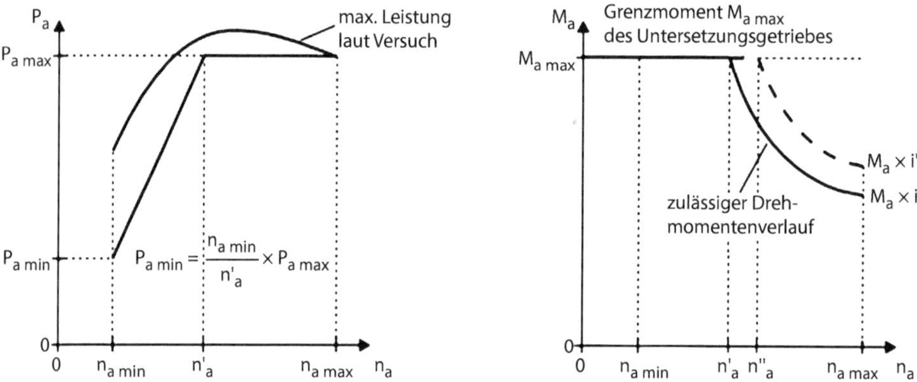

Abb. 4.15 Kennwerte der Verstellgetriebe bei konstantem Drehmoment und konstanter Leistung

4.2.4 Betriebsfaktoren

Für die Auswahl der Verstellgetriebe anhand von Auswahltabellen gelten folgende Betriebsfaktoren

1. f_B = Betriebsfaktor für Belastungsart
2. f_T = Betriebsfaktor für den Einfluss der Umgebungstemperatur

Der Gesamtbetriebsfaktor ergibt sich aus $f_B \cdot f_T$. Abb. 4.16 zeigt die Betriebsfaktoren f_T für den Einfluss der Umgebungstemperatur und Tab. 4.4 Betriebsfaktoren.

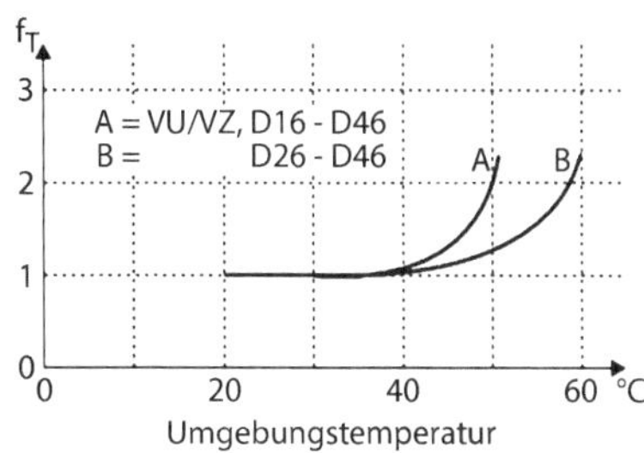

Abb. 4.16 Betriebsfaktoren f_T für den Einfluss der Umgebungstemperatur

Tab. 4.4 Betriebsfaktoren f_B

Belastungsart	f_B	Erklärung	Beispiele
I	1,0	Gleichförmiger, stoßfreier Betrieb	Lüfter, leichte Transportbänder, Abfüllmaschinen
II	1,25	Ungleichförmiger Betrieb mit mittleren Stößen	Lastaufzüge, Auswuchtmaschinen, Kranfahrwerke
III	1,5	Stark ungleichförmiger Betrieb mit hefigen Stößen	Schwere Mischer, Rollgänge, Stanzen, Steinbrecher

4.2.5 Überlastungsschutz

Der vorhandene Motorschutz, gleichgültig welcher Art, schützt nicht die nachfolgenden Getriebe.

Um bei mechanischen Verstellgetrieben nachfolgende Getriebestufen gegen Überlastung zu schützen, kann eine elektronische Überwachung eingesetzt werden. Bei dem elektronischen Überlastungsschutz werden Motorleistung und Abtriebsdrehzahl des Verstellgetriebes gemessen. Bei konstantem Drehmoment ändert sich die Leistung linear mit der Drehzahl, d. h. bei abnehmender Drehzahl muss sich ebenfalls die Motorleistung verringern. Ist dies nicht der Fall, liegt eine Überlastung vor und der Antrieb wird abgeschaltet. Dieser Überlastschutz eignet sich nicht als Blockierschutz.

Dagegen sind überlastbegrenzende Kupplungen auch als Blockierschutz geeignet.

Die Auslegung von Verstellgetrieben ist, wie beschrieben, von verschiedenen Parametern abhängig. In Tab. 4.5 sind die wichtigsten Projektierungshinweise zu Riemengetriebe und Reibscheibe gezeigt.

Tab. 4.5 Projektierungshinweise zu Riemengetriebe und Reibscheibe

Kriterium	Riemengetriebe	Reibscheibe
Leistungsbereiche	0,25 bis 45 kW	0,25 bis 11 kW
Regelbereich	1:3, 1:4, 1:5, 1:6, 1:7, 1:8 je nach Polzahl des Antriebsmotors und der eintreibenden Leistung	1:4, 1:5 je nach Polzahl des Antriebsmotors und der eintreibenden Leistung

Tab. 4.5 (Fortsetzung)

Verstellung im Stillstand	Verstellung im Stillstand ist nicht zulässig, da die Riemenspannung nur bei laufendem Antrieb automatisch nachgestellt wird	Verstellung im Stillstand ist möglich, sollte jedoch betriebsmäßig nicht zu häufig angewendet werden
Belastungsart	Geeignet auch für wechselnde Belastung (Stöße durch Materialzufuhr etc.), Dämpfung durch den Riemen	Geeignet nur für gleichförmige Belastung (z. B. Förderbänder), bei Belastungsstößen kann die Reibscheibe durchrutschen und dadurch die Oberfläche beschädigt werden
Kriterium	Riemengetriebe	Reibscheibe
EX-Schutz	Explosionsschutz für mechanische Verstellgetriebe ist nicht definiert. Alle Treibriemen sind elektrisch leitfähig und verhindern eine statische Aufladung durch drehende Teile. In explosionsgefährdeter Umgebung vorzugsweise Umrichterantriebe einsetzen	Explosionsschutz für mechanische Verstellgetriebe ist nicht definiert. Der Reibring ist elektrisch leitfähig und verhindert eine statische Aufladung durch drehende Teile. In explosionsgefährdeter Umgebung vorzugsweise Umrichterantriebe einsetzen
Verschleiß	Der Riemen ist ein Verschleißteil, das nach ca. 6000 h unter Nennlast gewechselt werden muss. Bei geringerer Belastung ergibt sich eine erheblich längere Lebensdauer	Verschleißarm, konkrete Angaben über Wechselintervalle nicht möglich
Verstellmöglichkeiten	Handrad oder Kettenrad, elektrische oder hydraulische Fernverstellung	Handrad, elektrische Fernverstellung
Anzeigegeräte	Analoge oder digitale Anzeigegeräte, analoge Anzeige mit Sonderskala ist üblich	Analoge oder digitale Anzeigegeräte, analoge Anzeige mit Sonderskala ist üblich, Stellungsanzeige am Gehäuse

4.3 Getriebemotor

Der Getriebemotor besteht aus einem der vorgenannten Elektromotoren und einem Untersetzungsgetriebe und bildet eine konstruktive Einheit. Kriterien für die Wahl der geeigneten Getriebeart sind unter anderem Platzverhältnisse, Befestigungsmöglichkeiten und Verbindung mit der Arbeitsmaschine. Zur Auswahl stehen Stirnradgetriebe, Flachgetriebe, normale Kegelradgetriebe und Kegelradgetriebe mit reduziertem Spiel, Schneckengetriebe und spielarme Planetengetriebe.

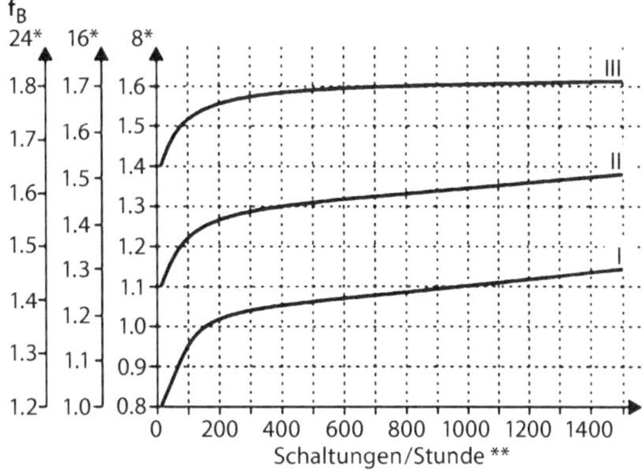

Abb. 4.17 Notwendiger Betriebsfaktor f_B; *Laufzeit in h/Tag; **Zu den Schaltungen zählen alle Anlauf- und Bremsvorgänge sowie Umschaltungen von niedrigen auf hohe Drehzahlen und umgekehrt

4.3.1 Abtriebsdrehzahl und Abtriebsdrehmoment

Die Getriebegröße richtet sich nach dem Getriebeabtriebsdrehmoment. Dieses Abtriebsdrehmoment M_a errechnet sich aus der Motorabtriebsleistung P_N und der Getriebeabtriebsdrehzahl n_a.

$$M_a = P_N \cdot \eta \cdot \frac{9550}{n_a} \text{ [Nm]}$$

Die katalogmäßigen Getriebemotoren werden entweder durch die abgegebene Leistung oder das abgegebene Drehmoment bei gegebener Abtriebsdrehzahl beschrieben. Ein weiterer Parameter ist dabei der Betriebsfaktor.

Die Getriebe sind für gleichförmige Belastung und wenige Einschaltungen ausgelegt. Bei Abweichungen von diesen Bedingungen ist es notwendig, das errechnete theoretische Abtriebsdrehmoment bzw. die Abtriebsleistung mit einem Betriebsfaktor zu multiplizieren. Dieser Betriebsfaktor wird wesentlich durch die Schalthäufigkeit, den Massenbeschleunigungsfaktor und die tägliche Betriebszeit bestimmt. In erster Näherung können die Diagramme aus Abb. 4.17 genutzt werden. Höhere Betriebsfaktoren ergeben sich bei anwendungsspezifischen Besonderheiten durch entsprechende Erfahrungswerte. Mit dem daraus errechneten Abtriebsdrehmoment kann das Getriebe festgelegt werden. Das zulässige Getriebeabtriebsdrehmoment muss größer oder gleich dem errechneten sein.

Beispiel

Stoßgrad I bei 200 Schaltungen/Stunde und Laufzeit 24 h/Tag ergibt einen Betriebsfaktor von $f_B = 1{,}35$.

Bei einigen Anwendungen können jedoch auch Betriebsfaktoren >1,8 auftreten. Diese werden z. B. durch Massenbeschleunigungsfaktoren >10, durch großes Spiel in den Übertragungselementen der Arbeitsmaschine oder durch große auftretende Querkräfte hervorgerufen.

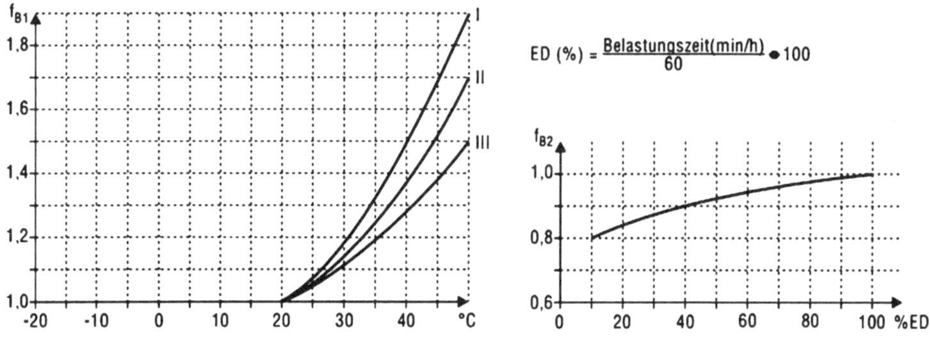

Abb. 4.18 Zusatzbetriebsfaktoren f_{B1} und f_{B2} für Schneckengetriebe

Die Stoßgrade I bis III werden anhand der ungünstigsten Werte der Massenträgheitsmomente. sowohl extern als auch auf der Motorseite, gewählt. Es kann zwischen den Kurven I bis III interpoliert werden.

In den Katalogen wird zu jedem Getriebemotor der Betriebsfaktor angegeben. Der Betriebsfaktor stellt das Verhältnis der Getriebebemessungsleistung zur Motorbemessungsleistung dar.

Die Bestimmung von Betriebsfaktoren ist nicht genormt. Deshalb sind die Angaben über Betriebsfaktoren herstellerabhängig und nicht vergleichbar.

Bei Schneckengetrieben muss zusätzlich noch der Einfluss der Umgebungstemperatur und der Einschaltdauer bei der Getriebefestlegung berücksichtigt werden. Abb. 4.18 zeigt die zusätzlichen Betriebsfaktoren für Schneckengetriebe.

Der Gesamtbetriebsfaktor für Schneckengetriebe errechnet sich dann zu:

$$f_{Bges} = f_B \cdot f_{B_1} \cdot f_{B_2}$$

f_{Bges} = allgemeiner Betriebsfaktor aus Abb. 4.18
f_{B1} = Betriebsfaktor aus Umgebungstemperatur
f_{B2} = Betriebsfaktor für Kurzzeitbetrieb

4.3.2 Dimensionierung von spielarmen Planetengetriebemotoren

Für die Dimensionierung von Planetengetriebemotoren werden folgende Angaben benötigt:

- Abtriebsdrehmoment M_{amax}
- Abtriebsdrehzahl n_{amax}
- Querkraft/Axialkraft F_{Ra}/F_{Aa}
- Verdrehwinkel $\alpha < 3', 5', 6', 10'$ (Tab. 4.6)

- Bauform
- Umgebungstemperatur
- Genaues Belastungsspiel, d. h. Angabe aller erforderlichen Drehmomente und Aktionszeiten und der zu beschleunigenden und abzubremsenden externen Massenträgheitsmomente.

Spielarme Getriebe werden wahlweise mit Getriebespiel N (normal) oder reduziertem Spiel R ausgeführt, wie Tab. 4.6 des Herstellers zeigt.

Werden große Motoren an PSF-Getriebe angebaut, so ist eine Motorabstützung ab folgenden Massenverhältnissen erforderlich:

PSF einstufig: $m_{mot}/m_{PSF} > 4$
PSF zweistufig: $m_{mot}/m_{PSF} > 2{,}5$

Typische Verluste in Untersetzungsgetrieben sind Reibungsverluste am Zahneingriff, in den Lagern und an den Wellendichtringen sowie Planschverluste der Öltauchschmierung. Erhöhte Verluste treten bei Schneckengetrieben auf.

Je größer die eintreibende Drehzahl des Getriebes ist, desto größer werden auch die Verluste.

Bei Stirnrad-, Flach-, Kegelrad- und Planetengetrieben liegt der Verzahnungswirkungsgrad je Getriebestufe bei 97 bis 98 %. Bei Schneckengetrieben liegt der Verzahnungswirkungsgrad je nach Ausführung zwischen 30 und 90 %. Während der Einlaufphase kann der Wirkungsgrad bei Schneckengetrieben noch bis zu 15 % geringer sein. Liegt dieser Wirkungsgrad unter 50 %, ist das Getriebe statisch selbsthemmend. Solche Antriebe dürfen nur dann eingesetzt werden, wenn keine rücktreibenden Drehmomente auftreten oder diese so gering sind, dass das Getriebe nicht beschädigt werden kann.

Verschleißteile bei Getrieben sind das Öl, die Lager und die Wellendichtringe. Durch Alterung des Öls ist es notwendig, in bestimmten Intervallen (spätestens alle drei Jahre) einen Ölwechsel vorzunehmen. Durch Einsatz von synthetischem Öl anstelle des normalen mineralischen Öls können die Ölwechselintervalle (spätestens alle fünf Jahre) vergrößert werden. Die Lagerlebensdauer ist von den eingesetzten Lagern und deren Belastung sowie der Drehzahl abhängig.

Der Verschleiß der Wellendichtringe ist abhängig von den Gleitgeschwindigkeiten bzw. den Umwelteinflüssen. Da diese Umwelteinflüsse schwer erfassbar sind, lässt sich eine bestimmte Lebensdauer der Wellendichtringe nicht exakt vorhersagen.

Bei Schneckengetrieben ist das Bronzeschneckenrad ebenfalls ein Verschleißteil. Dies muss bei der Lebensdauerbetrachtung berücksichtigt werden.

Die Abtriebsdrehzahlen können beliebig klein werden. Durch Doppelgetriebe können Abtriebsdrehzahlen von 0,01 min^{-1} und weniger erreicht werden.

Tab. 4.6 Getriebespiel N (normal) oder reduziertem Spiel R

	N	R
PSF einstufig	$\alpha < 6'$	$\alpha < 3'$
PSF zweistufig	$\alpha < 10'$	$\alpha < 5'$

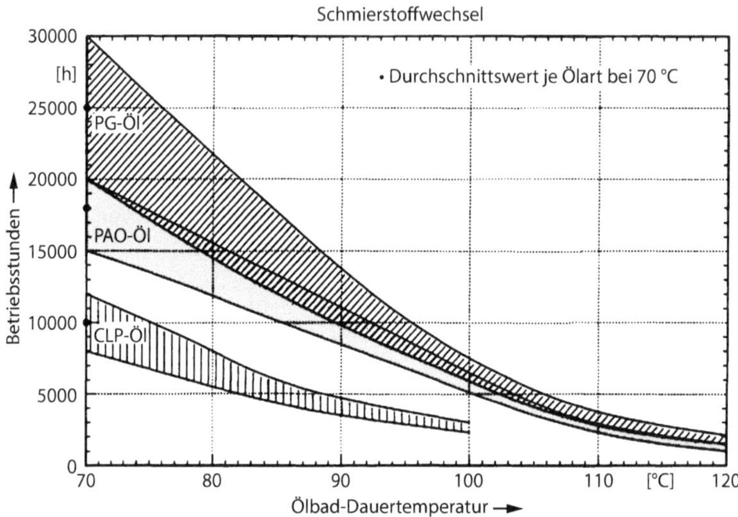

Abb. 4.19 Wechselintervalle bei Standardgetrieben für normale Umgebungsbedingungen

Auf dem Typenschild der Antriebe ist die Bauform des Gesamtantriebs festgehalten. Entsprechend dieser Bauform wurde vom Hersteller die Ölmenge eingefüllt. Wird jedoch der Antrieb von dieser Bauform abweichend aufgestellt, kann entweder zu viel oder zu wenig Öl vorhanden sein. Zu viel Öl kann Überdruck und Leckagen, zu wenig Öl erhöhten Verschleiß der Zahnräder und Lager zur Folge haben. Abb. 4.19 zeigt die Wechselintervalle bei Standardgetrieben für normale Umgebungsbedingungen.

4.4 Elektromagnet-Scheibenbremse

Motoren und Getriebemotoren werden auf Wunsch mit integrierter mechanischer Bremse geliefert. Die Bremse ist eine gleichstromerregte Elektromagnetscheibenbremse, die elektrisch öffnet und durch Federkraft bremst. Bei Stromunterbrechung fällt die Bremse ein. Sie erfüllt damit grundlegende Sicherheitsanforderungen. Die Bremse kann bei Ausrüstung mit Handlüftung auch mechanisch geöffnet werden.

Für die Handlüftung stehen zwei Möglichkeiten zur Verfügung:

- Mit selbsttätig zurückspringender Handlüftung (HR-Typen), ein Handhebel wird mitgeliefert.
- Mit feststellbarer Handlüftung (HF-Typen), ein Gewindestift wird mitgeliefert.

Angesteuert wird die Bremse von einer Bremsenansteuerung, die entweder im Anschlussraum des Motors oder im Schaltschrank untergebracht ist.

Ein wesentlicher Vorteil der Bremsen ist die sehr kurze Bauweise. Die integrierte Bauweise des Bremsmotors erlaubt besonders Platz sparende und robuste Lösungen.

Die Bremse ist an der B-Seite des Motors angebaut und im Motor integriert. Die Bremse ist eine gleichspannungserregte elektromagnetische Federdruckbremse, die über Gleichrichter gespeist wird. Sie nutzt das Zweispulensystem. Die neue Bremse ist als Baukasten für jeden Anwendungsfall und für jeden Einbauort konzipiert. Die Bremsen sind generell geräuschgedämpft.

Das Prinzip der modularen Bremse auf einer Reibscheibe beginnt ab einer bestimmten Motorgröße. Bei den kleineren Motoren ist die Bremse noch nach dem Prinzip der BM(G), also „Bremse integriert" direkt am Lagerschild. Die modulare Bremse ermöglicht den Anbau von bis zu drei Bremsengrößen an einen Motor. Dabei ist das B-Lagerschild wie ein Anschlussflansch zu sehen, der die auf einer Reibscheibe vormontierte BE aufnimmt. Die integrierte Bremse ist zwar auf einem kompletten Bremslagerschild montiert, aber ebenso bedarfsgerecht dimensionierbar wie die modulare Bremse.

4.4.1 Funktion einer gleichstromerregten Scheibenbremse

Die Bremse ist eine gleichstromerregte Elektromagnet-Scheibenbremse, die elektrisch öffnet und durch Federkraft bremst. Das System genügt grundsätzlichen Sicherheitsanforderungen: Bei Stromunterbrechung fällt die Bremse automatisch ein. Abb. 4.20 zeigt einen Querschnitt durch eine Elektromagnet-Scheibenbremse.

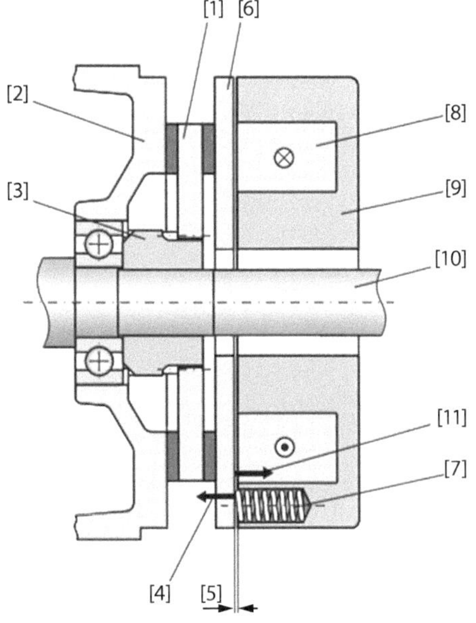

Abb. 4.20 Querschnitt durch eine Elektromagnet-Scheibenbremse; *[1]* Belagträger, *[2]* Bremslagerschild, *[3]* Mitnehmer, *[4]* Federkraft, *[5]* Arbeitsluftspalt, *[6]* Ankerscheibe, *[7]* Bremsfeder, *[8]* Bremsspule, *[9]* Magnetkörper, *[10]* Motorwelle, *[11]* Elektromagnetische Kraft

Die wesentlichen Teile des Bremssystems sind die eigentliche Bremsspule [8] (Beschleunigerspule + Teilspule = Haltespule), bestehend aus dem Magnetkörper [9] mit vergossener Wicklung und einer Anzapfung, der beweglichen Ankerscheibe [6], den Bremsfedern [7], dem Belagträger [1] und dem Bremslagerschild [2].

Im Unterschied zu üblichen gleichstromerregten Scheibenbremsen soll man Bremsen mit einem Zweispulensystem verwenden. Die Ankerscheibe wird im stromlosen Zustand des Elektromagneten durch die Bremsfedern gegen den Belagträger gedrückt. Der Motor wird gebremst. Anzahl und Art der Bremsfedern bestimmen das Bremsmoment. Wenn die Bremsspule an die entsprechende Gleichspannung angeschlossen ist, wird die Bremsfederkraft [4] magnetisch [11] überwunden, die Ankerscheibe liegt nun am Magnetkörper, der Belagträger kommt frei, der Rotor kann sich drehen.

Eine besondere Bremsenansteuerung sorgt dafür, dass zunächst nur die Beschleunigerspule und anschließend die Haltespule (Gesamtspule) eingeschaltet ist. Die kräftige Stoßmagnetisierung (hoher Beschleunigungsstrom) der Beschleunigerspule bewirkt eine besonders kurze Ansprechzeit speziell der großen Bremsen, ohne dass die Sättigungsgrenze erreicht wird. Der Belagträger kommt sehr schnell frei, der Motor läuft nahezu ohne Bremsverluste an. Abb. 4.21 zeigt die Funktionsweise einer gleichstromerregten Scheibenbremse.

Die besonders kurzen Ansprechzeiten der Bremsen bedeuten verkürzte Motoranlaufzeit, minimale Anlauferwärmung und damit Energieeinsparung und vernachlässigbaren Bremsenverschleiß beim Anlauf (Abb. 4.22). Sehr hohe Schalthäufigkeit und lange Bremsenstandzeit sind die Vorteile für den Anwender.

Sobald die Bremse gelüftet hat, wird elektronisch auf die Haltespule umgeschaltet. Der Bremsmagnet ist jetzt nur soweit magnetisiert (kleiner Haltestrom), dass die Ankerschei-

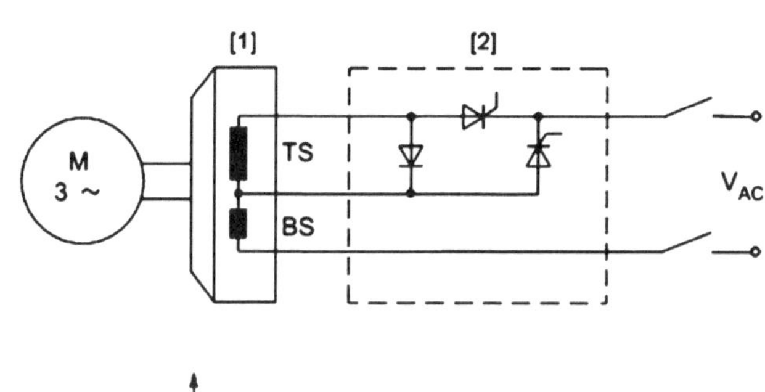

Abb. 4.21 Funktionsweise einer gleichstromerregten Scheibenbremse; BS Beschleunigerspule, TS Teilspule, I_B Beschleunigungsstrom; *[1]* Bremse; *[2]* Bremsenansteuerung; *[3]* Beschleunigung; *[4]* Halten; I_H Haltestrom, BS + TS = Haltespule

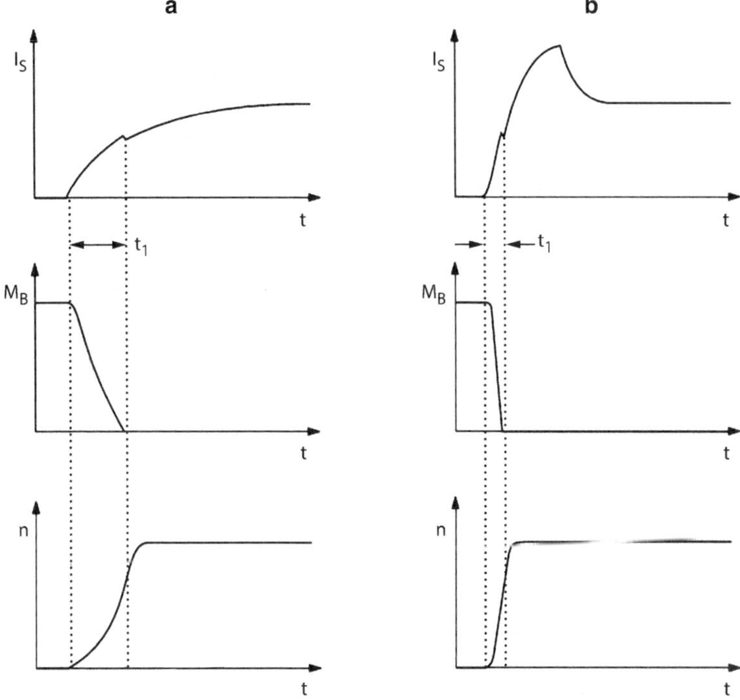

Abb. 4.22 Ansprechzeiten, Motoranlaufzeit und Bremsenverschleiß; **a** Einschaltvorgang bei Betrieb mit Gleichrichter ohne Umschaltelektronik; **b** Einschaltvorgang bei Betrieb mit Gleichrichter mit Umschaltelektronik, z. B. BGE; I_S Spulenstrom, M_B Bremsmoment, n Drehzahl, t_1 Ansprechzeit der Bremse

be im geöffneten Zustand mit ausreichender Sicherheit bei minimaler Bremserwärmung gehalten wird.

Kurze Reaktionszeiten beim Abschalten bedeuten, dass beim Abschalten der Spule die Entregung sehr schnell erfolgt und vor allem die großen Bremsen mit sehr kurzer Reaktionszeit einfallen, wie Abb. 4.23 zeigt. Der Vorzug für den Anwender ist ein besonders kurzer Bremsweg mit hoher Wiederholgenauigkeit und große Sicherheit z. B. für die Anwendung bei Hubantrieben.

Die Reaktionszeit beim Schließen der Bremse hängt zusätzlich davon ab, wie schnell die in der Bremsspule gespeicherte Energie bei der Abschaltung der Stromversorgung abgebaut wird. Bei der „wechselstromseitigen Abschaltung" dient eine Freilaufdiode dazu, die Energie abzubauen. Der Strom klingt nach einer e-Funktion ab.

Wenn bei der gleich- und wechselstromseitigen Abschaltung gleichzeitig der Gleichstromkreis der Spule unterbrochen wird, klingt der Strom über einen Varistor wesentlich schneller ab. Die Reaktionszeit wird erheblich kürzer. Im konventionellen Fall wird die gleich- und wechselstromseitige Abschaltung mit einem zusätzlichen Kontakt des Bremsschützes (geeignet für induktive Last) ausgeführt.

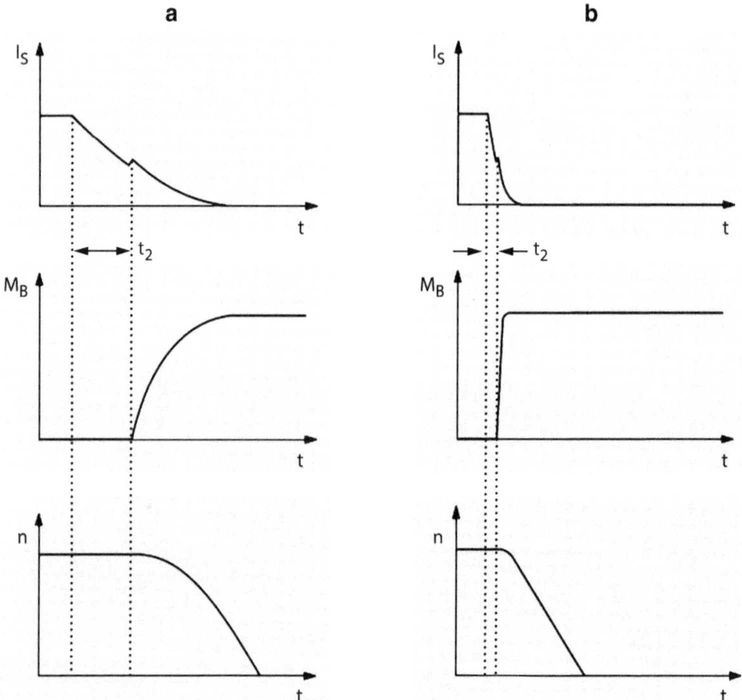

Abb. 4.23 Reaktionszeiten beim Abschalten einer gleichstromerregten Scheibenbremse; **a** Bremseinfall bei wechselstromseitiger Abschaltung, **b** Bremseinfall bei gleich- und wechselstromseitiger Abschaltung; I_S Spulenstrom, M_B Bremsmoment, n Drehzahl, t_2 Bremseneinfallzeit

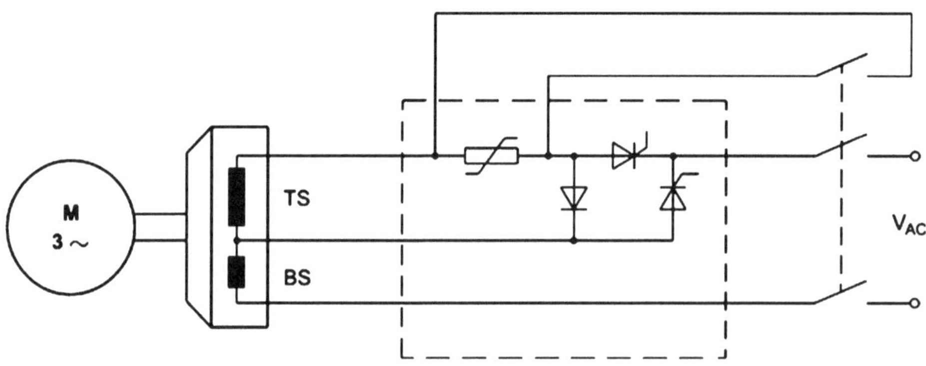

Abb. 4.24 Abschaltung mit elektronischen Relais SR und UR

Unter bestimmten Bedingungen können auch die elektronischen Relais SR und UR vorteilhaft zur Unterbrechung des Gleichstromkreises eingesetzt werden. Abb. 4.24 zeigt die Abschaltung.

In vielen Anwendungen im Leistungsbereich bis ca. 5,5 kW (4-polig) werden zum Schutz der Umwelt besonders leise Bremsmotoren gefordert.

4.4.2 Bremsen für Drehstrommotoren

Die wesentlichen Merkmale der Bremsen für Drehstrommotoren sind:

- Verschiedene Bremsengrößen pro Motorgröße anbaubar
- Bremsspule mit Anzapfung
- Bewegliche Ankerscheibe
- Steckverbinder für einfache elektrische Kontaktierung
- Die Anzahl der Bremsfedern bestimmt das Bremsmoment
- Lage der Handlüftung frei wählbar

Bei der integralen Bauweise der Bremse von Abb. 4.25 für die Motortypen ist das B-seitige Lagerschild des Motors ein wichtiger Bestandteil der Bremse mit einer Reibfläche.

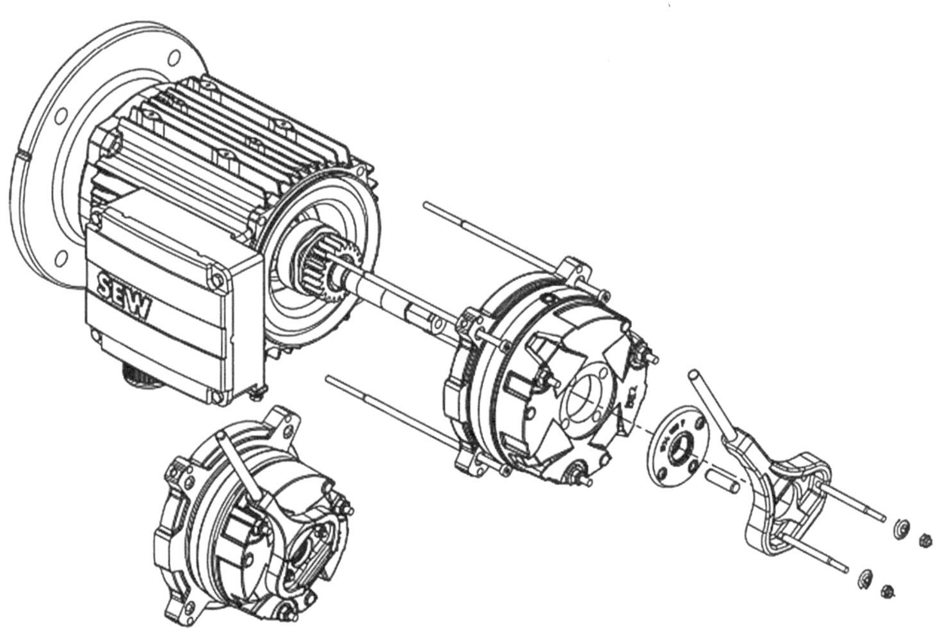

Abb. 4.25 Bauweise einer Bremse für einen Drehstrommotor

4.4.3 Hinweise zur Projektierung der Bremse

Sowohl der Bremsmotor selbst als auch seine elektrische Verbindung müssen im Interesse einer möglichst langen Lebensdauer sorgfältig dimensioniert werden.

Dabei sind die folgend detailliert beschriebenen Gesichtspunkte zu beachten:

- Auswahl der Bremse/des Bremsmomentes gemäß Projektierungsdaten
- Bestimmen der Bremsenspannung.
- Auswahl der Bremsenansteuerung und der Anschlussart
- Dimensionierung und Verlegung der elektrischen Leitung
- Auswahl des Bremsschützes
- Wichtige Konstruktionsangaben
- Falls erforderlich Motorschutzschalter (als Schutz der Bremsspule)
- Diagnoseeinheit für die Bremsenüberwachung

Die mechanischen Komponenten, Bremsentyp und Bremsmoment, werden bei der Bestimmung des Antriebsmotors festgelegt. Die Antriebsart bzw. Einsatzgebiete und die dabei zu beachtenden Normen bestimmen ebenfalls die Auswahl der Bremse.

Auswahlkriterien sind:

- Drehstrommotor mit einer Drehzahl/polumschaltbarer Motor
- Drehzahlgeregelter Drehstrommotor mit Frequenzumrichter
- Servomotor
- Anzahl der betriebsmäßigen bzw. der NOT-AUS-Bremsungen
- Arbeitsbremse oder Haltebremse
- Höhe des Bremsmomentes („weiche Bremsung" bis „harte Bremsung")
- Hubwerks-Anwendung
- Minimale/maximale Verzögerung

Was bei der Bremsenauswahl bestimmt/ermittelt wird, ist in Tab. 4.7 zusammengefasst.

Tab. 4.7 Bestimmen und ermitteln der Bremsenauswahl

Basisfestlegung	Verknüpfung/Ergänzung/Bemerkung
Motortyp	Bremsentyp/Bremsenansteuerung
Bremsmoment	Bremsfedern
Bremseneinfallzeit	Anschlussart der Bremsenansteuerung (wichtig für die Elektrokonstruktion der Schaltpläne)
Bremszeit Bremsweg Bremsverzögerung Bremsgenauigkeit	Einhaltung der geforderten Daten nur dann, wenn die vorstehenden Parameter die Anforderungen erfüllen
Bremsarbeit Bremsenstandzeit	Nachstellzeit (wichtig für den Service)

Auswahl der Bremse: Die für den jeweiligen Einsatzfall geeignete Bremse wird nach den folgenden Hauptkriterien ausgewählt:

- Erforderliches Bremsmoment
- erforderliches Arbeitsvermögen

Bremsmoment: Das benötigte Bremsmoment wird in der Regel entsprechend der gewünschten Verzögerung der Anwendung ausgewählt. Die Nennwerte des Bremsmomentes der Bremsen sind gemäß DIN VDE 0580 bestimmt und geprüft. Die Tabellen „Zuordnung der Bremse“ zeigen getrennt für die horizontale und vertikale Bewegungsrichtung die mögliche Bremsmomentstufung,.

Bremsmoment bei Hubwerksanwendungen: Das gewählte Bremsmoment muss mindestens um den Faktor 2 über dem höchsten Lastmoment liegen (statische Last ist zu berücksichtigen).

Wird die Bremse als reine Haltebremse (bei Stillstand des Antriebs) eingesetzt, so fehlt der Reibvorgang als Regenerationsmöglichkeit des Bremsbelages. Für einen solchen Betrieb der Bremse ist der Mindestfaktor 2,5 zu beachten.

Das Arbeitsvermögen der Bremse wird durch die zulässige Bremsarbeit W_1 pro Bremsvorgang und durch die gesamte zulässige Bremsarbeit W_{insp} bis zur Wartung der Bremse bestimmt.

Zulässige Anzahl der Bremsungen bis zur Wartung der Bremse errechnet sich aus

$$N_B = \frac{W_{insp}}{W_1}.$$

Bremsarbeit pro Bremsvorgang ist

$$W_1 = \frac{J_{ges} \cdot n^2 \cdot M_B}{182{,}4 \cdot (M_B \pm M_L)}$$

N_B = Anzahl Bremsungen bis zur Wartung
W_{insp} = Gesamte Bremsarbeit bis zur Wartung [J]
W_1 = Bremsarbeit pro Bremsvorgang [J]
J_{ges} = Gesamtes Massenträgheitsmoment (auf Motorwelle bezogen) in [kg m²]
n = Motordrehzahl [1/mm]
M_B = Bremsmoment [Nm]
M_L = Lastmoment [Nm] (Vorzeichen beachten)
+: bei vertikaler Aufwärts- und horizontaler Bewegung
−: bei vertikaler Abwärtsbewegung

4.4.4 NOT-AUS-Eigenschaften

Die gleichstromerregten Scheibenbremsen sind konzeptionell auf einen Bremsbelag aus organischem Material ausgerichtet. Die NOT-AUS-Eigenschaften müssen sich daher an den Bewegungsrichtungen orientieren.

- Bremsen bei vertikaler Bewegungsrichtung: Bei Hubwerksanwendungen dürfen die Grenzen der zulässigen maximalen Schalt- oder Bremsarbeit auch beim NOT-AUS nicht überschritten werden.
- Bremsen bei horizontaler Bewegungsrichtung: Bei horizontaler Bewegung wie in Fahrwerksanwendungen können unter Beachtung nachstehender Bedingungen A) bis D) höhere Bremsarbeiten in NOT-AUS-Situationen zugelassen werden.
  A) Gewähltes Bremsmoment: In Bezug zur Bremsengröße um mindestens eine Stufe reduziertes Bremsmoment.
  B) Gewählter Bremsverschleiß: Im NOT-AUS-Fall erhöht sich dann der spezifische Verschleiß des Bremsbelages deutlich und kann unter Umständen den Faktor 100 erreichen. Dieser zusätzliche Verschleiß ist bei der Bestimmung des Wartungszyklus zu berücksichtigen.
  C) Bremsvorgang: Während des Bremsvorganges kann sich das wirkende reale dynamische Bremsmoment aufgrund der Erhitzung des Belages beim Bremsen reduzieren. In extremen Fällen kann das wirkende Bremsmoment bis auf 60 % des Nennwerts absinken. Das ist bei der Bestimmung des Bremsweges zu beachten.
  D) Bremsdrehzahl: Die zulässige erhöhte Bremsarbeit wird entscheidend bestimmt durch die Drehzahl bei der der Bremsvorgang ausgelöst wird. Je niedriger die Drehzahl ist, umso höher ist die erlaubte Bremsarbeit.
- Bremsen in schräger Bewegungsrichtung: Da die schräge Bewegung eine vertikale und eine horizontale Komponente enthält, muss die zulässige NOT-AUS-Bremsarbeit nach den Herstellerunterlagen bestimmt werden.

Standardmäßig werden die Drehstrom-Bremsmotoren mit eingebauter Bremsenansteuerung für den Wechselstromanschluss (AC-Anschluss) oder eingebautem Steuergerät für den 24-V-Anschluss Gleichstrom geliefert. Die Motoren sind dann komplett anschlussfertig.

Die Auswahl der Bremsenspannung orientiert sich generell an der verfügbaren Netzwechselspannung oder Motorbetriebsspannung. Damit hat der Anwender die Gewähr, dass er in jedem Fall die kostengünstigste Installation für niedrige Bremsströme erhält.

Wenn bei spannungsumschaltbaren Ausführungen die Netzspannung beim Motorkauf noch nicht feststeht, muss die jeweils kleinere Spannung gewählt werden, um bei Einbau der Bremsenansteuerung in den Klemmenkasten in jedem Fall brauchbare Anschlussbedingungen zu erreichen sind.

Kleinspannungen sind oft wegen Sicherheitsbestimmungen unumgänglich. Sie erfordern jedoch einen erheblich höheren Aufwand an Kabeln, Schaltgeräten, Transformatoren und auch Gleichrichtern und Überspannungsschutz (z. B. bei direkter DC 24-V-Versorgung) als bei Netzspannungsanschluss.

Je nach Anforderungen und Einsatzbedingungen stehen für die Ansteuerung der gleichstromerregten Scheibenbremsen verschiedene Bremsenansteuerungen zur Verfügung. Alle Bremsenansteuerungen sind serienmäßig mit Varistoren gegen Überspannung geschützt.

Die Bremsenansteuerungen werden entweder direkt am Motor im Anschlussraum oder im Schaltschrank eingebaut. Bei Motoren der Wärmeklasse (H) und explosionsgeschützten Motoren muss das Steuersystem im Schaltschrank untergebracht werden.

Die Versorgungsspannung für Bremsen mit AC-Anschluss wird entweder separat zugeführt oder im Anschlussraum von der Netzversorgung des Motors abgenommen. Die Versorgung von der Motornetzspannung ist nur bei Motoren mit einer festen Drehzahl zulässig. Bei polumschaltbaren Motoren und bei Betrieb am Frequenzumrichter muss die Versorgungsspannung der Bremse separat zugeführt werden.

Außerdem muss beachtet werden, dass bei Versorgung von der Motornetzspannung die Reaktion der Bremse durch die Restspannung des Motors verzögert wird. Die in den technischen Daten der Bremsen genannte Bremseneinfallzeit t_2 für wechselstromseitige Abschaltung gilt nur für separate Versorgung.

4.5 Rechenbeispiel eines Kettenförderers mit Frequenzumrichter

Ein Kettenförderer soll Holzkisten mit einer Geschwindigkeit von 0,5 m/s eine Steigung von $\alpha = 5°$ hochtransportieren. Es sind maximal vier Kisten mit je 500 kg auf dem Band. Die Kette selbst hat eine Masse von 300 kg. Der Reibwert zwischen Kette und Unterlage ist mit $\mu = 0{,}2$ angegeben. Am Ende des Kettenförderers ist ein mechanischer Anschlag angebracht, der die Aufgabe hat, die Kisten vor dem Abschieben auf ein zweites Band gerade zu richten. Bei diesem Vorgang rutscht die Holzkiste auf der Kette mit einem Reibwert von $\mu = 0{,}7$.

Es soll ein Schneckengetriebe, frequenzgeregelt bis ca. 50 Hz, eingesetzt werden.

Geschwindigkeit	$v = 0{,}5\,m/s$
Steigung	$\alpha = 5°$
Masse des Transportgutes	$m_L = 2000\,kg$
Masse der Kette	$m_D = 300\,kg$
Reibwert zwischen Kette und Unterlage	$\mu_1 = 0{,}2$
Reibwert zwischen Kiste und Kette	$\mu_2 = 0{,}7$
gewünschte Beschleunigung	$a = 0{,}25\,m/s^2$
Kettenraddurchmesser	$D = 250\,mm$
Schalthäufigkeit	10 Schaltungen/Stunde und 16 h/Tag

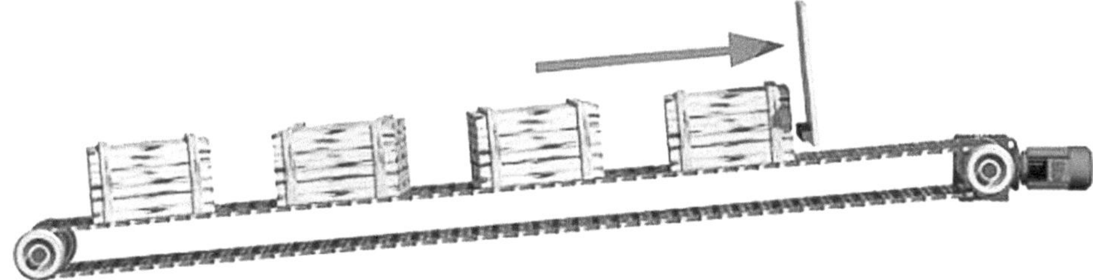

Abb. 4.26 Mechanischer Aufbau eines Kettenförderers mit Frequenzumrichter

Abb. 4.26 zeigt den mechanischen Aufbau eines Kettenförderers mit Frequenzumrichter.

Widerstandskräfte: Steigung mit Reibung, Kraftrichtung nach oben! Die Gewichtskraft beinhaltet das Gewicht der vier Kisten und das halbe Kettengewicht.

$$F_S = F_G \cdot \frac{\sin(\alpha + \rho)}{\cos \rho} \qquad \mu = \frac{\tan \rho}{\rho} = \arctan 0{,}2$$

$$F_S = (2000 + 150)\,\text{kg} \cdot 9{,}81\,\frac{\text{m}}{\text{s}^2} \cdot \frac{\sin(5° + 11{,}3°)}{\cos 11{,}3°} = 6040\,\text{N}$$

Ausrichten: Rutschreibung (Kiste-Kette) an der schiefen Ebene, Kraftrichtung nach unten!

$$F_S = F_G \cdot \frac{\sin(\rho - \alpha)}{\cos \rho} = 4900\,\text{N} \cdot \frac{\sin(35° - 5°)}{\cos 35°} = 2990\,\text{N} \qquad \rho = \arctan 0{,}7$$

Wirkungsgrad und Schneckengetriebe: Je nach Übersetzung ist der Wirkungsgrad eines Schneckengetriebes sehr unterschiedlich. Es empfiehlt sich daher an dieser Stelle, wo erforderliches Drehmoment und Übersetzung noch nicht errechnet sind, und es wird mit einem vorläufig angenommenen Wirkungsgrad von 70 % gerechnet. Dies erfordert eine Nachrechnung. Der Wirkungsgrad der Kette ist nach den Herstellerunterlagen mit 0,9 angegeben.

Statische Leistung:

$$P_S = \frac{F \cdot v}{\eta} \cdot \frac{9030\,\text{N} \cdot 0{,}5\,\frac{\text{m}}{\text{s}}}{0{,}7 \cdot 0{,}9 \cdot 1000} = 7{,}17\,\text{kW}$$

Da der Kettenförderer im Dauerbetrieb „durchläuft“, wird ein Motor gewählt, dessen Bemessungsleistung größer ist als die maximale statische Leistung. Im Kurzzeitbetrieb lässt sich hier oftmals ein kleinerer Motor einsetzen.

Motorauswahl: Damit ergibt sich der Motor von

P_N = 7,5 kW
n_M = 1430 min^{-1}
J_M = 0,03237 kg m^2
M_B = 100 Nm

Externes Massenträgheitsmoment:

$$J_X = 91{,}2 \cdot m \cdot \left(\frac{v}{n_M}\right)^2 = 91{,}2 \cdot (2000 + 300)\,kg \cdot \left(\frac{0{,}5\,\frac{m}{s}}{1430\,min^{-1}}\right)^2 = 0{,}026\,kg\,m^2$$

Lastmoment:

$$M_L = \frac{F \cdot v \cdot 9550}{n_M} = \frac{9030\,N \cdot 0{,}5 \cdot 9{,}55}{1430\,min^{-1}} = 30{,}2\,Nm$$

Hochlaufmoment:

$$M_H = \frac{\left(J_M + \frac{J_X}{\eta}\right) \cdot n_M}{9{,}55 \cdot t_A} + \frac{M_L}{\eta}$$

Mit einer angenommenen Beschleunigung von 0,25 m/s^2 wird die Anlaufzeit $t_A = 2\,s$ nach Herstellerangaben errechnet.

$$M_H = \frac{\left(0{,}03237 + \frac{0{,}026}{0{,}63}\right) kg\,m^2 \cdot 1430\,min^{-1}}{9{,}55 \cdot 2\,s} + \frac{30{,}2\,Nm}{0{,}9 \cdot 0{,}7} = 53{,}4\,Nm$$

Das Hochlaufmoment ist hier bezogen auf den „worst case" (ungünstigster Fall), d. h. wenn vier Kisten auf der Kette liegen und eine davon sich am Anschlag befindet.

Wie bereits erwähnt, muss das Hochlaufmoment kleiner sein als 130 % des vom Umrichter zur Verfügung gestellten Bemessungsmomentes, umgerechnet aus der Bemessungsleistung.

$$M_N = \frac{P_N \cdot 9550}{n_M} = \frac{7{,}5\,kW \cdot 9550}{1430\,min^{-1}} = 50{,}1\,Nm$$

Das Verhältnis M_H/M_N beträgt

$$\frac{M_H}{M_N} = \frac{53{,}4\,Nm}{50{,}1\,Nm} = 107\,\% < 130\,\%.$$

Jetzt kann der Frequenzumrichter bestimmt werden.
Die Abtriebsdrehzahl für die Getriebeauslegung lässt sich berechnen:

$$n_a = 19{,}1 \cdot 10^3 \cdot \frac{v}{D} \cdot i_V = 19{,}1 \cdot 10^3 \cdot \frac{0{,}5\,\frac{m}{s}}{250\,mm} \cdot 1 = 38{,}2\,min^{-1}.$$

Getriebeübersetzung:

$$i = \frac{n_M}{n_a} = \frac{1430\,\text{min}^{-1}}{38{,}2\,\text{min}^{-1}} = 37{,}4$$

Betriebsfaktor: Bei 16 h Betrieb/Tag und 10 Schaltungen/Stunde lässt sich ein Massenbeschleunigungsfaktor f_M ermitteln.

$$f_M = \frac{J_X}{J_M} = \frac{0{,}026\,\text{kg m}^2}{0{,}032\,\text{kg m}^2} = 0{,}8$$

Mit einem Massenbeschleunigungsfaktor $f_M = 0{,}8$ ergibt sich Stoßgrad II und der Betriebsfaktor f_B ist 1,2.

Hier kann ein Getriebe aus den Herstellerangaben mit $n_a = 39\,\text{min}^{-1}$, $M_{amax} = 3300\,\text{Nm}$ bei einem Betriebsfaktor $f_B = 2{,}0$ ausgewählt werden.

Im Getriebemotorenkatalog ist für dieses Getriebe ein Wirkungsgrad von 86 % angegeben. Da anfangs ein Wirkungsgrad von 70 % angenommen wurde, kann nun überprüft werden, ob ein kleinerer Antrieb ausreichend wäre. Die statische Leistung für den Kettenförderer beträgt

$$P_S = \frac{9030\,\text{N} \cdot 0{,}5\,\frac{\text{m}}{\text{s}}}{0{,}86 \cdot 0{,}9 \cdot 1000} = 5{,}83\,\text{kW}.$$

Der nächst kleinere Motor ist mit 5,5 kW Bemessungsleistung zu klein.

4.6 Rechenbeispiel eines Hubantriebs mit Frequenzumrichter

Der Hubantrieb soll mit einem frequenzgesteuerten Antrieb ausgestattet werden.

Masse des Hubrahmens:	$m_0 = 200\,\text{kg}$
Masse der Last:	$m_L = 300\,\text{kg}$
Hubgeschwindigkeit:	$v = 0{,}3\,\text{m/s}$
Kettenraddurchmesser:	$D = 250\,\text{mm}$
Eckfrequenz:	$f_1 = 50\,\text{Hz}$
maximale Frequenz:	$f_{max} = 70\,\text{Hz}$
Beschleunigung/Vorsteuerung:	$a = 0{,}3\,\text{m/s}^2$
Stellbereich:	1:10
Lastwirkungsgrad:	$n_L = 0{,}90$
Getriebewirkungsgrad:	$n_G = 0{,}92$
Gesamtwirkungsgrad:	$\eta = \eta_L \cdot \eta_G = 0{,}83$
Einschaltdauer:	50 % ED
Getriebe:	Kegelradgetriebe ohne Vorgelege

Abb. 4.27 Aufbau eines frequenzgesteuerten Hubantriebs

Abb. 4.27 zeigt den Aufbau eines frequenzgesteuerten Hubantriebs.

Die gewählte Motorleistung sollte größer als die errechnete statische (quasistationäre) Leistung sein.

$$P_S = \frac{m \cdot g \cdot v}{1000 \cdot \eta} = \frac{500\,\text{kg} \cdot 9{,}81\,\frac{\text{m}}{\text{s}^2} \cdot 0{,}3\,\frac{\text{m}}{\text{s}}}{1000 \cdot 0{,}83} = 1{,}77\,\text{kW}$$

Grundsätzlich sollten Hubwerke am Frequenzumrichter auf eine maximale Frequenz von 70 Hz ausgelegt werden. Erreicht der Antrieb die maximale Geschwindigkeit bei 70 Hz anstatt bei 50 Hz, wird die Getriebeübersetzung und damit auch die Drehmomentenübersetzung um Faktor 1,4 (70/50) höher. Stellt man nun die Eckfrequenz auf 50 Hz, so erhöht sich das Abtriebsdrehmoment durch diese Maßnahme bis zur Eckfrequenz um Faktor 1,4 und fällt dann bis 70 Hz auf den Faktor 1,0. Durch diese Einstellung wird eine Drehmomentreserve von 40 % bis zur Eckfrequenz projektiert. Dies erlaubt ein erhöhtes Startmoment und mehr Sicherheit für Hubwerke.

Unter der Annahme, dass die dynamische Leistung bei Hubwerken ohne Gegengewicht des Motors relativ gering (<20 % der statischen Leistung) ist, kann der Motor durch die Ermittlung von P_S bestimmt werden.

Statische Leistung

P_S	= 1,77 kW
gewählter Motor P_N	= 2,2 kW
Umrichter P	= 2,2 kW

Aus thermischen Gründen und auch aufgrund der besseren Magnetisierung wird empfohlen, den Motor bei Hubwerken einen Typensprung größer zu wählen. Dies trifft speziell dann zu, wenn die statische Leistung nahe der Bemessungsleistung des Motors ist. In diesem Beispiel ist der Abstand groß genug, so dass eine Überdimensionierung des Motors nicht notwendig ist.

Damit ergibt sich der Motor:

P_N = 2,2 kW
n_M = 1400 min^{-1} bei 50 Hz und 1960 min^{-1} bei 70 Hz
J_M = $59 \cdot 10^{-4}$ kg m^2
M_B = 40 Nm

Externes Massenträgheitsmoment:

$$J_X = 91{,}2 \cdot m \cdot \left(\frac{v}{n_M}\right)^2 = 91{,}2 \cdot 500\,\text{kg} \cdot \left(\frac{0{,}3\,\frac{m}{s}}{1960\,\text{min}^{-1}}\right)^2 = 0{,}001\,\text{kg}\,\text{m}^2$$

Lastmoment:

$$M_L = \frac{m \cdot g \cdot v \cdot 9{,}55}{n_M} = \frac{500\,\text{kg} \cdot 9{,}81\,\frac{m}{s^2} \cdot 0{,}3\,\frac{m}{s} \cdot 9{,}55}{1960\,\text{min}^{-1}} = 7{,}2\,\text{Nm}$$

Hochlaufmoment:

$$M_H = \frac{\left(J_M + \frac{J_X}{\eta}\right) \cdot n_M}{9{,}55 \cdot t_A} + \frac{M_L}{\eta}$$

Mit einer angenommenen Beschleunigung von 0,3 m/s^2 wird die Anlaufzeit $t_A = 1$ s.

$$\begin{aligned} M_H &= \frac{\left(J_M + \frac{J_X}{\eta}\right) \cdot n_M}{9{,}55 \cdot t_A} + \frac{M_L}{\eta} \\ &= \frac{\left(0{,}00481 + \frac{0{,}001}{0{,}83}\right)\text{kg}\,\text{m}^2 \cdot 1960\,\text{min}^{-1}}{9{,}55 \cdot 1\,\text{s}} + \frac{7{,}2\,\text{Nm}}{0{,}83} = 9{,}8\,\text{Nm} \end{aligned}$$

Man sieht, dass bei Hubwerken das Beschleunigungsmoment nur einen geringen Anteil gegenüber dem statischen Lastmoment einnimmt.

Wie bereits erwähnt, muss das Hochlaufmoment kleiner sein als 130 % des vom Umrichter zur Verfügung gestellten Bemessungsmomentes, umgerechnet aus der Bemessungsleistung.

Bemessungsdrehmoment:

$$M_N = \frac{P_N \cdot 9550}{n_M} = \frac{2{,}2\,\text{kW} \cdot 9550}{1960\,\text{min}^{-1}} = 10{,}7\,\text{Nm}$$

M_H/M_N:

$$\frac{M_H}{M_N} = \frac{9{,}8\,\text{Nm}}{10{,}7\,\text{Nm}} = 92\,\% < 130\,\%$$

Tab. 4.8 Wirkrichtung des Wirkungsgrades und auf die Fahrtrichtung

Leistungsart	Ohne Last auf	Mit Last auf	Ohne Last ab	Mit Last ab
Statische Leistung	0,71 kW	1,77 kW	−0,48 kW	−1,20 kW
Statische und dynamische Leistung	0,94 kW	2,02 kW	−0,25 kW	−0,95 kW
Statische und dynamische Bremsleistung	0,48 kW	1,52 kW	−0,71 kW	−1,45 kW

Leistung beim Hochlauf:

$$P = \frac{M_H \cdot n_M}{9550} = \frac{9{,}8\,\text{Nm} \cdot 1960\,\text{min}^{-1}}{9550} = 2{,}02\,\text{kW}$$

Leistungen der Betriebszustände: Auf dieselbe Art werden nun die Leistungen aller Betriebszustände gerechnet. Dabei ist auf die Wirkrichtung des Wirkungsgrades und auf die Fahrtrichtung (auf/ab) zu achten!

Tab. 4.8 zeigt die Wirkrichtung des Wirkungsgrades und auf die Fahrtrichtung.

Um eine Aussage über die benötigte Bremsleistung des Bremswiderstands treffen zu können, muss der Fahrzyklus genauer betrachtet werden. Der angenommene Fahrzyklus von zweimal pro Minute entspricht vier Bremsphasen pro 120 s.

Die schraffierten Flächen in Abb. 4.28 entsprechen der generatorischen Bremsarbeit. Die Einschaltdauer eines Bremswiderstands bezieht sich auf eine Arbeitsdauer von 120 s.

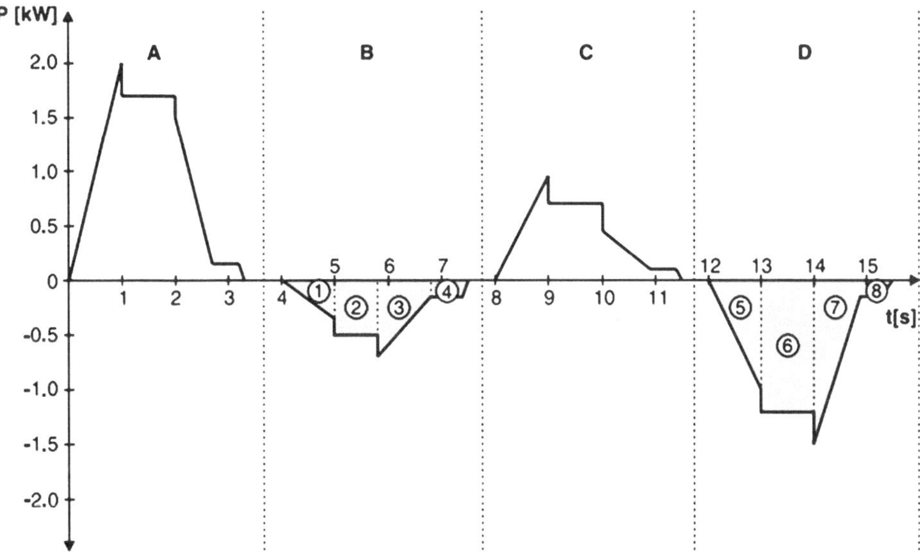

Abb. 4.28 Fahrzyklus mit A = mit Last auf, B = mit Last ab, C = ohne Last auf und D = mit Last ab

In diesem Fall ist der Bremswiderstand 7 s pro Arbeitsdauer im Betrieb und damit 28 s pro Bezugszeit. Die Einschaltdauer beträgt damit 23 % und die mittlere Bremsleistung berechnet sich aus den Einzelleistungen.

$$P_B = \frac{|P_1| \cdot t_1 + |P_2| \cdot t_2 + \ldots + |P_n| \cdot t_n}{t_1 + t_2 + \ldots + t_n}$$

Die Zwischenrechnung entspricht der Flächenberechnung von Abb. 4.28.

$$\begin{aligned}
|P_1| \cdot t_1 &= \frac{0{,}25}{2}\,\mathrm{kW} \cdot 1\,\mathrm{s} = 0{,}125\,\mathrm{kWs} \\
|P_2| \cdot t_2 &= 0{,}48\,\mathrm{kW} \cdot 1\,\mathrm{s} = 0{,}48\,\mathrm{kWs} \\
|P_3| \cdot t_3 &= \left(0{,}045 + \frac{0{,}71 - 0{,}045}{2}\right)\mathrm{kW} \cdot 0{,}9\,\mathrm{s} = 0{,}34\,\mathrm{kWs} \\
|P_4| \cdot t_4 &= 0{,}048\,\mathrm{kW} \cdot 0{,}5\,\mathrm{s} = 0{,}024\,\mathrm{kWs} \\
|P_5| \cdot t_5 &= \frac{0{,}95}{2}\,\mathrm{kW} \cdot 1\,\mathrm{s} = 0{,}475\,\mathrm{kWs} \\
|P_6| \cdot t_6 &= 1{,}2\,\mathrm{kW} \cdot 1\,\mathrm{s} = 1{,}2\,\mathrm{kWs} \\
|P_7| \cdot t_7 &= \left(0{,}12 + \frac{1{,}45 - 0{,}12}{2}\right)\mathrm{kW} \cdot 0{,}9\,\mathrm{s} = 0{,}707\,\mathrm{kWs} \\
|P_8| \cdot t_8 &= 0{,}12\,\mathrm{kW} \cdot 0{,}5\,\mathrm{s} = 0{,}06\,\mathrm{kWs}
\end{aligned}$$

Die mittlere Bremsleistung beträgt somit:

$$P_B = \frac{3{,}41\,\mathrm{kWs}}{6{,}8\,\mathrm{s}} = 0{,}5\,\mathrm{kW}.$$

Die maximale Bremsleistung beträgt $P_{max} = 1{,}5\,\mathrm{kW}$. Dieser Wert darf den Tabellenwert des ausgewählten Bremswiderstands bei 6 % ED nicht überschreiten.

Für einen Frequenzumrichter für den Betrieb eines Motors mit 2,2 kW hat man die Auswahltabelle 4.9 für Bremswiderstände.

In der Zeile 25 % ED findet man mit 0,6 kW Effektivleistung bei den Herstellern den passenden Bremswiderstand.

Vergleicht man den frequenzgesteuerten Antrieb mit dem polumschaltbaren Motor, so können folgende Vorteile für den Frequenzumrichter-Betrieb genannt werden:

- Schalthäufigkeit sehr hoch
- Haltegenauigkeit wird entsprechend der niedrigeren Positioniergeschwindigkeit besser
- Fahrverhalten (Beschleunigung und Verzögerung) wird wesentlich verbessert und einstellbar

Tab. 4.9 Bremswiderstände

Bremswiderstand	BW100-002	BW100-006	BW068-002	BW068-004
Belastbarkeit bei 100 % ED[a]	0,2 kW	0,6 kW	0,2 kW	0,4 kW
50 % ED	0,4 kW	1,1 kW	0,4 kW	0,7 kW
25 % ED	0,6 kW	1,9 kW	0,6 kW	1,2 kW
12 % ED	1,2 kW	3,5 kW	1,2 kW	2,4 kW
6 % ED	1,9 kW	5,7 kW	1,9 kW	3,8 kW
Widerstandswert	100 Ω ± 10 %		68 Ω ± 10 %	
Auslösestrom	0,72 A_{AC}	1,8 A_{AC}	0,8 A_{AC}	1,4 A_{AC}
Bauart	Drahtwiderstand auf Keramikrohr			
Elektrische Anschlüsse	Keramikklemmen für 2,5 mm^2 (AWG 14)			
Schutzart	IP 20 (montierter Zustand)			
Umgebungstemperatur	−20…+45 °C			
Kühlungsart	KS = Selbstkühlung			

[a] Einschaltdauer des Bremswiderstandes, bezogen auf eine Spieldauer $T_D \leq 120$ s

4.7 Technische Daten der Bremswiderstände

Ab einer Umgebungstemperatur von +40 °C ist eine Leistungsreduktion von 4 % je 10 K vorzusehen. Eine maximale Umgebungstemperatur von +80 °C darf nicht überschritten werden.

Abb. 4.29 zeigt einen PTC-Widerstand für eine Direktmontage. Auch mit angebautem Bremswiderstand, d. h. einer Parallelschaltung von Bremswiderständen, dürfen diese beim Frequenzumrichterbetrieb aneinandergereiht werden. Der Widerstand schützt sich selbst (reversibel) vor generatorischer Überlast, indem er sprungförmig hochohmig wird und keine Energie mehr aufnimmt. Der Umrichter schaltet dann mit Fehler den Brems-Chopper ab.

Die Bremswiderstände in Flachbauform ausgeführt, sind berührungssicher (IP54) und verwenden einen internen thermischer Überlastungsschutz (nicht auswechselbare Schmelzsicherung).

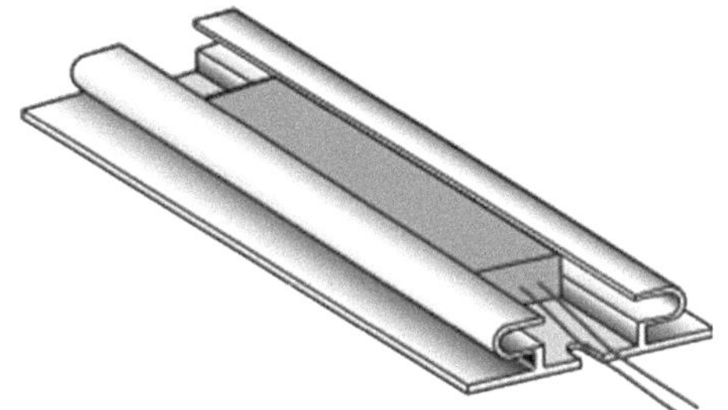

Abb. 4.29 PTC-Widerstand

Die Kurzzeitbelastbarkeit der Draht- und Stahlgitterwiderstände ist höher als bei den Bremswiderständen in Flachbauform:

- Im Bremswiderstand BW. . . -T ist ein Temperaturschalter integriert
- Im Bremswiderstand BW. . . -P ist ein thermisches Überstromauslöser integriert

Man verwendet keine elektronischen oder elektromagnetischen Sicherungen, denn diese können bereits bei kurzzeitigen, noch zulässigen Stromüberschreitungen auslösen.

Bei Bremswiderständen der Baureihen BW. . . -T bzw. BW. . . -P kann man alternativ zu einem Bimetallrelais den integrierten Temperaturfühler oder ein Überstromrelais mit einem 2-adrigen, geschirmten Kabel anschließen. Die Kabelzuführung bei den Bremswiderständen BW. . . -T und BW. . . -P kann von vorn oder hinten erfolgen.

Die Widerstandsoberflächen erreichen bei Belastung mit P_N hohe Temperaturen und der Einbauort muss diesem Umstand Rechnung tragen. Üblicherweise werden Bremswiderstände deshalb auf dem Schaltschrankdach montiert.

Bei einigen Umrichter-Widerstandkombinationen müssen zwei Bremswiderstände mit gleichem Wert parallel geschaltet werden. In diesem Fall muss am Bimetallrelais der Auslösestrom auf den doppelten Wert des Tabellenwertes I_F eingestellt werden. Bei den Bremswiderständen BW. . . -T bzw. BW. . . -P müssen die Temperaturschalter bzw. Überstromrelais in Reihe geschaltet werden.

5 Dynamischer Antrieb mit Servomotor

Bis etwa 1990 wurden in der Servotechnik hauptsächlich permanenterregte Gleichstrommotoren (DC-Motoren) eingesetzt. Der bedeutendste Nachteil der Drehstrommotoren (AC-Motoren) gegenüber den Gleichstrommotoren ist die schlechtere Regelbarkeit der Drehstrommotoren. Durch die Weiterentwicklung im Bereich der Elektronik, speziell im Bereich der universell einsetzbaren Mikroprozessoren (PC-Technik), den Mikrocontrollern mit seinen leistungsfähigen Speichereinheiten, Zeitgeberfunktionen, AD- und DA-Wandler (Analog, Digital) und Peripherie, kann dieser Nachteil jedoch durch eine entsprechende Ansteuerung kompensiert werden.

Diese Entwicklungen haben bei den Antriebssystemen zu einer Verlagerung vom DC-Motor (Direct Current, Gleichspannung) zum AC-Motor (Alternating Current, Wechselstrom) geführt. Gerade bei den Servosystemen, die früher fast ausschließlich in DC-Technik ausgeführt wurden, ist eine starke Tendenz hin zum AC-Synchronmotor zu beobachten.

Da Wort „servo" ist vom lateinischen „servus" abgleitet, was sich mit Diener, Sklave oder Helfer übersetzen lässt. In der Werkzeugmaschinenbranche waren früher die Servoantriebe überwiegend Hilfsantriebe. Dies hat sich jedoch geändert, so dass heute auch Hauptantriebe in Servotechnik realisiert werden.

5.1 Definition der Servotechnik

In der modernen Antriebstechnik werden bei vielen Anwendungen hohe Anforderungen gestellt an:

- Positioniergenauigkeit
- Drehzahlgenauigkeit
- Regelbereich
- Drehmomentkonstanz

H. Bernstein, *Elektrotechnik/Elektronik für Maschinenbauer*,
https://doi.org/10.1007/978-3-658-20838-7_5

- Überlastfähigkeit
- Dynamik

Die Ansprüche an die Dynamik, also das zeitliche Verhalten eines Antriebs, resultiert aus immer schneller werdenden Bearbeitungsvorgängen, einer Erhöhung der Taktzeiten und der damit verbundenen Produktivität einer Maschine. Die Genauigkeit eines Antriebs bestimmt sehr häufig die Anwendungsmöglichkeiten eines Antriebssystems und diesen Ansprüchen muss auch ein modernes dynamisches Antriebssystem erfüllen.

Servoantriebe sind Antriebssysteme, die ein dynamisches, genaues und überlastfähiges Verhalten in einem großen Drehzahlstellbereich aufweisen.

Der Name „Servoantrieb" bedeutet „Hilfsantriebseigenschaften". Dies hatte bis 1980 im Werkzeugmaschinenbau seine Berechtigung, als vielfach die Vorschübe z. B. der Drehmaschine noch von Hand betätigt wurden. Nur bei großen Drehmomenten wurden Pneumatik, Hydraulik oder ungeregelte Drehstrommotoren eingesetzt. Es blieb der Fertigkeit des Drehers und seinen manuellen Mess- und Kontrollmethoden überlassen, wie schnell und präzise ein Werkstück bearbeitet wurde.

Im Gegensatz dazu stand der Hauptantrieb, der pneumatisch, hydraulisch oder elektrisch für eine mehr oder weniger konstante Drehzahl der Hauptspindel durch gesteuerten Betrieb sorgte.

5.1.1 Technische Entwicklung der Servoantriebe

Zunächst gab es überwiegend hydraulische und pneumatische Servoantriebe. Mit den Mikroprozessoren aus den PC-Systemen und den Mikrocontrollern, ein Mikroprozessor mit seinen Schnittstellen, Funktionseinheiten und Speichersystemen, erlangte in den 1960er-Jahren der Gleichstromantrieb erneut große Bedeutung.

Auch Servoantriebe wurden von dieser Entwicklung erfasst und mit Rücksicht auf die Forderung nach großer Dynamik ergaben sich dadurch zwei Entwicklungsrichtungen. Die erste sieht die notwendige Minimierung des Massenträgheitsmomentes des Motors und man verwendet einen extrem kurzen, scheibenförmigen und eisenlosen Läufer. Die zweite konzentriert sich auf lange, besonders schlanke Läufer. In beiden Fällen wurden ab Beginn der 1970er-Jahre Permanentmagnete anstelle einer Erregerwicklung eingesetzt. Damit wurden ein schnellerer Drehmomentaufbau und ein günstigerer Wirkungsgrad möglich.

Als Regelgeräte wurden zunächst sogenannte Linearverstärker mit Leistungstransistoren und Ausgangsspannungen bis etwa 100 V eingesetzt, später auch Thyristor-Stromrichter und gegen Ende der siebziger Jahre überwiegend Gleichstromsteller auf der Basis von Schalttransistoren (Transistorsteller) im Leistungsteil.

Damit wurden zunächst die sehr schlechten Wirkungsgrade der elektrischen Stellglieder weitgehend optimiert. Die erreichbare Ausgangsspannung ist wegen der noch ungenügenden Sperrspannungen der Transistoren und der begrenzten Lamellenspannungen der Kommutatoren an den Gleichstrommotoren in der Größenordnung von 200 V.

Der Anschluss des Transistorstellers über einen Trenntransformator ans Netz war obligatorisch. Dieser Trenntransformator erfüllte gleichzeitig die Funktion der Netzentkopplung für das Stellglied. Die Regelung von Drehzahl und Drehmoment erfolgte analog mit all den Problemen der Störempfindlichkeit kleiner Signalspannungen für Servoantriebe charakteristischen großen Drehzahlstellbereichen. Als Istwertgeber für die Drehzahl diente der Gleichstrom-Tachometer.

Die Entwicklung von Frequenzumrichtern war zunächst auf Basis von Thyristoren, später mit Leistungstransistoren und dies führte bei den weniger anspruchsvollen geregelten Antrieben zu wachsendem Einsatz von verschleißarmen Kurzschlussläufer- und Normmotoren.

Auch bei den Servoantrieben suchte man seit Mitte der 1970er-Jahre nach einem Weg zum bürstenlosen Motor.

Die Umkehrung des Prinzips des konventionellen Gleichstrommotors schien eine aussichtsreiche Lösung, der Anker im Ständer und die Erregung in dem Läufer. Der bürstenlose Gleichstrommotor oder elektronisch kommutierte Motor wurde vorgestellt.

Dieser Motor ist dem Prinzip nach ein permanenterregter Synchronmotor, der zur Erfassung der Rotorlage einen einfachen Positionsgeber mit sechs Positionsmeldungen je Umdrehung benötigt.

Neben der verschleißfreien elektronischen Kommutierung weist der Antrieb weitere Vorteile auf:

- reduziertes Massenträgheitsmoment durch wicklungsfreien Läufer
- einfache Kühlung, da Verlustleistung im Ständer statt im Läufer entsteht
- besserer Wirkungsgrad, da keine Verluste durch Erregerwicklung auftreten

Die elektronische Kommutierung des Stroms der Ständerwicklung erfolgt alle 60°, gesteuert durch den Positionsgeber. Wegen der Kommutierung von Gleichstromblöcken bezeichnet man das Prinzip auch als Blockkommutierung und für die Drehzahlregelung ist ein zusätzlicher Geber nötig.

Parallel zu diesen Entwicklungen wurde auch der Kurzschlussläufermotor wegen seiner günstigen Fertigungskosten und seines Vorzugs des zusätzlichen Feldschwächbereichs als bürstenloser Servoantrieb weiter entwickelt.

Ein anderer Weg zum bürstenlosen Antrieb war die Entwicklung des sogenannten sinuskommutierten Servoantriebs: Das Konstruktionsprinzip des Motors ist ebenfalls der permanenterregte Synchronmotor mit seinen oben erwähnten Vorzügen. Der Rotorlagegeber ist in diesem Falle allerdings ein Resolver, dessen Ausgangssignal den sinusförmigen Ständerstrom steuert.

Alle drei genannten Prinzipien bürstenloser Servoantriebe sind heute im Einsatz und haben bürstenbehaftete Lösungen seit Beginn der neunziger Jahre fast vollständig verdrängt.

Entscheidend für den Erfolg der bürstenlosen Systeme war der Fortschritt auf dem Gebiet der Halbleitertechnik. Die Entwicklung hochintegrierter, schnellen PC-Systeme, leistungsfähigen Schnittstellenbausteine und nichtflüchtiger Speicherbausteine ermöglichte die Einführung der digitalen Regelung. Nun ist es kostenmäßig nicht mehr entscheidend, ob in den einzelnen Systemen einige Funktionen mehr oder weniger benötigt werden. Mit einmaligem Softwareaufwand, statt bisher vielfachem Hardwareeinsatz, konnte man jetzt alles kostengünstig realisieren.

Das Leistungsteil des Regelgerätes für alle drei bürstenlosen Systeme ist prinzipiell gleich: es handelt sich um einen Frequenzumrichter, der maschinengeführt arbeitet, im Gegensatz zu den selbstgeführten Umrichtern für den Betrieb von Normmotoren. Die funktionalen Unterschiede finden sich allein im Bereich der Steuerung und Regelung.

Die Fortschritte bei den Leistungstransistoren haben seit Beginn der 1990er-Jahre auch den Betrieb der Servoumrichter direkt an der Netzspannung ohne Zwischenschaltung eines Netztransformators ermöglicht.

5.1.2 Servoantrieb in der Automatisierung

War der Servoantrieb zunächst nur im Marktsegment der Werkzeugmaschinen zu finden, so wurden seine Eigenschaften sehr schnell zu Beginn der 1970er-Jahre für das im Zuge der Automatisierung wachsende Gebiet der Handhabungstechnik, der Industrieroboter und der Montageautomaten entdeckt. Im Gegensatz zu den Anwendungen der Werkzeugmaschinen kam es wegen der zum Teil recht unterschiedlichen Anforderungen an die Antriebe zu einem verzögerten Ersatz der hydraulischen und pneumatischen Konkurrenten.

Wegen ihrer geringen Masse fanden in der Handhabungs- und Robotertechnik zunächst überwiegend Gleichstrom-Scheibenläufermotoren oft in Kombination nur mit spielarmen Planetengetrieben oder sonstigen kompakt bauenden Sondergetrieben im Einsatz. Später wurden die Scheibenläufermotoren ebenfalls durch bürstenlose Ausführungen ersetzt.

Nachdem die Automatisierungswelle inzwischen in allen Bereichen des Maschinenbaus zum Einsatz kam und der Elektroantrieb überall dominierte, wurde die Mechanik der Maschinen durch moderne Einzelantriebe anstelle von Zentralantrieben wesentlich vereinfacht. Es sind heute die Anwendungen für Servoantriebe universeller geworden. Heute gibt es kaum noch einen Maschinenbereich, in dem keine Anwendungen für Servoantriebe zu finden sind. Die wichtigsten sind

- Papierverarbeitung
- Blechverarbeitung
- Verpackungstechnik
- Fördertechnik
- Holzverarbeitung
- Baustofftechnik

Da der Servoantrieb in allen Branchen höchst unterschiedlich genutzt wird, sind längst nicht alle Anwendungen hochdynamisch. Die Eigenschaften der hohen statischen oder dynamischen Regelgenauigkeit, des großen Drehzahlstellbereichs, der hohen Stoßüberlastung oder auch nur des geringen Gewichts und der kleineren Abmessungen sind oft auch allein schon für den Einsatz entscheidend.

Dank der modernen Digitaltechnik ist die Anwendung der Servoantriebe wesentlich einfacher als noch vor ein paar Jahren. Die Digitaltechnik bietet eine große Vielfalt an anwendungsbezogenen Optionen, Schnittstellen zu allen Steuerungen (entweder direkt oder über Bussysteme) und die Möglichkeit der Inbetriebnahme und Optimierung mit dem PC und des automatischen Abgleichs.

Drei Bereiche werden näher untersucht:

- Motoreigenschaften
- prinzipielle Antriebseigenschaften
- Systemkonfigurationen bei einer Anwendung

5.1.3 Vergleich der Motoreigenschalten

Der erste Vergleich soll dem Motor gelten. Es werden Motoren mit gleicher Drehzahl und gleicher Leistung in Tab. 5.1 gegenübergestellt.

Aus Tab. 5.1 werden bereits einige Merkmale der Motoren deutlich, die im nachfolgenden Teil behandelt werden.

Masse der Motoren und Rotoren für Asynchronmotor, Gleichstrommotor und Synchronmotor:

Abb. 5.1 zeigt die Masse der verschiedenen Motoren im Vergleich. Dabei ist zu erkennen, dass der Synchronmotor mit Abstand die geringste Masse hat. Insbesondere bei Anlagen, bei denen der Antrieb mitfährt, hat ein niedriges Eigengewicht große Vorteile.

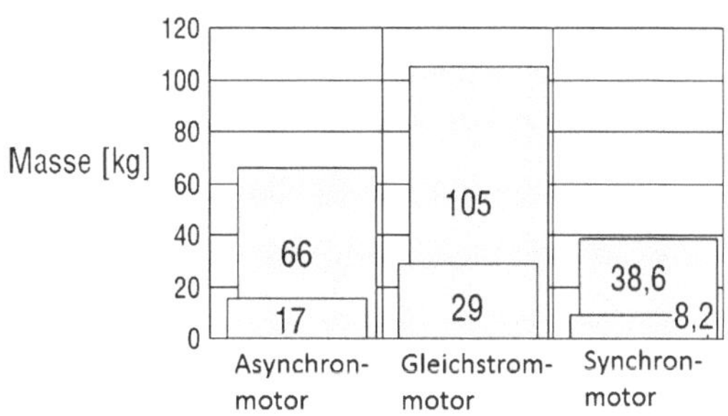

Abb. 5.1 Masse der Motoren und Rotoren

Tab. 5.1 Gegenüberstellung von Motoren mit gleicher Drehzahl und Leistung

Kenngrößen	Drehstrom-asynchronmotor am Netz	Gleichstrommotor	Permanenterregter Synchronmotor
Leistung [kW]	7,5	8,3	7,5
Drehzahl [1/mm]	2900	3200	3000
Schutzart	IP 54	IP 44	IP 65
Kühlung	Eigen	Eigen	Konvektion
Länge [mm]	400	625	390
Masse gesamt [kg]	66	105	38,6
Masse Rotor [kg]	17	29	8,2
J_{Mot} $[10^{-4} kg\,m^2]$	280	496	87,4
Nenndrehmoment [Nm]	24,7	24,7	24
Max. Drehmoment M_{max}	$2{,}6 \cdot M_N / 1{,}8 \cdot M_N$[a]	$1{,}6 \cdot M_N$	$3 \cdot M_N$
Max. Winkelbeschleunigung α $[1/s^2]$[b]	1588	797	8238
Max. Dynamik [%][d] (Servomotor = 100 %)	20	10	100
Hochlaufzeit t_H[c] [ms]	191	420	38

[a] Angegeben ist hier das Kippmoment und das mittlere Hochlaufmoment M_H, welches in die Rechnungen eingeht.
[b] Max. Winkelbeschleunigung $\alpha = \frac{M_{max}}{J_{Mot}}$
[c] $t_H = \frac{J_{Mot} \cdot n_{Mot}}{9{,}55 \cdot M_{max}}$
[d] $\frac{\alpha}{\alpha_{Servox}} \cdot 100\,\%$

Anhand dieses Vergleichs ergibt sich für die einzelnen Motoren folgendes Leistungsgewicht:

- Asynchronmotor: 8,8 kg/kW
- Gleichstrommotor: 12,7 kg/kW
- Synchronmotor: 5,2 kg/kW

Motormassenträgheitsmoment für Asynchronmotor, Gleichstrommotor und Synchronmotor:
Abb. 5.2 zeigt den Vergleich des Massenträgheitsmomentes der Motoren. Deutlich wird auch hier der sehr große Unterschied zwischen Servo- und Gleichstrommotor. Ein geringes Massenträgheitsmoment des Motors wirkt sich speziell in Bezug auf die Dynamik vorteilhaft aus, hat aber Nachteile, wenn große externe Massen bewegt werden müssen.

Dynamik für Asynchronmotor, Gleichstrommotor und Synchronmotor:
Abb. 5.3 zeigt deutlich den Vorteil des Synchronmotors der wesentlich dynamischer ist als die anderen Systeme.

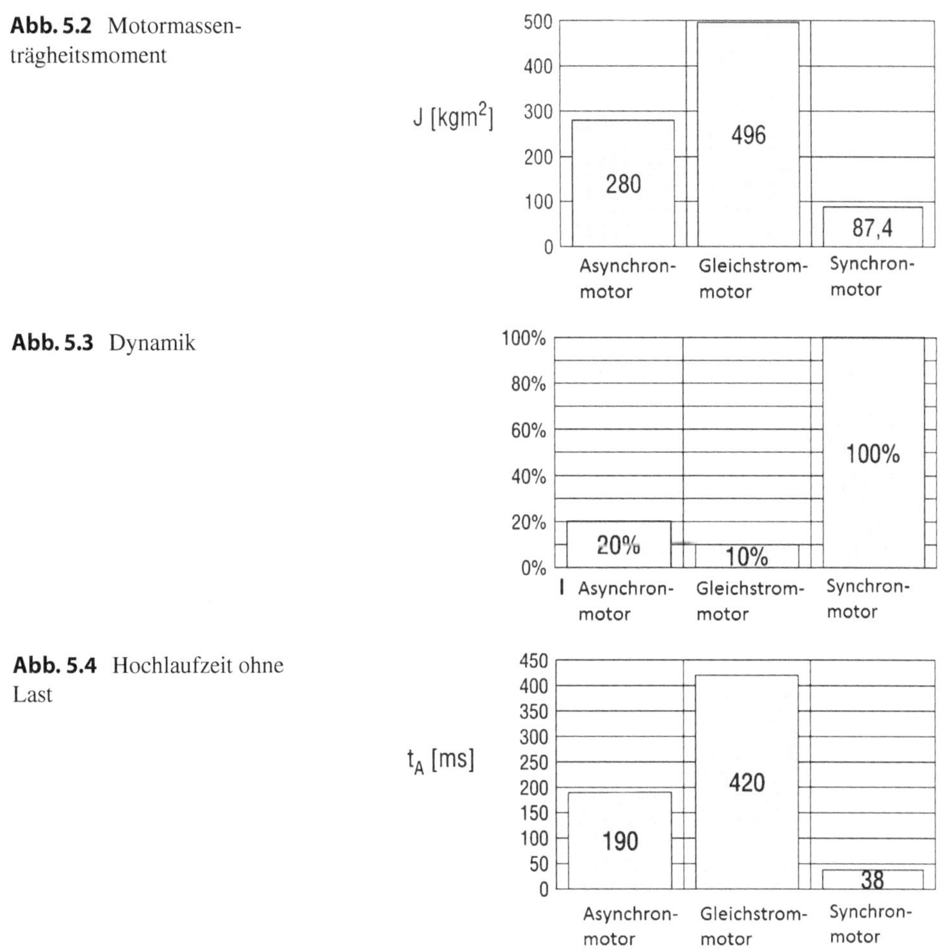

Abb. 5.2 Motormassenträgheitsmoment

Abb. 5.3 Dynamik

Abb. 5.4 Hochlaufzeit ohne Last

Hochlaufzeit ohne Last für Asynchronmotor, Gleichstrommotor und Synchronmotor:
Bedingt durch das maximale Motordrehmoment M_{max} und das geringe Massenträgheitsmoment J_{Mot} weist der Synchronmotor eine sehr kleine Hochlaufzeit ohne Last auf, was für dynamische Anwendungen von Vorteil ist. Abb. 5.4 zeigt die Hochlaufzeit ohne Last.

5.1.4 Vergleich prinzipieller Antriebseigenschaften

Bei geregelten Antrieben ergeben sich folgende besondere Kenngrößen, die die Antriebsauswahl beeinflussen, wie Tab. 5.2 zeigt.

Tab. 5.2 Geregelte Antriebe mit besonderen Kenngrößen

Kenngrößen	Gleichstrom	Asynchronmotor FU-gesteuert (U/f)	Asynchronmotor FU-geregelt (U/f)	Synchronmotor
Regelbereich R	1:100 (300)	1:10 (20)	1:100	1:300 (10.000)
Überlast [%] von M/M_N	150...200	150	$>M_{kipp}$[a]	300
t_a [%] geregelt (Synchron = 100 %)	500	450...500	300...400	100
Fremdlüfter bei großem Regelbereich R	Ja	Ja	Ja	Nein
Stillstandsmoment	Bedingt	Nein	Bedingt	Ja
Wartung (Motor)	Aufwendig	Gering	Gering	Gering
Reparatur (Motor)	Mittel	Einfach	Einfach	Schwierig
Fremdmotor am Verstärker[b]	Ja	Ja	Ja	Möglich
Ersatzteilbevorratung	Aufwendig	Gering	Gering (Geber)	Aufwendig
Betrieb mit großen ext. Massen	Sehr gut	Gut	Gut	Schwierig durch geringes J_{Mot}
NOT-AUS über mech. Motor[c]	Gut	Gut	Gut	Gut[d]
4Q-Betrieb über	Netzrückspeisung	Brems-Chopper/ Bremswiderstand	Brems-Chopper/ Bremswiderstand	Netzrückspeisung oder Brems-Chopper/Bremswiderstand
Positionierverhalten und Wiederholgenauigkeit	Abhängig von Geber und Peripherie (zwischen Servo- und Asynchronmotor drehzahlgeregelt)	Deutlich geringer als beim drehzahlgeregelten Asynchronmotor (abhängig von der Peripherie (SPS, Bremse, usw.))	Positioniergenauigkeit auf ca. ±50 Winkelminuten	Positioniergenauigkeit auf ca. ±5 Winkelminuten

[a] Bei Betrieb mit Frequenzumrichter mit Drehzahlregelung kann durch entsprechende Auswahl des Frequenzumrichters ein Motordrehmoment von $300\,\% \cdot M_N$ und mehr erreicht werden

[b] Fremdmotoren bei geregelten Systemen erfordern Kenntnisse der spezifischen Motorkenndaten. Ebenso müssen Eigenschaften des Geber- und Auswertesystems, das Kommutierungsverfahren usw. bekannt sein. Deshalb ist es, speziell bei der Servotechnik üblich, die Komponenten von einem Hersteller zu beziehen

[c] Bei den Synchronservomotoren mit Bremse können unter Berücksichtigung der maximalen Arbeit auch mehrere NOT-AUS-Bremsungen bewältigt werden

[d] Beim Synchronmotor dient die mechanische Bremse als reine Not- und Haltebremse

Generell müssen bei der Auswahl einer Antriebskomponente Schutzart, Wartung/ Wartungsintervalle, Umgebungsbedingungen (die für Lüftung, Baugröße, Gewicht, Staubentwicklung etc. entscheidend sind) berücksichtigt werden.

5.1.5 Vergleich von Systemkonfigurationen bei einer Anwendung

Es sollen unterschiedliche Systemkonfigurationen vorgenommen und anhand einer beispielhaften Anwendung verglichen werden. Grundlage zum Vergleich ist gleiche Leistung und gleiche Abtriebsdrehzahl. Lastdaten: m = 1000 kg; v_{max} = 1,5 m/s und Tab. 5.3 zeigt die Systemkonfigurationen.

Tab. 5.3 Systemkonfigurationen für unterschiedliche Motoren

Kenngrößen	Asynchronmotor			Gleichstrommotor	Synchronmotor
	ASM am Netz	FU mit U/f	FU mit n-Regler		
Drehzahl [1/mm]	1400	1400	1400	3200	3000
Leistung [kW]	5,5	5,5	5,5	5,3	175 Nm = 5,5 kW
Getriebe i	14,69	14,69	14,69	33,87	33,87
Verstärkerleistung/-strom	Entfällt	5,5 kW	7,5 kW	15 A	30 A
Hochlaufmoment M_H	$2{,}4 \cdot M_N$	$1{,}3 \cdot M_N$	$2{,}0 \cdot M_N$	$1{,}5 \cdot M_N$	$3 \cdot M_0$
Max. Beschleunigungszeit [ms]	230	450	300	620	200
Max. Beschleunigungszeit [ms/s²]	6,7	3,5	5,3	2,43	7,45
J_{ext}/J_{Mot}	5,4	5,4	5,4	1,0	3,4
Bremsen	Mech. Bremsen aus voller Drehzahl	Elektr. Bremsen, dann mech. Bremse	Elektr. Bremsen, dann Halteregelung/mech. Bremse	Elektr. Bremsen, dann mech. Bremse	Elektr. Bremsen, dann Halteregelung/mech. Bremse
Ca. Gesamtanhalteweg [mm]	150	300	190	380	125
Theoretische Haltegenauigkeit [mm][a]	18	0,4	0,12	0,12	0,05
Praktische Haltegenauigkeit [mm]	Ca. 25	Ca. 3	Ca. 1	Ca. 1	Ca. 0,5

[a] Nicht einbezogen sind Reaktionszeiten von SPS, FU und Schütz, Ansprechzeit der Bremse, sowie Getriebespiel. Die Bremseneinfallzeit für gleich- und wechselstromseitige Abschaltung ist berücksichtigt

Vor- und Nachteile eines Servoantriebs:

Vorteile	Nachteile
Hohe Drehzahlgüte	Relativ hohe Systemkosten
Hohe Dynamik	
Großer Drehzahlstellbereich	
Hohe Positioniergenauigkeit	
Stillstandsmoment (Drehzahl Null)	
Hohe Überlastfähigkeit ($3 \cdot M_0$)	

5.2 Komponenten eines Servosystems

In Abb. 5.5 werden die Komponenten eines Servosystems gezeigt.

Der Motor kann mit und ohne Getriebe verwendet werden. Das Gebersystem lässt sich mit unterschiedlichen Technologien ausrüsten, wobei auf Besonderheiten für die Verarbeitung geachtet werden muss. Ob der Motor mit einer Bremse ausgestattet ist, ist für die Sicherheit der gesamten Anlage abhängig. Wichtig für die Antriebstechnik ist der Servoumrichter, denn dieser beinhaltet die Steuerungs- oder die Regelungseinheiten für den Motor. Über die Kontrolleinheit ist der Servoumrichter mit dem Steuergerät verbunden und hier erhält dieser seine Informationen.

Für die Stromversorgung der Servoumrichtungseinheit ist ein Netzkabel erforderlich. Meistens wird direkt die Stromversorgung aus dem Drehstromanschluss über Transformator und dem Leistungsteil für den Motor gewonnen. Der Transformator trennt die Steuerelektronik elektrisch vom Netz. Die Motorzuleitung verbindet die Steuerelektronik mit seinen Thyristoren mit dem Motor. Hat der Motor eine Bremse, wird diese mit dem

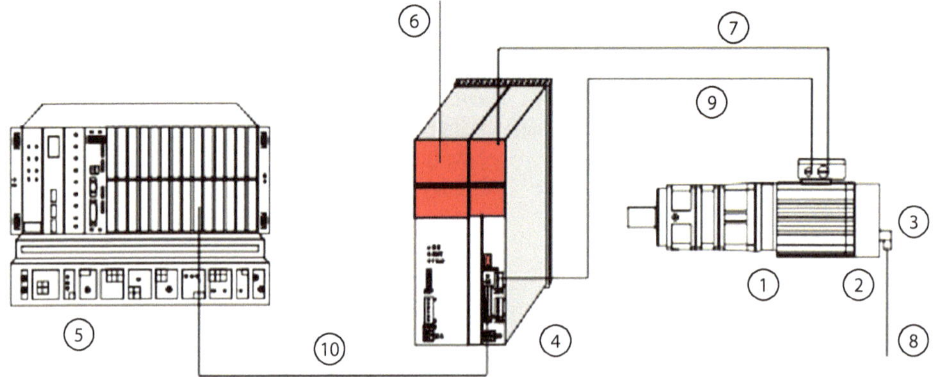

Abb. 5.5 Komponenten eines dynamischen Antriebs; *1* Motor mit/ohne Getriebe, *2* Gebersystem, *3* Bremse (optional), *4* Servoumrichter, *5* Steuerung mit Sollwertvorgabe, *6* Netzzuleitung, *7* Motorzuleitung, *8* Zuleitung für Bremse, *9* Resolverleitungen, *10* Steuerleitungen

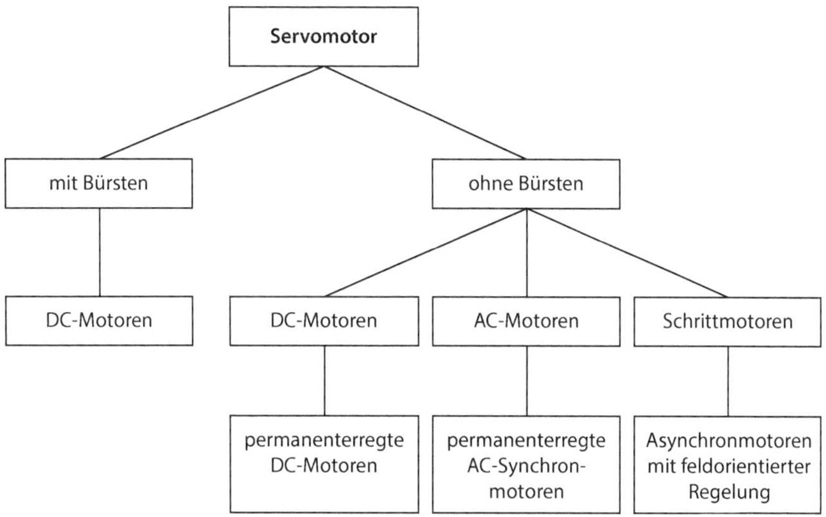

Abb. 5.6 Einteilung der Servomotoren

Servoumrichter verbunden. Auch die Resolverleitungen verbinden den Servoumrichter mit dem Motor. Die Steuerleitungen zwischen Servoumrichter und der Steuerung befinden sich zwischen den Geräten.

Bis vor wenigen Jahren wurden die Servoantriebe in Gleichstromtechnik mit bürstenlosen permanenterregten DC-Motoren ausgeführt. Die Ansteuerung erfolgte über Thyristor- oder einem Transistorsteller.

Heute werden mehr und mehr bürstenlose permanenterregte AC-Synchronmotoren verwendet. Die Vorteile gegenüber den DC-Antrieben sind:

- besseres Preis-/Leistungsverhältnis
- besseres Leistungs-/Masseverhältnis
- längere Lebensdauer
- hohe thermische Belastbarkeit

Servomotoren können in mehrere Gruppen eingeteilt werden und Abb. 5.6 zeigt die Einteilung der Servomotoren.

Servomotor			
Mit Bürsten		Ohne Bürsten	
DC-Motoren	DC-Motoren	AC-Motoren	Schrittmotoren
	Permanenterregte DC-Motoren	Permanenterregte AC-Synchron-Motoren	Asynchronmotor mit feldorientierter Regelung

Die Unterscheidungsmerkmale liegen im Aufbau des Motors, sowie in den für die Regelung notwendigen Reglerstrukturen und den Istwertmeldesystemen.

Die drei wichtigsten Systeme sollen erklärt werden:

- Asynchronmotor mit Kurzschlussläufer und feldorientierter Regelung
- Permanenterregter Synchronmotor (mit blockförmiger Speisung)/Kontaktbürsten für Gleichstrom (DC)
- Permanenterregter Synchronmotor (mit sinusförmiger Speisung)/Kontaktbürsten für Wechselstrom (AC)

5.2.1 Asynchronmotor mit Kurzschlussläufer und feldorientierter Regelung

Als AC-Servomotor wird auch der Asynchronmotor mit Käfigläufer und feldorientierter Regelung bezeichnet. Im prinzipiellen Aufbau und in der Wirkungsweise entspricht dieser Motor dem bekannten Drehstromasynchronmotor mit Kurzschlussläufer.

Als Servomotoren sind die Asynchronmotoren mit trägheits-, streuungs- und schlupfarmen Rotoren ausgeführt und werden mit einer speziellen Regelung betrieben, die dafür sorgt, dass Ständer- und Läuferfluss immer senkrecht aufeinander stehen. Damit kann der Asynchronmotor bei dynamischen Vorgängen nahezu mit Kippmoment betrieben werden und eignet sich dadurch hervorragend für hochdynamische Anwendungen.

Nachteilig bei diesem Motor (im Vergleich zum permanenterregten Motor) sind der schlechtere Wirkungsgrad und ein etwas größeres Volumen, bezogen auf das Drehmoment. Im Läufer treten stromabhängige Verluste auf, die bei einem permanenterregten Läufer nicht entstehen. Infolge der höheren Verluste (Wirkungsgrad η) und des Magnetisierungsbedarfs (Leistungsfaktor $\cos\varphi$) verlangt der Asynchronmotor eine um $\frac{1}{\eta \cdot \cos\varphi}$ größere Umrichterleistung.

Im Bereich der Wärmeabfuhr sind weitere Maßnahmen zu treffen, die speziell im Bereich kleiner Drehzahlen ihre Wirkung zeigen. In vielen Fällen werden die Motoren dann als fremdbelüftete Motoren gebaut oder der Regelbereich oder das Drehmoment wird reduziert.

Durch die Komplexität der Signalverarbeitung bei hohen dynamischen Anwendungen erhöht sich der Aufwand gegenüber anderen Systemen. Hauptsächlich der hochauflösende Geber und die notwendigen schnellen und leistungsfähigen Mikroprozessoren fallen hier ins Gewicht. Der Mikroprozessor muss ständig die Statorströme aus der gewünschten Drehmoment- bzw. Magnetisierungskomponente und der Rotorlage berechnen.

Bisher wurden solche Antriebe meist als Hauptantriebe größerer Leistung im Bereich der Werkzeugmaschinen eingesetzt. Mit einer Verbreitung dieser Antriebe ist aber zu rechnen, da die Elektronik preisgünstiger wird und der Motor kostengünstig hergestellt werden kann.

Abb. 5.7 Drehmoment-Drehzahl-Kennlinie

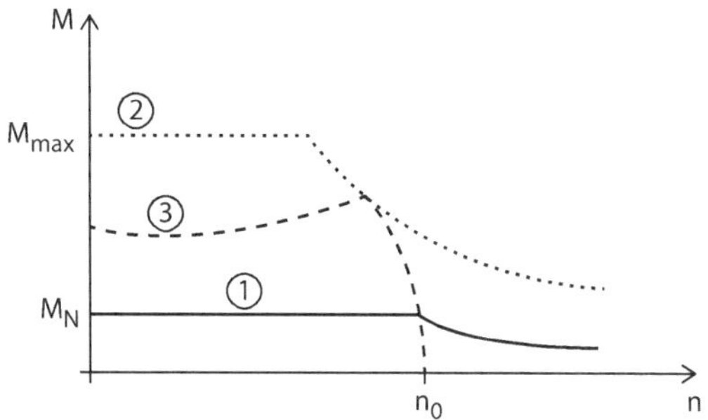

Die Drehmoment-Drehzahl-Kennlinie von Abb. 5.7 zeigt den Verlauf mit

1. Dauerdrehmoment
2. Maximales Drehmoment
3. Kennlinie des Standard-Asynchronmotors als Vergleich

Kennlinie 2 zeigt die Hüllkurve, die abhängig ist von der Zwischenkreisspannung des Umrichters bzw. dessen Strom.

5.2.2 Permanenterregter Synchronmotor

Der permanenterregte Synchronmotor, teilweise auch elektronisch kommutierter Motor oder als bürstenloser DC-Motor bezeichnet, ist der Motor, der die Anforderungen an ein Servosystem am besten erfüllt. Der Ständer lässt sich direkt mit dem des Asynchronmotors vergleichen. Der geblechte Läufer hat aufgeklebte Magnete, die für das konstante Magnetfeld sorgen. Die Motoren sind üblicherweise geschlossen (IP 65) und eigenbelüftet.

Der Motor kann mit unterschiedlichen Stromeinprägeverfahren betrieben werden und hier werden das block- und das sinuskommutierte Verfahren benutzt. Der Unterschied liegt in der Bestromung und in der Art und Ausführung der notwendigen Gebersysteme.

Der permanenterregte Drehstrom-Synchronmotor mit Blockkommutierung, wie er nachfolgend beschrieben wird, wird häufig auch als bürstenloser Gleichstrommotor bezeichnet.

Bei der Blockkommutierung erfolgt die Ansteuerung der Stromregler und Leistungsendstufen über einen Rotorlagegeber (RLG). Dies können Hallsensoren, Lichtschranken oder ähnliches sein.

Ein großer Vorteil der blockförmigen Speisung ist die einfache Erzeugung der Lagesignale und deren Umsetzung in die Steuersignale für den Strom. Abb. 5.8 zeigt die Verläufe der einzelnen Kenngrößen für den Betrieb eines permanenterregten Synchronmotors.

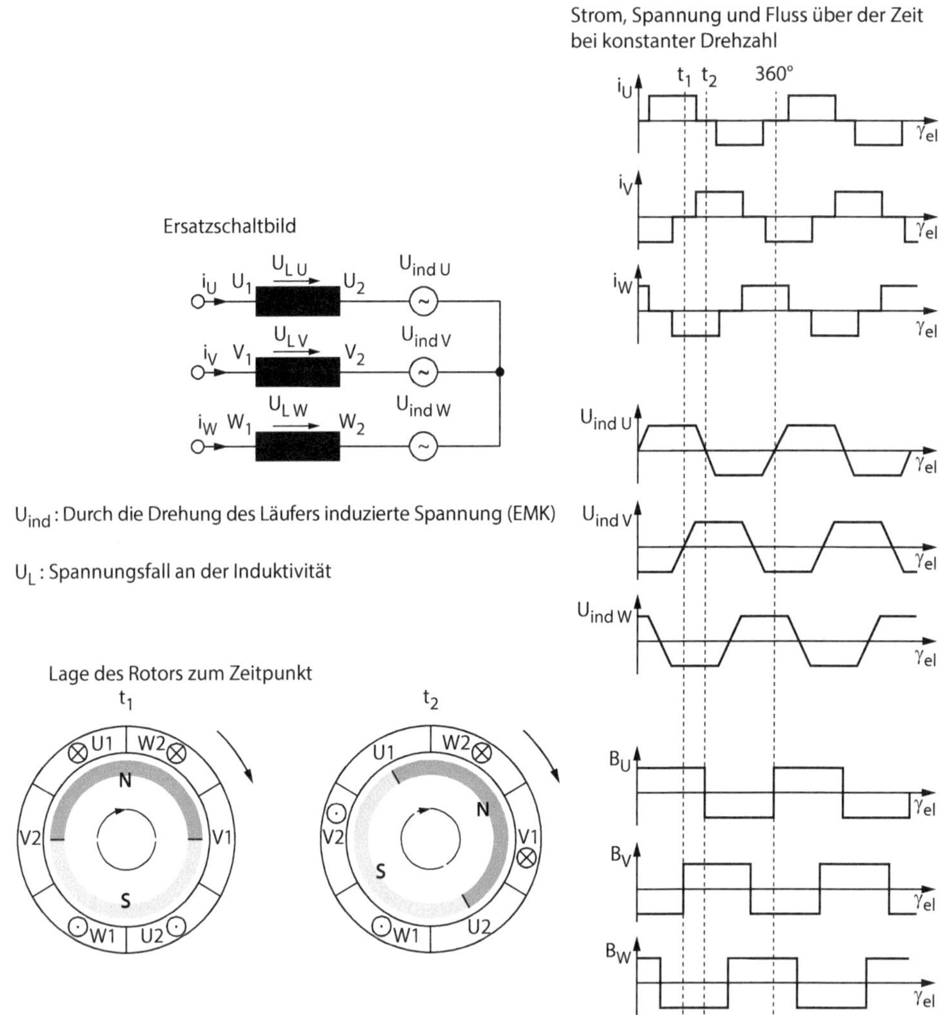

Abb. 5.8 Blockförmige Speisung eines permanenterregten Synchronmotors

In den Motorwicklungen werden blockförmige Ströme eingeprägt und im Motor werden damit trapezförmige Spannungen induziert. Bauartbedingt entsteht ein rechteckförmige Verteilung der Luftspaltinduktion und dies ergibt ein konstantes Drehmoment.

Bei der Blockkommutierung werden immer zwei benachbarte Phasen bestromt. Zur Erfassung der Rotorlage dienen bürstenlose Tachogeneratoren.

Abb. 5.9 zeigt die Komponenten eines Regelkreises beim blockkommutierten Motor. Diese Regelstruktur verdeutlicht, dass für jede Regelgröße ein eigener Istwertgeber mit der dazugehörigen Verdrahtung erforderlich ist.

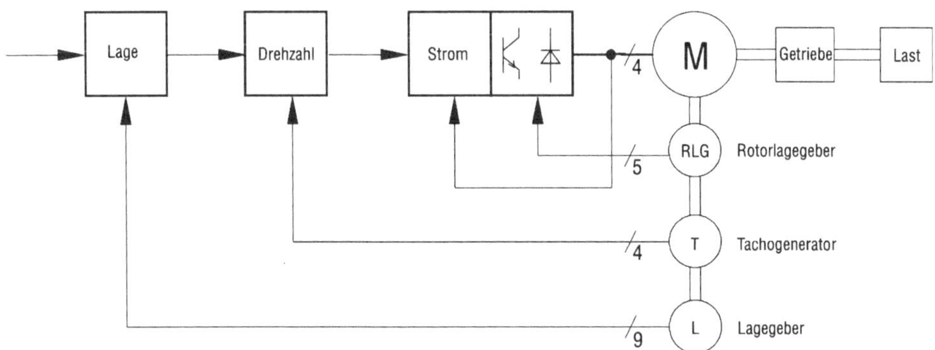

Abb. 5.9 Regelstruktur mit Geber beim blockkommutierten Motor

Der Regelkreis eines blockkommutierten Motors besteht aus dem Ist- und Sollwert, die beide an dem Lageregelverstärker anliegen und eine Regeldifferenz bilden. Diese Differenz liegt an dem Drehzahlbaustein, der aus der Regeldifferenz und der Drehzahl eine Differenz erzeugt, die den Stromblock erzeugt. Man spricht in diesem Fall von einer stromunterlagerten Regelung. Sinkt die Drehzahl ab, nimmt der Stromfluss zu und es fließt mehr Strom für den Ausgangsverstärker. Der Rotorlagegeber erzeugt eine höhere Spannung und der Ausgangsverstärker wird zugesteuert, es fließt ein geringerer Strom. Auf diese Weise ergibt sich ein stabiles Verhalten.

Die Kommutierungsreihe erfolgt nach dem gleichen Prinzip wie bei der Blockkommutierung, wie Abb. 5.10 zeigt. Unterschiede sind, dass jetzt alle drei Phasen gleichzeitig bestromt werden, und dass der Strom, die induzierte Spannung und der magnetische Fluss sinusförmig sind. Dadurch wird eine Drehmoment- und Drehzahlkonstanz auch bei kleinen Drehzahlen erreicht. Zusatzmaßnahmen in der mechanischen Ausführung der Motoren unterstützen dies.

Die sinusbestromten Motoren werden in der Regel mit Resolvern als Gebersystem ausgestattet. Resolver sind zwar aufwendiger in der Auswertung, können aber aufgrund der digitalen Auswertung eine höhere Auflösung erzielen und insbesondere mit überlagerter Lageregelung ein Gebersystem einsparen, wodurch auch der Verdrahtungsaufwand geringer wird. Abb. 5.11 zeigt eine Regelstruktur mit Geber.

Der Resolver steuert mit seinem Ausgang direkt einen R/D-Wandler (Resolver-Digital) an. Dieser Wandler gibt drei Ausgangssignale ab. Mit seinen inkrementalen Impulsen (Sollwert) wird in dem Lageverstärker der Sollwert mit dem Istwert verglichen und eine weitere Regeldifferenz erzeugt. Diese liegt an dem Block für die Drehzahl und wird mit der Rotordrehzahl verglichen. Diese Regeldifferenz steuert den Stromblock an und wird mit dem Ausgangsstrom verglichen. Im Leistungsteil erfolgt der Vergleich zwischen dem Wert des Stromblocks und der Rotorlage. Damit ergibt sich eine schnelle und stabile Regelung der Drehzahl.

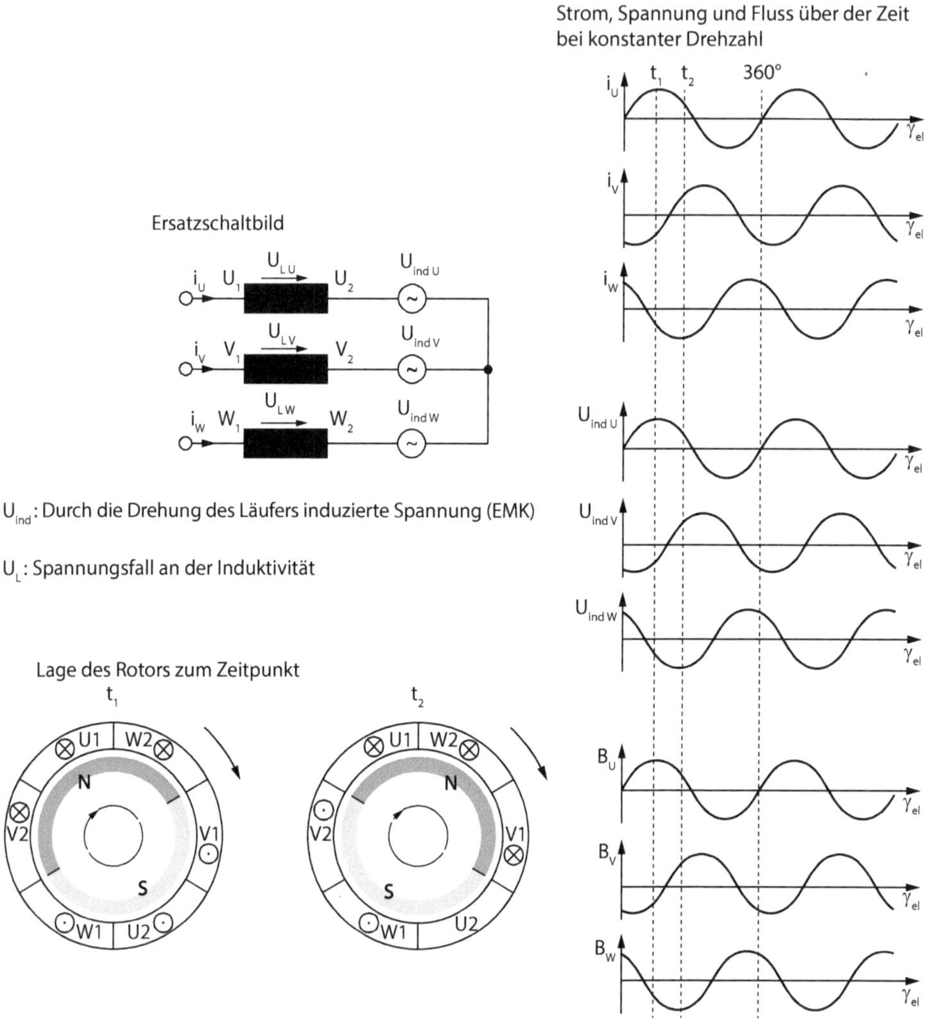

Strom, Spannung und Fluss über der Zeit bei konstanter Drehzahl

Ersatzschaltbild

U_{ind}: Durch die Drehung des Läufers induzierte Spannung (EMK)

U_L: Spannungsfall an der Induktivität

Lage des Rotors zum Zeitpunkt

t_1 t_2

Abb. 5.10 Sinusförmige Speisung für einen permanenterregten Synchronmotor

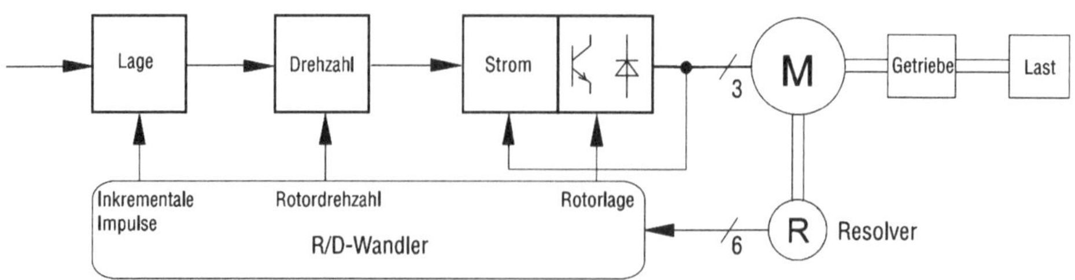

Abb. 5.11 Regelstruktur mit Geber beim sinuskommutierten Motor

5.3 Gebersysteme

Ein Gebersystem dient zur Erfassung bestimmter Daten eines Antriebs. Dazu gehören:

- Drehzahl
- Rotorwinkel (Lage innerhalb einer Umdrehung)
- Maschinenposition (Lage über mehrere Umdrehungen)

Geber				
Analoger Geber		Digitaler Geber		
Tachomaschinen	Resolver	Inkremental-Geber	Absolut-Geber	
		A, A, B, B, C, C	Gray-Code	Dual-Code

Abb. 5.12 zeigt eine Übersicht von üblichen Gebersystemen in der Praxis.

Die verschiedenen Geber liefern folgende Daten und Werte, wie Tab. 5.4 zeigt.

Ein wichtiges Kriterium bei der Auswahl eines Gebers ist die Robustheit des Gebersystems. Da der Geber direkt am Motor angebracht wird, muss er temperatur- und

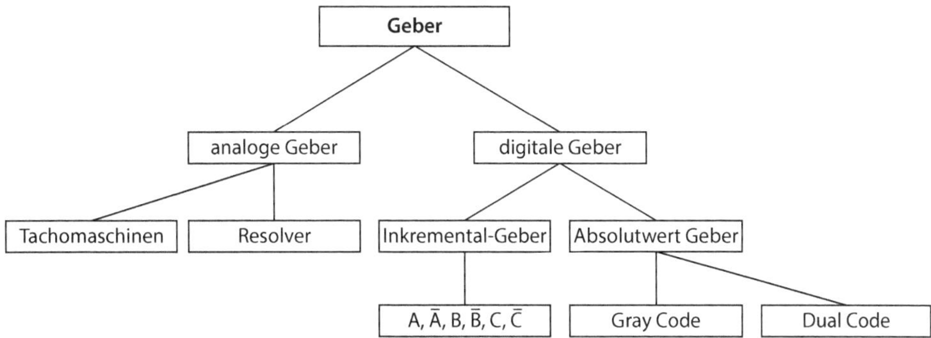

Abb. 5.12 Überblick der üblichen Gebersysteme

Tab. 5.4 Gelieferte Daten von Gebersystemen

Gebersystem	Gelieferte Daten		
	Rotorlagewinkel	Maschinenposition	Drehzahl
Absolutwertgeber Single-Turn	X	(X)	(X)
Absolutwertgeber Multi-Turn	X	X	(X)
Inkrementalgeber	(X)	(X)	(X)
Resolver mit R/D-Wandler	X	(X)	X
Tachogenerator			X

X direkt auswertbar
(X) mit zusätzlicher Auswertung verfügbar

vibrationsunempfindlich sein. Eine große Rolle spielt auch die Störempfindlichkeit des Gebersystems.

5.3.1 Vor- und Nachteile der wichtigsten Gebersysteme

Tab. 5.5 zeigt die Vor- und Nachteile der wichtigsten Gebersysteme.

Betrachtet man die Vor- und Nachteile der einzelnen Gebersysteme, kristallisiert sich der Resolver für den Einsatz mit dem Servomotor.

Resolver sind elektromechanische Sensoren, die Winkelpositionen exakt messen. Sie arbeiten als veränderliche Koppeltransformatoren, bei denen sich die Stärke der magnetischen Kopplung zwischen der Primärwicklung und zwei Sekundärwicklungen mit der Lage des rotierenden Elements (Rotor) ändert. Resolver befinden sich normalerweise auf der Motorwelle. Sie vertragen extreme Bedingungen über lange Zeiten und eignen sich daher für industrielle Motorsteuerungen, Servos, Roboter, Antriebsstränge von Hybrid- und Elektrofahrzeugen und viele andere Anwendungen, die eine genaue Rotation der Welle erfordern.

Standard-Resolver verfügen über eine Primärwicklung am Rotor und zwei Sekundärwicklungen am Stator. Resolver mit veränderlichem magnetischem Widerstand (Reluktanz) haben hingegen keine Wicklungen am Rotor: Ihre Primär- und Sekundärwicklungen befinden sich im Stator. Die Reluktanz zwischen Rotor und Stator verändert sich mit dem Drehwinkel nach einer sinusförmigen Funktion.

Sobald die Primärwicklung mit einem sinusförmigen Signal angeregt wird, wird in die Sekundärwicklungen ein Signal induziert. Die Stärke dieser Einkopplung in die Sekundärwicklungen ist eine Funktion der Lage des Rotors relativ zur Lage des Stators unter Berücksichtigung eines Dämpfungsfaktors, auch Resolver-Transformationsverhältnis be-

Tab. 5.5 Vor- und Nachteile der wichtigsten Gebersysteme

Gebersystem	Vorteil	Nachteil
Inkrementalgeber	– Relativ robuste Ausführungen möglich – Großes Angebot an Auflösung, Bauformen, Schnittstellen	– Bei Spannungsausfall geht die Lageinformation verloren
Absolutwertgeber	Lageinformation auch nach Spannungsausfall vorhanden – Eindeutige Zuordnung einer Position zum Ausgangswert – Sehr hohe Auflösung möglich	– Hohe Kosten
Resolver	– Robuste Ausführung – Vibrations- und temperaturunempfindlich – Geringer Verdrahtungsaufwand – Einbau in Motor möglich – Einsparung weiterer Gebersysteme	– Höherer Auswerteaufwand

zeichnet. Da die Sekundärwicklungen mechanisch um 90° versetzt sind, sind die zwei Sinussignale am Ausgang um 90° phasenversetzt. Es ergibt sich eine Beziehung zwischen Resolver-Eingangs- und Ausgangsspannungen, dem Sinussignal und dem Cosinussignal.

Die beiden Ausgangssignale werden vom Sinus und Cosinus des Winkels der Welle moduliert: Das Sinussignal hat eine maximale Amplitude bei 90° und 270°, beim Cosinussignal liegt die maximale Amplitude bei 90° und 180°.

Die Primärwicklung wird durch das sinusförmige Referenzsignal angeregt. Zwei differentielle Ausgangssignale, Sinus und Cosinus, werden elektromagnetisch in die Sekundärwicklungen induziert. Ein zwischen Resolver und System-Mikroprozessor angeordneter Resolver/Digital-Wandler nutzt diese Sinus- und Cosinussignale zum Decodieren der Winkelposition und Drehzahl der Motorwelle.

Um ein auftretendes Problem zu lösen, empfiehlt sich ein differentieller Verstärker, der das sinusförmige Signal für die Primärwicklung verstärkt. Er muss in der Lage sein, Lasten bis hinunter auf 1000 zu treiben. Eine gängige Praxis ist, die Primärwicklung mit einem großen Signal zu treiben, um ein gutes Signal/Rausch-Verhältnis zu erzielen. Die ausgangsseitigen Sinus- und Cosinussignale lassen sich dann mit einem Widerstandsteiler dämpfen.

In vielen Industrie- und Automotive-Anwendungen werden diese Wandler in Umgebungen mit hohem elektrischem Rauschen eingesetzt. Dieses Rauschen kann HF-Rauschen in die Sinus- und Cosinusleitungen induzieren. Um dieses Problem zu lösen, setzt man einen einfachen differentiellen Tiefpassfilter so nahe wie möglich am Wandler ein.

Die Genauigkeit eines Komplettsystems wird durch die Genauigkeit des Wandlers sowie Fehler des Resolvers, die Systemarchitektur, die Verdrahtung, Anregungspuffer sowie Sinus/Cosinus-Eingangsschaltkreise bestimmt. Die häufigsten Quellen von Systemfehlern sind Amplituden-Fehlanpassung, Signalphasenverschiebung, Offsets und Beschleunigung.

Amplituden-Fehlanpassung ist die Differenz in den Spitze/Spitze-Amplituden der Sinus- und Cosinussignale, wenn sich diese an ihren Spitzen-Amplituden 0° und 180° für Cosinus und 90° und 270° für Sinus befinden. Eine Fehlanpassung kann durch Änderungen an den Resolver-Wicklungen oder durch die Verstärkung zwischen den Sinus- und Cosinuseingängen von Resolver und dem Wandler entstehen.

Der durch den Gleichtaktoffset eingebrachte Fehler ist schlimmer in den Quadranten, in denen die Sinus- und Cosinus-Trägerfrequenzen gegeneinander phasenversetzt sind. Dies tritt bei Positionen zwischen 90° und 180° beziehungsweise 270° und 360° auf. Gleichtaktspannungen zwischen den Anschlüssen bewirken ein Offset des differentiellen Signals um die doppelte Gleichtaktspannung. Der Wandler verhält sich ratiometrisch. Somit verursachen Änderungen in der Amplitude der eintreffenden Signale einen Positionsfehler.

Eine andere Fehlerquelle ist die differentielle Phasenverschiebung zwischen den Sinus- und Cosinussignalen des Resolvers. Ein bestimmtes Maß an differentieller Phasenverschiebung ist bei allen Resolvern vorhanden und auf die Kopplung zurückzuführen. Eine kleine Resolver-Restspannung oder Quadratur-Spannung lässt auf eine kleine differentielle Phasenverschiebung schließen. Eine zusätzliche Phasenverschiebung kann entstehen, wenn die Sinus- und Cosinus-Verbindungsleitungen unterschiedlich lang sind oder verschiedene Lasten treiben.

5.3.2 Permanenterregter Synchronmotor

Abb. 5.13 zeigt ein Schnittbild eines permanenterregten Synchronmotors.

Synchronmotoren sind Drehfeldmotoren, bei denen Ständerdrehfeld und Läuferdrehfeld synchron laufen. Durch die räumliche Anordnung der Ständerspulen und die zeitliche Phasenfolge des Eingangsstroms wird ein Drehfeld erzeugt. Die Drehzahl des Drehfeldes n_d berechnet sich aus:

$$n_d = \frac{f \cdot 60}{p}.$$

f Frequenz der angelegten Spannung
p Polpaarzahl des Ständers

Die Synchronmotoren sind immer als 6-polige ($p = 3$) Motoren ausgeführt und Tab. 5.6 zeigt die Werte.

Die permanenterregten Synchronmotoren werden deshalb 6-polig ausgeführt, da bei dieser Polzahl die Eisenverluste bei $3000\,\text{min}^{-1}$ (150 Hz) gering sind, und gleichzeitig lässt sich eine gute Drehmomentkonstanz bei kleinem Magnetbedarf erzielen.

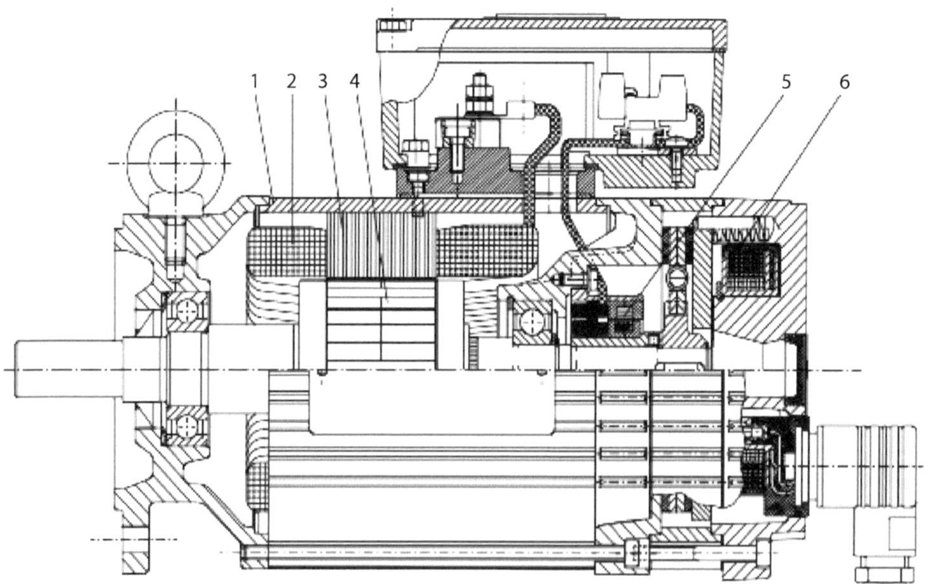

Abb. 5.13 Schnittbild eines permanenterregten Synchronmotors; *1* Ständer, *2* Ständerwicklung, *3* Ständerblechpaket, *4* Läufer mit Permanentmagneten, *5* Resolver, *6* Bremse

Tab. 5.6 Abhängigkeit der Drehzahl von der Frequenz eines 6-poligen Synchronmotors

f [Hz]	100	150	225
n_d [min^{-1} 1]	2000	3000	4500

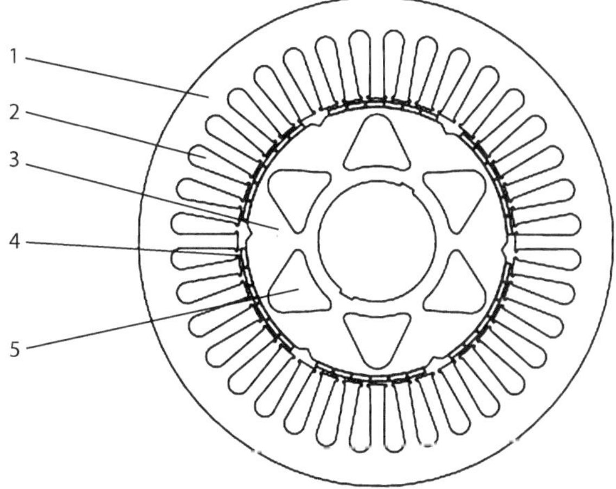

Abb. 5.14 Schnittbild von Ständer und Läufer; *1* Ständerblech, *2* Nuten für die Wicklung, *3* Läuferblech, *4* Permanentmagnete, *5* Aussparungen

Die Synchronmotoren sind in Sternschaltung gebaut. Der Sternpunkt ist nicht herausgeführt.

Der Ständer besteht, wie beim Asynchronmotor, aus dem Gehäuse, dem Blechpaket und der Ständerwicklung. Der Läufer, auch Rotor genannt, besteht aus Welle, Rotorblechen und aufgeklebten Permanentmagneten. Um eine größere Dynamik des Motors zu erhalten, werden die Bleche des Rotors nicht massiv, sondern mit Aussparungen (Abb. 5.14) ausgeführt. Dadurch sinkt das Massenträgheitsmoment des Läufers und die Hochlaufzeit des Motors.

Die eingesetzten Permanentmagnete sind aus dem Seltene-Erden-Material Neodym-Eisen-Bor. Magnete aus diesem Material weisen im Vergleich zu den bisher eingesetzten Ferrit-Magneten besonders gute magnetische Eigenschaften auf und dadurch lassen sich größere Drehmomente erreichen.

5.3.3 Funktion eines permanenterregten AC-Synchronmotors

Schließt man den Motor an einen dafür geeigneten Umrichter an, so wird in den Wicklungen des Ständers ein Drehfeld, das sogenannte Ständerdrehfeld, erzeugt. Dieses Drehfeld wirkt auf den Läufer und übt eine Kraft auf ihn aus. Der Läufer wird aufgrund der magnetischen Kopplung zwischen Ständer und Läufer beschleunigt und läuft mit gleicher Winkelgeschwindigkeit, also synchron.

Belastet man den Motor, ergibt sich eine Verschiebung des Läuferdrehfeldes bezogen auf das Ständerdrehfeld. Die Pole des Polrads (Läufer) eilen denen des Ständerdrehfeldes

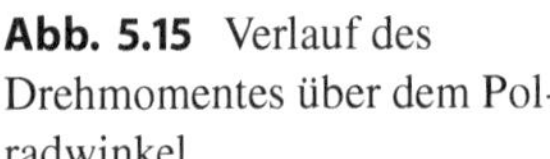

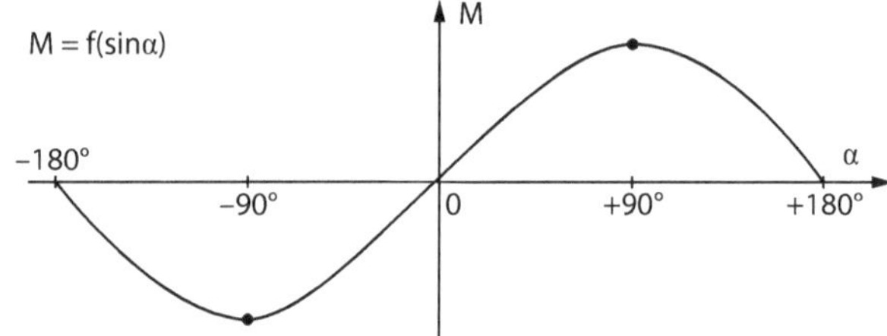

Abb. 5.15 Verlauf des Drehmomentes über dem Polradwinkel

um einen bestimmten Winkel, dem sogenannten Polradwinkel α, nach. Das Drehmoment wird zunächst umso größer, je größer der Polradwinkel ist. Beträgt der Winkel genau 90°, d. h. die Pole des Läufers liegen genau zwischen zwei Ständerpolen, so ist die Kraft, die auf den Läufer wirkt, maximal. Dies ist der Fall, da der gegenüber dem Läuferpol voreilende Ständerpol den Läufer „zieht", und der ihm gegenüber nacheilende ihn „schiebt". Wird der Polradwinkel weiter vergrößert, d. h. der Motor wird überlastet, so nimmt das Drehmoment wieder ab, der Motor befindet sich in einer instabilen Betriebslage und der Motor bleibt stehen.

Es gilt: $M = f\,(U, I, \sin\alpha)$

Abb. 5.15 zeigt den Verlauf des Drehmomentes über dem Polradwinkel.

Um den Synchronmotor mit dem größtmöglichen Drehmoment betreiben zu können, muss sichergestellt werden, dass der Polradwinkel $\alpha = 90°$ beträgt. Im motorischen Betrieb muss das Statorfeld demnach stets um 90° vorauseilen, im generatorischen Betrieb stets um 90° nacheilen. Die Aufgabe der Motorführung besteht darin, die Sollwerte der drei Phasenströme des Motors aus einem vorgegebenen Drehmoment zu berechnen, sowie die Stromsollwerte aus den Tabellen der Hersteller auszulesen. Dazu wird die Rotorlage mit Hilfe des Lagegebers erfasst. Zu dem erhaltenen Wert des Lagewinkels werden je nach Drehrichtung und Drehmomentrichtung 90° addiert oder subtrahiert und die dazugehörigen Ströme berechnet.

Zu jeder Rotorlage wird die entsprechende Lage des Ständerdrehfeldes ermittelt, d. h. der Rotor bestimmt die Größe und Richtung des Statorfeldes. Der Rotor „dreht" somit das Statorfeld.

Bei dem in diesem Zusammenhang erwähnten Polradwinkel α handelt es sich stets um den elektrischen Winkel, bei einem 6-poligen Motor entsprechen 90° elektrisch oder 30° mechanisch. Hinsichtlich der Drehmomentbildung kann man sich die Verhältnisse im Stator zu den einzelnen Zeitpunkten vorstellen.

5.3.4 Stromverhältnisse im Stator

Der Stromraumzeiger von Abb. 5.16 zeigt $\vec{I}$ für die vektorielle Summe der Ströme I_U, I_V und I_W an.

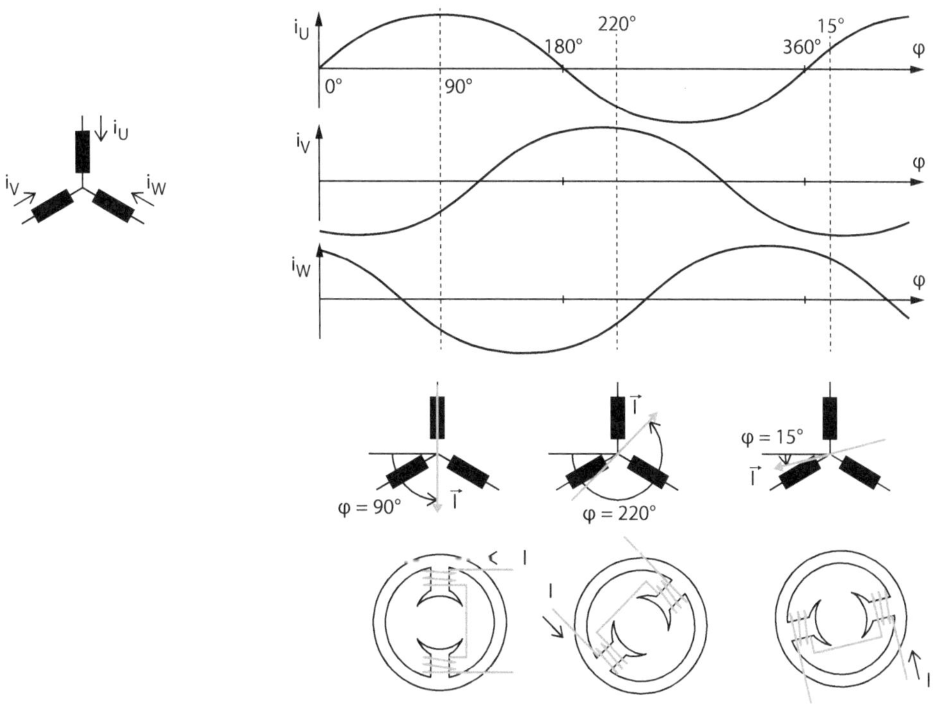

Abb. 5.16 Stromraumzeiger

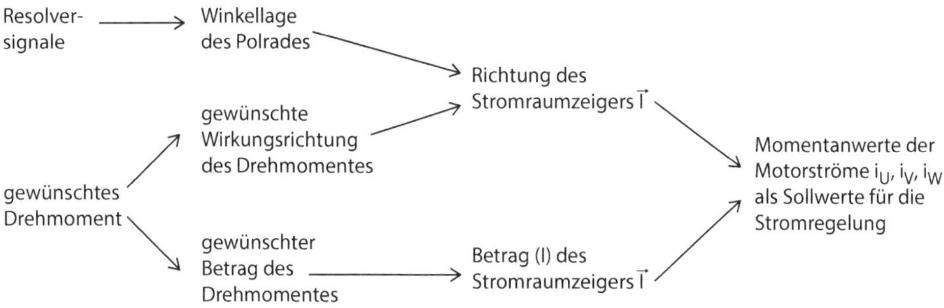

Abb. 5.17 Erzeugung der Momentanwerte der Ströme

Abb. 5.17 zeigt die Drehstrommomentenbildung und die Verhältnisse im Stator zu den einzelnen Zeitpunkten.

Bei der Drehzahl-Drehmoment-Kennlinie eines Servomotors erkennt man drei Grenzen, die bei der Projektierung eines Antriebs berücksichtigt werden müssen.

1) Das maximale Drehmoment eines Motors wird unter anderem begrenzt durch die Belastbarkeit der Dauermagnete. Wird ein Motor zu stark belastet und der Strom steigt auf zu hohe Werte an, werden die Magnete entmagnetisiert und der Motor „verliert

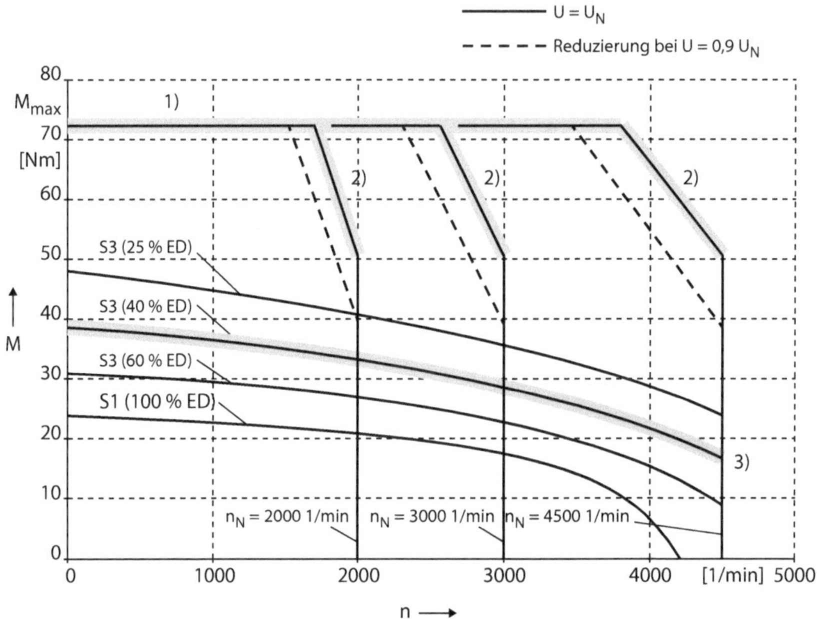

Abb. 5.18 Drehzahl-Drehmoment-Kennlinie eines Servomotors

sein Drehmoment“. Bei richtiger Auswahl und Anpassung von Motor und Umrichter kann keine Entmagnetisierung auftreten.

2) Man sollten auch die Beschränkungen beim Drehmoment im oberen Drehzahlbereich aufgrund der Spannung beachten. Mit Spannung ist die Spannung gemeint, die an den Motorklemmen anliegt. Diese ist abhängig von der Zwischenkreisspannung, der Netzspannung und dem Spannungsfall der Leitungen. Das Absinken des Drehmomentes beruht darauf, dass in den Motor aufgrund der Gegen-EMK (induzierte Spannung im Motor) nicht mehr der maximale Strom eingeprägt werden kann. Damit reduziert sich auch das maximale Drehmoment.
3) Eine weitere Grenze ist die thermische Auslastung des Motors und diese muss bei der Projektierung berechnet werden. Hierbei wird das Effektivdrehmoment ausgerechnet. Dies muss kleiner sein als das Stillstandsmoment M_0. Ein Überschreiten der thermischen Grenze bewirkt ebenfalls eine Entmagnetisierung der Magnete. Abb. 5.18 zeigt die Drehzahl-Drehmoment-Kennlinie eines Servomotors.

5.4 Elektromechanische Not- und Haltebremse

Die Bremse, die in den größeren Servomotoren Verwendung findet, ist von ihrem mechanischen Aufbau von der Betriebsbremse des Asynchronmotors abgeleitet. In der Servotechnik wird diese Bremse jedoch nur als Not- und Haltebremse benötigt, da elektrisch gebremst und gehalten wird. Obwohl die Bremse, die in Synchronmotoren Verwendung

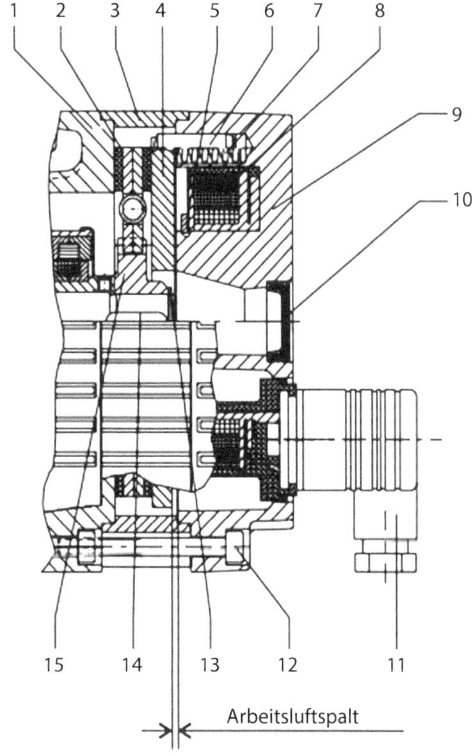

Abb. 5.19 Schnitt durch eine elektromechanische Bremse; *1* Bremslagerschild, *2* Belagträger komplett, *3* Zwischenring, *4* Ankerscheibe, *5* Sicherungsring, *6* Zylinderstift, *7* Bremsfeder, *8* Bremsspule komplett, *9* Spulenkörper, *10* Verschlusskappe, *11* Winkelsteckverbinder, *12* Zylinderschraube, *13* Sicherungsring, *14* Passfeder, *15* Mitnehmer

findet, nur als Not- und Haltebremse verwendet wird, kann sie doch ein großes Haltemoment ($3 \cdot M_0$) aufbringen und eine hohe Bremsarbeit verrichten. Dies macht den Synchronbremsmotor für Hubantriebe besonders interessant.

Die Bremse findet üblicherweise nur Verwendung bei:

- längerem Stillstand (thermische Entlastung des Motors)
- bei NOT-AUS

Die optionale Scheibenbremse ist vollständig in den Motor integriert. Demontage und Montage können vor Ort, ohne Eingriffe in den Motor, durchgeführt werden.

Die Bremse besitzt einen eigenen elektrischen Anschluss. Standardmäßig sind die Bremsen lieferbar für Anschlussspannungen von 230 VAC, 400 VAC und 24 VDC. Abb. 5.19 zeigt einen Schnitt durch eine elektromechanische Bremse.

Die Bremse ist eine gleichstromerregte Elektromagnet-Scheibenbremse, die elektrisch gelüftet (geöffnet) wird und durch Federkraft bremst. Das System genügt grundsätzlichen Sicherheitsanforderungen. Bei Stromunterbrechung fällt die Bremse automatisch ein.

Die Scheibenbremse arbeitet nach dem bewährten Zweispulen-Prinzip. Die Bremsgleichrichter oder Bremsensteuergeräte schalten zunächst nur die Beschleunigerspule ein.

Tab. 5.7 Bremsen-Reaktionszeiten bei verschiedenen Bremsen

Bremsmotor, Baugröße	56 B	71 B				90 B				112 B			
Bremsmoment [Nm]	2,5	3	6	10	15	12	20	30	40	17,5	35	60	90
Lüften der Bremse Ansprechzeit t_1 [ms]	7	10	12	16	20	13	15	18	22	11	14	22	35
Einfallen der Bremse Einfallzeit t_2 [ms]	5	95	45	20	8	28	20	13	10	130	60	32	20

Sobald die Bremse gelüftet hat, wird elektronisch auf die Haltespule umgeschaltet. Minimaler Verschleiß sowie maximale Standzeit und Schaltvermögen sind die Eigenschaften dieses Bremssystems.

Im dauergelüfteten Betrieb sind die Stromwärmeverluste auf das notwendige Minimum reduziert und die Bremse ist somit thermisch nur gering belastet.

Das Bremsmoment wird durch Art und Anzahl der Bremsfedern bestimmt. Bremsen mit höherem Bremsmoment (bis $3 \cdot M_0$) werden vorzugsweise im Hubwerksbetrieb eingesetzt.

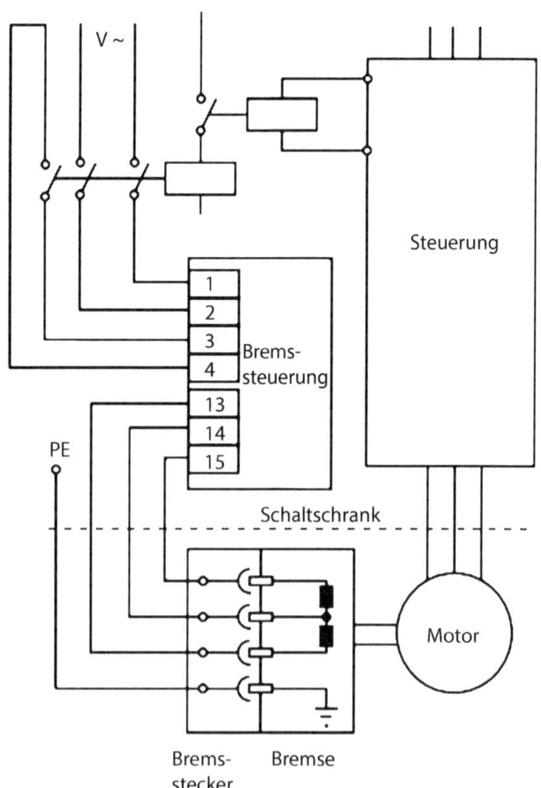

Abb. 5.20 Ansteuerung der Bremse

Zur Ansteuerung der Bremse werden Bremsgleichrichter oder Bremsensteuergeräte verwendet. Der Bremsgleichrichter wird bei Wechselspannungsanschluss verwendet, das Bremsensteuergerät bei Gleichspannungsanschluss mit 24 VDC. Beide werden aus Platzgründen nicht im Klemmenkasten, sondern im Schaltschrank eingebaut.

Der Bremsgleichrichter ist als Einweggleichrichter mit Beschaltungselementen gegen Überspannungen und integrierter Steuerelektronik zur Verkürzung der Ansprechzeiten der Bremse aufgebaut. Tab. 5.7 zeigt verschiedene Bremsen-Reaktionszeiten.

Für 24-V-Gleichspannungsanschluss gibt es das Bremsensteuergerät BSG. Es entspricht von seiner Funktion her dem Bremsgleichrichter BME mit dem Unterschied, dass aufgrund der Ansteuerung mit einer Gleichspannung beim Bremsensteuergerät der Gleichrichter entfällt.

Abb. 5.20 zeigt einen Bremsgleichrichter für den Schaltschrank. Der Bremsgleichrichter ist für gleich- und wechselstromseitiges Abschalten, d. h. schnelles Einfallen der Bremse, beschaltet. Ebenso ist bei diesem Typ die Schnellerregung enthalten.

5.5 Resolver

Der Resolver arbeitet nach dem Prinzip eines Drehtransformators. Beim Drehtransformator besteht der Rotor aus einer Spule (Wicklung), die mit der Statorwicklung aus einem Transformator. Der Resolver ist prinzipiell genauso aufgebaut, mit dem Unterschied, dass der Stator nicht aus einer, sondern aus zwei um 90° zueinander versetzten Wicklungen aufgebaut ist.

Der Resolver dient zur Ermittlung der absoluten Lage der Motorwelle innerhalb einer Umdrehung. Außerdem wird aus dem Resolversignal die Drehzahl und eine Encoder-Nachbildung für die Lageregelung abgeleitet. Abb. 5.21 zeigt den schematischen Aufbau eines Resolvers.

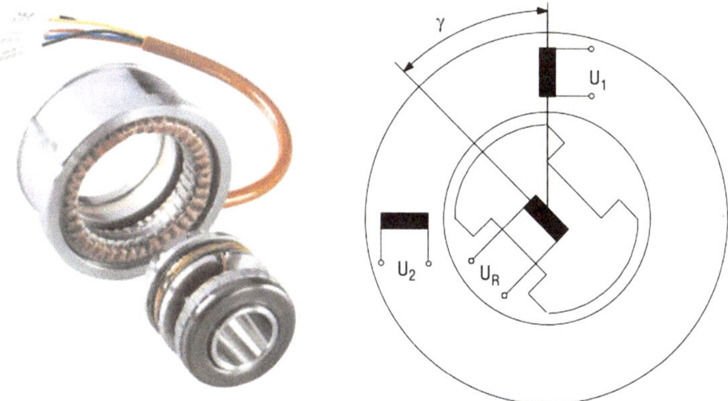

Abb. 5.21 Schematischer Aufbau eines Resolvers

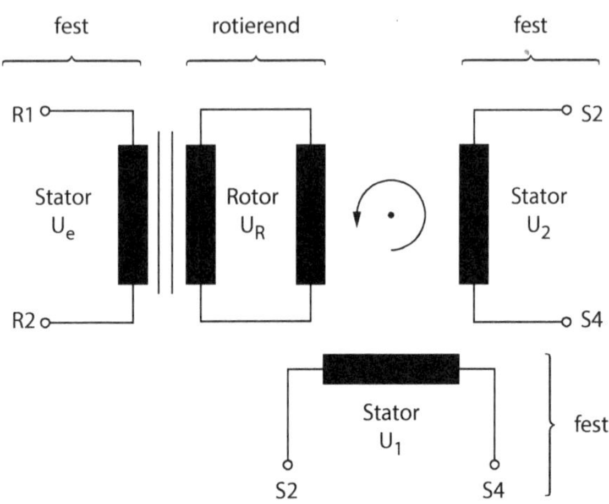

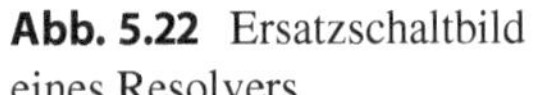
Abb. 5.22 Ersatzschaltbild eines Resolvers

Der Rotor des Resolvers ist auf der Welle des Motors befestigt. Um die Primärspannung des Stators bürstenlos auf den Rotor übertragen zu können, wird auf dem Stator und dem Rotor jeweils eine weitere Wicklung angebracht. Mit Hilfe dieser zusätzlichen Wicklungen kann die Primärspannung der Statorwicklung nach dem Transformatorprinzip übertragen werden. Die beiden Wicklungen, die auf dem Rotor angebracht sind, sind elektrisch gekoppelt, so dass die Spannung, die vom Stator auf den Rotor übertragen wird, auch an der zweiten Wicklung des Rotors anliegt. Abb. 5.22 zeigt das Ersatzschaltbild eines Resolvers.

Je nach Lage des Rotors werden in den Statorwicklungen unterschiedlich große Spannungen induziert. An der Wicklung, die beim Winkel $\gamma = 0°$ vollständig durchflutet wird, liegt zu diesem Zeitpunkt die maximale Spannung an. Dreht sich der Rotor, so nimmt die Spannung U_1 an dieser Wicklung ab, bis sie bei einem Winkel von 90° den Wert Null erreicht hat. Dann steigt die Spannung mit umgekehrtem Vorzeichen wieder an bis sie bei 180° wieder ihr Maximum erreicht hat. Die Spannung U_1 hat als Hüllkurve eine Cosinusschwingung. Die Spannung U_2, die gegenüber U_1 um 90° verschoben ist, hat bei 0° den Wert 0 V. Sie steigt an bis sie bei 90° ihren Maximalwert erreicht hat und fällt dann wieder ab. Die Hüllkurve von U_2 ist folglich eine Sinusschwingung.

Die Ausgangsspannungen U_1 und U_2 berechnen sich in Abhängigkeit der Eingangsspannung U_e zu:

Eingang	$U_e = U_S \cdot \sin \omega\, t$ (Referenzspannung)	γ Rotorwinkel
Ausgang	$U_1 = U_S \cdot \sin \omega\, t \cdot \cos \gamma$	ω Winkelfrequenz von U_e
	$U_2 = U_S \cdot \sin \omega\, t \cdot \sin \gamma$	U_S Scheitelwert der Eingangsspannung

Abb. 5.23 zeigt die Ausgangsspannungen U_1 und U_2 eines Resolvers.

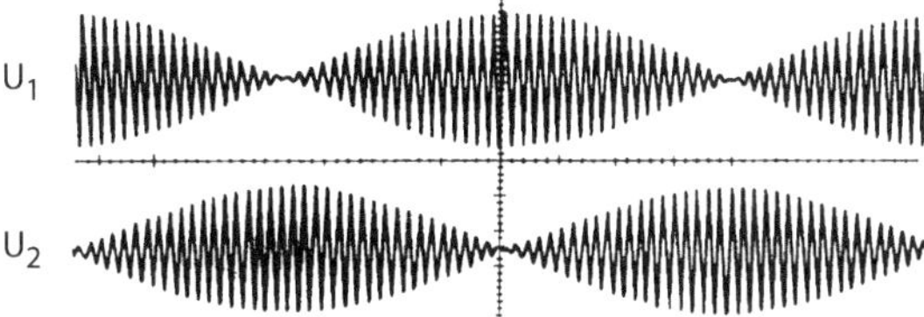

Abb. 5.23 Ausgangsspannungen U_1 und U_2 des Resolvers

5.5.1 Verarbeitung und Auswertung der Resolversignale

Die Signale des Resolvers werden im R/D-Wandler (Resolver-Digital-Wandler) des Servoumrichters in einen digitalen Zählwert gewandelt. Dieser digitale Wert wird weiterverarbeitet, um weitere Informationen daraus zu erhalten. Zum einen liefert der R/D-Wandler die Information zur Rotorlage. Gleichzeitig kann mit Hilfe des Zählwerts die Drehzahl des Motors bestimmt werden, indem die Anzahl der Impulse innerhalb eines bestimmten Zeitfensters gezählt und daraus die Drehzahl ermittelt wird. Als drittes können die zwei niederwertigsten Bits des Zählerwerts ausgewertet werden:

- für die Encoder zur Bestimmung der Drehrichtung
- für übergeordnete Steuerungen zur Positionierung

Abb. 5.24 zeigt die Verarbeitung der Resolversignale und Abb. 5.25 das Blockschaltbild eines R/D-Wandlers.

Der Oszillator [1] (Abb. 5.25) speist den Rotor über die Statorwicklung mit einer Wechselspannung von ca. 10 V_{eff} und einer Frequenz von ca. 7 kHz. Der digitale Zählwert des V/R-Zählers (Vorwärts-Rückwärts-Zähler) [6] wird in einen Digital/Analog-Wandler [5] umgewandelt. Die Ausgangssignale U_1 und U_2 des Stators des Resolvers werden mit dem Sinus oder dem Cosinus des gewandelten Wertes multipliziert. Der Wert des V/R-Zählers

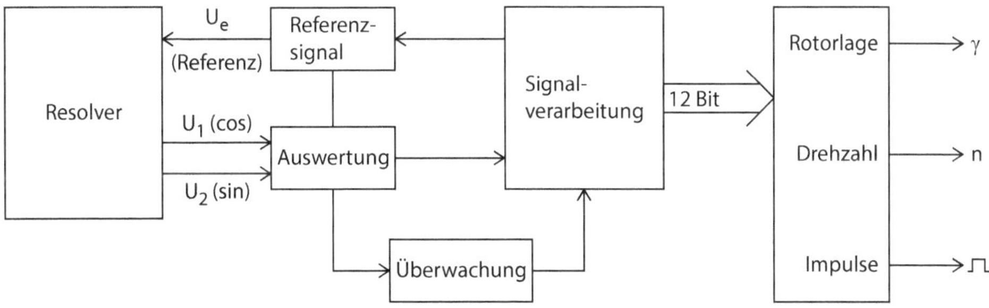

Abb. 5.24 Verarbeitung der Resolversignale

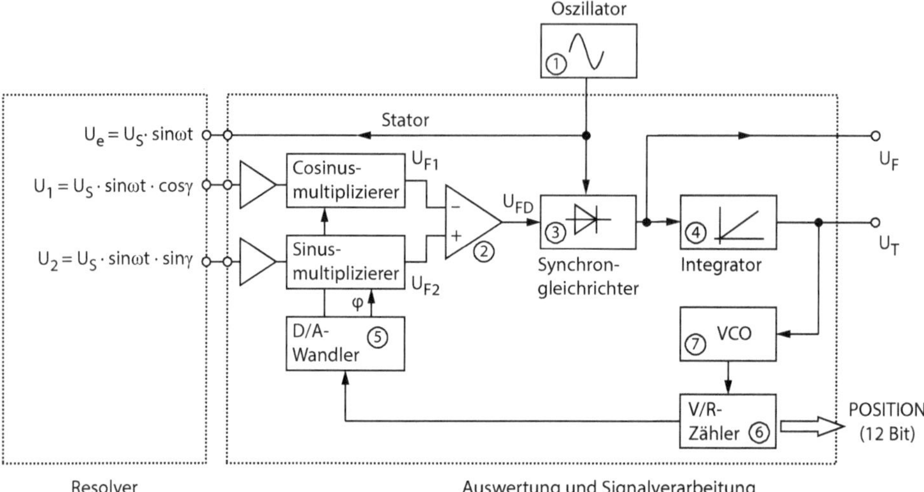

Abb. 5.25 Blockschaltbild eines R/D-Wandlers

repräsentiert dabei den Winkel φ. Es entstehen die beiden Spannungen

$$U_{F1} = U_S \cdot \sin\omega t \cdot \cos\gamma \cdot \cos\varphi,$$
$$U_{F2} = U_S \cdot \sin\omega t \cdot \cos\gamma \cdot \sin\varphi.$$

Im Fehlerverstärker [2] werden die beiden multiplizierten Ausgangssignale voneinander subtrahiert. Die Differenz entspricht dem Fehler (Abweichung) zwischen dem Winkel φ und dem tatsächlichen Winkel γ. Der Fehler beträgt:

$$U_{FD} = U_S \cdot \sin\omega t \cdot (\sin\gamma \cdot \cos\varphi - \cos\gamma \cdot \sin\varphi).$$

Diese Gleichung entspricht umgeformt:

$$U_{FD} = U_S \cdot \sin\omega t \cdot \sin(\gamma - \varphi).$$

Im phasenempfindlichen Gleichrichter [3], der dem Subtrahierer [2] nachgeschaltet ist, wird dieses Signal demoduliert, um die Trägerfrequenz zu eliminieren. Das am Ausgang des Gleichrichters anstehende Signal ist die zu sin (γ–φ) proportionale Fehlerspannung U_F.

Diese Spannung liegt gleichzeitig an einem Ausgang des R/D-Wandlers und am Eingang des Integrators [4] an. Der Integrator [4] integriert die Fehlerspannung. die auf den Eingang eines spannungsgesteuerten Oszillators (voltage controlled oscillator = VCO) [7] gelegt wird.

Besteht zwischen den Winkeln γ und φ eine Winkeldifferenz, so erzeugt der Integrator daraus eine Gleichspannung. Der VCO [7] erzeugt mit Hilfe dieser Gleichspannung Impulse, die im V/R = Zähler [6] verarbeitet werden.

Die Bausteine [2] bis [7] bilden einen Regelkreis. Am VCO [7] liegt solange ein Signal in Form einer Gleichspannung an, bis die Differenz zwischen den Winkeln γ und φ gleich Null ist, d. h.:

$$\gamma = \varphi.$$

Somit entspricht der digitale Wert des V/R-Zählers dem am Eingang des R/D-Wandlers anliegenden analogen Wert des Winkels γ des Resolvers.

Bei einer fortlaufenden Drehung des Resolvers muss der VCO solange Impulse erzeugen, bis der Zählwert des V/R-Zählers mit dem analogen Wert des Rotorwinkels am Eingang übereinstimmt, d. h. bis die Winkeländerung des Rotors ausgeglichen ist. Die Frequenz des VCO ist folglich proportional zur Drehzahl des Motors und des Resolvers. Daraus folgt, dass die Ausgangsspannung des Integrators ebenfalls proportional zur Drehzahl ist.

Der R/D-Wandler liefert an den Ausgängen eine drehzahlproportionale Gleichspannung U_T, sowie die Absolutinformation für eine Umdrehung des Resolvers.

Diese Auswerteschaltung ist als integrierter Schaltkreis realisiert, wobei lediglich der Oszillator [1] extern angeschlossen wird.

Der Fehler des Resolversignals ist vernachlässigbar klein (<0,05 %).

5.5.2 Ausgangssignale eines Inkrementalgebers

Bei dem Inkrementalgeber werden aus den bereits vorhandenen Ausgangssignalen des Resolvers insgesamt sechs Spuren erzeugt, die für übergeordnete Steuerungen zur Positionierung verwendet werden. Diese sechs Spuren sind Spur A, B und C und ihre invertierten Signale $\overline{A}$, $\overline{B}$ und $\overline{C}$.

Der Inkrementalgeber liefert 1024 Impulse je Umdrehung. Die Positioniersteuerungen stellen durch 4-fache Auswertung 4096 Impulse pro Umdrehung zur Verfügung. Abb. 5.26 zeigt den Inkrementalgeber.

Die Impulse des Kanals A und des Kanals B sind um 90° verschoben. Eilen die positiven Flanken der Impulse des Kanals A denen des Kanals B vor, so befindet sich der Motor im Rechtslauf. Umgekehrt eilt Kanal B gegenüber Kanal A um 90° vor, wenn der Motor im Linkslauf betrieben wird.

Kanal C erzeugt für jede volle Umdrehung des Motors, d. h. beim Durchlaufen der Nullstellung, einen Impuls.

Die Drehrichtung des Motors kann anhand der zwei niederwertigsten Bits (LSB = least significant bits) der Signalverarbeitung bestimmt werden. Tab. 5.8 zeigt die Erkennung der Drehrichtung des Motors.

Betrachtet man den Rechtslauf (positive Drehrichtung), so zählt der Zähler im R/D-Wandler aufwärts. Das entspricht der Funktionstabelle von oben nach unten gelesen. Bei jedem Kippen des niederwertigsten Bits 2^0 von 1 auf 0 ändert sich der Wert des Bits 2^1 ebenfalls.

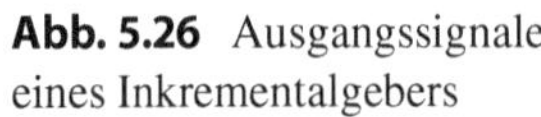

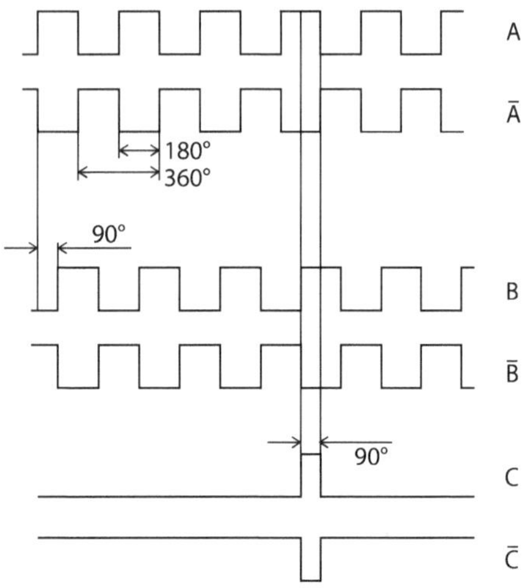

Abb. 5.26 Ausgangssignale eines Inkrementalgebers

Tab. 5.8 Funktionstabelle der beiden LSB-Zählrichtungen

2^1	2^0
0	0
0	1
1	0
1	1
↓Rechtslauf	↑Linkslauf

Ändert man die Drehrichtung des Motors, so dass der Motor im Linkslauf betrieben wird, so muss die Funktionstabelle entsprechend von unten nach oben gelesen werden. Betrachtet man wiederum die Übergänge von 1 auf 0 des niederwertigsten Bits 2^0, so erkennt man, dass sich hierbei der Wert des Bits 2^1 nicht ändert.

5.6 Servoumrichter für Drehzahl- und Drehmomentregelung

Der Servoumrichter dient zur Drehzahl- und Drehmomentregelung des Servomotors. In der Regel handelt es sich heute um digitale Umrichter. Der digitale Umrichter hat gegenüber dem analogen folgende Vorteile:

- alterungsbeständig
- driftfrei
- einfache Kommunikation
- Rechenoperationen einfach ausführbar

Servoumrichter werden sowohl in Form von Kompakt-Servoumrichtern (Stand-Alone-Geräte) als auch in modularer Bauform eingesetzt.

Stand-Alone-Geräte haben den Vorteil, dass der Servoumrichter als komplette Einheit zur Verfügung steht. Gleichzeitig entfällt die zusätzliche Verdrahtung zwischen den einzelnen Gerätekomponenten, wie sie beim modularen System notwendig ist.

Die Vorteile des modular aufgebauten digitalen Servoumrichters (Netzmodul und Achsmodul) liegen im Bereich der Mehrachsanwendungen. Bei Mehrachsanwendungen können über ein Netzmodul mehrere Achsenmodule versorgt werden. Dabei wird die Leistung des Netzmoduls von der Gesamtleistung der angeschlossenen Achsmodule und deren Auslastung bestimmt.

5.6.1 Grundkomponenten des modularen Systems

Der modulare Servoumrichter von Abb. 5.27 besteht aus den zwei Komponenten

- Netzmodul
- Achsmodul

Das Netzmodul dient zur Leistungsversorgung der angeschlossenen Achsmodule über den Zwischenkreis und zur Spannungsversorgung der Steuerelektronik. Es enthält zudem den Brems-Chopper oder die Netzrückspeisung, verschiedene Schutzfunktionen und Kommunikationsschnittstellen (RS-232 und RS-485).

Das Achsmodul regelt Drehzahl und Drehmoment eines Servomotors. Es enthält den dafür notwendigen Wechselrichter, die Steuerelektronik mit festen, belegten und frei programmierbaren binären Ein- und Ausgängen, analoge Ein- und Ausgänge, den Ausgang für die Encoder-Simulation und einen freien Steckplatz für Optionskarten.

Die Anzahl der Achsen, die an ein Netzmodul angeschlossen werden können, ist begrenzt durch:

- Leistung des Netzmoduls
- Leistung des Schaltnetzteils

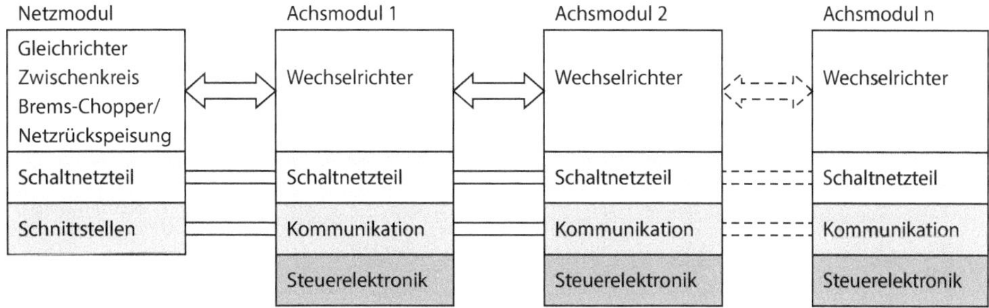

Abb. 5.27 Strukturbild eines modularen Servoumrichters

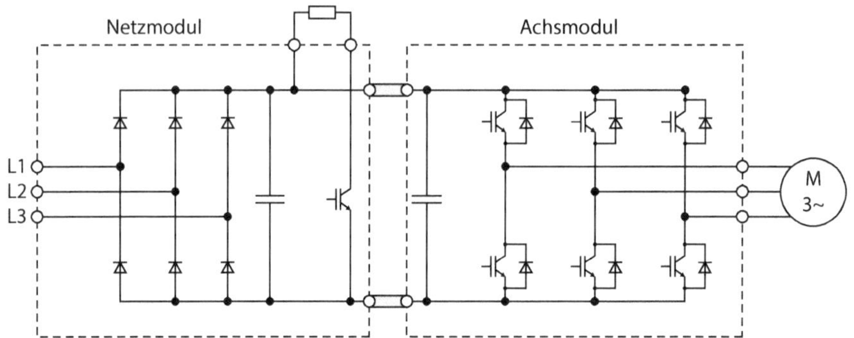

Abb. 5.28 Leistungsteil eines Servoumrichters

- maximale Bremsleistung
- Leitungslänge der Zwischenkreis-Verschiebung, der Datenleitung (Störsicherheit) und des 24-V-Busses.

Das Leistungsteil des Servoumrichters basiert auf dem Prinzip des Spannungs-Zwischenkreisumrichters und Abb. 5.28 zeigt den Leistungsteil eines Servoumrichters. Dies bedeutet, dass im Zwischenkreis Kondensatoren die Spannung stabil halten. Die Endstufen- oder Wechselrichtertransistoren sind IGBTs. Die Vorteile sind niedrige Schaltverluste, einfache Ansteuerung, niedrige Durchlassverluste und hohe Schaltfrequenzen.

5.6.2 Netzmodul für die Stromversorgung

Das Netzmodul wird über eine vorgeschaltete Netzdrossel an das Drehstromnetz angeschlossen. Der Spannungsbereich ist $3 \cdot 400/500\,\text{V}$. Die Netzdrossel ersetzt, in Verbindung mit konstruktiven Maßnahmen im Leistungsteil des Verstärkers, die sonst üblichen einschaltstrombegrenzenden Ladeeinrichtungen vollständig. Sie minimiert die Netzrückwirkungen und ist Bestandteil des Geräteschutzes gegen nicht periodische Überspannungen. Abb. 5.29 zeigt das Blockschaltbild eines modularen Servoumrichters.

Das Netzmodul enthält folgende Überwachungsfunktionen

- Überspannung im Zwischenkreis
- Netzphasenausfall
- Erdschluss
- Übertemperatur

Innerhalb des Netzmoduls sorgt eine Überspannungsschutzschaltung dafür, dass Spannungsspitzen im Netz, die vor allem durch Schalten induktiver und kapazitiver Lasten auf das Netz verursacht werden, das Leistungsteil des Netzmoduls nicht beschädigen.

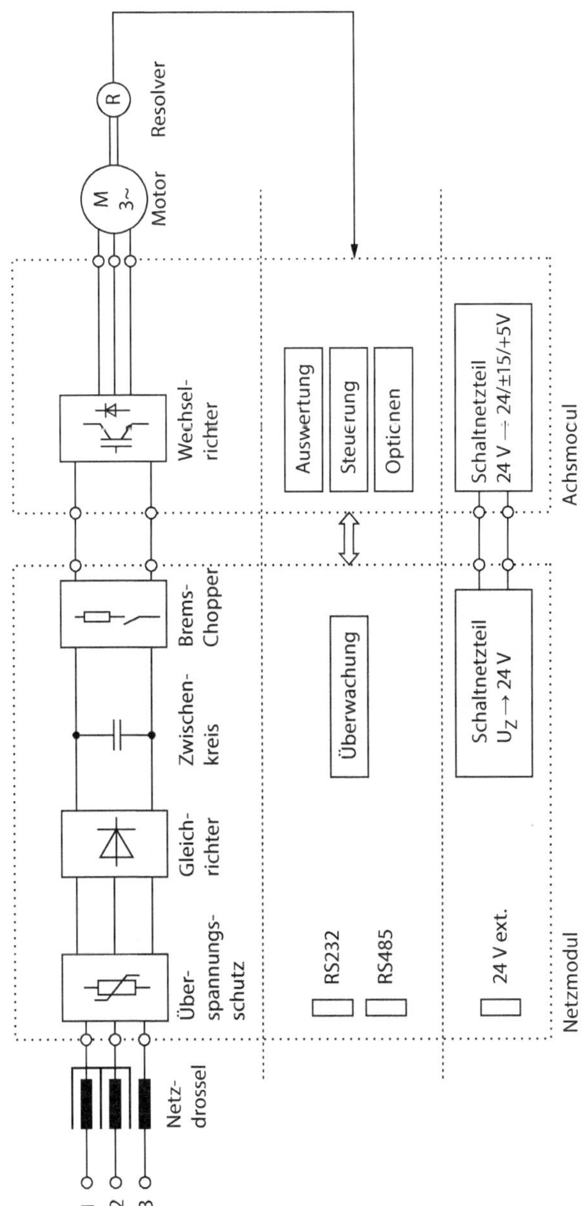

Abb. 5.29 Blockschaltbild eines modularen Servoumrichters

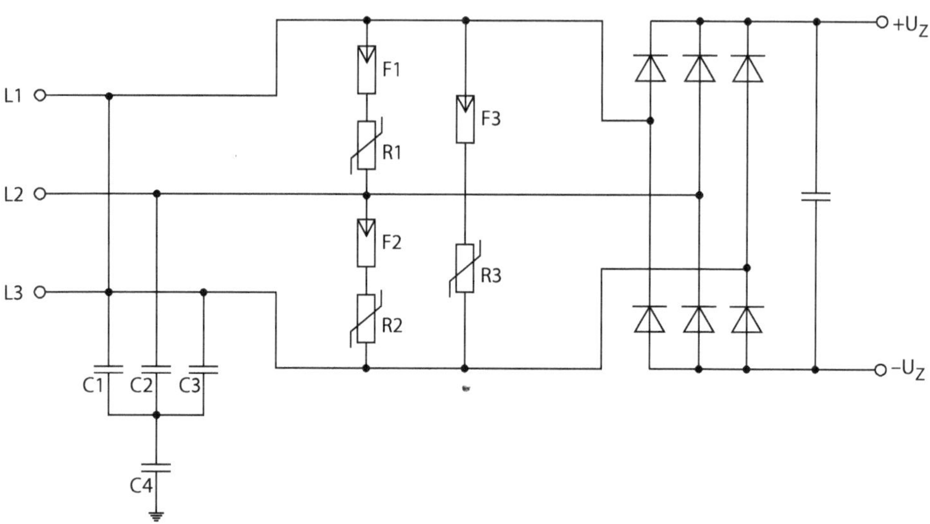

Abb. 5.30 Gleichrichter und Überspannungsschutz

Der Eingangsgleichrichter ist ein dreiphasiger Brückengleichrichter und Abb. 5.30 zeigt einen Gleichrichter und den erforderlichen Überspannungsschutz. Dieser Gleichrichter erzeugt aus der Wechselspannung eine Gleichspannung, die Zwischenkreisspannung $U_Z \approx \sqrt{2} \cdot U_{eff}$.

Gasableiter (F3) schützen die Anlage vor Überspannungen.

Mit einem Überspannungsschutz werden wichtige und empfindliche elektrische und elektronische Geräte zusätzlich gesichert. Eine eventuell auftretende Überspannung wird zum Schutz des Gerätes sehr schnell über den Schutzkontakt der Steckdose und dem Potentialausgleich ins Erdreich abgeleitet. Daher sind der normgerecht ausgeführte Potentialausgleich sowie der separat geführte Schutzleiter notwendig für die Funktion des Überspannungsschutzes.

An einen Überspannungsschutz werden hohe Anforderungen gestellt:

- sehr schnell auslösen,
- hohe Energiemengen ableiten können,
- keine Ruheströme verursachen
- nach dem Ableiten die Betriebssituation automatisch wieder herstellen.

Für die Ableitung der Überspannung werden verschiedene Bauelemente benutzt, die entsprechend unterschiedliche Eigenschaften besitzen. Um für jede Anwendung die richtigen Eigenschaften nutzen zu können, sind hier die wichtigsten Bauelemente für Überspannungsschutz aufgeführt.

Der Varistor ist ein spannungsabhängiger Widerstand, der nach Erreichen einer Schwellspannung auf einen Widerstand von annähernd Null Ohm sinkt. Der Varistor ist gekennzeichnet durch extrem schnelles Schalten. Der Widerstand ist im Normalzustand aber nicht unendlich hoch, was gewisse Gefahren durch auftretende Leckströme verursacht. Dieser Leckstrom wird durch die natürliche Alterung des Bauelements weiter erhöht. Empfindliche Fehlerstrom-Schutzschalter (FI-Schalter) können durch diesen Leckstrom bereits auslösen. Bei Netzen, die nicht mit FI-Schaltern gesichert sind, können Berührungsspannungen am Schutzleiter und anderen metallischen Elementen des Hauses auftreten.

Bei längerem Betrieb oberhalb des Schwellwerts werden Varistoren extrem heiß. Um sicher zu stellen, dass von den Bauelementen kein Brand ausgeht, werden sie durch träge Sicherungen noch einmal abgesichert. In diesem Fall wird das Gerät nicht mehr geschützt, aber ein Brand, der sicher auch das Gerät zerstört hätte, wird verhindert.

Suppressordioden sind Bauteile zum Schutz der Ein- und Ausgänge elektronischer Schaltungen vor kurzzeitigen Überspannungsimpulsen (Spannungstransienten), wie sie durch Schaltvorgänge im Netz oder nahe Blitzschläge auftreten. Die Durchbruchspannung und der Leckstrom der Diode haben – außer bei einem Überspannungsereignis – idealerweise keinen Einfluss auf die zu schützende Schaltung.

Ein Gasentladungsableiter besteht aus zwei Elektroden, die in einem mit Gas gefüllten Raum eingeschlossen sind. Der Widerstand des Gases ist im Normalzustand sehr hoch. Bei Erreichen der Durchschlagsspannung wird das Gas ionisiert und ein seht gut leitender Lichtbogen entsteht. Vorteile dieser Ableiter liegen in der relativ hohen Energie, die über den Lichtbogen abgeleitet werden kann, sowie im extrem hohen Widerstand unterhalb des Schwellwerts. Sie sind daher ideal zur Absicherung des Schutzleiters. Durch die parallel angeordneten Elektroden besitzen die Gasentladungsableiter eine gewisse Eigenkapazität, da die Gasableiter das Signalverhalten auf der Leitung beeinflussen können.

Gasentladungsableiter können mehrfach auslösen. Je nach Stärke und Dauer der abgeleiteten Überspannungen können sich dabei die Elektroden am Lichtbogen abnutzen. Einige Überspannungsadapter haben daher auswechselbare Gasentladungsableiter.

Da in den seltensten Fällen die Eigenschaften so benötigt werden, wie sie von einem Bauelement geboten werden, werden verschiedene Schaltungsvarianten genutzt. So können die Eigenschaften der einzelnen Bauelemente für anspruchsvolle Einsatzfälle kombiniert werden um ein Optimum an Sicherheit zu erreichen.

5.6.3 Zwischenkreis und Energierückspeisung

Beim Abbremsen eines Antriebs wird kinetische Energie in elektrische Energie umgewandelt, und in den Zwischenkreis zurückgespeist. Da der Zwischenkreiskondensator nur eine begrenzte Kapazität hat, steigt die Spannung im Zwischenkreis an. Damit der Antrieb abgebremst werden kann, muss gewährleistet sein, dass die überschüssige Energie abgeführt wird. Es ist daher unbedingt notwendig, die überschüssige Energie zu speichern oder in andere Energieformen umzuwandeln.

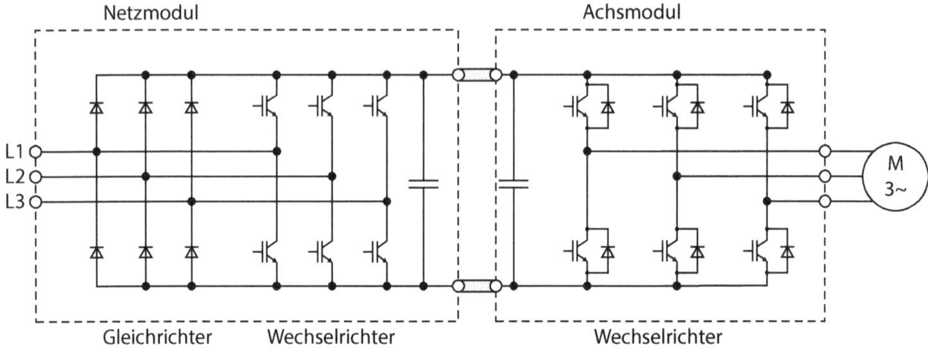

Abb. 5.31 Möglichkeit der Netzrückspeisung

Hierfür gibt es prinzipiell drei Möglichkeiten:

- Netzrückspeisung (Nutzung der elektrischen Energie durch andere Verbraucher)
- Brems-Chopper und Bremswiderstand (Umwandeln der Energie in Wärme)
- Energieaustausch bei Mehrachsanwendungen (Nutzung der elektrischen Energie von anderen angeschlossenen Motoren)

Die Netzrückspeisung hat den Vorteil, dass die Bremsenergie als elektrische Energie erhalten bleibt.

Es gibt verschiedene Möglichkeiten einer Realisierung der Netzrückspeisung, z. B. die der antiparallelen Brücke. Bei dieser Form der Netzrückspeisung wird der Netzgleichrichter durch einen Wechselrichter, der netzsynchron angesteuert wird, ergänzt. Übersteigt die Zwischenkreisspannung den Gleichrichtwert, wird die überschüssige Energie ins Netz zurückgespeist. Abb. 5.31 zeigt eine Möglichkeit der Netzrückspeisung.

Im Gegensatz zur Netzrückspeisung wird beim Brems-Chopper die überschüssige Energie nicht ins Netz zurückgespeist, sondern über einen Bremswiderstand in Wärme

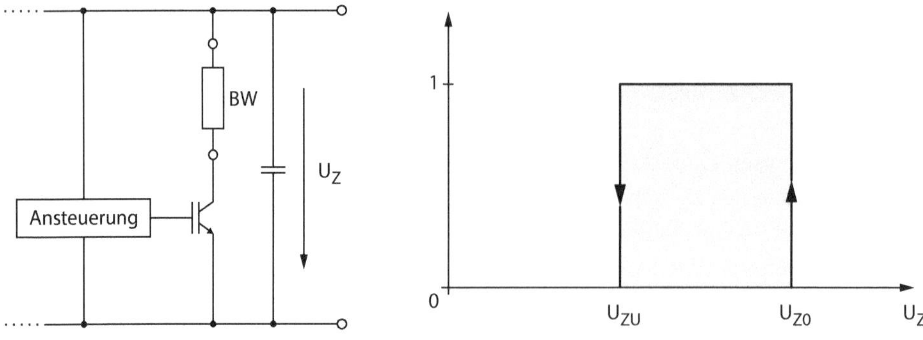

Abb. 5.32 Brems-Chopper und sein Schaltverhalten

Tab. 5.9 Vergleich zwischen Netzrückspeisung, Brems-Chopper und Bremswiderstand

	Netzrückspeisung	Brems-Chopper und Bremswiderstand
Unterbringung	Vollständig im Netzmodul integriert	Brems-Chopper im Netzmodul, Bremswiderstand extern oder im Schaltschrank
Auswirkung auf Umgebungstemperatur	Gering	Wärmeentwicklung am Bremswiderstand
Verdrahtung	Entfällt	Anschluss externer Bremswiderstände
Energiebilanz	Elektrische Energie bleibt erhalten	Elektrische Energie wird in Wärme umgesetzt
Kosten	Steuerelektronik, Wechselrichter	Steuerelektronik, Schalttransistor, Bremswiderstand, Montage, Verdrahtung
Aufwand für EMV	Gering	Geschirmte Leitungen zum Bremswiderstand

umgewandelt. Wenn nur wenig Bremsarbeit zu verrichten ist, so kann die Ausführung mit Brems-Chopper kostengünstiger sein als die mit Netzrückspeisung. Abb. 5.32 zeigt den Brems-Chopper und sein Schaltverhalten.

Je nach Anwendungsfall muss anhand der Eigenschaften entschieden werden, welches Verfahren am besten geeignet ist, wie Tab. 5.9 zeigt.

5.6.4 Serielle Schnittstellen

Über die im Netzmodul integrierte Standardschnittstelle RS-232 können die Achsmodule mit Hilfe eines PC parametriert werden. Die RS-232-Schnittstelle dient zur Kommunikation zwischen zwei Kommunikationseinheiten, z. B. PC und Achsmodul. In jedem „normalen" PC sind mehrere RS-232-Schnittstellen vorhanden, aber keine nach RS-485. Durch eine Einsteckkarte kann man jedoch Schnittstellen nach RS-485 nachrüsten.

In Verbindung mit der im Netzmodul integrierten Schnittstelle RS-485 wird die Schnittstelle RS-232 „busfähig". Damit können bis zu 31 physikalische oder 59 logische Achsen über die mit der Schnittstelle RS-485 verbundenen Netzmodule parametriert

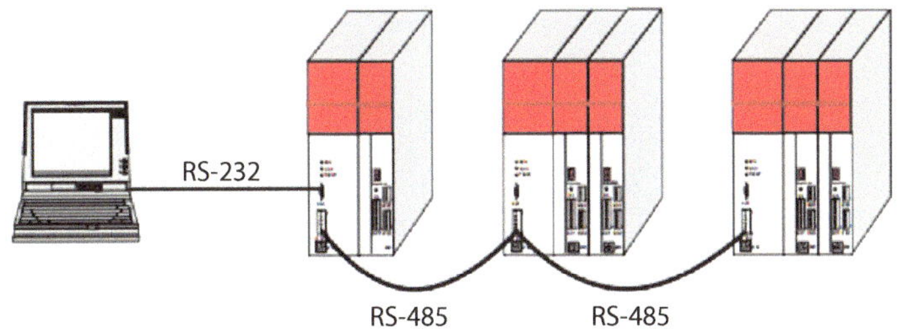

Abb. 5.33 Kommunikation über serielle Schnittstellen

werden. Jede Achse muss lediglich eine eindeutige Adresse haben. Abb. 5.33 zeigt die Kommunikation über serielle Schnittstellen nach RS-232 und RS-485.

5.6.5 Netzteil für die Elektronikversorgung

Das Netzmodul enthält ein zentrales Schaltnetzteil (SNT) zur Elektronik-Versorgung. das aus der Zwischenkreisspannung U_Z eine Gleichspannung von 24 V erzeugt. Diese Spannung wird zur Versorgung der Überwachungselektronik benötigt. Gleichzeitig werden alle am Netzmodul angeschlossenen Achsmodule über den 24-V-Bus mit dieser Spannung versorgt und Abb. 5.34 zeigt die 24-V-Versorgung.

Das Netzmodul bietet zusätzlich die Möglichkeit des Anschlusses einer externen 24-V-Hilfsspannung. Mit Hilfe dieser externen Spannung bleibt die gesamte Steuerelektronik in Betrieb und damit Rotorlage-Informationen und Fehlermeldungen auch bei Unterbrechung der Hauptspannungsversorgung erhalten. Dies spielt vor allem für den Betrieb eines Antriebs mit Positioniersteuerung eine Rolle, da bei Ausfall der Hauptspannung keine erneute Referenzfahrt notwendig ist.

Zudem ermöglicht die externe 24-V-Spannungsversorgung eine Parametrierung der Achsmodule bei spannungslosem Zwischenkreis.

5.6.6 Achsmodul

Der Anschluss der Achsmodule an den Zwischenkreis und den Schutzleiter erfolgt mit Stromschienen. Für die Spannungsversorgung der Steuerelektronik wird eine separate 24-V-Versorgung benutzt. Für die Kommunikation eines PC oder einer übergeordneten Steuerung (SPS) mit den angeschlossenen Achsmodulen ist an den Geräteunterseiten ein Datenbus verlegt, der jedoch für den Anwender nicht zugänglich ist. Abb. 5.35 zeigt das Blockschaltbild eines modularen Servoumrichters.

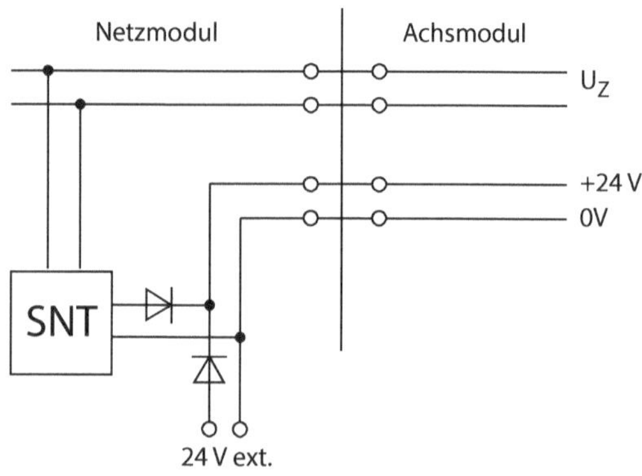

Abb. 5.34 24-V-Versorgung

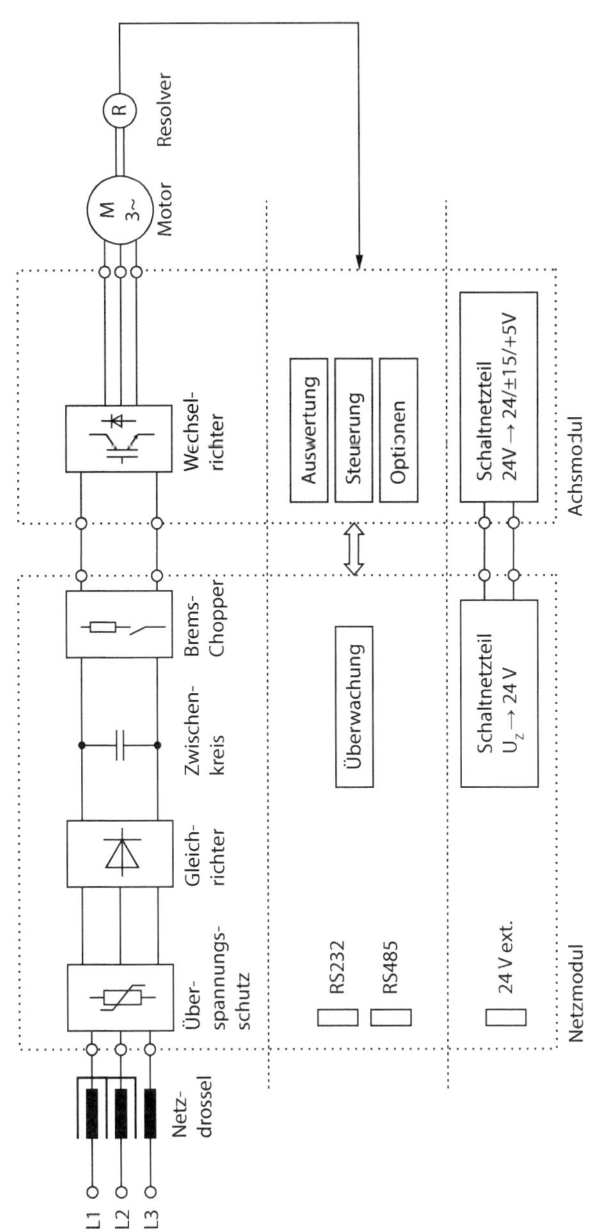

Abb. 5.35 Blockschaltbild eines modularen Servoumrichters

Die Achsmodule können in den Betriebsarten „Drehzahlregelung“ oder „Drehmomentregelung“ betrieben werden. Sie liefern sinusförmige Ausgangsströme, so dass schon bei kleinen Drehzahlen ein exakter Rundlauf mit geringster Drehmomentwelligkeit gewährleistet ist. Dadurch werden auch die Verluste im Motor minimiert und es wird für eine gute Ausnutzung der Motorleistung gesorgt.

Die Parametrierung der Achsmodule und der Optionskarten erfolgt mit einem PC über die Standard-Schnittstelle RS-232 oder mit einer SPS über die Schnittstelle RS-485.

Als Option stehen auch noch andere Bus-Schnittstellen zur Verfügung, mit denen ebenfalls eine Parametrierung möglich ist.

Die Bereiche Steuerung, Auswertung (Resolverauswertung, Stromregler) und Optionen (Zusatzklemmen, Positioniersteuerung) sind im Achsmodul modular ausgeführt. Der Vorteil liegt darin, dass durch Austausch der Steuerkarte und/oder der Auswertekarte auch andere Regelverfahren (z. B. U/f- oder Vektorregelung) zum Einsatz kommen könnten. Abb. 5.36 zeigt die Zusammenhänge im Achsmodul.

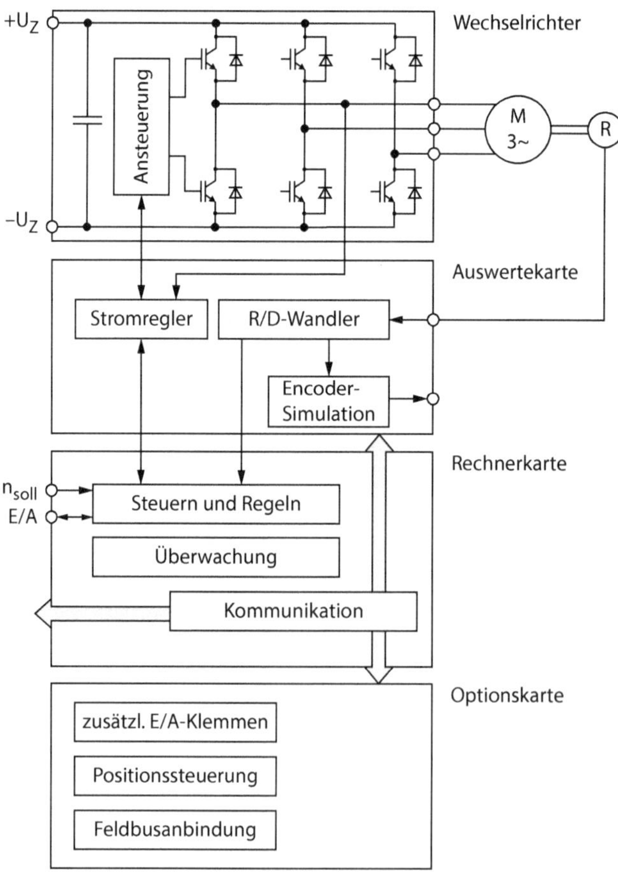

Abb. 5.36 Zusammenhänge im Achsmodul

5.6.7 Wechselrichter und Zwischenkreisspannung

Der Wechselrichter wird über die Zwischenkreisspannung U_Z versorgt. Die Leistungstransistoren werden von der zugehörigen Ansteuerschaltung so getaktet, dass am Ausgang des Achsmoduls und somit am Motor eine pulsweitenmodulierte Spannung anliegt. Die Pulsweite wird dabei von der Stellgröße des Stromreglers bestimmt. Diese pulsweitenmodulierte Spannung erzeugt im Motor einen Strom der durch die Motor- und Leitungsinduktivitäten annähernd sinusförmig ist.

Parallel zu jedem Leistungstransistor ist eine Diode geschaltet. Diese Freilaufdioden verhindern bei induktiver Ausgangslast, dass die im Umschaltmoment auftretenden Selbstinduktionsspannungen den Wechselrichter beschädigen. Sie leiten die gespeicherte Energie an den Eingang des Wechselrichters zurück. Ebenso werden sie für den Austausch der Blindenergie zwischen Motor und Umrichter benutzt. Abb. 5.37 zeigt eine Schaltung eines Wechselrichters mit Drehstrommotor.

Diese Karte für die Auswertung enthält die Funktionen:

- Resolverauswertung
- Encodernachbildung
- Stromregelung

Die Stromregelung ist analog aufgebaut. Die Anpassung des Stromreglers erfolgt werkseitig und ist auf die anschließbaren Motoren angepasst.

Auf der Steuerkarte befinden sich der Mikrocontroller und dessen Peripherie. Die Hauptfunktionen des Mikrocontrollers sind:

- Drehzahlregelung mit ihren umfangreichen Eingriffsmöglichkeiten
- Halteregelung
- interne Positioniersteuerung
- umfassende Überwachungsfunktionen für Prozessgrößen, Ein-/Ausgänge, Kontrollfunktionen
- die Kommunikation mit Auswertekarte über den Rückwandbus
- die Kommunikation mit anderen Achsmodulen

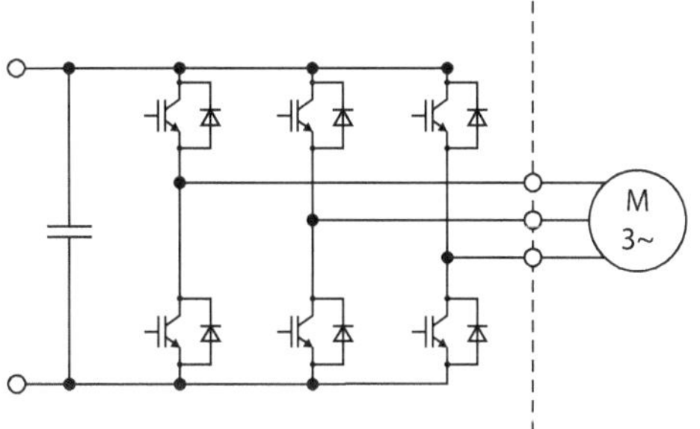

Abb. 5.37 Schaltung eines Wechselrichters mit Drehstrommotor

Durch eine Option lassen sich die Ansteuerungs- und Überwachungsmöglichkeiten durch zusätzliche digitale und analoge Ein- und Ausgänge und eine serielle Schnittstelle erweitern.

Mit Positioniersteuerungen können Bewegungsabläufe, genaues Anfahren von Positionen und deren Einhaltung (Lageregelung) einfach realisiert werden.

Vorteile der Optionskarten, die mit verschiedenen Gebersystemen zusammenarbeiten, sind:

- wenig Platzbedarf im Schaltschrank
- Spannungsversorgung vom Servoumrichter
- digitale Sollwertvorgabe für die Drehzahl
- Programmierung über vorhandene Standardschnittstelle (RS-232, RS-485) des Achsmoduls
- Steuersignale über digitale Ein- und Ausgänge direkt vom und an den Prozess

Bei der integrierten Positioniersteuerung bleibt der Optionskartensteckplatz frei. Dadurch kann dieser mit anderen Optionskarten (z. B. Feldbus) belegt werden.

Für wichtige in der Automatisierungstechnik verbreitete Standard-Feldbus-Systeme (z. B. PROFIBUS, INTERBUS-S, CAN-Bus) sind Anschlusskarten verfügbar.

Die Feldbuskarten können problemlos in den freien Optionskartensteckplatz eingeschoben werden. Über den Feldbus können Steuersignale, Prozessdaten und Parameter zwischen übergeordneter Steuerung und dem Servoumrichter übertragen werden.

5.7 Regelungsstruktur

In vielen Anwendungen werden elektrische Servoantriebe zur Lageregelung eingesetzt. Dabei wird dem Lageregler ein Drehzahl- und ein Stromregler unterlagert, um ein gutes Führungsverhalten zu erzielen. Abb. 5.38 zeigt die Regelungsstruktur im Servosystem.

Führungsgröße des Servoreglers ist der externe Lagesollwert. Die Regeldifferenz aus dem Lagesollwert und dem Lageistwert ist die Eingangsgröße des Lagereglers. Dieser liefert am Ausgang die zugehörige Solldrehzahl n_{soll} des Motors.

Soll- und Istwert der Drehzahl werden im untergeordneten Drehzahlregler verglichen. Die Regeldifferenz wird im Drehzahlregler proportional-integral verarbeitet.

Das Ausgangssignal des Drehzahlreglers bildet den Stromsollwert und wird, um Motor und Wechselrichter zu schützen, einer Begrenzerschaltung zugeführt, deren Ausgangssignal wiederum den Sollwert für den Stromregler darstellt. Die Stromistwerte werden über eine Gleichrichterschaltung in ein Gleichstromsignal umgewandelt. Der Stromregler vergleicht Soll- und Istwert und bildet über den Pulsweitenmodulator (PWM) die Steuersignale, die auf die Ansteuerstufen der einzelnen Leistungstransistoren des Wechselrichters geführt werden.

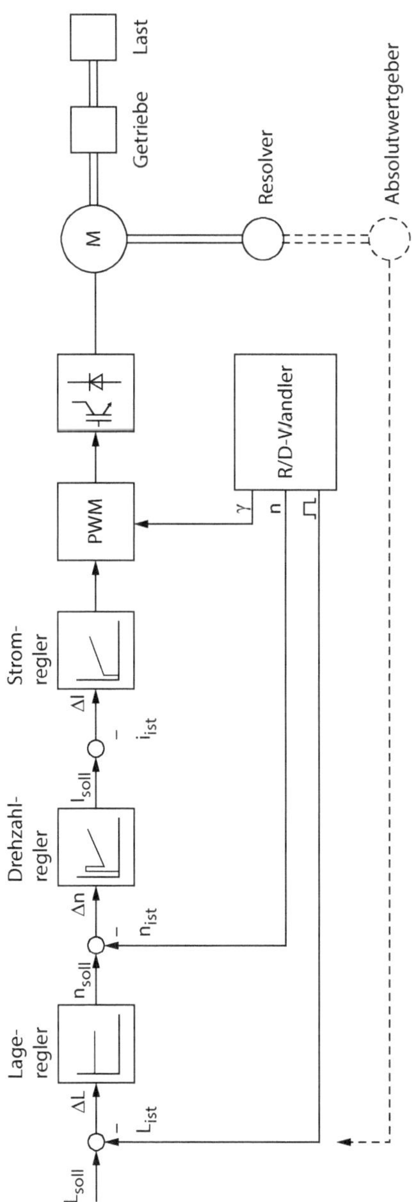

Abb. 5.38 Regelungsstruktur im Servosystem

Bis auf die Stromregelung, die aufgrund der geforderten Schnelligkeit analog ausgeführt ist, werden alle anderen Regel-, Steuer- und Überwachungsaufgaben vom Mikrocontroller übernommen.

Der Stromregler ist als PI-Regler aufgebaut. Eingangsgröße ist die Abweichung zwischen Soll- und Iststrom einer Motorphase, Ausgangsgröße die Steuerspannung für den Pulsweitenmodulator. Dieser erzeugt mit Hilfe des Sinus-Dreieck-Vergleichs eine pulsweitenmodulierte Spannung, mit der der Wechselrichter angesteuert wird.

Der Stromistwert wird mit Hilfe eines Gleichstrommesswandlers am Ausgang des Wechselrichters gemessen und auf den Vergleicher am Eingang des Stromreglers geführt.

Der Stromregler ist die innerste Regelschleife des Servoreglers und muss daher sehr schnell reagieren, da alle übergeordneten Regler in ihrer Geschwindigkeit von diesem abhängig sind.

Dem Stromregler vorgeschaltet ist ein Strombegrenzungsglied. Mit Hilfe dieser Begrenzung wird der Sollstrom auf einen bestimmten Maximalwert begrenzt.

Der Maximalstrom wird dabei von folgenden drei möglichen Faktoren bestimmt. Diese sind:

- Thermisches Modell (Schutz der Endstufe bei niedrigen Frequenzen)
- Begrenzung durch interne Parameter
- Begrenzung durch externe Vorgabe

Die Blockschaltung von Abb. 5.39 zeigt den Stromregler und die drei bestimmenden Faktoren der Strombegrenzung.

Die Begrenzung des Sollstroms über das thermische Modell ist nur bei Frequenzen im Bereich bis 1,5 Hz wirksam. Innerhalb dieses Frequenzbereichs muss der Strom begrenzt werden, da die Stromflusszeiten innerhalb der Endstufe sonst zu lang werden und diese thermisch überlastet wird.

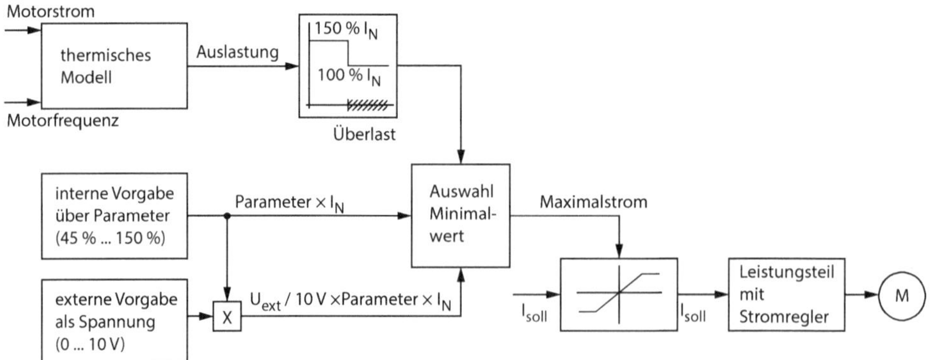

Abb. 5.39 Stromregler mit Strombegrenzung

Im normalen Betriebsfall verträgt die Endstufe bis zu 150 % des Nennstroms auf Dauer. Bei Frequenz kleiner 1,5 Hz sinkt diese Schwelle auf $100\,\% \cdot I_N$ ab. Wird der Motor unterhalb 1,5 Hz betrieben, so ist ein Strom über $100\,\% \cdot I_N$ nur für eine kurze Zeit zulässig. Wird die erlaubte Belastungszeit überschritten, so wird der Maximalwert des Stroms auf 100 % abgesenkt.

Die Begrenzung über einen internen Parameter dient unter anderem zum Schutz des Motors. Der Parameter wird abhängig vom maximalen Motorstrom innerhalb des Menüs im Verstärker eingestellt. Der Maximalwert bewegt sich dabei im Bereich von 45 bis $150\,\% \cdot I_N$.

Eingangssignal ist eine Spannung von 0... 10 V. Diese Spannung wird ins Verhältnis zu der maximalen Spannung dieses Bereichs gesetzt. Der Quotient der beiden Spannungswerte wird mit dem eingestellten Maximalwert des Stroms multipliziert. Der extern definierte Maximalstrom kann somit nur kleiner oder maximal gleich dem intern festgelegten sein. Wirksam ist immer die Begrenzung mit der niedrigsten Vorgabe.

Beispiel

Der maximale Motorstrom $(3 \cdot I_0)$ beträgt 110 % des Nennstroms des Umrichters und die Frequenz, mit der der Motor betrieben wird, ist größer 1,5 Hz.

Die Voraussetzungen für eine externe Vorgabe des Maximalstroms sind gegeben und am Analogeingang für die externe Vorgabe liegt eine Spannung von 8 V an.

- Die Begrenzung aufgrund des thermischen Modells ist nicht wirksam, da die Motorfrequenz nicht innerhalb des wirksamen Bereichs (<1,5 Hz) des Modells liegt.
- Der interne Parameter wird auf 110 % des Nennstroms programmiert, da dies dem maximal zulässigen Motorstrom entspricht.
- Der externe Wert des Maximalstroms ist mit 8 V vorgegeben. Das Verhältnis zur maximal möglichen Spannung ist an diesem Eingang auf 10 V begrenzt und dies ergibt einen Faktor von 0,8 (80 %). Mit diesem Faktor wird der Wert des intern vorgegebenen Maximalstroms multipliziert:

$$0{,}8\,\% \cdot 110\,\% \cdot I_N = 88\,\% \cdot I_N.$$

Der kleinste vorgegebene Wert des Maximalstroms ist demnach der über den Analogeingang vorgegebene Stromwert von $88\,\% \cdot I_N$.

5.8 Drehzahlregler

Damit die Drehzahlregelung den geforderten hohen Stellbereich aufweist, müssen auch kleinste Drehzahlen noch genau erfasst werden. Daher benötigt man einen hochauflösenden Rotorpositionsgeber und einen möglichst kurzen Abtastzyklus. Dies wiederum

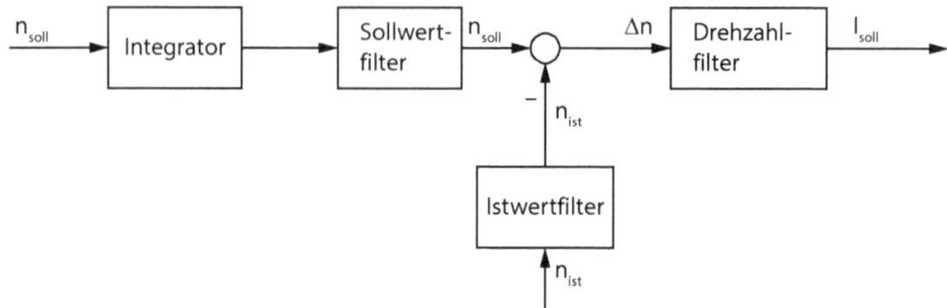

Abb. 5.40 Drehzahlregler

erfordert eine hohe Verarbeitungsgeschwindigkeit und daher einen besonders leistungsfähigen Rechner. Abb. 5.40 zeigt einen Drehzahlregler.

Der Drehzahlregler ist dem Stromregler überlagert. Er erhält die Vorgabe der Solldrehzahl über:

- Positioniersteuerung
- Analogeingang
- Feldbusschnittstelle
- Serielle Schnittstelle

Aufgebaut ist der Drehzahlregler als PID-Regler. Alle drei Regleranteile sind getrennt einstellbar. Der D-Anteil wird aufgrund der schwierigen Einstellung und Optimierung in den meisten Anwendungen auf Null gestellt, um ein mögliches Schwingen des Antriebs zu vermeiden.

5.8.1 Drehzahlfilter

Ein Drehzahlsollwertfilter ist notwendig, da

- der analoge Drehzahlsollwert häufig mit Störungen behaftet ist,
- der Drehzahlsollwert der überlagerten Positioniersteuerung aufgrund von deren Zykluszeit „stufig" ist.

Im Abb. 5.41 sind vier Diagramme gezeigt, die den Verlauf des Drehzahlsollwerts und des Drehmoments am Motor ohne Filter und im Vergleich dazu den idealen Verlauf der beiden Größen.

Das Diagramm der Solldrehzahl ohne Filter zeigt ein stufiges Signal einer Positioniersteuerung, das im Motor einen impulsartigen Verlauf des Motordrehmoments bewirken kann. Im Gegensatz dazu ist bei Einsatz eines Drehzahlsollwertfilters ein kontinuierlicher Verlauf der Solldrehzahl und damit auch des Motordrehmoments zu erkennen.

Ein Drehzahlistwertfilter ist notwendig, um Störungen auszufiltern. Diese verursachen vor allem im Bereich niedriger Drehzahlen Probleme.

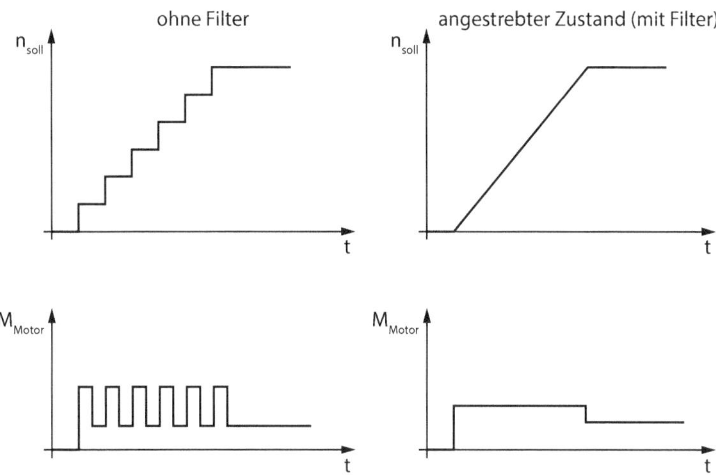

Abb. 5.41 Drehzahlsollwertfilter

Allgemein gilt, dass die Zeitkonstante eines Filters so gewählt werden muss, dass die Dynamik des Antriebs nicht eingeschränkt wird. Ist die Zeitkonstante des Filters zu groß, so verliert das System einen Teil seiner Dynamik.

5.8.2 Drehzahlregler mit Vorsteuerung

Ziel des Einsatzes einer Beschleunigungsvorsteuerung ist ein besser geführter Beschleunigungsvorgang (Verbesserung des Führungsverhaltens). Durch den zusätzlichen P-Anteil der Vorsteuerung ist der Beschleunigungsvorgang schneller abgeschlossen. Da die Vorsteuerung nur in einem bestimmten Bereich wirksam ist, hat dies keine Auswirkungen auf das Regelverhalten des Systems im normalen Betrieb bzw. auf das Störverhalten.

Die Drehzahlregelung mit Vorsteuerung wird verwendet, wenn der Beschleunigungsvorgang schnell abgeschlossen werden soll. Die Vorsteuerung wird parallel zum Drehzahlregler geschaltet. Abb. 5.42 zeigt eine Drehzahlregelung mit Vorsteuerung.

Der Drehzahlsollwert vom Integrator wird im Filter der Beschleunigungsvorsteuerung gefiltert. Das gefilterte Signal wird auf ein Differenzierglied geführt. Abhängig von der Änderung der Drehzahl über der Zeit liefert das Differenzierglied am Ausgang einen bestimmten Wert. Überschreitet dieser Wert die Ansprechschwelle der Drehzahlvorsteuerung, wird diese auf ein Proportionalglied geführt. An diesem P-Glied lässt sich die Verstärkung der Vorsteuerung einstellen. Der Ausgang des Proportionalgliedes ist wiederum auf den Eingang der Strombegrenzung geführt.

Wird die Ansprechschwelle wieder unterschritten, so wird die Vorsteuerung gesperrt und der Drehzahlregler wird wieder allein wirksam. Wird ein Antrieb ohne Beschleunigungsvorsteuerung betrieben, so bildet sich ein großer I-Anteil im Drehzahlregler aus, der zum Überschwingen führt.

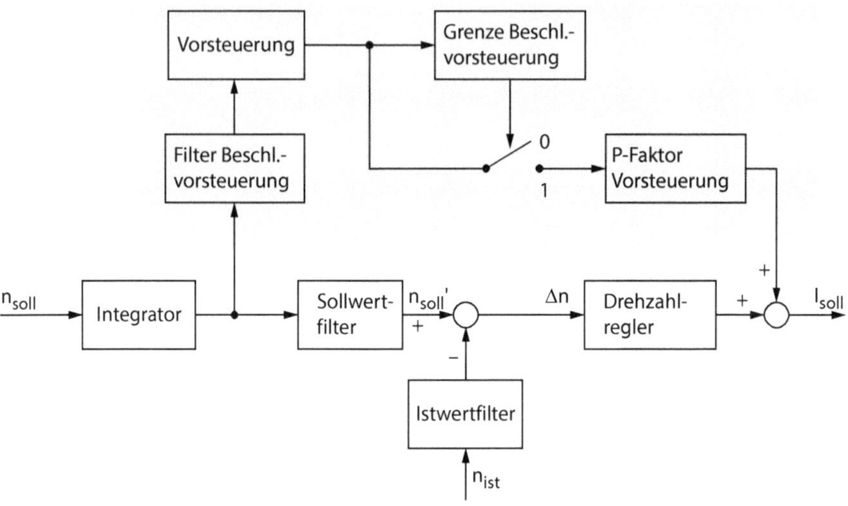

Abb. 5.42 Drehzahlregelung mit Vorsteuerung

5.8.3 Lageregler

Der Lageregler wird als reiner Proportionalregler ausgeführt. Ein Integral-Anteil würde zu einem unzulässigen Überschwingen des Antriebs beim Einfahren in die Zielposition führen. Der Integral-Anteil des untergeordneten Drehzahlreglers sorgt dafür, dass eine bleibende Regelabweichung der Lage (z. B. bei Belastung) vermieden wird. Abb. 5.43 zeigt einen Lageregler.

Die Haltereglung ist eine Abwandlung des Lagereglers. Aufgabe der Halteregelung ist, dass bei Auftreten von Störgrößen (beispielsweise Be- oder Entladen eines Hubwerkes), die ursprüngliche Lage erhalten bleibt, ohne dass eine externe Positioniersteuerung benötigt wird. Die Halteregelung ist eine spezielle Funktion. die über einen Binäreingang aktiviert werden kann. Schaltet der Eingang auf 1-Signal, wird dem Drehzahlregler der Sollwert „n = 0“ vorgegeben, und an den aktiven Sollwertrampen wird der Antrieb auf Drehzahl Null abgebremst. Wird bei der Lageerfassung das erste Mal ein 0-Signal erkannt, erfolgt die Speicherung des gerade aktuellen Positionswerts als Lagesollwert. Gleichzeitig wird der Ausgang des Lagereglers auf den Eingang des Drehzahlreglers geschaltet. Das System ist nun lagegeregelt auf die Position, die im Sollwert gespeichert wurde. Abb. 5.44 zeigt eine Halteregelung.

Abb. 5.43 Lageregler

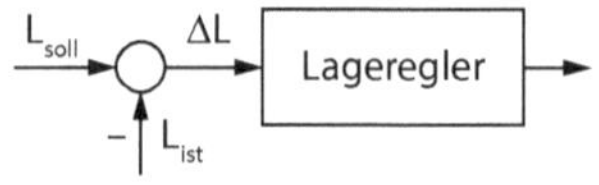

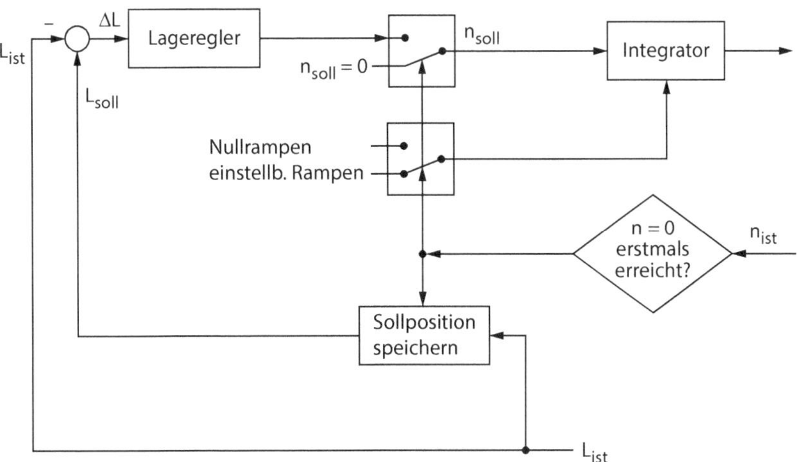

Abb. 5.44 Halteregelung

5.8.4 Betriebsarten eines Servoumrichters

Servoumrichter werden in zwei Betriebsarten eingesetzt:

- Drehzahlregelung
- Drehmomentregelung

Die Drehzahlregelung besteht aus einem Drehzahlregelkreis mit vorgeschalteter Drehzahlbegrenzung. Die Drehzahlbegrenzung begrenzt den von der Sollwertquelle gelieferten Sollwert auf eine Maximaldrehzahl. Erreicht der Antrieb die Solldrehzahl oder die Maximaldrehzahl, behält er diese bei und arbeitet somit drehzahlgeregelt.

Wird der Motor zu stark belastet, so wird wegen des großen Stroms die Strombegrenzung erreicht, ohne dass die vorgegebene Drehzahl erreicht wird. Steigt die Last weiter an, so kann es passieren, dass der Motor zum Stehen kommt. Ein Fehler wird dabei nur erkannt, sofern die Funktion „Drehzahlüberwachung" eingeschaltet ist, oder sobald die Temperaturüberwachung des Kühlkörpers anspricht. Abb. 5.45 zeigt den Aufbau einer Drehzahlregelung.

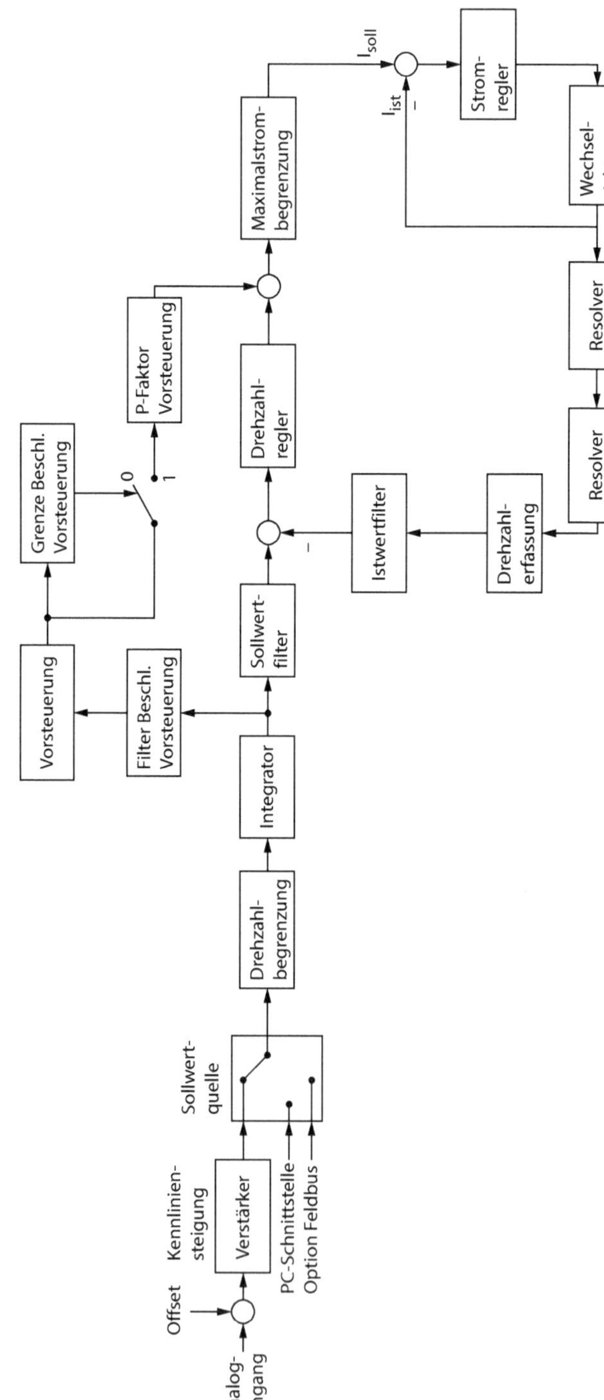

Abb. 5.45 Aufbau einer Drehzahlregelung

5.8.5 Drehmomentregelung

Die reine Drehmomentregelung von Servoantrieben wird hauptsächlich bei sogenannten „Stromfolgeregelungen“ im Master-Slave-Prinzip eingesetzt.

Dabei wird dem Slave als Eingangssignal (Sollwert) der aktuelle Stromistwert des Masters aufgeschaltet. Beide Antriebe müssen dazu mechanisch fest verbunden sein (z. B. über eine Welle). Der Slave liefert somit das gleiche Drehmoment wie der Master und es erfolgt eine Lastaufteilung zwischen beiden Antrieben.

Eine weitere Anwendung der Drehmomentregelung findet sich z. B. bei Wickelantrieben.

Bei der Drehmomentregelung wird der Drehzahlregler übersteuert. Übersteuert heißt, der Regler wird ständig voll ausgesteuert betrieben. Dabei ist die Strombegrenzung durch das Solldrehmoment, d. h. den Stromsollwert vorgegeben. Je nach Vorzeichen des Solldrehmomentes wird n_{max} rechts oder n_{max} links als Drehrichtungsvorgabe benutzt.

Im drehmomentgeregelten Betrieb erreicht die Drehzahlregelung die Drehzahlvorgabe n_{max} im Normalfall nicht, da die Strombegrenzung aktiv ist. Dann entspricht der eingestellte Strom dem Sollstrom, d. h. das Solldrehmoment ist erreicht. Der Motor bewegt sich somit drehmomentgeregelt.

Falls das Lastdrehmoment nicht ausreicht, um den Sollstrom einzustellen, beschleunigt der Motor bis auf die Grenzdrehzahl n_{max}.

6 Gleichstrom-, Schritt- und Linearmotoren

Alle Elektromotoren beruhen auf dem Grundsatz der gegenseitigen Abstoßung bzw. Anziehung zweier stromdurchflossener Leiter. Träger der magnetischen Felder sind die Eisenmassen (Bleche) in den ruhenden (Ständer) und umlaufenden Teilen (Läufer) der Motoren. Für den Aufbau eines Gleichstrommotors benötigt man:

- Anker mit Wicklungen und Kommutator (mechanischer oder elektronischer Stromwender),
- Feldmagnete mit den „Feldwicklungen" zur Erzeugung des magnetischen Felds,
- Motorgestell (teilweise als Leiter des magnetischen Felds von Pol zu Pol benützt), mit Lagern, Bürstenhalter, Klemmbrett und der Bodenplatte bzw. Befestigungsbohrungen für die Montage.

Durch die Verschaltung von Anker- und Feldwicklungen ergeben sich für den Gleichstrommotor drei Schaltungsmöglichkeiten:

- Nebenschlussbetrieb: Anker und Feld sind parallel geschaltet.
- Reihenschlussbetrieb: Anker und Feld sind hintereinander geschaltet, also in Reihe.
- Doppelschluss- oder Verbundbetrieb: Nebenschluss am Netz (neben dem Anker), Reihenschlussfeld in Reihe mit dem Anker.

Die Drehzahl eines Gleichstrommotors hängt von der Magnetfeldstärke (Windungszahl und Strom der Feldwicklungen, magnetische Widerstände im Eisen und im Laufspalt) und von der Zahl der Ankerleiter (Ankerstäbe und Wicklungen) ab. Diese Drehzahl lässt sich selbstverständlich nicht in allen Belastungsverhältnissen konstant halten und eine steigende Belastung wird zwangsweise eine Verminderung der Drehzahl hervorrufen. Dem Verhalten der Gleichstrommotoren in Bezug auf die Drehzahl entsprechend ergeben sich folgende Verwendungsmöglichkeiten:

H. Bernstein, *Elektrotechnik/Elektronik für Maschinenbauer*,
https://doi.org/10.1007/978-3-658-20838-7_6

- Nebenschlussmotor: Der Motor läuft häufig im Leerlaufbetrieb und die Drehzahl darf von der Belastung nicht abhängig sein.
- Reihenschlussmotor: Der Motor darf niemals im Leerlauf betrieben werden und es muss immer eine stabile, sichere Übertragung mit Zahnrädern bzw. Zahnriemen vorhanden sein. Dieser Typ eignet sich als Antriebsmotor für Hebefahrzeuge und Bahntriebwagen, da er unter stärkster Belastung (Aufwärtsfahren) ein großes und gleichmäßig ansteigendes Drehmoment erzeugt.
- Doppelschlussmotor: Hohes Anzugsdrehmoment bei fast konstanter Drehzahl und auch bei schwankender Belastung des Antriebs.

Die Drehzahl lässt sich dadurch ändern, dass man entweder die Stromrichtung in den Magnetfeldern (Reihen- und Nebenschluss) umkehrt oder dies nur im Anker vornimmt. Auf welchen Wert sich die Drehzahl einstellt, ist nicht nur von der gegebenen Spannung abhängig, sondern auch von der Anzahl der Wicklungen und dem Widerstand des Ankerleiters, sowie dem Strom, der durch die Feldwicklung fließt. Bei einem kompletten Motor lässt sich die Spannung am Anker durch Vorschaltung eines Widerstands ändern oder man steuert den Strom, der durch das Feld fließt, ebenfalls durch Vorschaltung eines Widerstands. Von diesen beiden Möglichkeiten eignet sich die erste mit Rücksicht auf die großen Verluste kaum, denn hier fließt der gesamte Ankerstrom durch den Vorwiderstand und verursacht dadurch erhebliche Verluste. In der Praxis schaltet man einen Widerstand in Reihe zur Feldwicklung.

Die Verwendung von Einphasenwechselstrom für größere elektromotorische Antriebe wird infolge der verschiedenen Nachteile (ungünstiger Wirkungsgrad, höherer Anschaffungspreis) möglichst vermieden. Der Einphasenkommutatormotor oder Einphasenreihenschlussmotor bzw. Universalmotor ist mit dem Gleichstromreihenschlussmotor weitgehend identisch. Die Magnetpole und das Polgehäuse (Joch) führen ein Wechselfeld, müssen also zur Verringerung der Wirbelstromverluste aus isolierten Blechen (Dynamoblech) zusammengesetzt sein. Der Motor hat Reihenschlusscharakter, ändert also in hohem Maße seine Drehzahl mit der Belastung und neigt zum Durchgehen, wenn er ohne Last betrieben wird. Bei Betrieb an Gleichspannung ist die Leistungsaufnahme größer als bei Wechselstrom.

Der Einsatz von Schrittmotoren nimmt von Jahr zu Jahr zu. Der enorme Erfolg ist nicht nur in der verbesserten Mechanik zu suchen, sondern hauptsächlich bei den Ansteuerungsbausteinen. Bei Verwendung von integrierten Schaltkreisen stellt die Komplexität einer hochwertigen Schrittmotorsteuerung kaum noch ein unüberwindbares Hindernis in der Praxis dar. Dies gilt insbesondere, wenn die Ansteuerung über ein PC-System oder durch eine Steuerung mittels Mikrocontroller erfolgt.

Der grundsätzliche Vorteil des Schrittmotors ist die Steuerung seiner Drehzahl und Position ohne geschlossenen Regelkreis. Setzt man ein mechanisches Antriebssystem mit einem Gleich- oder Wechselstrommotor ein, lässt sich die Drehzahl nur in einem geschlossenen Regelkreis konstant halten. Eine Positionierung ist nur in Verbindung mit mechanischen Bremsen möglich. Neben den klassischen Typen wie Reluktanz-,

Permanentmagnet- und Hybridschrittmotoren findet man seit kurzer Zeit die Scheibenmagnetschrittmotoren. Die Kenntnis der Grundlagen und das Verständnis der Zusammenhänge sind für den praktischen Einsatz von Schrittmotorantrieben unerlässlich. Sie erleichtern dem Anwender die Ausarbeitung der für seinen Fall optimalen Kombination von Steuerung, Motor und Lastankopplung.

Die Wirkungsweise der meisten benutzten Elektromotoren beruht auf der Anziehungskraft zwischen magnetischen Nord- und Südpolen. Einige Motoren, z. B. die Reluktanz-Schrittmotoren, benutzen die zwischen einem Magneten und einem Stück Weicheisen bestehende Anziehungskraft. Diese entsteht durch das Bestreben der magnetischen Energie, den größtmöglichen Magnetfluss auf dem kürzesten Wege zwischen Nord- und Südpol herzustellen.

Eine große Anzahl von Arbeitsmaschinen führen (translatorische) Bewegung aus (Mechanismen, Transporteinrichtungen, Fahrzeuge, Pumpen usw.) und stellen eine Bewegung dar, bei der alle Punkte die gleiche Verschiebung erfahren. Zu einem gegebenen Zeitpunkt sind die Geschwindigkeiten und Beschleunigungen in allen Punkten gleich. Als Antriebsmittel kommt dafür auch ein Linearmotor, z. B. der asynchrone Linearmotor, in Betracht. Von ihm kann die Antriebskraft in linearer Wirkungsrichtung erzeugt und gegebenenfalls berührungsfrei übertragen werden. Damit sind mechanische Kraftübertragungsglieder für die Umsetzung von rotorischen in translatorische Bewegungsvorgänge geeignet.

6.1 Gleichstromgenerator

Gleichstromgeneratoren sind immer Außenpolmaschinen. Daher dreht sich die Spule im Magnetfeld und es entsteht in ihr eine Wechselspannung. Diese Wechselspannung kann im Außenstromkreis der Maschine in eine Gleichspannung umgewandelt werden, wenn die Schleifringe der Außenpolmaschine durch einen Stromwender (Kollektor) ersetzt werden. Der einfachste Stromwender besteht aus einem geteilten Ring, an dessen Hälften Anfang und Ende der Spule angeschlossen sind. Durchlaufen die Spulenseiten die magnetisch neutrale Zone, ändert sich in ihnen die Spannungsrichtung und gleichzeitig wechseln die mit ihnen verbundenen Ringhälften unter die anderen Bürsten. Dadurch wirkt zwischen den Bürsten im Außenstromkreis die Spannung immer in gleicher Richtung, jedoch mit wechselnder Größe.

Bereits bei der Induktionselektrizität wurde darauf hingewiesen, dass in den Leitern einer Maschine nur Wechselstrom erzeugt werden kann. Um einer Maschine aber doch Gleichstrom entnehmen zu können, also Strom, der nur in einer Richtung durch den Stromkreis fließt, ist es notwendig, vor dem Austritt des Wechselstroms aus der Maschine eine Vorrichtung, den sogenannten Stromwender (Kommutator, Kollektor) anzubringen, welcher die in der Richtung wechselnden Impulse gleichrichtet, wie Abb. 6.1 zeigt.

Aus Abb. 6.2 ist zu ersehen, wie im einfachsten Fall (ein Ankerleiter) mittels des Kommutators diese Gleichrichtung vor sich geht.

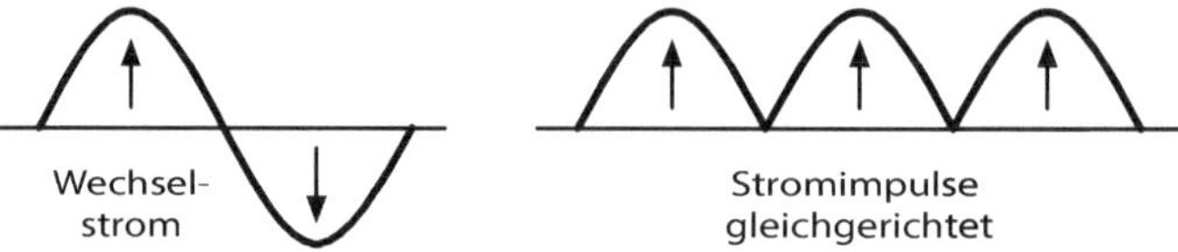

Abb. 6.1 Aufbau von Wechsel- und Gleichstrom

Abb. 6.2 Stromrichtung bei einem Gleichstromgenerator

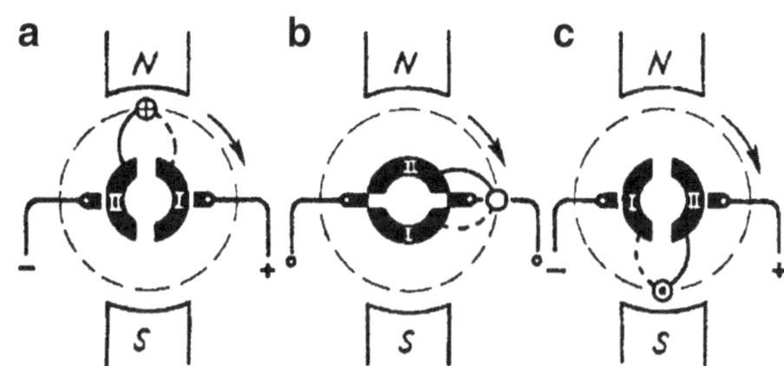

Die mittels dieser Maschine mit einem Ankerleiter und zwei Kommutatorlamellen erzielbare Spannung entspricht Abb. 6.2, ist also noch nicht als technischer Gleichstrom anzusprechen. Um zu erreichen, dass ein Gleichstrom konstanter Spannung der Maschine entnommen werden kann, sieht man nicht nur einen Leiter vor, sondern viele und vermehrt auch die Zahl der Kommutatorlamellen.

Für die Abb. 6.2a gilt die Stromrichtung im Leiter: ⊕. Der Strom fließt zur Lamelle I und die rechte Bürste ist also der positive Pol. Bei Abb. 6.2b gilt: Strom = Null, also O. Die Stromwendung erfolgt in dem Moment, in welchem im Leiter keine Spannung induziert wird. In Abb. 6.2c ist die Stromrichtung im Leiter ⊙●. Der Strom fließt zur Lamelle II und die rechte Bürste ist wieder der positive Pol.

Der Maschinenbautechniker erstellt je nach Spannung, Strom und Drehzahl der Maschine die Wicklung des Ankers. Sowohl die Zahl der Kommutatorlamellen wie auch die Zahl der Nuten, der Ankerleiter und die Art der Wicklungsschaltung ergeben sich aus P, U und n. Die grundlegenden Schaltungsarten für solche Anker sind Schleifen- und Wellenwicklung.

Ordnet man auf dem Anker mehrere, räumlich gleichmäßig gegeneinander versetzte Spulen an, erhält man in ihnen phasenverschobene Wechselspannungen, wie Abb. 6.3 zeigt. Werden die Ankerspulen in Reihe geschaltet, summieren sich diese Wechselspannungen zu einer Gesamtspannung, deren Größe umso weniger schwankt, je mehr Spulen in Reihe geschaltet sind. Zur Aufnahme der zahlreichen Spulenspannungen setzt sich der Stromwender jetzt nicht mehr nur aus zwei Ringhälften, sondern aus vielen Lamellen zusammen.

Abb. 6.3 Aufbau eines Gleichstromankers

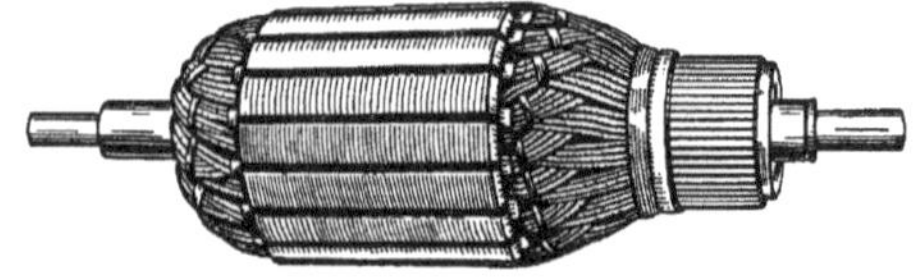

Abb. 6.4 Aufbau und Wirkungsweise einer Schleifenwicklung

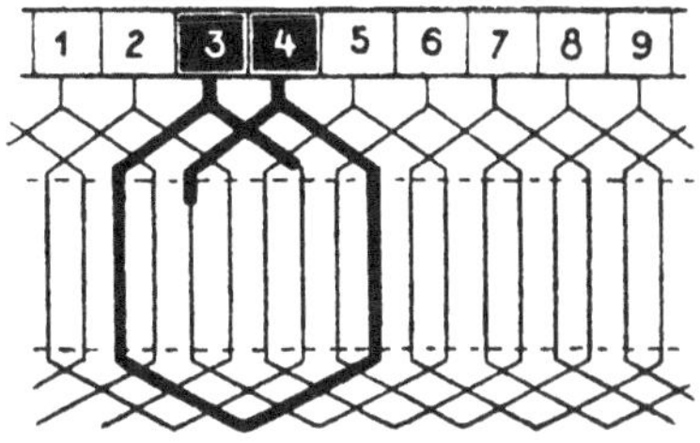

Die Polarität der Bürsten hängt sowohl von der Drehrichtung des Ankers, wie auch von der Richtung des Polfeldes ab und kann über die Spannungsrichtung in den Spulenseiten der Ankerspulen durch die „Rechts-Hand-Regel" bestimmt werden.

In Abb. 6.4 und 6.5 sind die Schaltbilder von zwei Wicklungen gezeigt. Man denkt sich dabei den Anker auf einer Seite aufgeschnitten und dann zu einer Fläche aufgebogen. Es ist ersichtlich, dass bei der Schleifenwicklung immer zur nächsten Kommutatorlamelle geschritten wird, während bei der Wellenwicklung der „Kommutatorschritt" zu einer entfernten Lamelle führt (2-9-7-5-3-1-8-6-4-2).

Zur Erzeugung eines gleichmäßigen Polfeldes muss die Erregung mit Gleichstrom erfolgen. Die notwendige Erregerleistung kann von einer fremden Stromquelle bezogen (Fremderregung in Abb. 6.6a) oder von einer erzeugten Generatorenergie abgezweigt werden (Selbsterregung in Abb. 6.6b).

Die Feldwicklungen werden in Reihe so geschaltet, dass immer auf einen Nordpol ein Südpol folgt. Durch einen einstellbaren Widerstand, dem „Feldregler", kann mit dem Erregerstrom über das Magnetfeld die Ausgangsspannung des Generators verändert werden.

Abb. 6.5 Aufbau und Wirkungsweise einer Wellenwicklung

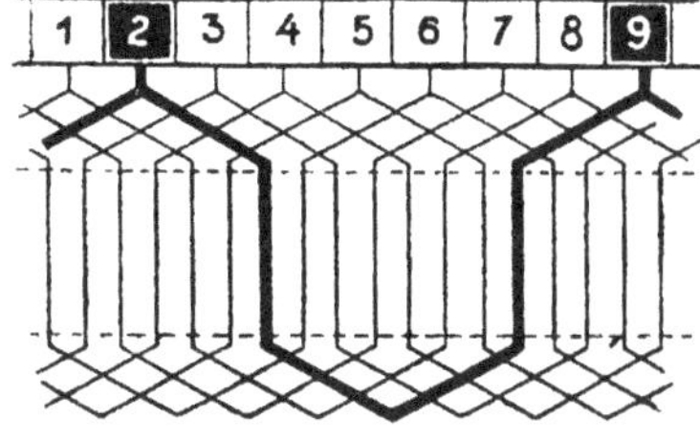

Abb. 6.6 Gegenüberstellung von einer Fremderregung (**a**) und einer Selbsterregung (**b**)

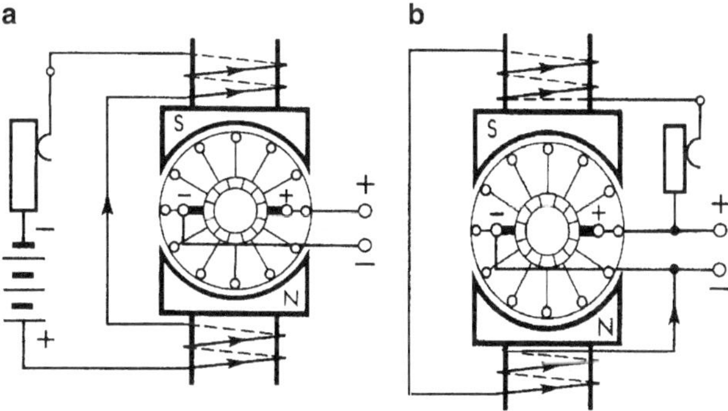

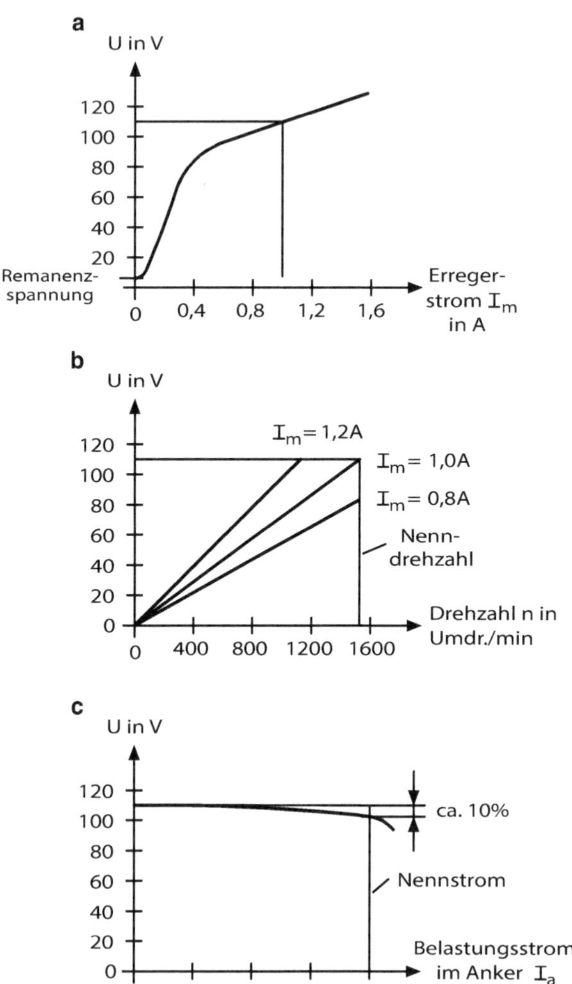

Abb. 6.7 Kennlinien in Abhängigkeit bei einem fremderregten Generator

Selbsterregten Generatoren fehlt beim Anlauf der Erregerstrom. Der Restmagnetismus des Poleisens erzeugt jedoch in den Ankerspulen eine geringe Spannung, durch deren Strom in der Erregerwicklung bei richtiger Schaltung ein Magnetfeld entsteht, welches das Restmagnetfeld verstärkt. Das jeweils verstärkte Magnetfeld induziert dann eine jeweils höhere Spannung und dadurch baut sich mit Hilfe der Remanenz des Eisens das Magnetfeld der Maschine selbst auf. Wird der Restmagnetismus im Eisen eines Gleichstromnebenschlussgenerators zerstört, kann er sich erst nach Magnetisierung der Polkerne mit Hilfe einer fremden Stromquelle wieder selbst erregen.

Neben der Erregung hängt die Klemmenspannung von Gleichstromgeneratoren auch noch von deren Drehzahl und Belastung ab. Die drei Kennlinien in Abb. 6.7 stellen diese Abhängigkeit bei einem fremderregten Generator dar.

Abb. 6.7a zeigt die Kennlinie bei Vergrößerung des Erregerstroms. Bei gleichbleibender Drehzahl nimmt die Klemmenspannung, von der Remanenzspannung ausgehend und der Magnetisierungskurve des Eisens folgend, bis zu dessen Sättigung zu.

Abb. 6.7b zeigt die Kennlinie bei Vergrößerung der Drehzahl und gleichbleibendem Erregerstrom steigt die Klemmenspannung verhältnisgleich zu ihr an. Jeder Größe des Erregerstroms entspricht eine Gerade entsprechender Steilheit.

Abb. 6.7c zeigt die Kennlinie bei gleichbleibendem Erregerstrom I_m und die Klemmenspannung U sinkt mit steigendem Belastungsstrom leicht ab, da die Spannung im Anker ($U_v = I_a \cdot R_a$) abnimmt und $U = U_a - I_a \cdot R_a$ ist.

Bei selbsterregten Gleichstromgeneratoren erhält man je nach Schaltungsweise der Erreger- zur Ankerwicklung einen

- Nebenschlussgenerator (Abb. 6.8a)
- Reihenschlussgenerator (Abb. 6.8b)
- Doppelschlussgenerator (Abb. 6.8c)

Die Feldwicklung in Abb. 6.8a liegt parallel zum Anker an der Klemmenspannung. Um den Anker nicht kurzzuschließen, besitzt dieser einen hohen Widerstand mit vielen Windungen aus dünnem Draht. Bereits ein kleiner Strom genügt zur Erregung eines großen Magnetfeldes infolge der hohen Windungszahl.

Feldwicklung und Ankerwicklung in Abb. 6.8b sind in Reihe geschaltet. Der Belastungsstrom ist gleichzeitig Erregerstrom und daher ist ein großer Drahtquerschnitt erforderlich. Wenige Windungen genügen jedoch zur Erregung eines großen Feldes.

Reihenschluss- und Nebenschlusserregerwicklung in Abb. 6.8c sind auf den gleichen Polen übereinander gewickelt und können gleichsinnig oder gegensinnig geschaltet sein. Reihen- und Nebenschlussfeld verstärken oder schwächen sich gegenseitig. Bei gleichsinniger Schaltung ist Normal- oder Überkompoundierung möglich.

Als dieser Motor zum ersten Mal (um 1880) als Generator lief, zeigte sich, dass er erst oberhalb einer bestimmten Drehzahl ansprach und dass er eine größere Erregung benötigte, d. h. er war überkompensiert, wenn keine Veränderung an der Bürstenstellung vorgenommen wurde. Diese Übererregung wird als Kompoundierung bezeichnet.

Im Leerlauf erregt sich der Nebenschlussgenerator (Abb. 6.9a) mit dem remanenten Magnetismus des Poleisens zur vollen EMK. Da der Spannungsverbrauch im Anker praktisch Null ist ($U = U_a$) ergibt sich die größte Klemmenspannung. Mit steigender Belastung wächst der Spannungsverbrauch ($U_v = I_a \cdot R_a$) und die Klemmenspannung verringert leicht ($U = U_a - U_v$), wenn Drehzahl und Erregung unverändert bleiben und damit verkleinert sich aber auch der Erregerstrom. Verminderte Erregung und wachsender Einfluss der Ankerrückwirkung schwächen das Magnetfeld und verursachen ein Sinken der Ausgangsspannung, wodurch die Klemmenspannung nun stärker bei Belastung nachgibt (15–25 % bei Volllast) und bei Überlastung steil abfällt.

Im Leerlauf kann sich der Reihenschlussgenerator (Abb. 6.9b) nicht selbst erregen. Infolge Remanenz des Poleisens entsteht jedoch eine kleine Klemmenspannung (ca. 3 %),

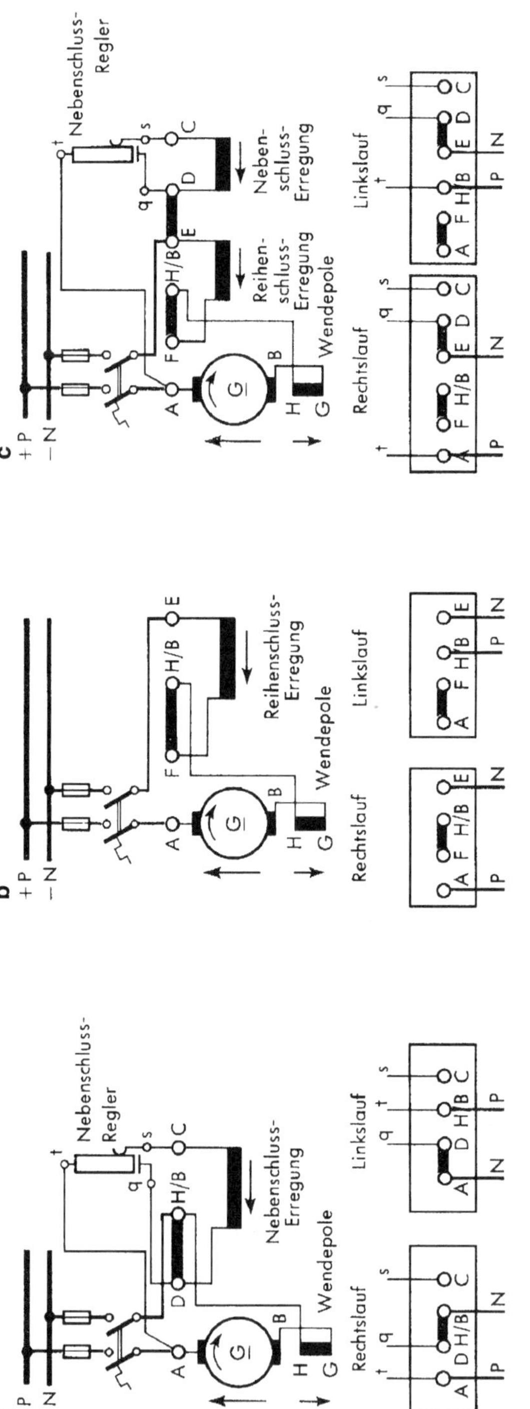

Abb. 6.8 Innenschaltung, Netz- und Klemmbrettanschluss und Klemmenbezeichnungen der Gleichstromgeneratoren; A–B = Anker, C–D = Nebenschlusserregerwicklung, G–H = Wendepol- und Kompensationswicklung, E–F = Reihenschlusserregerwicklung, J–K = Fremderregte Feldwicklung

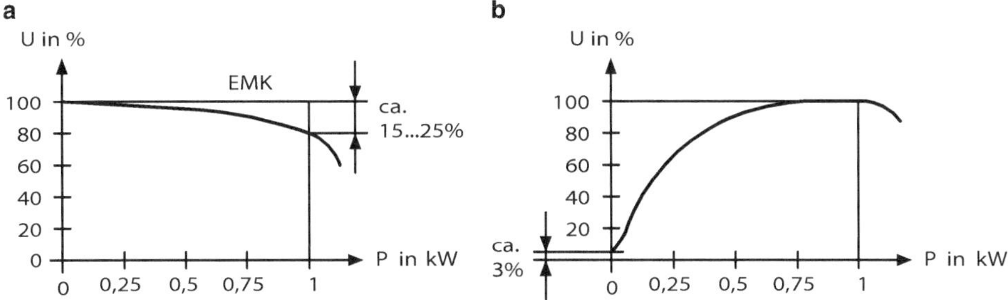

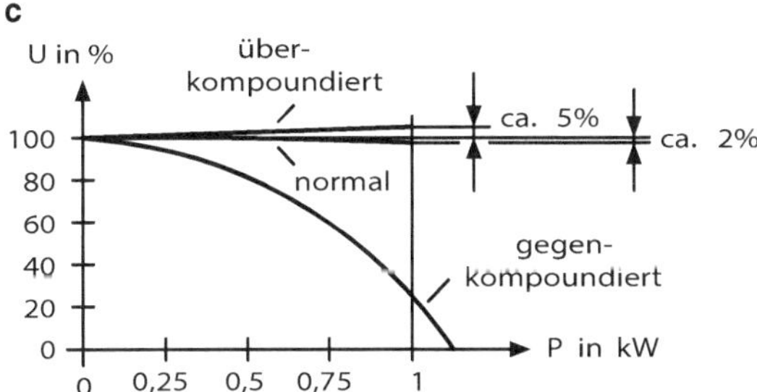

Abb. 6.9 Betriebskennlinien (Klemmenspannung abhängig von der Belastung) von Gleichstromgeneratoren

die bei Belastung, der Magnetisierungskurve des Eisens folgend bis zu dessen Sättigung ansteigt. Bei Überlastung sinkt sie dann infolge des feldschwächenden Einflusses der Ankerrückwirkung und des steigenden Spannungsverbrauchs im Anker. Da der Belastungsstrom gleichzeitig der Erregerstrom ist, erhält man eine stark lastabhängige Klemmenspannung, die nur bei Betrieb in Nähe des Sättigungsbereiches annähernd konstant ist.

Doppelschlussgeneratoren (Abb. 6.9c) verhalten sich im Grunde wie Nebenschlussgeneratoren. Bei gleichsinniger Erregung verstärkt das Reihenschlussfeld das Nebenschlussfeld und der Einfluss der Reihenschlusserregung lässt sich so bemessen, dass mit steigender Belastung das Feld sich so viel verstärkt, dass der Spannungsrückgang ausgeglichen wird. Man erhält bei dieser „Normalkompoundierung“ eine lastunabhängige Klemmenspannung ($\pm 2\,\%$). Bei Wahl einer größeren Windungszahl der Reihenschlusswicklung wächst der Reihenschlusseinfluss (Überkompoundierung!) und die Klemmenspannung steigt mit der Belastung leicht an. Dadurch kann der erhöhte Spannungsverbrauch in den Verbraucherzuleitungen ausgeglichen werden.

Nebenschlussgeneratoren eignen sich für Stromversorgungsanlagen, besonders bei Parallelbetrieb mit Sammlerbatterien (z. B. bei Fahrzeugen und Flugzeugen), da bei Rückstrom sich die Stromrichtung in der Erregerwicklung nicht ändert, kann die Maschine nicht umgepolt werden.

Mit Hilfe des Nebenschlussreglers lässt sich die Klemmenspannung auch bei steigender Belastung konstant halten.

Reihenschlussgeneratoren besitzen stark lastabhängige Spannung und polen sich bei Rückstrom um. Sie finden daher kaum Verwendung, jedoch werden die Reihenschlussmotoren von Fahrzeugen (Straßenbahn!) zur Bremsung als Reihenschlussgeneratoren betrieben. Dabei dient die Bewegungsenergie des Fahrzeugs als Generatorantrieb. Die Generatorleistung kann allerdings nicht an das Netz abgegeben (keine Nutzbremsung!), sondern muss in Widerständen, die auch zur Wagenheizung verwendbar sind, vernichtet werden.

Bei gleichsinniger Schaltung der Erregerwicklungen findet der normal- und überkompoundierte Doppelschlussgenerator in Stromversorgungsanlagen ohne Sammlerbatterien Verwendung. Parallelbetrieb ist wegen der Umpolung der Reihenschlusserregung bei Rückstrom nur mit einer Ausgleichsleitung möglich. Bei gegensinniger Erregung dient der Doppelschlussgenerator in Sonderausführung häufig als Schweißgenerator. Mit steigendem Strom wird durch die Reihenschlusserregung das Nebenschlussfeld (evtl. fremderregt) so geschwächt, dass die Klemmenspannung steil abfällt und zusammenbricht ehe der Strom unzulässig hoch ansteigt.

6.2 Gleichstrommotoren

Gleichstrommotoren besitzen denselben Aufbau wie Gleichstromgeneratoren, auch hinsichtlich der Schaltung der Erregerwicklungen. Sie können daher als Generatoren und als Motoren betrieben werden. Das Entstehen der Drehbewegung bei Gleichstrommotoren ist in Abb. 6.10 gezeigt. Abb. 6.10a zeigt das Polfeld und b) das Ankerleiterfeld allein.

Das Feld der stromdurchflossenen Ankerleiter (Abb. 6.10b) zwingt die Feldlinien des Polfeldes (Abb. 6.10a) zu Umwegen (Abb. 6.10d). Gummifäden vergleichbar, versuchen diese den kürzesten Weg zwischen Nord- und Südpol zu nehmen, drängen daher die Feldlinien vom störenden Ankerleiter in den feldfreien Raum und erzeugen dadurch ein Drehmoment, das entgegen dem Uhrzeigersinn wirkt. Befindet sich der Ankerleiter dann

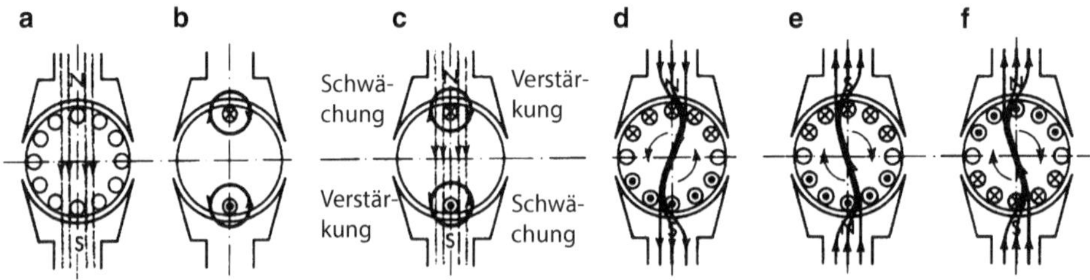

Abb. 6.10 **a** Polfeld allein, **b** Ankerleiterfeld allein, **c** und **d** Ankerleiterfeld im gleichen Raum ergeben ein resultierendes Feld, **e** und **f** Polfeld oder Ankerfeld entgegengesetzt ergeben Drehrichtungswechsel

in der magnetisch neutralen Zone, so muss seine Stromrichtung mit Hilfe des Stromwenders umgekehrt werden, damit er in entgegengesetzter Richtung, aber in gleichem Drehsinn wieder aus dem Polfeld ausgestoßen werden kann.

Die Drehrichtungsänderung erfolgt folgendermaßen: Ändert man die Stromrichtung in der Erreger- (Abb. 6.10e) oder Ankerwicklung (Abb. 6.10f), so erfolgt die Ausstoßung der Ankerleiter aus dem Polfeld in entgegengesetzter Richtung und der Anker dreht sich im Uhrzeigersinn.

Die Drehrichtung von Gleichstrommotoren ändert sich nicht durch Vertauschen der Netzanschlüsse, sondern durch Änderung der Stromrichtung in Feldwicklung oder Ankerwicklung. In der Praxis ist die Stromrichtungsänderung im Anker üblich.

Aus der Richtung des Polfeldes und der Stromrichtung in den Ankerleitern lässt sich mit Hilfe der „Links-Hand-Regel" die Drehrichtung bestimmen.

Dreht sich der Anker im Polfeld, so wird in den Ankerleitern wie beim Generator eine Spannung induziert, deren Richtung mit Hilfe der „Rechts-Hand-Regel" bestimmt werden kann. Diese ist der Netzspannung entgegengesetzt und man bezeichnet sie daher als Gegenspannung. Ihre Größe hängt bei unverändertem Feld nur von der Drehzahl ab. Diese Spannung ist also im Anlauf (Stillstand) Null, bei Leerlauf am größten (größte Drehzahl) und sinkt bei Belastung.

Im Anker wirken somit zwei Spannungen (Klemmen- und Gegenspannung) gleichzeitig und gegeneinander ihr jeweiliger Unterschied $(U - U_a)$ ist die wirksame Ankerspannung, welche auch verbraucht wird $(U_v = I_a \cdot R_a)$. Sie ist zusammen mit dem Ankerwiderstand R_a für den Ankerstrom I, bestimmend. Dabei muss der Ankerwiderstand R_a klein sein, damit ein der Leistung des Motors entsprechender Strom zustande kommen kann.

Gleichstrommotoren besitzen nicht wie Drehfeldmotoren gebundene Drehzahlen. Diese ergeben sich hier aus dem Gleichgewicht, das zwischen Klemmenspannung einerseits, Gegenspannung und Spannungsverbrauch U_v anderseits vorhanden sein muss.

Die Drehzahl stellt sich selbsttätig so ein, dass im Anker eine Gegenspannung entsteht, welche der anliegenden Klemmenspannung das Gleichgewicht hält. Wird der Motor belastet, so sinkt mit der Drehzahl auch die Gegenspannung, d. h. die wirksame Ankerspannung $(U - U_a)$ und daher kann der Ankerstrom steigen, wodurch ein höheres Drehmoment entsteht, das die Bremswirkung der Belastung zu überwinden sucht. Bei Nennlast ergibt sich je nach Größe des Feldes die Nenndrehzahl für jeden Motor verschieden hoch.

Treibt man einen Gleichstrommotor mit einer Drehzahl an, die über seiner Nenndrehzahl liegt, so wird die Gegenspannung größer als die Klemmenspannung. Dadurch kehrt sich die Stromrichtung im Anker um, der Motor liefert also Strom in das Netz und wird bei unveränderter Drehrichtung zum Generator.

Vermindert man die Klemmenspannung U, so genügt eine niedrigere Drehzahl und wird das Polfeld geschwächt, so ist eine höhere als die Nenndrehzahl nötig, um die Gegenspannung zu erzeugen, welche der Klemmenspannung das Gleichgewicht halten kann. Für die Drehzahl treten somit folgende Zustände auf:

a) Durch Schwächung des Polfeldes oder Erhöhung der Klemmenspannung steigt die Drehzahl.
b) Durch Verstärkung des Polfeldes oder Verminderung der Klemmenspannung sinkt die Drehzahl.

Im Augenblick des Einschaltens ist die Gegenspannung Null, d. h. auf den niederen Ankerwiderstand R_0 wirkt die volle Netzspannung und ruft kurzschlussähnliche Ströme hervor ($I_a = U \cdot R_0$). Um dies zu verhindern, muss bei Motorleistungen über ca. 500 W ein einstellbarer Widerstand (Anlasser) dem Anker vorgeschaltet werden, dessen Größe mit steigender Drehzahl und Gegen-EMK vermindert wird. Ist der Anlasser für Dauerlast ausgelegt, so kann damit gleichzeitig die Regelung der Drehzahl nach unten vorgenommen werden (Regelanlasser).

Da die Gleichstrommotoren wie Gleichstromgeneratoren aufgebaut sind, unterscheidet man auch hier nach der Art der Schaltung der Erregerwicklung zur Ankerwicklung:

- Nebenschlussmotor
- Reihenschlussmotor
- Doppelschlussmotor

Abb. 6.11 zeigt die Innenschaltung, Netzanschluss und Klemmbrettanschlüsse bei Gleichstrommotoren.

Die Ausführung der Feldwicklungen erfolgt wie bei den Gleichstromgeneratoren. Abb. 6.12 zeigt die Betriebskennlinien in Abhängigkeit der Drehzahl von der Belastung von Gleichstrommotoren.

Bei Nebenschlussmotoren liegt die Feldwicklung an der Netzspannung und sie führt daher unabhängig von der Belastung den gleichen Strom. Im Leerlauf ergibt sich deshalb eine begrenzte Drehzahl und bei Belastung sinkt sie:

a) infolge der Last
b) infolge der steigenden Spannung ($U_v = I_a \cdot R_a$) im Anker

Dem wirkt die Feldschwächung der Ankerrückwirkung entgegen, so dass nur eine geringe Drehzahlreduzierung eintritt.

Infolge des hohen Feldwiderstands ist der Erregerstrom klein (ca. 5 % des Motorstroms) und eine fast verlustlose Drehzahlregelung nach oben durch Feldschwächung mittels Feldregler ist bis zu einem Verhältnis 1:3 möglich. Abwärtsregelung der Drehzahl ist durch Vorschaltwiderstände im Ankerkreis möglich, jedoch nicht sehr wirtschaftlich.

Bei Reihenschlussmotoren ist der Ankerstrom gleichzeitig Erregerstrom und damit ist die Drehzahl stark lastabhängig. Im Leerlauf steigt sie infolge Feldschwächung unzulässig hoch an und man sagt „der Motor geht durch“. Um dies zu verhindern dürfen Reihenschlussmotoren nicht unbelastet oder mit Riemen betrieben werden.

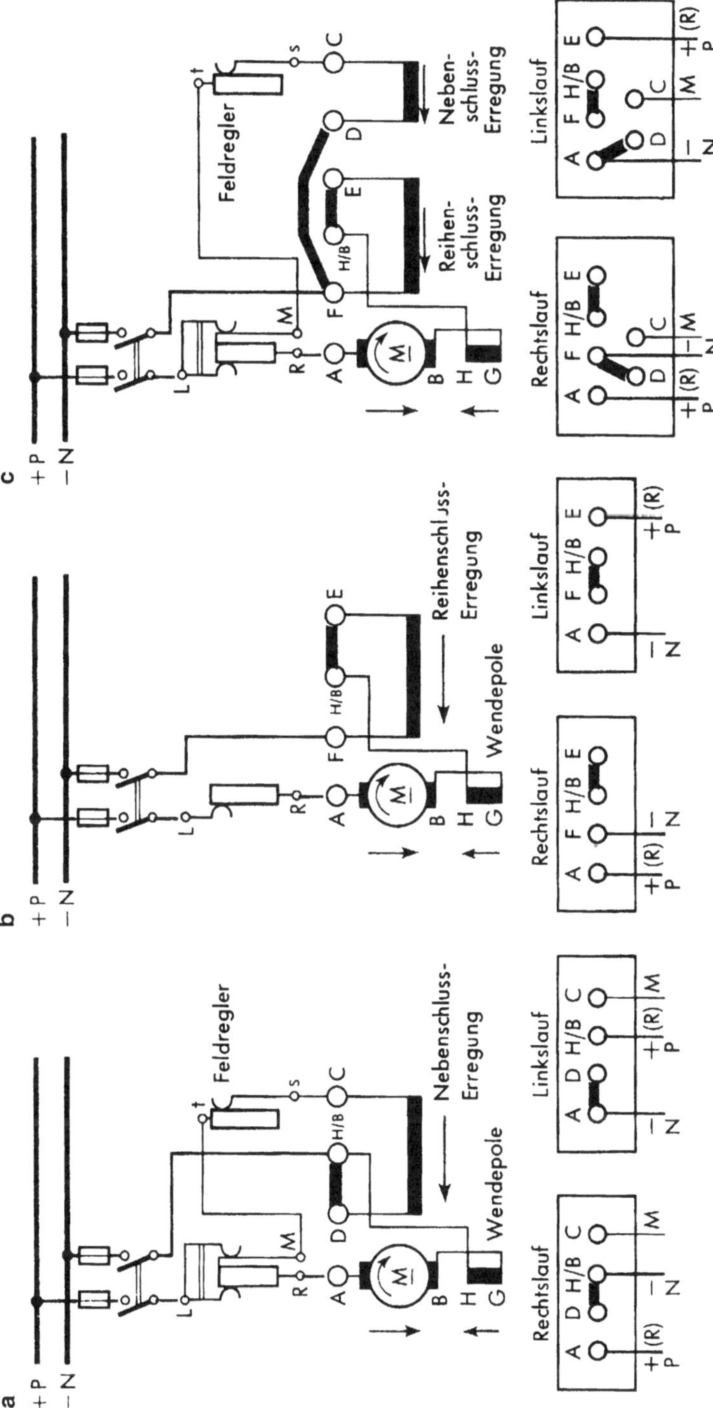

Abb. 6.11 Innenschaltung, Netzanschluss und Klemmbrettanschlüsse bei Gleichstrommotoren

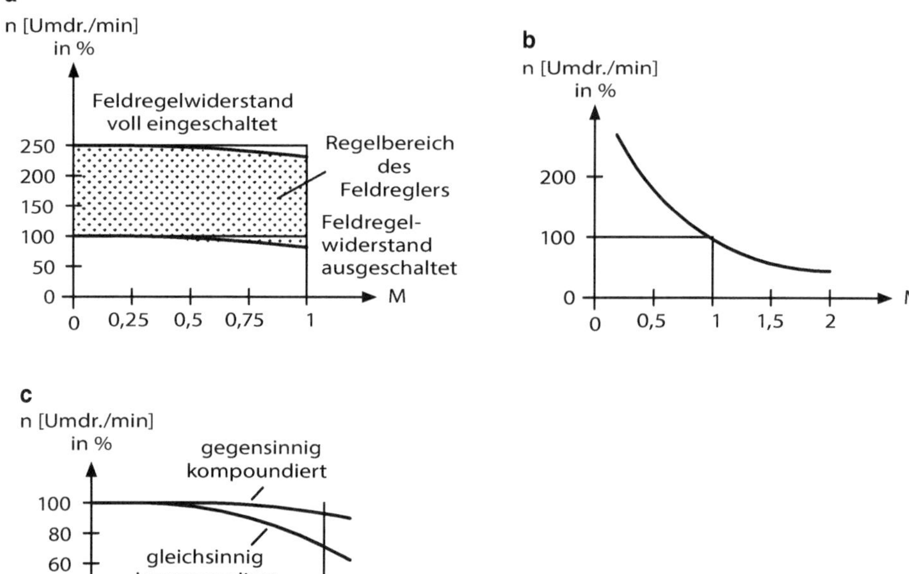

Abb. 6.12 Betriebskennlinien für Gleichstrommotoren in Abhängigkeit der Drehzahl vom Belastungsfall

Bei Belastung sinkt die Drehzahl stark:

a) infolge der Last,
b) infolge des steigenden Spannungsverbrauchs im Anker,
c) infolge der feldverstärkenden Wirkung des Anker-(Erreger-) Stroms. Da bei Belastung Pol- und Ankerfeld sich gleichzeitig verstärken, entsteht bei niedriger Drehzahl, also vor allem im Augenblick des Anlaufs ein sehr starkes Drehmoment. Die Drehzahlregelung erfolgt meist nach unten mittels Regelanlasser.

Bei Doppelschlussmotoren begrenzt die Nebenschlusswicklung, wie beim Nebenschlussmotor die Drehzahl und verhindert ein „Durchgehen“ im Leerlauf. Bei gleichsinniger Schaltung beider Erregerwicklungen fällt infolge der feldverstärkenden Wirkung der Reihenschlusserregung die Drehzahl bei Belastung stark ab.

Bei gegensinniger Schaltung der Erregerwicklungen schwächt das Reihenschlussfeld mit zunehmender Belastung das Nebenschlussfeld in erhöhtem Maße. Dabei besteht Gefahr, dass der Motor „durchgeht“ und deshalb ist von der gegensinnigen Erregung dringend abzuraten.

Eine Regelung der Drehzahl ist wie beim Nebenschlussmotor nach oben mit Hilfe eines Feldreglers oder nach unten mittels eines Regelanlassers möglich.

Nebenschlussmotoren können nur bei Feldunterbrechung „durchgehen". Sie zeichnen sich durch einfache und preiswerte Drehzahlregelbarkeit aus und sind darin allen anderen Elektromotoren überlegen. Sie werden daher für Antriebe verwendet bei denen die Drehzahl in weiten Grenzen unter Beibehaltung des Betriebsverhaltens regelbar sein muss und seit 1950 verdrängen sie in automatisierten Anlagen den Drehstromantrieb.

Daneben finden sie überall dort Verwendung, wo kein hohes Anlaufdrehmoment, aber eine nur wenig mit der Last schwankende Drehzahl gefordert wird (z. B. Werkzeugmaschinen).

Reihenschlussmotoren gehen bei Entlastung durch. Sie entwickeln bei kleiner Drehzahl, also auch im Anlauf ein hohes Drehmoment und sind darin allen anderen Elektromotoren überlegen. Bei Entlastung steigt bei sinkendem Drehmoment die Drehzahl. Mit diesem Betriebsverhalten ist der Reihenschlussmotor der ideale Fahrzeugantrieb. Dieser wird in allen Arten von Stadtbahnen (Straßen-, Untergrund- und Schnellbahn, Omnibus) und früher als Fahrmotor der E-Loks der Bundesbahn (mit Wechselstrom!) verwendet. Er findet außerdem in den Fällen, wo bei hoher Belastung niedere, bei kleiner Last hohe Drehzahl gefordert wird und Leerlauf ausgeschlossen ist, sowie für Schweranlauf Verwendung.

Gleichsinnig kompoundierte Doppelschlussmotoren besitzen im Grunde „Nebenschlussverhalten". Drehzahlreduzierung und Drehmoment sind größer als beim Nebenschlussmotor, jedoch kleiner als beim Reihenschlussmotor. Es ergibt sich ein „weiches Drehzahlverhalten", wie es für den Antrieb großer Schwungmassen (Schwungräder!) und für stark wechselnde Belastung notwendig ist (z. B. bei schweren Scheren, Stanzen und Pressen).

Bei gegensinniger Kompoundierung erhält man bei vermindertem Drehmoment eine weniger lastabhängige Drehzahl, also ein „hartes Drehzahlverhalten", wie es z. B. für Motoren kleiner Leistung bei Regelantrieben erforderlich ist.

Um die stromdurchflossenen Ankerleiter bildet sich ein Magnetfeld aus, das über Polschuhe und Ankereisen sich schließt, und quer zum Polfeld liegt. Man bezeichnet es als Ankerquerfeld. Das Kräfteparallelogramm von Pol- und Ankerquerfeld ist in Abb. 6.13 gezeigt. Da es vom Ankerstrom erregt wird, ist es wie dieser lastabhängig.

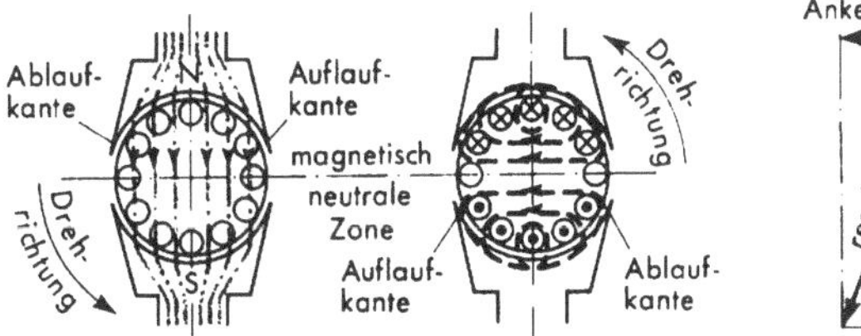

Abb. 6.13 Pol- und Ankerquerfeld mit dem Kräfteparallelogramm

Polfeld und Ankerquerfeld summieren sich geometrisch nach den Gesetzen des Kräfteparallelogramms zu einem gemeinsamen (= resultierenden) Feld.

Dieses durchsetzt den Anker nicht mehr senkrecht, sondern schräg, wodurch die magnetisch neutrale Zone bei Generatoren in Drehrichtung, bei Motoren entgegen der Drehrichtung um einen, mit der Belastung sich vergrößernden Winkels α verdreht wird. Bei Generatoren wird das Polfeld an den Ablaufkanten der Polschuhe verdichtet, an den Auflaufkanten geschwächt (Abb. 6.14), bei Motoren an den Ablaufkanten geschwächt und an den anderen Auflaufkanten verdichtet. Insgesamt erfolgt durch das Ankerquerfeld eine, mit der Belastung zunehmende Verzerrung vor allem aber auch eine Schwächung des Polfeldes, da infolge der Magnetisierungskurve des Eisens (Sättigung!) die Feldverstärkung auf der einen Seite, die Feldschwächung auf der anderen Seite der Polschuhe besonders in den Ankerzonen nicht ausgleichen kann.

Lastabhängige Schwächung des Polfeldes und Verdrehung der magnetisch neutralen Zone sind unerwünschte Wirkungen des Ankerstroms, die man als Ankerrückwirkung bezeichnet. Dazu zählt man auch die Wirkung der Kurzschlussströme der jeweils in der Wendezone kurzgeschlossenen Ankerspulen.

Wie Abb. 6.14 zeigt, schließen die Bürsten bei der Stromwendung jeweils die in der Pollücke, also in der magnetisch neutralen Zone stehenden Ankerspulen kurz. In diesem Augenblick würde ein unverzerrtes Polfeld in ihnen keine Gegenspannung induzieren. Sie sind jedoch nicht spannungslos, da sowohl das an dieser Stelle besonders starke Ankerquerfeld durch Induktion, als auch die rasche Stromrichtungsänderung in den Spulen bei der Stromwendung durch Selbstinduktion elektromotorische Kräfte erzeugen. Verschiebt sich zudem bei Belastung infolge der Feldverzerrung die magnetisch neutrale Zone, wird durch das Polfeld in diesen Spulen eine weitere Gegenspannung induziert. Beim Auftrennen der Kurzschlussstromkreise dieser Spulen durch Abgleiten ihrer Kollektorlamellen von den Bürsten entsteht daher ein kräftiger Schaltfunke, den man als Bürstenfeuer bezeichnet. Dieses wird umso stärker, je mehr sich die magnetisch neutrale Zone verdreht, je größer also die Belastung wird. Man müsste also mit zunehmender Belastung die Bürsten auf dem Kollektor verschieben bei Generatoren in Drehrichtung und bei Motoren entgegen der Drehrichtung. Abb. 6.15 zeigt die Bürstenstellung bei idealer Stromwendung.

Zur Vermeidung dieser Bürstenverschiebungen bei Belastungsänderung ordnet man zwischen den Hauptpolen sogenannte Wendepole an, deren Wicklungen der Ankerstrom durchfließt und ein dem Ankerquerfeld entgegengesetztes Querfeld erzeugt. Dieses Wen-

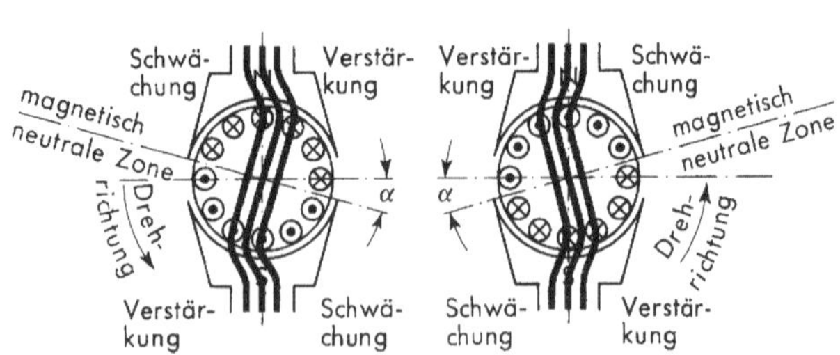

Abb. 6.14 Ankerrückwirkung bei Motoren und Generatoren

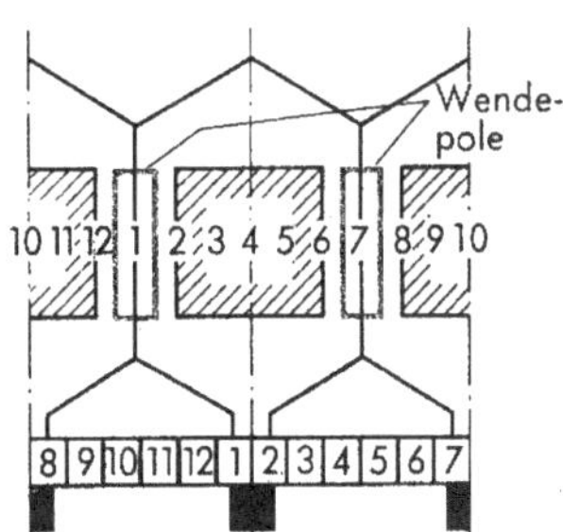

Abb. 6.15 Bürstenstellung bei idealer Stromwendung

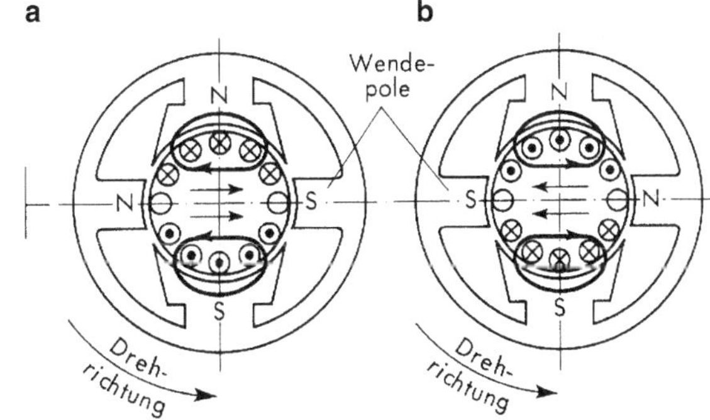

Abb. 6.16 Wendepolfolge bei Motoren (**a**) und Generatoren (**b**)

depolfeld wirkt entsprechend der Belastung der Ankerrückwirkung in der Mittelzone des Ankers entgegen. Es folgt auf einen Hauptpol in Drehrichtung bei Generatoren ein ungleichnamiger Wendepol. Abb. 6.16 zeigt die Wendepolfolge bei Motoren und bei Generatoren.

Die Funkenfreiheit der Stromwendung ist also Aufgabe der Wendepole. Mit Ausnahme der Universal- und Kleinstmotoren besitzen alle Gleichstrommaschinen Wendepole. Bei wendepollosen Maschinen müssen die Bürsten oder die Spulenanschlüsse in die magnetisch neutrale Zone bei Nennlast verschoben sein. In Fällen besonders schwieriger Stromwendung (z. B. starker Last- oder Drehzahlwechsel, Betrieb von Gleichstrommaschinen an Wechselstrom) muss das Ankerquerfeld auch in den Ankerrandzonen und Polschuhen unterdrückt werden. Dies geschieht mittels einer Kompensationswicklung, welche in

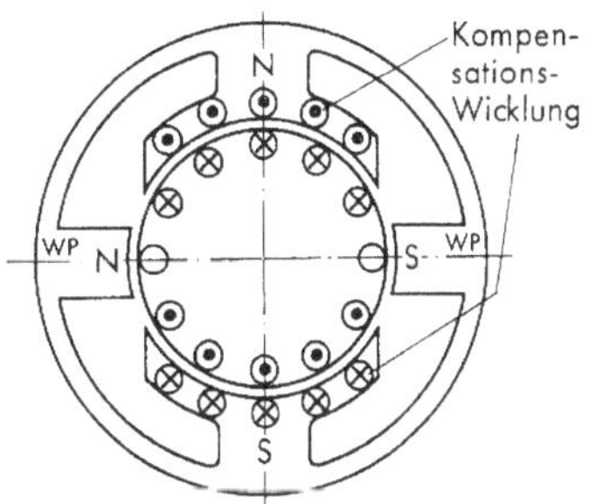

Abb. 6.17 Wendepole und Kompensationswicklung beim Motor

Polschuhnuten eingelegt und wie die Wendepolwicklung mit der Ankerwicklung in Reihe geschaltet wird, wie Abb. 6.17 zeigt. Wendepol- und Kompensationswicklung werden meist nicht an das Klemmbrett ausgeführt, sondern unmittelbar verschaltet und die Klemmenbezeichnungen H/B und G/A deuten darauf hin.

6.3 Motoren am Einphasennetz (Wechselstrom)

Meist ist das Einphasennetz Teil eines Drehstromnetzes. Der Anschluss von Einphasenmotoren am öffentlichen Netz ist wegen der entstehenden unsymmetrischen Belastung daher nur bis zu einer Leistung von 2 kW zulässig. Eine Ausnahme bilden die Fahrmotoren in den elektrischen Lokomotiven der Deutschen Bundesbahn, da hierfür ein eigenes Einphasennetz (16 2/3 Hz) zur Verfügung steht.

Bei Anschluss von Drehstrommotoren an Wechselstrom entstehen im Ständer parallele Stromzweige. Das zum Entstehen des Drehfeldes notwendige Wandern der Pole im Ständer wird durch verschieden große Phasenverschiebung der Ströme in den beiden parallelen Stromzweigen gegenüber der Spannung erreicht. Dies geschieht durch Reihenschaltung eines Kondensators mit einer Strangwicklung bei einem der beiden Stromzweige, wie Abb. 6.18 zeigt.

Die Motorleistung verringert sich dabei auf das 0,8-fache der Nennleistung. Das Anlaufdrehmoment richtet sich nach der Kapazität des Kondensators und beträgt bei 75 μF und 230 V bzw. 25 μF und 400 V ca. 1/3 des Nenndrehmomentes.

Die Arbeitsweise des Einphasen-Asynchron-Motors (Kurzschlussläufer) ist dieselbe wie beim Drehstrommotor am Einphasennetz. Im Ständer befindet sich 90° versetzt zur Hauptwicklung eine sogenannte Hilfswicklung, in welcher der Strom eine andere Phasenverschiebung besitzt als in der Hauptwicklung. Dadurch entsteht ein Wandern der Pole am Ständerumfang, also ein Drehfeld. Die Phasenverschiebung in der Hilfswicklung kann erzeugt werden:

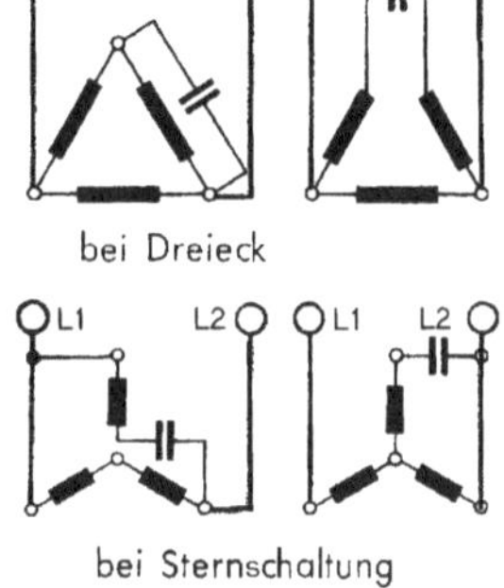

Abb. 6.18 Drehstrommotor am Einphasennetz

a) durch Ausführung der Hilfswicklung mit hohem ohmschen Widerstand (Widerstands- oder Bifilarwicklung)
Vorteil: keine Zusatzgeräte neben dem Motor.
b) durch Reihenschaltung eines Kondensators zur Hilfswicklung und hierdurch lässt sich eine Phasenverschiebung von fast 90° und damit das 2 bis 2,5-fache Nenndrehmoment im Anlauf erreichen.

Meist werden im Anlauf zwei Kondensatoren parallel zueinander (in Reihe zur Hilfswicklung) geschaltet, von welchen im Betrieb einer entweder abgeschaltet oder mit dem anderen in Reihe geschaltet zur Blindleistungs-Kompensation verwendet wird (Abb. 6.19).

Nach dem Anlauf kann auch die Hilfswicklung (meist durch Fliehkraftschalter) abgeschaltet werden und der Motor läuft dann mit dem Drehmoment, welches das Ständerwechselfeld mit dem dazu phasenverschobenen Läuferfeld erzeugt.

Der Spaltpolmotor ist ein Induktionsmotor, der je nach Gestaltung des Läufers asynchron oder synchron laufen kann. Der Ständer ist aus Blechen geschichtet, deren Schnitt dem eines Einphasentransformators ähnlich ist. Auf dem einen Schenkel sitzt die Ständerwicklung, im anderen dreht sich zwischen den Spaltpolen der Kurzschlussläufer, wie Abb. 6.20 zeigt.

Um die beiden Spaltpole ist je ein Kupferring gelegt, in welchen das Wechselfeld der Ständerwicklung Spannung induziert. Die entstehenden Kurzschlussströme in den Kupferringen erzeugen Magnetfelder, welche dem Hauptfeld entgegengesetzt, jedoch um einen kleinen Winkel dazu phasenverschoben sind und eine Verlagerung der Pole von einer Spaltpolhälfte auf die andere verursachen. Die Kurzschlussringe übernehmen hier die Rolle der Hilfswicklung. In den Spaltpolen entsteht zusammen mit dem Läuferfeld ein kleines Drehmoment, das nur für sehr kleine Leistungen ausreicht.

Universalmotoren sind im Gegensatz zu den vorstehenden Motoren hinsichtlich Bauweise und Betriebsverhalten Gleichstromreihenschlussmotoren, jedoch sind Ständer- und

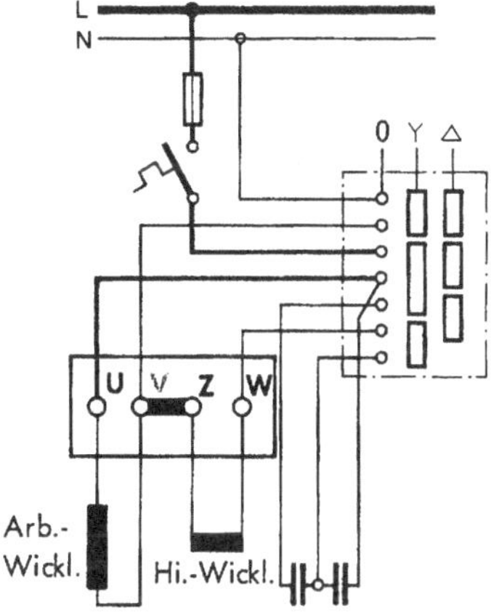

Abb. 6.19 Schaltbild für Einphasen-Kondensator-Motor

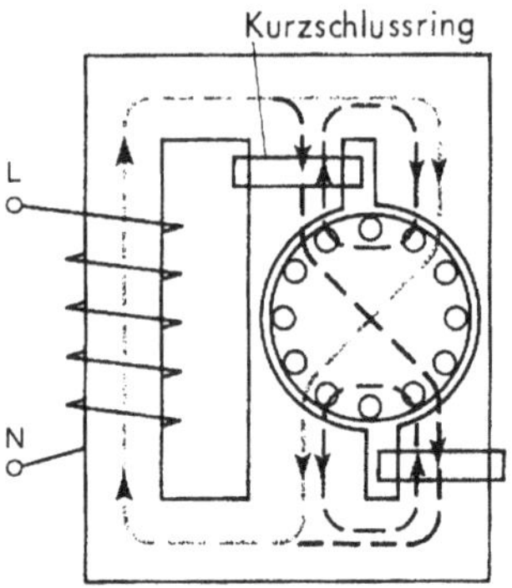

Abb. 6.20 Querschnitt durch Spaltpolmotor

Läufereisen aus Blechen geschichtet (Wirbelstromverluste!). Sie können an Gleichstrom aber auch an Wechselstrom betrieben werden, da sich die Felder in Ständer und Läufer beim Stromrichtungswechsel gleichzeitig umkehren und die Drehrichtung deshalb die gleiche bleibt wie Abb. 6.21 zeigt.

Universalmotoren besitzen ein starkes Anlaufdrehmoment und neigen zum Durchgehen. Sie sind heute die meist verwendeten Wechselstrommotoren und ihre Leistung ist auf etwa 2 kW begrenzt. Die Einphasenfahrmotoren in elektrischen Lokomotiven sind Universalmotoren und im Gegensatz zu diesen besitzen sie Wendepol- und Kompensationswicklungen zur besseren Beherrschung der Stromwendung.

Repulsionsmotoren sind Einphasen-Induktions-Motoren mit kurzgeschlossener Läuferwicklung. Sie besitzen einen einphasig gewickelten Ständer und als Läufer einen Gleichstromanker, dessen gegenüber liegende Bürsten paarweise miteinander verbunden und auf dem Kollektor verdrehbar angeordnet sind.

Das Ständerwechselfeld induziert im Läufer eine Sekundärspannung, welche durch die Bürstenverbindung am Kollektor kurzgeschlossen wird. Die Stellung der Bürsten ist für die Stromverteilung in der Läuferwicklung und damit für die wirksame Läuferspannung

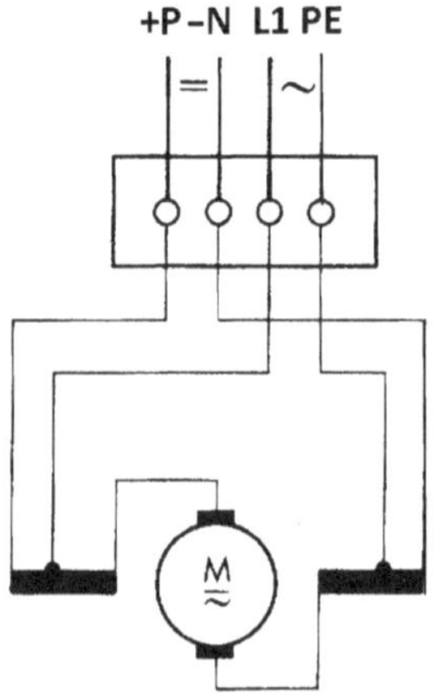

Abb. 6.21 Schaltung des Universalmotors für Anschluss an Gleich- und Wechselstrom

und das entstehende Drehmoment bestimmend. In der Stellung von Abb. 6.22a erhält man eine große Induktionsspannung und daher einen sehr hohen Kurzschlussstrom (Kurzschlussstellung), jedoch heben sich rechts- und linksdrehende Kräfte gegenseitig auf; der Läufer bleibt stehen.

In der Stellung von Abb. 6.22b heben sich infolge gegensinniger Induktionswirkung in der oberen und unteren Läuferhälfte die Induktionsspannungen auf. Im Läufer fließt kein Strom und daher entsteht kein Drehmoment, d. h. der Läufer steht. Wird die Bürstenachse aus der Stellung b) nach rechts (Abb. 6.22c) oder links (Abb. 6.22d) verdreht, so hebt sich die Induktionsspannung nicht mehr auf. Es wird ein begrenzter Kurzschlussstrom erzeugt, der durch sein Magnetfeld zusammen mit dem Ständerwechselfeld ein, der Richtung der Bürstenverdrehung entgegengesetztes Drehmoment (daher Repulsionsmotor!) erzeugt. Der Motor läuft mit einem geringen Drehmoment und niedriger Drehzahl an. Mit zunehmendem Verstellwinkel werden wirksame Läuferspannung, Läuferkurzschlussstrom, Drehmoment und Drehzahl größer.

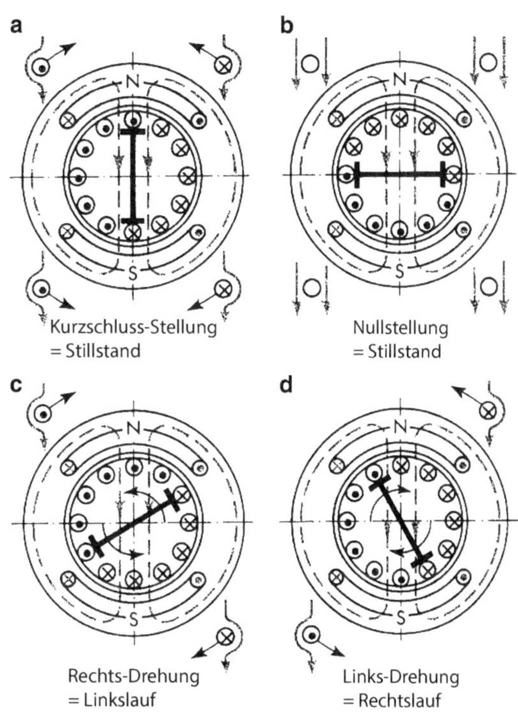

Abb. 6.22 Bürstenstellungen beim Repulsionsmotor

6.4 Schrittmotoren

Der Einsatz von Schrittmotoren nimmt von Jahr zu Jahr zu. Der enorme Erfolg ist nicht nur in der verbesserten Mechanik zu suchen, sondern hauptsächlich in den integrierten Ansteuerungsbausteinen. Bei Verwendung moderner Schaltkreise stellt die Komplexität einer hochwertigen Schrittmotorsteuerung kaum noch ein unüberwindbares Hindernis in der Praxis dar. Dies gilt insbesondere, wenn die Ansteuerung über ein PC-System erfolgt.

Der grundsätzliche Vorteil des Schrittmotors ist die Steuerung seiner Drehzahl und Position ohne geschlossenen Regelkreis. Setzt man ein mechanisches Antriebssystem mit einem Gleich- oder Wechselstrommotor ein, lässt sich die Drehzahl nur in einem geschlossenen Regelkreis konstant halten. Eine Positionierung ist nur in Verbindung mit mechanischen Bremsen möglich. Die Kenntnis der Grundlagen und das Verständnis der Zusammenhänge sind für den praktischen Einsatz von Schrittmotorantrieben unerlässlich. Sie erleichtern dem Anwender die Ausarbeitung der für seinen Fall optimalen Kombination von Steuerung, Motor und Lastankopplung.

Die Wirkungsweise der meisten benutzten Elektromotoren beruht auf der Anziehungskraft zwischen magnetischen Nord- und Südpolen. Einige Motoren, z. B. die Reluktanz-Schrittmotoren, benutzen die zwischen einem Magneten und einem Stück Weicheisen bestehende Anziehungskraft. Diese entsteht durch das Bestreben der magnetischen Energie, den größtmöglichen Magnetfluss auf dem kürzesten Wege zwischen Nord- und Südpol herzustellen.

6.4.1 Aufbau und Wirkungsweise von Schrittmotoren

Das Charakteristikum des Schrittmotors stellt also das schrittweise Drehen der Motorwelle dar. Eine Umdrehung der Motorwelle setzt sich aus einer genau definierten, vom Motoraufbau abhängigen Anzahl von Winkelschritten zusammen. Der Schrittmotor hat zwei oder mehrere Wicklungen, die, vom Strom durchflossen, im Stator einen bestimmten Erregungszustand hervorrufen, wodurch der Rotor in einer definierten Lage festgehalten wird. Soll die Motorwelle (Rotor) einen Schritt ausführen, so muss eine der Wicklungen ein-, aus- oder umgeschaltet werden. Es ergibt sich ein neuer Erregungszustand, und der Rotor wird in seine neue stabile Lage gezogen.

Beim Schrittmotor dreht der Rotor schrittweise um den Schrittwinkel weiter, z. B. bei jedem Schritt um 7,5°. Die Schrittfrequenz (Zahl der möglichen Schritte in der Sekunde) berechnet sich aus

$$n = \frac{\alpha \cdot f_{sch}}{360°}$$

n = Drehzahl
α = Schrittwinkel
f_{sch} = Schrittfrequenz

Beispiel: Ein Schrittmotor mit einem Schrittwinkel von 7,5° wird mit einer Schrittfrequenz von 720 Hz angesteuert. Wie groß ist die Drehzahl?

$$n = \frac{\alpha \cdot f_{sch}}{360°} = \frac{7{,}5° \cdot 720\ 1/s}{360°} = 15\ 1/s = 900\ \text{min}^{-1}$$

Der Motor dreht mit $900\ \text{min}^{-1}$.

Abb. 6.23 zeigt den prinzipiellen Aufbau eines Schrittmotors mit dem Rotor (Dauermagnet) und den beiden Spulen im Stator. Zur Erzeugung eines Motordrehmomentes werden die beiden Erregerspulen im Stator bestromt. Dieser Vorgang ermöglicht den Aufbau eines Magnetfeldes und wirkt dem permanentmagnetischen Feld im Rotor entgegen. Hieraus ergibt sich das Drehmoment. Um eine ständige Drehbewegung des Rotors zu erzeugen, muss der Strom in der Wicklung gewendet werden. Bei Gleichstrommotoren herkömmlicher Bauweise erfolgt die für eine kontinuierliche Drehbewegung des Rotors notwendige Stromwendung auf mechanischem Wege mittels Kommutator und Bürsten. Diese mechanische Stromwendung lässt sich durch die heutige Halbleitertechnik mittels einer kontaktlosen Elektronikschaltung ersetzen.

Der Permanentmagnet wird als Rotor ausgebildet, und die über den Umfang des Stators verteilten Wickelpakete sind über je einen oder mehrere Transistorschalter mit der Spannungsquelle verbunden. Die Ansteuerung der Transistorschalter erfolgt in Abhängigkeit von der Rotorstellung. Bei einem Halbschrittbetrieb verhält sich die Bestromungssequenz der Phasen A und B wie folgt: A+, A+ und B+, B+, A– und B– usw. Die entsprechenden Zielpositionen sind: 1, 3, 5 usw. In Position mit Strom in beiden Phasen wird dieser reduziert auf $1/\sqrt{2}$, multipliziert mit dem Nennwert für 1-Phasen-Bestromung. Dies ergibt konstante Werte für Haltemoment und Erwärmung. Abb. 6.24 zeigt die Stromform für den Halbschrittbetrieb.

Aus dieser Stromform ergibt sich das Drehmoment als Funktion der Rotorposition und der Phasenströme für den Halbschrittbetrieb, wie Abb. 6.25 zeigt.

Bei dem hier gezeigten Mikroschrittbetrieb (das Beispiel zeigt vier Mikroschritte pro Vollschritt) werden die Phasenströme so gewählt, dass die Vektorsumme der vom An-

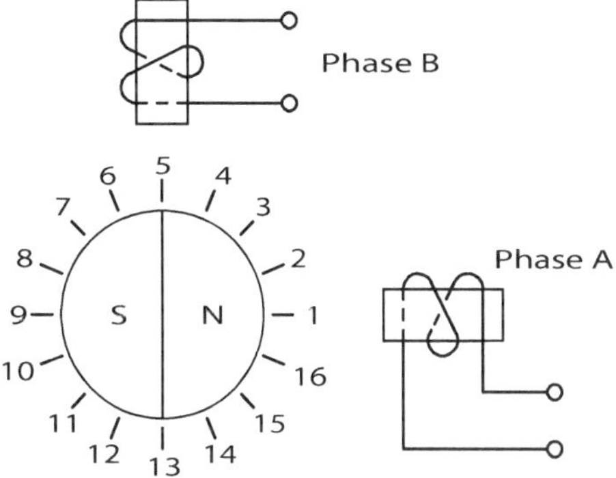

Abb. 6.23 Prinzipieller Aufbau eines Schrittmotors

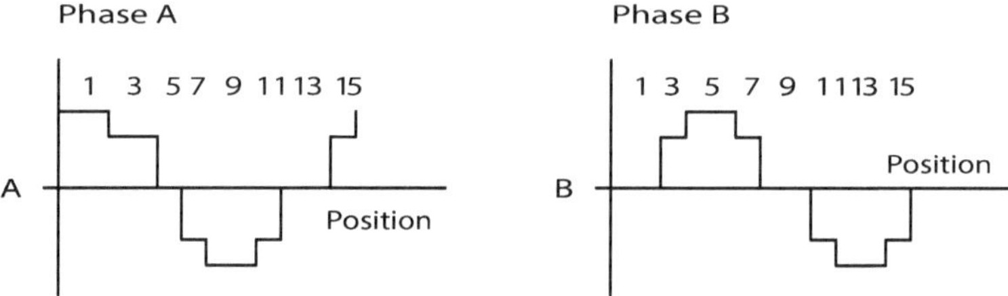

Abb. 6.24 Stromform für den Halbschrittbetrieb

wender erzeugten Magnetflüsse die gewünschte Zielposition ergibt. Im Fall einer Sinus-Cosinus-Steuerung bekommt man stets konstante Werte für Haltemoment und Wärmeentwicklung.

Der Mikroschrittbetrieb ergibt höhere Auflösung, aber keine bessere Winkelgenauigkeit. Das Haltemoment ist identisch für Voll-, Halb- und Mikroschritt (bei konstanten Verlusten ist auch das Haltemoment konstant). Für einen Mikroschritt wird weniger Energie benötigt. Dies verringert auch die Welligkeit des Drehmomentes und gibt einen besseren Rundlauf ohne Anregung von Resonanzen. Abb. 6.26 zeigt die Stromform für den Halbschrittbetrieb mit vier Mikroschritten pro Vollschritt.

Aus dieser Stromform ergibt sich das Drehmoment als Funktion der Rotorposition und der Phasenströme für den Halbschrittbetrieb mit vier Mikroschritten pro Vollschritt, wie Abb. 6.27 zeigt.

Die Vorteile dieses Verfahrens sind nicht nur der Schrittbetrieb, sondern die Vermeidung des mechanischen Polwenders. Damit entfallen die damit verbundenen Nachteile wie Verschleiß des Kommutierungsapparates, Bürstenreibung, Staubbildung durch Abrieb,

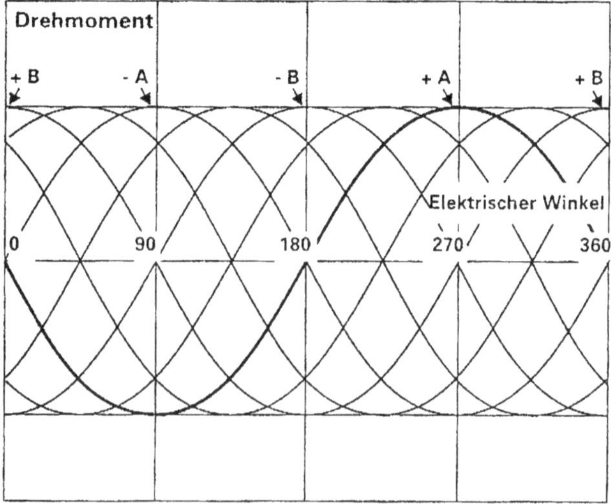

Abb. 6.25 Drehmoment als Funktion der Rotorposition und der Phasenströme (Halbschrittbetrieb)

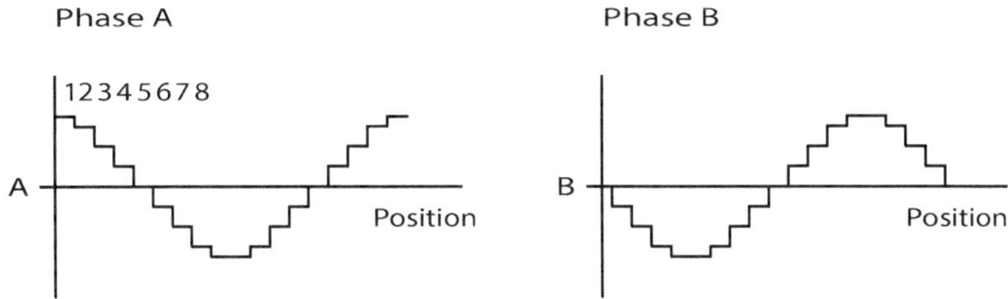

Abb. 6.26 Stromform für den Halbschrittbetrieb mit vier Mikroschritten pro Vollschritt

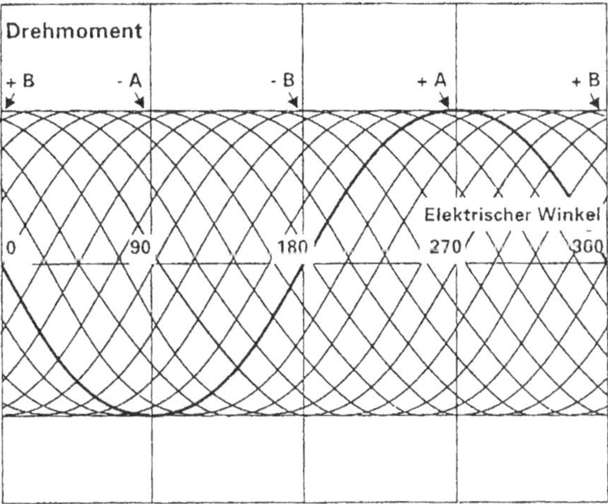

Abb. 6.27 Drehmoment als Funktion der Rotorposition und der Phasenströme (Halbschrittbetrieb mit vier Mikroschritten pro Vollschritt)

Geräusche, Anlaufschwierigkeiten durch Korrosion der Kommutierungslamellen sowie die durch Funkenbildung hervorgerufenen Hochfrequenzstörungen.

Abb. 6.28 zeigt den prinzipiellen Aufbau eines Mikroschrittmotors. Bezeichnet man mit θ_0 die gewünschte Zielposition, so werden hierzu offensichtlich folgende Phasenströme benötigt:

$$i_A = I_0 \cdot \cos(\theta_0) \text{ und } i_B \cdot \sin(\theta_0).$$

Phase A erzeugt das Drehmoment:

$$M_A = -k \cdot i_A \cdot \sin(\theta_0).$$

Phase B erzeugt das Drehmoment:

$$M_B = -k \cdot i_B \cdot \sin(\theta).$$

Ersetzt man i_A und i_B durch obige Werte, erhält man für das Drehmoment

$$M - M_A + M_B = -k \cdot I_0 \cdot \sin(\theta - \theta_0).$$

Abb. 6.28 Prinzipieller Aufbau eines Mikroschrittmotors

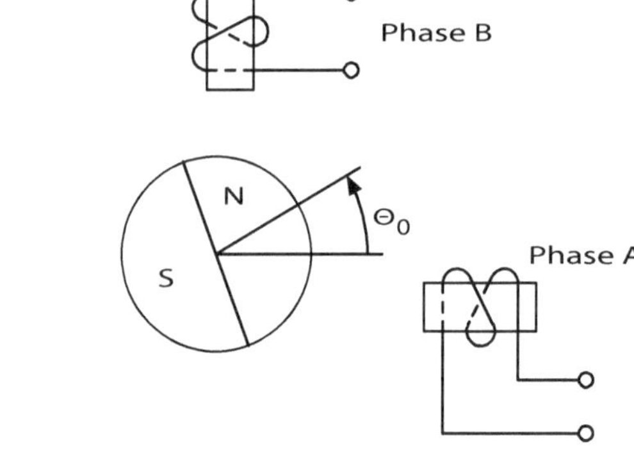

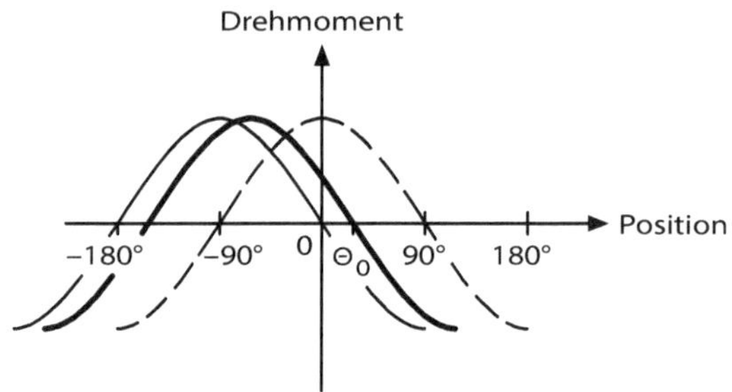

Abb. 6.29 Funktion des Drehmomentes und der Rotorposition

Wie die Berechnung und Abb. 6.29 zeigen, muss die Funktion zwischen Motordrehmoment und Rotorposition streng sinusförmig sein, wenn alle Mikroschrittpositionen mit gleicher Genauigkeit und konstanter Gleichförmigkeit angefahren werden sollen. Ferner muss das Rastmoment möglichst niedrig sein, um diese Genauigkeit nicht zu vermindern. Der Treiber muss die Ströme sehr genau regeln, um das Ziel auch tatsächlich dorthin zu legen, wo es hin soll. Die Bedingungen für genaues Positionieren im Mikroschrittbetrieb sind für den Motor eine sinusförmige Funktion von Drehmoment zur Rotorposition, sehr gute Linearität zwischen Drehmoment zum Strom, keine magnetische Kopplung zwischen den Phasen und ein niedriges, stromloses Rastmoment. Für den Treiber gilt die Erzeugung genauer Werte für die Phasenströme und eine genaue Definition der Sinus- und Cosinuswerte.

6.4.2 Drehmoment

Das Schalten der Wicklungen kann mit einem mechanischen oder elektronischen Steuerschalter erfolgen. Aufgrund der heutigen dynamischen Anforderungen an das Schrittmotorsystem wird jedoch fast ausschließlich der elektronische Steuerschalter eingesetzt. Bei jedem Schalteingangsimpuls wird die Schalterstellung und damit der Erregungszustand des Motors verändert. Führt man dem Schalter eine ausreichend hohe Anzahl von Impulsen pro Sekunde zu, führt die Motorwelle eine kontinuierliche Drehung durch. Die Anzahl der Schritte, die die Motorwelle pro Sekunde ausführt, definiert man als Schrittfrequenz.

Abb. 6.30a zeigt die zwischen den Rotormagnetpolen N und S und den Statormagnetpolen N_1 und S_1 bestehenden Kräfte. Das daraus resultierende Drehmoment wird den Rotor in die in Abb. 6.30b gezeigte Lage drehen. Hier ist der Luftspalt am geringsten und daher der Magnetfluss auch am höchsten. Die Anziehungskraft zwischen Rotor und Stator besteht nach wie vor, aber sie ist jetzt radial gerichtet und ergibt kein Drehmoment mehr.

Da ein Motor ständig ein Drehmoment entwickeln soll – bei stillstehendem wie bei sich drehendem Rotor –, muss zwischen den Richtungen von Rotorfeld und Statorfeld stets ein Winkel aufrechterhalten werden. Aus Abb. 6.30b folgt, dass das Statorfeld von der Stellung N_1 und S_1 in die Stellung N_2 und S_2 gedreht werden muss, um ein im Uhrzeigersinn wirkendes Drehmoment aufrecht zu erhalten (Abb. 6.30c). Wird das Statorfeld vom Elektromagneten erzeugt, so erfolgt die Drehung des Felds einfach durch Abschalten der durch die Pole N_1 und S_1 erzeugenden Wicklung und durch Einschalten der Wicklung für die Pole N_2 und S_2 Wird dann die Wicklung 1 in umgekehrter Richtung bestromt, so entstehen N_3 und S_3 (Abb. 6.30d), und eine Stromumkehrung in Wicklung 2 ergibt N_4 und S_4, womit sich der Rotor wieder in der Ausgangsstellung von Abb. 6.30a befindet. Dieser Motor stellt einen Schrittmotor mit vier Schritten pro Umdrehung dar.

Liegen die Wicklungen an Wechselstrom und ist ein Phasenschieberkondensator vorhanden, entsteht ein Drehfeld, dessen Vektor mit der Frequenz des Wechselstroms umläuft. Betreibt man diesen Motor mit einer Frequenz von $f = 50\,Hz$, ergibt sich ein Wechselstrom-Synchronmotor mit einer Drehzahl von $3000\,min^{-1}$. Im Leerlauf wird der Rotor dem Statordrehfeld mit einem nur sehr geringen Lastwinkel folgen. Mit zunehmender Belastung vergrößert sich der Lastwinkel, wodurch der Motor mehr Drehmoment erzeugt. Wird der Winkel größer als 90°, fällt das Drehmoment ab und der Motor bleibt stehen.

Auch der Gleichstrommotor benötigt eine Vorkehrung zur Verschiebung des Magnetfelds. Abb. 6.31a zeigt den grundsätzlichen Aufbau eines Gleichstrommotors mit eisenlosem Rotor. Der Stator dieses Motors besteht aus einem zylindrischen Permanentmagneten, der von einem Stahlrohr umgeben ist. Zwischen beiden befindet sich ein Luftspalt, der vor den beiden Magnetpolen eine sehr hohe Flussdichte aufweist. Der Rotor besteht aus

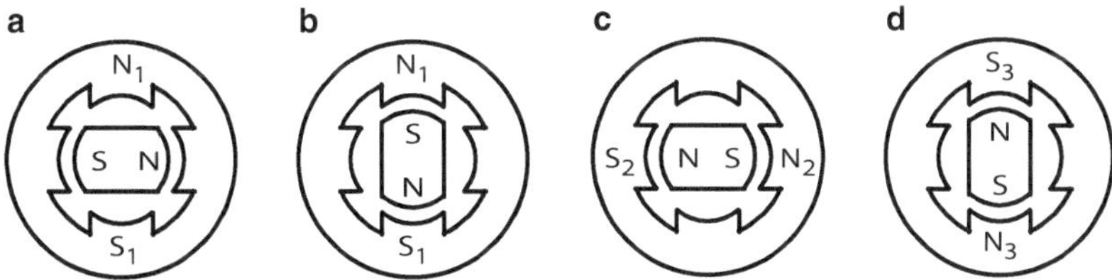

Abb. 6.30 Das Drehmoment im Elektromotor wird durch das Magnetfeld erzeugt. In Stellung (**a**) ziehen sich der Rotorsüdpol S und der Statornordpol N an, und es entsteht ein Drehmoment. In Stellung (**b**) ist das Drehmoment Null, es sei denn, man erzeugt ein neues Feld mit N_2 und S_2 (**c**). Eine weitere Umpolung ergibt die Pole N_3 und S_3 (**d**), und das Resultat ist ein rotierender Feldvektor

einer im Luftspalt angeordneten zylindrischen Spule. Die hier gezeigte Spule hat neun Anzapfungen, welche mit den neun Kollektorsegmenten verbunden sind. In Abb. 6.31a ist dieser Aufbau schematisch dargestellt, ohne dass sich die Spule im Stahlrohr befindet. Die Kollektorsegmente befinden sich in Wirklichkeit nicht außen an der Spule, sondern am Spulenende entlang der Motorwelle.

Das Funktionsprinzip des Motors wird leicht verständlich, wenn man die Bürsten durch zwei an den Kollektor angelötete Drähte ersetzt (Abb. 6.31b) und diese an eine Spannung anschließt. Der Strom wird in beiden Spulenhälften entsprechende Magnetfelder aufbauen, deren Polarität und das daraus resultierende Drehmoment durch die bekannten elektromagnetischen Gesetze bestimmt werden. Der Winkel zwischen Rotor- und Statorfeld beträgt zunächst 90°. Das resultierende Drehmoment dreht den Rotor im Uhrzeigersinn. Hierdurch verkleinert sich der Winkel zwischen beiden Feldern und das Drehmoment nimmt ab. Abb. 6.31 zeigt den Aufbau eines Gleichstrommotors mit eisenlosem Rotor und Permanentmagnet.

Soll das maximale Drehmoment dauernd entwickelt werden, so muss zwischen Rotor- und Statorfeld ein Winkel von 90° aufrechterhalten werden. Diesen Vorgang übernimmt der Kollektor, wie Abb. 6.31a zeigt. Sobald der Rotor und damit auch der Rotorfeldvektor anfangen, sich zu drehen, gleitet das nächstfolgende Kollektorsegment unter die Minusbürste. Dadurch wird die Stromrichtung in Teilspule 5 umgedreht, d. h. diese Teilspule gehört nun zur linken Hälfte der Rotorwicklung. Die folgende Kommutierung ändert die Stromrichtung in Teilspule 9, die dann zur rechten Hälfte der Rotorwicklung gehört.

Das Kommutierungssystem stellt ein einfaches Mittel zur Aufrechterhaltung eines Winkels von 90° zwischen den Vektoren des Rotor- und Statorfelds dar, und das Ganze verläuft automatisch, sobald sich der Rotor dreht. Tatsächlich verdreht sich der Rotorfeldvektor geringfügig zwischen jeder Kommutierung. Die dadurch entstehende Welligkeit des Drehmomentes lässt sich durch eine Erhöhung der Anzahl der Kollektorsegmente verringern. Das Drehmoment M dieses Motors kann man als unabhängig von der Rotorposition betrachten, d. h. der Wert M ist lediglich vom Motorstrom I und der Motordrehmomentkonstante k (die ihrerseits von den Motorabmessungen, den einzelnen

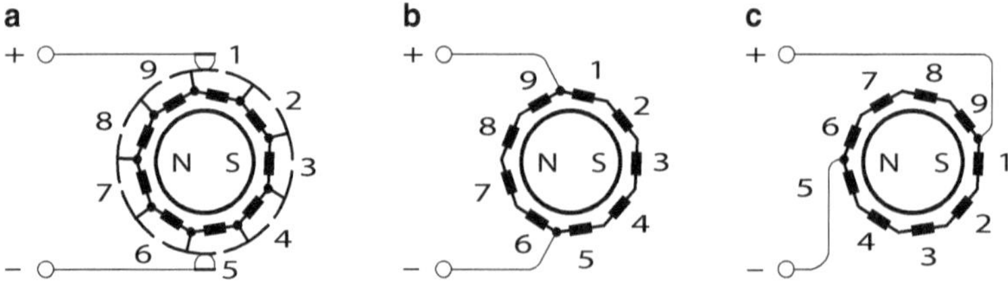

Abb. 6.31 Aufbau eines Gleichstrommotors mit eisenlosem Rotor und Permanentmagnet

Werkstoffen, der Flussdichte im Luftspalt und der Rotorwindungszahl bedingt ist) abhängig:

$$M = k \cdot I.$$

Wenn man gemäß Abb. 6.31b das Kommutierungssystem durch zwei fest angelötete Drähte ersetzt, so wird das Drehmoment auch noch vom Winkel φ zwischen den beiden Feldvektoren abhängig, d. h. es folgt einer mehr oder weniger sinusförmigen Funktion:

$$M = k \cdot I \cdot \sin \alpha.$$

Bei einem Winkel von 90° entsteht das volle Drehmoment ($\sin 90° = 1$). Ist dieser Winkel Null, ergibt sich ein Drehmoment Null ($\sin 0° = 0$). Bei einem Winkel von 45° beträgt das Drehmoment dagegen 70 % ($\sin 45° = \sqrt{1/2} \approx 0{,}707$).

Die während der Drehung im Rotor gespeicherte kinetische Energie lässt diesen über die 0°-Zielposition hinausbewegen und es ergibt sich ein immer größer werdendes negatives Drehmoment. Dieses bremst den Rotor ab und treibt ihn zurück. Der Motor wird sich nun einige Zeit um den Zielpunkt einpendeln, wobei Frequenz und Ausschwingdauer von der Drehmomentkurve, dem Rotorträgheitsmoment und der durch die Verluste verursachten Dämpfung bestimmt werden.

Ob die Wicklungen ein Teil des Rotors oder des Stators sind, spielt für die Wirkungsweise dieses Motorprinzips keine Rolle. Sobald die Vektoren von Rotor- und Statorfeld übereinstimmen, ist das Drehmoment Null, auch wenn der volle Strom durch die Wicklungen fließt. Ein Winkel von 90° ergibt ein maximales Drehmoment, was sich mit einem mechanischen Kommutierungssystem automatisch erzielen lässt. Sind die Wicklungen im Stator, so wird die Kommutierung durch die externe Steuerelektronik veranlasst und nicht mehr durch die Rotorposition. Der Winkel zwischen Rotor- und Statorfeld ist daher nicht mehr zwangsläufig 90°, sondern er schwankt je nach der Rotorposition im Augenblick der Kommutierung (siehe Abb. 6.31a–c), d. h. der Kommutierungswinkel ist zeit- und lastabhängig. Dies ist der grundsätzliche Unterschied zwischen Gleichstrommotor und Schrittmotor.

Das Trägheitsmoment J für einen Kreiszylinder errechnet sich aus dem Volumen:

$$V = \pi \cdot r^2 \cdot l$$

V = Volumen in cm^3
r = Radius in cm
l = Länge in cm

und aus der Masse

$$m = V \cdot \rho$$

m = Masse in g
ρ = Dichte in g/cm^3

$$J_z = V \cdot \rho$$

J_z = Trägheitsmoment in g/cm^2 am Kreiszylinder

Was bedeutet dies für das Motorverhalten? Das Drehmoment des Gleichstrommotors ist nur vom Strom abhängig. Aus diesem Grunde kann er jede Art von Last problemlos beschleunigen, ohne dass er Schwingneigungen erzeugt. Hingegen wird zur Drehzahl- oder Positionsregelung ein Tacho oder Winkelschrittgeber und eine Regelschleife benötigt, womit das System schwinganfällig wird und die Kosten zunehmen.

Das Drehmoment des Schrittmotors ist abhängig vom Strom und dem momentanen Winkel zwischen Rotor- und Statorfeld. Das Nennhaltemoment wird nur bei einem Winkel von 90° entwickelt. In der Zielposition am Schrittende ist das Drehmoment Null. Deshalb muss man Berechnungen mit einem Nutzmoment durchführen, dessen Wert wesentlich unter dem des Haltemoments liegt (ein typischer Wert ist 50 %). Durch die Schwankungen des Drehmomentes über jedem Vollschritt werden Rotorschwingungen angeregt, welche besondere Dämpfungsmaßnahmen erfordern. Hingegen wird die Drehzahl einfach durch die Schrittrate und die Position durch die Anzahl der Schritte bestimmt, ohne teure Geber für die Erfassung der Geschwindigkeit und diverse Regelschleifen für eine konstante Drehzahl einzusetzen. Daher ist der Schrittmotor der geeignete Antrieb zur Umwandlung digitaler Informationen in mechanische Bewegungen.

Wie Abb. 6.30 zeigt, führt ein zweiphasiger Schrittmotor für jede 360°-Drehung des Statorfeldvektors vier Vollschritte aus. Im Beispiel ergaben die vier Vollschritte eine Motorumdrehung, da eine Drehung von 90° des Vektors zu einer Drehung von 90° des Rotors führt. Für die meisten Anwendungen ist ein Schrittwinkel von 90° viel zu groß. Die meisten handelsüblichen Schrittmotoren führen zwischen 48 und 400 Schritte pro Umdrehung durch.

Abb. 6.32 erläutert, dass eine Vergrößerung der Anzahl der Magnetpolpaare des Rotors zu einer Verkleinerung des mechanischen Schrittwinkels führt, der einer Statorfelddrehung von 90° entspricht (90° ist der elektrische Winkel!). Diese Definition lässt sich erklären, indem man die in einer Wicklung induzierte Spannung betrachtet, während der Rotor von Hand gedreht wird. Wenn z. B. durch Passieren des Rotor-Nordpols vor einer Wicklung in dieser eine positive Spannung induziert wird, so wird der Rotor-Südpol eine negative Spannung induzieren. Für eine volle Rotorumdrehung beschreibt die induzierte Spannung eine volle Periode einer Sinusfunktion, was einem elektrischen Winkel von 360° entspricht. Tatsächlich erhält man eine Periode der induzierten Spannung für jedes Paar von Magnetpolen, das unter dieser Wicklung vorbeiläuft. Wäre der Rotor mit 50 Polpaaren aufmagnetisiert, so würde man am Oszilloskop für eine Rotorumdrehung 50 Perioden der induzierten Spannung erkennen, d. h. dass ein mechanischer Winkel von 360° einem elektrischen Winkel von $50 \cdot 360°$ entspricht bzw. 1° (mechanisch) = 50° (elektrisch).

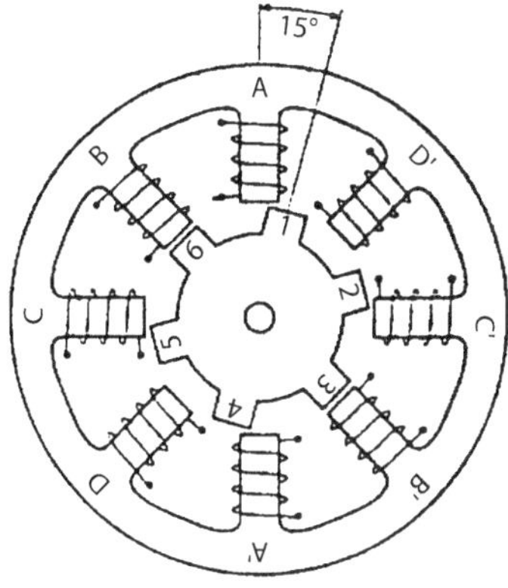

Abb. 6.32 Vierphasiger Permanentmagnetschrittmotor, der aus einem Rotor mit drei Polpaaren besteht. Dadurch ergeben sich 24 Schritte pro Umdrehung (4 Phasen 6 Pole) und ein Schrittwinkel von 15°

Wie erwähnt, führt der Motor einen Schritt aus, wenn das Statorfeld um einen elektrischen Winkel von 90° verschoben wird. Der mechanische Schrittwinkel ist daher

$$\frac{90}{59} = 1{,}8^\circ.$$

Aus Abb. 6.31a folgt, dass nach einer Umdrehung jede der neun Teilspulen des Gleichstrommotors den gleichen Strom in der gleichen Richtung führt, wie zu Beginn des Vorgangs, d. h. die Wicklung durchlief die 18 möglichen Erregerzustände. Für einen zweiphasigen Schrittmotor im Vollschrittbetrieb besteht eine Sequenz aus vier möglichen Erregungszuständen (zwei Phasen mit jeweils positivem oder negativem Strom), was einer Drehung des Statorfeldvektors von 360° bzw. vier Rotorschritten entspricht.

6.4.3 Aufbau der Steuerelektronik

Die zunehmende Automatisierung durch elektronische Prozesssteuerung erfordert und ermöglicht das direkte Umsetzen von digitalen Steuerbefehlen und Betriebsdaten in mechanische Bewegungen. Die von der Prozesssteuerung kommenden digitalen Steuerimpulse müssen durch den Logikteil in der richtigen Reihenfolge auf die einzelnen Wicklungen des Schrittmotors verteilt und durch die Leistungsstufe verstärkt werden. Daraus entsteht dann eine proportionale Drehbewegung des Rotors.

Die Steuerelektronik für Schrittmotoren besteht in der Praxis aus einer integrierten Treiberstufe und der eigentlichen Steuerung mit Translator und einem Sequenzer, wobei es hier mehrere Möglichkeiten für die Ansteuerung in der Praxis gibt. Am Eingang der Steuerelektronik befindet sich dic scriclle oder parallele Schnittstelle, die die Daten über den Datenbus vom Mikroprozessor oder Mikrocontroller erhält und zwischenspeichert. Aus diesen Informationen erzeugt der Translator mit seinem Sequenzer die nötige Anzahl von Impulsen mit der gewünschten Schrittrate und dazu ein Richtungssignal für den

Rechts- oder Linkslauf. Der Sequenzer liefert eine Folge von definierten Logiksignalen, die das rechtzeitige Öffnen und Schließen der Leistungstransistoren im Treiber bewirken.

Der Sequenzer im Translator arbeitet als Ringzähler, dessen Zählrichtung durch den Zustand von 0 oder 1 am Richtungseingang bestimmt wird. Soll ein zweiphasiger Motor mit acht Halbschritten pro Sequenz arbeiten, so muss der Zähler acht Positionen beinhalten. Adressiert er nur die ungerade Position (1, 3, 5 und 7), so läuft der Motor im Vollschrittbetrieb mit Strom in beiden Phasen. Adressiert der Sequenzer dagegen nur die geraden Positionen (2, 4, 6 und 8), läuft der Motor im Vollschrittbetrieb mit Strom in nur einer Phase. Hauptaufgabe des Sequenzers ist die definierte Erzeugung von leistungsfähigen Signalen zur Ansteuerung des Schrittmotors, und daraus entsteht eine proportionale Drehbewegung des Rotors: ein Steuerimpuls = eine Drehbewegung um einen Schritt. Wird die Steuer- bzw. Impulsfrequenz erhöht, geht die schrittweise Bewegung in eine kontinuierliche Drehbewegung über, ohne das Schritte verlorengehen. Nach Verlust nur eines Schrittes stoppt der Motor, und durch Zählen der Steuerimpulse ist eine Rückmeldung der Rotorstellung nicht erforderlich. In diesem Fall arbeitet man mit einem offenen Regelkreis.

Die Steuerelektronik in Abb. 6.33 besteht aus einem Treiber und der eigentlichen Ansteuerung. Der Treiber verbindet die Phasenwicklungen mit der Stromversorgung und sorgt so für deren Bestromung. Die Anzahl der Schritte und die Drehrichtung bestimmen die Folgen, in welcher die Phasen zu bestromen sind. Der komplette Ablauf dieser Steuerung wird vom Sequenzer im Translator gesteuert. Im Vergleich erfüllt das Kommutierungssystem eines Gleichstrommotors im Prinzip die gleiche Aufgabe.

Der Mikroprozessor (CPU) oder Mikrocontroller (MPU) erhält vom Bediener den auszuführenden Befehl oder vom Sensor den momentanen Wert. Die CPU oder MPU ermittelt aufgrund der augenblicklichen Rotorposition die nötige Anzahl von Schritten, die optimale Schrittrate und die Drehrichtung. Daraufhin erfolgt die Berechnung der entsprechenden Schrittimpulse unter gleichzeitiger Berücksichtigung der entsprechenden Drehrichtung. Diese werden über den Datenbus in der Schnittstelle abgespeichert, und der Translator legt die Richtung des Ringzählers fest. Über die vom Translator zum Treiber führenden Steuerleitungen werden dann die Leistungstransistoren der Endstufe ein-, aus- oder umgeschaltet, so dass sich die entsprechende Phasenwicklung mit Strom in der richtigen Polarität erregen lässt.

Die Ansteuerung des Schrittmotors hat die Aufgabe, die digitalen und leistungslosen Impulse der Prozesssteuerung in Signale umzuformen, um die einzelnen Wicklungen des

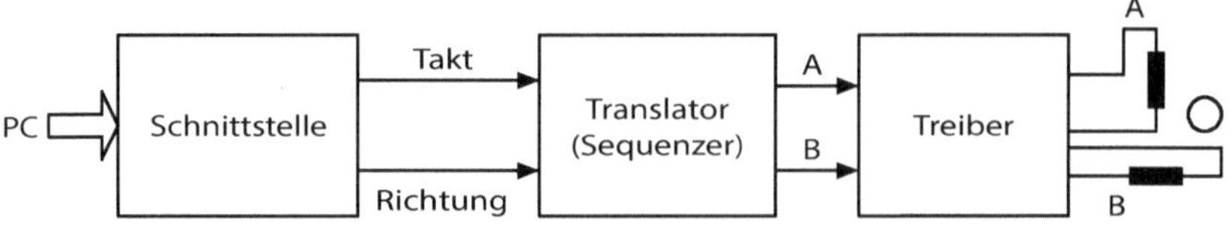

Abb. 6.33 Prinzipieller Aufbau zur Ansteuerung eines Schrittmotors

Schrittmotors in der richtigen Reihenfolge und mittels entsprechender Spannung bzw. entsprechendem Strom zu erregen. Erst als Resultat dieses Umformens ergibt sich aus einem digitalen Steuerimpuls oder einer Impulsfolge eine Bewegung in Form eines Schrittes oder einer entsprechenden Schrittfolge. Die Wahl der Ansteuerung beeinflusst dabei wesentlich die Eigenschaften und Leistungen des Schrittmotors. Die Entscheidung für eine bestimmte Ansteuerung sollte man aber stets unter Berücksichtigung des gesamten Systems und in Abstimmung mit der Anwendung treffen.

Die Schaltung von Abb. 6.34 zeigt die beiden Schaltkreise L297 und L298 zur Ansteuerung eines Schrittmotors. Der L297 erhält die Schrittimpulse und das Richtungssignal von einer Schnittstelle zum Prozessor. Damit kann der L297 die Funktionen des Sequenzers im Translator und des Choppers (Zerhacker) ausführen und den L298 kontrollieren. Dieser Baustein enthält zwei Treiberbrücken für die Ansteuerung von Schrittmotoren. Damit lassen sich bipolare Erregungen zweiphasiger Motoren bis zu 2 A durchführen.

Ob man sich für eine Vier-Phasen- oder Zwei-Phasen-Ansteuerung entscheidet, hängt weitgehend von den Bedingungen der Anwendung ab. Mit einem Vier-Phasen-Schrittmotor ist der Schaltungsaufwand durch den unipolaren Betrieb geringer. Das bis zu 40 % höhere dynamische Drehmoment des Zwei-Phasen-Schrittmotors im bipolaren Betrieb steht einem größeren Schaltungsaufwand der Leistungsstufe gegenüber. Beim Einsatz von integrierten Schaltkreisen hält sich jedoch der größere Schaltungsaufwand in Grenzen, da alle Funktionen integriert sind. Durch den Eingang „HALF/FULL" bestimmt man mit einem 1-Signal, dass eine Halbschrittsteuerung oder mit einem 0-Signal eine Vollschrittsteuerung für den Schrittmotor durchgeführt werden soll.

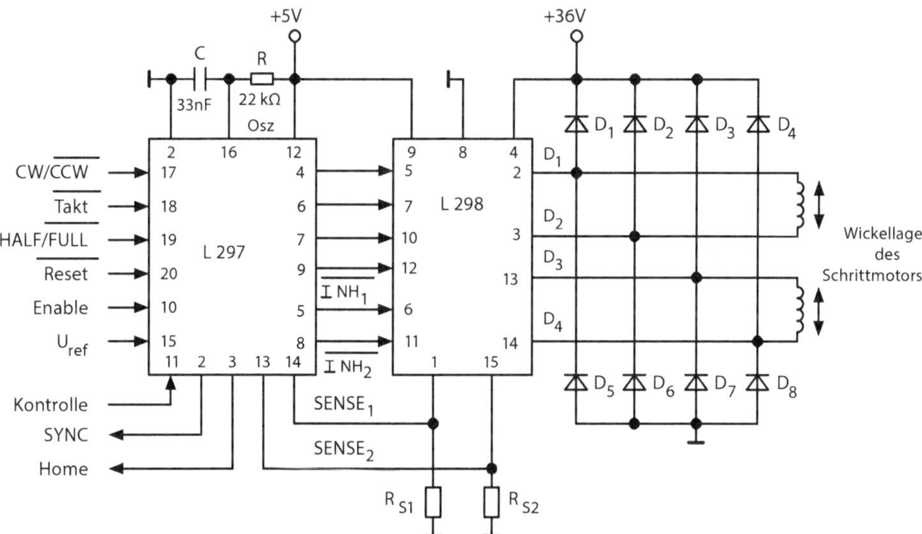

Abb. 6.34 Ansteuerung eines Schrittmotors mit integrierten Schaltkreisen. Der Logikteil im L297 beinhaltet den Sequenzer für die Ansteuerung der Leistungstransistoren im Treiberbaustein L298

Die Anzahl der auszuführenden Schritte und die Schrittrate werden von der Kontrolleinheit des L297 bestimmt. Wird der Motor mit konstanter Schrittrate im Dauerlauf betrieben, besteht diese Einheit lediglich aus einem Oszillator und einem Schalter. Soll der Motor im Inkrementalbetrieb diverse Lasten positionieren, umfasst die Kontrolleinheit einen Mikrocontroller, gespeicherte Beschleunigungs- und Verzögerungsrampen und gegebenenfalls ein System zur Überwachung der Rotorposition usw. Der Aufwand für die Kontrolleinheit wird bestimmt durch die Komplexität der Aufgabe und ist auch vom Motor abhängig. Ein hochwertiger Schrittmotor kann möglicherweise eine Aufgabe im Start-Stopp-Betrieb lösen, wozu ein einfacher Motor bereits entsprechende Hochlauf- und Bremsrampen benötigt.

6.5 Linearmotor

Synchrone Linearmotoren entsprechen in der Funktionsweise grundsätzlich den rotativen Synchronservomotoren. Linearmotoren kommen dann zum Einsatz, wenn höchste Anforderungen z. B. an Dynamik und Positioniergenauigkeit gestellt werden. Da ein synchroner Linearmotor aus einer Vielzahl von Komponenten besteht, erfolgt der Zusammenbau erst an der Maschine, in die er eingebaut wird.

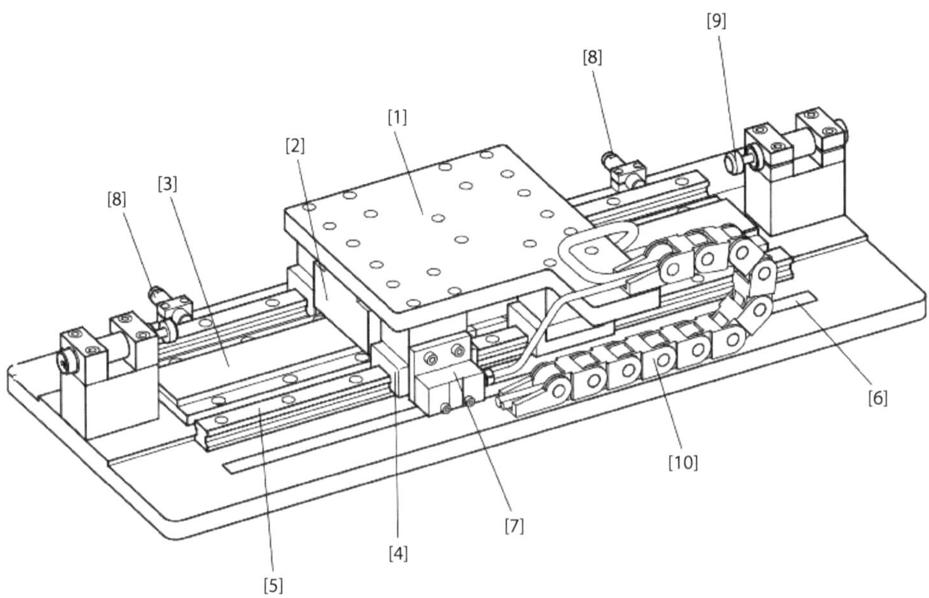

Abb. 6.35 Schematischer Aufbau eines linearen Antriebssystems; *[1]* Primärteilträger, *[2]* Primärteil, *[3]* Sekundärteil, *[4]* Führungswagen, *[5]* Führungsschiene, *[6]* Messlineal, *[7]* Messkopf, *[8]* Endschalter, *[9]* Puffer, *[10]* Energiezuführung

Abb. 6.35 zeigt schematisch den Aufbau eines vollständigen linearen Antriebssystems.

Im Folgenden sind die Vorteile eines synchronen Linearmotors gegenüber einem rotativen System aufgeführt:

- höhere Geschwindigkeiten,
- höhere Beschleunigungen,
- Direktantrieb (kein Getriebe, Zahnriemen usw. erforderlich). d. h. Spielfreiheit,
- praktisch verschleißfrei,
- höhere Positioniergenauigkeit.

Synchrone Linearmotoren finden hauptsächlich Anwendung in folgenden Branchen:

- Handlingsysteme (Transport- und Logistikapplikationen),
- Verpackungstechnik,
- Werkzeugmaschinenbau,
- Montagetechnik,
- Sondermaschinenbau.

In diesen Branchen ersetzen synchrone Linearmotoren traditionelle, nicht direktangetriebene Lösungen wie z. B. Spindel-, Zahnstangen-, Riemen- und Kettenantriebe. Abb. 6.36 zeigt einen synchronen Linearmotor in einem Handlingsystem.

Bei den synchronen Linearmotoren werden zwei Prinzipien unterschieden:

- Langstatorprinzip,
- Kurzstatorprinzip.

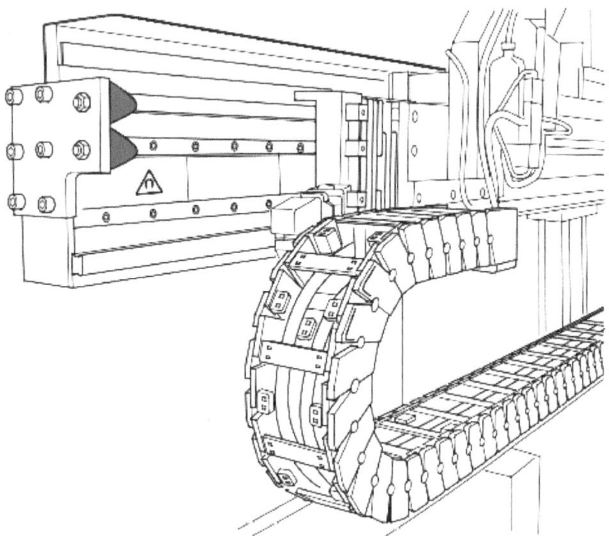

Abb. 6.36 Synchroner Linearmotor in einem Handlingsystem

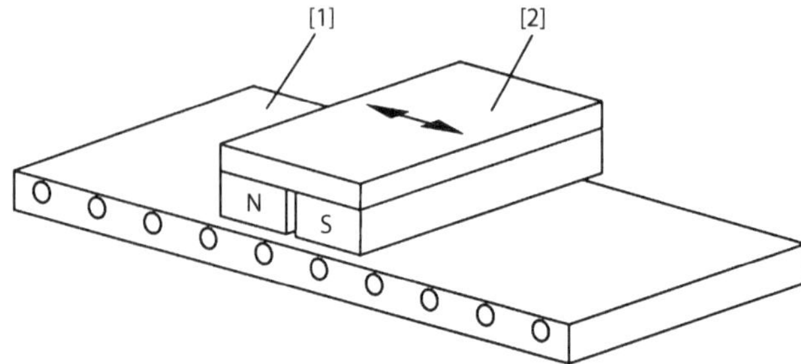

Abb. 6.37 Langstatorprinzip; *[1]* Primärteil: Stator mit Windungen, *[2]* Sekundärteil: Permanent erregtes Reaktionsteil

Bei dem Langstatorprinzip wird der Verfahrweg durch ein oder mehrere Primärteile festgelegt, die länger sind als die Magnetleiste. Die Magnetleiste befindet sich am bewegten Fahrschlitten (Sekundärteil), d. h. das Sekundärteil benötigt keine Energiezuführung und ermöglicht somit theoretisch unbegrenzte Verfahrwege. Das Langstatorprinzip ist hauptsächlich bei Transport- und Logistikapplikationen anzutreffen, wie Abb. 6.37 zeigt.

Bei dem Kurzstatorprinzip wird im Vergleich zur Magnetleiste ein kurzes Primärteil verwendet. Das Kurzstatorprinzip findet hauptsächlich Verwendung bei Servoanwendungen im Maschinenbau, wie Abb. 6.38 zeigt.

Ähnlich wie bei den rotierenden Antrieben besteht ein synchroner Linearantrieb aus zwei Teilen, dem Primärteil und dem Sekundärteil.

Bezogen auf die Funktionsweise entspricht

- das Primärteil des Linearmotors dem Stator des rotierenden Motors. Das Primärteil enthält das Blechpaket, die Motorwicklung und den Temperaturfühler.
- das Sekundärteil des Linearmotors dem Rotor des rotierenden Motors. Das Sekundärteil besteht aus dem Trägermaterial aus Stahl und den aufgeklebten Permanentmagneten.

Primär- und Sekundärteil sind vergossen.

Die prinzipiell gleiche Funktionsweise des linearen und rotativen Motors wird deutlich, wenn der rotative Motor aufgeschnitten und „gerade gebogen" wird, wie Abb. 6.39 zeigt.

Im Unterschied zum rotativen Motor kann jedoch beim Linearmotor entweder das Primärteil oder das Sekundärteil bewegt werden.

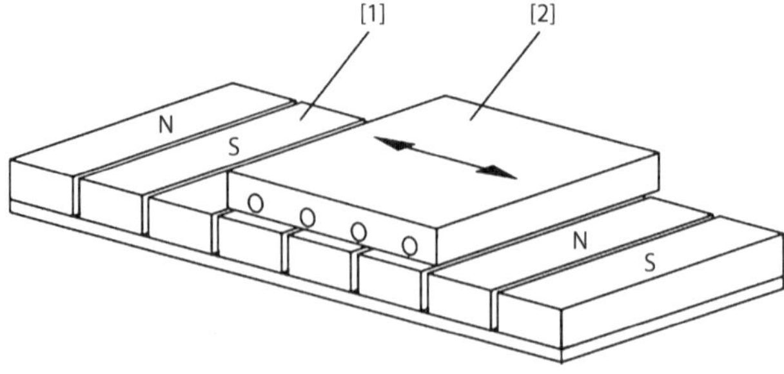

Abb. 6.38 Kurzstatorprinzip; *[1]* Sekundärteil: Permanent erregtes Reaktionsteil, *[2]* Primärteil: Stator mit Windungen

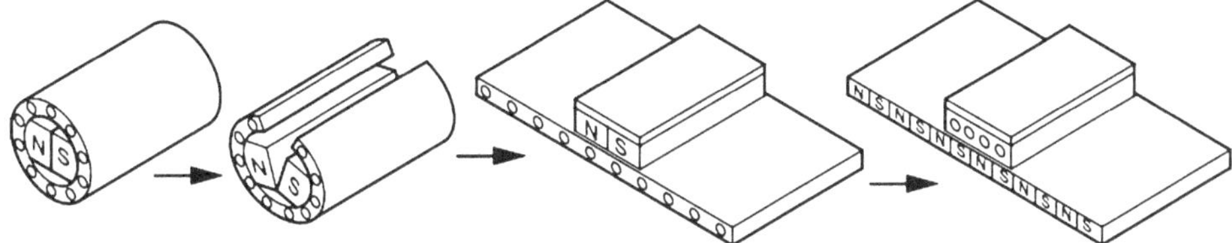

Abb. 6.39 Prinzip des Linearmotors

Um die Leistungsdaten erreichen zu können, ist es beim linearen Servomotor sehr wichtig, dass ein exakter Luftspalt zwischen Primär- und Sekundärteil eingehalten wird. Vergrößert sich der Luftspalt, verringert sich die Leistung des Motors. Ein zu großer Luftspalt führt zum Stillstand des Motors. Somit ist eine exakte Vorbereitung der Montagefläche die Grundvoraussetzung für ein einwandfrei arbeitendes System. Der Luftspalt wird über das Linearführungssystem und die Montageplatte realisiert. Abb. 6.40 zeigt das Prinzip des Linearmotors.

Die Kennlinie in Abb. 6.41 gibt Aufschluss darüber, welche Spitzenkräfte F_{Peak} und F_{Nenn} bei den zugehörigen Geschwindigkeiten vom Motor aufgebracht werden können. Hierbei ist zu beachten, dass bei der thermischen Auslastung des Motors auch ein entsprechender Wärmetransport vom Motorkern in die Umgebung vorhanden sein muss, um eine ausreichende Kühlung sicherzustellen. Die Größe der Kühlfläche wird maßgeblich durch die Flanschfläche und die Dicke des Primärteils bestimmt.

Generell können zwei Kühlarten unterschieden werden:

- die Konvektionskühlung,
- die Wasserkühlung.

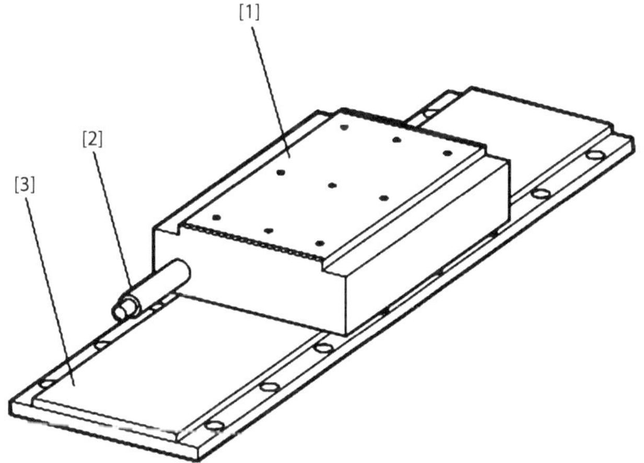

Abb. 6.40 Prinzip des Linearmotors; *[1]* Primärteil, *[2]* Elektrischer Anschluss, *[3]* Sekundärteil mit Permanentmagneten

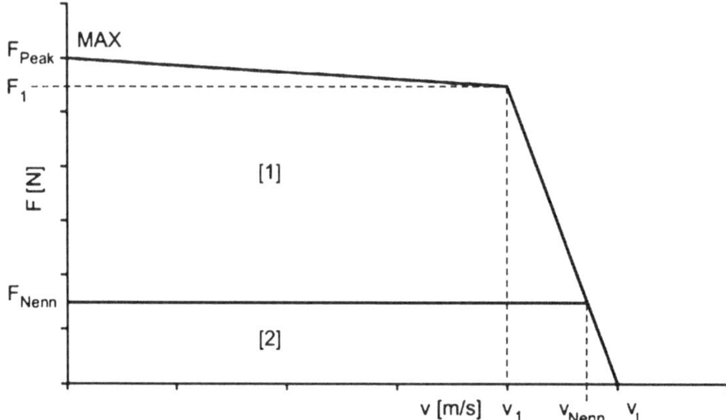

Abb. 6.41 Motorkennlinie; *[1]* Dynamische Grenzkräfte; *[2]* Thermische Grenzkräfte; F_{Nenn}: Dauerkraft [N], Dauerkraft ist abhängig von: Größe der Flanschfläche Primärteil, Stärke der Flanschfläche Primärteil, Umgebungstemperatur, Aufstellungshöhe; F_1: Maximalkraft [N], die bis Geschwindigkeit V_1 zur Verfügung steht; F_{Peak}: Maximalkraft [N]; V_L: Theoretische maximale Verfahrgeschwindigkeit [m/s]; V_1: Geschwindigkeit [m/s], bis zu der die Kraft F_1 zur Verfügung steht; V_{Nenn}: Geschwindigkeit [m/s], bis zu der die Nennkraft zur Verfügung steht

Je nach Anwendungsfall können zusätzliche Maßnahmen erforderlich werden:

- Fremdlüfter bei Konvektionskühlung,
- Wasserkühlung,
- Wasserkühlung mit zusätzlicher thermischer Kapselung.

Prinzipiell erfolgt die Kühlung durch Abstrahlung und durch Erwärmung der Umgebungsluft. Durch entsprechende Projektierung der Oberfläche des Motors muss der Wärmetransport gewährleistet werden.

Zusätzlich in den Motor eingebaute Lüfter gewährleisten einen konstanten Luftstrom und transportieren die Wärmeenergie verstärkt ab.

Eigenschaften eines Kühlsystems mit Fremdlüfter sind:

- hohe Kühlleistung,
- einfaches Prinzip, d. h. geringer technischer und finanzieller Aufwand.

Eine bei Linearmotoren im Maschinenbau verbreitete Art der Kühlung ist die Wasserkühlung. Im Primärteil des Linearmotors sind Kühlkanäle angebracht, die mit einem Wasserkreislauf verbunden werden.

Eigenschaften dieses Systems sind:

- hohe Kühlleistung,
- der Motor gibt konstruktionsbedingt nur wenig Wärmeenergie an die umgebende Maschinenkonstruktion ab,

- hoher technischer Aufwand:
  - Projektierung,
  - Kühlkanäle im Primärteil,
  - Kühlaggregat erforderlich,
  - Schläuche für die Wasserzuführung.
- betreiben des Linearmotors ohne Wasserkühlung ist mit Leistungseinbußen verbunden,
- kostenintensiv.

Bei der Wasserkühlung mit thermischer Kapselung ist das Primärteil in einem Kühlmantel gekapselt und praktisch vollständig von der umgebenden Maschinenkonstruktion getrennt. Die Mantelung ist von Kühlkanälen durchzogen.

Die Eigenschaften dieses Systems sind:

- sehr hohe Kühlleistung,
- thermische Entkoppelung des Motors von der Maschinenkonstruktion, d. h. keine Wärmeausdehnung,
- sehr hoher technischer Aufwand:
  - Projektierung,
  - thermische Kapselung des Primärteils,
  - Kühlkanäle in der Kapselung,
  - Kühlaggregat erforderlich,
  - Schläuche für die Wasserzuführung,
  - großes Bauvolumen,
- betreiben ohne Wasserkühlung mit Leistungseinbußen,
- sehr kostenintensiv.

Damit die linearen Antriebssysteme ihre Aufgaben optimal ausführen können, werden einige periphere Komponenten benötigt. Das Linearführungssystem hat folgende Aufgaben:

- die kundenseitige Last tragen und führen,
- die magnetischen Kräfte zwischen Primär- und Sekundärteil aufnehmen,
- das Messsystem führen,
- Luftspalt sicherstellen.

Abb. 6.42 zeigt ein Linearführungssystem.

Auswahlkriterien an Linearführungssysteme sind:

- hohe Beschleunigungen,
- hohe Verfahrgeschwindigkeiten,
- starke Lastwechsel,
- geringe Geräuschentwicklung,
- Aufnahme von Querkräften, die durch Wärmeausdehnung entstehen.

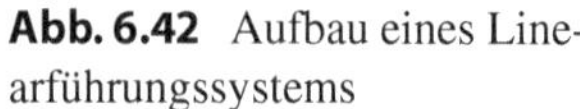

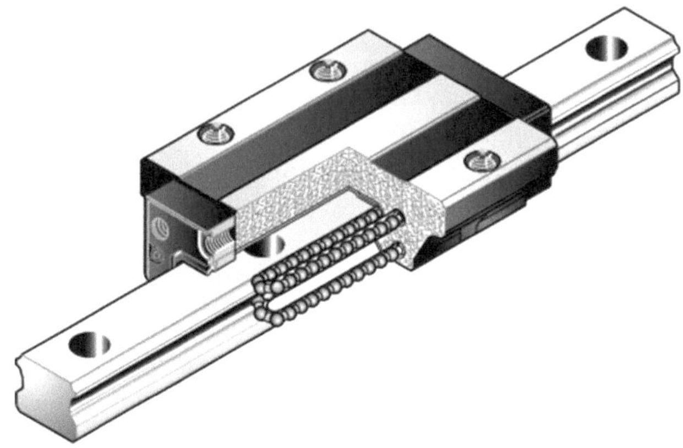

Abb. 6.42 Aufbau eines Linearführungssystems

Je nach Anwendung und Anforderungsschwerpunkt kommen unterschiedliche Führungssysteme zum Einsatz:

- Führung mit Wälzkörpern
- Führung mit Laufrollen

Die unterschiedlichen Führungssysteme sind beispielhaft zu verstehen. Je nach Anwendung kann die Ausführung des Führungssystems variieren. In der Regel entscheidet der Kunde, welches Führungssystem zum Einsatz kommt.

Beim Betrieb von Linearmotorsystemen treten hohe kinetische Energien auf. Um im Falle einer Störung größere Schäden zu vermeiden, ist der Einsatz von Puffern und Stoßdämpfern als Begrenzung der Verfahrstrecke dringend zu empfehlen. Diese Bauteile bauen die kinetische Energie bei einem Fehlverhalten des Antriebssystems ab und schützen das System vor Schäden.

Die in Schleppketten geführten hochflexiblen Leitungen versorgen ortsveränderliche Verbraucher mit Leistung und Daten. Diese Kettenkonstruktion hat sich bei vielen Anwendungen bewährt und wird auch bei Linearmotoren eingesetzt. Dort werden aufgrund von

- hohen Beschleunigungen,
- zum Teil langen Verfahrwegen,
- teilweise großen freitragenden Längen,
- besondere Anforderungen gestellt.

Bei Anwendungen mit freitragenden Schleppketten, d. h. das Oberteil der Schleppkette berührt über den gesamten Verfahrweg nicht das Unterteil, ist die Beschleunigung die kritische Größe, weniger die Geschwindigkeit. Hohe Beschleunigungen setzen die Schleppkette in Schwingung und verkürzen somit die Lebensdauer.

Bei der Auswahl von Kabeln müssen neben der meist hohen Dynamik noch weitere Kriterien beachtet werden:

- Biegeradien,
- Schleppketten-Tauglichkeit,
- Motorkabel geschirmt mit separater Schirmung für Temperaturfühler $\rightarrow$ Hybridkabel,
- Geberleitung paarweise verdrillt und geschirmt,
- EMV-gerechte Steckverbindungen,
- überdimensionieren von Leitungen vermeiden $\rightarrow$ Gewichtsgründe,
- auftretende Ströme $\rightarrow$ Kabelquerschnitt,
- anlagen- und länderspezifische Vorschriften.

Werden bei einem Linearsystem die Sekundärteile bewegt, ergibt sich daraus ein konstruktiver Vorteil, da in diesem Fall die Kabel nicht bewegt werden.

Schaltungen in Halbleitertechnik

7

Obgleich der Begriff „Elektronik" heute schon zum allgemeinen Sprachgebrauch gehört, wissen die wenigsten, welche Bedeutung er eigentlich hat. Es sollen daher zunächst die amtliche und international gültige Definition der Begriffe „Elektronik" und „elektronische Bauelemente" behandelt werden:

a) Mit dem Begriff „Elektronik" wird der Zweig der Wissenschaft und Technik benannt, der sich mit Vorgängen und Anwendungen der Elektrizitätsleitung im Vakuum, in Gasen oder in Halbleitern befasst.
   Man muss demnach unterscheiden zwischen
   1. allgemeiner Elektrotechnik (Elektrik), die sich mit der Elektrizitätsleitung in festen (z. B. Metallen) und flüssigen (z. B. Elektrolyten) Leitern befasst.
   2. Elektronik, zu der die Elektrizitätsleitung im Vakuum, in Gasen und Halbleitern gehört.
b) Bauelemente der Elektronik sind elektrische und auch elektromechanische Bauelemente, die in Schaltungen der elektronischen Betriebsmittel angewendet werden. Man unterscheidet zwischen aktiven und passiven Bauelementen.
   Zu den aktiven elektronischen Bauelementen zählen Dioden aller Art, Fotowiderstände, Fotozellen, Feldplatten, Transistoren, Thyristoren, Elektronenröhren, Glimmlampen und Leuchtstoffröhren. Passive Bauelemente sind z. B. Widerstände, Kondensatoren, Spulen, Transformatoren, Relais, Schalter und Steckverbinder.
c) Elektronische Baugruppen, Geräte, Einrichtungen und Anlagen sind solche elektrischen Betriebsmittel, deren Arbeitsweise im Wesentlichen durch aktive Bauelemente der Elektronik bestimmt wird.

Der Zusatz „elektronisch" ist demnach nur zulässig für Baugruppen, Geräte und Anlagen, wenn deren Arbeitsweise im Wesentlichen durch aktive elektronische Bauelemente bestimmt wird.

H. Bernstein, *Elektrotechnik/Elektronik für Maschinenbauer*,
https://doi.org/10.1007/978-3-658-20838-7_7

Gerade hier wird in der Werbung für elektrische Geräte viel Missbrauch getrieben. So kann z. B. ein elektrisches Bügeleisen nicht etwa als elektronisches Bügeleisen bezeichnet werden, wenn bei ihm zur Anzeige des Einschaltzustands eine Glimmlampe dient. Die Arbeitsweise des Bügeleisens beruht bekanntlich auf der Erwärmung eines stromdurchflossenen festen Leiters, der Heizwicklung.

Die Elektronik begegnet uns heute bereits im Alltag so vielfältig, dass es unmöglich ist, eine auch nur annähernd lückenlose Aufzählung der Anwendungsbeispiele zu bringen. Als Beispiele seien erwähnt: Verstärker und Abstimmeinrichtungen in Rundfunk- und Fernsehgeräten, Warnblinkleuchten für Kfz, elektronisch gesteuerte Benzinzufuhr in Kfz, Programmsteuerung von elektrischen Waschmaschinen, Dimmerschaltungen zur Helligkeitsregelung von Lampen oder Drehzahlregelung von Bohrmaschinen, Temperaturregelung von Heizungsanlagen und elektronische Uhren.

Da elektronische Schaltungen überwiegend aus Halbleiterbauelementen zusammengesetzt sind, sollte man sich zunächst mit den Eigenschaften, dem Aufbau und der Wirkungsweise von Halbleiterbauelementen beschäftigen.

7.1 Eigenschaften von Halbleiterstoffen

Untersucht man alle Stoffe bezüglich ihrer Leitfähigkeit für den elektrischen Strom, so kann man sie drei Gruppen zuordnen:

a) Leiter, das sind vor allem Metalle und Metalllegierungen mit sehr guter Leitfähigkeit.
b) Nichtleiter, das sind die für Isolationszwecke verwendeten Kunststoffe (z. B. PVC und PET) sowie Porzellan, Glas, Hartgummi usw. und ihre Leitfähigkeit ist praktisch gleich Null.
c) Halbleiter, das sind Stoffe – wie Germanium (Ge) und Silizium (Si) –, deren Leitfähigkeit zwischen der eines Leiters und eines Nichtleiters liegt.

Die Grenze zwischen diesen drei Gruppen ist jedoch äußerst ungenau, zumal das Leitverhalten der Stoffe auch von einer Vielzahl äußerer Einflüsse (z. B. Wärme und Licht) mitbestimmt wird. Um also ganz eindeutige Halbleitereigenschaften zu erkennen, genügt es nicht, nur die Leitfähigkeit zu untersuchen. Die Halbleiter unterscheiden sich nämlich von den metallischen Leitern durch ihr Temperaturverhalten viel eindeutiger. Der Widerstand der metallischen Leiter nimmt mit steigender Temperatur zu. Sie zählen zu den Kaltleitern, denn sie leiten im kalten Zustand besser als im warmen. Im Gegensatz dazu wird der Widerstand der meisten Halbleiterstoffe mit zunehmender Erwärmung immer geringer. Nahezu alle Halbleiterstoffe sind also Heißleiter.

Betrachtet man das Leitvermögen bei Abkühlung, so zeigen sich bei beiden Gruppen ebenfalls Besonderheiten. Sinkt nämlich die Temperatur bis in die Nähe des absoluten Nullpunktes (−273 °C), so fällt der Widerstand reiner Metalle auf 0 Ω, während der Widerstand eines reinen Halbleiterstoffs dabei unendlich groß wird.

7.2 Einschichthalbleiter-Bauelemente

Unter den Einschichthalbleiter-Bauelementen versteht man temperatur-, spannungs- und lichtabhängige Widerstände.

7.2.1 NTC-Widerstände (Heißleiter/Thermistoren)

NTC-Widerstände verringern ihren Widerstand mit zunehmender Temperatur. Der Widerstandstemperaturbeiwert α ist also negativ. Die Bezeichnung „NTC-Widerstand" ist aus dem Begriff „negativer Temperatur-Koeffizient" abgeleitet. Der NTC-Widerstand besteht also aus einem Stoff, der im heißen Zustand besser leitet als im kalten und er führt aus diesem Grund häufig auch die Bezeichnung Heißleiter oder Thermistor. Man könnte nun einfach Germanium oder Silizium als Widerstandsmaterial für einen Heißleiter verwenden, da sie ja als Halbleiterstoffe einen negativen Temperaturbeiwert, also Heißleitereigenschaften, besitzen. Dem stehen aber zwei Umstände entgegen. Erstens sind Halbleiterstoffe sehr teuer (1 g reines Germanium kostet etwa 10 € und ist fast so teuer wie Gold!), und zweitens können sie wegen ihrer großen Härte und Sprödigkeit nur sehr schwierig zu größeren Bauelementen verarbeitet werden. Daher finden zur Herstellung von Heißleitern Stoffe Verwendung, die preiswert sind und sich einfacher verarbeiten lassen. Hierzu gehören Magnesiumoxid, Titanoxid oder Magnesium-Nickel-Oxid und sie werden meistens zur Formgebung gesintert.

Heißleiter werden in verschiedensten Bauformen hergestellt, und zwar in Stabform (ähnlich wie Kohleschichtwiderstände), Scheiben- oder Plattenform. Bei einigen Typen ist der Heißleiter auch in ein Glasröhrchen oder einen Glaskolben eingebaut. Besondere Regel-Heißleiter sind mit einer zusätzlichen Heizwicklung versehen, die im Gehäuse untergebracht ist. Abb. 7.1 zeigt eine Auswahl von Heißleiter-Bauformen.

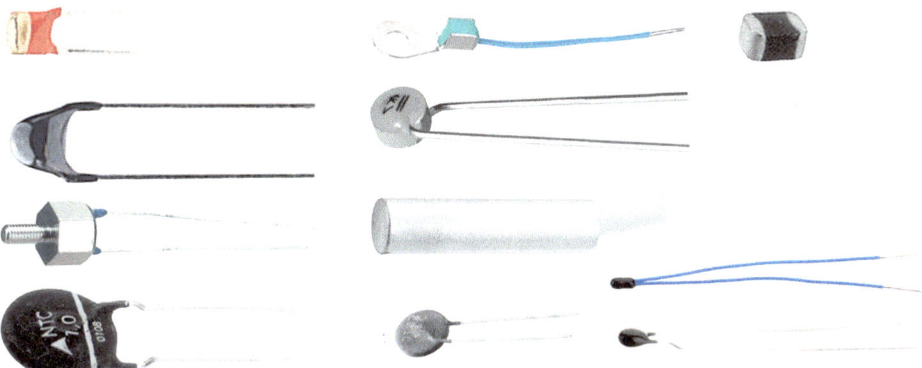

Abb. 7.1 Auswahl von Heißleiter-Bauformen

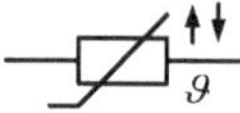

Abb. 7.2 Symbol des Heißleiters

Als Schaltzeichen für NTC-Widerstände wird das Symbol von Abb. 7.2 verwendet, wobei die entgegengesetzt gerichteten Pfeile ein Kennzeichen dafür sind, dass sich der Widerstand bei Temperaturerhöhung verringert.

Legt man an einen NTC-Widerstand eine Spannung, so fließt wegen seines hohen Kaltwiderstands zunächst ein geringer Strom. Infolge des Verbrauchs elektrischer Energie (Verlustleistung) erwärmt sich der NTC-Widerstand und verringert seinen Widerstandswert. Da er grundsätzlich mit einem Vorwiderstand betrieben werden muss, sinkt die Spannung am NTC-Widerstand. Nach einiger Zeit stellt sich ein Gleichgewichtszustand zwischen der durch die Verlustleistung bewirkten Eigenerwärmung des Heißleiters und der an die Umgebung abgegebenen Wärme ein, d. h. man bezeichnet diesen Zustand als „stationär“. Wird die Spannung weiter erhöht, so folgt die Erwärmung des Heißleiters infolge seiner Wärmeträgheit nur langsam nach, bis sich wiederum ein stationärer Zustand einstellt. Das Widerstandsverhalten eines NTC-Widerstands ist nicht linear. Ein Spannungs-Strom-Diagramm veranschaulicht aber das Widerstandsverhalten. Abb. 7.3 zeigt die Spannungs- und Stromkennlinie und Abb. 7.4 die Temperaturabhängigkeit des NTC-Widerstands.

Die Kennlinie lässt erkennen, wie mit steigender Spannung zunächst nur ein geringer Stromanstieg bewirkt wird. Sobald sich aber der Heißleiter erwärmt hat, sinkt sein Widerstand. Damit fällt die an ihm liegende Spannung, während der Strom ansteigt. Der zulässige Temperaturbereich geht bei den handelsüblichen NTC-Widerständen bis etwa +200 °C. Im Mittel verändert sich dabei der Widerstandswert im Verhältnis 100:1 und d. h. er beträgt bei +200 °C nur noch 1/100 des Widerstands bei 20 °C. Je größer der Kalt-

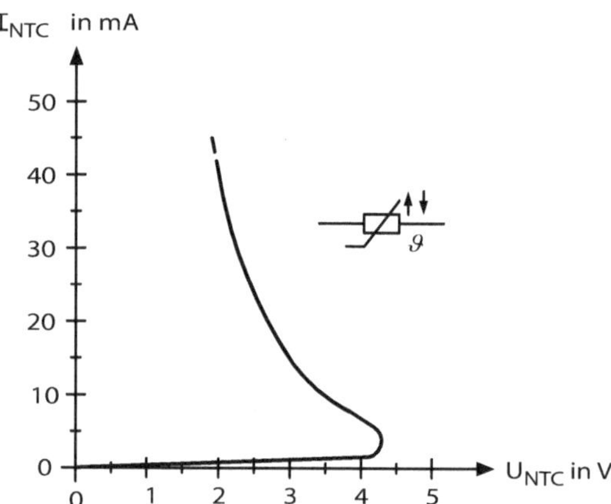

Abb. 7.3 Spannungs- und Stromkennlinie eines NTC-Widerstands

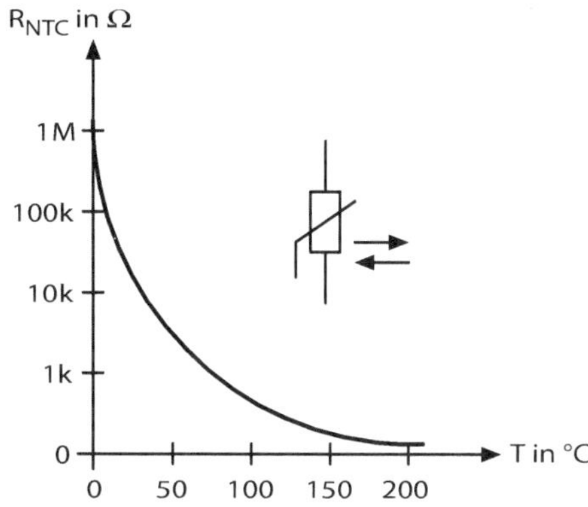

Abb. 7.4 Temperaturabhängigkeit des NTC-Widerstands

widerstand R_{20} eines NTC-Widerstands ist, desto größer ist das Verhältnis von Kalt- zu Warmwiderstand. Als wichtigste Kennwerte für NTC-Widerstände gelten

- der Kaltwiderstand bei 20 °C (R_{20})
- der Warmwiderstand bei der zulässigen Höchsttemperatur
- der Widerstandstemperaturbeiwert α (er beträgt für NTC-Widerstände zwischen −0,03 und −0,055 1/°C)
- die zulässige Verlustleistung
- die zulässige Höchsttemperatur

Da sich das Temperatur-Widerstandsverhalten eines Heißleiters entgegengesetzt zu dem der metallischen Leiter verhält, dient er vorwiegend der Temperaturkompensation in Stromkreisen mit metallischen Leitern und dazu vier Beispiele:

Beispiel 1

Bildhöhenstabilisierung im Fernsehgerät. Die zur Ablenkung des Elektronenstrahls in einer alten Fernsehbildröhre dienten früher Spulen (magnetische Ablenkung) und diese bestanden aus vielen Windungen dünnen Kupferdrahts. Infolge der Erwärmung des Fernsehgeräts im Betriebszustand nimmt der Widerstand der Kupferwicklung zu und damit wird der Strom kleiner. Ein geringerer Strom erzeugt aber ein weniger kräftiges Magnetfeld. Der Elektronenstrahl wird also nicht mehr so weit abgelenkt wie im kalten Zustand des Geräts. Das äußert sich sehr stark durch ein Zusammenschrumpfen des Fernsehbilds – vor allem in der Bildhöhe. Schaltet man aber in Reihe zu den Ablenkspulen einen NTC-Widerstand, der auf die Erwärmung des Fernsehgeräts abgestimmt ist, so verringert dieser seinen Widerstand um den gleichen Betrag, wie die Kupferwicklungen ihren Widerstand erhöhen. Die Bildhöhe bleibt damit unbeeinflusst von der Betriebstemperatur des Geräts.

Beispiel 2

Temperaturkompensation bei Messinstrumenten. Die Spulen von Messinstrumenten (z. B. Zeigerinstrument mit eingebautem Drehspulmesswerk) werden aus dünnem Kupferdraht gewickelt und der Temperaturbeiwert für Kupfer ist positiv. Wird das Messinstrument bei unterschiedlichen Umgebungstemperaturen verwendet, so ändert sich der Innenwiderstand des Messwerks und damit die Anzeigegenauigkeit. Eine Temperaturänderung um 3 °C hat bereits eine Widerstandsänderung von mehr als 1 % bei der Kupferdrahtspule zur Folge. Vor allem in Messinstrumenten der Güteklassen 0,1 bis 0,5 sind zur Temperaturkompensation NTC-Widerstände vorhanden und damit gleicht man die Widerstandsänderungen der Kupferwicklung aus. Da aber NTC-Widerstände viel stärker temperaturabhängig sind als metallische Leiter, muss man die Widerstandsänderung der NTC-Widerstände durch Parallelschalten von Nebenwiderständen eingrenzen!

Als weitere Anwendungsmöglichkeit bieten sich Heißleiter zur Unterdrückung von Einschaltstromstößen oder zur Anzugs- bzw. Abfallverzögerung von Relais an. Speziell für diese Zwecke hergestellte NTC-Widerstände werden als Anlassheißleiter bezeichnet. Auch dazu zwei Beispiele:

Beispiel 3

Unterdrückung von Einschaltstromstößen. Schaltet man Stromkreise mit Glühlampen, Elektronenröhren oder Motoren, so ist der Einschaltstromstoß im Verhältnis zur Betriebsstromstärke sehr groß. Dabei können vorgeschaltete, auf die Nennstromstärke abgestimmte Sicherungen auslösen oder Netzspannungsschwankungen auftreten. Schaltet man in diese Stromkreise NTC-Widerstände mit kurzer Erwärmungszeit ein, so wird der Einschaltstromstoß wegen ihres hohen Kaltwiderstands stark herabgesetzt. Soll der Heißleiter nicht im Stromkreis belassen werden, so kann man ihn nach dem Einschalten des Stromkreises überbrücken. Glühlampen hoher Leistungsaufnahme werden teilweise mit eingebautem Heißleiter geliefert.

Beispiel 4

Anzugsverzögerung von Relais. Größere Verzögerungen der Anzugs- oder Abfallzeit eines Relais lassen sich mit den üblichen Mitteln, wie Kurzschlusswicklungen oder Kondensatoren, nur schwierig und aufwendig verwirklichen. Man geht daher in zunehmendem Maße dazu über, eine Verzögerung mit einem NTC-Widerstand zu bewirken.

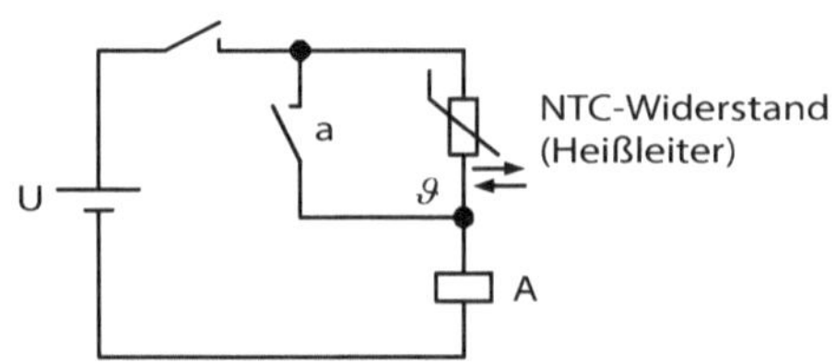

Abb. 7.5 Anzugsverzögerung eines Relais durch einen NTC-Widerstand

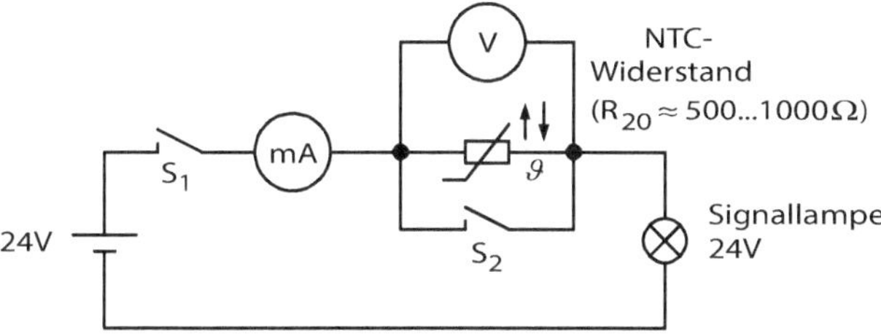

Abb. 7.6 Einschaltverzögerung einer Signallampe durch einen NTC-Widerstand

Wird der Relaisstromkreis in der Schaltung von Abb. 7.5 geschlossen, so erhält das Relais wegen des hohen Kaltwiderstands zunächst Fehlstrom. Erst nachdem sich der Heißleiter erwärmt hat, steigt der Strom und das Relais zieht an. Der Heißleiter wird meistens durch einen Arbeitskontakt des Relais überbrückt, damit er sich bis zum nächsten Einschaltvorgang abkühlen kann.

Das Verhalten eines NTC-Widerstands als Anlassheißleiter wird durch folgenden einfachen Versuch veranschaulicht: In einem Stromkreis werden ein NTC-Widerstand und eine Glühlampe hintereinander geschaltet. Der Kaltwiderstand R_{20} des Heißleiters sollte etwa gleich dem Widerstand der Glühlampe im Betriebszustand sein. Der Heißleiter kann durch einen Schalter überbrückt werden. Wird bei geschlossenem Schalter S_2 der Schalter S_1 geschlossen, so leuchtet die Lampe schnell auf. Wird Schalter S_2 geschlossen, der Stromkreis ist geschlossen, dauert es einige Zeit bis die Lampe aufleuchtet. Am eingeschalteten Strommesser kann man das Ansteigen des Stroms, am Voltmeter das Zurückgehen des Spannungsfalls am NTC-Widerstand verfolgen. Abb. 7.6 zeigt eine Einschaltverzögerung einer Signallampe durch einen NTC-Widerstand.

7.2.2 PTC-Widerstände (Kaltleiter)

Grundsätzlich zählen die aus reinen Metallen bestehenden Leiter, wie Kupfer, Aluminium, Silber, Wolfram usw., zu den PTC-Widerständen. Sie leiten bekanntlich im kalten Zustand besser, da ihr Widerstand mit zunehmender Temperatur wächst. Der Temperatureinfluss auf das Widerstandsverhalten der rein metallischen Leiter ist jedoch verhältnismäßig gering und beträgt im Mittel $+0{,}004$ 1/°C, also 0,4 % je °C Temperaturänderung. Man hat durch Untersuchungen festgestellt, dass Stoffe, wie z. B. Bariumtitanat, eine erheblich stärkere temperaturabhängige Widerstandsänderung aufweisen. Der Temperaturbeiwert beträgt hier etwa bis zu $+0{,}1$ 1/°C, also bis zu 10 % je °C Temperaturänderung. Früher wurden PTC-Widerstände in Form von Glühlampen mit Metallwendel, heute fast ausschließlich auf Bariumtitanat-Basis in Stab-, Scheiben- oder Kugelform hergestellt. Die Bezeichnung PTC ist aus dem Begriff „positiver Temperatur-Koeffizient" abgeleitet und Abb. 7.7 zeigt einige Bauformen für PTC-Widerstände.

Abb. 7.7 Bauformen von PTC-Widerständen

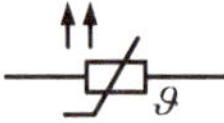

Abb. 7.8 Schaltzeichen eines PTC-Widerstands

Das Schaltzeichen für PTC-Widerstände ist in Abb. 7.8 abgebildet und es unterscheidet sich von dem eines Heißleiters lediglich durch die Pfeilrichtung. Gleichgerichtete Pfeile bedeuten hier, dass der Widerstand bei Temperaturerhöhung größer wird.

Der Kaltwiderstand handelsüblicher PTC-Widerstände beträgt bei 20 °C etwa 10 bis 100 Ω. Wird ein PTC-Widerstand von Strom durchflossen, so erwärmt er sich infolge der Verlustleistung ($P = I^2 \cdot R$). Dabei nimmt der Widerstand zunächst weniger, mit steigender Erwärmung jedoch erheblich schneller zu und steigt bis zur zulässigen Grenztemperatur auf etwa den 100- bis 1000-fachen Wert des Kaltwiderstands an. Die zulässige Grenztemperatur beträgt zwischen 150 und 200 °C. Abb. 7.9 zeigt die Spannungs- und Stromkennlinie eines PTC-Widerstands.

Die Kennlinie und das Temperatur-Widerstands-Diagramm lassen dieses Verhalten deutlich erkennen. Da bei einer kleinen angelegten Spannung nur eine geringe Verlust-

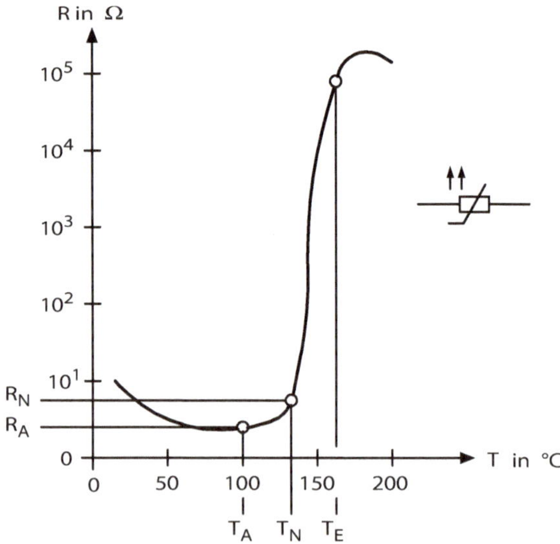

Abb. 7.9 Spannungs- und Stromkennlinie eines PTC-Widerstands

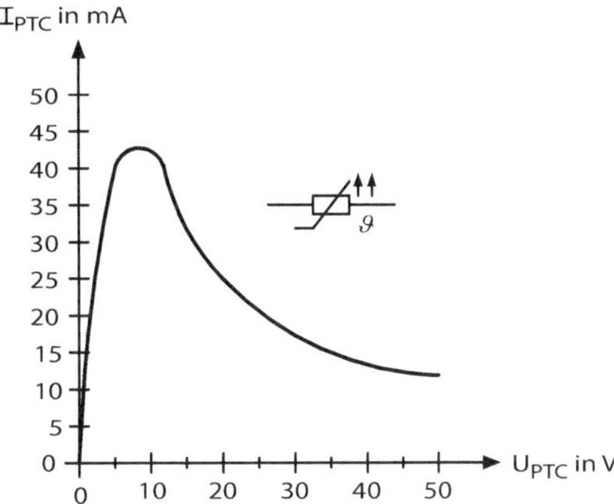

Abb. 7.10 Temperaturabhängigkeit des PTC-Widerstands

wärme erzeugt wird, bleibt der Widerstand des Kaltleiters zunächst gering (steiler Verlauf der Kennlinie). Mit steigender Spannung wird aber der PTC-Widerstand wärmer und vergrößert seinen Widerstand, damit fällt jedoch die Stromstärke. Auch bei PTC-Widerständen stellt sich jeweils ein Gleichgewichtszustand zwischen erzeugter Verlustwärme und an die Umgebung abgegebener Wärme ein (stationärer Zustand). Abb. 7.10 zeigt die Temperaturabhängigkeit des PTC-Widerstands.

Da PTC-Widerstände teurer als NTC-Widerstände sind und außerdem größeren Fertigungstoleranzen unterliegen, werden für elektronische Temperaturregelaufgaben bevorzugt NTC-Widerstände eingesetzt.

PTC-Widerstände werden überwiegend als sogenannte Temperaturfühler verwendet. Da sie sehr klein herstellbar sind, bereitet ihre Unterbringung keine Schwierigkeiten. Sie sprechen nicht nur auf die Eigenerwärmung (Verlustleistung), sondern ebenso auf eine Fremderwärmung (Umgebungstemperatur) an und können damit als elektronisches Bauelement Mess-, Steuer- und Regelungsaufgaben übernehmen.

Speziell in der Informationstechnik finden Kaltleiter gewissermaßen als Sicherung oder Überlastungsschutz Verwendung. Soll z. B. ein empfindliches Gerät oder Bauelement vor Überlastung geschützt werden, so schaltet man in Reihe dazu einen Kaltleiter. Steigt jetzt aus irgendeinem Grund der Strom, vergrößert der Kaltleiter infolge der größeren Verlustwärme seinen Widerstand und setzt damit die Stromstärke im Stromkreis wieder herab.

In Reihe zu einer Signallampe wird ein PTC-Widerstand geschaltet, wie die Schaltung von Abb. 7.11 zeigt. Die Versorgungsspannung für die Reihenschaltung kann mit einem Potentiometer eingestellt werden. Wird die Spannung mit dem Potentiometer langsam erhöht, so leuchtet die Lampe zunächst auf. Mit zunehmender, langsamer Spannungserhöhung wird ihre Helligkeit geringer, unter Umständen erlischt sie sogar. Trotz einer für die Lampe zu hohen Spannung wird sie nicht überlastet. Der PTC-Widerstand hat seinen Widerstand stark erhöht und damit den Strom im Lampenstromkreis herabgesetzt. Die größte Teilspannung entfällt in diesem Zustand auf den PTC-Widerstand.

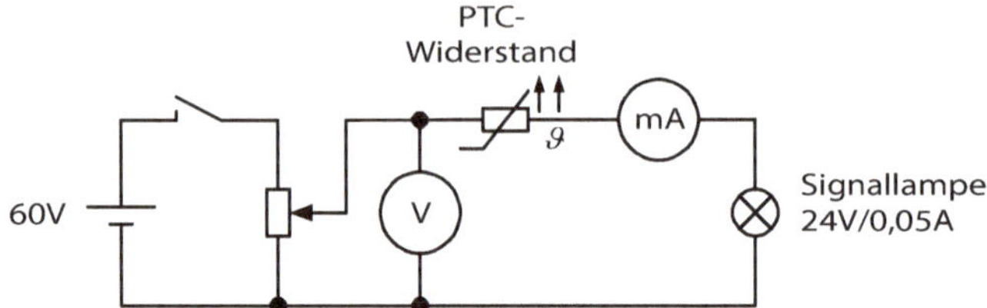

Abb. 7.11 Überlastungsschutz mit Hilfe eines PTC-Widerstands

7.2.3 Hall- oder Feldplatten (Hallsonden)

Dünne Plättchen aus Halbleiterstoffen zeigen die Eigenschaft, ihren Widerstand unter dem Einfluss eines Magnetfeldes zu vergrößern, d. h. es sind also magnetisch steuerbare Widerstände. Diese Plättchen sind maximal 0,1 mm dick und zum Schutz gegen mechanische Beschädigungen meistens mit einem Kunststoffmantel umgeben. Als Halbleiterstoffe werden hauptsächlich Indiumarsenid, Indiumantimonid oder Indium-Arsen-Phosphor-Verbindungen verwendet. Hall- oder Feldplatten sind so klein herstellbar, dass sie ohne Schwierigkeiten in den schmalen Luftspalt eines magnetischen Kreises eingeführt werden können. Abb. 7.12 zeigt einige Bauformen.

Die Wirkungsweise der Hallsonden beruht auf der Tatsache, dass ein Magnetfeld bewegte Elektronen aus ihrer Bewegungsrichtung ablenkt, denn sobald sich Elektronen bewegen, erzeugen sie selbst ein Magnetfeld (Nachweis des Magnetfeldes um einen stromdurchflossenen Leiter). Zwischen zwei Magnetfeldern besteht aber eine Kraftwirkung, d. h. Anziehung oder Abstoßung. Die Richtung, in die ein Strom durch ein äußeres Magnetfeld abgelenkt wird, hängt von der Stromrichtung und der Richtung des Magnetfeldes ab. Die Ablenkrichtung lässt sich mit Hilfe der Linken-Hand-Regel (Motorregel)

Abb. 7.12 Bauformen von Hallsonden (magnetisch steuerbare Widerstände)

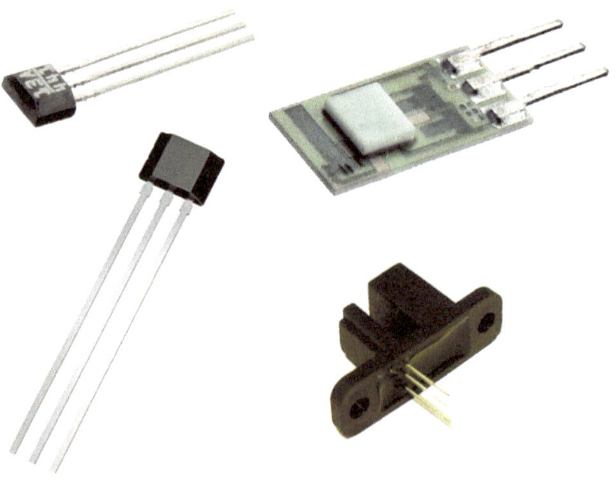

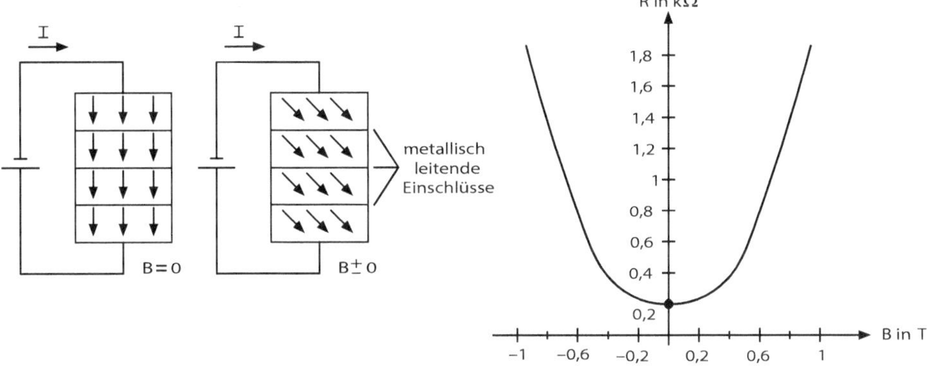

Abb. 7.13 Wirkungsweise einer Hallplatte bzw. Hallsonde

bestimmen. Denkt man sich den Elektronenstrom in einer dünnen Platte in eine Vielzahl von parallelen Bahnen zerlegt, so werden die Elektronen unter dem Einfluss eines äußeren Magnetfeldes aus ihrer ursprünglichen Bewegungsrichtung abgelenkt. Das wirkt sich in dem sehr dünnen Plättchen so aus, als ob der stromführende Querschnitt kleiner geworden wäre. Der Widerstand eines Leiters hängt aber wesentlich von seinem Querschnitt ab, d. h. je kleiner der Querschnitt, desto größer der Widerstand. Der Einfluss des äußeren Magnetfeldes auf den Widerstand ist am größten, wenn es senkrecht zur Feldsondenfläche steht. Er steigt zudem fast linear mit der magnetischen Flussdichte B. Abb. 7.13 zeigt die Wirkungsweise einer Hallplatte bzw. Hallsonde.

Einfachheitshalber benutzt man den Spannungsfall an der Feldplatte als Messgröße zur Bestimmung der magnetischen Flussdichte B und kann also folgern: Je stärker das äußere Magnetfeld, desto höher wird bei konstanter Versorgungsspannung der Spannungsfall an der Hallplatte. Die Hallplatte muss grundsätzlich mit einem Vorwiderstand betrieben werden.

Als Schaltzeichen für eine Hall- oder Feldplatte gilt das Symbol, von Abb. 7.14, wobei das Formelzeichen B (magnetische Flussdichte) den Hinweis auf die Beeinflussbarkeit des Widerstands durch eine magnetische Größe gibt.

Hallplatten dienen in erster Linie zur Regelung und Steuerung, wobei als Regel- oder Steuergröße ein Magnetfeld dienen muss und man kann Hallplatten auch zur Strommessung verwenden. Der Vorteil dieses Strommessverfahrens liegt in der galvanischen Trennung zwischen Messstromkreis und Instrumentenstromkreis. Zur Strommessung mit Hallsonden lässt man den zu messenden Strom durch eine Spule fließen und misst mit

Abb. 7.14 Symbol einer Hall- oder Feldplatte

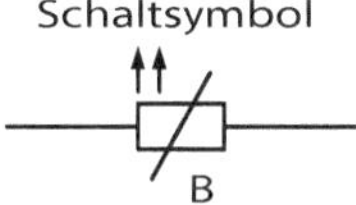

einer Hallsonde indirekt die Stärke des Spulenmagnetfeldes. Bei einer eisenlosen Spule steigt die magnetische Flussdichte linear mit der Stromstärke. Aber auch zur Messung der magnetischen Flussdichte selbst leisten die Hallplatten gute Dienste. Sie lassen die Aufnahme von Magnetisierungskurven für ferromagnetische Werkstoffe in einfacher Weise zu. Der zu untersuchende Werkstoff wird durch eine stromdurchflossene Spule zunehmend magnetisiert und in einem kleinen Luftspalt mit einer Hallsonde die magnetische Flussdichte B gemessen.

An dieser Stelle sei noch kurz auf eine besondere Bauform der Hallplatten hingewiesen, die sogenannten Hallgeneratoren. Bei einem Hallgenerator sind an den Flanken einer Hallplatte zusätzlich zwei Elektroden angebracht. Wird der Elektronenstrom in der Platte unter dem Einfluss eines äußeren Magnetfeldes zur Seite abgedrängt, so tritt an dieser Seite eine Elektronenanhäufung, an der anderen Seite ein Elektronenmangel auf und das hat eine elektrische Spannung zur Folge. Die Höhe dieser Hallspannung hängt vom Umfang der Elektronenverschiebung ab und kann mit einem Spannungsmesser nachgewiesen bzw. für Steuerungs- und Regelungszwecke ausgenutzt werden. Da die Höhe der Hallspannung nahezu ausschließlich von der magnetischen Flussdichte abhängt und die Betriebsspannung nur einen unwesentlichen Einfluss hat, werden für elektronische Steuerungen Hallgeneratoren bevorzugt eingesetzt.

7.2.4 Fotowiderstände

In Halbleiterstoffen können Elektronen durch Energiezufuhr aus ihren Bindungen (Elektronenpaarbindungen) gerissen werden. Am bekanntesten ist die Erhöhung der Zahl an freien Elektronen durch Zufuhr von Wärmeenergie. Da aber Licht ebenso eine Energieform ist, gelingt es auch mit seiner Hilfe, die Leitfähigkeit von Halbleitern beträchtlich zu erhöhen. Deshalb werden Halbleiter-Bauelemente in Glasgehäusen mit einem lichtundurchlässigen – meistens schwarzen – Lack vor Lichteinwirkung geschützt. Die Steuerung elektronischer Schaltungen durch Licht weist erhebliche Vorzüge auf und wird in zunehmendem Maße ausgenutzt. Als wesentliche Vorzüge sind folgende zu nennen: Das Licht legt in einer Sekunde 300.000 km zurück, d. h. die Wirkung des elektrischen Stroms hat nur bei reinem Gleichstrom und sehr kurzen Leitungen die gleiche Ausbreitungsgeschwindigkeit wie das Licht. Zur Übertragung von Licht werden keine Leitungen benötigt; es braucht keine Materie als Übertragungsmittel vorhanden zu sein. Licht ist praktisch trägheitslos und man kann also beliebig schnelle Wechselvorgänge mit Hilfe des Lichts übertragen (z. B. Laserübertragung im GHz-Bereich).

Als sehr brauchbare Halbleiterstoffe, deren Leitfähigkeit durch Lichteinwirkung stark erhöht wird, haben sich Cadmiumsulfid (CdS), Cadmiumselenid (CdSe) und Bleisulfid (PbS) erwiesen. Fotowiderstände enthalten meistens eine dünne mäanderförmige Schicht aus einem dieser lichtempfindlichen Halbleiterstoffe und sind vielfach in Glaskolben eingeschmolzen. Die lichtempfindliche Fläche hat eine Größe zwischen 0,01 und 3 cm^2; einige Bauformen sind in Abb. 7.15 wiedergegeben.

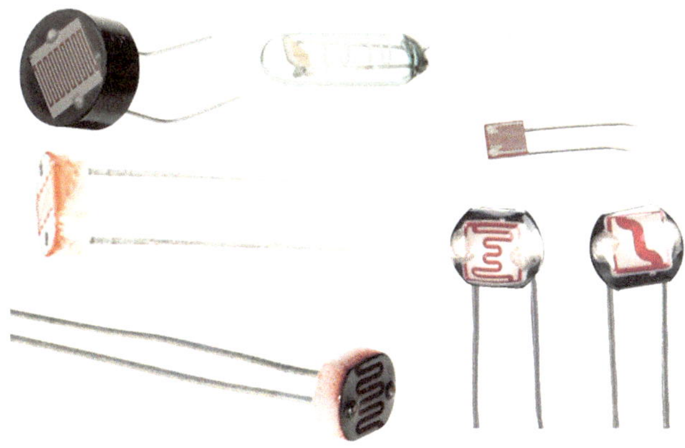

Abb. 7.15 Bauformen von Fotowiderständen

Als Schaltzeichen für Fotowiderstände wird das Symbol nach Abb. 7.16 verwendet.

Im unbeleuchteten Zustand ist ein Fotowiderstand sehr hochohmig und der sogenannte Dunkelwiderstand beträgt bis zu einigen MΩ. Schaltet man ihn in einen Gleichstromkreis, so fließt ein praktisch kaum messbarer Strom. Mit zunehmender Beleuchtung fällt der Widerstand auf etwa 1/1000 des Dunkelwiderstands. Als Messgröße des Lichts wird die Beleuchtungsstärke E in Lux zugrunde gelegt und z. B. ergibt eine Glühlampe 230 V/25 W in 1 m Abstand bzw. eine 100-W-Lampe in 2 m Abstand eine Beleuchtungsstärke von etwa 50 lx. Die Abhängigkeit des Widerstands von der Beleuchtungsstärke ist im Diagramm Abb. 7.17 dargestellt.

Die größte Empfindlichkeit besitzen CdS-Fotowiderstände für rotes bis infrarotes Licht.

Das Diagramm lässt erkennen, dass bereits verhältnismäßig geringe Beleuchtungsstärken ausreichen, um den Widerstand eines Fotowiderstands stark herabzusetzen. Im Gegensatz zu anderen fotoelektronischen Bauelementen sind Fotowiderstände verhältnismäßig hoch belastbar. Ihre zulässige Verlustleistung liegt etwa zwischen 0,05 und 1,2 W und sie eignen sich daher z. B. zur direkten Steuerung von Relaisstromkreisen. Eine einfache Versuchsschaltung für eine Lichtschranke mit einem Fotowiderstand ist in Abb. 7.18 wiedergegeben.

Der Fotowiderstand wird von einer Glühlampe beleuchtet, zur Lichtbündelung werden meistens Hohlspiegel (Parabolspiegel) und Linsen eingesetzt. Das Relais A befindet sich so lange im angezogenen Zustand, wie Licht auf den Fotowiderstand fällt und der Ruhekontakt a ist somit geöffnet. Wird der Lichtstrahl z. B. dadurch unterbrochen, dass jemand durchschreitet, so erhöht sich der Widerstandswert des Fotowiderstands. Das Relais fällt ab, schließt den Ruhekontakt a und der Summer ertönt.

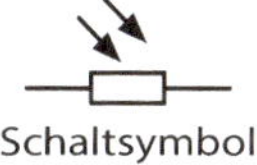

Abb. 7.16 Symbol des Fotowiderstands

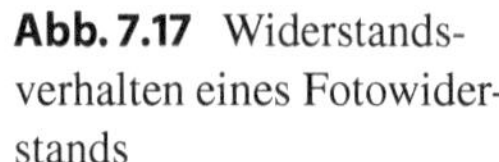

Abb. 7.17 Widerstandsverhalten eines Fotowiderstands

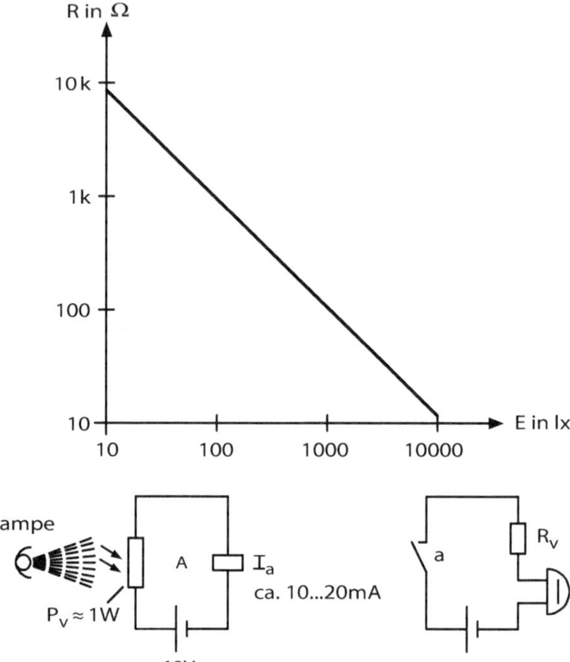

Abb. 7.18 Lichtschranke mit einem Fotowiderstand

Diese Lichtschranke kann zur Einbruchsicherung (natürlich mit unsichtbarem Infrarotlicht), zum Einschalten von Rolltreppen, zur automatischen Öffnung von Türen oder auch zur elektrischen Zählung von Massenartikeln auf einem Fließband ausgenutzt werden. In Foto- und Filmapparaten dienen CdS-Zellen zur automatischen Blendensteuerung. Dadurch entfällt die sonst notwendige Lichtmessung und Blendeneinstellung von Hand. Da Fotowiderstände zur Gruppe der passiven Bauelemente gehören, muss in ihren Stromkreisen grundsätzlich eine Stromquelle (z. B. Batterie) vorhanden sein. Fotowiderstände arbeiten verhältnismäßig träge und reagieren nur auf Wechselvorgänge bis zu etwa 1 kHz mit Widerstandsänderungen.

7.2.5 VDR-Widerstand

Varistoren sind eigentlich Halbleiterbauelemente, deren Widerstandsrichtung unabhängig mit zunehmender Spannung kleiner wird. Die Bezeichnung ist aus dem englischen Begriff „variable resistor" (= veränderlicher Widerstand) entstanden. Daneben findet man sehr häufig die Bezeichnung VDR-Widerstand, abgeleitet aus „Voltage dependent resistor" (spannungsabhängiger Widerstand). Abb. 7.19 zeigt Bauformen von verschiedenen Varistoren.

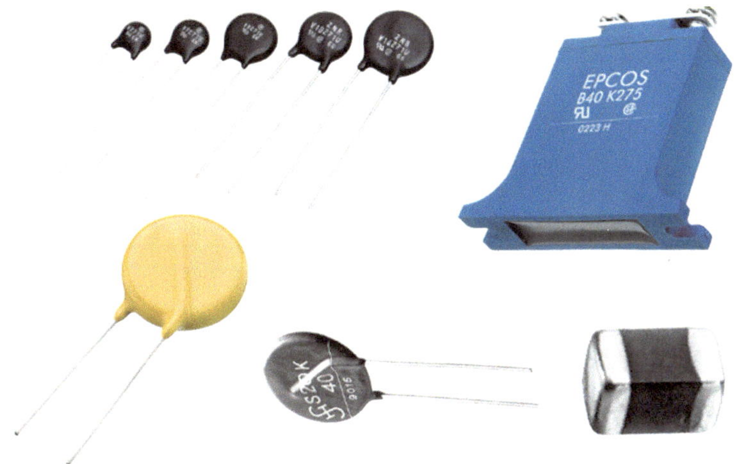

Abb. 7.19 Bauformen von Varistoren

Die Varistoren bestehen aus feinkörnigem Siliziumkarbid (SiC), das unter mehr oder weniger hohem Druck zu überwiegend scheibenförmigen Widerstandskörpern zusammengesintert wird. An den Berührungsflächen der nebeneinanderliegenden Siliziumkarbidkörner tritt eine Gleichrichterwirkung auf (PN-Übergang). Da in einem Varistor aber auf kleinstem Raum sehr viele Körner nebeneinander und deren Berührungsflächen räumlich ganz willkürlich zueinander liegen, ergibt sich keine eindeutige Sperr- oder Durchlassrichtung. Man kann sich einen Varistor etwa so vorstellen, wie es Abb. 7.20 zeigt.

Legt man an ein solches Bauelement eine Spannung bestimmter Richtung, so kann der Strom nur über die Kette der zufällig in Durchlassrichtung liegenden Diodenstrecken fließen. Man weiß aber von einem PN-Übergang, dass über ihn in Durchlassrichtung erst ein Strom fließt, wenn die angelegte Spannung größer als die Diffusionsspannung ist. Da im Varistor eine Vielzahl von PN-Übergängen in Reihe geschaltet sind, addieren sich deren Diffusionsspannungen. So kommt es, dass erst bei verhältnismäßig hohen Spannungen ein merklicher Stromanstieg erfolgt. Wird die angelegte Spannung umgepolt, so liegt wieder eine andere Kette von PN-Übergängen zufällig in der Durchlassrichtung. In entgegengesetzter Richtung wiederholt sich der gleiche Vorgang. Erst wenn die angelegte Spannung größer als die Summe der Diffusionsspannungen ist, beginnt der Strom zu fließen. Abb. 7.21 zeigt das Symbol eines Varistors.

Abb. 7.20 Schematischer Aufbau eines Varistors (zusammengesetzt aus vielen Dioden mit willkürlicher Lage)

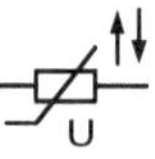

Abb. 7.21 Symbol eines Varistors

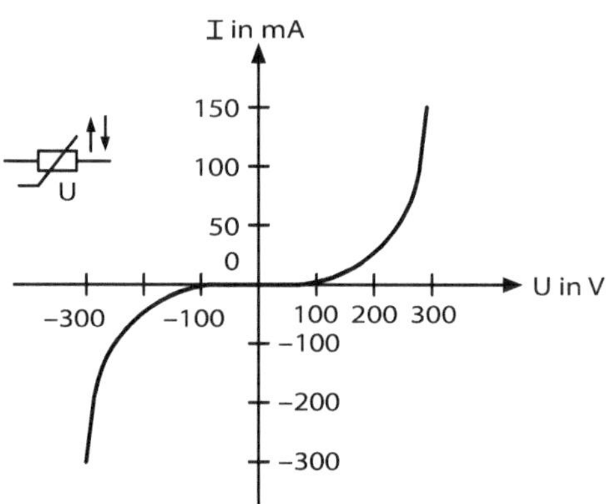

Abb. 7.22 Kennlinie eines Varistors (VDR-Widerstand)

Beim Symbol gilt die gegensinnige Pfeilrichtung und bedeutet, dass der Widerstand R mit zunehmender Spannung U kleiner wird.

Das Verhalten eines Varistors wird durch seine Kennlinie anschaulich und sie zeigt einen symmetrischen Verlauf für positive und negative Spannungsrichtung. Abb. 7.22 zeigt die Kennlinie eines Varistors (VDR-Widerstand).

Es liegt nahe, dass man die Spannung, bei der ein Stromanstieg erfolgt, durch die Zahl der PN-Übergänge beeinflussen kann. Verwendet man zur Herstellung von VDR-Widerständen grobkörniges Siliziumkarbid, so sind auf gleichem Raum weniger PN-Übergänge vorhanden. Die Summe der Diffusionsspannungen wird kleiner. Der Strom steigt daher schon bei einer geringeren angelegten Spannung. Ein Varistor besteht aus einer Vielzahl willkürlich zueinander liegender PN-Übergänge. Sowohl bei positiver als auch bei negativer Richtung der angelegten Spannung beginnt ein merklicher Stromanstieg erst bei einer bestimmten Spannungshöhe. Der Vorteil der VDR-Widerstände liegt darin, dass sie gegenüber Begrenzer- und Z-Dioden richtungsunabhängig sind. Varistoren werden für Spannungen zwischen etwa 10 und einigen 1000 V hergestellt.

Wie die Erläuterung der grundsätzlichen Wirkungsweise schon vermuten lässt, werden Varistoren vorwiegend zur Begrenzung von Wechselspannungen bzw. Pulsspannungen oder Spannungsstößen eingesetzt.

Beispiel 1

Funkenlöschung. Beim Unterbrechen eines induktiv belasteten Stromkreises entstehen sehr hohe Selbstinduktionsspannungen. Diese Induktionsspannungen betragen ein Vielfaches der Betriebsspannung und können zum Durchschlag (Zerstörung von Wicklungen oder Bauelementen), zu starker Funkenbildung an Schalterkontakten (Abbrand)

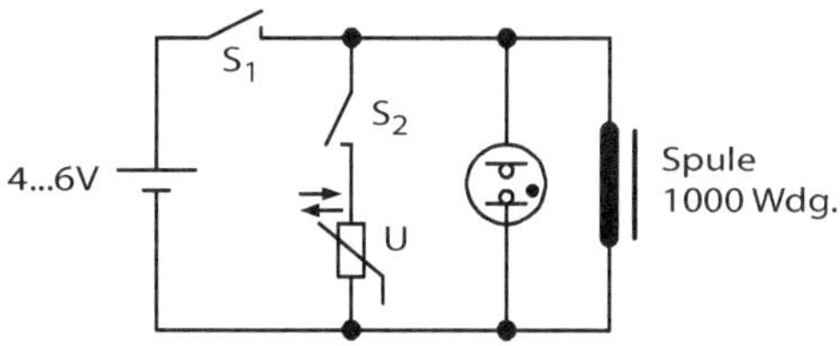

Abb. 7.23 Funkenlöschung mit einem Varistor

und Geräuschstörungen (Knacken) führen. Die auftretenden Spannungsspitzen lassen sich durch einen Varistor einfach unterdrücken. Dazu ist folgender Versuch anschaulich, der auch zur Demonstration der Selbstinduktionsspannung an einer Spule üblich ist und Abb. 7.23 zeigt die Funkenlöschung mit einem Varistor.

Eine Spule (ca. 1000 Windungen) mit Eisenkern wird über einen Schalter S_1 an eine Gleichspannung von etwa 4 bis 6 V gelegt. Parallel zur Spule ist eine Glimmlampe mit einer Zündspannung von 60 bis 70 V geschaltet. Solange der Stromkreis geschlossen ist, leuchtet die Glimmlampe nicht; denn die anliegende Spannung liegt weit unter der erforderlichen Zündspannung. Wird der Schalter S_1 jedoch geöffnet, blitzt die Glimmlampe kurzzeitig auf. Das beweist, dass die Selbstinduktionsspannung mindestens 60 bis 70 V betragen muss. Jetzt schaltet man mit Hilfe des Schalters S_2 parallel zur Spule und zur Glimmlampe einen VDR-Widerstand, der bei etwa 20. . . 30 V niederohmig wird. Beim Öffnen des Schalters S_1 leuchtet die Glimmlampe nicht mehr auf. Für die hohe Selbstinduktionsspannung stellt der VDR-Widerstand einen niederohmigen Nebenschluss dar. Dieses Verfahren, hohe Spannungsspitzen beim Öffnen eines Schalters zu unterdrücken, ist als Funkenlöschung bekannt.

Beispiel 2

Überspannungsschutz. Ähnlich – wie im Beispiel 1 – liegen die Verhältnisse in induktiv belasteten Stromkreisen, wenn mit Pulsspannungen, z. B. Nadelimpulsen oder auch Kippschwingungen (ältere Oszilloskope bzw. Fernsehempfänger) gearbeitet wird. Da in diesen Fällen eine sehr schnelle Änderung des magnetischen Flusses in einer Induktivität auftritt, entstehen wie beim Schalten sehr hohe Selbstinduktionsspannungen. Um die Spulen selbst oder auch andere Bauelemente des Stromkreises (Röhren, Transistoren, Kondensatoren) vor einer Zerstörung zu schützen, werden Varistoren eingeschaltet. In Schaltungen, bei denen mit Pulsspannungen gearbeitet wird, dienen VDR-Widerstände häufig auch zum Abflachen der Impulsform.

Neben den aufgezeigten Anwendungsmöglichkeiten für Varistoren bietet sich ihre Verwendung zur Stabilisierung von Spannungen (ähnlich wie Z-Dioden), zur Impulsformung und zum allgemeinen Überspannungsschutz an.

7.3 Dioden (Zweischicht-Halbleiter)

Hauptmerkmal einer Diode ist das Vorhandensein eines PN-Übergangs und dieser ergibt sich an der Berührungs- oder Grenzschicht eines P-Leiters mit einem N-Leiter. Man kann einen PN-Übergang herstellen, indem ein Halbleiter-Kristall aus Germanium oder Silizium von einer Seite her N-dotiert und von der anderen Seite her P-dotiert oder indem ein N-Leiter von einer Seite her kräftig P-dotiert wird. Ein Bauelement, das nur einen PN-Übergang enthält, wird allgemein als Diode bezeichnet. An der Grenzschicht zwischen P- und N-Leiter stehen sich unmittelbar Löcher (bewegliche positive Ladungen) und Elektronen (bewegliche negative Ladungen) gegenüber. Abb. 7.24 zeigt Bauformen von verschiedenen Dioden.

Ein PN-Übergang weist nun Eigenschaften auf, die ein einfaches aus einheitlichem Stoff aufgebautes Bauelement nicht besitzt. Es soll kurz erklärt werden, was vorgeht, wenn man an einen PN-Übergang von außen eine Spannung anlegt. Abb. 7.25 zeigt einen PN-Übergang bei einer Diode.

Ursache für das Leitverhalten eines elektrisch leitfähigen Stoffs ist die elektrostatische Kraftwirkung: Gleichnamige elektrische Ladungen stoßen sich ab, ungleichnamige ziehen sich dagegen an. Mit Hilfe dieses einfachen physikalischen Gesetzes kann man sich das Verhalten nahezu aller Halbleiterbauelemente erklären. Was geht nun vor, wenn an einen PN-Übergang von außen eine Spannung mit Plus am P-Leiter und Minus am N-Leiter angelegt wird?

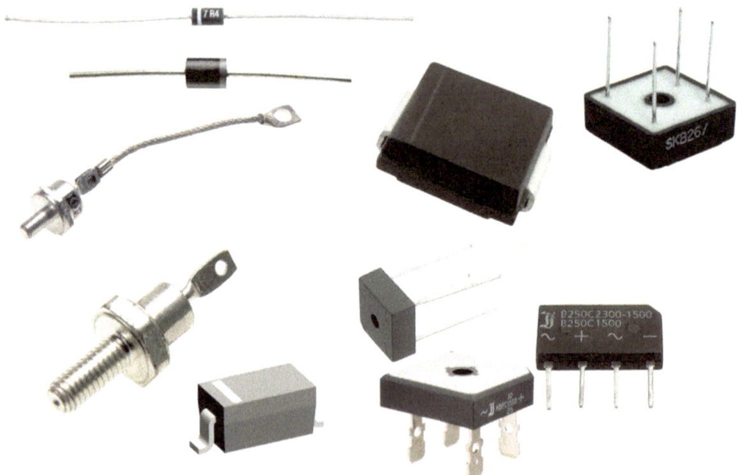

Abb. 7.24 Bauformen von Dioden

P-Leiter
(Löcher)
N-Leiter
(Elektronen)

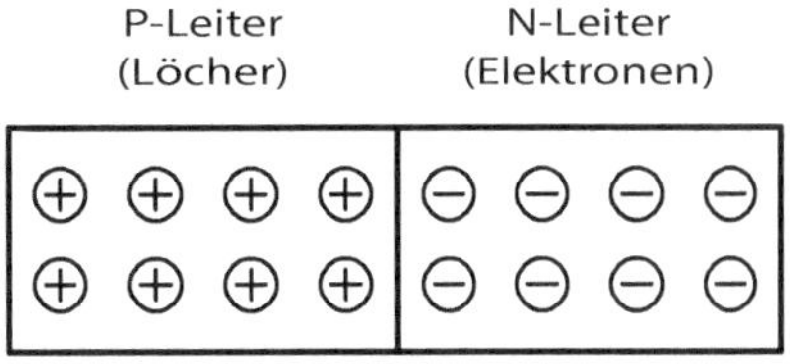

Abb. 7.25 PN-Übergang bei einer Diode

7.3.1 Kennlinie einer Diode

Am anschaulichsten wird das Verhalten eines Bauelements anhand seiner Spannungs-Strom-Kennlinie und diese zeigt, wie schon besprochen, die Abhängigkeit der Stromstärke von der Höhe der angelegten Spannung. Um die grundsätzliche Wirkungsweise einer Diode kennenzulernen, genügt die folgende Messschaltung zur Kennlinienaufnahme einer Diode. Wegen der durch Spannungs- und Strommesser bedingten Fehler muss die Messschaltung für die Durchlass- bzw. Sperrrichtung geändert werden. Abb. 7.26 zeigt eine Messschaltung zur Aufnahme einer Diodenkennlinie.

Als Diode kann man eine Siliziumdiode aus einem Netzgleichrichter verwenden. Zum Schutz gegen Überlastung ist ein Schutzwiderstand R_v vorzusehen. Dieser ist so zu bemessen, dass der für die Diode höchstzulässige Strom nicht überschritten wird. Die Spannung wird zunächst in Durchlassrichtung gepolt und mit Hilfe des Potentiometers stufenweise bis ca. 1,4 V erhöht. Zu jeder Spannung wird der zugehörige Strom gemessen und anschließend die Messreihe für den Sperrbereich aufgenommen. Aus den Messpunkten lässt sich die Kennlinie der Diode grafisch darstellen. Dazu ist noch zu bemerken, dass man aus rein praktischen Gründen für den Durchlassbereich einer Diodenkennlinie einen anderen Maßstab für Spannung und Strom wählt als für den Sperrbereich. Die Spannung in Durchlassrichtung wird mit U_F und der Durchlassstrom mit I_F bezeichnet. Das F stammt aus dem Englischen: „forward" = vorwärts. Für Sperrspannung und Sperrstrom setzt man die Formelzeichen U_R und I_R, wobei R aus dem Englischen „return" = zurückkehren, übernommen wurde. Bei der Diodenkennlinie ist grundsätzlich zwischen zwei Bereichen zu unterscheiden.

Die Kennlinie einer Diode in Abb. 7.27 zeigt zwei Arbeitsbereiche.

Durchlassrichtung
Sperrrichtung
4V
R
V
mA
V
24V
mA
V

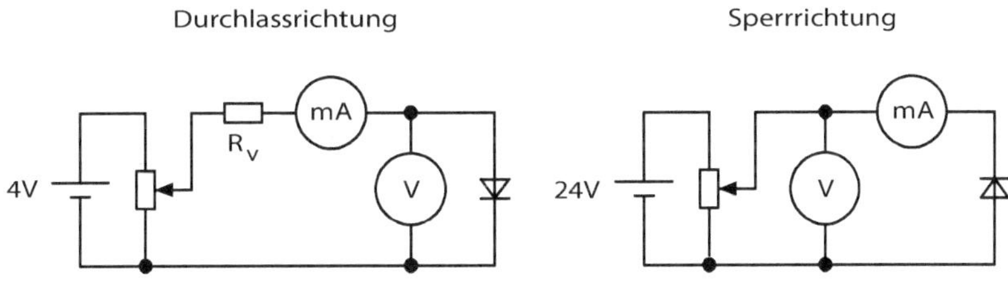

Abb. 7.26 Messschaltung zur Aufnahme einer Diodenkennlinie

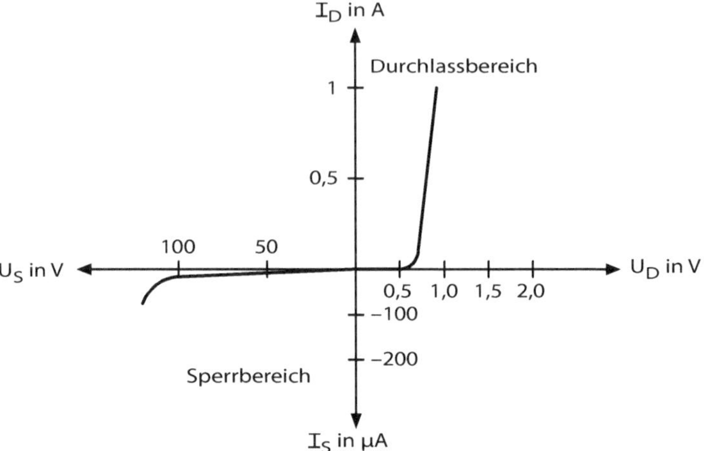

Abb. 7.27 Kennlinie einer Diode

- Durchlassbereich: Solange die Spannung in Durchlassrichtung kleiner als die Schleusenspannung des PN-Übergangs ist, fließt ein kaum messbarer Strom. Die Kennlinie verläuft sehr flach, was gleichbedeutend mit einem hohen Widerstand ist. Wird die Schleusenspannung überschritten, steigt der Strom stark an. Der Kennlinienverlauf wird steil und das lässt auf einen niedrigen Widerstandswert schließen.
- Sperrbereich: Legt man an eine Diode eine Spannung in Sperrrichtung, so fließt ein – wenn auch geringer – Strom. Er wird durch die Eigenleitung des Halbleiterstoffs bei Raumtemperatur ermöglicht und steigt mit zunehmender Erwärmung. Bis zur Höhe der Durchbruchspannung verläuft die Kennlinie sehr flach. Die Diode ist also in diesem Bereich sehr hochohmig. Beim Erreichen der Durchbruchspannung beginnt jedoch der Durchbruch von Ladungsträgern und der Strom steigt auch im Sperrbereich an. Hohe Spannung und zunehmender Strom ergeben aber eine zunehmende Leistung (Verlustleistung) und sie führt zu stärkerer Erwärmung und innerhalb kurzer Zeit zur Zerstörung der Diode. Da die Spannungs-Strom-Kennlinie einer Diode nicht linear verläuft, ist ihr Widerstand nicht konstant und dieser hängt von der Größe und Richtung der angelegten Spannung ab. Diese Erkenntnis ist für viele Messungen an Dioden oder PN-Übergängen von großer Bedeutung für die richtige Beurteilung des Messergebnisses.

Bevor man sich mit praktischen Anwendungen und Messungen an Dioden beschäftigt, soll der Unterschied zwischen dem statischen und dynamischen Widerstand erläutert werden. In der Gleichstromlehre wird der Widerstand eines Bauelements mit Hilfe einer Spannungs- und Strommessung bestimmt. Der Widerstandswert lässt sich nach dem ohmschen Gesetz berechnen ($R = U/I$). Eine Diode besitzt aber keinen bestimmten gleichbleibenden Widerstand. Zur besseren Beurteilung des Widerstandsverhaltens einer Diode hat man daher zwei Größen eingeführt, den statischen (in Ruhe) und den dynamischen (in Bewegung) Widerstand. Wie die Bezeichnung schon erkennen lässt, bezieht sich der statische Widerstand auf einen Ruhezustand. Ein unveränderlicher – also statischer – elektrischer Zustand ergibt sich bei Gleichstrom. Legt man an eine Diode in Durchlassrichtung eine Gleichspannung U_F bestimmter Höhe, fließt ein bestimmter Strom I_F. Aus diesen beiden Werten ergibt sich der statische Widerstand von

$$R_F = \frac{U_F}{I_F}.$$

Er wird üblicherweise für den vorgesehenen Betriebszustand (Arbeitspunkt) einer Diode angegeben. Ebenso lässt sich für den Sperrbereich der statische Widerstand aus Sperrspannung U_R und Sperrstrom I_R bestimmen.

Anders liegen die Verhältnisse, wenn die Gleichspannung schwankt oder mit Wechselspannung überlagert wird. Angenommen, die Diode liegt an einer Gleichspannung von 2 V in Durchlassrichtung.

In der Diodenkennlinie nach Abb. 7.28 sind zwei Punkte markiert und für diese beiden Punkte ergeben sich folgende statische Widerstände:

$$R_F = \frac{U_F}{I_F} = \frac{2\,\text{V}}{0{,}2\,\text{A}} = 10\,\Omega, \qquad R_R = \frac{U_R}{I_R} = \frac{-20\,\text{V}}{-2\,\text{mA}} = 10\,\text{k}\Omega.$$

Zeichnet man für die beiden Widerstände $R_F = 10\,\Omega$ und $R_R = 10\,\text{k}\Omega$ die Widerstandsgerade in das Kennlinienfeld ein, ist deutlich zu erkennen, dass sie die Diodenkennlinie nur in je einem Punkt schneidet. Für alle anderen Spannungen und Ströme ergeben sich auch andere Diodenwiderstände.

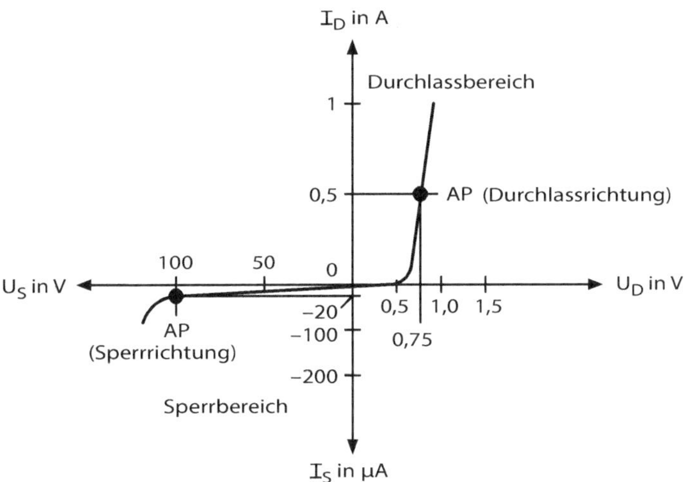

Abb. 7.28 Statischer Widerstand einer Diode

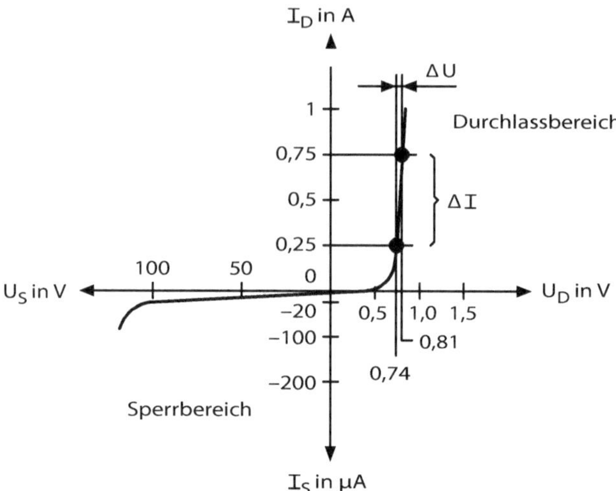

Abb. 7.29 Bestimmung des dynamischen Widerstands einer Diode

Wird diese Gleichspannung mit einer Wechselspannung von $U_{max} = 0{,}5$ V überlagert, so ändert sich die Spannung an der Diode im Rhythmus der Wechselspannung zwischen 1,5 und 2,5 V. Der Diodenstrom schwankt dabei zwischen 100 und 300 mA. Für die Schwankungen – also den Wechselstrom – stellt die Diode einen Widerstand dar, der sich so berechnen lässt. Abb. 7.29 zeigt die Bestimmung des dynamischen Widerstands einer Diode.

Dieser Widerstand ist für den angenommenen Arbeitspunkt also kleiner als der statische Widerstand und man bezeichnet ihn als dynamischen oder auch differentiellen Widerstand.

Der statische Widerstand eines Halbleiterbauelements ergibt sich aus Gleichspannung und Gleichstrom, d. h. er ist stark vom Arbeitspunkt abhängig. Unter dem dynamischen Widerstand r eines Halbleiterbauelements versteht man den Widerstandswert, der sich aus Spannungsänderung und Stromänderung ergibt, und er stellt gewissermaßen einen Wechselstromwiderstand dar. Statischer und dynamischer Widerstand werden für einen Arbeitspunkt angegeben.

7.3.2 Messungen und Prüfungen an Dioden

Eine Diode bietet in der Elektrotechnik und Elektronik eine Vielzahl von Anwendungsmöglichkeiten. Wird sie nicht speziell für einen ganz besonderen Anwendungszweck hergestellt, so heißt sie Universaldiode und als Schaltzeichen wird das Symbol von Abb. 7.30 verwendet. Dabei ist wichtig zu wissen, dass die Anode Pfeilspitze des Symbols immer in die Durchlassrichtung (technische Stromrichtung) des PN-Übergangs weist. Über einen

Anode ○—▷|—○ Katode

Abb. 7.30 Symbol einer Diode

Verbraucher fließt der Strom von Plus nach Minus bzw. von der Anode zur Katode. Sinngemäß werden die beiden Anschlüsse einer Diode für die Durchlassrichtung mit Anode und Katode bezeichnet. Zur Kennzeichnung wird bei kleinen Bauformen allgemein die Anschlussseite der Katode mit einem weißen oder roten Farbring oder auch Farbpunkt versehen. Die Katode einer Diode ist immer die Stromaustrittstelle für die Durchlassrichtung.

Normalerweise sind die Anschlüsse handelsüblicher Dioden gekennzeichnet. In der Praxis kommt es jedoch vor, dass Farbringe oder -punkte verwischt sind oder die Diodenanschlüsse Anode und Katode äußerlich nicht erkennbar sind. Hier hilft uns in einfacher Weise ein Widerstandsmessinstrument (Ohmmeter).

Die Anschlussbuchsen bzw. Messschnüre eines Ohmmeters sind mit $\oplus$ und $\ominus$ gekennzeichnet. Die im Ohmmeter vorhandene Batterie (meistens eine Einzelzelle 1,5 V) liegt mit ihrem Pluspol an der $\oplus$-Buchse des Ohmmeters. Ihre Spannung ist größer als die Diffusions- oder Schwellenspannung der Dioden (Ge $\approx$ 0,2 V, Si $\approx$ 0,6 V).

Legt man eine Diode an die Messschnüre eines Ohmmeters und vertauscht anschließend die beiden Messschnüre, so wird die Diode mit der im Ohmmeter eingebauten Spannungsquelle einmal in Durchlassrichtung und zum anderen in Sperrrichtung betrieben. Den Durchlassbereich erkennt man an einem niedrig angezeigten Widerstandswert, die Sperrrichtung an einem hohen Widerstandswert. Bei Anzeige eines niedrigen Widerstandswerts ist der mit der $\oplus$-Buchse bzw. $\oplus$-Messschnur des Ohmmeters verbundene Diodenanschluss die Katode.

Werden die Messungen mit einem Vielfachmessinstrument durchgeführt, ist zu beachten, dass die Polarität dann umgekehrt ist! Bei Messungen an Halbleiter-Bauelementen mit einem Vielfachinstrument empfiehlt sich, die rot gekennzeichnete Messschnur an die $\oplus$-Buchse des Vielfachinstruments anzuschließen, da in Gleichstromnetzen der Plusleiter immer rot gekennzeichnet wird.

Zur Messung wird der Widerstandsbereich × 1k eingeschaltet. Bei diesem Messbereich liegt in der Skalenmitte ein Wert von ca. 30...50 kΩ. Zur Messung benutzt man die Germiniumdiode AA118 und anschließend eine Siliziumdiode, z. B. BA147. Abb. 7.31 zeigt die Messung einer Diode in Durchlassrichtung.

Für die Germaniumdiode AA118 ergeben sich etwa folgende Messwerte:

a) Durchlassbereich = 2,5 kΩ
b) Sperrbereich = 2 MΩ

Schaltet man für den Durchlassbereich den Ohmmeter-Messbereich auf × 10 um, so ergibt sich ein Durchlasswiderstand von etwa 200 Ω. Abb. 7.32 zeigt die Wirkung der Sperrrichtung einer Diode.

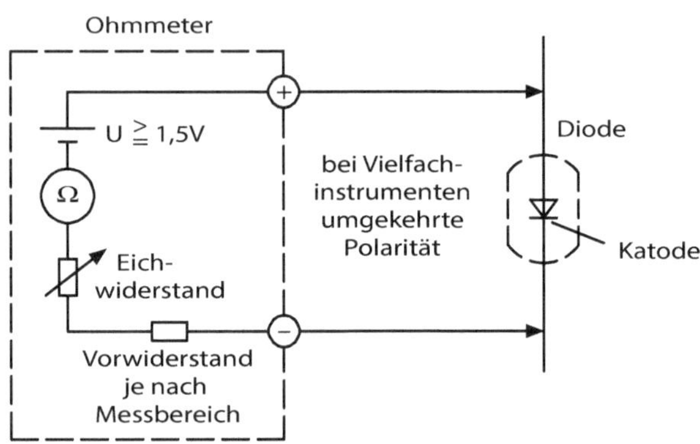

Abb. 7.31 Gemessene Durchlassrichtung einer Diode

Da sich für den Durchlassbereich unterschiedliche Widerstandswerte ergeben, darf das Messgerät nicht umgeschaltet werden. Infolge der geänderten Reihenschaltung Innenwiderstand – Diode ändert sich aber auch die Teilspannung an der Diode. Von der Kennlinie einer Diode weiß man, dass der statische Widerstand einer Diode sehr stark von der anliegenden Spannung abhängig ist.

Aus den gemessenen Widerstandswerten für den Durchlass- und Sperrbereich kann man aber auch – zumindest ungefähr – auf die Funktionsfähigkeit der Diode schließen. Dafür gilt folgende Richtlinie: Bei einer einwandfreien Diode sollte das Verhältnis von gemessenem Sperrwiderstand zu gemessenem Durchlasswiderstand (im gleichen Widerstandsmessbereich) etwa 100 oder mehr betragen. Dieser Wert ist rein größenordnungsmäßig zu verstehen. Für Si-Dioden muss dieses Verhältnis größer sein als für Ge-Dioden, da Si-Dioden einen kleineren Durchlass- und einen größeren Sperrwiderstand aufweisen.

Die Messungen mit einem Ohmmeter lassen erkennen, dass man Dioden auch mit einfachen Mitteln verhältnismäßig schnell prüfen kann. Man kann solche Messungen später auch an Transistoren vornehmen.

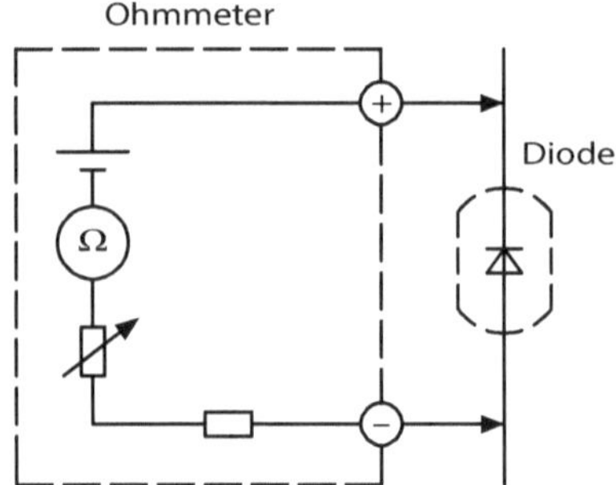

Abb. 7.32 Wirkung der Sperrrichtung einer Diode

Um einen grundsätzlichen Vergleich zwischen Dioden aus den verschiedenen Halbleiterstoffen zu ermöglichen, sollen die Kennlinien einer Germaniumdiode (AA118) und einer Siliziumdiode (BA147) aufgenommen und in einem Diagramm dargestellt werden. Da die Sperrspannung für Germanium- und vor allem Siliziumdioden schon verhältnismäßig hoch liegt, muss auf die versuchsmäßige Aufnahme der Sperrkennlinien bis zum Durchbruch verzichtet werden. Die Sperrkennlinien für die gemessenen Dioden wurden nach Herstellerangaben in das Kennlinienfeld eingetragen. Für den Sperrbereich genügt eine Messung bis etwa 50 V.

7.3.3 Diode als Einweggleichrichter

Wegen ihres ausgeprägten Durchlass- oder Sperrverhaltens wird die Diode zur Gleichrichtung von Wechselströmen eingesetzt. Schaltet man in einen Wechselstromkreis eine Diode in Reihe zum Verbraucher, so kann der Strom immer nur in einer Richtung – nämlich in Durchlassrichtung der Diode – fließen. In anderer Richtung, also in entgegengesetzter Stromrichtung, ist die Diode hochohmig, und es fließt ein kaum messbarer Strom.

Die einfachste Form des Wechselstroms ist der sinusförmige Wechselstrom, d. h., das Strom-Zeit-Diagramm stellt eine Sinuskurve dar. Im Stromkreis mit eingeschalteter Diode kann aber von den beiden Halbwellen des Wechselstroms nur eine wirklich über den Verbraucher fließen. Während der anderen Halbperiode ist die Diode gesperrt. Wenn aber kein Strom über den Widerstand fließt, dann tritt an ihm auch kein Spannungsfall auf. Man erkennt daraus, dass der Widerstand R nur während einer Halbperiode Strom oder Spannung erhält. Wegen dieser Eigenschaft bezeichnet man die einfachste Gleichrichterschaltung als Einweggleichrichter-Schaltung oder kurz Einwegschaltung. Abb. 7.33 zeigt den zeitlichen Verlauf des sinusförmigen Wechselstroms.

In Abb. 7.34 ist der zeitliche Verlauf des Gleichstroms dargestellt, der durch eine Einweggleichrichterschaltung aus sinusförmigem Wechselstrom gewonnen wurde. Da der Strom an dem Widerstand einen Spannungsfall ohne Phasenverschiebung verursacht, hat

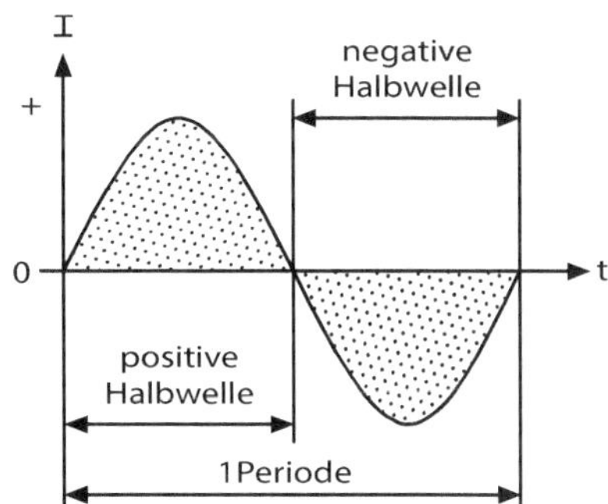

Abb. 7.33 Zeitlicher Verlauf des Sinuswechselstroms

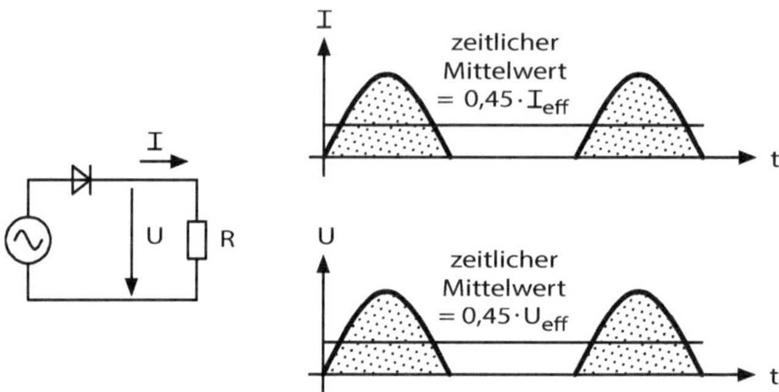

Abb. 7.34 Einwegschaltung mit Strom und Spannung am Widerstand

die Spannung m Widerstand den gleichen zeitlichen Verlauf. Man bezeichnet diese Stromart in der Stromversorgungstechnik als pulsierenden Gleichstrom.

Der zeitliche Mittelwert der pulsierenden Gleichspannung ist bei Einweggleichrichtung verhältnismäßig gering und dieser beträgt nur 45 % vom Effektivwert der Wechselspannung. Das bedeutet, dass – abgesehen von den Spannungsverlusten an der Diode – ein Spannungsmesser vor der Diode 10-V-Wechselspannung, hinter der Diode dagegen nur 4,5-V-Gleichspannung anzeigen würde.

Ein wesentlicher Nachteil der Einwegschaltung ist, dass nur je eine Halbperiode des Wechselstroms ausgenutzt wird. Um aus pulsierendem Gleichstrom reinen Gleichstrom (gleichbleibende Größe) zu gewinnen, muss man hinter den Gleichrichter eine Siebkette schalten.

7.3.4 Mittelpunktschaltung

In der Zweiweggleichrichter-Schaltung (Zweiwegschaltung) werden beide Halbwellen des Wechselstroms ausgenutzt. Die Schaltung wurde früher überwiegend für Netzgleichrichter mit Röhren angewandt. Heute gewinnt sie in der Informationstechnik z. B. zur Frequenzverdopplung wieder an Bedeutung. Abb. 7.35 zeigt die Zweiwegschaltung bei positiver und negativer Halbwelle.

Für die Zweiwegschaltung wird ein Transformator mit zwei in Reihe geschalteten Sekundärwicklungen benötigt. Wegen dieses Aufwands hat die Zweiwegschaltung in Strom-

Abb. 7.35 Zweiwegschaltung mit Spannungsverlauf am Widerstand

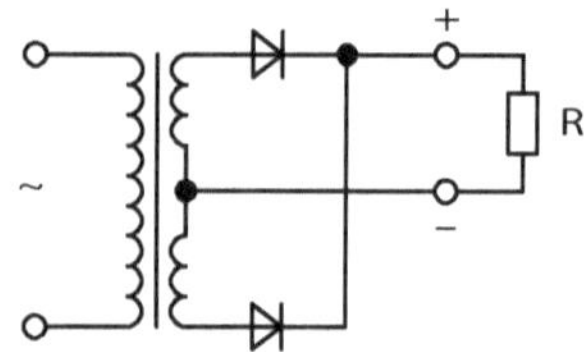

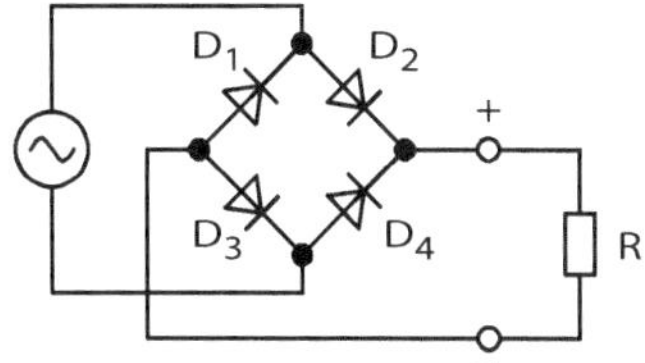

Abb. 7.36 Brückenschaltung mit Spannungsverlauf am Widerstand

versorgungsanlagen keine Bedeutung mehr. Für die positive Halbwelle ist nur die obere Diode leitend, die untere gesperrt. Dagegen ist für die negative Halbwelle nur die untere Diode durchlässig und die obere gesperrt. Aufgrund der Schaltung werden aber jetzt beide Halbwellen des Wechselstroms in gleicher Richtung über den Verbraucher geleitet. Der Verbraucher erhält pulsierenden Gleichstrom.

7.3.5 Brückengleichrichter

Die in Abb. 7.36 gezeigte Brückenschaltung verbindet die Vorteile eines einfachen Aufbaus mit der Ausnutzung beider Halbwellen des Wechselstroms, denn hier ist kein Transformator erforderlich. Die Brückenschaltung wird daher zur Wechselstrom-Gleichrichtung am häufigsten angewandt und diese besteht aus vier zu einer Brücke zusammengeschalteten Dioden.

Die Wirkungsweise lässt sich am einfachsten erklären, wenn man die Schaltung jeweils bei positiver und negativer Halbwelle des zugeführten Wechselstroms betrachtet. Es soll angenommen werden, dass bei der positiven Halbwelle der Strom vom oberen Anschluss der Wechselstromquelle abfließt. Für diese Stromrichtung sind aber nur zwei Dioden durchlässig, während die beiden anderen Dioden sperren. Da bei der Brückengleichrichtung beide Halbwellen des zugeführten Wechselstroms ausgenutzt werden, ist der zeitliche Mittelwert der am Widerstand R liegenden pulsierenden Gleichspannung entsprechend doppelt so groß wie bei der Einweggleichrichtung. Er beträgt 90 % vom Effektivwert der angelegten Wechselspannung, was an den eingeschalteten Spannungsmessern abzulesen ist.

7.3.6 Drehstrom-Mittelpunktschaltung

Die Drehstrom-Einweggleichrichtung besteht aus drei Dioden, die von den drei Strangspannungen des Drehstromnetzes gespeist werden. Die Anschlussklemmen L1, L2, L3 und N werden von drei Wechselspannungsquellen angesteuert, die in einer Sternschaltung zusammengefasst sind, wie Abb. 7.37 zeigt.

Die Frequenz der drei Wechselspannungsquellen sind daher um 0°, um 120° und um 240° zueinander phasenverschoben. Da die drei Wechselspannungsquellen direkt an den

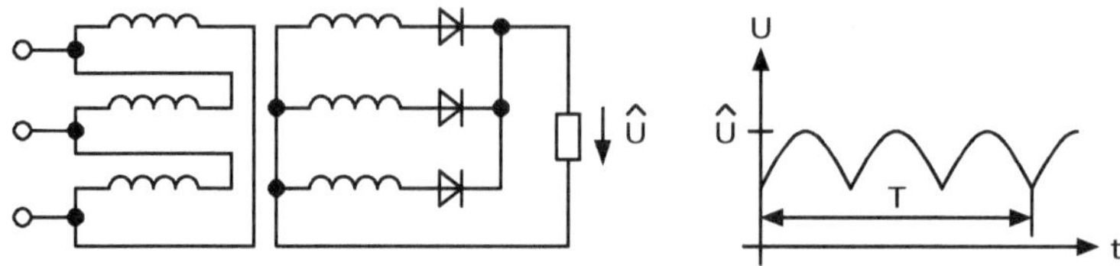

Abb. 7.37 Schaltung einer Drehstrom-Einweggleichrichtung im Sternbetrieb

Ausgängen zusammengefasst sind, ergibt sich ein Drehstrom in Sternschaltung, wobei der Nullleiter N entsteht.

Zwischen den einzelnen Leitern und dem Nullleiter liegen die einzelnen Strangspannungen, die untereinander eine gegenseitige Phasenverschiebung von 120° aufweisen. Jede der drei Dioden ist immer dann in Durchlassrichtung geschaltet, wenn an der Anode ein positiveres Potential liegt als an der Katode. Es entsteht eine pulsierende Gleichspannung.

Der Spitzenwert der Ausgangsspannung wird mit $U_{Str} = U_{1N} = U_{2N} = U_{3N}$ oder als Effektivwert der Strangspannung bezeichnet. Damit ergibt sich für den Spitzenwert der Ausgangsspannung U_{glmax} bei Vernachlässigung der Spannungsfälle an den Dioden folgende Beziehung:

$$U_{gl\,max} = \sqrt{2} \cdot U_{Str}.$$

Die Frequenz f_{Br} der Brummspannung am Ausgang ergibt sich aus

$$f_{Br} = 3 \cdot f_{Str},$$

d. h. bei einer Drehstromfrequenz von $f_{Str} = 50\,\text{Hz}$ entsteht am Ausgang eine Frequenz von $f_{Br} = 150\,\text{Hz}$.

7.3.7 Drehstrom- Brückengleichrichter

Der Drehstrom-Brückengleichrichter arbeitet ohne Nullleiter, d. h. die Ansteuerung durch den Drehstrom kann nach der Stern- oder der Dreieckschaltung erfolgen. In Abb. 7.38 wird die Sternschaltung verwendet, da die drei Wechselspannungsquellen direkt miteinander verbunden sind. Durch diese Verbindung entsteht der Nullleiter, der aber für diese Anwendung nicht benötigt wird.

Der Drehstrom-Brückengleichrichter nutzt im Gegensatz zum Drehstrom-Einweggleichrichter auch die negativen Halbwellen der Eingangswechselspannung aus. Dadurch ergibt sich nur noch eine geringe Restwelligkeit bei der ausgangsseitigen Gleichspannung U_{gl}.

Setzt man für die Strangspannung U_{Str} den Effektivwert der einzelnen Strangspannungen, mit U_L den Effektivwert der einzelnen Leiterspannungen und mit U_{Lmax} den

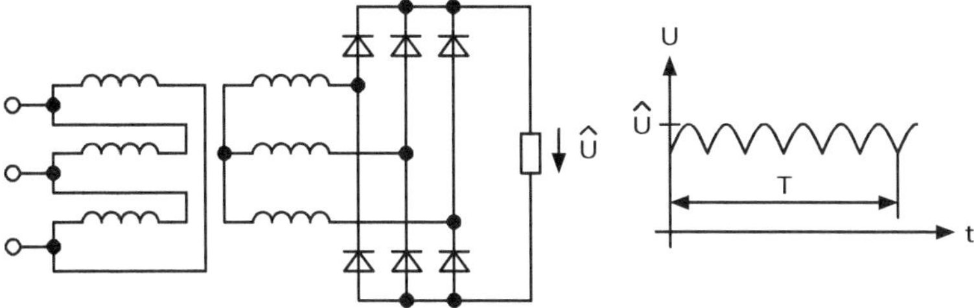

Abb. 7.38 Schaltung zur Untersuchung einer Drehstrom-Brückengleichrichtung an einer Sternschaltung

Spitzenwert der Leiterspannungen ein, ergibt sich, da $U_L = \sqrt{3} \cdot U_{Str}$ ist, für den Spitzenwert der Ausgangsspannung U_{glmax} die Beziehung:

$$U_{gl\,max} \approx U_{L\,max} = \sqrt{2} \cdot U_L = \sqrt{2} \cdot \sqrt{3} \cdot U_{Str}.$$

Für die Brummspannung gilt:

$$f_{Br} = 6 \cdot f.$$

7.3.8 Diode als Schalter

Anhand der Kennlinie einer Diode kann man zwei deutlich verschiedene Zustände in ihrem Verhalten feststellen:

a) Die in Durchlassrichtung geschaltete Diode wird niederohmig, sobald die anliegende Spannung den Wert der Diffusionsspannung geringfügig überschreitet. Eine Siliziumdiode geht also oberhalb von etwa 0,6 V in den niederohmigen Zustand über.
b) Ist die Spannung, die an einer in Durchlassrichtung geschalteten Diode liegt, kleiner als die Diffusionsspannung oder wird sie umgepolt, so ist die Diode hochohmig.

Man kann die beiden widerstandsmäßig sehr unterschiedlichen Zustände einer Diode mit denen eines mechanischen Schalters vergleichen: Ein geschlossener Schalter ist – wie die in Durchlassrichtung geschaltete Diode – niederohmig. Andererseits ist der geöffnete Schalter ähnlich wie eine gesperrte Diode hochohmig. Eine Diode kann somit als Schalter eingesetzt werden.

Der Vergleich zwischen mechanischem Schalter und Diode ist jedoch etwas unkorrekt. Bei genauer Untersuchung muss man nämlich feststellen, dass der Widerstand eines geschlossenen Schalters in der Größenordnung von unter 0,01 Ω, der Widerstand einer durchlässig geschalteten Diode immerhin noch in der Größenordnung von mindestens 10 Ω, liegt. Der geöffnete mechanische Schalter hat einen Widerstand von praktisch ∞ Ω, während die Diode einen Sperrwiderstand in der Größenordnung MΩ besitzt. Eine Diode

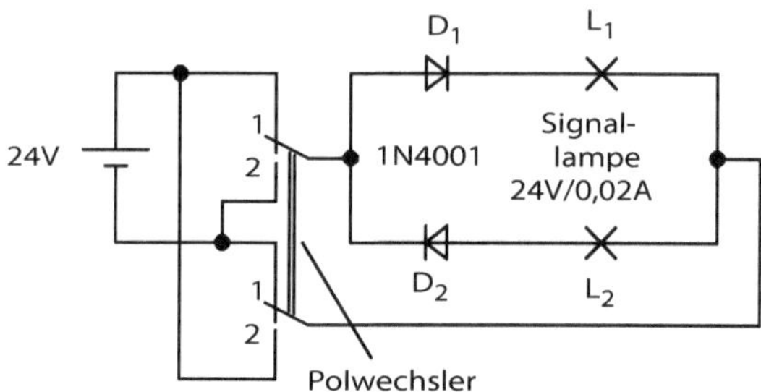

Abb. 7.39 Dioden als Schalter

ist also bezüglich ihres Durchlass- und Sperrwiderstands kein idealer Schalter. Sie weist aber gegenüber mechanischen und elektromechanischen Schaltern Vorzüge auf, die zu einer inzwischen breiten Anwendung in der Elektrotechnik und Elektronik geführt haben. Zu den Vorteilen einer Diode als Schalter (kurz als Schalterdiode bezeichnet) gegenüber dem mechanischen Schalter gehört die wesentlich kürzere Ein- und Ausschaltzeit. Mit Dioden erreicht man Schaltzeiten von weniger als 100 ns, während die Schaltzeit mechanischer Schalter in der Größenordnung von 0,1 s liegt.

Bei mechanischen Schaltern können Prellungen auftreten, die auf der Massenträgheit und Elastizität der Kontakte, Kontaktarme und Kontaktfedern beruhen. Prellungen wirken sich dahingehend aus, dass der Kontakt beim Schließen noch ein oder mehrere Male zurückprellt und nicht gleich fest geschlossen ist.

Insbesondere die kurzen Schaltzeiten und die Prellfreiheit der Schalterdioden ermöglichen in der Informatik und elektronischen Informationstechnik eine ganz erhebliche Verkürzung des Funktionsablaufs und Verbesserung der Betriebssicherheit. Abb. 7.39 zeigt Dioden als Schalter.

Steht der Polwechsler in Schalterstellung 1, so liegt an der oberen Leitung das Pluspotential der Spannungsquelle, an der unteren das Minuspotential. Stromdurchlässig ist jetzt die Diode D_1 und deshalb leuchtet auch nur die Signallampe 1 auf, Diode D_2 ist gesperrt. Wird der Polwechsler in Stellung 2 umgeschaltet, so ist die Diode D_2 stromdurchlässig, während die Diode D_1 in Sperrrichtung betrieben wird. Darum leuchtet jetzt die Signallampe 2.

7.4 Z-Dioden

Die bisher untersuchten Dioden werden im Sperrzustand sofort zerstört, wenn die zulässige Sperrspannung um einen geringen Betrag überschritten wird. Infolge der im Sperrzustand an der Sperrzone liegenden hohen elektrischen Feldstärke werden dann plötzlich Elektronen aus ihren festen Bindungen gerissen (Zenereffekt). Jedes der so frei gewordenen Elektronen kann unter bestimmten Bedingungen durch das elektrische Feld so stark beschleunigt werden, dass es beim Auftreffen auf andere Atome dort mehrere Elektronen herausschlägt. Die Zahl der freien Elektronen nimmt daher lawinenartig zu. Diesen

Abb. 7.40 Schaltzeichen der Z-Diode

Prozess des lawinenartigen Durchbruchs bezeichnet man Avalanche-Effekt. Seine Entdeckung wurde irrtümlicherweise dem amerikanischen Physiker Zener zugeschrieben, weshalb Dioden, die diesen Effekt ausgeprägt zeigen, früher als Zenerdioden bezeichnet wurden. Heute hat sich die Bezeichnung Z-Diode durchgesetzt. Als Schaltzeichen wird für Z-Dioden das Symbol von Abb. 7.40 verwendet.

Eine Z-Diode ist äußerlich wie eine Universaldiode aufgebaut und enthält einen N-Siliziumkristall, dem Aluminium (3-wertig) einlegiert ist. Der dabei entstandene PN-Übergang zeigt gegenüber herkömmlichen PN-Übergängen besondere Eigenschaften. Wird die angelegte Spannung einer Z-Diode im Sperrbereich über die Durchbruchspannung hinaus erhöht, so tritt keine Zerstörung ein, solange eine bestimmte zulässige Verlustleistung nicht überschritten wird. Ein weiterer Unterschied zu Universaldioden besteht darin, dass der Stromanstieg beim Überschreiten der Durchbruchspannung sehr stark ist, d. h. der Widerstand also plötzlich sehr klein wird. Der Bereich des Stromsteilanstiegs wird als Arbeitsbereich und die Spannung, bei der der Durchbruch erfolgt, als Arbeitsspannung im Durchbruchgebiet bezeichnet. Es ist im Allgemeinen nur ein kleiner Übergangsbereich zwischen gesperrtem Zustand und dem Arbeitsbereich vorhanden. Man kann das Verhalten einer Z-Diode an ihrer Kennlinie erkennen. Die Kennlinie kann übrigens mit der gleichen Messschaltung wie für den Sperrbereich einer Universaldiode aufgenommen

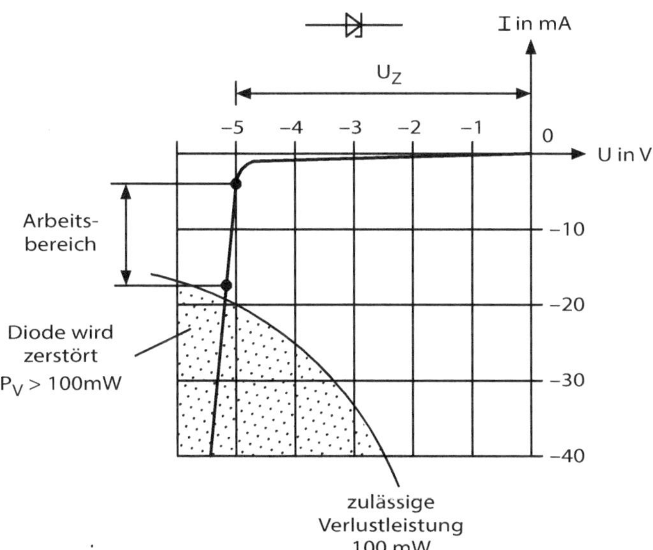

Abb. 7.41 Kennlinie einer Z-Diode

werden. Sie ist in Abb. 7.41 für eine Z-Diode mit einer Arbeitsspannung von $U_Z = 5\,V$ und einer zulässigen Verlustleistung von $P_V = 100\,mW$.

Folgende Größen kennzeichnen das Verhalten einer Z-Diode:

- Bis zur Höhe der Arbeitsspannung fließt ein sehr geringer Sperrstrom. Die Z-Diode ist noch sehr hochohmig bis zu einigen MΩ.
- In der Nähe der Arbeitsspannung beginnt der Stromanstieg zunächst nur sehr langsam (Übergangsbereich).
- Beim Erreichen bzw. Überschreiten der Arbeitsspannung steigt der Strom stark an. Die große Steilheit der Kennlinie im Arbeitsbereich lässt auf einen sehr kleinen dynamischen Widerstand schließen. Dieser Widerstand wird auch als differentieller Widerstand r_Z bezeichnet und kann bis etwa 1 Ω absinken.

Z-Dioden können für Arbeitsspannungen zwischen etwa 3 V und einigen 100 V hergestellt werden. Zur Lösung von Stabilisierungs- und Begrenzeraufgaben unterhalb 3 V verwendet man normale Dioden im Durchlassbereich und für größere Spannungswerte werden je nach Bedarf mehrere Z-Dioden in Reihe geschaltet.

Eine Z-Diode muss grundsätzlich mit einem Vorwiderstand betrieben werden, wie Abb. 7.42 zeigt. Legt man an die Schaltung eine Spannung, die größer als die Arbeitsspannung der Diode ist, so fällt am Vorwiderstand R_v die Spannungsdifferenz

$$U - U_Z = 5\,V$$

ab, denn für Spannungen oberhalb der Arbeitsspannung ist die Z-Diode sehr niederohmig. Beim Fehlen des Vorwiderstands würde die Z-Diode überlastet und zerstört werden.

Z-Dioden werden grundsätzlich in Sperrrichtung betrieben. Sie dürfen im Gegensatz zu anderen Dioden unter Beachtung der zulässigen Verlustleistung auch an Spannungen oberhalb der Durchbruchspannung liegen und der dynamische Widerstand ist im Arbeitsbereich sehr klein.

Folgende Größen kennzeichnen das Verhalten einer Z-Diode:

- die Arbeitsspannung im Durchbruchgebiet U_Z (wird für einen bestimmten Wert des Gleichstroms im Durchbruchgebiet, z. B. 5 mA, 25 mA oder 100 mA angegeben)
- der differentielle Widerstand r_Z (≙ dynamischer Widerstand im Arbeitsbereich wird meistens bei $I_Z = 5$ oder 100 mA gemessen)

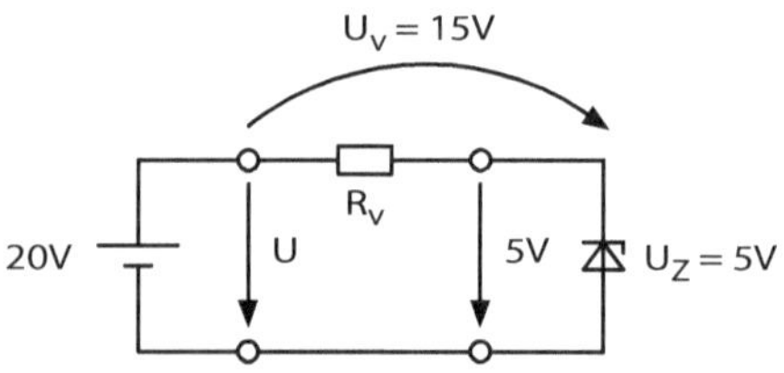

Abb. 7.42 Grundsätzliche Schaltung einer Z-Diode

- die zulässige Verlustleistung P_v ($\hat{=}$ Produkt aus anliegender Spannung und fließendem Strom)
- zulässige maximale Sperrschichttemperatur (sie beträgt $\approx 150\,°C$)
- der Temperaturkoeffizient der Arbeitsspannung α_{UZ} (er ist ein Maß für die Temperaturabhängigkeit der Arbeitsspannung).

Die spannungsstabilisierende Wirkung einer Z-Diode ist umso besser, je kleiner ihr dynamischer Widerstand r_Z im Arbeitsbereich ist. Ermittelt man die dynamischen Widerstände einer bestimmten Typenserie mit verschiedener Arbeitsspannung, so ergibt sich, dass der dynamische Widerstand r_Z für Z-Dioden mit Arbeitsspannungen zwischen etwa 5 und 8 V am kleinsten ist. Sowohl für Z-Dioden mit kleineren als auch mit größeren Arbeitsspannungen ergeben sich weitaus größere dynamische Widerstände. Diese Eigenart beruht darauf, dass in Z-Dioden mit Arbeitsspannungen unterhalb von 8 V der Durchbruch auftritt, während bei Dioden mit Arbeitsspannungen oberhalb von 5 V hauptsächlich der Avalanche-Effekt für den plötzlichen Stromanstieg verantwortlich ist. Man erkennt, dass im Bereich 5 bis 8 V beide Effekte nebeneinander auftreten können und darum ergibt sich hier beim Erreichen der Arbeitsspannung ein besonders steiler Stromanstieg.

7.5 LEDs

Die Steuerung elektronischer Schaltungen durch Licht gewinnt immer mehr an Bedeutung. Glühlampen weisen jedoch als Lichtquellen in der modernen Elektronik eine Reihe von Nachteilen auf. Zu den Nachteilen der Glühlampen gehören eine viel zu große Trägheit in Bezug auf die geforderten kurzen Schaltzeiten im Nanosekundenbereich, die geringe Lebensdauer von größenordnungsmäßig etwa 1000 Brennstunden, die für fotoelektrische Empfänger ungünstige Wellenlänge des Glühlampenlichts und die nicht lineare Helligkeitssteuerung.

In den letzten Jahren wurden von der Halbleiterindustrie sogenannte LEDs entwickelt, die die für die Elektronik geforderten Bedingungen als Lichtsender weitaus besser erfüllen als Glühlampen. Lumineszenzdioden – auch LED ($\hat{=}$ lichtemittierende Dioden) bezeichnet – werden aus den Grundmaterialien Galliumphosphid (GaP) oder Galliumarsen-Phosphid (GaAsP) oder Galliumarsenid (GaAs) hergestellt. Durch Eindiffundieren einer P-Zone entsteht ein PN-Übergang. Wird an den PN-Übergang eine Spannung von ca. 1,3 bis 1,9 V (je nach Typ und Farbe) in Durchlassrichtung gelegt, so entsteht infolge Rekombination von Elektronen mit Löchern eine Lichtstrahlung. Die Stromstärke liegt dabei zwischen etwa 5 und 100 mA.

Die Farbe des von einer LED ausgestrahlten Lichts hängt vom verwendeten Ausgangsmaterial ab. In Abb. 7.43 sind verschiedene typische LEDs und deren Spektralkurve dargestellt. Spektralkurven geben an, wie stark eine Lichtquelle einer bestimmten Lichtwellenlänge (Farbe) leuchtet.

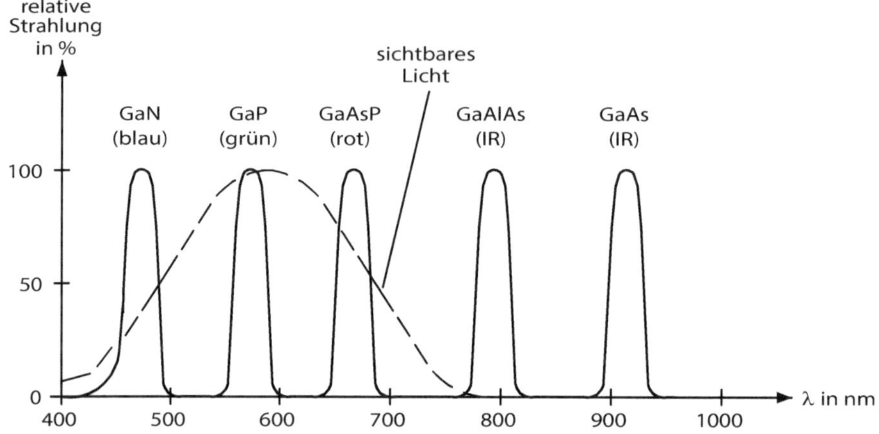

Abb. 7.43 Spektralkurven einiger LEDs

Das Diagramm lässt erkennen, dass die Lichtfarbe der GaP-Dioden grün-gelb, der GaAsP-Dioden rot-orange und die der GaAs-Dioden infrarot ist. Durch Legierung in einem anderen Mischungsverhältnis lassen sich die Lichtfarben noch in gewissen Grenzen verändern.

Um den zweckmäßigen Einsatz der verschiedenen LEDs erkennen zu können, sind im Diagramm ebenfalls die Empfindlichkeitskurven für das menschliche Auge und für Silizium-Fotodioden enthalten. Da das menschliche Auge für gelbes Licht die höchste Empfindlichkeit besitzt, sind für technische Signale Galliumphosphid-Dioden (grün-gelb) am besten geeignet. Dagegen sind z. B. für Lichtschranken mit Fotodioden Galliumarsenid-Dioden (infrarot) vorzuziehen. Interessant ist zum Vergleich die Spektralkurve des Glühlampenlichts. Sie zeigt, dass der überwiegende Anteil des Glühlampenlichts außerhalb des Empfindlichkeitsbereichs des menschlichen Auges oder der Fotodioden liegt. Die Spektralkurven der LEDs sind so schmal, dass man von praktisch einfarbigem Licht sprechen kann. So lassen sich ganz nach Bedarf durch bestimmte LEDs ganz bestimmte Lichtfarben erzielen, was bei Glühlampen nur mit besonderen Farben und schlechtem Wirkungsgrad erreicht werden kann.

Die Lebensdauer der LED beträgt etwa eine Million (10^6) Stunden gegenüber tausend (10^3) Stunden einer Glühlampe.

LEDs sind so trägheitsarm, dass sie sich noch für Wechselvorgänge bis in die Größenordnung MHz anwenden lassen. Ihre Anstiegszeit zwischen Einschalten und voller Helligkeit beträgt nur einige Nanosekunden. Der Wirkungsgrad mit etwa 40 % ist zwar gering, jedoch im Vergleich mit der Glühlampe noch recht gut. Die Verlustleistung liegt zwischen 50 mW und einigen Watt. LEDs sind besonders empfindlich gegen zu hohe Sperrspannungen (ca. 3 V) und müssen daher in vielen Anwendungsbereichen durch besondere Schaltungsmaßnahmen vor zu großer Sperrspannung geschützt werden, was sich vielfach durch Begrenzung mit einer Si-Diode erzielen lässt.

Abb. 7.44 Bauformen von LEDs

Abb. 7.44 zeigt zwei typische Bauformen von LEDs. Bei der einfachen Leuchtdiode wird der austretende Lichtstrahl vielfach durch eine eingeschmolzene Linse gebündelt. Die Kombination mehrerer LEDs führt zu einer Siebensegment-Ziffernanzeige.

7.6 Transistoren

Um die Wirkungsweise von Halbleiterbauelementen zu verstehen, ist es zweckmäßig, mit einfachen Vorstellungen zu arbeiten. Es sollen daher zum besseren Verständnis für die Betrachtung der Vorgänge in einem Transistor folgende einfache Anschauung zugrunde liegen:

In einem N-Leiter sind freie Elektronen die Ladungsträger. Elektronen sind elektrisch negativ geladen. Ein N-Leiter ist also ein Leitermaterial, das frei bewegliche negative Ladungen enthält. Als bildliches Symbol verwendet man dafür ●.

Durch die Dotierung eines P-Leiters sind in seinem Gefüge „Löcher" entstanden. Diese Löcher sind Stellen, an denen zur Kristallbildung Elektronen fehlen. Ein Loch wird daher auch als Defektelektron oder allgemein als Störstelle bezeichnet. Ein Loch hat das Bestreben, ein Elektron, also eine negative Ladung einzufangen. Für den Begriff müssen aber Stoffe, die Elektronen selbstständig aufnehmen, selbst elektrisch positiv geladen sein. Somit kann man einen P-Leiter als ein Leitermaterial ansehen, das freie positive Ladungen enthält. Dafür soll man das Symbol $\oplus$ verwenden.

7.6.1 Betrachtungen an einem Transistor

Bei den künftigen Betrachtungen muss man ferner davon ausgehen, dass zwischen der Bewegungsrichtung der freien Elektronen in einem Leiter und der technischen Stromrichtung zu unterscheiden ist. Die technische Stromrichtung ist entgegengesetzt zur Bewegungsrichtung der Elektronen.

Ein bipolarer Transistor besteht nun im Gegensatz zu einer Diode aus drei aufeinanderfolgenden Halbleiterschichten. Die Reihenfolge kann sein:

N-Leiter	P-Leiter	N-Leiter

und man spricht dann von einem NPN-Transistor oder auch

P-Leiter	N-Leiter	P-Leiter

und diese Art wird als PNP-Transistor bezeichnet.

Die Wirkungsweise ist bei beiden Arten grundsätzlich die gleiche. Da man bei den Messversuchen und Schaltungen Siliziumtransistoren verwenden soll, wird man die Wirkungsweise des Transistors anhand eines NPN-Typs erläutern. Ein NPN-Transistor besteht aus drei aufeinanderfolgenden Halbleiterschichten (Abb. 7.45).

Die mittlere Schicht muss dabei sehr dünn ($\approx 10 \ldots 20\,\mu\text{m}$ dick) und schwach dotiert sein. Nach Abb. 7.45 wird die linke N-Schicht als Emitter bezeichnet (abgeleitet aus dem Lateinischen: emittere = aussenden). Die mittlere Schicht bezeichnet man als Basis und ergibt sich aus dem Herstellungsverfahren für Transistoren mit dem Grundmaterial, also das Basismaterial. Kollektor ist die Bezeichnung für die rechte Schicht (abgeleitet aus dem Lateinischen: colligere = sammeln). Allgemein werden anstelle dieser Bezeichnungen große Buchstaben gesetzt:

- Emitter E
- Basis B
- Kollektor C

Jede der drei Transistorschichten wird mit einem Anschluss versehen. Die Anschlüsse erhalten die gleiche Benennung wie die zugehörigen Transistorschichten. Betrachtet man den schematischen Aufbau eines NPN-Transistors, so ist festzustellen, dass in ihm zwei PN-Übergänge vorhanden sind:

- ein PN-Übergang für Basis-Emitter
- ein PN-Übergang für Basis-Kollektor

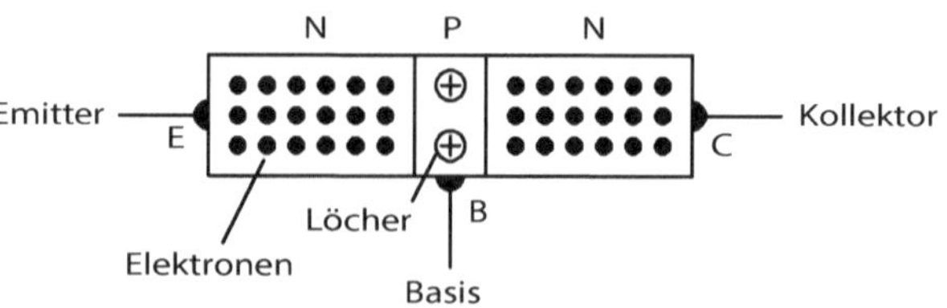

Abb. 7.45 Schematischer Aufbau eines NPN-Transistors

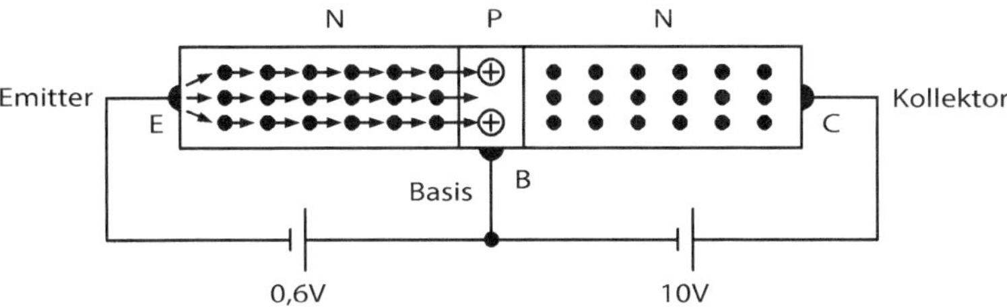

Abb. 7.46 Grundsätzliche Schaltung eines NPN-Transistors

Zum Betrieb eines Transistors werden von außen zwei Spannungen angelegt, und zwar so gepolt, wie es Abb. Abb. 7.46 zeigt.

Die Spannung an B-E soll man zunächst einmal gerade so groß wählen wie die Diffusions- oder Schwellenspannung des PN-Übergangs.

Für einen Silizium-PN-Übergang beträgt diese Spannung etwa 0,6 V und zwischen Basis und Kollektor wird eine Spannung von etwa 10 V angelegt. Wendet man die Kenntnisse über den PN-Übergang an, wird der PN-Übergang als Basis-Emitter in Durchlassrichtung betrieben. Infolge der angelegten Spannung ist dagegen der PN-Übergang Basis-Kollektor gesperrt.

Was geht nun aufgrund dieser Schaltung in einem Transistor vor? Am PN-Übergang Basis-Emitter liegt eine Spannungsquelle, die mit ihrem Minuspol (Elektronenüberschuss) die negativen Ladungen (Elektronen) des N-Leiters abstößt. Die freien Elektronen der Emitterschicht werden daher in die Basisschicht abgedrängt. Der Emitter sendet also gewissermaßen Elektronen aus (emittere = aussenden). Da aber die Basiszone sehr dünn und nur schwach dotiert ist, also wenige Löcher enthält, wird auch nur eine geringe Anzahl der in die Basis eingedrungenen Elektronen von den Löchern eingefangen (in der Halbleitertechnik spricht man dabei von „rekombinieren“). Der größte Teil der Elektronen bleibt in der Basis frei beweglich.

7.6.2 Wirkungsweise eines Transistors

Damit ist aber genau genommen kein PN-Übergang mehr vorhanden, denn auch die Basisschicht enthält jetzt ebenso wie die Emitter- und die Kollektorschicht nur freie Elektronen als Ladungsträger. Man kann den Transistor in diesem Zustand mit einem ohmschen Widerstand vergleichen, in dem ja auch nur freie Elektronen als Ladungsträger vorhanden sind. Für diesen Zustand soll folgendes vereinfachte Ersatzschaltbild dienen, wobei man die Widerstände E-B und B-C gleich groß annehmen soll. Abb. 7.47 zeigt das vereinfachte Ersatzschaltbild eines NPN-Transistors.

Die in die Basis vorgedrungenen Elektronen können nun in zwei Richtungen abwandern, nämlich sowohl zum Pluspol der Basis-Emitter-Spannungsquelle als auch zum Pluspol der Basis-Kollektor-Spannungsquelle (entgegengesetzte Ladungen ziehen sich an). Da aber das Pluspotential am Kollektor größer ist als an der Basis, fließt der größte Anteil der Elektronen zum Kollektor hin ab. Nur ein geringer Anteil wird vom kleineren Pluspotential an der Basis angezogen.

Zusammenfassend ist hierzu festzustellen, dass infolge der angelegten Spannungen ein großer Elektronenstrom über den Kollektoranschluss fließt. Demgegenüber fließt jedoch nur ein sehr kleiner Elektronenstrom über den Basisanschluss des Transistors.

Jetzt soll die Spannung zwischen Emitter und Basis etwas verringert werden, nämlich auf etwa 0,5 V. Was ergibt sich daraus? Bei herabgesetzter Spannung fließen entsprechend weniger Elektronen in die Basisschicht. Wenn aber die Basisschicht wenige freie Elektronen enthält, können auch nur wenige Elektronen zum Kollektor und zur Basis abfließen. Wird die Spannung so weit verringert, dass sie viel kleiner als die Diffusionsspannung des PN-Übergangs B-E ist, so fließen schließlich so gut wie keine Elektronen mehr, d. h. der PN-Übergang ist jetzt sehr hochohmig. Abb. 7.48 zeigt die Stromverzweigung für eine bestimmte Basis-Emitter-Spannung U_{BE}.

Was geschieht nun, wenn man die Spannung zwischen Basis und Emitter größer als die Diffusionsspannung einstellt, also z. B. auf 0,7 V erhöht? Vergleicht man noch einmal die Kennlinie eines PN-Übergangs (Diode) in Durchlassrichtung: Sobald die angelegte Spannung in Durchlassrichtung größer als die Diffusions- oder Schwellenspannung ist, steigt der Strom steil an. Das trifft sinngemäß auch für unseren PN-Übergang Basis-Emitter zu und der Elektronenstrom zur Basis steigt stark an. Das Angebot an freien Elektronen in

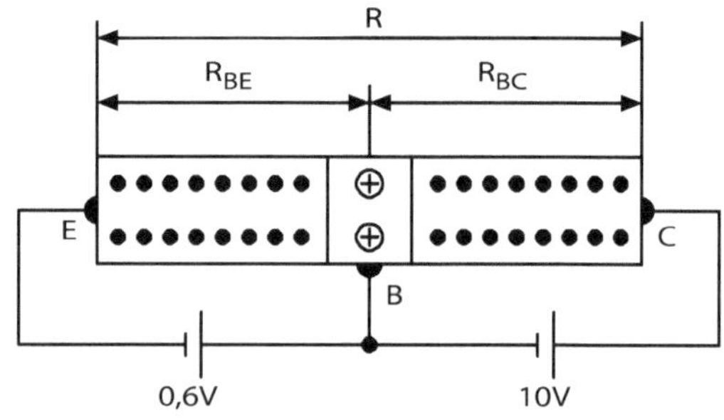

Abb. 7.47 Vereinfachtes Ersatzschaltbild eines NPN-Transistors

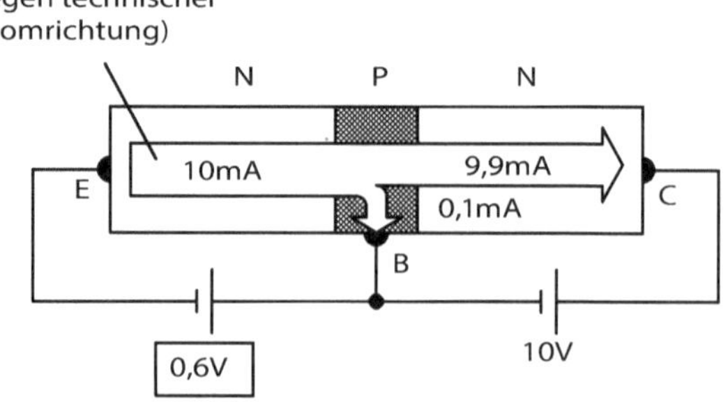

Abb. 7.48 Stromverzweigung für eine bestimmte Basis-Emitter-Spannung U_{BE}

der Basisschicht wird sehr groß. Damit steigen aber auch der Strom zum Kollektor- und der Strom zum Basisanschluss stark.

Durch geringe Änderungen der Basis-Emitter-Spannung U_{BE} eines Transistors lässt sich also der Kollektorstrom I_C stark beeinflussen. Da der Basisstrom jeweils sehr gering gegenüber dem Kollektorstrom ist, kann man ebenso feststellen, dass bei nur geringen Basisstromänderungen große Kollektorstromänderungen auftreten. Praktisch beträgt der Basisstrom nur etwa 1 % des Kollektorstroms, d. h. bei einem Transistor werden durch geringe Änderungen der Basis-Emitter-Spannung U_{BE} bzw. des Basisstroms I_B große Stromänderungen im Kollektor-Stromkreis hervorgerufen. Der Transistor hat somit eine Verstärkerwirkung.

In dem Beispiel ändert sich infolge der Spannungsänderung von 0,5 auf 0,7 V zwischen Basis und Emitter

a) der Basisstrom von 0,01 auf 1 mA, also um 0,99 mA,
b) der Kollektorstrom von 0,99 auf 99 mA, also um 98,01 mA

Bildet man das Verhältnis von Kollektorstromänderung ΔI_C zu Basisstromänderung ΔI_B, so erhält man den sogenannten Wechselstrom-Verstärkungsfaktor β, was aber nur für die Emitterschaltung gilt.

Man kann feststellen, dass sich am Kollektorstrom eines Transistors so lange nichts ändert, wie sich auch an der Basis-Emitter-Spannung U_{BE} bzw. am Basisstrom I_B nichts ändert. Mit anderen Worten: Zu jedem bestimmten Basisstrom gehört ein für den Transistortyp bestimmter Kollektorstrom I_C.

Der Basisstrom wird bei allgemeinen Verstärkeranwendungen des Transistors mit Hilfe der Basis-Emitter-Spannung U_{BE} immer so eingestellt, dass Änderungen sowohl zu größeren als auch zu kleineren Stromstärken hin möglich sind, ohne den Transistor zu überlasten.

Dieser für den Transistortyp bestimmte Strom wird auch als Basisruhestrom und der zugehörige Kollektorstrom als Kollektorruhestrom bezeichnet. Beide liegen als zugeordnete Werte fest. Man bezeichnet diese Werte als Arbeitspunkte. Wie bereits bei den Dioden beschrieben, versteht man in der Elektronik unter dem Arbeitspunkt eines Bauelements ganz bestimmte, für die richtige Funktion des Bauelements festgelegte Gleichspannungs- oder Gleichstromwerte. Die günstigsten Arbeitspunkte werden für die Bauelemente üblicherweise vom Hersteller in Datenblättern angegeben.

Auch für den Arbeitspunkt eines Transistors ergibt sich ein ganz bestimmtes Verhältnis von Kollektorruhestrom I_C zu Basisruhestrom I_B. Dieses Verhältnis wird als Gleichstromverstärkungsfaktor B bezeichnet und gilt ebenfalls für die Emitterschaltung des Transistors.

Vergleicht man nun den Gleichstromverstärkungsfaktor B mit dem Wechselstromverstärkungsfaktor β, so ergeben sich nahezu gleiche Werte. Der Einfachheithalber wird daher für einen Transistor in den Datenblättern oder Tabellen meistens der Gleichstromverstärkungsfaktor B angegeben. Er ist auch mit verhältnismäßig einfachen Mitteln messbar.

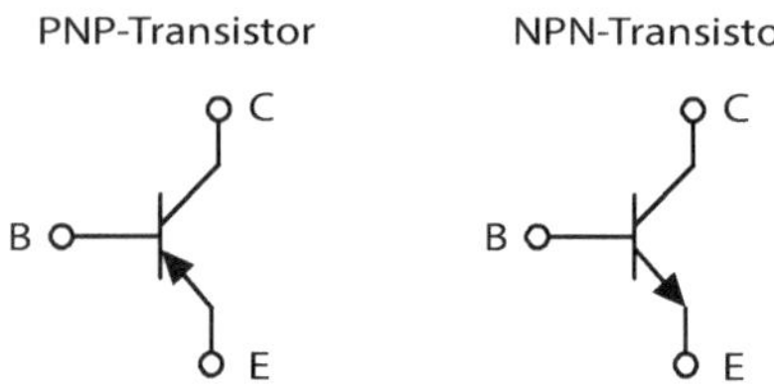

Abb. 7.49 Schaltsymbole der Transistoren

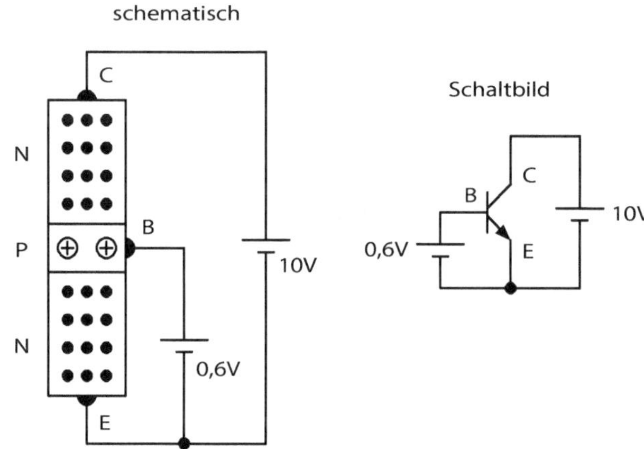

Abb. 7.50 Grundsätzliche Schaltung eines Transistors

Nachdem man die grundsätzliche Wirkungsweise eines Transistors anhand schematischer Abbildungen kennengelernt hat, sollen für die Anwendungen der Transistoren die üblichen Schaltsymbole von Abb. 7.49 verwendet werden.

Das Lesen von Schaltzeichnungen mit Transistoren wird dadurch erleichtert, dass die Pfeilspitze im Transistorsymbol immer in die Durchlassrichtung des Stroms für den PN-Übergang Basis-Emitter weist (technische Stromrichtung!). Zum besseren Verständnis der grundsätzlichen Funktion eines Transistors wurden die äußeren Spannungsquellen bisher immer direkt an Basis-Emitter bzw. an Basis-Kollektor geschaltet. Da aber die beiden Spannungsquellen in Reihe geschaltet sind, kann man sie auch anders an den Transistor legen, wie Abb. 7.50 zeigt.

An der Wirkungsweise des Transistors ändert sich dabei grundsätzlich nichts. Der Vorteil dieser Schaltung liegt u. a. darin, dass hier über die Basis-Emitter-Spannungsquelle nur der Basisstrom fließt. Somit wird nur eine geringe Steuerleistung benötigt. In der ursprünglichen Schaltung fließt nämlich auch der Kollektorstrom über die Basis-Emitter-Spannungsquelle.

7.6.3 Bauformen und Anschlussarten bipolarer Transistoren

Um die Transistoren zu den in den nächsten Abschnitten vorgesehenen Messungen richtig anschließen zu können, hier ein Überblick über Bauformen und Anschlussarten. Dazu

Abb. 7.51 Auswahl der gebräuchlichsten Transistoren

muss allerdings von vornherein festgestellt werden, dass es unmöglich ist, sämtliche überhaupt vorkommenden Arten aufzuzeigen. Es gibt heute immerhin schätzungsweise einige 10.000 verschiedene Transistortypen! Man muss sich daher auf die Auswahl der gebräuchlichsten Arten beschränken, wie Abb. 7.51 zeigt.

Das eigentliche Kristallsystem eines Kleinleistungstransistors hat nur Ausmaße in der Größenordnung um 100 bis 500 µm und wurde bisher überwiegend in Kunststoff- oder Metallgehäuse eingebaut. Die kunststoffgekapselten Transistoren sind aus fertigungstechnischen Gründen preiswerter als Transistoren mit Metallgehäuse. Kunststoffe leiten jedoch die Wärme erheblich schlechter als Metalle. Aus diesem Grunde findet man für Transistoren ein und desselben Typs in den Datenblättern bei Metallkapselung größere zulässige Verlustleistungen als bei Kunststoffkapselung.

Zur Bestimmung der Transistoranschlüsse muss man den Transistor von unten her, also von der Anschlussseite, betrachten. Die Metallgehäuse (Bezeichnung TO und folgende Nummer) besitzen häufig an der Anschlussseite eine kleine Blechfahne, die zur Orientierung dient. Von unten auf den Transistor gesehen zählt man dann von der Fahne beginnend rechtsherum, z. B. E-B-C.

Manchmal enthalten Transistoren einen vierten Anschlussdraht, der mit dem Metallgehäuse verbunden ist. Dieser Anschluss dient zum Verbinden des Gehäuses mit dem Nullpotential (z. B. Chassis) einer Schaltung. Damit wird eine elektrostatische Abschirmung des Transistorsystems gegen Fremdfelder bewirkt (vor allem bei Hochfrequenz-Transistoren). Bei einigen Transistortypen, z. B. Typ BC107, ist der Kollektoranschluss mit dem Metallgehäuse verbunden. Leistungstransistoren besitzen aus wärmetechnischen

Gründen ein sehr kompaktes Metallgehäuse, aus dem im Allgemeinen nur zwei Anschlüsse als Stifte herausgeführt sind, nämlich für Emitter und Basis. Der Kollektor ist mit dem Metallgehäuse verbunden, da an ihm die weitaus stärkste Wärmeentwicklung im Transistor auftritt.

Da bei jedem Transistor Emitter- und Kollektorschicht grundsätzlich aus gleichartigem Halbleiterstoff bestehen (also entweder beides P-Leiter oder beides N-Leiter), können diese beiden Anschlüsse nicht ohne weiteres durch eine Messung bestimmt werden. Sie dürfen aber auf keinen Fall vertauscht werden. Da am Kollektor die stärkste Erwärmung im Betriebszustand auftritt, hat die Kollektorschicht größere Ausmaße als die Emitterschicht. Die größere Oberfläche der Kollektorschicht ermöglicht eine schnellere und bessere Wärmeableitung an die Umgebung. Im Zweifelsfall muss daher immer auf die Herstellerdatenlisten oder Tabellenbücher zurückgegriffen werden.

Neben dem Typ BC107 gibt es eine ganze Reihe Transistortypen in Kunststoffgehäusen mit nahezu gleichen Betriebsdaten (z. B. BC147, BC207, BC237, BC507). Zu beachten ist dabei, dass die Vergleichstypen wegen der geringeren Wärmeleitfähigkeit der Kunststoffgehäuse meistens eine geringere zulässige Verlustleistung aufweisen.

7.6.4 Bezeichnung und Zählrichtung der Ströme und Spannungen eines Transistors

Damit Datenblätter und -tabellen richtig gelesen werden können, sind hier die wichtigsten Bezeichnungen der Ströme und Spannungen sowie deren Zählrichtung (Vorzeichen) zusammengestellt.

Die in den drei Anschlussdrähten eines Transistors im Betriebszustand fließenden Ströme werden so bezeichnet:

- Kollektorstrom I_C
- Basisstrom I_B
- Emitterstrom I_E

Bei der Zählrichtung der Ströme ist grundsätzlich für alle Transistoren festgelegt worden: Für alle Ströme, die in den Transistor hineinfließen, gilt positive Zählrichtung, also auch positives Vorzeichen. Demnach muss vor Angaben über Ströme, die aus dem Transistor abfließen, ein negatives Vorzeichen gesetzt werden.

Im Betriebszustand von Abb. 7.52 liegt sowohl an der Basis als auch am Kollektor positives Potential gegenüber dem Emitter. Basis- und Kollektorstrom fließen also in den Transistor hinein. Der Emitterstrom fließt ab und daher in entgegengesetzter Richtung zur festgelegten Zählweise. Somit erhalten I_C und I_B positives und I_E negatives Vorzeichen.

Die zum Betrieb am Transistor liegenden Spannungen werden in der Bezeichnung jeweils durch die beiden Anschlüsse des Transistors gekennzeichnet, zwischen denen die Spannung wirksam ist, also

- Spannung zwischen Kollektor und Emitter U_{CE}
- Spannung zwischen Kollektor und Basis U_{CB}
- Spannung zwischen Basis und Emitter U_{BE}

Als positive Zählrichtung gilt bei Spannungsangaben die Reihenfolge der Transistoranschlüsse, wobei immer der erste Anschluss positiv gegenüber dem zweiten sein soll. Liegt eine Spannung in der Polarität aber genau umgekehrt, so wird das durch ein negatives Vorzeichen ausgedrückt.

Beispiel eines PNP-Transistors
Bei dem PNP-Transistor in Abb. 7.53 muss an dem Kollektor und an seiner Basis ein negatives Potential gegenüber dem Emitter liegen. Daher gilt hier: Kollektor-Emitter-Spannung: $-U_{CE}$ oder auch $U_{CE} = - \ldots$ V (denn der Kollektor ist gegenüber dem Emitter negativ), Basis-Emitter-Spannung: $-U_{BE}$ oder auch $U_{BE} = - \ldots$ V (denn die Basis ist gegenüber dem Emitter negativ) und Kollektor-Basis-Spannung $-U_{CB}$. bzw. $U_{CB} = - \ldots$ V.

Wichtig ist, dass diese Spannungen jeweils direkt zwischen den Transistoranschlüssen zu messen sind (und nicht etwa an den Vorwiderständen)! Ist in Datenblättern oder -tabellen die Schichtfolge NPN oder PNP nicht ausdrücklich angegeben, so kann sie aus den Vorzeichen der Strom- und Spannungswerte abgeleitet werden.

Beispiel BC179
Grenzdaten:

- $-U_{CEmax} = 20\,V$ oder $U_{CEmax} = -20\,V$
- $-I_{Cmax} = 100\,mA$ oder $I_{Cmax} = -100\,mA$

Es muss sich um einen PNP-Transistor handeln, da der Kollektor gegenüber dem Emitter negatives Potential erhält und der Kollektorstrom vom Transistor abfließt.

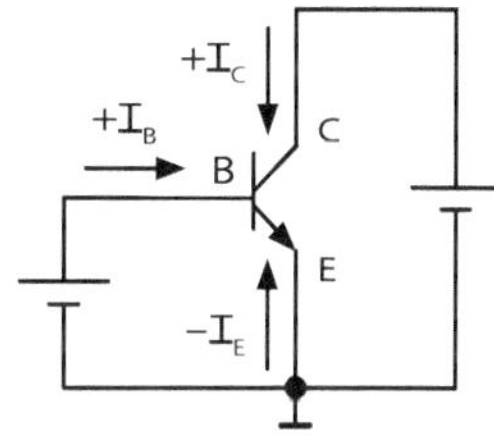

Abb. 7.52 Zählrichtung der Ströme und Spannungen eines NPN-Transistors

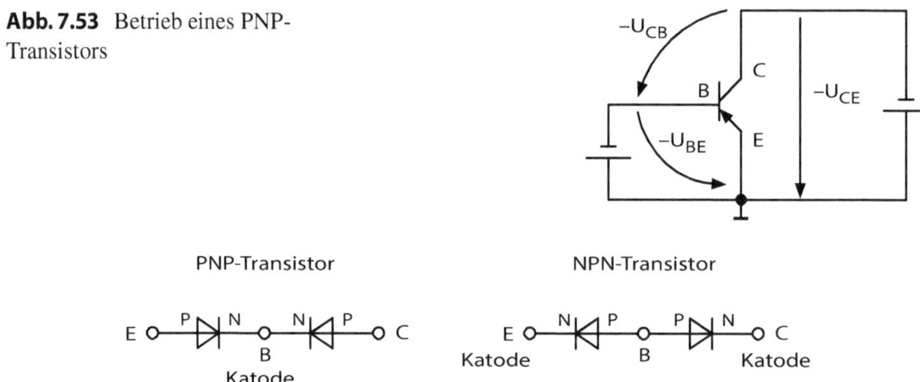

Abb. 7.53 Betrieb eines PNP-Transistors

Abb. 7.54 Ersatzschaltbilder für Transistoren

7.6.5 Einfache Messungen und Prüfungen an bipolaren Transistoren

Ähnlich wie bei den Dioden wird Art und Funktionsfähigkeit von Transistoren mit Hilfe einfacher Messungen mit einem Vielfachinstrument geprüft. Diese einfachen Messungen lassen zwar keine Rückschlüsse auf die genauen Betriebsdaten der Bauelemente zu. Sie ermöglichen es uns jedoch, die Schichtfolge eines Transistors, seine Funktionsfähigkeit bzw. grobe Fehler verhältnismäßig einfach zu bestimmen.

Voraussetzung für eine einfache Prüfung ist, dass man die richtige Reihenfolge der Transistoranschlüsse oder zumindest einen der drei Anschlüsse (C oder E) kennt. Diese Prüfung wird durch die Tatsache ermöglicht, dass ein Transistor grundsätzlich zwei PN-Übergänge enthält und daher für einfache Messungen aus zwei Dioden zusammengesetzt gedacht werden kann.

Für die beiden grundsätzlich möglichen Arten von Transistoren ergeben sich also die Ersatzschaltbilder von Abb. 7.54.

Man kann somit für beide Arten die Strecke E-B und die Strecke C-B als je eine Diode auffassen. Die Funktionsprüfung einer Diode ist bereits bekannt und diese Erfahrungen kann man jetzt sinngemäß für die Prüfung von Transistoren anwenden. Für die erste Messung wird der Transistor BC107 verwendet. Nach dem Datenblatt gilt die Anschlussreihenfolge von Abb. 7.55.

Von der Metallfahne am Gehäuse angefangen liegen also nacheinander Emitter-, Basis- und Kollektoranschluss rechtsherum.

Abb. 7.55 Anschlussseite des Transistors BC107

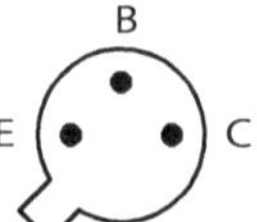

Eine Diodenprüfung wird durch eine Widerstandsmessung mit einem Ohmmeter vorgenommen und der Messbereich des Ohmmeters oder Vielfachmessinstruments auf × 1k geschaltet. Die erste Messung gilt der Basis-Emitter-Diode. Für diese Diodenstrecke ermittelt man in üblicher Weise Durchlass- und Sperrrichtung sowie Durchlass- und Sperrwiderstand. In diesem Fall handelt es sich um einen Siliziumtransistor, der Sperrwiderstand ist mit einem einfachen Instrument nicht mehr messbar und dieser hat einen Wert von etwa 10 MΩ. Man kann aber eindeutig Durchlass- und Sperrrichtung unterscheiden und damit den Katodenanschluss dieser Diodenstrecke bestimmen. Die Messungen führen zu etwa folgendem Ergebnis:

Sperrwiderstand:	Anzeige ∞
Durchlasswiderstand:	ca. 10 bis 15 kΩ
Katode:	Emitter
folglich Durchlassrichtung:	Basis-Emitter

Ergibt sich im Sperrbereich ein deutlicher Ausschlag des Ohmmeterzeigers, dann ist die Basis-Emitter-Diode nicht einwandfrei. Als nächstes folgt die gleiche Prüfung zwischen Basis- und Kollektoranschluss. Die Messungen ergeben

Sperrwiderstand:	Anzeige ∞
Durchlasswiderstand:	ca. 8 bis 12 kΩ
Katode:	Kollektor
folglich Durchlassrichtung:	Basis-Kollektor

Auch hier gilt: Ist die Anzeige des Ohmmeters im Sperrbereich deutlich kleiner als ∞, so ist diese Diodenstrecke nicht einwandfrei. Für den Transistor ergibt sich das Ersatzschaltbild von Abb. 7.56.

Ist kein Anschluss des zu prüfenden Transistors bekannt, so sind folgende Prüfungen vorzunehmen:

- Man ermittelt durch Messungen den Basisanschluss. Dazu wird jeweils ein Messkabel des Ohmmeters zunächst fest an einen beliebigen Transistoranschluss gelegt und der Widerstand zu den anderen Transistoranschlüssen gemessen. Diese Messung wird nach Wechseln des ersten Anschlussdrahts bzw. durch Vertauschen der Messleitung so oft wiederholt, bis sich vom festen Anschluss zu den übrigen beiden ein niedriger Widerstandswert ergibt. In diesem Fall ist bei einem funktionsfähigen Transistor der erste, fest mit einem Messkabel verbundene Anschlussdraht der Basisanschluss.

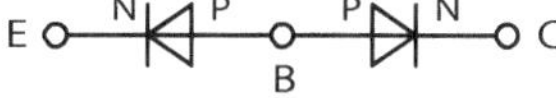

Abb. 7.56 Prüfung eines NPN-Transistors

- Die Funktionsfähigkeit der beiden PN-Übergänge wird dadurch geprüft, dass von dem gefundenen Basisanschluss aus auch die Sperrwiderstände zu den beiden anderen Transistoranschlüssen gemessen werden. Ergibt sich auch nach Umpolen der Messkabel ein niedriger Widerstandswert, so ist der Transistor nicht in Ordnung.
- Die Funktionsfähigkeit des Transistors wird durch eine Widerstandsmessung zwischen Kollektor und Emitter überprüft. Die Polarität spielt dabei eine untergeordnete Rolle. Der gemessene Widerstand muss für beide Richtungen einen hohen Wert ergeben. Er liegt aber im Allgemeinen etwas unter dem Sperrwiderstand eines einzelnen PN-Übergangs.
- Den Kollektoranschluss kann man – wenn auch nicht immer sehr zuverlässig – durch genaues Messen der Durchlasswiderstände für die beiden PN-Übergänge bestimmen, und zwar von der Basis aus. Dabei ergibt sich fast immer, dass einer der gemessenen Durchlasswiderstände geringfügig kleiner ist als der andere. Der etwas kleinere Durchlasswiderstand gehört zum Basis-Kollektor-PN-Übergang. Das hängt damit zusammen, dass die Kollektorschicht eines Transistors einen größeren Querschnitt hat als die Emitterschicht. Da der Basisanschluss bereits gefunden wurde, liegt jetzt auch der Kollektoranschluss fest. Demnach muss der dritte Anschluss der Emitteranschluss sein.
- Die Schichtfolge des Transistors wird, wie bereits beschrieben, ermittelt.

Nach dieser Methode lassen sich für nahezu alle Transistoren die drei Anschlüsse sowie die Schichtfolge ermitteln. Es ist bei den entsprechenden Messungen aber immer wieder festzustellen, dass der Unterschied zwischen den Durchlasswiderständen B-E und B-C meistens sehr gering ist. Daher ist eine genaue Ablesung der beiden Werte unerlässlich!

7.6.6 Messung des Gleichstromverstärkungsfaktors B

Nachdem man in der Lage ist, die drei Anschlüsse eines Transistors zu bestimmen, kann man den Transistor jetzt auch richtig für die Schaltungen anschließen. Wie bereits gezeigt, ergibt sich der Gleichstromverstärkungsfaktor B eines Transistors aus dem Verhältnis von Kollektorruhestrom zu Basisruhestrom.

$$B = \frac{I_C}{I_B}$$

Zur Messung des Gleichstromverstärkungsfaktors B werden noch die Daten für den richtigen Arbeitspunkt benötigt. Zum Gleichstromverstärkungsfaktor eines Transistors ist noch Folgendes zu bemerken: In den Datenblättern wird entweder für einen angegebenen Arbeitspunkt ein ganz bestimmter Wert für B angegeben oder aber ein Bereich, innerhalb dessen der Verstärkungsfaktor liegen soll. Dies ist darauf zurückzuführen, dass Transistoren in der Fertigung erheblichen Streuungen unterliegen, so dass es unmöglich ist,

Transistoren gleichen Typs mit genau gleichen Verstärkungsfaktoren herzustellen. Abweichungen um −50 % bis zu +100 % vom angegebenen Mittelwert sind durchaus möglich! Die angegebenen Festwerte für B sind also nur als Mittelwerte zu verstehen.

Für die Messungen soll man wieder den Transistor BC107 verwenden werden, wie Abb. 7.57 zeigt.

Für den Transistor BC107 findet man im Datenblatt unter anderem folgende Angaben:

P_V = 300 mW
U_{CE} = 4,5 V
I_C = 2 mA
B = 180

Ohne einen merklichen Fehler zu verursachen, kann man als Spannungsquelle eine Batterie von 4,5 V verwenden. Diese Spannungsquelle kann man sowohl für U_{CE} als auch für U_{BE} ausnutzen. Um eine Überbelastung des Transistors zu vermeiden, wird in den Basisstromkreis ein Schutzwiderstand geschaltet.

Berechnung des Schutzwiderstands: Aus den gegebenen Werten für I_C und B lässt sich der zu erwartende Basisstrom I_B berechnen:

$$I_B = \frac{I_C}{B} = \frac{2\,\text{mA}}{180} = 11{,}1\,\mu\text{A}.$$

Da die Basis-Emitter-Strecke in Durchlassrichtung betrieben wird, ist ihr Widerstand vernachlässigbar klein. Als Spannungsquelle dient eine Batterie mit 4,5 V. Der Stromkreis Basis-Emitter muss demnach einen Gesamtwiderstand aufweisen von

$$R = \frac{U}{I_B} = \frac{4{,}5\,\text{V}}{11{,}1\,\mu\text{A}} = 405\,\text{k}\Omega.$$

Die Verlustleistung für den gegebenen Arbeitspunkt berechnet sich aus

$$P_v = U_{CE} \cdot I_C = 4{,}5\,\text{V} \cdot 2 \cdot 10^{-3}\,\text{A} = 9\,\text{mW}.$$

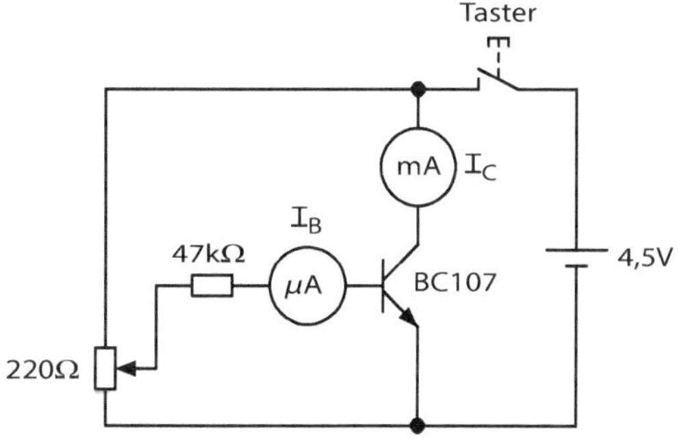

Abb. 7.57 Messungen zur Bestimmung des Gleichstromverstärkungsfaktors B am Transistor BC107

Die zulässige Verlustleistung des Transistors beträgt 300 mW und der Schutzwiderstand kann ohne weiteres kleiner gewählt werden. Für den Aufbau verwendet man einen Widerstand mit 50 kΩ (nächster Normwert 47 kΩ).

Die Messung geht folgendermaßen vor sich. Ein Messinstrument (Messbereich 2,5 mA) zeigt den Kollektorstrom I_C an. Bei eingeschalteter Batterie (Taste benutzen!) wird jetzt mit Hilfe des Potentiometers mit 220 Ω die Basis-Emitter-Spannung und damit der Basisstrom I_B so eingestellt, dass sich ein Kollektorstrom von $I_C = 2\,mA$ ergibt. Damit ist der vorgesehene Arbeitspunkt erreicht. Für diesen Arbeitspunkt muss nun auch der Basisstrom I_B ermittelt werden und dieser wird mit einem Strommesser (50-μA-Messbereich) gemessen.

Im Verhältnis zum gesamten Stromkreiswiderstand ist der Innenwiderstand des Messinstruments so klein, dass sich ein Fehler durch das Einschalten des Instruments ergibt.

Für einen durchgemessenen Transistor BC107 ergeben sich folgende Messwerte:

$$I_C = 2\,mA, \qquad I_B = 12\,\mu A.$$

Demnach beträgt der Gleichstromverstärkungsfaktor:

$$B = \frac{I_C}{I_B} = \frac{2\,mA}{12\,\mu A} = 167.$$

An diesem Messbeispiel ist bereits zu erkennen, dass zwischen der Angabe im Datenblatt und dem tatsächlichen Wert für einen Transistor dieses Typs Abweichungen auftreten.

Die angegebene Messschaltung kann zur Messung von Gleichstromverstärkungsfaktoren für beliebige NPN-Transistoren angewendet werden. Dabei ist darauf zu achten, dass der Schutzwiderstand R_v dem jeweiligen Transistortyp in etwa entspricht. Ebenso kann aber auch der Gleichstromverstärkungsfaktor B für PNP-Transistoren bestimmt werden und man muss lediglich die Batterie umzupolen.

7.6.7 Transistor als Verstärker

Bei den bisherigen Messschaltungen wurde der Transistor grundsätzlich im Kurzschluss betrieben. Sobald aber die Verstärkereigenschaft eines Transistors ausgenutzt werden soll, muss an den Eingang eine Steuerstromquelle und in den Ausgangsstromkreis ein Verbraucher (Lastwiderstand) geschaltet werden. Vor allem der Lastwiderstand im Kollektorstromkreis verursacht einen Spannungsfall, um den die eigentliche Spannung U_{CE} geringer wird. Je größer der Lastwiderstand und der Kollektorstrom sind, desto größer wird der Spannungsfall. Für eine hohe Spannungsverstärkung ist aber ein hochohmiger Lastwiderstand wünschenswert.

Die Versorgungsspannung muss um den am Lastwiderstand auftretenden Spannungsfall größer sein. Für Transistorverstärker sind daher Versorgungsspannungen (Batterie- oder Netzgerät) zwischen etwa 6 und 50 V üblich.

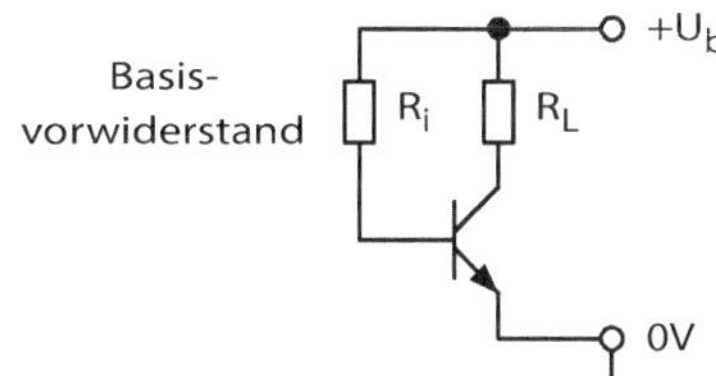

Abb. 7.58 Einfache Transistorschaltung mit Basisvorwiderstand

Woher bekommt man nun die Spannung zwischen Basis und Emitter? Dafür ist nicht etwa eine zweite Spannungsquelle notwendig. Man kann nämlich die Basis-Emitter-Spannung ebenfalls aus derselben Batterie gewinnen, denn die Richtung der Kollektor-Emitter-Spannung und der Basis-Emitter-Spannung ist gleich.

Zur Erzeugung der Basis-Emitter-Spannung aus der Versorgungsspannung eines Transistorverstärkers gibt es zwei grundsätzliche Schaltungsmaßnahmen:

a) Schaltung mit Basisvorwiderstand: Dieses sehr einfache Verfahren wird vor allem für Vorverstärker angewendet, wenn keine hohen Anforderungen an die Stabilität des Arbeitspunkts erforderlich sind. Der Basisvorwiderstand stellt in Reihenschaltung mit dem Durchlasswiderstand Basis-Emitter einen Spannungsteiler dar. Man kann ihn so bemessen, dass zwischen Basis und Emitter genau die benötigte Betriebsspannung von $U_{BE} \approx 0{,}65\,V$ liegt. Abb. 7.58 zeigt eine Transistorschaltung mit Basisvorwiderstand.
b) Schaltung mit Basis-Spannungsteiler: Mit Hilfe dieses Spannungsteilers wird an R_2 eine Teilspannung erzeugt, die dem erforderlichen Wert für U_{BE} entspricht. Der Spannungsteiler wird so bemessen, dass er selbst einen ca. 5- bis10-mal höheren Strom als der Basisstrom aufnimmt. Dadurch wird eine verhältnismäßig gute Stabilisierung des Arbeitspunktes erreicht. Man braucht nur zu berücksichtigen, dass der Widerstand von Halbleitern mit steigender Temperatur kleiner wird, um zu erkennen, dass dadurch eine Änderung der Teilspannung auftreten muss. Damit würde sich aber der Arbeitspunkt verschieben. Dieser Nachteil wird durch den 5- bis 10-fachen Basisstromwert im Basis-Spannungsteiler weitgehend vermieden. Der Basis-Spannungsteiler ist für die Stabilisierung des Arbeitspunktes jedoch nur dann voll wirksam, wenn gleichzeitig Stromgegenkopplung (Widerstand in der Emitterzuleitung) angewandt wird. Abb. 7.59 zeigt eine Transistorschaltung mit Basis-Spannungsteiler.

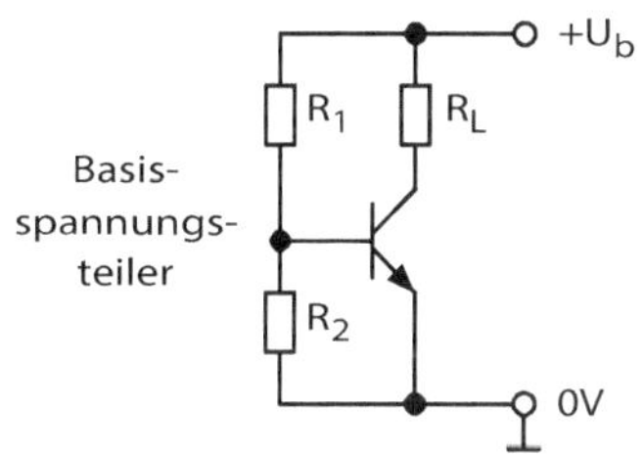

Abb. 7.59 Transistorschaltung mit Basis-Spannungsteiler

Die zum Betrieb eines Transistors erforderlichen Spannungen U_{CE} und U_{BE} können ein und derselben Spannungsquelle entnommen werden. Dabei wird die kleinere Basis-Emitter-Spannung U_{BE} an einem Spannungsteiler abgegriffen.

Für die Ein- und Auskopplung des Signals an einem Transistorverstärker unterscheidet man hauptsächlich drei Schaltungsarten. Die Schaltungen weisen einen bestimmten Innenwiderstand auf und sie verändern bei direktem Anschluss an den Eingang einer Transistorstufe die Arbeitspunkteinstellung.

Die Schaltungen zur Ein- und Auskopplung eines Wechselstromsignals sind daher so auszulegen, dass der vorgesehene Arbeitspunkt des Transistors erreicht bzw. gehalten wird.

Die einfachste und die am meisten angewendete Schaltungsmaßnahme zur Ein- und Auskopplung eines Wechselstromsignals ist die C-Kopplung oder Kapazitätskopplung. Sie wird häufig auch als RC-Kopplung bezeichnet. Schaltet man in die Basiszuleitung vor den Basis-Spannungsteiler einen Kondensator, so trennt dieser die Transistorschaltung gleichstrommäßig von der Steuerstromquelle. Es ist jetzt egal, welchen Innenwiderstand die Steuerstromquelle selbst hat. Der durch den Spannungsteiler eingestellte Arbeitspunkt, d. h. die Basis-Emitter-Spannung U_{BE}, bleibt davon unbeeinflusst, wie Abb. 7.60 zeigt.

Das Gleiche trifft auch für den Ausgang des Transistorverstärkers zu. Auch hier bietet sich als einfachstes Schaltelement der Kondensator an, denn dieser trennt den Ausgangsstromkreis gleichstrommäßig von einem angeschlossenen Verbraucher.

Soll mit dem Transistorverstärker ein breites Frequenzband übertragen werden, so ist der Kopplungskondensator nach der tiefsten zu übertragenden Frequenz f_u zu bemessen, denn aufgrund der Beziehung

$$X_C = \frac{1}{2 \cdot \pi \cdot f_u \cdot C}$$

wird der Wechselstromwiderstand X_C des Kondensators umso größer, je niedriger die Frequenz ist.

$$R = \frac{1}{2 \cdot \pi \cdot f_u \cdot C_K} \qquad X_C = \frac{1}{2 \cdot \pi \cdot f_u \cdot R}$$

In der Praxis wird mit Rücksicht auf weitere vor- oder nachgeschaltete Transistorstufen mit C-Kopplung der Wert für C_K etwa 3... 10-mal so groß gewählt wie der berechnete Wert.

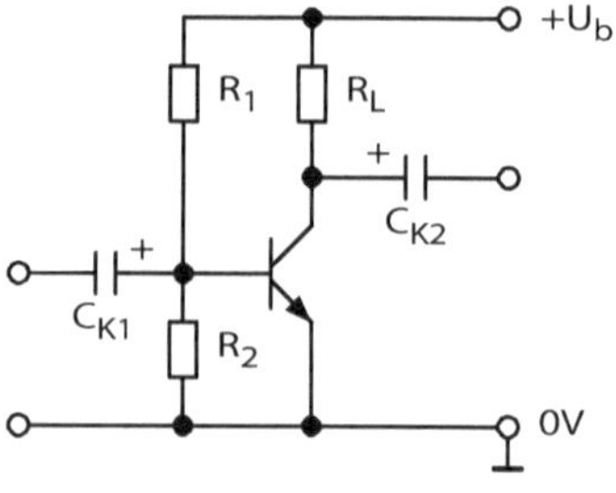

Abb. 7.60 RC-Kopplung bei einem Transistorverstärker

7.6.8 Transistor als Schalter

Unter einem Signal ist allgemein ein optisches oder akustisches Zeichen zu verstehen. In der Elektronik sind die zu übertragenden Signale elektrischer Natur. Dabei ist es auch üblich, z. B. Wechselströme als Signalströme oder einfach als Signale zu bezeichnen, denn die Sprache besteht ja sinngemäß aus Lauten. Es ist leicht einzusehen, dass ein reiner Gleichstrom, der ununterbrochen fließt, kein Signal sein kann. Ein Signal ist erst dann gegeben, wenn sich etwas ändert. Im einfachsten Fall kann man Signale vereinbaren, die im Ein- und Ausschalten reinen Gleichstroms bestehen. Weitere Signalmöglichkeiten ergeben sich durch die zeitliche Länge (Dauer) des Stromflusses oder der Strompause, sowie durch verschiedene Stromstärken.

Somit gibt es z. B. für die Übertragung sämtlicher Zahlen nur zwei Zustände. Man spricht dabei vom Binär- oder Dualzahlensystem. Dieses Zahlensystem vermeidet weitgehend Fehler, die möglicherweise durch Spannungsschwankungen in der Stromversorgung oder durch die Streuung von Betriebsdaten der verwendeten Bauelemente (z. B. Dioden und Transistoren) entstehen können.

Aufgrund seiner Eigenschaften lässt sich der Transistor sehr gut als Schalter – besser gesagt – als Relais verwenden. Dabei ist die zum eigentlichen Schalten benötigte elektrische Leistung erheblich kleiner als bei Schalterdioden, denn der Transistor hat im Gegensatz zur Diode eine Verstärkerwirkung. Zum Verständnis der Wirkungsweise eines Transistors als Schalter muss man nur auf die grundsätzliche Wirkungsweise zurückgehen.

Bevor aber auf die Anwendung des Transistors als Schalter eingegangen wird, sollen hier zum besseren Verständnis kurz die Potentialverhältnisse beim Nebenschlussschalter erläutert werden. Der Transistor wird nämlich in der elektronischen Schaltungspraxis überwiegend als Nebenschlussschalter eingesetzt, weil dabei die Ausgangsspannung zwischen Kollektor und Masse liegt und sich das Kollektorpotential grundsätzlich auf den gleichen Bezugspunkt bezieht.

Ein Nebenschlussschalter ist parallel – also im Nebenschluss – zum Verbraucher geschaltet. Damit er keinen Kurzschluss der Betriebsspannungsquelle verursacht, muss im Stromkreis ein Schutzwiderstand liegen.

Die Potentialverhältnisse am Nebenschlussschalter und sinngemäß am Verbraucher lassen sich aus der dargestellten Schaltung ableiten. Ist der Schalter geöffnet, also in der Stellung AUS, so fließt kein Strom, denn der Widerstand zwischen den Kontakten beträgt $\infty\,\Omega$. Am Schutzwiderstand R_V tritt somit auch kein Spannungsfall auf. Zwischen den Schalterkontakten liegt jetzt eine Spannung U_V, die – wenn kein Verbraucherwiderstand angeschlossen wird – gleich der Betriebsspannung U_b (12 V) ist. Das bedeutet sinngemäß, dass der Verbraucher in Schalterstellung AUS die größtmögliche Spannung erhält. Abb. 7.61 zeigt einen Nebenschlussschalter in Stellung AUS und Abb. 7.62 in Stellung EIN.

Völlig anders liegen die Verhältnisse, wenn der Schalter geschlossen ist, er sich also in der Stellung EIN befindet. Bei Schalterkontakten kann man davon ausgehen, dass der

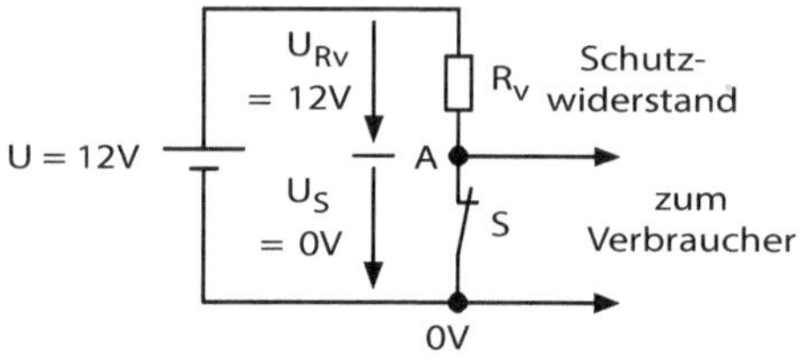

Abb. 7.61 Nebenschlussschalter in Stellung AUS

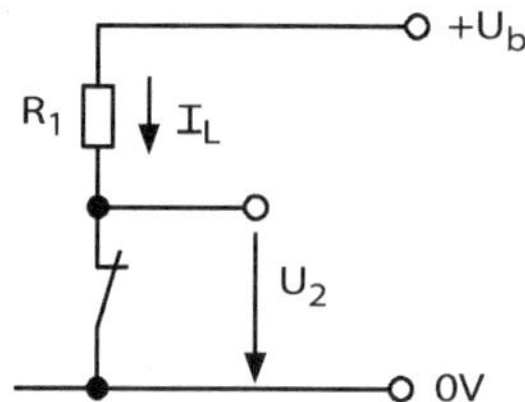

Abb. 7.62 Nebenschlussschalter in Stellung EIN

Widerstand im geschlossenen Zustand praktisch gleich Null ist. An einem Widerstand von Null Ω tritt kein Spannungsfall auf. Somit liegt jetzt die gesamte Spannung am Schutzwiderstand R_v, d. h. $U_R = 12\,V$.

Man kann feststellen, dass am Nebenschlussschalter beim Übergang von der Schalterstellung AUS in die Schalterstellung EIN Potentialsprung auftritt. Dabei wechselt das Potential des Punktes A von hohem Potential High (z. B. 12 V bei Schalterstellung AUS) auf das Potential Null oder Low (bei Schalterstellung EIN).

Liegt am Eingang eines Transistors, also zwischen Basis und Emitter, eine Spannung U_{BE} in Durchlassrichtung, die größer als die Diffusionsspannung des PN-Übergangs ist, so fließt ein Basisstrom. Infolge der Verstärkerwirkung fließt ein erheblich stärkerer Kollektorstrom und dieser ist nämlich um den Gleichstromverstärkungsfaktor B größer als der Basisstrom. Geht man von einem Gleichstromverstärkungsfaktor $B = 100$ aus, so kann durch einen kleinen Steuerstrom I_B (z. B. 1 mA) ein 100-mal stärkerer Strom I_V (z. B. 100 mA) geschaltet werden. Der Transistor zeigt damit die Wirkungsweise eines Relais.

Aber auch beim Transistor als Schalter stößt man – wie schon bei der Diode – auf erhebliche Unterschiede zum mechanischen Schalter, sobald man die Schalterzustände genauer untersucht. So zeigt sich, dass der durchgesteuerte Transistor einen durchaus nicht vernachlässigbaren Widerstand besitzt, der im Wesentlichen von der Höhe der Kollektor-Emitter-Sättigungsspannung U_{CEsat} abhängt. Man hat bereits festgestellt, dass am Transistor eine bestimmte Mindestspannung zwischen Kollektor und Emitter liegen muss, damit ein brauchbarer Strom über den Transistor fließt. Je höher diese Kollektor-Emitter-Sättigungsspannung U_{CEsat} bei einem bestimmten Kollektorstrom ist, desto größer ist der Widerstand des durchgeschalteten Transistors. Das lässt sich leicht durch Rechnung beweisen und nach dem Ohm'schen Gesetz ergibt sich der Widerstand des Transistors nach der Formel

$$R_{CE} = \frac{U_{CEsat}}{I_C}.$$

Da der Basisstrom erheblich kleiner als der Kollektorstrom ist (etwa 1/100 oder weniger), kann er bei der Berechnung unberücksichtigt bleiben. Abb. 7.63 zeigt einen Transistor als Schalter in EIN-Stellung.

Es sollen die Durchlasswiderstände für zwei Transistoren berechnet werden. Für diese Transistoren sind im Datenbuch unter anderem folgende Werte angegeben:

Transistortyp	U_{CEsat}	Bei einem Strom I_C
BCY59	0,3 V	100 mA

Für den Transistor ergeben sich folgende Widerstandswerte:

$$\text{BCY59:}\quad R_{CE} = \frac{U_{CE}}{I_C} = \frac{0{,}3\,\text{V}}{0{,}1\,\text{A}} = 3\,\Omega.$$

Damit nun bei einem bestimmten Transistortyp der Durchlasswiderstand Kollektor-Emitter R_{CE} so klein wie möglich wird, muss der Transistor mit einem großen Basisstrom durchgesteuert werden. Dabei ist unter allen Umständen die zulässige Verlustleistung zu beachten, da sonst der Transistor infolge Überlastung zerstört würde. Man vertieft die Erkenntnisse anhand des vereinfachten Ausgangskennlinienfeldes. Es ist leicht zu erkennen, dass der Kollektorstrom mit zunehmendem Basisstrom steigt. Die Kollektor-Emitter-Sättigungsspannung nimmt dagegen mit zunehmendem Basisstrom nur wenig zu. Das bestätigt die bereits gemachte Feststellung, dass nämlich der Durchlasswiderstand umso kleiner wird, je größer der Basisstrom des Transistors ist. Um ganz sicherzugehen, wird daher ein Schalttransistor in praktisch ausgeführten Schaltungen zum Durchschalten unter Beachtung der zulässigen Verlustleistung übersteuert. Übersteuert bedeutet, dass der Basisstrom etwas größer ist, als er nach Berechnung sein müsste. Als Richtwert gilt dabei

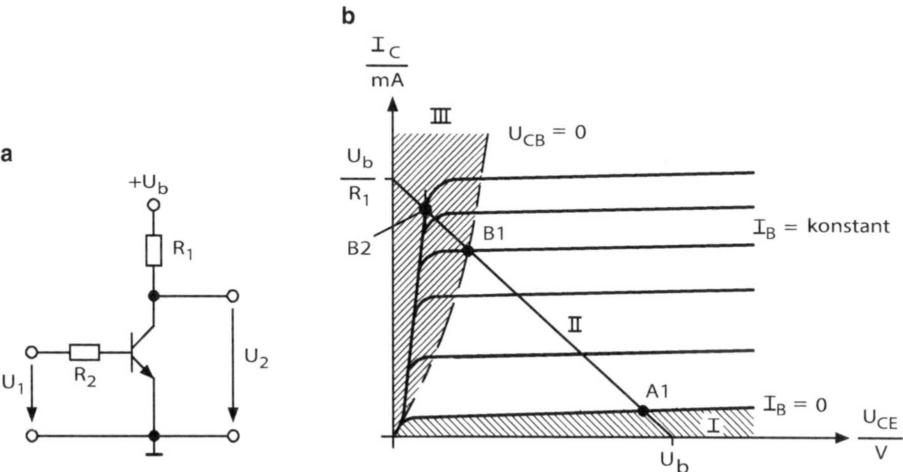

Abb. 7.63 Transistor als Schalter in EIN-Stellung

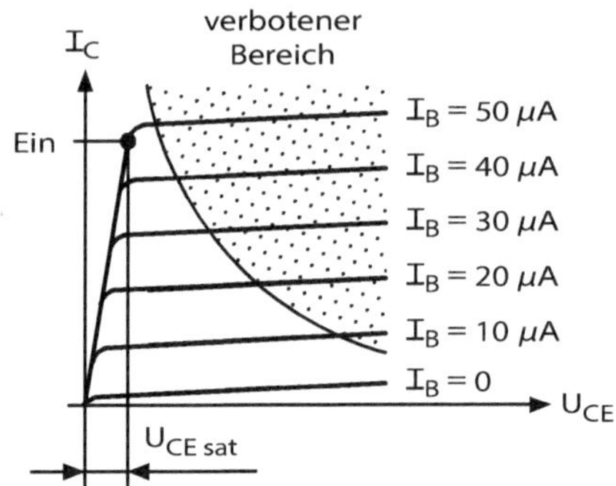

Abb. 7.64 Ausgangskennlinienfeld eines NPN-Transistors

im Allgemeinen eine Übersteuerung um etwa 20 %. Im Ausgangskennlinienfeld ist der Schaltpunkt EIN entsprechend gekennzeichnet. Abb. 7.64 zeigt das Ausgangskennlinienfeld eines NPN-Transistors.

Soll der Transistor als Schalter auf AUS geschaltet werden, so ist das grundsätzlich auf drei Arten möglich:

a) Der Basisstrom wird unterbrochen und es fließt also kein Basisstrom mehr. Betrachtet man das Ersatzschaltbild des als Schalter betriebenen Transistors, so kann man feststellen, dass bei offener Basiszuleitung die beiden PN-Übergänge des Transistors in Reihe mit dem Widerstand R_L an der Kollektor-Emitter-Spannungsquelle liegen (Abb. 7.65).

Dabei liegt der PN-Übergang C-B in Sperrrichtung und der PN-Übergang B-E in Durchlassrichtung. Man weiß aber bereits von der Diode her, dass der Widerstand eines gesperrten PN-Übergangs nicht unendlich groß ist. Aufgrund der Eigenleitfähigkeit bei Raumtemperatur fließt auch über den Transistor ein sogenannter Reststrom, der auch als Kollektorreststrom I_{CE0} bezeichnet wird. Dies sagt aus, dass der Strom über die beiden Anschlüsse C (Kollektor) und E (Emitter) fließt, wenn der dritte Anschluss (also die Basis) nicht beschaltet ist (Null). Im dargestellten Zustand tritt aber am Durchlasswiderstand B-E ein Spannungsfall auf. Dieser Spannungsfall U_{BE} hat die gleiche Wirkung wie eine von außen angelegte Basis-Emitter-Spannung. Sie liegt zwar unterhalb der Diffusions-

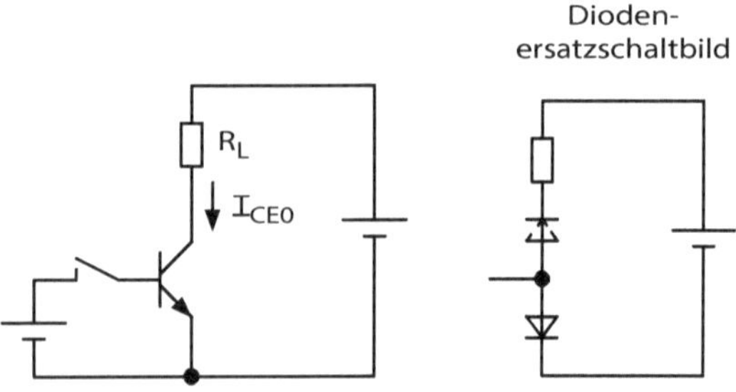

Abb. 7.65 Unterbrechung des Basisstromkreises

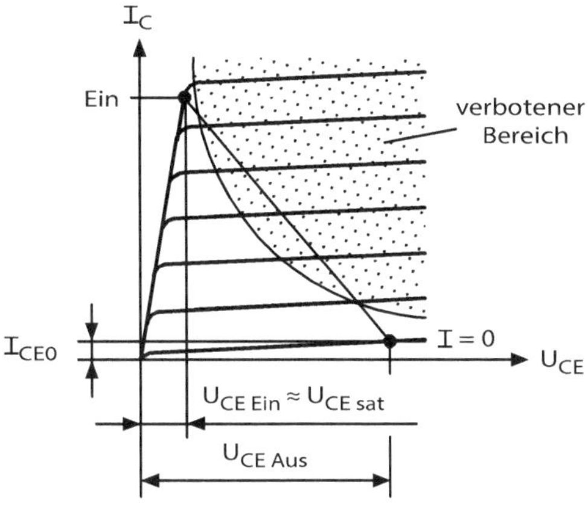

Abb. 7.66 Ausgangskennlinienfeld mit den Arbeitspunkten EIN und AUS

spannung, trägt aber dennoch dazu bei, dass der Kollektorreststrom etwas größer ist als bei anderen AUS-Schaltmöglichkeiten

Der durch das Öffnen des Basisstromkreises bewirkte Schaltzustand AUS ist im Ausgangskennlinienfeld entsprechend gekennzeichnet, wie Abb. 7.66 zeigt.

Wie schon bei der kurzen Erläuterung erwähnt, zeigt der Arbeitspunkt AUS im Ausgangskennlinienfeld, dass noch ein Kollektorreststrom fließt, wenn der Basisstrom Null ist. Man erkennt weiterhin, dass in diesem Zustand eine wesentlich höhere Spannung U_{CEAUS} am Transistor liegt. Die Tatsache, dass bei einer bestimmten Kollektor-Emitter-Spannung U_{CEAUS} noch ein bestimmter Kollektorreststrom I_{CE0} fließt, beweist, dass der Transistor im Schaltzustand AUS keinen unendlich großen Widerstand besitzt.

Die Steuerung eines Transistors als Schalter wird in der Praxis natürlich nicht mit Hilfe mechanischer Schalter vorgenommen. Der mechanische Schalter ist in der dargestellten Schaltung nur zum besseren Verständnis gewählt worden. Die Steuerung eines Transistors als Schalter kann beispielsweise durch Rechteckimpulse bewirkt werden. denn die Diode liegt für die Betriebsspannungsquelle des Transistors in Sperrrichtung und verhindert dadurch eine Beeinflussung der Steuerspannungsquelle.

Liegt eine positive Spannung am Eingang, so liegt die Diode in der Basiszuleitung in Durchlassrichtung. Erhält der Transistor den zum Durchsteuern erforderlichen Basisstrom, so wird er auf EIN geschaltet. Solange keine Spannung anliegt – nämlich in den Pausen zwischen den Impulsen –, fließt auch kein Basisstrom. Der Transistorschalter befindet sich in der Stellung AUS. Damit der Basisstromkreis in diesem Zustand auch wirklich geöffnet ist, dient die Diode zur Entkopplung.

b) Der Eingang Basis-Emitter wird kurzgeschlossen; somit liegt keine Spannung am PN-Übergang Basis-Emitter. Der Kurzschluss zwischen Basis und Emitter bewirkt, dass der dort auftretende Spannungsfall (Beispiel a) unwirksam wird. Der Kollektorreststrom ist kleiner als beim Öffnen des Basisstromkreises. Jedoch ist er aufgrund der Eigenleitfähigkeit nicht Null. Der beim Kurzschluss der Basis-Emitter-Strecke noch

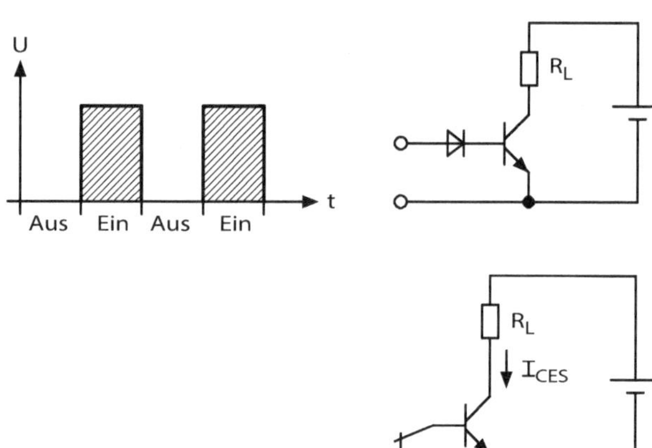

Abb. 7.67 Kurzschluss und Emitter

Abb. 7.68 Transistor als Schalter in AUS-Stellung durch Kurzschluss an der Basis-Emitter-Strecke

fließende Reststrom wird mit I_{CES} bezeichnet. Dies sagt aus, dass der Strom über die beiden Anschlüsse C (Kollektor) und E (Emitter) fließt, wenn der dritte Anschluss (also die Basis) mit dem zweiten (Emitter) kurzgeschlossen (S = Schluss) ist. Abb. 7.67 zeigt den Kurzschluss und Emitter.

Auch für diese Schaltmaßnahme wird in der Praxis natürlich kein mechanischer Schalter benutzt. Der Kurzschluss Basis – Emitter lässt eine Schalterdiode wirken, die parallel zum Eingang des Transistorschalters gelegt wird. Dabei können zur Ansteuerung wieder Rechteckimpulse – hier allerdings mit entgegengesetzter Polarität – dienen. Abb. 7.68 zeigt einen Transistor als Schalter in AUS-Stellung der durch einen Kurzschluss an der Basis-Emitter-Strecke entsteht.

Solange der Transistorstufe von außen keine Spannung zugeführt wird, erhält der Transistor über den Basisvorwiderstand R_B den zum Durchschalten erforderlichen Basisstrom. Die parallel zum Eingang geschaltete Diode liegt für die Basis-Emitter-Spannung in Sperrrichtung, stellt also in diesem Zustand keinen nennenswerten Nebenschluss dar.

Wird aber der Basis ein negativer Impuls zugeführt, so wird die dafür in Durchlassrichtung liegende Diode niederohmig. Sie bildet einen Nebenschluss zur Basis-Emitter-Strecke des Transistors. Daher bricht die Basis-Emitter-Spannung zusammen und die Kollektorstromstärke geht stark zurück.

In der Schaltungspraxis wird zum „Kurzschließen" des Transistoreingangs meistens ein besonderer Transistor benutzt. Er liegt mit Kollektor und Emitter parallel zum Eingang der eigentlichen Transistor-Schalterstufe. Bei entsprechender Ansteuerung (Übersteuerung) bricht die Kollektor-Emitter-Spannung des vorgeschalteten Transistors auf die Sättigungsspannung U_{CEsat} zusammen. Bei geeigneten Transistortypen liegt die Sättigungsspannung weit unter der zum Durchsteuern des Transistorschalters benötigten Basis-Emitter-Spannung, so dass damit eine sichere Sperrung (AUS-Stellung) erzielt wird.

7.7 Thyristoren und TRIACs

Halbleiterbauelemente mit mehr als drei PN-Übergängen bezeichnet man als Mehrschichthalbleiter, und diese bilden die Grundlagen für Thyristoren und TRIACs. Diese Bauelemente werden nur in der Leistungselektronik eingesetzt. Das Basissystem der Mehrschichthalbleiter ist im Wesentlichen die Vierschichtstruktur, und es wurden verschiedene Bauelemente für die elektronische Steuerungs- und Regelungstechnik entwickelt.

7.7.1 Vierschichtdiode

Die Vierschichtdiode hat den einfachsten Aufbau aller Mehrschichthalbleiter und besteht aus vier Schichten. Der Anschluss erfolgt über die Anode und die Katode. Abb. 7.69 zeigt die Schichtenfolge und das Schaltzeichen.

Die Schichtenfolge für die Vierschichtdiode lautet: P1-N1-P2-N2. An den beiden äußeren Schichten P1 (Anode) und N2 (Katode) erfolgt der Anschluss. Dotierungsgrad und Schichtdicke sind so gewählt, dass sich P1-N1-P2 wie ein PNP-Transistor, N1-P2-N2 wie ein NPN-Transistor und N1-P2 wie eine Z-Diode verhalten.

Legt man an die Vierschichtdiode eine Gleichspannung an, $+U_b$ an die Anode und 0 V an die Katode, arbeitet die Vierschichtdiode in Durchlassrichtung. Die P1-N1-Zone und die P2-N2-Zone sind durchlässig, während zwischen der N1-P2-Zone eine Sperrschicht entsteht, denn durch die Schichtenfolge hat man hier das typische Verhalten einer Z-Diode. Abb. 7.70 zeigt eine Vierschichtdiode in Durchlassrichtung.

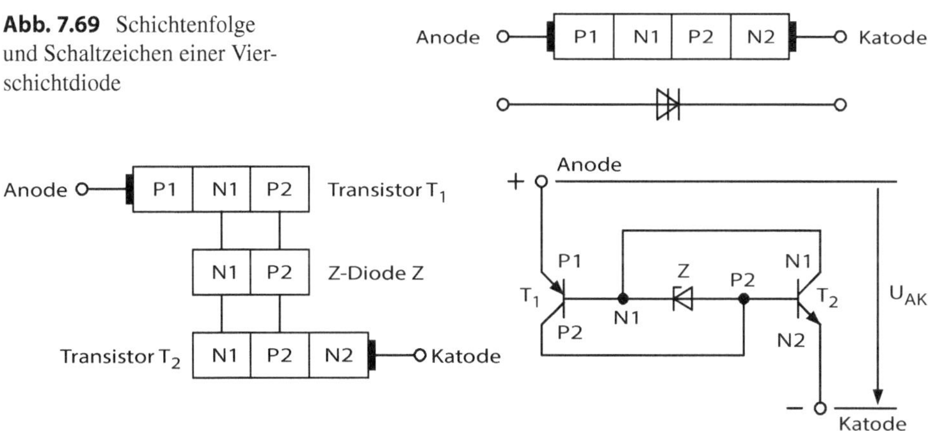

Abb. 7.69 Schichtenfolge und Schaltzeichen einer Vierschichtdiode

Abb. 7.70 Verhalten der Halbleiterzonen, wenn eine Vierschichtdiode in Durchlassrichtung betrieben wird

Wenn man das Verhalten der Halbleiterzonen in Durchlassrichtung betrachtet, lässt sich das Verhalten der Vierschichtdiode folgendermaßen erklären: Ist die Betriebsspannung klein, kann kein Strom fließen, da die Z-Diode den Stromfluss blockiert. Es fließt kein Basisstrom aus dem PNP-Transistor heraus und kein Basisstrom in den NPN-Transistor hinein. Wenn die Betriebsspannung zwischen Anode und Katode die Z-Spannung nicht erreicht hat, ist die Vierschichtdiode hochohmig. Überschreitet die Betriebsspannung den Wert der Z-Spannung, wird die Z-Diode leitend und beide Transistoren schalten durch.

Abb. 7.71 zeigt die Kennlinie einer Vierschichtdiode. Legt man eine negative Spannung an die Anode und die Katode auf Masse, verhält sich die Vierschichtdiode praktisch wie ein gesperrter PN-Übergang, also wie eine einfache Siliziumdiode. In diesem Fall befindet sich die Kennlinie im 3. Quadranten. Die Spannung U_S stellt die inverse Abbruchspannung dar, und die Vierschichtdiode kann in diesem Arbeitsbereich unweigerlich zerstört werden. Der Wert der Abbruchspannung setzt sich aus den beiden Z-Spannungen der PN-Übergänge N2-P2 und N1-P1 sowie der Schleusenspannung des PN-Übergangs P2-N1 zusammen. Wird diese Spannung unterschritten, ist die Vierschichtdiode hochohmig und es fließt kein Strom.

Legt man dagegen eine positive Spannung an die Anode und die Katode ist mit Masse verbunden, ergibt sich in Durchlassrichtung die besondere Eigenschaft für eine Vierschichtdiode. Solange die Betriebsspannung die Schalt- oder Zündspannung U_Z nicht erreicht hat, ist die Vierschichtdiode hochohmig und es tritt kein Spannungsfall am Bauelement auf. Erreicht die Spannung den Zündpunkt, wird die interne Z-Diode leitend und beide Transistoren schalten sehr schnell durch. Es kommt infolge des Ladungsträgerdurchbruchs zu einem sehr großen Stromanstieg, und der Spannungsfall an dem Bauelement beträgt $U_H \approx 1{,}4\,V$. Der Durchbruch in der Vierschichtdiode ist ähnlich dem der

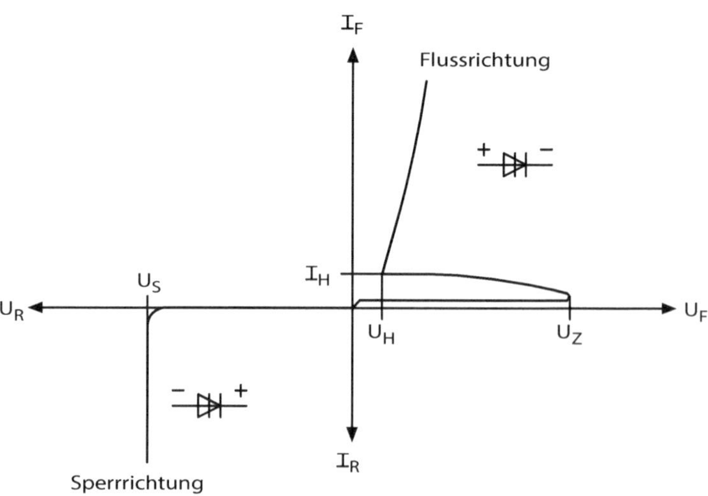

Abb. 7.71 Kennlinie einer Vierschichtdiode

Z-Diode, denn auch hier verringert sich schlagartig der Innenwiderstand vom hohen in einen niedrigen Wert. Aus diesem Grunde muss man eine Vierschichtdiode immer mit einem Vorwiderstand betreiben, der den Stromfluss entsprechend begrenzt.

7.7.2 Thyristor

Aus der Vierschichtdiode entstand der Thyristor (Kunstwort aus Thyratron und Transistor) und stellt damit im Prinzip eine steuerbare Vierschichtdiode dar. Thyristoren wurden ursprünglich auch als „Silicon Controlled Rectifier" bezeichnet, also steuerbare Siliziumgleichrichter, und seit 1965 hat man sich auf den heutigen Begriff des Thyristors geeinigt. Abb. 7.72 zeigt den schematischen Aufbau und das Schaltzeichen eines Thyristors.

Für die Realisierung eines Thyristors gibt es drei Möglichkeiten, die im Wesentlichen von der Art der Ansteuerung der Halbleiterschichten bestimmt werden:

- Katodenseitig gesteuerter Thyristor mit Gateanschluss an P2
- Anodenseitig gesteuerter Thyristor mit Gateanschluss an N1
- Thyristortetrode mit zwei Gateanschlüssen an P2 und N1

Abb. 7.73 zeigt drei unterschiedliche Thyristorarten.

In der Praxis kennt man als Bauelement nur den katodenseitig gesteuerten Thyristor, und damit entfällt immer der Hinweis auf die katodenseitige Ansteuerung. Der TRIAC beinhaltet dagegen immer einen katoden- und anodenseitig gesteuerten Thyristor, die gegeneinander geschaltet sind.

Ein Thyristor besitzt neben den beiden Anschlüssen Anode und Katode noch ein Gate (Ansteuerungselektrode). Mit Hilfe dieses Anschlusses kann der Thyristor in Flussrich-

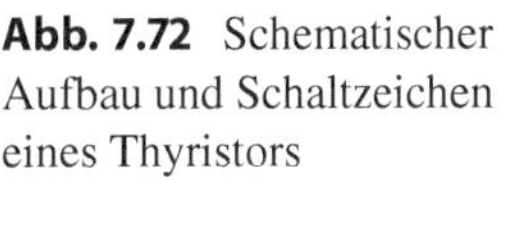

Abb. 7.72 Schematischer Aufbau und Schaltzeichen eines Thyristors

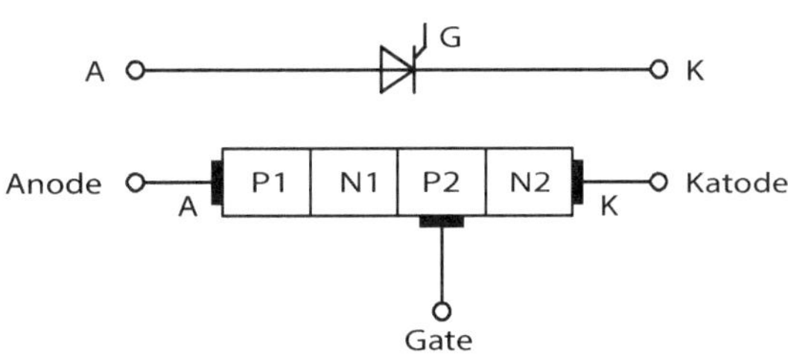

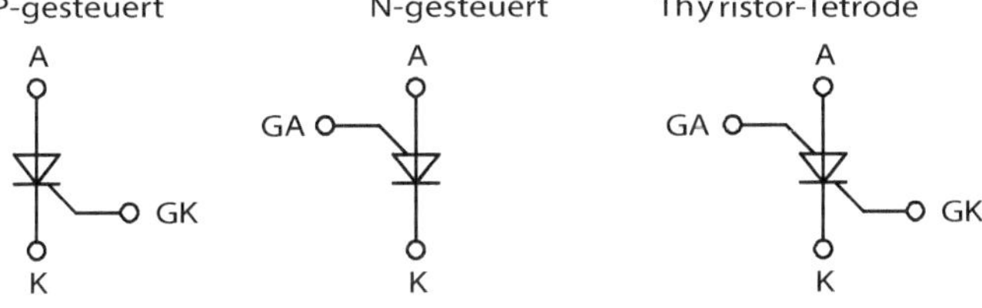

Abb. 7.73 Schaltzeichen der Thyristorarten

tung vor dem Erreichen der Schaltspannung als Eigenzündung durch eine Fremdzündung vom blockierten in den leitenden Zustand gesteuert werden.

Zur Fremdzündung dieses Thyristors ist eine positive Gatespannung U_G erforderlich, wobei man diese auch als Steuerspannung U_{St} bzw. Zündspannung U_Z bezeichnet. Deshalb definiert man Thyristoren mit katodenseitigem Gateanschluss auch als P-gesteuerte Thyristoren. Hat man einen anodenseitig-gesteuerten Thyristor, so ist für diesen eine negative Spannung zur Ansteuerung erforderlich, und daher definiert man diesen als N-gesteuerten Thyristor. Eine Thyristortetrode wird mit positiven und negativen Steuerspannungen in den leitenden Zustand gebracht, und damit sind für dieses Bauelement zwei Gateanschlüsse notwendig. Der anodenseitig-gesteuerte Thyristor hat wie die Thyristortetrode keine praktische Anwendung erreicht und ist daher nicht erhältlich.

Abb. 7.74 zeigt die Kennlinie eines Thyristors. Die Kennlinie eines Thyristors hat drei Funktionen: Die negative Sperrkennlinie, die positive Sperrkennlinie und die Durchlasskennlinie. Die negative Sperrkennlinie entspricht der von Siliziumdioden. Unterhalb der höchstzulässigen negativen Spitzensperrspannung fließt ein negativer Sperrstrom I_R von einigen mA, der mit steigender Sperrschichttemperatur jedoch zunimmt. Solange über den Steueranschluss kein Steuerstrom zur Katode fließt, sperrt ein Thyristor auch bei positiver Anodenspannung. Unterhalb der höchstzulässigen positiven Spitzensperrspannung fließt dann nur ein positiver Sperrstrom von einigen mA.

Wird der Thyristor bei positiver Anodenspannung über einen vom Steueranschluss (Gate) zur Katode fließenden Strom gezündet, schaltet er auf die Durchlasskennlinie um. Diese Durchlasskennlinie entspricht ebenfalls der einer Halbleiterdiode mit dem Unterschied, dass infolge von drei statt einem vorhandenen PN-Übergang eine etwas höhe-

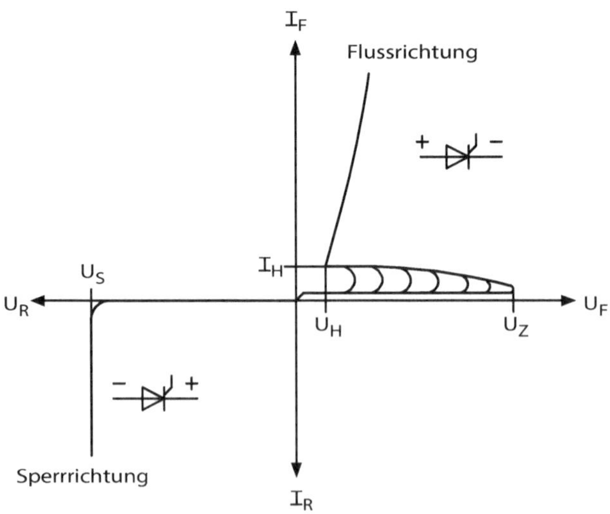

Abb. 7.74 Kennlinie eines Thyristors

re Durchlassspannung von $U_H \approx 1{,}2$ bis 2 V auftritt. Das Umschalten von der positiven Sperrkennlinie auf die Durchlasskennlinie tritt auch ohne Steuerstrom auf, wenn die zulässige positive Spitzensperrspannung überschritten wird oder die Spannungssteilheit einen kritischen Wert erreicht hat.

Die positive Sperrspannung, bei der ein Thyristor bei dem Steuerstrom $I_G = 0$ vom gesperrten in den leitenden Zustand schaltet, bezeichnet man als Nullkippspannung. Eine solche Zündung darf nicht betriebsmäßig periodisch vorgenommen werden, während ein gelegentliches Zünden durch Überschreiten der Nullkippspannung im Störungsfall zulässig ist. Dagegen führt ein Überschreiten der zulässigen Sperrspannung auf der negativen Sperrkennlinie zur Zerstörung des Thyristors.

Ein einmal gezündeter Thyristor lässt sich über das Gate nicht wieder löschen. Erst wenn der Anodenstrom durch Änderungen im äußeren Stromkreis den Haltestrom U_H unterschreitet, sperrt der Thyristor wieder.

Abb. 7.75 zeigt eine Phasenanschnittsteuerung mit Thyristor. Die Phasenanschnittsteuerung ist eine der beiden Möglichkeiten, Lasten in Wechselstromkreisen zu steuern. Dabei liegt ein Mehrschichthalbleiter für Fremdzündung – hier ein Thyristor – in Reihe zu dem Verbraucher und wird während der entsprechenden Halbwelle der angelegten Wechselspannung gezündet. Dadurch kann nur während eines Teils der Halbwelle ein Strom über den Verbraucher fließen, d. h. die Phase der Halbwelle ist angeschnitten.

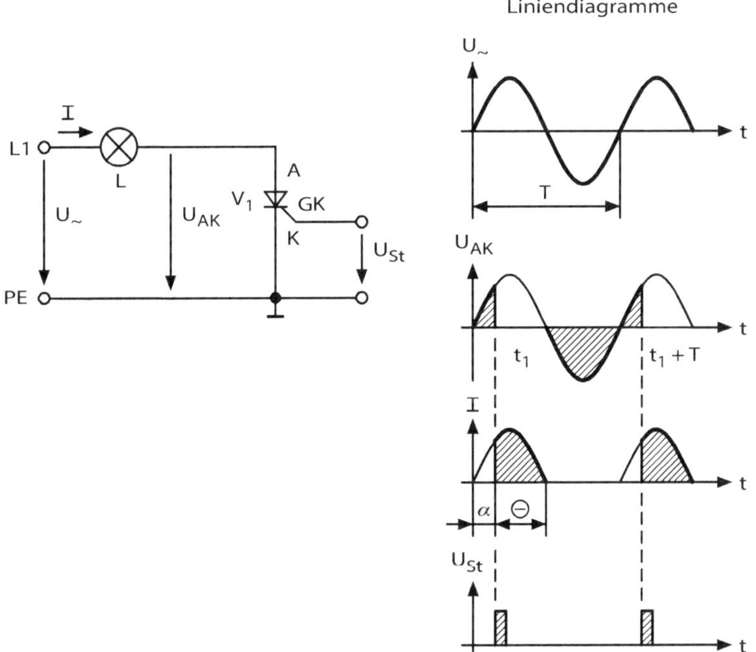

Abb. 7.75 Phasenanschnittsteuerung mit Thyristor

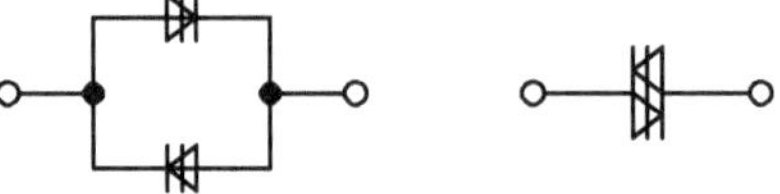

Abb. 7.76 Antiparallelschaltung zweier Vierschichtdioden und Schaltzeichen der Zweirichtungs-Thyristordiode oder DIAC

In der Schaltung von Abb. 7.75 kann der Thyristor immer nur während der positiven Halbwelle durch die Steuerspannung U_{St} gezündet werden. Wird er jeweils zum Zeitpunkt t_1 der positiven Halbwelle gezündet, so beginnt dann erst der Strom über die Lampe L zu fließen. Die Zeit, die vom Nulldurchgang der positiven Halbwelle bis zur Zündung vergeht, entspricht einem Teil der Halbwelle und liegt somit im Winkelbereich von 0 bis 180°, den man als Stromflusswinkel α bezeichnet. Der restliche Winkel bis hin zu 180° wird als Stromflusswinkel $\Theta = 180° - \alpha$ bezeichnet. Verändert man den Zündwinkel α, so ändert sich die Leistung am Verbraucher, weil die Ladungsmenge während jeder positiven Halbwelle größer oder kleiner gesteuert werden kann.

7.7.3 DIAC

Der DIAC (Kunstwort aus Diode und Alternating Current) ist eine bidirektionale Triggerdiode und der TRIAC (Kunstwort aus Triode und Alternating Current) stellt einen bidirektionalen Thyristor dar. Beide Bauteile sind Mehrschichthalbleiter, die für reine Wechselstromanwendungen entwickelt worden sind. Ein DIAC stellt im Prinzip eine Antiparallelschaltung zweier Vierschichtdioden dar, wie Abb. 7.76 zeigt.

Einen DIAC kann man sich vereinfacht aus zwei antiparallel geschalteten Vierschichtdioden vorstellen. Jede der beiden PNPN-Schichtfolgen verhält sich wie eine Vierschichtdiode. Da diese aber in entgegengesetzter Durchlassrichtung geschaltet sind, lässt sich der DIAC in Wechselstromkreisen einsetzen und Abb. 7.77 zeigt den Aufbau.

Wenn man sich die einzelnen Zonen eines Fünfschichten-DIAC betrachtet, erkennt man die Antiparallelschaltung einer Zweirichtungs-Thyristordiode. Es handelt sich um einen symmetrisch aufgebauten Wechselstromschalter, und aus der Kennlinie erkennt man, dass im positiven und im negativen Quadranten der Kennlinie jeweils die Durchlasskennlinie einer normalen Vierschichtdiode vorhanden ist. Die Zündspannung von Fünfschichten-DIACs liegt bei 30 V, und es fließen Ströme bis zu 300 mA, wobei man mit Halteströmen zwischen $I_H = 0{,}5\,mA$ bis 5 mA rechnet. Die Haltespannung liegt zwischen $U_H = 1{,}7\,V$ und 2 V.

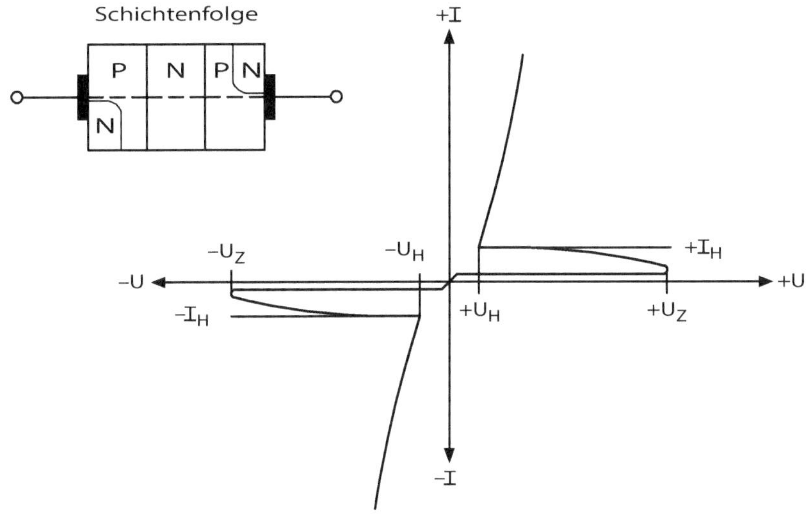

Abb. 7.77 Schematischer Aufbau und Kennlinie eines Fünfschichten-DIAC

7.7.4 TRIAC

Der TRIAC stellt in Prinzip und Wirkungsweise einen bidirektionalen Thyristor dar, d. h. man hat eine Antiparallelschaltung aus einem P- und einem N-gesteuerten Thyristor in einem Bauelement.

Abb. 7.78 zeigt die Schichtenfolge für die Antiparallelschaltung eines P- und N-gesteuerten Thyristors. Aus dieser Schichtenfolge lässt sich das Ersatzschaltbild ableiten, und man erkennt die unterschiedliche Ansteuerung. Während der P-gesteuerte Thyristor einen positiven Zündimpuls an seinem Gate benötigt, ist für die Ansteuerung des N-gesteuerten Thyristors ein negativer Zündimpuls erforderlich. Da an den Anschlüssen eine Zusammenfassung von Anode und Katode des jeweiligen Thyristors stattfindet, bezeichnet man diese Anschlüsse einfach mit A1 und A2.

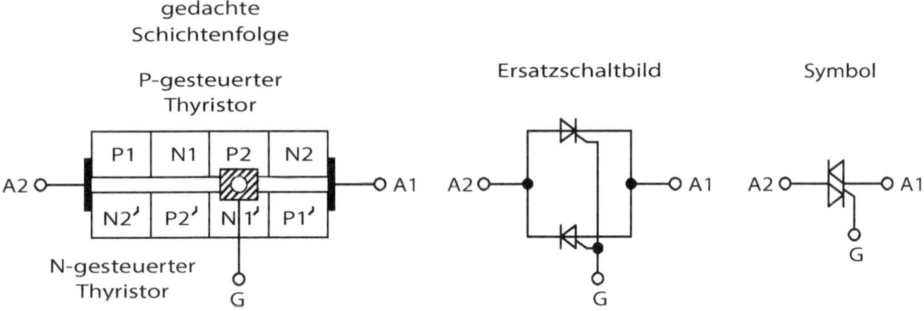

Abb. 7.78 Schichtenfolge, Ersatzschaltbild und Symbol für einen TRIAC

Abb. 7.79 zeigt die Kennlinie eines TRIAC, und diese setzt sich auch aus den Kennlinien der beiden antiparallel geschalteten Thyristoren zusammen. Da der TRIAC für den Einsatz in Wechselstromkreisen vorgesehen ist, entfallen besondere Schaltungsmaßnahmen für den Löschbetrieb. Die jeweils gerade durchlässig geschaltete Strecke wird automatisch dadurch gelöscht, dass in der Nähe des Nulldurchgangs der Wechselspannung bzw. des Wechselstroms mit Sicherheit auch die Haltespannung bzw. der Haltestrom unterschritten wird. Auch TRIACs werden im Allgemeinen so ausgewählt, dass ihre Nullkippspannung oberhalb der Spitzenspannung der Wechselspannung liegt.

Der TRIAC wird ausnahmslos zur Leistungsbeeinflussung in Wechselstromkreisen eingesetzt. Wegen seiner einfachen Steuerbarkeit ist nur ein geringer Schaltungsaufwand für die Impulssteuerung erforderlich. Bei der Impulszündung ist die Funktionalität unabhängig von der gerade wirksamen Anodenspannung U_{A2A1}. Damit erreicht man eine Zündwinkelverstellung im Bereich von 0 bis 180°, wobei man wieder eine kleine Einschränkung durch die Bauteile beachten muss. Die Grenzbereiche, etwa von $0° \leq 15°$ und $165° \leq 180°$, lassen sich aus schaltungstechnischen und bauteilebedingten Gründen mit einfachen Ansteuerungsschaltungen nicht lösen.

Das Ansteuerteil für einen TRIAC besteht im einfachsten Fall aus einem Impulsgenerator. Dieser erzeugt eine Impulsserie von positiven bzw. negativen Zündimpulsen für die Ansteuerung des Gates. Damit in jeder Halbwelle die Zündung zum gleichen Zeitpunkt, also mit gleichem Zündwinkel erfolgt, müssen Impulsfrequenz und Frequenz der Wechselspannung gleich sein. Wenn man mit einem DIAC arbeitet, ergeben sich in diesem Fall jedoch Probleme. Setzt man dagegen Impulsgeneratoren ein, muss dieser immer mit der Betriebsspannung synchronisiert sein.

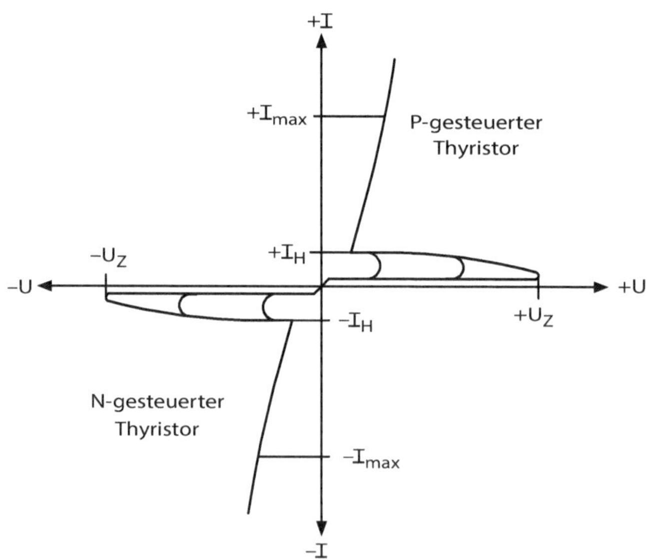

Abb. 7.79 Kennlinie eines TRIAC

Solange der TRIAC noch nicht gezündet hat, folgt die Spannung an dem Kondensator der Wechselspannung, da sich der Kondensator über den Widerstand R aufladen bzw. umladen kann. Wird nun der Widerstandswert verringert, lädt sich der Kondensator schneller auf, und damit erreicht die Kondensatorspannung schneller die Zündspannung des DIAC. Zündet der DIAC, erhält das Gate einen positiven oder negativen Impuls, und der TRIAC geht in den leitenden Zustand über. Dabei sinkt die Spannung am TRIAC, die auch an der Reihenschaltung vom Widerstand und Kondensator liegt, auf nahezu 0 V ab, d. h. für den Rest der Halbwelle bleibt der Kondensator entladen. In der nachfolgenden Halbwelle, die ja entgegengesetzt ist, wird der TRIAC gelöscht und wieder hochohmig. Der Kondensator kann sich wieder über den Widerstand aufladen. Die beschriebenen Vorgänge wiederholen sich kontinuierlich, da DIAC und TRIAC in beiden Stromrichtungen gleiches Verhalten aufweisen. Der TRIAC schaltet somit in jeder Halbwelle den Verbraucher bei einem durch den Widerstand R vorgegebenen Zündwinkel.

Wenn man die Ursache der Hysterese bei einfachen Dimmerschaltungen untersucht von der Schaltung in Abb. 7.80, kommt man zu folgender Überlegung: Hat das Potentiometer einen hohen Wert, erfolgt die Aufladung des Kondensators relativ langsam und es dauert länger, bis DIAC und TRIAC zünden können. Der Kondensator besitzt dann am Ende der Halbwelle eine Restladung, die durch die nachfolgende Halbwelle mit entgegengesetzter Spannung erst abgebaut werden muss, bis sich eine Ladung mit umgekehrter Polarität wieder aufbauen kann. Dadurch erscheint eine Phasenverschiebung zwischen der Wechselspannung am Eingang und der Spannung am Kondensator. Man kann diese Hysterese weitgehend unterdrücken, indem man schaltungstechnische Maßnahmen trifft, die eine von der Zündung unabhängige Restladung des Kondensators am Ende jeder Halbwelle sicherstellt.

Abb. 7.81 zeigt eine verbesserte Vollwegsteuerung mit TRIAC und DIAC. Die Verbesserung erfolgt durch die Entladung des Kondensators C_2 während des Zündvorgangs. Der Kondensator C_2 wird immer aus dem Kondensator C_1 über den Widerstand R_1 geladen. Diese Ladung erfolgt immer erst nach erfolgter Zündung, weil sich die Ladung des Kondensators C_1 nicht durch die Zündung abbauen lässt. Damit ist erreicht, dass der Kondensator C_2 am Ende einer jeden Halbwelle unabhängig von einer eventuellen Zündung eine nahezu gleiche Restladung besitzt.

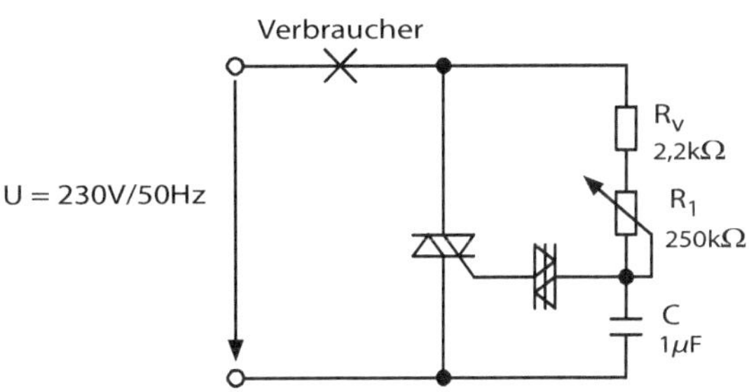

Abb. 7.80 Schaltung zur Untersuchung des Phasenanschnitts mit DIAC und TRIAC

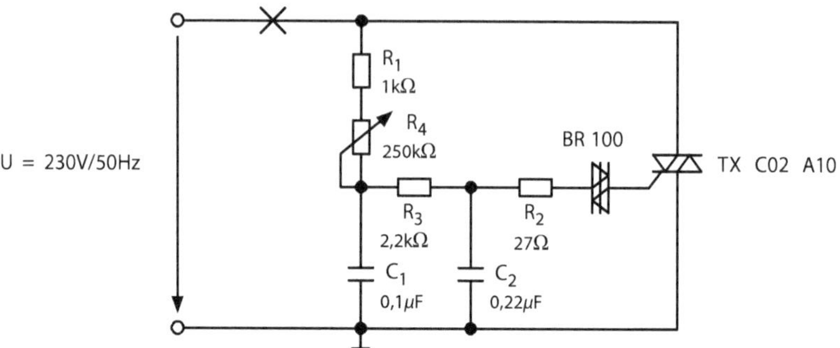

Abb. 7.81 Verbesserte Vollwegsteuerung mit TRIAC und DIAC

7.8 Operationsverstärker

Der Verstärker ist ein wesentlicher Bestandteil vieler elektronischer Geräte. Noch bis 1980 war es üblich, für jede spezielle Verwendung einen individuellen Verstärker zu entwickeln. Heute geht man immer mehr dazu über, die Teile des Verstärkers, die die eigentliche Verstärkung bewirken, in einem Baustein oder Bauelement zu konzentrieren und die speziell gewünschten Eigenschaften durch eine äußere Beschaltung zu erreichen. Solche aktiven Bausteine, die alle für die Signalverstärkung notwendigen Elemente enthalten, fallen unter den Begriff „Operationsverstärker". Erst durch die Technik der integrierten Halbleiterschaltungen ist es möglich geworden, Operationsverstärker preiswert herzustellen und sie dadurch einem breiten Anwendungsgebiet zugänglich zu machen. Die Bezeichnung „Operationsverstärker" kommt aus der analogen Rechentechnik, wo derartige Verstärker in größerem Stil eingesetzt wurden (Opererational Amplifier = Rechenverstärker, Abkürzung Operationsverstärker oder OpAmp). Heute gehen die Anwendungen über den Rahmen von Rechenoperationen weit hinaus.

Durch geeignete äußere Beschaltungen eines Operationsverstärkers können speziell gewünschte Übertragungseigenschaften erzielt werden. Dadurch wird erst eine universelle Einsatzfähigkeit dieser Bauelemente möglich. Damit die Eigenschaften des beschalteten Verstärkers möglichst nur von der äußeren Beschaltung abhängen, müssen an den Operationsverstärker diverse Forderungen gestellt werden. Dies bewirkt einen recht komplizierten inneren Aufbau. Operationsverstärker bestehen aus einer Vielzahl von Transistoren, Dioden und Widerständen. Eine detaillierte Kenntnis der internen Schaltung und ihrer Funktion ist für den Praktiker jedoch nicht erforderlich. Es reicht aus, den Operationsverstärker in einer Schaltung als „Schwarzen Kasten" zu betrachten.

7.8.1 Grundprinzip und Kennwerte

Der interne Aufbau (Abb. 7.82) lässt sich bei jedem Operationsverstärker in drei Funktionsgruppen zusammenfassen:

- Eingangsstufe
- Spannungsverstärkerstufe
- Leistungsendstufe

Die Zahl der integrierten Transistorendstufen, Dioden und Widerstände ist bei den einzelnen Operationsverstärkern teilweise sehr unterschiedlich. In der Eingangsstufe befinden sich je nach Typ Transistoren oder Darlingtonstufen für die Erhöhung des Eingangswiderstandes. Hat man als Eingangsstufen FET- oder MOSFET-Transistoren, lassen sich Eingangswiderstände mit Werten bis zu $10^{25}\ \Omega$ erzielen. Jeder Operationsverstärker-Typ hat eine andere Spannungsverstärkerstufe mit recht unterschiedlichen und aufwendigen Schaltungsvarianten. Bei den Leistungsendstufen unterscheidet man im Wesentlichen zwischen zwei Ausführungen, der Schaltung mit Gegentaktendstufe oder der mit einem offenen Kollektor.

Das Schaltzeichen für einen Operationsverstärker ist in Abb. 7.83 dargestellt und verfügt über zwei Eingänge, von denen einer eine invertierende Wirkung und der andere eine nicht invertierende Funktion auf dem Ausgang hat. Legt man an den invertierenden Eingang eine positive Spannung, hat der Ausgang einen negativen Spannungswert, denn es wird normalerweise die Eingangsspannung mit einer Phasenverschiebung von 180° invertiert. Zwischen dem nicht invertierenden Eingang und dem Ausgang hat man keine Phasenverschiebung, also 0°.

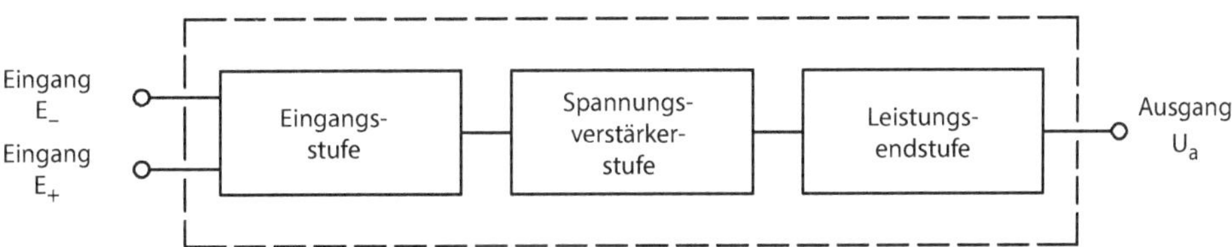

Abb. 7.82 Interner Aufbau eines Operationsverstärkers

Abb. 7.83 Bezeichnungen der Spannungen am Operationsverstärker

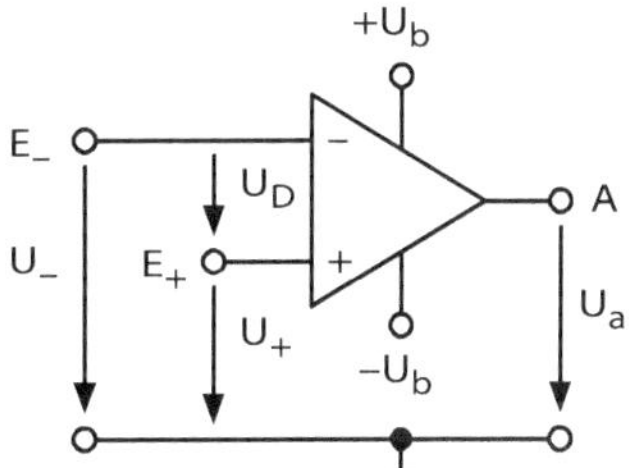

Operationsverstärker werden entweder mit zwei symmetrischen Versorgungsspannungen $\pm U_b$ betrieben, wenn der Ausgang mit einer Gegentaktendstufe ausgerüstet ist, oder mit nur einer Betriebsspannung, wenn man einen Eintakt-Ausgang hat, also eine Endstufe mit offenem Kollektor.

Die an den Eingängen E$-$ und E$+$ liegenden Spannungen sowie die Ausgangsspannung werden auf einen gemeinsamen Bezugspunkt (Masse) bezogen.

Der ideale Operationsverstärker verstärkt nun, da eingangsseitig gemäß Blockschaltbild ein Differenzverhalten vorliegt, lediglich die Differenzspannung U_D, die Spannungsdifferenz zwischen den beiden Eingängen ist

$$U_D = U_+ - U_-,$$

und zwar mit einem Verstärkungsfaktor, der mit V_0 bezeichnet ist und der Wert V_0 wird als Leerlaufverstärkung, Differenzverstärkung oder offene Schleifenverstärkung bezeichnet. Der Begriff „Leerlaufverstärkung" bedeutet nicht, dass der Ausgang unbelastet ist. V_0 wird vom Hersteller angegeben und liegt je nach Typ etwa in der Größenordnung von $20 \cdot 10^3$ bis $100 \cdot 10^3$.

In der Praxis setzt man entweder das runde Metallgehäuse oder das 8-polige DIL-Gehäuse in Plastik ein. Der Vorteil dieser Gehäuseform liegt in der Verwendung von Sockeln, denn im Fehlerfall lässt sich der Operationsverstärker schnell auswechseln. Speziell für die SMD-Technik hat man das Flatpack-Gehäuse, denn die Anschlusspins werden direkt auf die Platine aufgelötet. Der Vorteil liegt in der geringen Bauteilhöhe, unter 5 mm, und in der mechanischen Belastbarkeit gegenüber Vibrationen, Stößen und Beschleunigungen. Abb. 7.84 zeigt zwei Gehäuseformen von Operationsverstärkern.

Legt man an den E_+- und E_--Eingang die gleiche Spannung $U_+ = U = U_{gl}$, ergibt sich $U_D = 0\,V$. Diese Betriebsart bezeichnet man als Gleichtaktaussteuerung. Gemäß $U_a = V_0 \cdot U_D$ muss dabei $U_a = 0$ bleiben und dies ist jedoch beim realen Operationsverstärker nicht der Fall. Aus dieser Gleichung ist ersichtlich, dass die Ausgangsspannung U_a (bei konstanter Verstärkung von V_0) linear mit der Differenzeingangsspannung ansteigt bzw.

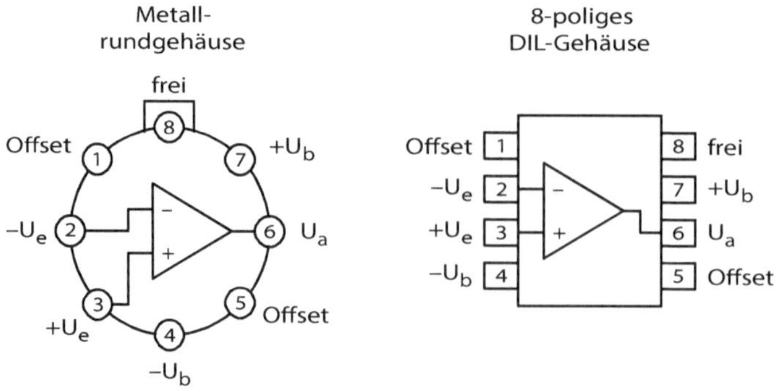

Abb. 7.84 Gehäuseformen von Operationsverstärkern

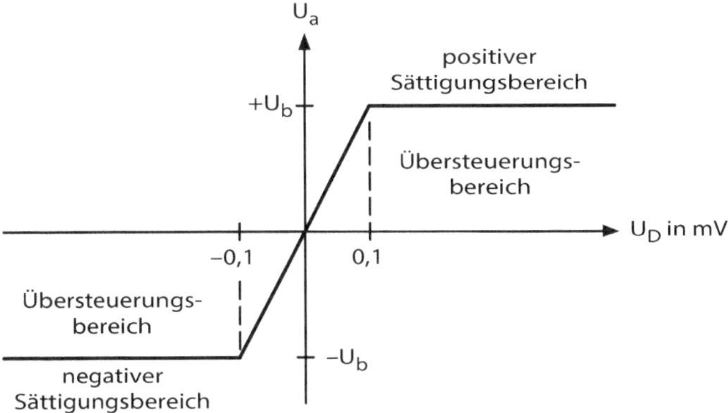

Abb. 7.85 Übertragungskennlinie eines Operationsverstärkers

abfällt. Allerdings nur so lange, bis ausgangsseitig der Wert der Betriebsspannung erreicht ist. Eine weitere Vergrößerung von U_D bewirkt dann keine Veränderung von U_a mehr. Der Operationsverstärker ist übersteuert, und diese Zusammenhänge sind in Abb. 7.85 gezeigt.

7.8.2 Invertierender Operationsverstärker

Unbeschaltete Operationsverstärker weisen eine hohe Leerlaufverstärkung V_0 auf. Diese hohe Verstärkung wird nur in einer Grundschaltung, dem Komparator, voll ausgenutzt. Bei allen anderen Operationsverstärker-Einsatzbereichen bereitet die hohe Leerlaufverstärkung erhebliche Schwierigkeiten. So könnte z. B. eine kleine Störspannung von nur 0,1 mV bei $V_0 = 50 \cdot 10^3$ bereits eine Änderung der Ausgangsspannung von 5 V bewirken. Die hohe Verstärkung von Operationsverstärkern wird in der Praxis nicht benötigt. Der große Vorteil des Operationsverstärkers liegt aber darin, dass man durch eine einfache äußere Beschaltung den Verstärkungsfaktor auf jeden gewünschten Wert herabsetzen kann.

Die äußere Beschaltung muss als Gegenkopplung ausgeführt werden. Um nur von der äußeren Beschaltung abhängig zu sein, muss der Operationsverstärker ideale Eigenschaften aufweisen, und dadurch wird die Betrachtungsweise erheblich vereinfacht.

Der Operationsverstärker hat zwei Eingänge, den invertierenden und den nicht invertierenden, und daher lassen sich Mit- und Gegenkopplung sehr einfach realisieren. Führt man das Ausgangssignal oder einen Teil des Ausgangssignals auf den nicht invertierenden Eingang zurück, so sind Eingangssignal und rückgeführtes Signal gleichphasig, und man erhält die Gegenkopplung. Wird das Ausgangssignal oder ein Teil auf den invertierenden Eingang zurückgeführt, so sind Eingangssignal und rückgekoppeltes Signal gegenphasig, und man hat die Gegenkopplung.

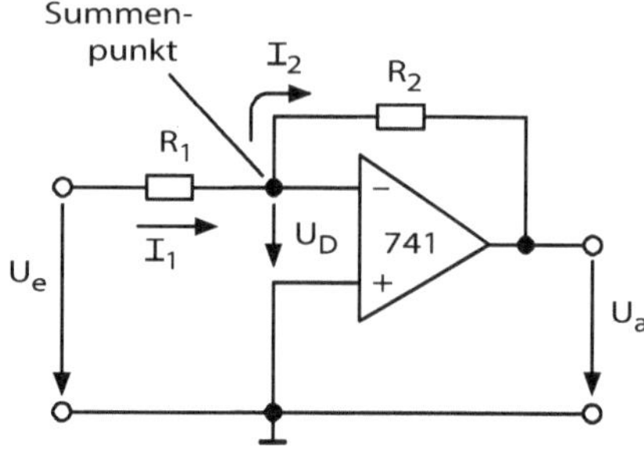

Abb. 7.86 Invertierende Betriebsart mit einem Operationsverstärker

In der Praxis setzt man fast nur die Gegenkopplung ein. Abb. 7.86 zeigt einen invertierenden Operationsverstärker, und die Arbeitsweise lässt sich am einfachsten verstehen, wenn man sich den Ablauf eines Einschwingvorgangs betrachtet. Wird zu einem Zeitpunkt t_0 eine positive Gleichspannung an den Eingang E_- gelegt, so ändert sich, wie bei allen herkömmlichen Verstärkerschaltungen auch, die Ausgangsspannung nicht sprunghaft, also zeitverzugslos sondern mit einer, dem jeweiligen Operationsverstärkertyp typischen, Anstiegs- bzw. Abfallgeschwindigkeit. Zu bestimmten Zeitpunkten werden also bestimmte positive bzw. negative Ausgangsspannungswerte auftreten, die sich durch die Gegenkopplung auf die Größe von U_D auswirken. Für jeden Spannungswert ergibt sich also ein daraus resultierender Wert für U_D und dabei wird U_D immer kleiner, je negativer U_a wird.

$$-U_a = U_e \cdot \frac{R_2}{R_1}$$

Diese Gleichung bedeutet:

a) Die Eingangsspannung wird verstärkt mit dem Faktor $v = \frac{R_2}{R_1}$.
b) Das negative Vorzeichen deutet darauf hin, dass zwischen Eingangs- und Ausgangsspannung eine Phasenverschiebung von 180° vorliegt:

$$-U_a = U_e \cdot v.$$

Die Verstärkung des invertierenden Operationsverstärkers ist also nur von der äußeren Beschaltung abhängig. Die Wahl des Widerstandsverhältnisses kann daher in weiten Grenzen unabhängig von der Leerlaufspannungsverstärkung frei festgelegt bzw. eingestellt werden.

7.8.3 Nicht invertierender Operationsverstärker

Die Schaltung von Abb. 7.87 zeigt einen nicht invertierenden Verstärkerbetrieb. Die Eingangsspannung liegt direkt an dem nicht invertierenden Eingang an, und damit kommt

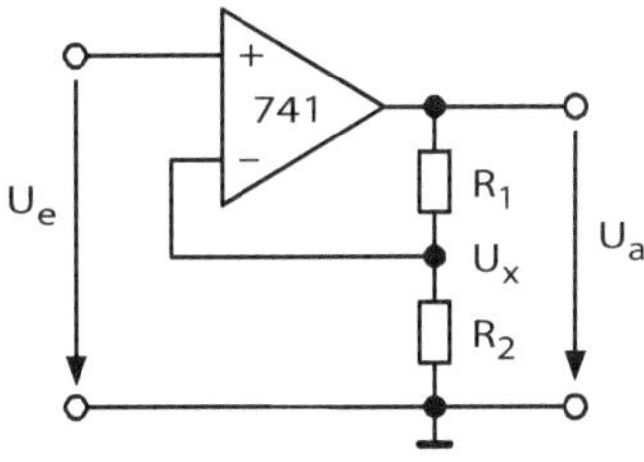

Abb. 7.87 Schaltung eines nicht invertierenden Operationsverstärkers

der hohe Eingangswiderstand des Operationsverstärkers voll zur Wirkung. Arbeitet man mit dem Standard-Operationsverstärker 741, erreicht man einen Eingangswiderstand von ca. 1 MΩ. Setzt man den Typ ICL8007 mit seinen FET-Eingängen ein, kommt man auf $10 \cdot 10^{12}\,\Omega$. Wichtig bei diesen Operationsverstärkern sind nicht nur die Anschlussbelegung und die Gehäuseform, sondern auch die elektrischen Spezifikationen. Diese sind heute bei den Standardtypen alle identisch, nur der Eingangswiderstand hat je nach Eingangsstufe einen anderen Wert.

Für die Schaltung von Abb. 7.87 bedeutet dies, dass je nach Anwendungsfall in der Praxis einfach nur der Operationsverstärker ausgetauscht werden muss. Die Gegenkopplung erreicht man durch den Spannungsteiler am Ausgang des Operationsverstärkers. Durch diesen Spannungsteiler wird ein bestimmter Spannungswert gegengekoppelt, und damit erhält die Schaltung ihren Verstärkungsfaktor.

Die Ausgangsspannung des Spannungsteilers bezeichnet man der Einfachheit halber mit U_x, und als Eingangsspannung verwendet man die eigentliche Ausgangsspannung. Die Spannung U_x lässt sich dann berechnen aus

$$U_x = U_a \cdot \frac{R_2}{R_1 + R_2}.$$

Die Spannung U_x stellt die Eingangsspannung am invertierenden Operationsverstärkereingang dar, und die Spannungsdifferenz zwischen den beiden Eingängen ist $U_D = 0\,V$. Aus diesem Grunde kann man auch schreiben

$$U_e = U_a \cdot \frac{R_2}{R_1 + R_2} \quad \text{oder} \quad \frac{U_e}{U_a} = \frac{R_2}{R_1 + R_2}.$$

Das Verhältnis zwischen U_e/U_a ist nicht die Verstärkung einer Schaltung, sondern die Dämpfung. Man muss die Formel nach U_a/U_e umstellen und erhält

$$\frac{U_a}{U_e} = \frac{R_1 + R_2}{R_2} \quad \text{oder} \quad v = \frac{R_1 + R_2}{R_2}.$$

Diese Formel lässt sich noch umstellen:

$$v = \frac{R_2}{R_2} + \frac{R_1}{R_2} \quad \text{oder} \quad v = 1 + \frac{R_1}{R_2}.$$

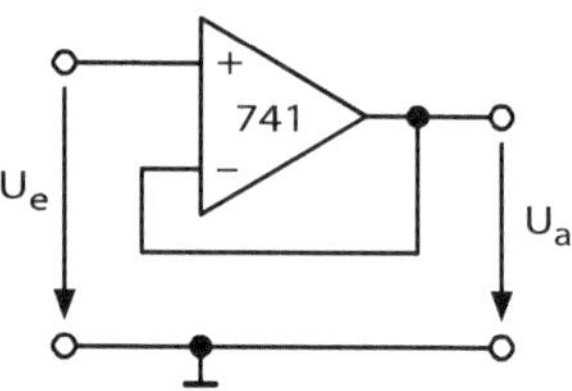

Abb. 7.88 Schaltung eines Elektrometerverstärkers mit $v = 1$

Beispiel

Die beiden Widerstände in der Schaltung haben einen Wert von $R_1 = R_2 = 10\,k\Omega$. Wie groß ist die Verstärkung?

$$v = 1 + \frac{R_1}{R_2} = 1 + \frac{10\,k\Omega}{10\,k\Omega} = 2$$

Sind beide Widerstände gleich groß, ergibt sich in der Praxis eine Verstärkung von $v = 2$.

Aus den Beispielen von Abb. 7.87 und 7.88 kann man nun Folgendes erkennen: Vergrößert man den Widerstand R_1 entsprechend, ergibt sich eine größere Verstärkung, da R_1 im Zähler des Bruchs steht. Zu dem Quotient muss immer der Faktor 1 hinzuaddiert werden. Vergrößert man dagegen den Widerstand R_2 entsprechend, verringert sich die Verstärkung, da R_2 im Nenner des Bruchs steht.

In der Messpraxis benötigt man Impedanzwandler, d. h. einen Verstärker mit $v = 1$, der das Eingangssignal nicht invertiert, der einen extrem hohen Eingangswiderstand hat, aber der Ausgangswiderstand mit dem Standardwert von $R_a = 60\,\Omega$ wird beibehalten. Diesen Impedanzwandler bezeichnet man auch als „Elektrometerverstärker“.

7.8.4 Operationsverstärker als Differenzverstärker

Der Differenzverstärker oder Subtrahierer von Abb. 7.89 ist eine Kombination eines Umkehrverstärkers mit einem Elektrometerverstärker. Der Operationsverstärker bildet aus den beiden Eingangsspannungen eine Differenz, die dann entsprechend verstärkt wird. Betrachtet man sich die Schaltung genauer, erkennt man, dass R_1 und R_2, ebenso R_3 und R_4 jeweils einen Spannungsteiler bilden. Wichtige Voraussetzung für den ordnungsgemäßen Betriebszustand sind die Widerstandsverhältnisse von $R_1 = R_3$ und $R_2 = R_4$.

Zur Berechnung der Ausgangsspannung geht man wie immer von einem idealen Betrieb des Operationsverstärkers aus. Wird an die beiden Eingänge jeweils eine Spannung angelegt, so stellt sich am Ausgang des Operationsverstärkers eine bestimmte Spannung ein, sodass $U_D \approx 0\,V$ ist. Die Verstärkung der Schaltung errechnet sich aus

$$v = \frac{R_2}{R_1}$$

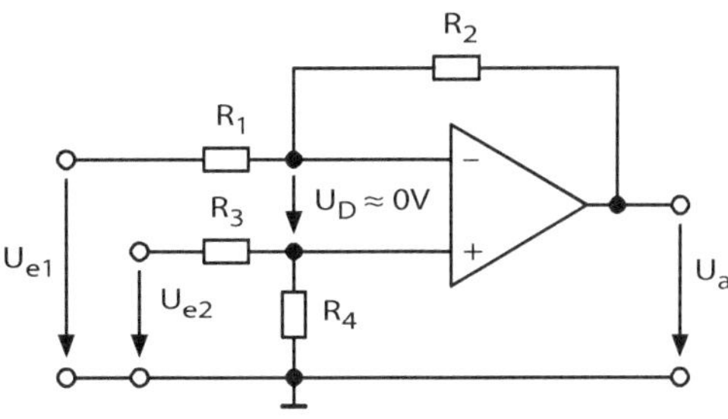

Abb. 7.89 Schaltung eines Differenzverstärkers

wenn $R_1 = R_3$ und $R_2 = R_4$ ist. Damit ist

$$U_a = (U_{e2} - U_{e1}) \cdot \frac{R_2}{R_1}.$$

Beide Eingangsspannungen werden mit dem gleichen Faktor ($v = 1$) verstärkt und der Operationsverstärker bildet die Differenz aus den beiden Eingangsspannungen. Diese Schaltung bildet den Eingang für eine Regelung, an den Eingang U_{e1} wird die Sollspannung und an den Eingang U_{e2} die Istspannung erfasst. Die Spannungsdifferenz bildet die Eingangsspannung für die anschließende Regelstrecke.

7.8.5 Komparator und Schmitt-Trigger

Wenn man den Operationsverstärker als Komparator oder Schmitt-Trigger verwendet, hat man am Ausgang entweder die positive oder negative Sättigungsspannung von $\pm U_b$. Durch die Gegenkopplung oder Mitkopplung erhält man die Funktion eines Komparators (Gegenkopplung) oder eines Schmitt-Triggers (Mitkopplung).

Die einfachste Komparatorschaltung ist in Abb. 7.90 gezeigt. An dem invertierenden Eingang liegt die Spannung U_e und diese wird mit der Referenzspannung U_{ref} verglichen. Da diese Schaltung ohne Gegenkopplung arbeitet, kommt die volle Leerlaufverstärkung zur Wirkung und für die Ausgangsspannung gilt:

$$U_{a\,max} = U_e < U_{ref},$$
$$U_{a\,min} = U_e > U_{ref}.$$

Ist die Eingangsspannung U_e kleiner als die Referenzspannung U_{ref}, befindet sich der Ausgang des Operationsverstärkers in der positiven Sättigung, d. h. der Ausgang hat U_{amax}. Ist die Eingangsspannung U_e größer als U_{ref}, befindet sich die Ausgangsspannung der negativen Sättigung, also auf U_{amin}. Durch das Potentiometer am nicht invertierenden Eingang lässt sich die Referenzspannung stufenlos einstellen und damit kann der Anwender die Referenzspannung entsprechend seinen Anforderungen bestimmen.

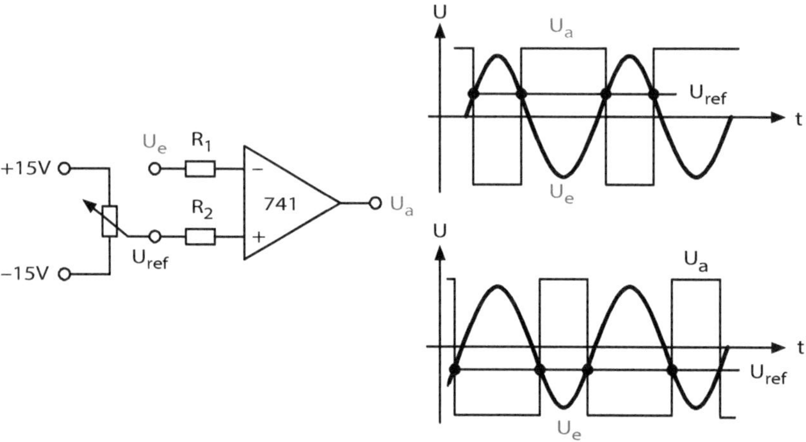

Abb. 7.90 Einfache Komparatorschaltung mit den Spannungsdiagrammen

Aus der Leerlaufverstärkung kann man den Umschaltpunkt festlegen, wenn die Referenzspannung genau auf Masse (0 V) liegt:

$$U_e = \frac{U_a}{v} = \frac{\pm 15\,V}{50.000} = \pm 0{,}3\,mV.$$

Ändert sich die Eingangsspannung um $U_e < \pm 0{,}3\,mV$, arbeitet der Operationsverstärker im analogen Verstärkerbetrieb. Überschreitet die Eingangsspannung diesen Wert, wird die Ausgangsspannung digitalisiert, d. h. man hat nur noch zwei Spannungszustände, die positive und die negative Sättigungsspannung.

Die Schaltung von Abb. 7.90 hat einen Nachteil: Ändert man die Eingangsspannung, springt der Ausgang des Operationsverstärkers entweder auf $+U_b$ oder $-U_b$. Damit ist diese Schaltung nicht zur Ansteuerung von digitalen Schaltkreisen geeignet.

Bei der Schaltung von Abb. 7.91 befindet sich in der Gegenkopplung eine Z-Diode. Ist die Ausgangsspannung größer als $U_Z = 4{,}7\,V$, leitet die Z-Diode und es fließt ein Strom über die Gegenkopplung zum invertierenden Eingang. Dadurch kann die Ausgangsspannung nicht größer werden als $U_a = +4{,}7\,V$. Hat man dagegen eine negative Sättigungsspannung, so kann diese nicht größer als $U_a = -0{,}6\,V$ werden, da dann die Z-Dioden ebenfalls leiten. In diesem Fall arbeitet die Z-Diode als normale Siliziumdiode.

Die Schaltung von Abb. 7.91 ist als Summierer aufgebaut. An dem einen Eingang befindet sich die Spannung U_e und an dem anderen die Referenzspannung U_{ref}. Stellt man das Potentiometer so ein, dass der Eingang $U_{ref} = 0\,V$ ist, wird die positive Eingangsspannung invertiert und die Ausgangsspannung hat einen negativen Wert, der jedoch durch die Z-Diode auf $U_{amin} = -0{,}6\,V$ begrenzt wird. Ist die Eingangsspannung dagegen kleiner als 0 V, erfolgt eine Invertierung und die Ausgangsspannung hat einen positiven Wert, der

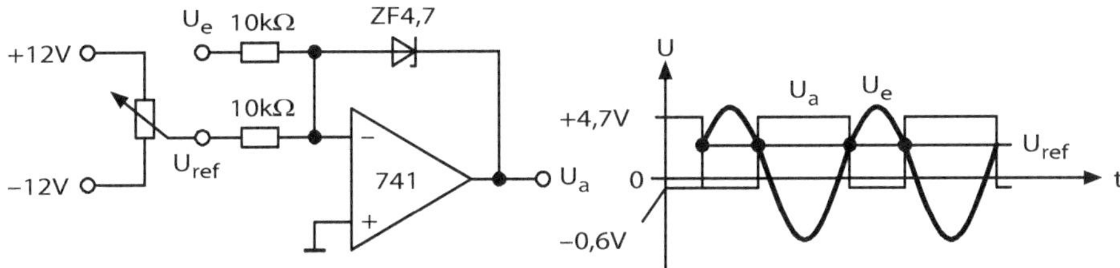

Abb. 7.91 Schaltung eines Komparators für die Ansteuerung von digitalen Schaltkreisen mit Spannungsdiagramm

durch die Z-Diode auf $U_{amax} = +4{,}7\,V$ begrenzt wird. Es gilt für die Ausgangsspannung:

$$U_{a\,max} = U_e < U_{ref}, \qquad U_{a\,min} = U_e > U_{ref}.$$

Mit dem Potentiometer lässt sich die Referenzspannung U_{ref} zwischen $+12\,V$ und $-12\,V$ beliebig ändern, d. h. die Umschaltschwelle zwischen der positiven ($+4{,}7\,V$) und der negativen ($-0{,}6\,V$) Ausgangsspannung wird nur von der Referenzspannung bestimmt.

7.9 Mikrocontroller

Mikrocontroller (MC) sind gegenüber den Mikroprozessoren programmierbare Bausteine mit universaler Peripherie. Im Gegensatz zu den herkömmlichen Mikroprozessoren vereinigen sie in einem Baustein alle zum Betrieb notwendigen Komponenten wie z. B. PROM oder EPROM (Befehlsspeicher), I/O-Ports (Schnittstellen für Ein- und Ausgänge), Timer/Counter (Zeitgeber und Zähler), serielle Schnittstelle (RS232). Man kann den Mikrocontroller meistens ohne weitere Schaltkreise betreiben. Der anzustrebende Idealfall eines jeden elektronischen Systems ist die Ein-Chip-Lösung. Abb. 7.92 zeigt den Mikrocontroller 8051 mit seiner Peripherie. Mit dem Watchdog-Timer wird die Arbeitsweise bei der SPS-Steuerung kontrolliert. Im Gegensatz zu einem PC verfügt die SPS-Steuerung über einen Watchdog-Timer. Beim Ablauf eines SPS-Programms kann es zu zeitlichen Verzögerungen durch Programmschleifen kommen und ist dies der Fall, setzt der Watchdog-Timer das Programm auf Adresse 0 zurück. Der Watchdog-Timer ist vom Anwender programmierbar zwischen 1 und 100 ms.

Um eine Vorstellung zu vermitteln: Die Schaltkreise des ersten 8-Bit-Mikrocontrollers 8051 (Jahr: 1980) bestanden aus ca. 65.000 und sein Nachfolger 80515 (Jahr: 1985) aus ca. 123.000 Transistorfunktionen. Diese Entwicklung ermöglichte die große Stückzahlzunahme, zuerst die 4-Bit-MC, dann die der 8-Bit-Typen und heute die 16- und 32-Bit-Familien.

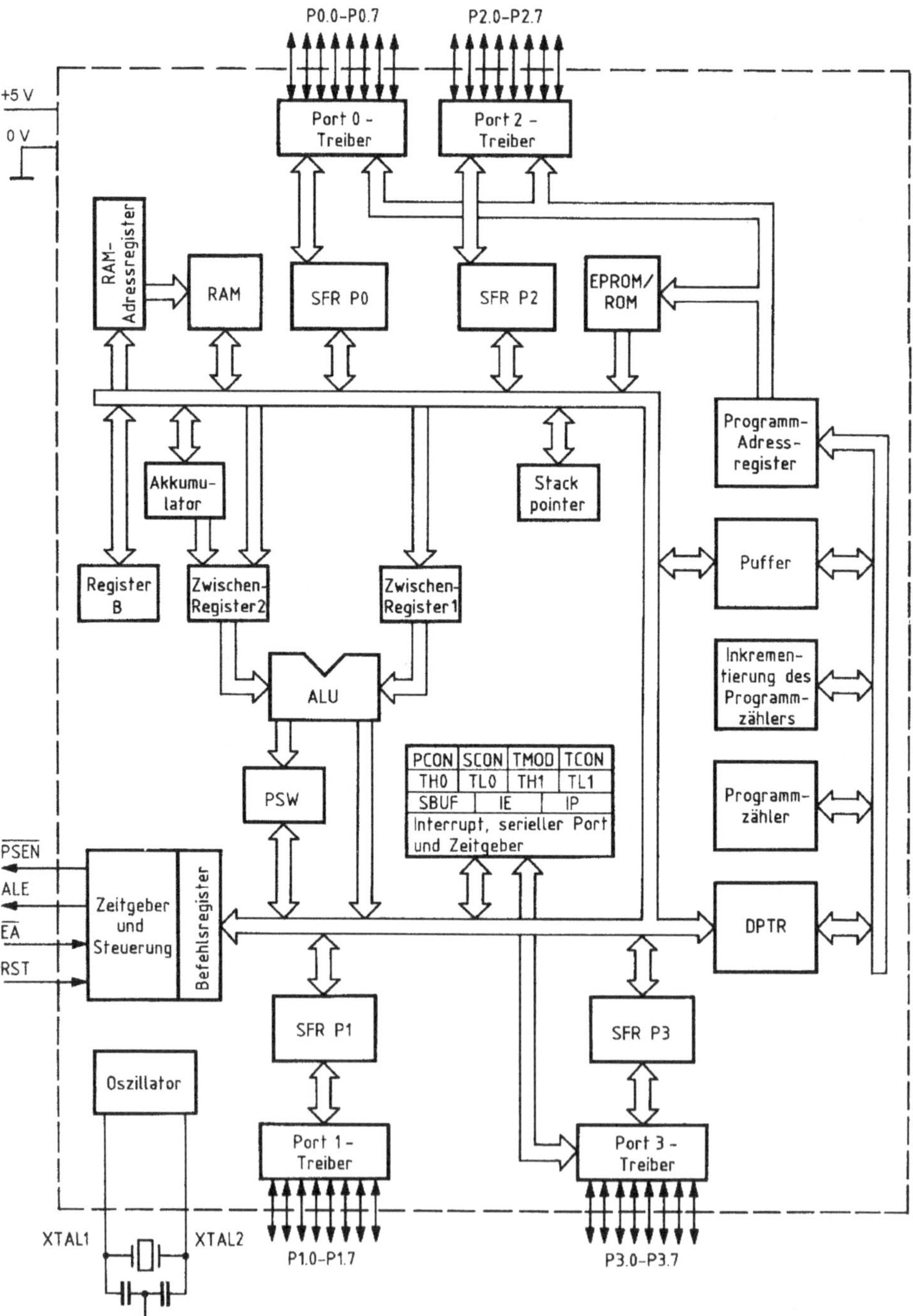

Abb. 7.92 Mikrocontroller 8051 mit seiner Peripherie

Die schnellen Bitverarbeitungsbefehle erleichtern den Einsatz in steuerungs- und regelungstechnischen Applikationen. Hauptsächliche Einsatzpunkte sind:

- Industrieelektronik: Man hat eine universelle Hardware z. B. eine Motorsteuerung entwickelt und kann dann bei verschiedenen Anwendungen die Software ändern.
- Datenverarbeitung: Besonders in Peripheriegeräten wie Drucker, Plotter, Kopierer und Tastaturen werden Mikrocontroller eingesetzt.
- Kraftfahrzeugelektronik: Für die vielfältigen Aufgaben beim zunehmenden Einsatz der Kfz-Elektronik sind diese Mikrocontroller unentbehrlich. Fast alle modernen Autos verwenden über 100 Mikrocontroller für die Steuer-, Mess- und Regelungstechnik.
- Mess-, Regelungs- und Automatisierungstechnik: In diesem Bereich, besonders auch bei der Steuerung von Elektromotoren, gibt es eine Vielzahl neuer Anwendungen.

7.9.1 Hardware eines Mikrocontrollers

Der 8-Bit-Mikrocontroller 8051 ist ein 8-Bit-Schaltkreis mit internem EROM, RAM, Special-Function-Register (SFR), Recheneinheit (ALU = Arithmetic Logic Unit) und externem Datenbus mit einer 8-Bit-Breite. Die Datentypen des Mikrocontrollers sind Bit, Halbbyte (Nibble), Bytes und 16-Bit-Operationen. Der Mikrocontroller unterstützt Bytetransport-, Logik- und Arithmetikoperationen. Die leistungsfähigen Bit-Verarbeitungsbefehle erlauben auf der Bit-Ebene Datentransporte, Logik- und bedingte Sprungoperationen und können unmittelbar mit Booleschen Variablen für eine SPS arbeiten. Abb. 7.93 zeigt die internen Funktionseinheiten im Mikrocontroller 8051.

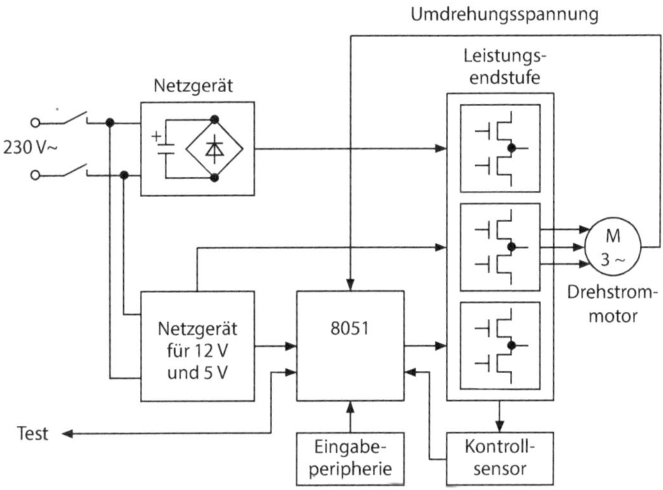

Abb. 7.93 Funktionseinheiten im Mikrocontroller 8051

Die CPU (Central-Processing-Unit) des Mikrocontrollers besteht aus:

- Befehlszähler
- Befehlsdecoder
- Rechenwerk (ALU)
- Boolescher Prozessor
- Programm-Control-Einheit

Befehlszähler: Der 16-Bit-Befehlszähler (PC = Program Counter) steuert die Reihenfolge des Programmablaufs. Über den Inhalt des Befehlszählers wird der Operationsverstärker-Code aus der entsprechenden Adresse des Befehlsspeichers in den Baustein geholt und dem Befehlsdecoder zur Ausführung übergeben.

Befehlsdecoder: Diese Einheit analysiert das eingelesene Byte und generiert es dann, wenn es sich um einen Befehl handelt, über die Programm-Control-Einheit die internen Signale, die alle Funktionen der CPU zur Ausführung der aktuellen Instruktion auslösen. Sie steuern Quelle und Ziel der Daten und die Funktion der ALU.

Arithmetische und Logische Einheit (ALU): Die ALU des Mikrocontrollers, die mit den Registern A, B und PSW kommuniziert, und führt alle Datenmanipulationen durch. Die ALU verarbeitet 8-Bit-Datenworte von einer oder zwei Quellen und generiert 8- oder 16-Bit-Ergebnisse. Bei der ALU werden die arithmetischen Operationen Addition, Subtraktion, Multiplikation und Division, Inkrementieren und Dekrementieren, BCD-Dezimalkorrektur, Vergleiche, Rotieren und logische Operationen ausgeführt.

Boolescher Prozessor: Der Boolesche Prozessor ist ein „Bitrechner" innerhalb der ALU. Das Carry-Flag ist hierbei das Arbeitsregister für Bitbefehle. Er verfügt über seinen eigenen Befehlsvorrat und über bitadressierbare Speicherplätze im RAM und in den Special-Function-Registern. Dieser Mikrocontroller ermöglicht schnelle Bitmanipulationen an den Ein-/Ausgabe-Ports und die logische Verknüpfung der Bits.

Die möglichen Bitoperationen sind nachfolgend aufgeführt:

- Setzen, Löschen, Komplementieren
- Springen wenn gesetzt, Springen wenn nicht gesetzt, Springen wenn gesetzt und dann gelöscht
- Transport vom und zum Carry
- Logische UND-/ODER-Verknüpfung

Programm-Control-Einheit: Die Programm-Control-Einheit (Ablaufsteuerung) beeinflusst die Reihenfolge der Befehlsholphase und -ausführung. Die Logik zur Durchführung bedingter Sprünge ermöglicht es, durch externe oder interne Bedingungen den Programmablauf zu modifizieren.

Der 8-Bit-Mikrocontroller 8051 arbeitet mit folgenden internen und externen Speicherbereichen:

- 64-Kbyte-Befehlsspeicher: Der maximal mögliche Programmspeicher von 64 Kbyte ist bei der ROM-, EPROM- oder EEPROM-Version, die in einen externen und einen internen Bereich aufgeteilt sind. Der interne Bereich belegt die unteren 4 Kbyte (4 Kbyte $\Rightarrow$ Adresse 0000H–3FFFH). Der externe (60 Kbyte $\Rightarrow$ Adresse 1000H–FFFFH) schließt sich daran an.

Dieser Code- oder Befehlsspeicher wird über den 16-Bit-Befehlszähler (Programm-Counter = PC) angesprochen. Bedingte Sprünge beziehen sich relativ zur Adresse im Befehlszähler. Die Sprungweite umfasst den Bereich von der Adresse des Folgebefehls -128 bis $+127$. Bei Sprüngen (Jumps) und Unterprogrammaufrufen (Calls) wird der Befehlszähler vollständig (16 Bit) überschrieben, damit ist jede Adresse innerhalb der 64 Kbyte erreichbar.

- 64 Kbyte externer Datenspeicher: Interner und externer Datenspeicher verwenden keinen gemeinsamen Adressbereich. Der externe Bereich ist bis zu 64 Kbyte ausbaubar und wird durch 8- und 16-Bit-Adressen angesteuert.
- 128 Byte internes RAM: Auf diesen Teil wird über 8-Bit-Adressen zugegriffen. Er enthält vier Registerbänke mit je 8 Registern und 128 direkt adressierbare Bits (16 Byte). Der Stack muss im internen RAM liegen und ist somit auf 128 Byte limitiert. Auf ihn kann über den Stackpointer zugegriffen werden.
- 128 Byte Adressbereich für die Special-Function-Register: Diese Adressen liegen oberhalb des internen „Daten-RAM“. Die 21 Special-Function-Register sind nur direkt adressierbar (auf das interne RAM kann direkt und indirekt zugegriffen werden). In diesem Bereich liegen alle Steuerregister, Rechenregister, Zähler, Ports usw., jedoch nicht der Program-Counter (Programmzähler).

Der Mikrocontroller ermöglicht fünf Adressierungsarten: Registeradressierung, direkte Adressierung, indirekte Adressierung, Wertzuweisung und indirekte indizierte Adressierung.

Das interne RAM (0 bis 7FH) kann direkt und über die Zeigerregister R0 oder R1 indirekt angesprochen werden. Auf die Special-Function-Register kann man nur direkt zugreifen.

Für die Abarbeitung von Tabellen im Programmspeicher (Look-Up-Tables) wird die Basis-Register- mit Index-Register-Indirekt-Adressierung verwendet.

7.9.2 Speichereinheiten eines Mikrocontrollers

Die Aufteilung und Handhabung der internen und externen Programm- und Datenspeicherbereiche sind unterteilt in den Programm- und Datenspeicher.

- Programmspeicher: Dieser Bereich besteht aus einem internen und einem externen Bereich. Bei dem externen Code-Speicher beträgt die Speicherkapazität maximal 64 Kbyte. Extern ist der Bereich bis auf 64 Kbyte erweiterbar.
- Datenspeicher: Dieser Speicher gliedert sich in den externen (maximal 64 Kbyte) und den internen (128 Byte) Teil. Auf die externen Daten kann mittels 8- oder 16-Bit-Adressen zugegriffen werden. Das interne RAM ist direkt und indirekt adressierbar. Der untere RAM-Bereich enthält:
  - viermal 8-Byte-Registerbänke (durch zwei Bit im PSW-Register umschaltbar)
  - 16 direkt bitadressierbare Byte (128 Bit)

Außerdem gibt es noch 21 Special-Function-Register (SFR). Diese liegen in einem 128-Byte-Adressbereich oberhalb des internen RAM (80 H bis FFH). Die SFR sind nur direkt adressierbar.

Die verschiedenen Registerbänke sind zum schnellen Umschalten der Programme bei Interrupts (Programmunterbrechung) besonders nützlich.

Der Akkumulator (A oder ACC) ist das Arbeitsregister der CPU. Das Übertragsbit (Carry-Flag) ist das Arbeitsregister des Booleschen Prozessors. Als Hilfsregister (B) ergänzt es den ACC bei den Multiplikations- und Divisionsbefehlen. Abgesehen davon ist es als Zwischenspeicher verwendbar.

Das Programmstatusregister (PSW) hat verschiedene Funktionen, wie Tab. 7.1 zeigt.

Der Stackpointer (SP mit 8 Bit) dient zur Adressierung des Stackbereichs (indirekte Adressierung). Er wird inkrementiert, bevor Daten in den Stack abgelegt werden (durch PUSH oder CALL) und dekrementiert, nachdem die Daten aus dem Stack (durch POP, RET oder RETI) geholt wurden. Der Stackpointer wandert nach oben, wenn Daten im Stack abgelegt werden. Die Stack-Anfangsadresse ist beliebig im RAM platzierbar. Durch Reset wird der SP mit 07 H vorgeladen. Der Stack belegt dann das interne RAM ab Adresse 08H.

Tab. 7.1 Programmstatusregister (PSW)

PSW.7							PSW.0
CY	AC	F0	RS1	RS0	0 V	–	P
CY	PSW.7	Übertragsbit (Carry)					
AC	PSW.6	Hilfs-Carry (Auxiliary Carry) für BCD-Befehle					
F0	PSW.5	Kennzeichenbit 0, zur freien Verfügung					
RS1	PSW.4	Registerbank Select					
RS0	PSW.3	Registerbank Select					
0 V	PSW.2	Nicht belegt					
–	PSW.1						
P	PSW.0	Paritybit. Zeigt nach jedem Befehl die Parität des ACC an. Es ist gesetzt, wenn die Zahl der 1-Bit geradzahlig ist					

- Daten-Pointer (DPTR): Das 16-Bit-Register besteht aus den SFR, DPH und DPL. Der DPTR muss für den Zugriff auf den externen Datenspeicher (indirekte Adressierung) mit der externen 16-Bit-Adresse geladen werden. Wird der DPTR nicht für externe Datenspeicherzugriffe eingesetzt, ist er als Register (zweimal 8 Bit) zu verwenden.
- Port 0 bis 3 (P0–P3): Die Special-Function-Register P0 bis P3 sind Ein-/Ausgaberegister.
- Zähler-/Zeitgeber-Register (TH0, TL0 und TH1, TL1)
- Die Register TH0, TL0 und TH1, TL1 sind die entsprechenden H- bzw. L-Bytes der 16-Bit-Zähler/Zeitgeber 0 und 1.
- Steuerregister: Das Interruptsystem (IP, IE), die Zähler/Zeitgeber (TMOD, TCON) und die serielle Schnittstelle (SCON, PCON) sind über SFR zu steuern.

7.9.3 Steuerung von Wechselstromlasten (Motoren)

Der am meisten verbreitete Drehstrommotor ist der asynchron arbeitende Kurzschlussläufer. Der Motor benötigt keinen Kollektor, keine Bürsten und erreicht dadurch eine hohe Lebensdauer bei geringem Laufgeräusch. Da auch kein Bürstenfeuer auftritt, kann auf eine Entstörung verzichtet werden. Durch das dreiphasige Drehfeld hat dieser Motor ein hohes Anzugs- und Kippmoment, ist überlastbar und hat geringe Abmessungen. Die Drehzahl hängt in weitem Bereich bauspezifisch nur von der Betriebsfrequenz und der Polpaarzahl ab. Im Nennbetrieb ist der Drehzahlschlupf gegenüber der Betriebsfrequenz vernachlässigbar.

Da sich aus dem Drehstromnetz wegen der 50 Hz nur relativ geringe Drehzahlen erreichen lassen, haben Frequenz-Umrichter eine weite Verbreitung gefunden.

Umrichter sind Schaltungen, die aus einer Gleichspannung eine Wechselspannung erzeugen. Durch eine so erzeugte dreiphasige, in Frequenz und Amplitude variable Spannung lassen sich die Einsatzmöglichkeiten dieser Motoren erheblich erweitern. Abb. 7.94 zeigt das Prinzipschaltbild einer Umrichterschaltung zur Regelung eines Drehstrommotors.

Um einen guten Wirkungsgrad im Umrichter zu erreichen, wird keine Sinusspannung erzeugt. Der Motor wird durch eine getaktete Spannung (die sogenannte Unterschwingmethode) gesteuert. Jede Motorwicklung liegt für eine kurze Zeit immer an der vollen Spannung. Die Einschaltzeiten werden so gesteuert, dass der Strommittelwert eine Sinusform ergibt.

Diese erforderliche Spannungsverlaufsform ist eine typische pulsweitenmodulierte (PWM) Impulsfolge. Man erkennt, dass sich der Motorstrom umso mehr einem idealen Sinus nähert, je mehr Impulse (Stützstellen für eine Periode) verwendet werden. Wie man sieht, bestimmt die Impulsweite die Stromamplitude.

Die minimale Taktfrequenz ist von der Motorinduktivität abhängig. Je kleiner die Induktivität ist, umso höher muss die Taktfrequenz sein. Das führt dazu, dass bei kleinen Motoren und höheren Umdrehungszahlen hohe Taktfrequenzen und große Motoren mit niederen Umdrehungszahlen niedrige Taktfrequenzen auftreten. Die gewählte Taktfrequenz darf jedoch auch nicht höher als erforderlich sein.

Der Frequenzumrichter kann in vier Hauptbestandteile unterteilt werden:

1. Der Gleichrichter wird an das Wechsel-/Drehstromnetz angeschlossen und erzeugt eine pulsierende Gleichspannung. Man kennt zwei Grundtypen von Gleichrichtern – gesteuerte und ungesteuerte.
2. Es gibt drei Typen zur Realisierung des Zwischenkreises:
   a) Der Zwischenkreis, der die Spannung des Gleichrichters in einen Gleichstrom umformt
   b) Der Zwischenkreis, der die pulsierende Gleichspannung stabilisiert bzw. glättet und dem Wechselrichter zur Verfügung stellt
   c) Der Zwischenkreis, der die konstante Gleichspannung des Gleichrichters variabel erzeugt
3. In dem Wechselrichter wird die Frequenz der Motorspannung erzeugt. Alternativ dazu kann ein weiterer Wechselrichtertyp außerdem die konstante Gleichspannung in eine variable Wechselspannung umformen.
4. Die Elektronik im Steuerkreis kann Signale sowohl an den Gleichrichter, Zwischenkreis als auch an den Wechselrichter übertragen und empfangen. Welche Teile im Einzelnen angesteuert werden, ist vom Aufbau des einzelnen Frequenzumrichters abhängig.

Gemeinsam für alle Frequenzumrichter gilt, dass der Steuerkreis mit Signalen die Halbleiter des Wechselrichters ein- oder ausschaltet. Dieses Schaltmuster kann nach unterschiedlichen Prinzipien aufgebaut werden. Die Frequenzumrichter werden nach dem Schaltmuster unterteilt, das die Versorgungsspannung des Motors steuert.

Die Versorgungsspannung ist eine Dreiphasen-Wechselspannung oder eine einphasige Wechselspannung mit fester Frequenz (z. B. 3 · 400 V / 50 Hz oder 1 · 240 V / 50 Hz).

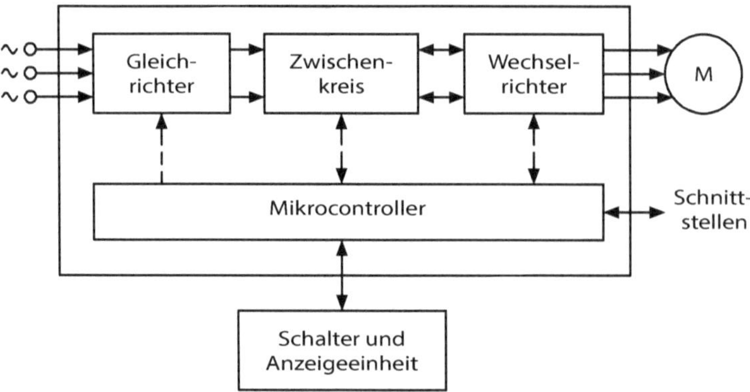

Abb. 7.94 Prinzipschaltbild eines Frequenzumrichters

Die drei Phasen des Drehstroms sind zeitlich 120° verschoben. Die Phasenspannung ändert ständig die Richtung, die Frequenz gibt die Häufigkeit an. Eine Frequenz von 50 Hz bedeutet, dass es 50 Perioden pro Sekunde gibt (50 · T), d. h., eine Periode dauert 20 ms.

Der Gleichrichter des Frequenzumrichters besteht entweder aus Dioden, Thyristoren oder einer Kombination dieser Halbleiter. Ein aus Dioden bestehender Gleichrichter ist ungesteuert und ein aus Thyristoren bestehender Gleichrichter ist gesteuert. Bei einer Kombination von Dioden und Thyristoren ist der Gleichrichter halbgesteuert.

Der Zwischenkreis kann als Speicher betrachtet werden, aus dem der Motor über den Wechselrichter seine Energie holen kann. Der Zwischenkreis kann nach drei verschiedenen Prinzipien aufgebaut sein. Der eingesetzte Zwischenkreistyp wird danach bestimmt, mit welchem Gleichrichter und Wechselrichter er kombiniert werden soll.

- Stromgeführter Frequenzumrichter (I-Umrichter): Dieser Zwischenkreistyp besteht aus einer sehr großen Spule und wird nur mit dem gesteuerten Gleichrichter kombiniert. Die Spule formt die variable Spannung des Gleichrichters in einen variablen Gleichstrom um. Die Belastung bestimmt die Größe der Motorspannung. Dieser Zwischenkreis hat den Vorteil, dass Bremsleistungen ohne zusätzliche Komponenten zurück ins Versorgungsnetz geführt werden können.
- Spannungsgeführter Frequenzumrichter (U-Umrichter): Der Zwischenkreis kann aus einem Filter bestehen, der einen Kondensator und eine Spule beinhaltet. Dieser Zwischenkreis kann mit beiden Gleichrichtertypen kombiniert werden. Der Filter glättet die pulsierende Gleichspannung des Gleichrichters. Beim gesteuerten Gleichrichter wird die Spannung bei einer gegebenen Frequenz konstant gehalten. Die Spannung, die zum Wechselrichter weitergeführt wird, ist somit eine reine Gleichspannung mit variabler Amplitude. Beim ungesteuerten Gleichrichter ist die Spannung am Eingang des Wechselrichters eine Gleichspannung mit konstanter Amplitude.
- Variabler Gleichspannungszwischenkreis: Im Zwischenkreis kann letztlich ein Chopper (Zerhacker) vor das Filter eingesetzt werden. Der Chopper hat einen Transistor, der als Schalter funktioniert und die gleichgerichtete Spannung ein- oder ausschaltet. Der Steuerkreis regelt den Chopper durch Vergleich der variablen Spannung nach dem Filter mit dem Eingangssignal.

Bei einem Unterschied wird das Verhältnis mit der Zeit, wenn der Transistor leitet und der Zeit, wenn dieser sperrt, geregelt. Der Effektivwert der Gleichspannung wird somit variabel und die Größe ist davon abhängig, wie lange der Transistor geöffnet ist. Wenn der Choppertransistor den Strom unterbricht, ist die Spule des Filters für die Spannung über den Transistor unendlich groß. Um dies zu vermeiden, wird der Chopper durch eine Freilaufdiode geschützt.

Das Filter des Zwischenkreises soll die Rechteckspannung nach dem Chopper glätten. Kondensator und Spule des Filters halten dabei die Spannung bei einer gegebenen Frequenz konstant.

Außer den oben genannten Funktionen bietet der Zwischenkreis, je nach Auslegung, zusätzlich einige Funktionen wie, z. B.

- die Entkopplung zwischen Gleich- und Wechselrichter
- Reduzierung der Netzrückwirkungen
- Energiespeicher zur Abdeckung stoßförmiger Laststöße

Der Wechselrichter ist das letzte Glied im Frequenzumrichter vor dem Motor. Hier erfolgt die letzte Anpassung der Ausgangsspannung. Beim direkten Anschluss des Motors an das Versorgungsnetz bestehen die idealen Betriebsverhältnisse im Nennbetriebspunkt.

Der Frequenzumrichter gewährleistet gute Betriebsbedingungen im ganzen Regelbereich durch die Anpassung der Ausgangsspannung an die Belastungsbedingungen. Es ist somit möglich, die Magnetisierung des Motors optimal zu halten.

Vom Zwischenkreis zum Wechselrichter kommt entweder

- ein variabler Gleichstrom
- eine variable Gleichspannung
- eine konstante Gleichspannung

In allen Fällen muss mit dem Wechselrichter dafür gesorgt werden, dass die Versorgungsspannung zum Motor eine Wechselgröße wird, d. h. im Wechselrichter muss die Frequenz der Motorspannung erzeugt werden. Die Steuerung des Wechselrichters ist davon abhängig, ob eine variable oder konstante Größe empfangen wird. Es wird bei variablem Strom oder Spannung im Wechselrichter nur die Frequenz erzeugt. Bei konstanter Spannung wird mit dem Wechselrichter die Frequenz und Amplitude der Spannung erzeugt.

Auch wenn die Wechselrichter unterschiedlich wirken, der prinzipielle Aufbau ist immer gleich. Die Hauptkomponenten sind gesteuerte Halbleiter, die paarweise auf drei Zweigen angeordnet sind, wenn man einen Drehstrom hat.

Der Bereich der Schaltfrequenz des Wechselrichters kann daher wesentlich erweitert werden (von 300 Hz auf 20 kHz).

Die Halbleiter des Wechselrichters leiten und sperren Signale je nach Ansteuerung vom Steuerkreis. Die Signale sind nach verschiedenen Prinzipien steuerbar. Wenn der Wechselrichter einen Strom verarbeiten soll, sind einige andere Komponenten notwendig im Vergleich mit einem Wechselrichter, der eine Spannung verarbeiten soll. Abb. 7.95 zeigt die Spannungen bei einer Pulsweitenmodulation an einer Motorinduktivität.

Diese erforderliche Spannungsverlaufsform ist eine typische pulsweitenmodulierte (PWM) Impulsfolge. In dieser Abbildung erkennt man, dass sich der Motorstrom umso mehr einem idealen Sinus nähert, je mehr Impulse (Stützstellen für eine Periode) verwendet werden. Wie man sieht (b, c und d), bestimmt die Impulsweite die Stromamplitude.

Die minimale Taktfrequenz ist von der Motorinduktivität abhängig. Je kleiner also die Induktivität ist, umso höher muss die Taktfrequenz sein. Das führt dazu, dass kleine Motoren und höhere Umdrehungszahlen hohe Taktfrequenzen und große Motoren und niedere

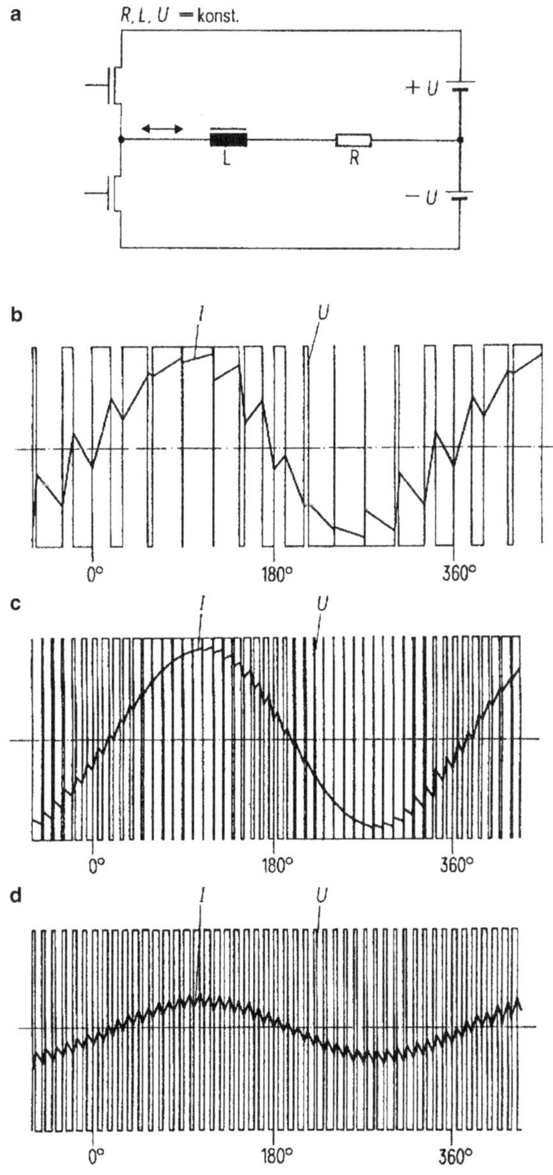

Abb. 7.95 Spannungen bei einer Pulsweitenmodulation an einer Motorinduktivität

Umdrehungszahlen niedrige Taktfrequenzen erlauben. Die gewählte Taktfrequenz darf jedoch auch nicht höher als erforderlich sein.

Eine Stützstelle kann aus mehreren gleichmäßigen Impulsen bestehen.

Häufig versucht man, die Taktfrequenz (wegen des Geräusches) über die Hörbarkeitsgrenze zu legen. Die erzeugten Motorgeräusche sind jedoch in erster Linie vom Stromverlauf abhängig. Je mehr sich dieser einem idealen Sinus nähert, umso geringer ist das verursachte Geräusch. Eine zu hoch gewählte Taktfrequenz vermindert die mögliche Auflösung, welche gleichbedeutend für die Zahl der Einstellmöglichkeiten eines PWM-Signals steht. Arbeitet der Timer 2 ohne den Reload-Modus, so beträgt die Auflösung 16 Bit, da der Timer in jedem Zählzyklus von 0 bis 65.535 zählt. Es lassen sich also 65.535 Stufen einstellen. Im Reload-Modus wird die Timer-Zykluszeit umso kürzer (die Timer-Zyklusfrequenz wird höher), je höher der Wert im Reload-Register ist, da er dann nur noch von diesem Wert an bis zum Überlauf zählt. Deshalb wird die Zahl der Einstellmöglichkeiten eines PWM-Signals (die Auflösung) umso geringer, je höher die Frequenz des PWM-Signals ist.

Die zu erzeugende Sinusspannung wird in Stützstellen zerlegt. Die Zeitdauer jeder Stützstelle beträgt eine Periode oder ein Vielfaches von 6, da sich sonst im 3-Phasen-Betrieb keine 120-Grad-Phasenverschiebung erreichen lässt.

Für die Sinusfrequenz gilt:

$$f = \frac{f_s}{S \cdot N}$$

f = Sinusfrequenz,
f_s = Schaltfrequenz,
S = Anzahl der Stützstellen,
N = Anzahl gleicher Impulse je Stützstelle

Der Wechselrichter besteht aus sechs Thyristoren, Transistoren oder anderen elektronischen Schaltelementen. Unabhängig vom eingesetzten Halbleitertyp ist die Funktion im Prinzip gleich. Der Steuerkreis schaltet die Halbleiter nach verschiedenen Prinzipien (Modulation) aus, und ein und ändert damit die Ausgangsfrequenz des Frequenzumrichters. Im Prinzip arbeitet man mit variabler Spannung oder Strom im Zwischenkreis. Die Intervalle, während der einzelne Halbleiter leitet oder sperrt, werden in einem Muster gespeichert und die gewünschte Ausgangsfrequenz erzeugt.

Sachverzeichnis

H. Bernstein, *Elektrotechnik/Elektronik für Maschinenbauer*,
https://doi.org/10.1007/978-3-658-20838-7